普通高等教育"十一五"国家级规划教材

科学出版社"十四五"普通高等教育本科规划教材

环 境 化 学

（第二版）

陈景文　谢宏彬　全　燮　编著

科学出版社

北　京

内 容 简 介

本书面向国家"金课"和环境类新工科专业建设的时代需求,进一步梳理、凝练和概括相关知识点,增加较多新案例和学科新成果,侧重讲好生态文明与中国环保故事,力争体现基础性、系统性、衔接性、创新性、高阶性和挑战度方面的特点,旨在培养学生的创新意识、创新思维、创新能力。全书共 7 章,包括环境介质及性质、化学污染物的迁移行为、化学污染物的转化行为、污染物的生态毒理学、典型化学污染物及来源、环境计算化学与毒理学、多介质环境模型。

本书可作为高等学校环境类专业本科生教材,教师可根据培养方案及学时要求,安排课堂教授或部分章节引导学生自学;也可供环境专业的研究生和研究者学习参考。

图书在版编目(CIP)数据

环境化学 / 陈景文,谢宏彬,全燮编著. —2 版. —北京:科学出版社,2023.10

普通高等教育"十一五"国家级规划教材 科学出版社"十四五"普通高等教育本科规划教材

ISBN 978-7-03-076228-3

Ⅰ. ①环⋯ Ⅱ. ①陈⋯②谢⋯③全⋯ Ⅲ. ①环境化学-高等学校-教材 Ⅳ. ①X13

中国国家版本馆 CIP 数据核字(2023)第 153861 号

责任编辑:赵晓霞 李丽娇 / 责任校对:杨 赛
责任印制:吴兆东 / 封面设计:迷底书装

科 学 出 版 社 出版
北京东黄城根北街 16 号
邮政编码:100717
http://www.sciencep.com
北京中科印刷有限公司印刷
科学出版社发行 各地新华书店经销
*
2009 年 8 月第 一 版 大连理工大学出版社
2023 年 10 月第 二 版 开本:787×1092 1/16
2024 年 12 月第三次印刷 印张:25
字数:640 000
定价:89.00 元
(如有印装质量问题,我社负责调换)

第 二 版 序

环境化学主要基于化学的理论和方法，以污染物为主要研究对象，以解决相关环境污染问题为目标，是一门研究污染物的甄别与表征、生成与释放、赋存与归趋、转化与代谢、毒理效应与健康危害以及削减与控制的原理和技术的应用基础型学科。环境化学研究重视与地学、生物学、公共卫生学、医学等学科交叉，强调理论推测、计算模拟与实验结果相结合，是支撑社会经济可持续发展的核心学科，也是促进人与自然和谐共生、保护人体健康的核心学科。

经过近 50 年的发展，全球环境化学研究的水平、深度和广度得到空前的提高，在环境分析化学、环境污染化学、污染控制化学、污染生态化学、理论环境化学、区域环境化学、环境污染与健康等领域，取得了全面而深入的知识积累，具备了成熟的理论基础与工程技术方法。进入 21 世纪以来，全球环境化学专家既立足全局性环境问题的解决，也关注区域性环境污染的重大需求，开展了积极而富有成效的国际交流与合作。我国的环境化学研究立足国际前沿，瞄准国家需求，积极推进合作，人才辈出，成就非凡。

展望未来，我国环境保护事业的发展需要大量具有环境领域专业知识背景的科研和技术人才。人才培养，重在教育。高等学校、研究机构和专业管理部门等都需要有高水平、高质量和体现时代学科发展特征的好教材。这样的教材，应该整合凝练出学科发展的新成果，体现系统性、基础性、理论性、创新性、衔接性、高阶性和挑战度方面的特点，应该有助于培养学生解决复杂环境问题的能力、满足"金课"及环境新工科建设的新需求。

该书的作者多年来一直在环境化学领域从事教学和科研工作，并取得了丰硕的成果。这本书是他们在环境化学教材建设方面的创新探索，也是他们长期坚守科教一线、辛勤耕耘、学有所成的结晶。相信该书的出版必将推动我国环境化学学科的发展，为环境专业人才的培养发挥重要作用。

中国科学院院士

2022 年 12 月 19 日于北京

第二版前言

加强本科教育的质量和内涵建设，是新时代一流人才培养的必然要求。课程和教材是人才培养和专业建设的核心要素，是立德树人这一人才培养根本标准的具体化、操作化和目标化。2018年6月，在新时代全国高等学校本科教育工作会议上，教育部提出大学生要合理"增负"，提升学业挑战度，合理增加课程难度，拓展课程深度，扩大课程的选择性，把"水课"变成有深度、有难度、有挑战度的"金课"。

什么是"金课"？2018年11月召开的"2018—2022年教育部高等学校教学指导委员会成立会议"指出，"金课"具有高阶性、创新性、挑战度三方面的标准。高阶性，就是要将知识、能力、素质教育进行有机融合，培养学生解决复杂问题的综合能力和高级思维；创新性，就是课程内容要反映前沿性和时代性，教学形式体现先进性和互动性，学习结果具有探究性和个性化；挑战度，就是课程要有一定难度，需要跳一跳才能够得着，对老师备课和学生课下学习有较高要求。

全国普通高校建有环境科学与工程类本科专业点700多个，每年招收新生数万人。环境化学作为一门重要的学科，如果不加强其质量和内涵建设，难以满足一流本科教育的时代需求、生态文明建设所需高水平创新型人才的国家需求。建设"金课"需要配套能适应"金课"的好教材。

新一轮世界科技革命和产业变革的孕育兴起，正在给人类社会带来难以估量的作用和影响。进入新时代，我国和世界的工程教育进入了快速和根本性变革时期。建设新工科成为高等理工科教育的时代需求和必然选择。新工科既包括新的工科专业，也包括传统工科专业的理念、内容、标准、方法技术的创新改造。环境专业的新工科如何建设？环境化学课程和教材在新工科专业建设中怎样创新涅槃？这些问题值得人们思考和探究。

在做好立德树人的前提下，解决好"教什么，怎么教"是课程和教材的核心问题。对于环境化学课程及教材，"教什么，怎么教"这个问题的回答，需要剖析环境学科和环境专业的特点。

包括环境化学在内的环境类学科，都是以解决相关环境问题为目标导向，是综合性、交叉性学科。环境问题具有复合性(资源-经济-社会多系统耦合，多种污染物的复合污染，多种解决手段)、区域性(不同地理空间、不同区域的生态及污染问题差异)、多元性(气、液、固等不同形态、不同尺度的污染物)、行业性(农业、矿冶、化工、机械、交通等不同行业导致的污染问题迥异)、潜在性(影响人体及生态健康的很多污染问题难以直接被观测，涉及暴露、危害性和风险性的评价、预测与防控)、全球性(污染物跨界和跨区域迁移、人类命运共同体建设)、系统性(需要系统地预防、控制、修复、评价、管理)等特点，是复杂的问题。显然，学生在大学和课堂所学，难以穷尽这些复杂问题的各个方面。复杂环境问题的解决，需要综合创新型人才。因此，培养环境专业学生的创新意识、创新思维、创新能力至关重要！唯此，学生才有能力提出复杂环境问题的创造性解决方案。

既然学生在大学和课堂所学难以穷尽解决复杂环境问题的各个方面，那么在环境化学课程和教材中，把关键的基础性的知识介绍给学生，为其自学和终身学习打好坚实的知识结构基础便尤为重要。因此，环境化学课程和教材必须坚持其内容的基础性。2001 年，国际知名的美国环境化学家 Ronald A. Hites 在环境领域国际著名期刊 ES&T 上评价了各类英文版环境化学教材。他认为，一部好的环境化学教材，应该在环境污染物的稳态和非稳态模拟、化学动力学、平流层化学、光化学烟雾、温室效应、碳酸盐平衡、各种分配系数及应用、农药污染等方面有所侧重。他也在强调环境化学教材的基础性。

本书力争体现基础性的特点，即基本概念和原理要讲述得比较透彻，给学生打下坚实的知识结构基础。例如，关于描述有机污染物性质的各种分配系数，一些教材往往一带而过或讲述得比较浅显，本书则对这些性质进行了比较系统的讲述。此外，本书力争做到既是一部好的环境化学教材，也是一部从事环境化学研究的入门参考书。本书引用了一些权威的文献资料，给出了重要专业术语的中英文对照，对于相关人员从事研究工作也应大有裨益。

因为环境化学是交叉学科，所以需要解决好环境化学课程与其他课程的衔接性，以及学生在高中、本科、研究生阶段所学知识的衔接性问题。如今学生在高中阶段已经学习了较多的环境/生态方面的基础知识。本书要做好与高中课程、环境地学、环境生态学、生物化学、环境毒理学等课程的衔接，强化其化学特色，侧重化学污染物多介质行为、毒理效应及风险防控方面的内容，同时为研究生阶段的进一步学习和研究工作打下扎实的知识结构基础。污染控制化学方面的内容往往在大气和水污染控制工程等课程中讲授，本书不再专门介绍这部分内容。

环境化学经过近 50 年的发展，在其各个分支方向均取得了丰富的知识积累。将比较分散的、零星的知识进行系统化凝练概括和整合，无疑是环境化学教材的重要任务。本书的编写体现了系统性的理念，全面梳理、凝练和概括相关知识点，剔除重复和冗余的知识点，做好基础知识传承、前沿知识的介绍。例如，本书第 1 章将多介质环境作为一个整体来介绍，避免了一些内容在不同章节的重复和论述不全面。

面向"金课"建设的教材应该体现创新性。科研要反哺教学，课程和教材内容要反映前沿性和时代性。本书在内容和知识点的推陈出新方面力争体现环境化学发展的时代特点，涵盖学科发展的最新成果，体现教材的创新性。此外，增加了较多的案例和供学生课外阅读的文献，并将编著者的一些研究成果转化为教学案例，将一些优秀期刊的论文成果选为案例，侧重讲好生态文明与中国环保故事，介绍环境化学研究为解决我国复杂环境问题做出贡献的生动案例和研究成果，有助于培养学生的专业兴趣。

面向"金课"建设的教材应该具有高阶性。本书涵盖了计算毒理学、多介质环境模型等方面的内容，授课时可以适度讲授这些高阶性的内容，而对于第 1 章"环境介质及性质"等比较易懂的基础内容，可以引导学生自学。另外，本书增列了较多新的习题和思考题，一些习题中设置了比较复杂的环境情景，其目的是培养学生分析和解决复杂环境问题的能力，体现了本书的高阶性，也体现了本书的挑战度。

推进课程内容更新，将科学研究新进展、实践发展新经验、社会需求新变化及时纳入教材，着力提升学生解决复杂环境问题的能力，加大课程和教材的整合力度，实施案例教学、项目式教学等研究性教学方法，注重综合性项目训练，这些都是环境新工科教育的内在要求。新技术和新手段不断应用于环境问题的解决，推动环境化学与其他学科之间的相互交叉、相互渗透和相互融合，特别是大数据在环境污染预测预警及防治中的应用。本书适度涵盖了计算毒理学(化学品的风险预测与风险管理)、大数据与人工智能分析方面的相关内容，以促进环境科学与工程类本科专业的新工科建设。

本书第一版由大连理工大学出版社于 2009 年出版,历经多次重印。在本书第一版使用过程中,大连理工大学 2008~2018 级本科同学(如 0803 班张洲、1601 班李卓成、1601 班房天骄、1603 班周沁彬、1603 班俞光瑞、1702 班王浩博、1703 班王柔荑、1801 班洪婷如)给出很多好的修改建议。向他们表示诚挚的感谢!

本次再版对第一版进一步优化章节结构以提升其系统性和整体性,并重点进行内容的更新。王中钰、夏德铭、苏利浩、崔飞飞、朱明华、崔蕴晗、唐伟豪、韩文婧等参与了资料整理、书稿完善、图表绘制方面的工作,解怀君、盖普、王雅、罗天烈、罗翔、张书莹、徐童、陈曦、郭忠禹、鄢世阳、肖子君、丁蕊、吴思甜、王佳钰、张焱天、刘雨薇、许喆、吴超、张煜轩、刘文佳、姜琦、张涛、江波、于富玮、何家乐、王孟含等协助审阅和校对了书稿、演算了例题和习题。暨南大学曾永平教授、同济大学尹大强教授和南开大学陈威教授审读了书稿,并给出了修改意见。江桂斌院士欣然为本书作序。向他们表示诚挚的感谢!

教材的建设,既需要创新,也需要传承。本书继承和借鉴了一些优秀教材的成果,这些教材均在各章的参考资料中列出。也向这些优秀教材的作者表示诚挚的感谢!

感谢大连理工大学"新工科系列精品教材"的立项支持!

我们的初心是,使本书体现出基础性、系统性、衔接性、创新性、高阶性和挑战度方面的特点,有助于培养学生解决复杂环境问题的能力,满足"金课"及环境新工科建设的新时代需求。限于我们的水平和能力,这些要求可能远未达到。书中难免有不足之处,盼望同仁不吝指正,以使在将来的工作中完善和提高!

陈景文

2023 年 5 月 31 日

目　　录

第1章 环境介质及性质

自然环境中的地球环境由大气圈(atmosphere)、水圈(hydrosphere)、土壤圈(pedosphere)、岩石圈(lithosphere)和生物圈(biosphere)构成,这些圈层构成了一个相互作用的大系统。环境污染物通过迁移和转化等过程,在各圈层介质中表现出特有的行为和效应。为揭示污染物在各个圈层中发生的物理、化学与生物化学的过程和反应,有必要了解各圈层的基本结构与性质,这对理解环境污染和生态破坏发生发展的规律以及寻求解决这些问题的方法具有重要意义。由于人类活动造成的环境污染和生态破坏主要发生在大气圈、水圈、土壤圈和生物圈,本章着重介绍这些圈层的基本组成与性质。

1.1 自然环境

自然环境是指人类生存空间中可以直接或间接影响人类生活、生产的一切自然形成的物质和能量的总和,简称为环境(environment)。环境是一个应用广泛的词,其内涵和外延极为丰富,如聚落环境(城市或村落)、地球环境(各圈层)、地质环境、生态环境、社会环境等。在地球环境中,存在污染物的源(source)和汇(sink)。

1.1.1 地球环境

构成地球环境的物质种类很多,主要包括大气、水、土壤、岩石矿物、生物等自然环境要素,这些要素构成了地球环境的结构单元,环境结构单元又构成地球环境整体或地球环境系统。例如,由空气组成大气层[含有多种气体,如氧气(oxygen,O_2)、氮气(nitrogen,N_2)、二氧化碳(carbon dioxide,CO_2)等],整个大气层总称为大气圈;由水组成水体,全部水体(包括河水、海水、湖水、地下水和冰川水等)总称为水圈;由土壤构成的固体壳层总称为土壤圈;由生物构成生物种群和群落,生物群落(biotic community)与其生存环境构成生态系统,全部生态系统构成生物圈等。大气圈、水圈、土壤圈和生物圈都离不开太阳所提供的能量,这几个圈层密切联系、相互作用,持续进行物质、能量交换,维持动态平衡,使地球上的生物得以生存、繁衍和发展,如图1-1所示。

地球环境具有如下特征:地球上存在着大气、陆地和海洋等基本生存物质基础;距离地球表面$15 \sim 35$ km处的臭氧层使得地球及生物免受高能紫外线伤害;地球大气中比例适当的O_2和CO_2有利于生物的生长和人类的生活;地球陆地表面存在土壤,为植物提供营养和生长的基地;地球上存在的江、河、湖、海为生物生长和水的运动提供了良好条件;通过生物活动来捕获、转移和储存太阳辐射能并驱动地球表层的物质循环,通过生物活动过程来调控并保持其稳态(steady state)。稳态是指系统中各个相的性质和状态是恒定的,不随时间变化;如果某个环境系统随着时间变化相对缓慢,也可以将其近似看作稳态。

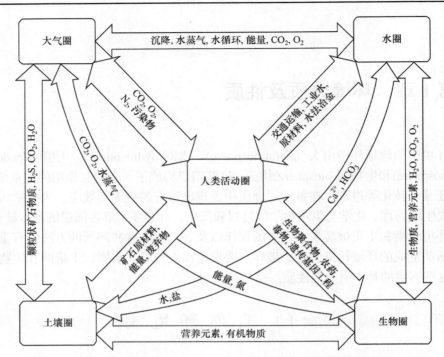

图 1-1 大气圈、水圈、土壤圈和生物圈之间，以及各圈层与人类活动之间的关系(Manahan，2017)
(Illustration of the close relationships among the atmosphere, hydrosphere, pedosphere, and biosphere with each
other and with the anthrosphere)

1.1.2 环境介质

任一具体的地球环境结构单元都由物质、能量和信息三部分组成。将其中有形的物质部分称为环境介质(environmental medium)，将能量和信息部分称为环境因素。环境介质是环境因素的载体，可以是大气、水体或土壤，也可以是岩石或包括人体在内的一切生物体。环境介质是不依赖于人类的主观感受而存在的实体，一般以气态、液态和固态三种常见的形态存在，在一定条件下某些环境介质的形态可以相互转化。在环境介质中，生物体是三种物态同时存在的集中体现。严格地讲，地表环境不存在完全的单介质。例如，水体中会含有一定量的溶解性气体和固体悬浮物，大气中有一定量的水和固体颗粒物，即使在土壤和密实的岩石中，也存在一定量的水分和气体。但从宏观上，还是可以把大气、水体、土壤、岩石和生物分别作为单介质来处理，而把具有两个或两个以上介质的体系称为多介质环境，整个地球环境就是一个多介质环境系统。

有些环境介质可以看作是连续的，如大气和水体；有些环境介质是非连续的，如湖中悬浮物、大气颗粒物等。某些环境介质的化学组成相似，但物理性质却不同，如大气的对流层和平流层。有些环境介质是相邻的，如水体和大气，污染物可以从一个介质迁移到另一个介质。有些环境介质是不相邻的，如大气和水体沉积物，污染物不可能在这两个介质间进行直接传输。有些环境介质(如表层水)很容易受到污染，有些环境介质相对不容易受到污染(如冰川的内部、深海)，而有些环境介质不会受到污染(如偏远地区的深层土壤或岩石)。

有些环境介质的性质可以认为是均匀的，即均相。例如，较浅的池塘中充分混合的水就是均匀的，物质的浓度梯度和温度梯度可以忽略不计。有些环境介质的性质是不均匀的，即非均相。例如，土壤和水体沉积物不容易混合，性质通常不均匀，污染物浓度随深度的变化而变化。即使有些环境介质的性质不均匀，但在三维空间的一个或两个方向上还是可以看作是近似均匀的。例如，湖水在竖直方向上混合得不充分，在水平方向上却充分混合；宽而浅的河流在垂直方向上充分混合，但在水平方向(水流方向)上却不是充分混合的。

1.2　大　气　圈

大气圈是指存在于地球表面并随地球运动的空气圈层，也可称为大气层或大气环境，它是地球上一切生命赖以生存的重要物质条件之一。大气不仅是地球生物圈中生命所必需的要素，而且参与地球表面的物质循环过程。大气的总质量约为 $5.3×10^{18}$ kg，这个质量大约仅是地球总质量的百万分之一。大气层中空气垂直分布不均匀，其中 50%集中分布在距地球表面 5 km 以下，70%集中分布在距地球表面 10 km 以下，90%集中分布在距地球表面 30 km 以下。大气圈的厚度为 2000～3000 km。

1.2.1　大气的组成

大气是多种物质的混合物。自然状况下，大气由干洁空气(dry air)、水汽、悬浮颗粒物和杂质组成。干洁空气的主要成分是 N_2、O_2、CO_2 和氩气(Ar)，此外还有含量较少的其他稀有气体，如氖气(Ne)、氦气(He)、氪气(Kr)、氙气(Xe)等。大气中还有许多痕量气体，如甲烷(methane，CH_4)、氮氧化物(nitrogen oxides，NO_x)、二氧化硫(sulfur dioxide，SO_2)等。水在大气中的含量为 1%～3%。由于自然和人为因素，大气中还存在悬浮颗粒物和杂质。

1. 干洁空气

通常把除水汽、液体和固体杂质外的整个混合气体称为干洁空气。干洁空气是大气的主体，其成分含量见表 1-1。干洁空气的成分可分为两类：一类为定常成分，各成分之间大致保持固定比例，如 N_2、O_2、Ar、He、Xe 和 Ne 等；另一类为可变成分，这些成分在大气中的比例随时间、地点而变，如 CO_2、臭氧(ozone，O_3)、一氧化碳(carbon monoxide，CO)、NO_x 和 SO_2 等。

表 1-1　干洁空气的组成(Manahan，2017)
(Composition of dry air)

主要成分	体积分数/%	次要成分	体积分数/%
氮气(N_2)	78.08	氖气(Ne)	$1.818×10^{-3}$
氧气(O_2)	20.95	氦气(He)	$5.24×10^{-4}$
氩气(Ar)	0.934	甲烷(CH_4)	$1.6×10^{-4}$
二氧化碳(CO_2)	0.040	氪气(Kr)	$1.14×10^{-4}$
		氧化亚氮(N_2O)	$3×10^{-5}$
		氢气(H_2)	$5×10^{-5}$
		氙气(Xe)	$8.7×10^{-6}$
		臭氧(O_3)	$1×10^{-6}～4×10^{-6}$

　　由于大气存在垂直运动、水平运动、湍流运动和分子扩散等作用，不同高度、不同区域的空气得以交换和混合。从地表到 90 km 高度，干洁空气主要成分比例基本保持不变，且物理性质基本稳定，可视为理想气体。干洁空气的平均相对分子质量为 28.966，标准状态下的密度为 1.239 kg·m^{-3}。干洁空气中的 N_2、O_2、CO_2 和 O_3 等气体在动植物生长和人类生产活动中起着重要作用。N_2 性质不活泼，不易与其他物质发生化学反应，只有少量 N_2 被土壤微生物所摄取，参与固氮过程；O_2 是地球上众多生命所必需的，易与多种元素化合；CO_2 是光合作用不可或缺的原料；大气中 CO_2 和 O_3 的含量相对较少但变化较大，对地表和大气温度有重要的影响。

　　根据理想气体状态方程，在一定的压强(p)和温度(T)条件下，气体组分 i 的体积(V_i)、分压(p_i)和物质的量(n_i)存在如下关系：

$$p_i V_i = n_i RT \tag{1-1}$$

式中，R 为摩尔气体常量，$R = 8.314\ \text{J} \cdot \text{mol}^{-1} \cdot \text{K}^{-1}$。

　　对于所有气体组分求和，可得

$$\sum (p_i V_i) = RT \sum n_i \tag{1-2}$$

气体总体积(V_T)和总物质的量(n_T)分别为

$$pV_T = \sum (p_i V_i) \tag{1-3}$$

$$n_T = \sum n_i \tag{1-4}$$

联立式(1-2)～式(1-4)，可推出气体总体积(V_T)和总物质的量(n_T)存在如下关系：

$$pV_T = n_T RT \tag{1-5}$$

在恒定大气压条件下，由式(1-1)和式(1-5)可得组分 i 的体积分数(f_i)等于其物质的量的比值：

$$f_i = \frac{V_i}{V_T} = \frac{n_i}{n_T} \tag{1-6}$$

　　在气相污染物研究中，污染物的浓度常用其体积分数来表示，也可以使用 ppmv (parts per million by volume)、ppbv (parts per billion by volume)和 pptv (parts per trillion by volume)，它们分别代表气体组分的体积占空气体积的百万分之一(10^{-6})、十亿分之一(10^{-9})和万亿分之一(10^{-12})。在气相污染物的监测报告中，也使用质量浓度单位，如 mg·m^{-3}、μg·m^{-3} 和 ng·m^{-3}。质量浓度和体积分数可以根据监测时温度、压强、污染物的相对分子质量相互换算。

　　【例 1-1】 某监测站点测得空气中一氧化碳(CO)的小时平均浓度为 0.5 ppmv，当时温度为 25℃，压强为 1.01325×10^5 Pa，求 CO 的质量浓度和大气中 CO 的分压(p_{CO})。

　　解 在压强(p)和温度(T)条件下，根据理想气体状态方程，空气的体积(V_{air})和物质的量(n_{air})存在如下关系：

$$pV_{air} = n_{air}RT$$

在 25℃和 1.01325×10^5 Pa 条件下，单位体积(1 m^3)空气中

$$n_{air} = 1.01325 \times 10^5\ \text{Pa} \times 1\ \text{m}^3 / (8.314\ \text{J} \cdot \text{mol}^{-1} \cdot \text{K}^{-1} \times 298.15\ \text{K}) = 40.9\ \text{mol}$$

根据 ppmv 的定义和式(1-6)，单位体积(1 m^3)空气中，CO 的物质的量(n_{CO})为

$$40.9\ \text{mol} \times (0.5 \times 10^{-6}) = 2.05 \times 10^{-5}\ \text{mol}$$

CO 的相对分子质量为 28，因此单位体积(1 m^3)空气中，CO 的质量为

$$2.05\times10^{-5}\,\text{mol}\times28\,\text{g}\cdot\text{mol}^{-1}\times10^{3}\,\text{mg}\cdot\text{g}^{-1}=0.57\,\text{mg}$$

因此，CO 的质量浓度为 0.57 mg·m^{-3}。另外，对于大气中的 CO，由 $p_{CO}V_{air}=n_{CO}RT$，可得

$$p_{CO}=n_{CO}\cdot RT/V_{air}=n_{CO}\cdot RT/(n_{air}RT/p)=p\cdot n_{CO}/n_{air}=1.01325\times10^{5}\,\text{Pa}\times0.5\times10^{-6}=0.050663\,\text{Pa}$$

则

$$c(\text{mol}\cdot\text{L}^{-1})=n_{CO}/V_{air}=p_{CO}/(RT)$$

$$c=p_{CO}/(RT)=10^{3}(\text{mg}\cdot\text{g}^{-1})\times(p\cdot n_{CO}/n_{air})/(RT)(\text{mol}\cdot\text{m}^{-3})\times28(\text{g}\cdot\text{mol}^{-1})=0.57\,\text{mg}\cdot\text{m}^{-3}$$

2. 水汽

大气中的水汽来自江、河、湖、海以及潮湿物体表面、动植物表面蒸发(蒸腾)，并借助空气的垂直运动向上输送。水汽的含量不固定，可随时间、地域和气象条件的不同发生很大变化。沙漠或极地上空的水汽极少，热带洋面上水汽的体积分数可高达 4%。但总的来说，水汽绝大部分集中在低层大气，50%的水汽集中在距地球表面 2 km 以下，75%的水汽集中在距地球表面 4 km 以下，距地球表面 12 km 以下的水汽约占水汽总量的 99%。水汽在大气中含量虽然不高，但对天气变化却起着重要作用，也是大气的重要组分之一。水汽是大气中可以发生相变的组分，在自然条件下具有三相变化，产生云、雾、雨、雪和霜等一系列大气现象。水汽及其凝结物能吸收和放射长波辐射，反射太阳辐射，使地面和大气保持一定的温度。

3. 杂质

除了气体成分以外，大气中还有很多的液体和固体杂质、微粒，这些悬浮于大气中的固体和液体微粒称为气溶胶粒子。气溶胶粒子多集中于大气低层，是低层大气的重要组成部分，是自然现象和人类活动的产物。气溶胶粒子除含有水滴和冰晶外，还包含大气尘埃和其他杂质。这些杂质的天然来源有火山喷发、尘沙、燃烧产生的颗粒物、流星陨落所产生的细小微粒、海水飞溅进入大气后而被蒸发的盐粒、细菌、微生物、植物的孢子和花粉等。

大气中的杂质能够影响水汽的凝结和升华，吸收部分太阳辐射和阻挡地面辐射，影响地面和空气温度，还能反射、折射和散射太阳光，产生各种大气光化学现象，并降低大气的透明度。

1.2.2　大气的结构

由于地球旋转作用以及距地面不同高度的各层大气对太阳辐射吸收程度的差异，描述大气状态的温度、密度等气象要素在垂直方向上呈不均匀分布。通常把大气的温度和密度在垂直方向的分布，称为大气温度层结(atmospheric temperature stratification)和大气密度层结(atmospheric density stratification)。按照大气密度、温度和运动规律，将大气分为对流层(troposphere)、平流层(stratosphere)、中间层(mesosphere)、热层(thermosphere)和散逸层(exosphere)，各层结的分布如图 1-2 所示。

1. 对流层

对流层距地面最近，平均厚度为 10～16 km，随季节和温度而变化。一般来说，夏季对流层的厚度大于冬季。由于热带的对流强度比寒带强烈，赤道附近对流层厚度最大，两极最小。对流层的特点如下：

(1) 气温随海拔高度的升高而降低。由于对流层和地面接触，从地面获得热量，因此大气

温度随高度的升高而降低，通常高度每升高 100 m，大气温度降低 0.65℃，这是对流层最显著的特点。

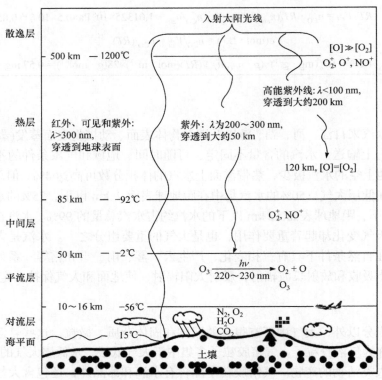

图 1-2　大气垂直方向的分层(Manahan，2017)

(Major stratification of the atmosphere)

(2) 空气密度大。对流层集中了大气总质量的 75%和几乎所有的水汽。

(3) 空气垂直对流强烈，受地球表面的影响最大。接近地面的空气吸收热量后会发生膨胀而上升，上层的冷空气则会下降，故在垂直方向上形成强烈的对流。对流层中也有大规模的水平运动。

(4) 天气现象复杂多变。随着气流的上下对流和水平运动，云、雾、雨、雪、雹、霜等主要天气现象都发生在对流层，因而该层对人类生产、生活和生态系统影响最大。

2. 平流层

自对流层顶向上直至距地球表面大约 50 km 处的大气称为平流层。在对流层顶至距地表 30～35 km 处，大气温度随高度的变化趋于稳定，所以又称为同温层。平流层的特点如下：

(1) 气温随高度的升高，先不变后升高，这主要是地面辐射的减少和臭氧对太阳辐射吸收变化的结果。在距地表 15～35 km 处存在一层厚度约为 20 km 的臭氧层。臭氧吸收来自太阳的紫外辐射而分解为氧原子和氧分子，当它们重新结合为臭氧分子时，可释放大量的热，导致平流层温度升高。

(2) 平流层大气稳定，空气的垂直运动微弱，以水平运动为主。

(3) 平流层空气稀薄，水汽和尘埃含量少，空气比较干燥，透明度高，很少出现天气现象。

3. 中间层

距地表 50～85 km 这一区域称为大气中间层。中间层内水汽极少，几乎没有云层出现。平流层和中间层的大气质量共占大气总质量的 20%。中间层气温随高度的升高而降低，这是因为没有臭氧吸收紫外线的作用，来自太阳辐射的大量紫外线穿过这一层大气而未被吸收。由于下层气温比上层高，空气垂直对流运动强烈。

4. 热层

热层是指从距地表 80 km 到距地表约 500 km 的大气层。热层空气密度小，气体质量只占大气总质量的 0.5%。由于太阳辐射中波长小于 170 nm 的紫外线几乎全部被该层中的分子氧和原子氧所吸收，并且吸收的能量大部分用于气层的增温，大气温度随高度的增加而迅速升高。在太阳辐射的作用下，大部分气体分子发生电离，产生较高密度的带电粒子，故热层也称为电离层。电离层能反射无线电波，其波动对全球的无线通信有重要影响。

5. 散逸层

热层以上的大气层称为散逸层，是大气圈向星际空间的过渡地带。那里的空气极为稀薄，质点间距离很大。随着高度升高，地心引力减弱，导致距离地球表面越远，质点运动速度越快，以致一些空气质点不断向星际空间逃逸，故得名散逸层。散逸层的温度随高度增加略有升高。

大气密度随高度增加而减小，但无论在哪个高度，其密度也不为零，所以大气与星际空间无绝对的界限，但可以划分一个相对的上界。相对上界的确定因着眼点不同而异，气象学家认为，只要发生在最大高度上的某种现象与地面气候有关，便可定义这个高度为大气上界。

1.2.3　大气颗粒物

大气中含有固体或液体的悬浮粒子，这些悬浮粒子与承载它们的空气介质(气体组分)一起组成气溶胶(aerosol)体系。气溶胶体系中分散的各种粒子称为大气颗粒物(atmospheric particulate 或 atmospheric particle)，这些颗粒的直径往往在 1 nm～100 μm，具有胶体性质。颗粒物是造成空气污染最常见的形式。近年来，大气气溶胶体系中各种颗粒物的物理性质、化学组成、来源、环境和生态效应等成为研究的热点之一。习惯上，"大气气溶胶"和"大气颗粒物"这两个概念是通用的。

1. 颗粒物的粒度

粒度是颗粒物粒子粒径的大小。粒径大小一般指颗粒物的直径，但这不代表大气颗粒物是球形的。实际上，大气颗粒物形状不规则，把粒子看成球形不确切。粒径对于描述颗粒物的许多重要性质(如体积、质量和沉降速率等)非常重要。对于不规则的颗粒，实际工作中往往采用当量直径或有效直径表示，其中最常用的是空气动力学直径(D_p)。D_p 定义为与所表征粒子有相同终端降落速率的、密度为 1 g·cm^{-3} 的球体直径，可以用式(1-7)表达：

$$D_p = D_g k \sqrt{\frac{\rho_p}{\rho_0}} \tag{1-7}$$

式中，D_g 为几何直径；ρ_p 为不考虑浮力效应的颗粒密度；ρ_0 为参考密度，$\rho_0 = 1$ g·cm^{-3}；k 为形状系数(当粒子为球状时，$k = 1.0$)。从式(1-7)可以看出，对于球状粒子，ρ_p 对 D_p 有影响，当$\rho_p > 1$ g·cm^{-3}时，D_p比D_g大。由于大多数大气颗粒物$\rho_p \leqslant 10$ g·cm^{-3}，因此D_p和D_g的差值在 3 倍以内。文献中所说的颗粒物粒径，除了专门说明外，一般都是指空气动力学直径。

按照颗粒物粒径大小，可将大气颗粒物分为总悬浮颗粒物(total suspended particulate，TSP)、可吸入颗粒物(inhalable particles)和细颗粒物(fine particulate matter)。这些颗粒物的含量是表征大气环境质量的重要参数。总悬浮颗粒物是指悬浮在空气中的固态和液态颗粒物的总称，其粒径一般小于 100 μm，是环境监测的一个常规指标。可吸入颗粒物是指易于通过呼吸过程进入呼吸道的粒子。国际标准化组织(International Organization for Standardization，ISO)建议将可吸入粒子定义为空气动力学当量直径小于 10 μm 的颗粒物(PM$_{10}$)，此建议被广为接受。PM$_{10}$已被我国列为空气质量常规监测指标之一。按照全国科学技术名词审定委员会的定义，细颗粒物指空气动力学当量直径小于 2.5 μm、大于 0.1 μm 的颗粒物(PM$_{2.5}$)。2012 年，我国陆续在京津冀、长三角、珠三角等重点区域以及直辖市和省会城市开展 PM$_{2.5}$ 浓度监测。2015 年，我国所有地级以上城市均开展 PM$_{2.5}$ 浓度监测。

2. 颗粒物的形成

按照颗粒物的形成方式，大气颗粒物可分为一次颗粒物(primary particle 或 primary particulate)和二次颗粒物(secondary particle 或 secondary particulate)。一次颗粒物是指直接由天然或人为过程排放出来的颗粒物。其中，天然源包括森林火灾、火山喷发、风沙侵袭、海盐粒子、植物花粉和真菌孢子等。人为源主要包括汽车尾气、工业燃料燃烧、家庭供暖、食物烹饪和生物质燃烧等。

二次颗粒物指大气中的一次颗粒物、气相前体物质[如硫酸、硝酸、挥发性有机化合物(volatile organic compounds，VOCs)等]发生物理、化学和光化学反应所产生的颗粒物。相较一次颗粒物，二次颗粒物的形成机制非常复杂。在二次颗粒物的形成过程中，成核(nucleation)过程至关重要，主要是指气相前体物质通过气-液-固三相相变形成新生小颗粒的过程。新生成小颗粒的粒径往往只有 1～3 nm，远比 PM$_{2.5}$ 的粒径小。这些新颗粒在大气中不断长大最终形成 PM$_{2.5}$。在日常生活中，成核现象也十分普遍。人们冲热水澡的时候，会发现空气中飘着雾气。雾气之所以能生成，是因为水蒸气的蒸气压超过其饱和蒸气压，水蒸气发生相变凝结形成了非常小的水团簇，随后这个水团簇不断吸附附近的水蒸气，进而形成了雾气。

案例 1-1　近年来，我国遭遇了严重的大气颗粒物污染。明确大气颗粒物的形成机制是有针对性地控制颗粒物污染的基础。然而，人们对颗粒物形成机制的认识仍然有限。复旦大学的科学家借助先进的大气常压界面-飞行时间质谱等设备，对 1～3 nm 颗粒物的浓度和组成成分进行了长期观测，证明硫酸、二甲基胺和水汽等是上海地区纳米级颗粒物形成的关键气相前体。这些生成的纳米级颗粒物通过吸附空气中的其他组分不断增长，进而导致颗粒物污染。这一发现对揭示我国众多城市纳米颗粒物的形成机理有重要意义。

延伸阅读 1-1　大气中纳米颗粒物的形成

Zhang R, Khalizov A, Wang L, et al. 2012. Nucleation and growth of nanoparticles in the atmosphere. Chemical Reviews, 112(3): 1957-2011.

3. 颗粒物的组成

大气颗粒物的组成复杂，主要由化学物质组成，也包括少量生物成分，如微生物。当其来源不同时，化学组分差别也很大。总体上讲，大气颗粒物的化学组分可分为无机组分和有机组分。其中，无机组分主要包括硫酸盐(sulphate 或 sulfate)、硝酸盐(nitrate)、铵盐(ammonium)、钠盐等。

硫酸盐是大气颗粒物最为重要的组分之一。硫酸盐的一次来源主要包括工业源的硫酸和硫酸矿的开采。除一次来源外,硫酸盐还可经由前体物质二次转化形成。其中,SO_2 被氧化为三氧化硫(sulfur trioxide,SO_3)是硫酸盐二次形成的关键步骤。该氧化反应既可以发生在气相,也可以发生在云、雾表面。另外,海洋生物排放的二甲基硫在大气中经连续氧化反应,也能够形成硫酸盐。

硝酸盐也是大气颗粒物的关键成分之一。现今对硝酸盐的形成机制的认识远不及对硫酸盐的认识深入。大气中硝酸盐的一次来源较少,大多是二次转化形成。氮氧化物的光化学反应生成气态硝酸,气态硝酸在一定条件下成盐,进而进入颗粒相,成为颗粒物的重要组成成分。一般认为,沿海地区的大气中,颗粒物中的硝酸盐主要以硝酸钠的形式存在,它们主要来自气相的硝酸与海盐粒子的反应。而在内陆地区,硝酸盐则主要以硝酸铵的形式存在。

颗粒物中铵盐大多是二次转化形成的,因此铵盐也被认为是二次颗粒物形成的标志产物之一。铵盐形成的关键前体是大气中的氨气(ammonia,NH_3)。氨气与硫酸(sulfuric acid,H_2SO_4)、硝酸(nitric acid,HNO_3)、盐酸(hydrochloric acid,HCl)等经由成盐反应,形成 $(NH_4)_2SO_4$、NH_4NO_3、NH_4Cl 等铵盐。氨气主要来自动植物活动排放、动植物尸体腐烂、土壤微生物排放、农业生产中氮肥的使用、工业活动等。由于广泛而集中的农业生产,我国很多地区大气中的氨气浓度非常高,其体积分数超过 10^{-9},比欧洲和美国等地高 1~2 个数量级。近年来,有模型和观测指出,我国约有 30% 的 $PM_{2.5}$ 是由农业源的氨气造成的。因此,如何控制氨气已成为我国大气科学界的关键议题之一。

与无机成分相比,人们对颗粒物中的有机组分的化学组成、浓度水平和形成机制的认识还十分有限,主要是因为颗粒有机物由成百上千种有机物共同组成。这些有机物的物理化学性质差别很大,给分析表征带来了困难。目前,已经鉴定出的有机组分包括直链烷烃、直链羧酸、直链醛、脂肪族二元羧酸、二萜酸、芳香族多元酸、多环芳烃(polycyclic aromatic hydrocarbons,PAHs)、多环芳酮、多环芳醌等。

延伸阅读 1-2　城市 $PM_{2.5}$ 的形成

Zhang R Y, Wang G H, Guo S, et al. 2015. Formation of urban fine particulate matter. Chemical Reviews, 115(10): 3803-3855.

4. 颗粒物环境效应

大气颗粒物对人体具有很大的危害性。通常来讲,大气颗粒物主要经由呼吸作用进入人体。大气颗粒物的粒径越小,越容易通过呼吸道深入肺部。粒径大于 10 μm 的 TSP 大部分被阻留在鼻腔或口腔内,这些粒子的大量沉积可导致上呼吸道疾病,如鼻窦炎、过敏症等。$PM_{2.5}$ 不仅可以进入肺部,还可以进一步通过呼吸屏障进入循环系统,进而扩散到全身。因此,$PM_{2.5}$ 不仅可以引发气管炎、肺功能障碍、哮喘等呼吸系统疾病,还可以诱发心血管损伤、糖尿病等疾病。近年来的研究表明,细颗粒物与臭氧的联合作用是呼吸道发病率增多、心肺病死亡率日增的主要原因。另外,生物颗粒物(如孢子、霉菌、细菌、螨虫等)对人体健康的危害也已经引起重视。

大气颗粒物在大气化学过程、天气和气候变化等方面起着重要作用,如气相物质与大气颗粒物之间的化学过程,包括气体分子与固体颗粒表面的气/固非均相反应,以及气体分子扩散到液滴内发生的多相反应等。大气颗粒物中的细颗粒物可以降低大气的能见度，给交通和城市景观带来不利的影响。由于大气颗粒物的化学组成复杂，具有不同的粒度谱分布，因此颗粒物对太阳光具有不同的效应，如吸收、散射、反射作用，影响地球的热平衡和对云的成核作用，从而对气候产生直接或间接影响。

案例 1-2　为解决我国严重的空气污染问题，国务院于 2013 年发布了《大气污染防治行动计划》，简称"大气十条"。"大气十条"提出了 10 条共 35 项综合治理措施，重点行业整治、产业结构调整、能源结构优化、机动车污染治理等全面推行。其目标为到 2017 年，全国地级及以上城市可吸入颗粒物浓度比 2012 年下降 10% 以上，优良天数逐年提高；京津冀、长三角、珠三角等区域细颗粒物浓度分别下降 25%、20%、15% 左右，其中北京市细颗粒物年均浓度控制在 60 $\mu g \cdot m^{-3}$ 左右。随着污染防治攻坚战的全面开展，"大气十条"目标全面完成，与 2013 年相比，2017 年年度平均 $PM_{2.5}$ 浓度下降 33%，全国环境空气总体质量明显提高，"蓝天保卫战"成效显著。

延伸阅读 1-3　$PM_{2.5}$ 和 PM_{10} 对男性精液质量的影响

Zhou N Y, Jiang C T, Chen Q, et al. 2018. Exposures to atmospheric PM_{10} and $PM_{10-2.5}$ affect male semen quality: Results of MARHCS study. Environmental Science & Technology, 52(3): 1571-1581.

延伸阅读 1-4　2013～2017 年中国大气中 $PM_{2.5}$ 浓度削减的驱动力

Zhang Q, Zheng Y X, Tong D, et al. 2019. Drivers of improved $PM_{2.5}$ air quality in China from 2013 to 2017. Proceedings of the National Academy of Sciences of the United States of America, 116(49): 24463-24469.

1.2.4　O_3 的形成与损耗

大气 O_3 主要存在于平流层中，平流层 O_3 占整个大气 O_3 总量的 90% 以上，另外约有 10% 存在于对流层。O_3 浓度峰值出现在距地球表面 20～25 km 处，这里 O_3 浓度相对较高，因而被称为臭氧层(ozone layer)。O_3 在大气中的分布如图 1-3 所示。值得说明的是，臭氧层并不意味着 O_3 是该层的主要成分，只是相对于其他层而言 O_3 在该层的浓度最高，但它仍然是微量气体，最高体积分数也只有约 10^{-5}。臭氧层对于地表生态系统至关重要，这是由于它能够吸收 90% 以上来自太阳的紫外辐射，从而保护了地球上的生物免受伤害。如果平流层 O_3 含量减少(臭氧层变薄)，那么就会使其吸收紫外辐射的能力大大减弱，导致到达地面的 UV-B(波长 280～320 nm)区紫外辐射强度明显增加，给人类健康和生态环境带来严重的危害。

另外，O_3 对调节地球气温也具有重要作用。O_3 也是一种温室气体，低层大气中 O_3 可吸收地球表面反射回宇宙的红外辐射，使地球气温升高。平流层 O_3 含量的减少涉及两种相反的效应：一方面，吸收的紫外辐射会相应减少，到达地球表面的紫外辐射将会增加，从而使地球变暖；另一方面，平流层自身会变冷，释放的红外辐射将减少，导致地球变冷。当前，人们所关注的 O_3 问题主要涉及平流层中 O_3 含量的减少和低层大气中 O_3 含量的增加。

近 40 年来，人们逐渐认识到平流层大气中的一些微量成分，如氯自由基、含氢自由基、氮氧化物等对平流层 O_3 的损耗具有催化作用，而人类的某些活动能直接或间接地向平流层提供这些物种，使平流层 O_3 遭到破坏。20 世纪 80 年代中期，南极春季出现 O_3 浓度大幅下降，即形成了"臭氧洞"(ozone hole)。为保护臭氧层，联合国通过了《关于消耗臭氧层物质的蒙特利尔议定书》(Montreal Protocol on Substances that Deplete the Ozone Layer)，禁用了众多能够损耗 O_3 的化学品。图 1-4 展示了 1978～2016 年南极臭氧层厚度的最小值。其中，D.U. 是表征臭氧层厚度的单位，含义是将 0℃、标准海平面压力下 10^{-5} m 厚的臭氧定义为 1 个多布森单位

(Dobson Unit)，即 1 D.U.。可以看出，由于国际社会的共同努力，臭氧层正在曲折中逐渐恢复。

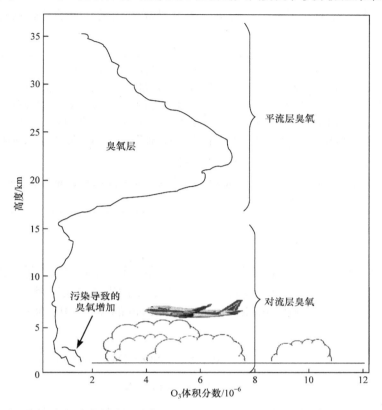

图 1-3　臭氧在大气中的分布(World Meteorological Organization，2018)
(Distribution of ozone in the atmosphere)

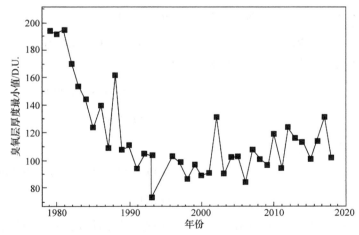

图 1-4　南极臭氧层厚度最小值(平均值)的逐年变化(NASA，2018)
(Yearly variation of antarctic minimum thickness of ozone layer over antarctica)

　　除平流层的臭氧层空洞，对流层的臭氧污染也备受关注。对流层臭氧污染是指人类活动向空气中排放的挥发性有机化合物、氮氧化物等经由一系列的光化学反应生成臭氧，进而导致近地面臭氧浓度过高的现象。臭氧浓度过高往往是光化学烟雾(详见第 3 章)污染的表现。同时，高浓度的臭氧严重损害呼吸道、中枢神经系统、眼睛等，对建筑物也有一定的腐蚀作用。近年来，我国众多城市出现臭氧浓度升高的状况，但是升高的具体原因有待进一步研究。

案例 1-3　　"大气十条"颁布以来，我国常规监测的大气污染物(PM$_{2.5}$、PM$_{10}$、O$_3$、CO、SO$_2$ 和 NO$_x$)中，臭氧是浓度"不降反升"的污染物，已经成为我国城市空气质量的"绊脚石"，引起广泛关注。Li 等(2019)基于大气数值模式和长期的外场观测，解释了 PM$_{2.5}$ 和 O$_3$ 控制的"跷跷板"效应，发现近年来我国城市大气中 PM$_{2.5}$ 浓度显著下降导致 HO$_2$· 自由基(O$_3$ 的前体物质之一)在颗粒物表面的反应汇减少，进而导致 O$_3$ 浓度的升高。这一发现，揭示出 O$_3$ 和大气颗粒物污染的密切关系，对我国展开 O$_3$ 和 PM$_{2.5}$ 联防联控有指导意义。

📖 延伸阅读 1-5　PM$_{2.5}$ 和臭氧浓度的"跷跷板"效应

Li K, Jacob D J, Liao H, et al. 2019. A two-pollutant strategy for improving ozone and particulate air quality in China. Nature Geoscience, 12(11): 906-910.

---

1. 清洁大气中臭氧形成和损耗

清洁大气一般指远离污染源的空气，其空气组成接近天然的空气。虽然清洁大气的组成较为简单，但也存在着一些影响 O$_3$ 形成的关键物种，如微生物向大气释放的氮氧化物、植物释放生物源挥发性有机化合物(biogenic volatile organic compounds，BVOCs)等，通过光化学反应形成 O$_3$：

$$NO_2 \longrightarrow NO + O \ (\lambda < 420 \text{ nm})$$

$$O + O_2 + M \longrightarrow O_3 + M$$

这里 M 为 N$_2$ 和 O$_2$ 等可以吸收过剩能量的气体分子。生成的 NO 可以被 O$_3$ 氧化，造成 O$_3$ 的损耗：

$$NO + O_3 \longrightarrow O_2 + NO_2$$

以上的 O$_3$ 形成和损耗途径既可以在对流层发生，也可以在平流层发生。

平流层中的 O$_2$ 分子可以发生直接光解生成 O$_3$，即

$$O_2 \longrightarrow O + O \ (\lambda < 243 \text{ nm})$$

$$2O + 2O_2 + M \longrightarrow 2O_3 + M$$

同时，平流层 O$_3$ 也可以光解：

$$O_3 \longrightarrow O_2 + O \ (210 \text{ nm} < \lambda < 290 \text{ nm})$$

$$O_3 + O \longrightarrow 2O_2$$

这一过程就是臭氧层吸收了来自太阳的大部分紫外光，从而使地面生物免受紫外光伤害的原因。上述过程中，O$_3$ 的形成与损耗同时进行，当臭氧层未被污染时，O$_3$ 的浓度处于动态平衡。

在清洁大气中，BVOCs 能够影响 O$_3$ 的生成和损耗。一些 BVOCs 的光化学反应能够形成 O$_3$。含有碳碳双键的 BVOCs (如 α-蒎烯)可以被对流层 O$_3$ 氧化形成醛酮类有机物，从而损耗 O$_3$。值得指出的是，这些 BVOCs 在大气中的寿命往往较短，难以经由大气垂直运动进入平流层，因此其对平流层 O$_3$ 的影响十分有限。

2. 人类活动对臭氧损耗的影响

有些人类排放的污染物进入大气中，能够参与 O_3 的形成和损耗反应，进而改变对流层和平流层中原有的 O_3 平衡，分别造成了对流层的 O_3 污染和平流层的臭氧层空洞。其中，汽车尾气、超音速飞机等直接排放的氮氧化物打破了 O_3 原有的动态平衡，影响 O_3 的浓度。另外，一些含有羰基的人为源挥发性有机化合物(anthropogenic volatile organic compounds，AVOCs)，如甲醛，能够通过加快 NO_2 形成，促使 O_3 生成。例如：

$$HCHO \longrightarrow \cdot CHO + H\cdot \ (\lambda < 360 \ nm)$$

$$\cdot CHO + O_2 \longrightarrow HO_2\cdot + CO$$

$$HO_2\cdot + NO \longrightarrow NO_2 + \cdot OH$$

$$NO_2 \longrightarrow NO + O \ (\lambda < 420 \ nm)$$

$$O + O_2 + M \longrightarrow O_3 + M$$

这些人为源的氮氧化物、AVOCs 的排放造成对流层 O_3 的浓度上升。大部分 AVOCs(如甲醛)在大气中的寿命较短，难以进入平流层，因此它们对平流层 O_3 的影响十分有限。

3. 损耗臭氧的人工合成物质

一些人工合成的化合物难以被羟基自由基(hydroxyl radical，$\cdot OH$)和 O_3 等直接氧化，但进入平流层后，通过光化学反应加速了臭氧的损耗，导致臭氧层变薄。其中，氯氟烃(chlorofluorocarbon，CFCs)，俗称氟利昂(freon)，是一系列氯氟烃化合物的总称，由美国杜邦公司最早开发生产，被广泛用作制冷剂。20 世纪 80 年代，每年大约有 10^6 t CFCs 被释放到大气中。CFCs 具有优异的化学稳定性、不燃性，可迁移进入平流层，迁移半减期为 3～10 年，并可在平流层停留 40～150 年。在距离地球表面约 24 km 高度处，CFCs 吸收波长 175～220 nm 的紫外光，分解放出 $Cl\cdot$，进而损耗 O_3。例如：

$$CFCl_3 \longrightarrow \cdot CFCl_2 + Cl\cdot \ (175 \ nm < \lambda < 220 \ nm)$$

$$CF_2Cl_2 \longrightarrow \cdot CF_2Cl + Cl\cdot \ (175 \ nm < \lambda < 220 \ nm)$$

$$Cl\cdot + O_3 \longrightarrow ClO\cdot + O_2$$

$$ClO\cdot + O \longrightarrow Cl\cdot + O_2$$

每种 CFC 有一个商业编号，与其分子式相对应。CFC 的编号按规则从左至右第一个编号是碳原子数减 1，第二个是氢原子数加 1，第三个是氟原子数，氯原子不编号。例如，$C_2H_2F_4$ 就写作 CFC-134。相反，也可从 CFC 编号推出对应的分子式，就是编号加 90，所得数字的百位、十位、个位即是分子中 C、H、F 的数目，再根据非碳原子数之和为 $2n + 2$ (n 为碳原子数)，$2n + 2$ 减去 H、F 原子数目，即得到氯原子的数目。例如，CFC-11，11 加 90 等于 101，分子中含 1 个 C、0 个 H 和 1 个 F，$2 \times 1 + 2 - (0 + 1) = 3$，所以 Cl 的数目为 3，得分子式为 $CFCl_3$。

哈龙(halon)主要指含溴的一类人工合成的卤代烷烃化合物，主要用作灭火剂。哈龙类物质迁移进入平流层后，光解产生 $Br\cdot$，引发臭氧分解的链式反应。哈龙类物质消耗臭氧的潜能值比氟氯烃要大 3～10 倍。《关于消耗臭氧层物质的蒙特利尔议定书》规定的受控物质中有 3 种哈龙(哈龙 1211，CF_2BrCl；哈龙 1301，CF_3Br；哈龙 2402，$C_2F_4Br_2$)。另外，甲基溴(methyl bromide，CH_3Br)也是一种消耗臭氧物质。甲基溴主要用作土壤熏蒸剂，是一种农药。海洋生物过程和森林火灾也有甲基溴被排入大气中。

1.2.5　全球气候变化

全球气候变化(global climate change)是指在全球范围内,气候平均状态统计学意义上的巨大改变或者持续较长一段时间的气候变动。自 1861 年以来,CO_2、CH_4 等温室气体的排放逐年增加,导致温室效应(greenhouse effect),引起了世界各国的关注。2018 年,联合国政府间气候变化专门委员会(Intergovernmental Panel on Climate Change,IPCC)发布《全球升温 1.5℃特别报告》,该报告是 2016 年《巴黎气候协定》的直接产物。报告认为,受温室气体(如 CO_2、CH_4)排放的影响,在未来几十年内,全球平均气温将继续升高。这些温室气体浓度持续增加,可使地表温度不断升高,进而导致极地冰川融化,海平面上升,全球气候变化异常(不正常暴雨、干旱现象及沙漠化现象),对生态环境、人类社会及生命安全等都造成深远的影响。

1. 温室效应

进入大气的太阳辐射约 47%通过直接辐射、云辐射、颗粒物辐射等方式抵达地球表面(图 1-5)。抵达地球表面的辐射有少量紫外光、大量可见光和长波红外光,这些辐射被地表吸收使地表变暖,同时地表以长波辐射的方式向外空间释放能量,从而维持地球热平衡。地表释放的能量通过传导、对流和辐射三种能量传输机制来完成。被地表反射回外部空间的长波辐射能量,可被大气中能够吸收长波辐射的气体(如 CO_2、CH_4)吸收后再次反射回地表,从而保证地球热量不大量散失。

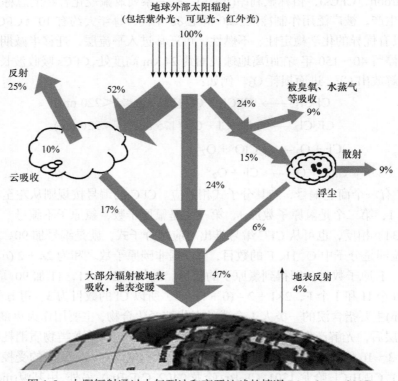

图 1-5　太阳辐射通过大气到达和离开地球的情况(Manahan,2017)
(Solar irradiation reaching and leaving the earth)

　　大气中的 CO_2、CH_4 等气体可以强烈地吸收波长 1200～1630 nm 的红外辐射，因而它们在大气中的存在对截留红外辐射能量影响较大。这些气体如同温室的玻璃一样，它允许来自太阳的可见光到达地球表面，但阻止地球表面重新辐射的红外光返回外空间，因此这些温室气体起到了单向过滤作用，把能量截留在大气之中，从而使大气温度升高，这种现象称为温室效应。

　　正常的温室效应有利于全球生态系统。由于大气中温室效应的存在，地球表面的平均温度维持在 15℃，地球生命才能延续；同时温室效应也和一些其他"制冷效应"机制相平衡，保持地球热量的平衡。如果大气中温室气体增多，使过多的能量保留在大气中而不能正常地向外空间辐射，就会使地表和大气的平衡温度升高，对整个地球的生态平衡产生巨大影响。

案例 1-4　2019 年 9 月，联合国在美国纽约召开气候峰会，针对全球变暖等议题展开讨论。在大会开始前夕，世界气象组织(World Meteorological Organization，WMO)公布相关报告，总结了近年来出现的全球变暖的成因和影响。WMO 汇编的这份报告指出，由于碳排放量猛增，2015～2019 年间的平均气温比工业化时期前的气温高 1.1℃，比 2011～2015 年间高 0.2℃，为有纪录以来的最高。报告还显示，由于 CO_2 排放量达新高(平均浓度为 407.8 ppmv)，海平面上升的速度明显加快。自 1993 年至今，全球海平面每年平均上升 3.2 mm；然而，从 2014 年 5 月开始到 2019 年，全球海平面每年平均上升 5 mm。从 2007 年至 2016 年的 10 年间，每年平均上升约 4 mm。WMO 呼吁，必须立即努力达成减排目标。

---

2. 温室气体

　　能够引起温室效应的气体称为温室气体(greenhouse gas)。温室气体主要包括两种：一种是能吸收和发射红外辐射的气体，称为辐射活性气体，包括 CO_2、CH_4、N_2O 和卤代烃等寿命较长、在对流层中均匀混合的气体，也包括时空分布差异很大的 O_3；另一种是不能或只能微弱地吸收和发射红外辐射，但可以通过化学转化来影响辐射活性气体浓度的气体，称为反应活性气体，包括 NO_x、CO 等。图 1-6 展示了大气中五种重要的温室气体的体积分数的逐年变化。

　　为评估温室气体以及大气中其他组分(如大气颗粒物等)对地球辐射平衡的影响，IPCC 引入了辐射强迫(radiative forcing)这一概念。辐射强迫是指某种"扰动"引起的对流层顶垂直方向上的净辐射变化，单位是 $W \cdot m^{-2}$。其中，"扰动"既可以是温室气体、大气颗粒物浓度相对于 1750 年(工业革命前)浓度的变化，也可以是太阳辐射的变化。一般来说，温室气体的辐射强迫值越大，它们对温室效应的贡献越大。表 1-2 列出了五种重要的温室气体的辐射强迫值。

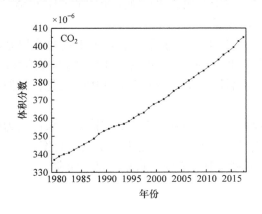
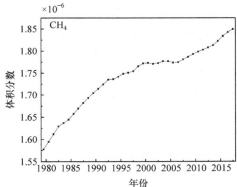

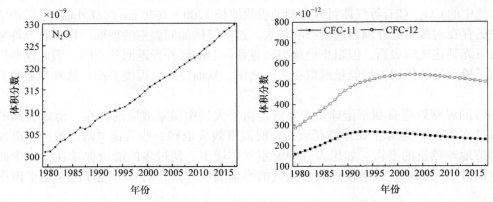

图 1-6　　五种重要温室气体在全球大气中的平均体积分数

(Atmospheric volume fraction of five important greenhouse gases. Adapted from USA National Oceanic and Atmospheric Administration，2020)

表 1-2　　五种重要温室气体的辐射强迫值

(Radiative forcing of five important greenhouse gases. USA National Oceanic and Atmospheric Administration, 2020)

年份	辐射强迫/(W · m⁻²)				
	CO_2	CH_4	N_2O	CFC-11	CFC-12
1980	1.058	0.413	0.104	0.097	0.042
1990	1.292	0.459	0.129	0.154	0.065
2000	1.513	0.481	0.151	0.173	0.065
2010	1.791	0.491	0.175	0.17	0.06
2017	2.013	0.509	0.195	0.163	0.057

　　(1) CO_2。CO_2 是人们最为熟知、浓度最高的温室气体。全球大气中 CO_2 的平均体积分数已经从工业化前的约 $2.8×10^{-4}$，增加到了 2022 年的 $4.2×10^{-4}$。这些增加的 CO_2 的主要来源是矿物燃料的燃烧。另外，由于人类大量砍伐森林和破坏草原，地球表面的植被日趋减少，以致降低了植物对 CO_2 的吸收作用。

　　(2) CH_4。CH_4 是一种重要的温室气体。2017 年，全球 CH_4 的平均体积分数约为 $1.85×10^{-6}$，是工业化前的 2 倍以上。虽然 CH_4 在大气中的体积分数小于 CO_2，但是 CH_4 吸收红外辐射的能力是 CO_2 的 26 倍左右。因此，CH_4 对全球变暖也有显著的贡献，其贡献率为 20%～25%。值得注意的是，由于全球变暖，以水合物的形式存在于海底或永久冻土层中的 CH_4 可能被"唤醒"，它们进入大气中，引发的连锁效应加剧全球变暖。

　　(3) 氧化亚氮(nitrous oxide，N_2O)。截至 2017 年，全球大气中氧化亚氮的体积分数为 $3.3×10^{-7}$，大约比工业化前高 21%。在过去几十年里，N_2O 以每年约 $8×10^{-10}$ 的速度线性增加。目前大气中 N_2O 的增加主要来源于人类活动，特别是农业及相关土地利用的变化，其他来源还有家畜饲养和化学工业等。

　　(4) 卤代烃。20 世纪以前，合成卤代烃化合物在大气中并不存在，它们完全来自人为排放(工业排放为主)。由于执行《关于消耗臭氧层物质的蒙特利尔议定书》及其修订案，从 1995 年开始，许多氯氟烃和其他受控卤代烃化合物在大气中的浓度增长很慢甚至下降。

3. 应对措施

　　1992 年，联合国通过了《联合国气候变化框架公约》(United Nations Framework Convention on Climate Change)，期望全世界共同努力，抑制温室气体的排放，目标为"将大气中温室气体的浓度稳定在防止气候系统受到威胁的人为的干扰水平上"。1997 年，该公约第 3 次缔约国大会通过了《京都议定书》(Kyoto Protocol)，明确提出削减六种温室气体，包括 CO_2、CH_4、N_2O、氢氟碳化物、全氟碳化物及六氟化硫。2016 年，全球 170 多位国家领导人签署了《巴黎协定》(The Paris Agreement)。该协定为全球应对气候变化行动提出了总体安排，力求将 21 世纪全球平均气温上升幅度控制在 2℃以内，并争取全球气温上升控制在前工业化时期水平之上 1.5℃以内。2022 年，《联合国气候变化框架公约》第 27 次缔约方大会在《巴黎协定》的基础上，进一步审议并通过了《沙姆沙伊赫实施计划》(Sharm el-Sheikh Implementation Plan)，重申坚持多边主义，强调气候危机紧迫性，体现了各方团结应对气候变化的积极意愿和行动安排。我国积极采取有力的政策和措施，控制二氧化碳排放。2021 年，我国单位 GDP 二氧化碳排放比 2020 年降低 3.8%，比 2005 年累计下降 50.8%，非化石能源占一次能源消费比重达到 16.6%，风电、太阳能发电总装机容量达到 6.35 亿千瓦，单位 GDP 煤炭消耗显著降低，为全球共同应对气候变化做出积极贡献。

　　延伸阅读 1-6　全球变暖 1.5℃
Intergovernmental Panel on Climate Change. 2018. Global Warming of 1.5℃. Cambridge: Cambridge University Press.

1.3　水　圈

　　水是地球上分布最广、最重要的化学物质之一，是参与生命形成过程及其物质、能量转换的重要因素。能量和物质主要通过水在环境各个圈层中流动。水可以将可溶性矿物质转移到海洋，或形成矿物沉积物，也可以将营养元素输送到植物的根部，进而进入植物体内。海水蒸发吸收的太阳能可以作为潜在热量而释放到内陆地区。伴随着潜在热量的释放，能量可以从赤道地区传输到两极地区，并形成降雨。在自然环境中，水主要以河流、冰川、海洋、湖泊、沼泽、雨、雪、水蒸气、地下水、岩浆水、细胞液和血液等形式存在于水圈、大气圈、土壤圈和生物圈中。

　　水圈是指液态和固态水体所覆盖的地球空间，是地球表层水体的总称。水圈中的水上界可达大气对流层顶部，下界至深层地下水的下限。水体是指由天然或人工形成的水的聚积体，如海洋、河流(运河)、湖泊(水库)、沼泽、冰川、积雪、地下水等。这些水体形成一个断断续续围绕地球表层的水壳，即水圈，水圈质量约为 $1.4×10^{21}$ kg，占地球总质量的 0.024%。水圈同大气圈、岩石圈、土壤圈和生物圈共同组成地球外壳最基本的自然圈层。水圈处于连续的运动状态，大气中水的更新期约为 8 天，河水更新期约为 16 天，土壤水更新期约为 1 年，深层地下水更新期约为 1400 年，大洋更新期约为 2500 年，极地冰川更新期为近 1 万年。海洋是水圈中最大的水体。大陆冰盖、冰川和永久积雪是水圈中最大的淡水水体。

　　天然水是构成自然界各种形态水相的总称，包括江河、海洋、冰川、湖泊、沼泽等地表水以及土壤、岩石层内的地下水等。天然水总量约为 $1.386×10^{18}$ m³，其中海洋为 $1.348×10^{18}$ m³，约占总储量的 97.25%。冰川和冰帽约占 2.14%，江河、湖泊等地表水以及地下水约占 0.62%。

大部分河水和部分湖水为淡水，约占淡水总量的 2.7%，可供人类使用的仅为 0.64%。我国有天然水约 $2.72×10^{12}$ m^3，居世界第 6 位，但人均水量仅为世界人均水量的 25%。

1.3.1　天然水的组成

天然水的化学成分十分复杂，含有可溶性物质(如离子、溶解性气体和有机物)、胶体物质(如硅胶、腐殖酸)和悬浮物(如黏土)等。

1. 天然水中的主要离子

天然水中存在许多盐类物质，包括钠、镁、铁等的硫酸盐、硝酸盐、碳酸盐和卤化物等可溶性盐类和一些不溶盐类。天然水中常见的八大离子分别为 K^+、Na^+、Ca^{2+}、Mg^{2+}、HCO_3^-、NO_3^-、Cl^- 和 SO_4^{2-}，占天然水离子总量的 95%~99%。水中的金属离子常以多种形态存在，可以通过酸碱解离、溶解-沉淀、配位平衡及氧化还原等作用达到最稳定的状态。

天然水体中的主要阳离子有 Ca^{2+}、Mg^{2+}、Na^+、K^+ 等，它们主要来自天然矿物。Ca^{2+} 是天然淡水中含量较多的阳离子(浓度范围为 25~636 mg·L^{-1})，其地质来源很多，通常来自钙长石等。Mg^{2+} 在天然淡水中浓度范围为 8.5~242 mg·L^{-1}，主要来自镁橄榄石等。Na^+ 在天然水中的浓度范围为 1.0~124 mg·L^{-1}，是表征高矿化水的主要离子。尽管淡水中含有 Na^+，但其含量远远小于 Ca^{2+} 和 Mg^{2+}，Na^+ 极易溶解，在环境中很难沉淀，可被黏土矿物吸附。K^+ 在天然水中的浓度范围为 0.8~2.8 mg·L^{-1}，主要来自正长石矿物。同 Na^+ 一样，K^+ 在环境中很难沉淀。Al^{3+}、Fe^{3+} 和 Mn^{2+} 在水中很少，浓度一般不超过 1 mg·L^{-1}。铝大多以溶解度很小的 $Al(OH)Cl_2$、$Al(OH)_2Cl$、$Al(OH)_3$ 等胶体形式存在于水体中。铁多以 $[Fe(OH)]^{2+}$、$[Fe(OH)_2]^+$、$[Fe_2(OH)_2]^{4+}$ 和 Fe^{3+} 形式存在于水体中。锰容易氧化形成水合二氧化锰，使水质浑浊。

天然水体中的主要阴离子有 Cl^-、SO_4^{2-}、HCO_3^- 和 NO_3^- 等。Cl^- 是海水中的主要阴离子成分，主要来源于沉积岩(卤石岩等)。各种天然水中的 Cl^- 的含量差别很大，河水中 Cl^- 含量为 1~35 mg·L^{-1}，而海水中的含量高达 19.35 g·L^{-1}。HCO_3^- 和 CO_3^{2-} 也是淡水的重要阴离子成分。在河水和湖水中，HCO_3^- 的含量一般不超过 250 mg·L^{-1}，少数情况可达 800 mg·L^{-1}。SO_4^{2-} 由金属硫化物与氧气反应生成而进入水体，该过程可用下式表示：

$$2FeS_2 + 7O_2 + 2H_2O \longrightarrow 2FeSO_4 + 2H_2SO_4$$

2. 溶解性气体

天然水中含量较多的气体有 O_2、N_2 和 CO_2，含量较少或者在特殊条件下出现的气体有硫化氢、甲烷、氨气和氡气。氧气和二氧化碳影响水生生物的生存、繁殖以及水中物质的溶解和反应等化学过程和微生物的生化过程。溶解在水中的氧称为溶解氧(dissolved oxygen，DO)，DO 主要来自空气以及水生植物光合作用所产生的氧。生物的呼吸作用和有机物的氧化过程都会消耗 DO。当水体受到有机物的严重污染时，水中 DO 量可降到零，这时有机物在缺氧条件下分解就会出现腐败发酵现象，使水质严重恶化。

大多数天然水体中都含有溶解的 CO_2，其主要来源是水体或土壤中有机物氧化时的分解产物，以及空气中 CO_2 在水中的溶解。当水中 CO_2 浓度过高时，就会影响水生动物的呼吸和气体交换过程，导致生物死亡。通常，水中的 CO_2 含量不应超过 25 mg·L^{-1}。

天然水中还有少量硫化氢(H_2S)，主要来源于含硫蛋白质的分解和硫酸盐类物质的还原作用，还有火山的喷发等。一般地表水中 H_2S 含量很低，而在深层地下水、矿泉水中 H_2S 含量较高。

溶解在水中的气体对于生物的生存非常重要。例如，水生动物需要呼吸氧气而放出 CO_2，水生植物(如藻类等)则需要 CO_2 进行光合作用。

气相中某气体的浓度(分压)与该气体在溶液中平衡浓度的关系可用亨利定律(Henry's law)来表征。亨利定律指出，一定温度和平衡状态下，理想化稀溶液上面溶质的蒸气压与该溶质在溶液中的摩尔分数成正比。理想化稀溶液就是当溶液中溶剂的摩尔分数接近 1，溶质的浓度非常低的溶液。亨利定律的另一种表述是：在恒温和平衡状态下，一种气体在液体中的浓度与该气体的平衡压力成正比。但必须注意，亨利定律所描述的溶质在气相和液相中的分子形态必须是相同的，亨利定律不能说明气体在溶液中进一步的化学反应。例如：

$$CO_2 + H_2O \Longleftrightarrow H^+ + HCO_3^-$$

$$SO_2 + H_2O \Longleftrightarrow H^+ + HSO_3^-$$

因此，气体溶解在水中的量，可以远远高于亨利定律所指示的量。如果气体 i 在水中不发生反应，其在水中的平衡浓度($c_{w,i}$，$mol \cdot L^{-1}$)可用如下亨利定律表达式计算：

$$c_{w,i} = p_i / K_{H,i} \tag{1-8}$$

式中，$K_{H,i}$ 为气体 i 在一定温度下的亨利常数($Pa \cdot L \cdot mol^{-1}$)；$p_i$ 为该气体的分压(Pa)。

表 1-3 列出一些气体在水中的 $K_{H,i}$ 值。在计算水中溶解性气体的浓度时，需要对水蒸气的分压加以校正(在温度较低时，这个数值很小)，表 1-4 给出水在不同温度下的分压。根据这些参数，就可按亨利定律算出溶解在水中气体的平衡浓度。

表 1-3　25℃时一些气体在水中的亨利常数(戴树桂，2006)

(Henry's law constants for some gases in water at 25℃)

气体	$K_{H,i}/(Pa \cdot L \cdot mol^{-1})$	气体	$K_{H,i}/(Pa \cdot L \cdot mol^{-1})$
O_2	7.94×10^7	N_2	1.56×10^8
O_3	1.09×10^7	NO	5.08×10^7
CO_2	2.99×10^6	NO_2	1.03×10^7
CH_4	7.58×10^7	HNO_2	2.07×10^3
C_2H_4	2.07×10^7	HNO_3	4.83×10^{-1}
H_2	1.28×10^8	NH_3	1.63×10^3
H_2O_2	1.43	SO_2	8.20×10^4

表 1-4　水在不同温度下的分压(戴树桂，2006)

(Partial pressure of water for different temperatures)

$t/℃$	p_{H_2O}/Pa	$t/℃$	p_{H_2O}/Pa	$t/℃$	p_{H_2O}/Pa	$t/℃$	p_{H_2O}/Pa
0	611	15	1705	30	4241	45	9581
5	872	20	2337	35	5621	50	12330
10	1228	25	3167	40	7374	100	101300

气体的溶解度随温度的升高而降低，这种影响可由克拉佩龙-克劳修斯(Clapeyron-Clausius)方程表示：

$$\lg \frac{c_2}{c_1} = \frac{\Delta H}{2.303R}\left(\frac{1}{T_1} - \frac{1}{T_2}\right) \tag{1-9}$$

式中，c_1 和 c_2 分别为热力学温度 T_1 和 T_2 时气体在水中的浓度；ΔH 为溶解热($J \cdot mol^{-1}$)；R 为摩尔气体常量($8.314\ J \cdot mol^{-1} \cdot K^{-1}$)。当温度从 $0°C$ 上升到 $35°C$ 时，氧气在水中的溶解度将从 $14.74\ mg \cdot L^{-1}$ 降低到 $7.03\ mg \cdot L^{-1}$。

【例 1-2】 已知 O_2 在干燥空气中的含量为 20.95%，水在 $25°C$ 时的蒸气压为 $3.167×10^3\ Pa$，O_2 的亨利常数为 $7.94×10^7\ Pa \cdot L \cdot mol^{-1}(25°C)$，求 O_2 在水中的平衡浓度。

解　O_2 的分压：

$$p_{O_2} = (1.01325 - 0.03167)×10^5\ Pa×20.95\% = 2.056×10^4\ Pa$$

O_2 在水中平衡浓度为

$$c_w = p_{O_2}/K_H = (2.056×10^4\ Pa)/(7.94×10^7\ Pa \cdot L \cdot mol^{-1}) = 2.59×10^{-4}\ mol \cdot L^{-1}$$

O_2 的摩尔质量为 $32\ g \cdot mol^{-1}$，因此其溶解度为

$$32\ g \cdot mol^{-1}×2.59×10^{-4}\ mol \cdot L^{-1} = 8.3\ mg \cdot L^{-1}$$

【例 1-3】 已知 CO_2 在干燥空气中的含量为 0.0314%，水在 $25°C$ 时的蒸气压为 $3.167×10^3\ Pa$，CO_2 的亨利常数为 $2.99×10^6\ Pa \cdot L \cdot mol^{-1}(25°C)$，$H_2CO_3$ 的酸解离常数 $K_1 = 4.45×10^{-7}$，$K_2 = 4.69×10^{-11}$，求 CO_2 在水中的溶解度。

解　CO_2 的分压：

$$p_{CO_2} = (1.01325 - 0.03167)×10^5\ Pa×0.0314\% = 30.8\ Pa$$

水中 CO_2 与空气中 CO_2 达到平衡的浓度为

$$c_w = p_{CO_2}/K_H = 30.8\ Pa/(2.99×10^6\ Pa \cdot L \cdot mol^{-1}) = 1.03×10^{-5}\ mol \cdot L^{-1}$$

CO_2 溶解生成的 H_2CO_3 解离产生 H^+ 和 HCO_3^-，H^+ 及 HCO_3^- 的浓度可由 H_2CO_3 的酸解离常数(K_1)计算出：

$$H_2CO_3 \rightleftharpoons H^+ + HCO_3^-$$

$$HCO_3^- \rightleftharpoons H^+ + CO_3^{2-}$$

$$K_1 = [H^+][HCO_3^-]/[H_2CO_3]$$

$$K_2 = [H^+][CO_3^{2-}]/[HCO_3^-]$$

$$[HCO_3^-] = K_1[H_2CO_3]/[H^+], \quad [CO_3^{2-}] = K_1K_2[H_2CO_3]/[H^+]^2$$

根据上式，假设 $[CO_2(aq)] = [H_2CO_3] = 1.03×10^{-5}\ mol \cdot L^{-1}$，如果知道 pH，就可以计算出 $[HCO_3^-]$ 和 $[CO_3^{2-}]$，进而求出 CO_2 在水中溶解的最大量。如果忽略 H_2CO_3 的二级解离，则可认为由于一级解离的结果：

$$[H^+] = [HCO_3^-], \quad [H^+]^2/[H_2CO_3] = K_1 = 4.45×10^{-7}$$

$$[HCO_3^-] = [H^+] = 2.14×10^{-6}\ mol \cdot L^{-1}$$

这种情况下，CO_2 在水中的溶解度应为

$$[H_2CO_3] + [HCO_3^-] = 1.24×10^{-5}\ mol \cdot L^{-1}$$

3. 溶解性有机物、悬浮物和胶体物质

天然水中溶解性有机物的种类繁多，包括碳水化合物、脂肪、蛋白质、维生素及其他低相对分子质量的有机物等。有机物对水质及水生生物有多方面错综复杂的影响，适量有机物的存在是使水质维持一定肥力的重要条件，而过量有机物的存在将会使水质恶化。溶解性有机质(dissolved organic matter，DOM)几乎存在于所有水体中，其浓度范围为 $0.1 \sim 10 \ mg \cdot L^{-1}$，地表水中 DOM 主要包括三类物质：腐殖质(humic substance)、多糖(polysaccharide)和蛋白质(protein)。

水体中的悬浮颗粒物粒径为 100 nm 以上，这些颗粒物分散在整个水体中，主要由泥沙、黏土、原生动物、藻类、细菌及有机物等组成。在天然水体的表面，往往漂浮着各种固体物质以及一些疏水性物质，形成微表层。水体表面和水体中生活着一些藻类及微小水生生物。水体底层的沉积物中含有各种粒度不等的砾、砂、黏土、淤泥等悬浮物，生物的排泄物和尸体，以及各种天然和人工合成的化学物质(如金属、颗粒状有机物等)。

胶体粒子的粒径为 $1 \sim 100$ nm，胶体是许多离子和分子的集合物。天然水中的无机矿物质胶体粒子主要是铁、铝和硅的化合物，有机胶体物质主要是腐殖质。腐殖质是影响天然水体水质的重要有机物，一般呈褐色或黑色，无定形。腐殖质是一种带负电的高分子弱电解质，比土壤黏粒有更强的吸持水分和养分离子的能力。腐殖质是生物质、微生物残骸或分泌物在土壤、水和沉积物中转化而形成的，相对分子质量为 $300 \sim 30000$。根据腐殖质在酸和碱溶液中的溶解情况，将它们分为三类：富里酸(fulvic acid，FA)，也称黄腐酸，其相对分子质量为几百至几千，可溶于碱和酸；腐殖酸(humic acid，HA)，也称棕腐酸，其相对分子质量为几千至几万，可溶于稀碱溶液，但不溶于酸；胡敏素(humin)，也称腐黑物，不溶于酸和碱。

现有资料表明，三种腐殖质结构是相似的，其共同的特点是除含有大量苯环外，还含有大量羟基(—OH)、羧基(—COOH)、羰基($\geqslant$C=O)等活性基团。三类腐殖质只在相对分子质量、元素和官能团含量上有差别。富里酸相对分子质量较小，碳和氮含量也较少，分别为 $40\% \sim 50\%$ 和 $1\% \sim 3\%$，而氧的含量较多，为 $44\% \sim 50\%$，氢为 $6\% \sim 8\%$，这说明富里酸中单位质量的含氧官能团较多，因而亲水性也较强。腐殖酸和胡敏素中碳含量为 $50\% \sim 60\%$，氧含量为 $30\% \sim 35\%$，氢含量为 $4\% \sim 6\%$，氮含量为 $2\% \sim 4\%$。腐殖质分子的最大特点是其芳环结构上带有很多活性基团，这类活性基团有羧基、酚羟基、醇羟基、甲氧基、醛基、醌基和氨基等多种，并以氢键组成网络，这种结构孔洞很多。与脂肪族的单羟基和多羟基物质(如柠檬酸、葡萄糖酸等)不同，腐殖质的分子具有收缩性和膨胀性，是很好的吸附载体。它们能与金属离子和金属水合氧化物发生离子交换、表面吸附、配位和螯合、凝结和胶溶作用等，使得腐殖质与金属离子和水合氧化物有较强的结合能力，因而它们在很大程度上能影响水体和土壤中的微量元素和有毒物质的迁移、富集和固定。

延伸阅读 1-7　溶解性有机质和无机胶体的相互作用

Philippe A, Schaumann G E. 2014. Interactions of dissolved organic matter with natural and engineered inorganic colloids: A review. Environmental Science & Technology, 48(16): 8946-8962.

4. 水生生物

水生生物(hydrobiont)是生活在各类水体中生物的总称，其种类繁多，包括浮游生物、周丛生物、底栖动物、鱼类和微生物等。按营养方式划分一般分为自养生物(藻类等水生植物)、

异养生物(轮虫和鱼类等水生动物);按功能划分一般分为生产者(producer)、消费者(consumer)和分解者(decomposer)。藻类是典型的浮游自养水生生物,它们是水生态中的生产者,能在阳光辐照条件下,以水、二氧化碳和溶解性氮、磷等营养物为原料,不断合成有机物,并放出氧气。鱼类等异养生物则利用自养生物产生的有机物作为能源合成其自身生命的原始物质,它们是水生态系统中的消费者。细菌等微生物可以起分解物质的作用,在适宜环境条件下,可以大量繁殖,广泛分布,是关系到水环境自然净化和废水生物处理过程的重要微生物。

水生生物的种类和数量可以反映水质的好坏。有些水生生物(如襀翅目、蜉蝣目稚虫或毛翅目幼虫等)适于在清洁水域生活,而颤蚓科、蜂蝇幼虫和污水菌等生物多出现在受有机物污染严重的水域,多毛类小头虫多存在于受污染的海洋中。水生生物的种类和存亡标志着水质变化程度,因此成为衡量水体污染程度的指标。通过水生生物的调查可以评价水体污染状况。

1.3.2　天然水的性质

1. 碳酸平衡

大气中含有一定的 CO_2,因此在所有天然水中都含有相应浓度的溶解态 $CO_2(aq)$,CO_2 和水反应生成的 H_2CO_3 以及 H_2CO_3 解离生成的 HCO_3^- 和 CO_3^{2-}。由于光合作用和呼吸作用都与 CO_2 有关,水中碳酸平衡对于水生生物非常重要。溶解的碳酸盐与岩石圈、大气圈进行均相、多相的酸碱反应和交换反应,对于调节天然水的 pH 和组成具有重要作用。除了源于空气中的 CO_2 外,水中碳酸化合物的来源还有岩石、土壤中碳酸盐和碳酸氢盐矿物的溶解、水生动植物的新陈代谢、水中有机物的生物氧化等。此外,水处理过程中有时也需要加入或产出各种碳酸化合物。

水体中常存在 CO_2、H_2CO_3、HCO_3^-、CO_3^{2-} 等四种物质。通常把 CO_2 和 H_2CO_3 合并为 $H_2CO_3^*$,实际上 H_2CO_3 的含量极低,主要是溶解性的气体 CO_2。因此,水中 $H_2CO_3^*$-HCO_3^--CO_3^{2-} 体系可用下面的反应和平衡常数表示:

$$CO_2 + H_2O \rightleftharpoons H_2CO_3^* \qquad pK_0 = 1.46$$

$$H_2CO_3^* \rightleftharpoons HCO_3^- + H^+ \qquad pK_1 = 6.35$$

$$HCO_3^- \rightleftharpoons CO_3^{2-} + H^+ \qquad pK_2 = 10.33$$

根据 K_1 及 K_2 值,可画出以 pH 为变量的 $H_2CO_3^*$-HCO_3^--CO_3^{2-} 体系中各形态占比(α)的分布图(图1-7)。

由图1-7可以看出,三种碳酸形态在平衡时的浓度分布与 pH 关系密切。在低 pH 时,溶液中只有 H_2CO_3 和 CO_2;在中 pH 时,HCO_3^- 的浓度占绝对优势;在高 pH 时,溶液中主要存在的是 CO_3^{2-}。

根据是否考虑 CO_2 与大气交换过程,可从封闭体系和开放体系两种情况来讨论碳酸平衡。

1) 封闭体系

假定水中溶解的 $H_2CO_3^*$ 是不挥发性酸,由此组成的是封闭碳酸平衡体系。例如,海底深处、地下水、锅炉水及实验室水样等属于这种体系。在封闭的平衡体系中,用 α_0、α_1 和 α_2 分别表示 $H_2CO_3^*$、HCO_3^- 和 CO_3^{2-} 在总量中所占的比例,如下面三个表达式:

$$\alpha_0 = [H_2CO_3^*]/\{[H_2CO_3^*] + [CO_3^{2-}] + [HCO_3^-]\} \qquad (1-10)$$

$$\alpha_1 = [HCO_3^-]/\{[H_2CO_3^*] + [CO_3^{2-}] + [HCO_3^-]\} \qquad (1-11)$$

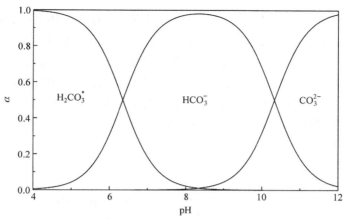

图 1-7　碳酸化合态分布图

(Distribution of different species of carbonic acids)

$$\alpha_2 = [CO_3^{2-}]/\{[H_2CO_3^*] + [CO_3^{2-}] + [HCO_3^-]\} \tag{1-12}$$

若用 c_T 表示三种碳酸形态的总量，则有 $[H_2CO_3^*] = c_T\alpha_0$、$[HCO_3^-] = c_T\alpha_1$ 和 $[CO_3^{2-}] = c_T\alpha_2$。若把 K_1 和 K_2 的表达式代入式(1-10)～式(1-12)中，就可以得到作为酸解离常数和氢离子浓度的函数的形态分数：

$$\alpha_0 = \left(1 + \frac{K_1}{[H^+]} + \frac{K_1 K_2}{[H^+]^2}\right)^{-1} \tag{1-13}$$

$$\alpha_1 = \left(1 + \frac{[H^+]}{K_1} + \frac{K_2}{[H^+]}\right)^{-1} \tag{1-14}$$

$$\alpha_2 = \left(1 + \frac{[H^+]^2}{K_1 K_2} + \frac{[H^+]}{K_2}\right)^{-1} \tag{1-15}$$

以上讨论的是不考虑 CO_2 与大气交换过程的体系。实际上，根据气体交换动力学，CO_2 在气液界面的平衡时间需数日。若所考虑的溶液反应在数小时之内完成，就可以应用封闭体系碳酸形态总量的模式加以计算。反之，如果所研究的过程是长期的，如两年期间的水质组成，则认为 CO_2 与水处于动态平衡状态，这样才更接近真实情况。

2) 开放体系

开放碳酸平衡体系是指与大气相通的碳酸水溶液体系。该体系考虑了 CO_2 在气相和液相之间的平衡，各种碳酸盐形态的平衡浓度可用 p_{CO_2} 和 pH 来表述。此时，根据亨利定律，有

$$[CO_2(aq)] = \frac{p_{CO_2}}{K_H} \tag{1-16}$$

溶液中，碳酸形态的总量相应为

$$c_T = [CO_2(aq)] / \alpha_0 = \frac{p_{CO_2}}{\alpha_0 \cdot K_H}$$

$$[HCO_3^-] = c_T \cdot \alpha_1 = \frac{\alpha_1}{\alpha_0} \cdot \frac{p_{CO_2}}{K_H} = \frac{p_{CO_2} \cdot K_1}{[H^+] \cdot K_H} \tag{1-17}$$

$$[CO_3^{2-}] = c_T \cdot \alpha_2 = \frac{\alpha_2}{\alpha_0} \cdot \frac{p_{CO_2}}{K_H} = \frac{p_{CO_2} \cdot K_1 \cdot K_2}{[H^+]^2 \cdot K_H}$$

通过比较封闭体系和开放体系的碳酸平衡可以看出，在封闭体系中，$[H_2CO_3^*]$、$[HCO_3^-]$和$[CO_3^{2-}]$等随着 pH 的变化而变化，但碳酸形态总量 c_T 始终保持不变。而对于开放体系，$[HCO_3^-]$、$[CO_3^{2-}]$和c_T均随着 pH 的变化而变化，但$[H_2CO_3^*]$总保持与大气相平衡的固定数值。因此，在天然条件下，开放体系是实际存在的，而封闭体系是计算短时间溶液组成的一种方法。

三种碳酸形态在平衡时的浓度与溶液的 pH 密切相关。碳酸形态浓度受外界影响而变化时，将会引起其他各种碳酸形态的浓度以及溶液 pH 的变化，而溶液 pH 的变化也会同时引起各碳酸形态浓度比例的变化。

2. 天然水体的碱度和酸度

酸度和碱度是水体缓冲能力的测度。碱度(alkalinity)是指水中能与强酸发生中和作用的全部物质，即能接受 H^+ 的物质总量。构成天然水中碱度的物质可以归纳为三类：①强碱，在溶液中全部电离生成 OH^- 的物质，如 NaOH、$Ca(OH)_2$ 等；②弱碱，在水中有一部分发生反应生成 OH^- 的物质，如 NH_3 等；③强碱弱酸盐，如碳酸盐、磷酸盐、硅酸盐、硫化物等，它们水解时生成 OH^- 或者直接接受 H^+。

根据量测碱度所用指示剂种类和所需酸量的不同，碱度分为总碱度(也称甲基橙碱度)、酚酞碱度和苛性碱度。测定总碱度时，一般用强酸的标准溶液滴定，用甲基橙作指示剂，当溶液由黄色变成橙红色(pH ≈ 4.3)时，停止滴定，此时所得到的结果称为总碱度。总碱度是水中各种碱度成分的总和，即加酸至 HCO_3^- 和 CO_3^{2-} 全部转化为 CO_2。根据溶液质子平衡条件，可得到碱度的表达式：

$$总碱度 = [HCO_3^-] + 2[CO_3^{2-}] + [OH^-] - [H^+] \tag{1-18}$$

如果以酚酞作为指示剂，当溶液的 pH 降到 8.3 时，表示 OH^-被中和，CO_3^{2-}全部转化为 HCO_3^-，而碳酸盐只中和了一半，因此得到酚酞碱度的表达式：

$$酚酞碱度 = [CO_3^{2-}] + [OH^-] - [H_2CO_3^*] - [H^+] \tag{1-19}$$

苛性碱度在实验室中不能迅速测得，因为不容易找到终点。但若已知总碱度和酚酞碱度就可以通过计算确定。苛性碱度的表达式为

$$苛性碱度 = [OH^-] - [HCO_3^-] - 2[H_2CO_3^*] - [H^+] \tag{1-20}$$

与碱度相反，酸度(acidity)是指水中能与强碱发生中和作用的全部物质，即放出 H^+ 或经过水解能产生 H^+ 的物质总量。构成天然水中酸度的物质也可以归纳为三类：①强酸，如 HCl、HNO_3 等；②弱酸及酸性气体，如 CO_2、H_2CO_3 和各种有机酸类；③强酸弱碱盐，如 $FeCl_3$、$Al_2(SO_4)_3$ 等。

利用强碱标准溶液滴定含碳酸水溶液测定其酸度时，其反应过程与上述过程相反。以甲基橙为指示剂滴定到 pH = 4.3，以酚酞为指示剂滴定到 pH = 8.3，分别得到无机酸度及游离CO_2酸度。总酸度在 pH = 10.8 处得到，但此时滴定曲线无明显突跃，难以选择合适的指示剂，故一般以游离 CO_2酸度作为酸度的主要指标。同样根据溶液质子平衡条件，得到酸度的表达式：

$$总酸度 = [H^+] + [HCO_3^-] + 2[H_2CO_3^*] - [OH^-] \tag{1-21}$$

$$CO_2酸度 = [H^+] + [H_2CO_3^*] - [CO_3^{2-}] - [OH^-] \tag{1-22}$$

$$无机酸度 = [H^+] - [HCO_3^-] - 2[CO_3^{2-}] - [OH^-] \tag{1-23}$$

如果用碳酸形态总量(c_T)和相应的形态分数(α)来表示，则有

$$总碱度 = c_T(\alpha_1 + 2\alpha_2) + K_W/[H^+] - [H^+] \tag{1-24}$$

$$酚酞碱度 = c_T(\alpha_2 - \alpha_0) + K_W/[H^+] - [H^+] \tag{1-25}$$

$$苛性碱度 = -c_T(\alpha_1 + 2\alpha_0) + K_W/[H^+] - [H^+] \tag{1-26}$$

$$总酸度 = c_T(\alpha_1 + 2\alpha_0) + [H^+] - K_W/[H^+] \tag{1-27}$$

$$CO_2酸度 = c_T(\alpha_0 - \alpha_2) + [H^+] - K_W/[H^+] \tag{1-28}$$

$$无机酸度 = -c_T(\alpha_1 + 2\alpha_2) + [H^+] - K_W/[H^+] \tag{1-29}$$

此时，如果已知水体的 pH、碱度及相应的平衡常数，就可以算出 $H_2CO_3^*$、HCO_3^-、CO_3^{2-} 及 OH^- 在水中的浓度(假定其他各种形态对碱度的贡献可以忽略)。

【例 1-4】　已知具有 2.00×10^{-3} mol·L^{-1} 碱度的水，pH 为 8.0，$H_2CO_3^*$ 的解离常数 $K_1 = 4.45 \times 10^{-7}$，$K_2 = 4.69 \times 10^{-11}$，请计算该水体中溶解态的 $H_2CO_3^*$、HCO_3^-、CO_3^{2-}、OH^-、H^+ 等物质的浓度。

解　　　　　　　　　　　总碱度 $= [HCO_3^-] + 2[CO_3^{2-}] + [OH^-] - [H^+]$

当 pH = 8.0 时，$[OH^-] = 1.00 \times 10^{-6}$ mol·L^{-1}，$[H^+] = 1.00 \times 10^{-8}$ mol·L^{-1}。

当 pH = 8.0 时，CO_3^{2-} 的浓度与 HCO_3^- 的浓度相比可以忽略(图 1-7)，可认为碱度全部由 HCO_3^- 贡献，则

$$[HCO_3^-] = 2.00 \times 10^{-3}\ mol \cdot L^{-1}$$

$$H_2CO_3^* \rightleftharpoons H^+ + HCO_3^-$$

$$K_1 = [H^+][HCO_3^-]/[H_2CO_3^*]$$

$$[H_2CO_3^*] = [H^+][HCO_3^-]/K_1$$

如果忽略碳酸的二级解离，根据 K_1 可以计算出 $H_2CO_3^*$ 的浓度：

$$[H_2CO_3^*] = 1.00 \times 10^{-8} \times 2.00 \times 10^{-3}/4.45 \times 10^{-7} = 4.49 \times 10^{-5}\ (mol \cdot L^{-1})$$

根据酸解离常数 K_2 可以计算出 CO_3^{2-} 的浓度：

$$HCO_3^- \rightleftharpoons H^+ + CO_3^{2-}$$

$$K_2 = [H^+][CO_3^{2-}]/[HCO_3^-]$$

$$[CO_3^{2-}] = K_2[HCO_3^-]/[H^+]$$

$$[CO_3^{2-}] = 4.69 \times 10^{-11} \times 2.00 \times 10^{-3}/1.00 \times 10^{-8} = 9.38 \times 10^{-6}\ (mol \cdot L^{-1})$$

【例 1-5】　某水体的 pH = 10.0，碱度为 1.00×10^{-3} mol·L^{-1}，H_2CO_3 解离常数 $K_1 = 4.45 \times 10^{-7}$，$K_2 = 4.69 \times 10^{-11}$，请计算该水体中溶解态的 HCO_3^-、CO_3^{2-}、OH^-、H^+ 等物质的浓度。

解　在 pH = 10.0 的条件下，溶液中 $[H^+]$ 很低，总碱度表示为

$$总碱度 = [HCO_3^-] + 2[CO_3^{2-}] + [OH^-]$$

由 pH = 10.0 可知 $[OH^-] = 1.00 \times 10^{-4}$ mol·L^{-1}，$[H^+] = 1.00 \times 10^{-10}$ mol·L^{-1}。

根据 $K_2 = [H^+][CO_3^{2-}]/[HCO_3^-]$，把 $[H^+] = 1.00 \times 10^{-10}$ mol·L^{-1} 代入 K_2 中，可以得到 CO_3^{2-} 和 HCO_3^- 的浓度关系，再根据碱度 1.00×10^{-3} mol·L^{-1}，即可求出 $[HCO_3^-] = 4.64 \times 10^{-4}$ mol·L^{-1} 及 $[CO_3^{2-}] = 2.18 \times 10^{-4}$ mol·L^{-1}。

这里需要特别注意的是，在封闭体系中加入强酸或强碱，碳酸形态总量不受影响，而加

入 CO_2 时，总碱度并不发生变化。这时溶液 pH 和各碳酸形态浓度虽然发生变化，但它们的代数总和仍保持不变，因此总碳酸量和总碱度在一定条件下具有守恒特性。

3. 天然水体的缓冲性能

天然水体的 pH 一般为 6～9。天然水溶解的许多物质(弱酸、弱碱及其盐类，还有腐殖质之类的有机酸和吡啶之类的有机碱等物质)使得天然水具有一定的缓冲性能，对外来酸碱类物质的影响有一定抵御能力，从而使水的 pH 维持稳定，不发生显著的变化。天然水中碳酸和碳酸盐及碳酸氢盐是主要的酸碱类物质，它们是天然水中主要的缓冲系统。除了碳酸化合物的影响外，水体与周围环境之间的多种物理、化学和生物化学反应对水体的 pH 也有重要影响。但碳酸化合物仍是水体具备缓冲作用的重要因素。因而，常根据碳酸化合物的存在情况来估算水体的缓冲能力。

4. 天然水体中的氧化还原反应

氧化还原(oxidation-reduction)反应在天然水中普遍存在，也是水中污染物的重要转化途径之一。水环境中的氧化还原反应具有自身的一系列特点，主要表现为：水体深度不同，其氧化还原状况不同。例如，在海洋或湖泊中，由于混合或扩散不充分以及各种生物活动的影响，接触大气的表层与沉积物的最深层之间存在无数个局部的中间区域，不同区域的氧化还原环境有明显差别；在天然水体中，存在多种微生物，由它们引起的生物化学反应常与氧化还原反应相联系；水体可以为许多氧化还原反应提供 H^+ 等必需条件。

1) 天然水体的氧化还原平衡

在自然环境中，许多氧化还原反应非常缓慢，很少达到平衡态，即使达到平衡，往往也是在局部区域内。为便于研究，假定下面所介绍的体系均处于热力学平衡状态。这种平衡体系的设想有助于认识污染物在水中发生化学变化的趋势，并且通过平衡计算，可提供体系必然发展趋向的边界条件。

在氧化还原反应中，还原剂和氧化剂分别为电子供体和电子受体。为表示体系给出或者接受电子的相对趋势，引入参数 $p\varepsilon$。$p\varepsilon$ 的严格热力学定义由 Stumm 和 Morgan 提出，其与水溶液中电子活度(a_e)的关系为

$$p\varepsilon = -\lg a_e \tag{1-30}$$

热力学在描述氢气与 H^+ 平衡时，有下列半反应：

$$2H^+(aq) + 2e^- \rightleftharpoons H_2(g)$$

在 1 个单位活度与 1.013×10^5 Pa 的 H_2 平衡介质中，$a_e = 1.00$，$p\varepsilon = 0.0$。此时这个反应的全部组分都以 1 个单位活度存在，该反应的自由能变化 ΔG 可定义为零。

对一个氧化还原半反应：

$$Ox + ne^- \rightleftharpoons Red$$

根据能斯特(Nernst)方程，该反应的氧化还原电位(oxidation-reduction potential)可表示为

$$E = E^\ominus + \frac{2.303RT}{nF}\lg\frac{[Ox]}{[Red]} \tag{1-31}$$

$$E = E^{\ominus} - \frac{2.303RT}{nF} \lg \frac{[\text{Red}]}{[\text{Ox}]} \tag{1-32}$$

当反应平衡时，$E = 0$，所以

$$E^{\ominus} = \frac{2.303RT}{nF} \lg K \tag{1-33}$$

从电子转移的理论考虑，平衡常数 K 可表示为

$$K = \frac{[\text{Red}]}{[\text{Ox}][\text{e}]^n} \tag{1-34}$$

所以

$$[\text{e}]^n = \frac{[\text{Red}]}{[\text{Ox}]K} \tag{1-35}$$

根据 $p\varepsilon$ 的定义，即

$$p\varepsilon = \frac{1}{n}\left(\lg K - \lg \frac{[\text{Red}]}{[\text{Ox}]}\right) \tag{1-36}$$

由于

$$E = \frac{2.303RT}{nF}\lg K - \frac{2.303RT}{nF}\lg\frac{[\text{Red}]}{[\text{Ox}]} = \frac{2.303RT}{nF}\left(\lg K - \lg\frac{[\text{Red}]}{[\text{Ox}]}\right)$$

变换得

$$\frac{1}{n}\left(\lg K - \lg\frac{[\text{Red}]}{[\text{Ox}]}\right) = \frac{FE}{2.303RT}$$

所以

$$p\varepsilon = \frac{1}{n}\left(\lg K - \lg\frac{[\text{Red}]}{[\text{Ox}]}\right) = \frac{FE}{2.303RT} = \frac{1}{0.059}E \tag{1-37}$$

$$p\varepsilon^{\ominus} = \frac{E^{\ominus}F}{2.303RT} = \frac{1}{0.059}E^{\ominus} \tag{1-38}$$

其中，$R = 8.314 \text{ J} \cdot \text{K}^{-1} \cdot \text{mol}^{-1}$，$T = 298.15 \text{ K}$，法拉第常量 $F = 96500 \text{ C} \cdot \text{mol}^{-1}$。因此，根据能斯特方程，$p\varepsilon$ 的一般表示形式为

$$p\varepsilon = p\varepsilon^{\ominus} + \frac{1}{n}\lg\frac{[\text{Ox}]}{[\text{Red}]} \tag{1-39}$$

对于包含 n 个电子的氧化还原反应，其平衡常数为

$$\lg K = \frac{nE^{\ominus}F}{2.303RT} = \frac{nE^{\ominus}}{0.059} = n(p\varepsilon^{\ominus}) \tag{1-40}$$

同样，对于一个包含 n 个电子的氧化还原反应，自由能变化可用下列公式描述：

$$\Delta G^{\ominus} = -nFE^{\ominus} \tag{1-41}$$

$$\Delta G = -nFE \tag{1-42}$$

$$\Delta G^{\ominus} = -2.303 nRT p\varepsilon^{\ominus} \tag{1-43}$$

$$\Delta G = -2.303 nRT p\varepsilon \tag{1-44}$$

式中，$\Delta G^{\ominus}$ 为所有组分都处于标准状态(纯液体、纯固体、溶质的活度为 1)时的自由能变化。

在水环境中，$p\varepsilon$ 越低，体系的电子活度相对越大，体系的还原性越强，倾向于给出电子；相反，$p\varepsilon$ 越高，体系的电子活度越低，氧化性越强。

2) 天然水的 $p\varepsilon$-pH 图

在氧化还原体系中，往往有 H^+ 或 OH^- 参与反应。因此，$p\varepsilon$ 除了与氧化态和还原态浓度有关外，还受到体系 pH 的影响。$p\varepsilon$ 和 pH 之间的关系可以用 $p\varepsilon$-pH 图来描述。$p\varepsilon$-pH 图显示了水中各形态的稳定范围及边界线。由于水中存在的化合物种类和形态繁多，化合物的 $p\varepsilon$-pH 图可能会非常复杂。例如，一种金属可以有不同的金属氧化态、羟基配合物、金属氢氧化物、金属碳酸盐、金属硫酸盐、金属硫化物等，这些金属形态可能会存在于用 $p\varepsilon$-pH 图描述的不同区域内。

绘制 $p\varepsilon$-pH 图时，边界应是水的氧化还原反应限定图中的区域边界。选作水氧化限度的边界条件是 1.013×10^5 Pa 的氧分压，水还原限度的边界条件是 1.013×10^5 Pa 的氢分压。水本身可能发生的氧化还原反应分别为

$$H^+ + e^- \rightleftharpoons \frac{1}{2} H_2 \ (p\varepsilon^{\ominus} = 0.00)$$

H_2O 被氧化：
$$\frac{1}{4} O_2 + H^+ + e^- \rightleftharpoons \frac{1}{2} H_2O \ (p\varepsilon^{\ominus} = 20.75)$$

由上述两式，得到水的还原限度 $p\varepsilon = p\varepsilon^{\ominus} + \lg[H^+] = -pH$；水的氧化限度 $p\varepsilon = p\varepsilon^{\ominus} + \lg[H^+] = 20.75 - pH$。根据水的氧化还原限度表达式，可知水的氧化限度以上的区域为 O_2 稳定区，还原限度以下的区域为 H_2 稳定区，在这两个限度之内的水是稳定的，也是水中物质各化合态分布的区域。

下面以 Fe 为例,介绍如何绘制 $p\varepsilon$-pH 图。假定溶液中溶解性铁的最大浓度为 1.0×10^{-5} mol · L^{-1}，不考虑 $[Fe(OH)_2]^+$ 及 $FeCO_3$ 等形态的生成，根据上面的讨论，Fe 的 $p\varepsilon$-pH 图必须落在水的氧化还原限度内。下面根据各组分间的平衡，逐一推导 $p\varepsilon$-pH 图的边界方程。

(1) $Fe(OH)_3$ (s) 和 $Fe(OH)_2$ (s) 的边界。$Fe(OH)_3$ (s) 和 $Fe(OH)_2$ (s) 的平衡反应为

$$Fe(OH)_3 \text{ (s)} + H^+ + e^- \rightleftharpoons Fe(OH)_2 \text{ (s)} + H_2O \ (n = 1, \ p\varepsilon^{\ominus} = \lg K = 4.3)$$

由于 $K = [H^+]^{-1}[e^-]^{-1}$，所以 $p\varepsilon = 4.3 - pH$。以 $p\varepsilon$ 对 pH 作图可得图 1-8 中的斜线 I，斜线上方为 $Fe(OH)_3$ (s) 稳定区，斜线下方为 $Fe(OH)_2$ (s) 稳定区。

(2) $Fe(OH)_3$ (s) 和 Fe^{2+} 的边界。根据平衡反应

$$Fe(OH)_3 \text{ (s)} + 3H^+ + e^- \rightleftharpoons Fe^{2+} + 3H_2O \ (\lg K = 17.2)$$

可得这两种形态的边界条件：$p\varepsilon = 17.2 - 3pH - \lg[Fe^{2+}]$。将 $[Fe^{2+}] = 1.0 \times 10^{-5}$ mol · L^{-1} 代入，得 $p\varepsilon = 22.2 - 3pH$。由此得到一条斜率为 -3 的直线，如图 1-8 中的斜线 II 所示。斜线上方为 $Fe(OH)_3$(s) 稳定区，斜线下方为 Fe^{2+} 稳定区。

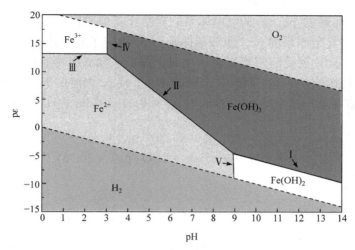

图 1-8　水中 Fe 的 $p\varepsilon$-pH 图(总可溶性铁的最大浓度为 $1.0×10^{-5}$ mol · L^{-1})(Manahan，2017)
(Simplified $p\varepsilon$-pH diagram of iron in water. The maximum soluble iron concentration is $1.0×10^{-5}$ mol · L^{-1})

(3) Fe^{3+} 和 Fe^{2+} 的边界。根据平衡反应

$$Fe^{3+} + e^- \rightleftharpoons Fe^{2+} \quad (lgK = 13.2)$$

可得：$p\varepsilon = 13.2 + lg\{[Fe^{3+}]/[Fe^{2+}]\}$。边界条件为 $[Fe^{3+}] = [Fe^{2+}]$，则 $p\varepsilon = 13.2$。故可绘制一条平行于 pH 轴的直线，如图 1-8 中线Ⅲ所示。当 $p\varepsilon > 13.2$ 时，$[Fe^{3+}] > [Fe^{2+}]$；当 $p\varepsilon < 13.2$ 时，$[Fe^{3+}] < [Fe^{2+}]$。

(4) Fe^{3+} 与 $Fe(OH)_3$ 的边界。根据平衡反应

$$Fe^{3+} + 3H_2O \rightleftharpoons Fe(OH)_3 (s) + 3H^+ \quad (lgK = -3.96)$$

由于 $K = [Fe(OH)_3][H^+]^3/[Fe^{3+}]$，边界条件为 $[Fe(OH)_3] = [Fe^{3+}]$，则 pH = 3.0。故可绘制一条平行于 $p\varepsilon$ 轴的直线，如图 1-8 中线Ⅳ所示。直线左边为 Fe^{3+} 稳定区，右边为 $Fe(OH)_3$ (s)稳定区。

(5) Fe^{2+} 与 $Fe(OH)_2$ 的边界。根据平衡反应

$$Fe^{2+} + 2H_2O \rightleftharpoons Fe(OH)_2 (s) + 2H^+ \quad (lgK = -12.9)$$

由 $K = [Fe(OH)_2][H^+]^2/[Fe^{2+}]$，边界条件为 $[Fe(OH)_2] = [Fe^{2+}]$，则 pH = 8.95。故可绘制一条平行于 $p\varepsilon$ 轴的直线，如图 1-8 中的线Ⅴ所示。直线左边为 Fe^{2+} 稳定区，右边为 $Fe(OH)_2$ (s)稳定区。

上面推导得到了 Fe 在水中的 $p\varepsilon$-pH 图所必需的边界方程。由图 1-8 可以看出，在酸性的还原性环境(体系具有较高的 H^+ 活度和电子活度)中，Fe^{2+} 是主要存在形态(在大多数天然水体系中，由于 FeS 或 $FeCO_3$ 的沉淀作用，Fe^{2+} 的可溶性范围很窄，但一些地下水中含有相当水平的 Fe^{2+})；在碱性的还原性环境(体系具有较低的 H^+ 活度和较高的电子活度)中，$Fe(OH)_2$(s)是主要存在形态；在碱性的氧化性环境(体系具有较低的 H^+ 活度和电子活度)中，$Fe(OH)_3$(s)是主要的存在形态；在酸性的氧化性环境(体系具有较高的 H^+ 活度和较低的电子活度)中，Fe^{3+} 是主要的存在形态。值得指出的是，在水体 pH 范围为 5～9 的天然水体中，Fe^{2+} 或 $Fe(OH)_3$(s)是主要的存在形态。

3) 天然水的 $p\varepsilon$ 和决定电位

天然水是一个复杂的氧化还原混合体系，其 $p\varepsilon$ 介于其中各个单体系的 $p\varepsilon$ 之间，而且接

近于含量较高的单体系的 $p\varepsilon$。若某个单体系的含量比其他单体系高得多，则此时该单体系的 $p\varepsilon$ 几乎等于混合复杂体系的 $p\varepsilon$，即该单体系的 $p\varepsilon$ 决定了复杂体系 $p\varepsilon$ 的大小。对于一般的天然水体系，其 $p\varepsilon$ 主要受溶解氧影响；而对于深层水和底泥等有机物累积的厌氧环境，其 $p\varepsilon$ 主要受有机物影响。介于前面两者之间的体系，其 $p\varepsilon$ 为溶解氧体系与有机物体系的综合。据此，可以估算某一体系的 $p\varepsilon$。若水中 $p_{O_2} = 0.21 \times 10^5$ Pa，$[H^+] = 1.0 \times 10^{-7}$ mol · L^{-1}，根据下式：

$$\frac{1}{4}O_2 + H^+ + e^- \rightleftharpoons \frac{1}{2}H_2O \ (p\varepsilon^{\ominus} = 20.75)$$

则

$$p\varepsilon = 20.75 + \frac{1}{1}\lg\left[\left(\frac{0.21 \times 10^5}{1.013 \times 10^5}\right)^{\frac{1}{4}} \times \left(1.0 \times 10^{-7}\right)\right] = 13.58$$

由以上计算可知，这是一种富氧的水，这种水存在接受电子的倾向。

对于有机物丰富的缺氧水，如富含由微生物作用产生的 CH_4 和 CO_2 的缺氧水，假定 $p_{CO_2} = p_{CH_4}$，pH = 7.0，根据反应：

$$\frac{1}{8}CO_2 + H^+ + e^- \rightleftharpoons \frac{1}{8}CH_4 + \frac{1}{4}H_2O (p\varepsilon^{\ominus} = 2.87)$$

$$p\varepsilon = 2.87 + \frac{1}{1}\lg\frac{(p_{CO_2})^{1/8}[H^+]}{(p_{CH_4})^{1/8}} = -4.13$$

这说明此水体系是一个还原性环境，有提供电子的倾向。

从上面的计算可知，天然水的 $p\varepsilon$ 随水中溶解氧的减少而降低，通常表层水呈氧化性环境，深层水及底泥呈还原性环境。另外，天然水的 $p\varepsilon$ 随 pH 减小而增大。各类天然水 $p\varepsilon$ 及 pH 的近似情况如图 1-9 所示。该图反映了不同水质区域的氧化还原特性，氧化性最强的是上方与大

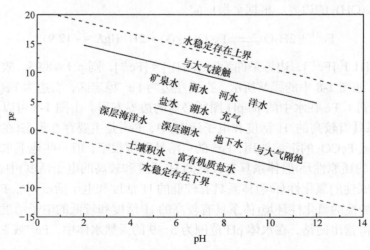

图 1-9　不同天然水在 $p\varepsilon$-pH 图中的近似位置(改自戴树桂，2006)

(Approximate location of various natural waters in $p\varepsilon$-pH diagram)

气接触的富氧区，这一区域代表大多数水体的表层情况；而还原性最强的是下方富含有机质的缺氧区，这一区域代表富含有机物的水体底泥和湖、海底层水情况。位于这两个区域之间的体系为基本上不含氧、有机物比较丰富的沼泽水等。

4) 天然水中的氧化还原反应

天然水中含有许多无机和有机的氧化态和还原态物质。其中，各种有机物能够发生氧化还原反应，生成各种结构复杂的物质，这里暂不讨论。对于无机物，水中常见的氧化态物质有溶解氧、NO_3^-、SO_4^{2-}、PO_4^{3-}、As(V)以及 Fe(Ⅲ)、Cr(V)、Mn(Ⅳ)等；常见的还原态物质有 Cl^-、Br^-、F^-、N_2、NH_3、NO_2^-、H_2S、As(Ⅲ)以及 Fe(Ⅱ)、Cr(Ⅲ)、Mn(Ⅱ)等。在这些物质中，铁、铬等金属元素在环境中有较为丰富的含量，其参与的氧化还原反应对整个地球生态系统具有重要作用。

(1) 铁(ferrum，Fe)的氧化还原反应。铁在地壳中的含量居第 4 位，对于地球的环境和生态循环具有重要作用。天然水中的铁主要以 Fe(Ⅱ)和 Fe(Ⅲ)的形式存在。对于 pH 和 $p\varepsilon$ 不同的体系，铁的存在形态不同，常见的有 Fe^{2+} 和 Fe^{3+}。另外，在一些特殊的地质环境(如镁铁质岩/超镁铁质岩、陨石)中，还存在零价铁(Fe^0)。铁在高 $p\varepsilon$ 的水中将从低价态氧化成高价态，而在低 $p\varepsilon$ 的水中将被还原成低价态或与硫化氢反应形成难溶的硫化物。以 Fe^{3+}-Fe^{2+}-H_2O 体系为例，讨论不同 $p\varepsilon$ 对铁形态浓度的影响。如图 1-10 所示，设总溶解铁的最大浓度为 $1.0\times10^{-5}\ mol\cdot L^{-1}$，并且有如下反应：

$$Fe^{3+} + e^- \Longrightarrow Fe^{2+}\ (p\varepsilon^{\ominus} = 13.05)$$

$$p\varepsilon = 13.05 + \frac{1}{1}\lg\frac{[Fe^{3+}]}{[Fe^{2+}]}$$

$$\lg[Fe^{3+}] = p\varepsilon - 13.05 + \lg[Fe^{2+}] \tag{1-45}$$

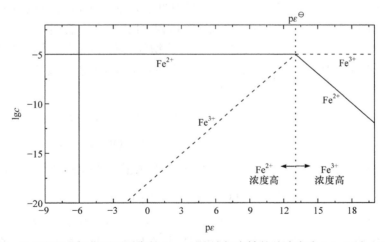

图 1-10　Fe^{3+} 和 Fe^{2+} 氧化还原平衡的 $\lg c$-$p\varepsilon$ 图(溶解态铁的总浓度为 $1.0\times10^{-5}\ mol\cdot L^{-1}$)
($\lg c$-$p\varepsilon$ diagram for oxidation-reduction equilibrium of Fe^{3+} and Fe^{2+} with total concentration of dissolved Fe being $1.0\times10^{-5}\ mol\cdot L^{-1}$)

当 $p\varepsilon \ll p\varepsilon^{\ominus}$ 时，则[Fe^{3+}] $\ll$ [Fe^{2+}]，所以

$$\lg[Fe^{2+}] = -5.0$$

$$\lg[Fe^{3+}] = p\varepsilon - 18.05 \tag{1-46}$$

当 $p\varepsilon \gg p\varepsilon^{\ominus}$ 时，则 $[Fe^{3+}] \gg [Fe^{2+}]$，所以

$$\lg[Fe^{3+}] = -5.0$$

$$\lg[Fe^{2+}] = 8.05 - p\varepsilon \tag{1-47}$$

由得到的 $\lg[Fe^{3+}]$ 或 $\lg[Fe^{2+}]$ 与 $p\varepsilon$ 的关系，可以得到水环境中 Fe^{3+}/Fe^{2+} 电对的 $\lg c$-$p\varepsilon$ 图。可以看出，$p\varepsilon < p\varepsilon^{\ominus}$ 时，Fe^{2+} 占优势；$p\varepsilon > p\varepsilon^{\ominus}$ 时，Fe^{3+} 占优势。

Fe(Ⅲ)通常作为电子受体，具有氧化能力；Fe^0 和 Fe(Ⅱ)则具有较强的还原性。其中，Fe^0 作为一种低毒、廉价、无二次污染的还原剂，被广泛用于水污染控制和治理、水环境修复等过程中。Fe^0 不仅可以通过还原、吸附、共沉淀等作用直接去除氯代有机物、含氧酸根、重金属离子、偶氮染料、硝基芳香族及硝酸盐等多种无机和有机污染物，还可以与双氧水-过硫酸盐高级氧化体系相结合，从而氧化降解有机污染物。

以 Fe^0 对氯代有机物的去除过程为例。研究表明，Fe^0 可用于氯代有机物的脱氯。在 Fe^0-H_2O 体系中，首先，金属铁表面的电子直接转移至氯代有机物，总反应方程如下：

$$Fe^0 + RCl + H^+ \longrightarrow Fe^{2+} + RH + Cl^-$$

金属铁腐蚀产生的 Fe^{2+} 的还原作用使部分氯代有机物脱氯：

$$Fe^0 + 2H_2O \longrightarrow Fe^{2+} + H_2 + 2OH^-$$

$$2Fe^{2+} + RCl + H^+ \longrightarrow 2Fe^{3+} + RH + Cl^-$$

Fe^0-H_2O 体系内部反应产生的氢气使氯代有机物还原脱氯：

$$H_2 + RCl \longrightarrow RH + H^+ + Cl^-$$

另外，对于 Fe^0 去除无机污染物的反应，最典型的是 Fe^0 对铬(chromium，Cr)等重金属的去除反应。主要包括还原沉淀、吸附和共沉淀等过程。Fe^0 在水中会逐渐发生腐蚀反应，生成多种价态的铁的氧化物或氢氧化物。这些铁的活性物种具有较高的反应活性和较大的比表面积，可以吸附和截留水中的重金属离子。例如，在 Fe^0 去除 CrO_4^{2-} 的反应中，Cr(Ⅵ)被还原并生成 Cr(Ⅲ)，之后与铁离子发生共沉淀反应：

$$CrO_4^{2-} + Fe^0 + 8H^+ \longrightarrow Fe^{3+} + Cr^{3+} + 4H_2O$$

$$(1-x)Fe^{3+} + xCr^{3+} + 2H_2O \longrightarrow Fe_{1-x}Cr_xOOH\ (s) + 3H^+\ (x<1)$$

Fe^0 对重金属的去除过程还可能包括还原沉积反应，如 Cu^{2+} 可与 Fe^0 发生如下反应：

$$Cu^{2+} + Fe^0 \longrightarrow Fe^{2+} + Cu\ (s)$$

原则上，氧化还原电位高于 Fe^{2+}/Fe^0 的金属都可以发生还原沉积反应。

(2) 铬的氧化还原反应。铬是环境中分布较广且毒性较大的一种元素，其在地壳中的含量居第 17 位。天然水中，铬主要以 Cr(Ⅲ)或 Cr(Ⅵ)的形式存在。其中，天然来源的铬多为 Cr(Ⅲ)(如铬铁矿 $FeO \cdot Cr_2O_3$)，其在天然水中通常表现为 Cr^{3+} 形态；Cr(Ⅵ)主要为铬酸盐(CrO_4^{2-})、重铬酸盐($Cr_2O_7^{2-}$)、三氧化铬(CrO_3)等形态，一般来源于各种人为活动(如工业生产)。水环境中，Cr(Ⅲ)和 Cr(Ⅵ)能够分别作为还原剂和氧化剂参与各种有机和无机反应，并相互转化，该过程受体系的 $p\varepsilon$、铬的不同形态的浓度水平、温度、光、吸附剂、酸碱反应、配位剂、沉淀反应等因素

影响。

水中的 Cr(Ⅲ)能被臭氧(O_3)、过氧化氢(H_2O_2)等活性氧物种或锰氧化物等氧化,生成 Cr(Ⅵ):

$$2Cr^{3+} + 5H_2O + 3O_3 \rightleftharpoons 2CrO_4^{2-} + 10H^+ + 3O_2$$

$$2Cr^{3+} + 2H_2O + 3H_2O_2 \rightleftharpoons 2CrO_4^{2-} + 10H^+$$

$$2Cr(OH)_3 + 3MnO_2 \rightleftharpoons 2CrO_4^{2-} + 3Mn^{2+} + 2H_2O + 2OH^-$$

$$2Cr^{3+} + 3MnO_2 + 2H_2O \rightleftharpoons 2HCrO_4^- + 3Mn^{2+} + 2H^+$$

$$2Cr^{3+} + 3H_2O + 2MnO_4^- \rightleftharpoons Cr_2O_7^{2-} + 6H^+ + 2MnO_2$$

Cr(Ⅵ)在天然水中的形态受 pH 影响。在低 pH 条件下,Cr(Ⅵ)多表现为 H_2CrO_4 或 $HCrO_4^-$ 的形态。另外,当 CrO_4^{2-} 的浓度较高时,其能够聚合为 $H_2Cr_2O_7$ 或 $HCr_2O_7^-$。这些物种氧化能力较强,能与水中 Fe(Ⅱ)、H_2S、HNO_2 等还原性物种反应,自身被还原为 Cr(Ⅲ):

$$HCrO_4^- + 3Fe^{2+} + 7H^+ \rightleftharpoons Cr^{3+} + 3Fe^{3+} + 4H_2O$$

$$2HCrO_4^- + 3H_2S + 8H^+ \rightleftharpoons 2Cr^{3+} + 8H_2O + 3S$$

$$2HCrO_4^- + 3HNO_2 + 5H^+ \rightleftharpoons 2Cr^{3+} + 5H_2O + 3NO_3^-$$

$$2HCrO_4^- + 3HSO_3^- + 5H^+ \rightleftharpoons 2Cr^{3+} + 5H_2O + 3SO_4^{2-}$$

在高 pH 条件下,水中 Cr(Ⅵ)主要以 CrO_4^{2-} 的形态存在,氧化能力相对较弱,主要与烃、醇、醛等小分子有机物反应,将其氧化成羧酸,或将羧酸降解为 CO_2,自身被还原为 Cr(Ⅲ)。

除了铁和铬外,锰(Mn)、铜(Cu)、锌(Zn)、铝(Al)、钒(V)、铀(U)等金属元素也能参与天然水中一些重要的氧化还原反应。例如,Mn(Ⅲ)和 Mn(Ⅳ)的氧化物(如 MnO_2、MnOOH)及其高价态(如 $KMnO_4$)具有较强的氧化性,在天然水或水处理体系中能够作为氧化剂降解许多无机污染物(如 Fe、Cr、As 等)和有机污染物(如小分子的酚类和有机酸),其自身被还原为 Mn(Ⅱ)等低价态锰。另外,一些特殊的水环境中,NO_3^- 等无机成分也能与 Fe 等金属的活性物种发生氧化还原反应。例如,在受酸性矿山排水污染的地表水中,NO_3^- 和 NO_2^- 能在 Fe(Ⅱ)、Fe(Ⅲ)和 Fe 的其他活性物种作用下发生氧化还原反应,并生成·OH 等活性氧物种。

1.3.3　水体富营养化

受人类活动的影响,生物所需的氮、磷等营养物质大量进入湖泊、河口、海湾等缓流水体,引起藻类及其他浮游生物迅速繁殖,导致水体溶解氧下降、水质恶化、鱼类及其他生物大量死亡的现象,即为水体富营养化(eutrophication)。在自然条件下,湖泊也会从贫营养状态过渡到富营养状态,沉积物不断增多,先变为沼泽,再变为陆地,不过这种自然过程非常缓慢。而人为排放含营养物质的工业废水和生活污水所引起的水体富营养化现象,可以在短时期内出现。水体富营养化后,由于浮游生物大量繁殖,水体往往呈现蓝色、红色、棕色、乳白色等。这种现象在江河湖泊中称为"水华"(water bloom),在海洋中称为"赤潮"(red tide)。

目前,学者们对于水体富营养化问题的成因有不同的见解。多数研究者认为,氮、磷等营养物质浓度升高,是藻类大量繁殖的原因,其中又以磷为关键因子。影响藻类生长的物理、化学和生物因素(如阳光、营养盐类、季节变化、水温、pH,以及生物本身的相互关系)是极为复杂的。因此,很难预测藻类生长的趋势,也难以判断水体是否富营养化。目前判断水体富营养化的一般标准为:水体中氮含量大于 0.3 mg · L^{-1},磷含量大于 0.02 mg · L^{-1},五日生化需氧量(five-day biochemical oxygen demand,BOD$_5$)大于 10 mg · L^{-1},pH = 7～9 的淡水中细菌总数每毫升超过 10 万个,表征藻类数量的叶绿素 a 含量大于 10 μg · L^{-1}。

水体富营养化后,藻类繁殖生长将使有机物生成速度远远大于其消耗速度,积累了大量的有机物。其后果是细菌类微生物迅速繁殖,异养生物快速生长,使水体耗氧量增加。富营养化引起有机体大量生长,反过来又会使某些藻类、植物、鱼类趋于衰亡,以致绝迹。这些藻类及其他浮游生物残体在腐烂过程中,又把生物所需的氮、磷等营养物质释放到水中,供新的一代藻类等生物利用。因此,富营养化的水体,即使切断外界营养物质的来源,也很难自净和恢复到正常状态。

水体富营养化会带来一系列严重后果。其一,水体富营养化会对水质造成影响,使水体变色、透明度降低,一些藻类的分泌物还能引起水体发臭,给水处理带来各种困难。其二,藻类在水体中占据的空间越来越大,可能阻塞水道、缩小鱼类生存空间,从而破坏生态系统的原有平衡。其三,藻类的过度生长繁殖,将造成水中溶解氧的急剧变化,藻类的呼吸作用和死亡藻类的分解作用消耗大量的氧,有可能在一定时间内使水体处于严重缺氧状态,造成水生动物大量死亡。这些生物残体和有机物沉积于水的底层,在缺氧情况下,还能被一些微生物分解,产生甲烷、硫化氢等有害气体。其四,由于富营养化的水中含有硝酸盐和亚硝酸盐,人畜长期饮用富营养化的水,会中毒致病。其五,水体富营养化会加速湖泊的衰退,使之向沼泽化发展。

1. 水体中的营养物质

近年来的研究表明,水体富营养化与水中的营养物质具有直接关联。从现象看,富营养化的发生与水体中藻类的多少密切相关。对水中藻类来说,营养物质是指那些促进其生长或修复其组织的能源性物质,按下式原生质的合成反应,可以知道关键性的营养物质是氮、磷。

$$106CO_2 + 16NO_3^- + HPO_4^{2-} + 122H_2O + 18H^+ + 能量 + 微量元素 \longrightarrow$$

$$C_{106}H_{263}O_{110}N_{16}P(藻类原生质) + 138O_2$$

氮、磷以不同的化学形态存在于水体中,主要包括有机氮、氨氮、亚硝酸盐氮、硝酸盐氮等含氮化合物和有机磷、聚合磷酸盐、正磷酸盐等含磷化合物。这些氮、磷的存在形态能发生相互转化,但藻类优先摄取的可能是氨氮和可溶性正磷酸盐。此外,藻类还能摄取含镁、锌、钼、钒、硼等微量元素的营养物质。

2. 富营养化水体中的藻类

藻类作为富营养化污染的主体,其种类主要有蓝绿藻类、绿藻类、硅藻类和有色鞭毛虫类等。

(1) 蓝绿藻类。这种藻类呈蓝绿颜色,藻体上没有鞭毛,所以游动能力较差。蓝绿藻类一般在早秋季节大量萌生,其产生的先兆为水体中有机物污染加剧、硅藻类繁生等。当天然水体处于富营养化状态时,藻类由以硅藻和绿藻为主转为以蓝绿藻为主。蓝绿藻类含有胶质外膜，有一定的毒性。

(2) 绿藻类。这些藻类细胞中含有丰富的叶绿素，所以外观呈现绿色。它们的藻体上长有鞭毛，所以有一定的游动能力，常漂浮在水面上。绿藻一般在盛夏季节大量萌生。

(3) 硅藻类。硅藻类属于单细胞藻类，藻体上没有鞭毛。它们的生命力很强，可以存在于水体中的各个深度，还能依附在水生植物的茎叶表面，使某些植物外观呈现浅棕色。此外，硅藻还可以与其他藻类混杂生长或附生在岩石或岩屑表面。这些藻类一般在较冷季节容易繁殖生长，也能在水下越冬生长。

(4) 有色鞭毛虫类。这种藻类因其有发达的鞭毛而得名。有色鞭毛虫类不仅能够通过光合作用合成原生质，还具有原生动物的游动能力，可在任何深度的水体内活动。它们的繁殖生长季节一般在春季(因水域而异)。

3. 湖泊水体富营养化分级

在湖泊水体中，生产者和消费者达到生态平衡的湖泊属于调和型的湖泊，这种类型的湖泊又可以依据湖水的富营养化程度分为贫营养化湖、中营养化湖、富营养化湖和过营养化湖。在另一种所谓非调和型的湖泊中，不存在生产者。非调和型湖泊又可分为腐殖质营养湖和酸性湖两类。腐殖质营养湖的湖水呈弱酸性，水质褐色透明，含大量难分解的腐殖质，而酸性湖主要受火山活动或酸雨等的影响，湖水呈较强酸性，因而导致水中大部分生物死亡或外逃。

目前我国湖泊富营养化评价的基本方法主要有营养状态指数[卡尔森营养状态指数(TSI)、修正的营养状态指数、综合营养状态指数(TLI)]法、营养度指数法和评分法。其中，营养状态指数法相对而言已经趋于成熟，评价范围更加全面。环境监测总站制定的《湖泊(水库)富营养化评价方法及分级技术规定》中，推荐以叶绿素 a(Chla)、总磷(TP)、总氮(TN)、透明度(SD)、高锰酸盐指数(COD_{Mn})为评价指标，计算综合营养状态指数，对湖泊(水库)的营养状态进行分级评价，即

$$TLI = \sum_{j=1}^{m} W_j \times TLI(j) \qquad (1-48)$$

$$W_j = \frac{r_{ij}^2}{\sum_{j=1}^{m} r_{ij}^2} \qquad (1-49)$$

式中，TLI(j)为第 j 种参数的营养状态指数；W_j 为第 j 种参数的营养状态指数的相关权重，以 Chla 作为基准参数；r_{ij} 为第 j 种参数与基准参数 Chla 的相关系数，部分参数与 Chla 的相关系数见表 1-5；m 为参数的个数。

表 1-5　中国湖泊(水库)部分参数与叶绿素 a 之间的相关系数(金相灿，1995)
(Correlation coefficients between eutrophication parameters of lake in China and Chla)

参数	Chla	TP	TN	SD	COD_{Mn}
r_{ij}	1	0.84	0.82	−0.83	0.83
r_{ij}^2	1	0.7056	0.6724	0.6889	0.6889

TLI＜30 为贫营养(oligotropher)；30≤TLI≤50 为中营养(mesotropher)；50＜TLI≤60 为

轻度富营养(light eutropher)；60＜TLI≤70 为中度富营养(middle eutropher)；TLI＞70 为重度富营养(hyper eutropher)。在同一营养状态下，TLI 值越高，其营养程度越重。应该指出，这类指标绝大部分都是人为设定的，没有绝对的意义。

4. 赤潮

赤潮是在一定条件下，海水中某些浮游植物、原生动物或细菌爆发性增殖或高度聚集而引起的一种污染现象。近年来，由于人类活动的影响，世界上多数邻海国家近海水域富营养化加剧，赤潮发生频繁，对渔业、水产养殖业及人类健康构成了严重威胁。赤潮又称红潮，它包括所有能改变海水颜色的有毒藻或无毒藻引发的赤潮，以及那些虽然生物量低而不能改变海水颜色，却因含有藻毒素而具有危险性的藻华。现在通常用有害赤潮(harmful red tide，HRT)或有害藻华(harmful algal blooms，HABs)来描述那些有毒或能够导致灾害的赤潮现象。

赤潮的成因与发生机制一直是人们普遍关心的热点问题。学者们一般认为，赤潮形成条件有以下四点：

(1) 海域水体的富营养化。营养盐和微量元素是浮游生物生长的重要物质基础，是赤潮发生的必要条件。当含有有机质和丰富营养盐的工农业废水和生活污水排入海洋时，这些污水所含的营养盐、有机物可以使海域中无机氮和磷的浓度升高，增加了赤潮发生的概率。尤其是水体交换能力差的河口海湾地区，污染物不容易被稀释扩散，赤潮更容易发生。海水养殖密度高的区域也往往存在水体的富营养化现象。

(2) 海域中存在赤潮生物种源。赤潮生物除少数属于细菌和原生动物外，绝大部分属于浮游藻类，且以浮游微藻为主。迄今，全球海洋中已发现的赤潮生物有 330 多种，目前在我国沿海海域的赤潮生物有 150 余种。

(3) 合适的海流作用和天气形势。赤潮生物所处的海洋环境以及赤潮发生时的水文气象条件都密切影响着赤潮的生长和消亡过程。潮水的涨落不但引起海水交换，而且可以使赤潮生物细胞白天浮于水体表层，夜间下降到底层。由于潮水的涨落，底层丰富的营养盐可以通过直接或间接的方式向表层输送，使表层水汇集大量的赤潮生物，促成赤潮的发生。海流引起赤潮的典型例子是美国大西洋沿岸近墨西哥湾处发生的短凯伦藻(*Karenia brevis*)赤潮，由于流经墨西哥湾的水流将湾内的短凯伦藻细胞带到大西洋西北沿岸，致使细胞密集而形成此处的赤潮。海流的影响还能使赤潮生物细胞得到迁移、扩展，造成更大规模和更大范围的赤潮。另外，某些赤潮细胞聚集的作用受风力影响。例如，赤潮即将发生时，风速的减弱使得细胞易于滞留和聚集，并且赤潮生物细胞数量变化与风速变化吻合，但有一定的滞后性。

(4) 适宜的水温和盐度。海水的温度对赤潮发生起着重要的作用，它直接控制着赤潮生物的细胞生长状况，进而影响赤潮的生长和消亡过程。在水体表面和底部水温差异小的海区，水体密度差异小，分层现象弱，有利于海水垂直移动，使底层的营养盐较容易移到表层，为赤潮生物的生长繁殖提供更多的物质基础。水温升高，可以促进赤潮藻类的生长繁殖，尤其在 20～35℃的温度范围，不仅生物量增加，而且藻类多样性指数下降，优势种突出。同时，赤潮的发生除与水温有重要关系外，还与海水盐度有关，不同种类赤潮生物的最合适生长繁殖的盐度范围不同。在表层水温突然增加及盐度降低时，赤潮发生的概率可能增大。

1.4　土　壤　圈

　　土壤圈是由覆盖于地球陆地表面和浅水域底部的土壤所构成的一种连续体或覆盖层。它一般处于大气圈、岩石圈、水圈和生物圈的过渡地带，是联系有机界和无机界的中心区域。

　　土壤(soil)是自然地理环境组成要素之一，是一种疏松多孔的介质，也是一种多相共存的复杂混合体。每种组分都有其独特的作用，各组分之间又相互影响，相互反应，使土壤具有许多特性。对于污染物而言，土壤具有过滤、吸附、储存和缓冲等四个方面的重要作用。下面分别介绍土壤的各种组成及相应性质。

1.4.1　土壤的组成

　　土壤是由固体、液体和气体三相共同组成的多相体系。土壤固相包括土壤矿物质(原生矿物和次生矿物)和土壤有机质，两者占土壤总质量的 90%～95%。土壤液相指土壤水分及其可溶物，又称土壤溶液。土壤气相是指土壤空气。土壤中还有数量众多的生物(如细菌和微生物等)，一般作为土壤有机物而被看成是土壤固相物质。

1. 土壤矿物质

　　土壤矿物质(soil mineral)是土壤的主要组成物质，构成了土壤的"骨骼"，占土壤固体总质量的 90%以上。它来源于岩石的物理风化和化学风化作用，其颗粒大小和组成复杂多变。风化(weathering)是指地表岩石和矿物质的破碎过程。水力、冰雪、酸、盐、动植物和温度变化都可导致岩石的物理风化和化学风化。风化后的岩石和矿物质细小碎块在地表迁移的过程，又称为侵蚀(erosion)。土壤矿物质按其成因类型可分为原生矿物和次生矿物。在土壤形成过程中，原生矿物以不同的数量与次生矿物混合成为土壤矿物质。

　　(1) 原生矿物(primary mineral)。原生矿物是各种岩石受到不同程度的物理风化而未经化学风化形成的碎屑物，在形态上它们是单独的矿物结晶，但在成分和结构上与原始母岩中的矿物一致，没有化学性质上的变化。土壤中 0.001～1 mm 粉砂粒和砂粒几乎全部是原生矿物。土壤原生矿物的种类主要有：硅酸盐类、铝硅酸盐类矿物，如长石类、云母类、辉石、角闪石、橄榄石等；氧化物类矿物，如石英、金红石、锆石等；硫化物类矿物，如黄铁矿等；磷酸盐类矿物，如氟磷灰石。其中，石英、长石、云母、辉石和橄榄石等最为常见，是土壤中各种化学元素的最初来源。

　　(2) 次生矿物(secondary mineral)。次生矿物是指原生矿物化学风化或蚀变后的新型矿物，是在疏松母质发育和土壤形成作用时，由不稳定的原生矿物形成的，其化学组成和结构均发生改变。土壤次生矿物种类很多，不同的土壤所含的次生矿物的种类和数量也不尽相同。通常根据次生矿物的性质与结构可分为三类：简单盐类(方解石、石膏等)、三氧化物类(褐铁矿、针铁矿等)和次生铝硅酸盐类。

　　次生矿物有晶态和非晶态之分。铝硅酸盐类黏土矿物属于晶态次生矿物，主要由硅氧四面体和铝氧八面体的层片组成。高岭石、蒙脱石和伊利石等根据晶层中两种层片的数目和排列方式的不同，可分为 1:1 和 2:1 型矿物。其中高岭石属于 1:1 型矿物，主要由一层硅氧四面体和一层铝氧八面体组成。而蒙脱石和伊利石，主要由两层硅氧四面体夹一层铝氧八面体组合而成,属于 2∶1 型矿物。非晶态,也称无定形态,主要包括含水氧化铝、氧化铁、氧化硅等。

次生矿物中的含水氧化物类(主要是铁、铝)和次生铝硅酸盐类(伊利石等)是构成土壤黏粒的主要成分(微粒小于 2 μm),故又称为黏土矿物。土壤中的许多物理、化学过程和性质都与土壤所含的黏土矿物有关。

(3) 土壤矿物质的主要元素组成。土壤中元素的平均含量与地壳中各元素的克拉克值(地壳元素丰度)相似。地壳中已知的 90 多种元素在土壤中都存在,包括含量较多的十余种元素,如氧、硅、铝、铁、钙、镁、钠、钾、磷、锰、硫等,以及一些微量元素,如锌、硼、铜、钼等。其中,氧和硅是地壳中含量最多的两种元素,分别占地壳质量的 47% 和 29%,铝、铁次之。若以 SiO_2、Al_2O_3 和 Fe_2O_3 的形式计算四种元素的含量,则氧、硅、铝、铁四种元素共占土壤矿物质总量的 75%。

2. 土壤有机质

土壤有机质(soil organic matter)是指土壤中动植物残体、微生物体及其分解和合成的物质(如腐殖质),是土壤的固相组成部分。土壤有机质的含量占土壤固体总质量的 1%~10%,一般在可耕性土壤中约占 5%,且绝大部分在土壤表层,是植物和微生物活动所需的养分和能量的源泉。有机质含量在不同土壤中差异很大,泥炭土和森林土壤富含有机质相对较多,而沙质土或者荒漠土所含的有机质相对少些。土壤有机质的主要元素组成是 C、O、H 和 N,其次是 P 和 S。土壤有机质的主要化合物组成是类木质素和蛋白质,其次是半纤维素、纤维素以及乙醚和乙醇等可溶性化合物。土壤腐殖质是土壤有机质的主体,也是土壤有机质中最难降解的组分,一般占土壤有机质的 60%~80%。

3. 土壤水分(土壤溶液)

土壤水分是土壤的重要组成部分之一,主要来自大气降水、灌溉水和地下水。这些水充当土壤中所发生各种化学反应的介质,对于岩石风化、土壤形成、植物生长有着决定性的意义。土壤水分的消耗形式主要有土壤蒸发、植物吸收和蒸腾、水分渗漏和径流损失等。按水分的存在形式和运动形式,土壤水分可划分为吸湿水、毛管水和重力水等。事实上,土壤水分并非纯水,是土壤中各种成分和污染物溶解形成的溶液,即土壤溶液。因此,土壤水分既是植物养分的主要来源,也是进入土壤的各种污染物向其他环境圈层(如水圈和生物圈等)迁移的媒介。

4. 土壤空气

土壤空气也是土壤的重要组分之一。土壤空气主要来源于大气,土壤内部进行的生物化学过程也能产生一些气体。土壤空气存在于未被水分占据的孔隙中,它对土壤微生物活动、营养物质的转化及植物的生长发育都有重要的作用。总体来看,土壤空气和大气主要成分相似。但土壤生物活动(有机质利用)和气体交换的影响,使得土壤空气中各气体组分有所变化。由于土壤生物(根系、土壤动物、土壤微生物)的呼吸作用和有机质的分解等,土壤空气中 CO_2 的含量比大气高。土壤空气中 CO_2 的含量一般为 0.15%~0.65%,而大气中 CO_2 的含量为 0.02%~0.03%。同样由于生物消耗,土壤空气中的 O_2 的含量比大气低。一般情况下,土壤空气中的水汽含量一般大于 70%,远比大气高。在土壤中,由于有机质的厌氧分解,还可能产生甲烷、氢气等。土壤空气中还经常有氨气存在，但含量不高。

5. 土壤生物

土壤生物是栖居在土壤(还包括枯枝落叶层和枯草层)中的生物体的总称，主要包括土壤动物、土壤微生物和植物。土壤生物积极参与岩石的风化作用，是成土作用的主要因素。土壤生物与其生活的土壤环境构成了生态系统，在系统中各种生物间有着复杂的食物链和食物网的关系，但生物群体的组成都处于相对稳定的平衡状态。在整个土壤生态系统中，微生物分布广、数量大、种类多，是土壤生物中最活跃的部分，其中细菌、放线菌、真菌与藻类等微生物类群，是净化土壤有机物污染的主力军。

1.4.2　土壤的剖面结构

土壤剖面是指从地表垂直向下的土壤纵剖面，也就是完整的垂直土层序列，由一系列不同性质和质地的层次构成。这些土层大致呈现水平状，是土壤成土过程中物质发生淋溶、淀积、迁移和转化形成的。不同的土层，其组成和形态特征及性质也不同，因此土壤剖面是土壤分类的基本依据。

典型土壤的剖面结构可分为五个主要层次(图 1-11)。最上层为覆盖层(A₀)，主要由地面的枯枝落叶构成。第二层为淋溶层(A)，该层土壤富含腐殖质，是土壤中生物最活跃的一层，同时也是各种物质(如黏土颗粒物和金属离子)发生淋溶作用向下迁移最显著的一层。第三层为淀积层(B)，主要是上一层淋溶出来的有机物、黏土颗粒和无机物在此累积而成的。第四层为母质层(C)，由风化的成土母岩构成。第五层为母岩层(D)，是未风化的基岩。严格来说，母质层和母岩层均不属于真正的土壤。

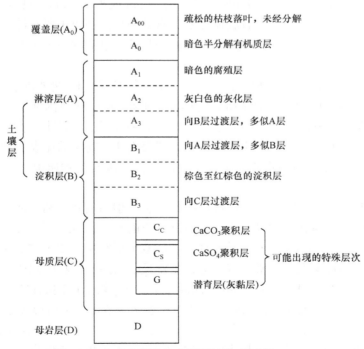

图 1-11　自然土壤的综合剖面结构(杨达源，2012)
(Integrated profile structure of natural soil)

1.4.3　土壤的物理性质

土壤是一个极其复杂的、含有三相物质的分散系统。它的固体基质包括大小、形状和排列不同的土粒，这些土粒的相互排列和组织，决定着土壤结构与孔隙特征，水和空气就在孔隙中保存和迁移。土壤孔隙特征决定着土壤水分和空气状况，对土壤的水、肥、气、热及耕作性能都有较大的影响，所以它是土壤的重要属性之一。土壤的三相物质的组成和它们之间强烈的相互作用，表现出土壤的各种物理性质，如土壤质地、结构、孔隙、通气、温度、热量、可塑性、膨胀和收缩等。

1.4.4　土壤的化学性质

土壤的化学性质表现在土壤吸附性(离子交换)、酸碱性、缓冲作用和氧化还原性等方面，下面分别加以介绍。

1. 土壤的吸附性

土壤中两个最活跃的组分是土壤胶体(soil colloid)和土壤微生物，它们对污染物在土壤中的迁移、转化有重要的作用。土壤胶体以其巨大的比表面积和带电性，使土壤具有吸附性。土壤胶体是土壤中高度分散的部分，是土壤中最活跃的物质之一。土壤的许多物理、化学现象，如土粒的分散与凝聚、离子的吸附与交换、酸碱性、缓冲性、黏结性、可塑性等都与胶体的性质有关。

1) 土壤胶体的性质

胶体体系由粒子和介质组成，粒子大小在一维方向上至少为 $3 \sim 1000$ nm，其中粒子称为胶粒或分散相。土壤胶体是指土壤中颗粒直径小于 2 μm 或小于 1 μm，具有胶体性质的微粒。一般土壤的黏土矿物和腐殖质都具有胶体性质。常见的胶体物质主要有硅、铁、铝的含水氧化物，腐殖质，木质素，蛋白质和纤维素，阳离子与带负电荷的黏土矿物或腐殖质形成的复合物等。

土壤胶体具有巨大的比表面积[比表面积是单位质量(或体积)物质的表面积]和表面能。物质表面的分子与该物体内部的分子所处的环境是不相同的。物体内部的分子周围是与它相同的分子，所以在各个方向上受到的分子引力相等而相互抵消。而处于表面的分子所受到的引力是不相等的，表面分子具有一定的自由能，即表面能。物质的比表面积越大，表面能越大，因此能够把某些分子态的物质吸附在其表面上。蒙脱石类物质由于成晶小而比表面积最大。

土壤胶体微粒具有双电层，微粒的内部称为粒核，一般带有负电荷，形成一个负离子层(即决定电位离子层)，其外部由于电性吸引，而形成一个正离子层(又称反离子层，包括非活动性离子层和扩散层)，合称为双电层。土壤胶体微粒的双电层结构如图 1-12 所示。

土壤胶体微粒的粒核表面之所以带负电，主要是因为黏土矿物中同构替代而引起的永久性(恒定)负电荷。例如，粒核结构中的硅氧四面体中的 Si^{4+} 被 Al^{3+} 同晶置换(图 1-13)，导致粒核表面正负电荷失衡，负电荷比正电荷多，使粒核表面带负电，进而形成一个负离子层(即决定电位离子层)。除此之外，粒核表面的—OH 解离成—O^-，产生了可变(pH 依赖性)负电荷。土壤的 pH 越高(OH⁻浓度越高)，粒核表面—OH 结构中的 H^+ 越容易解离并与 OH⁻发生中和反应，致使粒核表面越容易形成负电基团(—O^-)，进而导致粒核表面带负电。

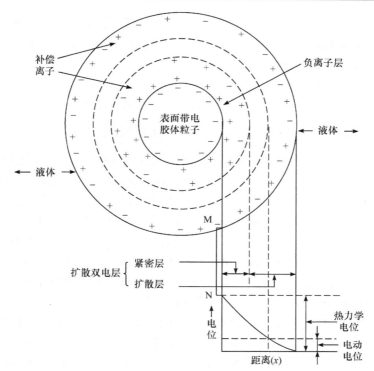

图 1-12 土壤胶体微粒双电层示意图(戴树桂，2006)

(Diffuse electric double layer of soil colloid)

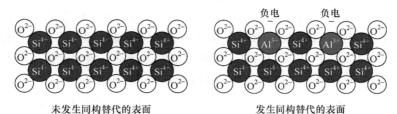

未发生同构替代的表面   发生同构替代的表面

图 1-13 土壤胶体粒核中硅与铝的同构替代(Józefaciuk，2011)

(Isomorphic substitution of silicon by aluminum in soil colloid)

土壤胶体具有凝聚性和分散性。由于胶体的比表面积和表面能都很大，为减小表面能，胶体具有相互吸引、凝聚的趋势，这就是胶体的凝聚性。土壤胶体发生凝聚的主要原因是电动电位的消失，即带有负电荷的胶体被阳离子中和。但是在土壤溶液中，胶体常带负电荷，即具有负的电动电位，所以胶体微粒又因电荷相同而相互排斥，电动电位越高，相互排斥力越强，胶体微粒呈现出的分散性也越强。土壤胶体的分散性和凝聚性决定土壤中胶体微粒与微量污染物结合的粒度分布，因而影响污染物的行为和归宿。凝聚性能主要受土壤胶体的电动电位和扩散层厚度因素影响。例如，当土壤溶液中阳离子增多时，由于土壤胶体表面负电荷被中和，从而加强土壤的凝聚。阳离子的凝聚能力与离子的种类和浓度有关。在土壤中具有凝聚能力的离子有 Na^+、NH_4^+、Ca^{2+}、Al^{3+} 等，其凝聚能力大小为：$Na^+ < K^+ < NH_4^+ < H^+ < Mg^{2+} < Ca^{2+} < Al^{3+} < Fe^{3+}$。此外，土壤溶液中电解质浓度和 pH 也影响其凝聚性能。

2) 土壤胶体的离子交换吸附

在土壤胶体双电层的扩散层中，补偿离子与溶液中具有相同电荷的离子作等离子价交换，称为离子交换。离子从溶液中转移到胶体表面的过程称为离子交换吸附(ion exchange adsorption)。离子交换吸附主要有两种：阳离子交换吸附(cation exchange adsorption)和阴离子交换吸附(anion exchange adsorption)。

吸附到土壤胶体表面的阳离子可以与土壤溶液中的阳离子作等离子价交换。例如，土壤施用含钙或镁等阳离子的肥料后，就会产生阳离子交换吸附作用。

$$Na^+-\boxed{土壤胶体}-Na^+ + Ca^{2+} \rightleftharpoons \boxed{土壤胶体}-Ca^{2+} + 2Na^+$$

阳离子之间交换以离子价为依据作等价交换。除此之外，阳离子的交换能力还受离子价态、半径及水化程度影响。土壤胶体对阳离子吸附的选择性与胶体颗粒表面对阳离子的亲和力有关。一般土壤溶液中阳离子的价位越高，其与土壤胶体的亲和力越强，阳离子交换能力就越强。土壤胶体对同价阳离子吸附的选择性与阳离子的离子半径和水化程度有关。土壤溶液中的离子大多以水合离子的形式存在。离子半径越大，水合离子半径越小，交换能力越强。

阳离子交换量(cation exchange capacity，CEC)通常用来表示交换反应能力的大小。每千克干土中所含的全部阳离子总量，称为阳离子交换量。土壤阳离子交换量与土壤胶体的类型、数量及土壤溶液的 pH 有关。一般而言，不同种类胶体的阳离子交换量的顺序为：有机胶体＞蒙脱石＞水化云母＞高岭土＞含水氧化铁/铝；土壤胶体中 SiO_2/R_2O_3(铝或铁的氧化物)比值越大，阳离子交换量就越大；土壤颗粒越细，比表面积越大，阳离子交换量越大；因为胶体表面—OH 基团的解离能力随 pH 的降低而降低，所以 pH 越低，土壤表面的负电荷越少，进而导致阳离子交换量减少。

土壤胶体吸附的交换性阳离子通常有两类：一类是 H^+、Al^{3+}等，称为致酸离子；另一类是 Ca^{2+}、Mg^{2+}、Na^+、K^+、NH_4^+等，称为盐基离子。当土壤胶体上吸附的阳离子均是盐基离子(如 Ca^{2+}、Mg^{2+}等)且已经达到吸附饱和时，这种土壤称为盐基饱和土壤；当土壤胶体上吸附的阳离子有一部分为致酸离子(H^+、Al^{3+})时，这种土壤称为盐基不饱和土壤。在土壤交换性阳离子中，盐基离子所占的百分数为盐基饱和度(base saturation percentage)。

$$盐基饱和度(\%) = 交换性盐基离子总量/阳离子交换量\times100\%$$

盐基饱和度大的土壤，一般呈中性或碱性，反之呈酸性。土壤盐基饱和度与土壤质地和当地气候等因素有关，通常为 70%～90%。

土壤胶体的阴离子交换吸附是指自身带正电荷的胶体粒子所吸附的阴离子与溶液中的阴离子的交换作用。土壤阴离子交换吸附比较复杂，常伴随化学固定作用。例如，阴离子可以与带正电荷的胶体(酸性条件下带正电荷的水合氧化铁/铝)或溶液中的阳离子(Ca^{2+}、Al^{3+}等)形成难溶性沉淀而被强烈吸附。因此，土壤阴离子交换没有明显量的交换关系。在土壤中，易被胶体吸附而固定的离子有 $H_2PO_4^-$、HPO_4^{2-}、PO_4^{3-}、SiO_3^{2-}及某些有机酸阴离子。而 Cl^-、NO_3^-、NO_2^-等离子不易形成难溶盐，所以很少被土壤吸附。

2. 土壤的酸碱性

土壤是一个复杂体系，存在各种化学和生物反应。在土壤物质转化过程中，会产生各种酸性和碱性物质，使土壤溶液总是含有一定数量的 H^+ 和 OH^-。两者的浓度比例决定土壤溶液反应的酸性、中性和碱性。土壤的酸碱性虽然表现为土壤溶液的反应，但是它与土壤的固相组成和吸附性能有着密切的关系，是土壤的重要化学性质之一。土壤酸碱性对植物生长和土壤肥力以及土壤污染与净化都有重要影响。

1) 土壤酸度

根据土壤溶液中 H^+ 的存在方式，土壤酸度可分为活性酸度和潜性酸度两大类型。土壤的活性酸度(active acidity)是土壤溶液中氢离子浓度的直接反映，通常用 pH 表示。土壤溶液中的氢离子主要来源于土壤空气中的 CO_2 溶于水形成的碳酸、有机质分解产生的有机酸、氧化作用产生的大量无机酸(如硝酸、硫酸、磷酸等)和无机肥料残留的酸根等。此外，大气污染作用产生的酸雨会使土壤酸化，也是土壤活性酸度的一个重要来源。

土壤的潜性酸度(potential acidity)是由代换性 H^+ 和 Al^{3+} 所决定的。这些离子处于吸附状态时是不显酸性的，当它们通过离子交换作用进入土壤溶液后会增加 H^+ 的浓度，使土壤 pH 降低。只有盐基不饱和土壤才有潜性酸度，其大小与土壤代换量和盐基饱和度有关。土壤潜性酸度通常用 100 g 烘干土中氢离子的物质的量表示。

根据测定潜性酸度所用的提取液，可以把潜性酸度分为代换性酸度和水解性酸度。用过量中性盐(如 NaCl 或 KCl)溶液淋洗土壤，溶液中金属离子与土壤中 H^+ 和 Al^{3+} 发生离子交换作用，表现出的酸度称为代换性酸度。已有研究证明，吸附性 Al^{3+} 是大多数酸性土壤中潜性酸度的主要来源，而吸附性 H^+ 则是次要来源。

$$\boxed{土壤胶体}\!-\!H^+ + KCl \rightleftharpoons \boxed{土壤胶体}\!-\!K^+ + HCl$$

实际条件下，土壤矿物胶体释放出的氢离子很少，产生较多氢离子的是腐殖质中的腐殖酸：

$$RCOOH + KCl \rightleftharpoons RCOOK + H^+ + Cl^-$$

用弱酸强碱盐(如乙酸钠)淋洗土壤，溶液中的金属离子可以将土壤胶体吸附的 H^+ 和 Al^{3+} 代换出来，同时生成弱酸。此时测定的弱酸的酸度为水解性酸度。由于生成乙酸分子解离度很小，而氢氧化钠可以完全解离，氢氧化钠解离后，所生成的钠离子浓度很高，可以代换出绝大部分吸附的 H^+ 和 Al^{3+}，其反应如下：

$$H^+\!-\!\boxed{土壤胶体}\!-\!Al^{3+} + 4CH_3COONa + 3H_2O \rightleftharpoons \boxed{土壤胶体}\!-\!4Na^+ + Al(OH)_3 + 4CH_3COOH$$

土壤的酸度主要取决于潜性酸度，因为一般土壤潜性酸度的氢离子浓度较大，活性酸度的氢离子浓度很小。但是土壤的活性酸度与潜性酸度是同一平衡体系的两种酸度。二者可以互相转化，潜性酸可以通过交换作用生成活性酸，而活性酸也可以被胶体吸附成为潜性酸。二者在一定条件下处于暂时平衡状态。

2) 土壤碱度

土壤碱度是在土壤溶液中 OH^- 浓度超过 H^+ 浓度时反映出来的性质。土壤溶液中 OH^- 的主要来源是 CO_3^{2-} 和 HCO_3^- 的碱金属及碱土金属盐类。碳酸盐碱度和重碳酸盐碱度的总和称为总碱度。不同溶解度的碳酸盐和重碳酸盐对土壤碱度的贡献不同。一般含 $CaCO_3$ 和 $MgCO_3$ 的石灰性土壤呈碱性，含 Na_2CO_3 的土壤呈极强碱性，而含 $NaHCO_3$ 和 $Ca(HCO_3)_2$ 的土壤也表现出碱性。

当土壤胶体上吸附的 Na^+、K^+、Mg^{2+}(主要是 Na^+)等的饱和度增加到一定程度时，会引起交换性阳离子的水解作用。

$$\boxed{土壤胶体}\!-\!x\mathrm{Na^+} + y\mathrm{H_2O} \Longrightarrow y\mathrm{NaOH} + y\mathrm{H^+}\!-\!\boxed{土壤胶体}\!-\!(x-y)\mathrm{Na^+}$$

土壤酸碱度对土壤微生物的活性、对矿物质和有机质的分解起重要作用,可以直接或间接地影响污染物在土壤中的迁移转化。

3. 土壤缓冲作用

土壤缓冲性能是指土壤具有抗衡酸、碱物质,减缓 pH 变化的能力,它可以保持土壤反应的相对稳定,为植物生长和土壤生物的活动创造良好、稳定的环境,所以土壤的缓冲性能是土壤的重要性质之一。

1) 土壤溶液的缓冲作用

在一个溶液中,当弱酸及弱酸性盐或弱碱及弱碱性盐共存时,该溶液具有对酸或碱的缓冲作用。土壤溶液中含有碳酸、硅酸、磷酸、腐殖酸和其他有机酸等弱酸及其盐类,就构成一个良好的缓冲体系,对酸或碱具有缓冲作用。现以土壤有机酸为例说明缓冲作用。在土壤中,某些有机酸(如氨基酸和胡敏酸等)是两性物质,具有缓冲作用。例如,氨基酸所含的氨基和羧基可以分别中和酸和碱,从而对酸和碱都有缓冲能力。

$$
\begin{array}{ccc}
& \mathrm{NH_2} & & & \mathrm{NH_3Cl} \\
\mathrm{R}\!-\!\mathrm{CH} & + \mathrm{HCl} & \longrightarrow & \mathrm{R}\!-\!\mathrm{CH} & \\
& \mathrm{COOH} & & & \mathrm{COOH}
\end{array}
$$

$$
\begin{array}{ccc}
& \mathrm{NH_2} & & & \mathrm{NH_2} \\
\mathrm{R}\!-\!\mathrm{CH} & + \mathrm{NaOH} & \longrightarrow & \mathrm{R}\!-\!\mathrm{CH} & + \mathrm{H_2O} \\
& \mathrm{COOH} & & & \mathrm{COONa}
\end{array}
$$

2) 土壤胶体的缓冲作用

土壤胶体吸附的各种盐基离子,能对酸性物质起到缓冲作用。而胶体表面吸附 $\mathrm{H^+}$、$\mathrm{Al^{3+}}$,又能对碱性物质起到缓冲作用。

对酸的缓冲作用(M 代表盐基离子):

$$\boxed{土壤胶体}\!-\!\mathrm{M} + \mathrm{HCl} \Longrightarrow \boxed{土壤胶体}\!-\!\mathrm{H} + \mathrm{MCl}$$

对碱的缓冲作用:

$$\boxed{土壤胶体}\!-\!\mathrm{H} + \mathrm{MOH} \Longrightarrow \boxed{土壤胶体}\!-\!\mathrm{M} + \mathrm{H_2O}$$

土壤胶体的数量和盐基代换量越大,土壤的缓冲性能就越强。因此,砂土掺黏土及施用各种有机肥料,都是提高土壤缓冲性能的有效措施。阳离子交换量相同的两种土壤,盐基饱和度越大,对酸的缓冲能力越强;反之,盐基饱和度越小,对碱的缓冲能力越强。另外,$\mathrm{Al^{3+}}$ 对碱也能起到缓冲作用。在 pH<5 的酸性土壤中,土壤溶液中 $\mathrm{Al^{3+}}$ 周围有 6 个水分子,当土壤中 $\mathrm{OH^-}$ 增多时,$\mathrm{Al^{3+}}$ 周围的 6 个水分子有 1~2 个水分子解离出 $\mathrm{H^+}$,与 $\mathrm{OH^-}$ 中和,并发生如下反应:

$$2[\mathrm{Al(H_2O)_6}]^{3+} + 2\mathrm{OH^-} \Longrightarrow [\mathrm{Al_2(OH)_2(H_2O)_8}]^{4+} + 4\mathrm{H_2O}$$

这种带有 OH⁻的铝离子很不稳定，它们会聚合成更大的离子团。聚合的离子团越大，解离出的氢离子越多，对碱的缓冲能力越强。

4．土壤的氧化还原性

土壤中的氧化还原反应是土壤中无机物和有机物发生迁移转化并对土壤生态系统产生重要影响的化学过程。土壤中的主要氧化剂有土壤中的氧气、硝酸根离子和高价金属离子，如 Fe(III)、Mn(IV)、V(V)、Ti(VI)等。土壤中的主要还原剂有有机质和低价金属离子。此外，土壤中植物的根系和土壤生物也是土壤中氧化还原反应的重要参与者。土壤中的主要氧化还原体系列于表 1-6。

表 1-6　土壤中的主要氧化还原体系(陈怀满，2018)
(Main oxidation and reduction systems in soils)

体系	氧化态	还原态	体系	氧化态	还原态
铁体系	Fe^{3+}	Fe^{2+}	氮体系	NO_3^-	NO_2^-
锰体系	Mn^{4+}	Mn^{2+}		NO_3^-	NH_4^+
硫体系	SO_4^{2-}	H_2S	有机碳体系	CO_2	CH_4
氧体系	O_2	H_2O	氢体系	H^+	H_2

土壤氧化还原能力的大小可以用土壤的氧化还原电位(E_h)来衡量，其值是以氧化态物质与还原态物质的相对浓度比为依据的。根据土壤的 E_h 值，可以确定土壤有机物和无机物可能发生的氧化还原反应和环境行为。影响 E_h 值大小的因素有土壤通气性、微生物活动、易降解有机质的含量、根系代谢作用、土壤 pH 等。一般旱地土壤的 E_h 值为 400～700 mV，水田的 E_h 值为–200～300 mV。

土壤中的氧是主要的氧化剂，通气性好、水分含量低的土壤 E_h 值较高，为氧化性环境；淹水土壤(稻田土等)的 E_h 值较低，为还原性环境。此外，土壤微生物的活动、植物根系的代谢及外来物质的氧化还原性等也会改变土壤的氧化还原电位(E_h)。氧化还原反应还可以影响土壤的酸碱性，使土壤酸化或碱化，从而影响土壤组分及外来污染物的行为。

1.4.5　土壤污染修复

根据 2022 年发布的《全国土壤污染状况调查公报》，中国土壤环境状况总体不容乐观，全国土壤污染总的占位超标率达 16.1%，在工矿业废弃地土壤环境问题突出的同时，耕地土壤环境质量更加堪忧。我国在新《环境保护法》中增加了土壤污染修复(soil pollution remediation)的内容外，又公布了新的《土壤污染防治行动计划》(简称"土十条")。土壤污染修复是环境污染修复的重要组成部分。

土壤污染修复是指利用物理、化学和生物的方法，转移、吸收、降解和转化土壤中的污染物，使其浓度降低到可接受水平，或将有毒有害的污染物转化为无害的物质。从根本上说，污染土壤修复的技术原理可包括：改变污染物在土壤中的存在形态或同土壤的结合方式，降低其在环境中的可迁移性与生物可利用性；降低土壤中有害物质的浓度。土壤污染修复技术、原理及适用类型见表 1-7。

表 1-7 土壤污染修复技术、原理及适用类型
(Soil pollution remediation technology, principles and applicability)

类型	修复技术	原理	适用类型
生物修复	植物修复	利用植物及其根际圈共存微生物体系的吸收、挥发、降解和转化作用	重金属、有机物污染等
	原位生物修复	不改变土壤位置的情况下，通过添加微生物试剂、营养元素及土壤改良剂等，提高土壤微生物对有机污染物的降解	有机物污染
	异位生物修复	采用挖掘土壤或抽取地下水等工程措施移动污染物到邻近地点或反应器内进行的生物处理方法	有机物污染
化学修复	化学淋洗	通过压力的推动，将能促进土壤中污染物溶解或迁移的化学/生物溶剂注入被污染土层，使之与污染物结合，并通过溶剂的解吸、螯合、溶解或配位等物理化学作用使污染物形成可迁移态化合物	重金属、苯系物、石油、卤代烃、多氯联苯等
	溶剂浸提技术	利用挥发性有机溶剂将土壤中的污染物转移到溶剂相中，然后通过蒸发、蒸馏等手段回收有机溶剂	多氯联苯等
	化学氧化	利用化学氧化剂将污染物转化为稳定、低毒性或无毒性的物质	多氯联苯等
物理修复	蒸气浸提技术	引入清洁空气来降低土壤孔隙蒸气压，将污染物转化为蒸气而去除	VOCs
	固化修复技术	采用物理化学方法将污染物固定或包封在密实的惰性基材中使其稳定化	重金属等
	物理分离修复	根据粒径、密度、磁性及表面特性等物理特征进行分离	重金属等
	热力学修复	利用热传导或辐射实现对污染环境的修复	有机物、重金属等
	电动力学修复	通过电化学和电动力学的复合作用，使土壤中的污染物定向迁移，进而使污染物得到富集或回收	有机物、重金属等，低渗透性土壤

案例 1-5 2016 年，国务院印发的"土十条"是我国土壤污染治理的首个纲领性文件，对今后一个时期我国土壤污染防治工作做出了全面部署，之后陆续出台了《污染地块土壤环境管理办法》《农用地土壤环境管理办法(试行)》《工矿用地土壤环境管理办法(试行)》等。2018 年颁布了《中华人民共和国土壤污染防治法》，推进土壤污染综合防治先行区建设，实施土壤污染治理与修复技术应用试点，并规定每十年至少组织开展一次全国土壤污染状况普查。

延伸阅读 1-8 中华人民共和国土壤污染防治法
中华人民共和国生态环境部. 2018. 中华人民共和国土壤污染防治法.

1.5 生 物 圈

生物是指自然界中有生命的物体，主要包括植物、动物和微生物三大类。生命是一种物质的运动形式，生物体是能进行这种运动的个体。细胞是生物体最基本的结构和单位。构成细胞的化学元素有 27 种，其中含量最多的是碳、氢、氧和氮，共占细胞质量的 96%，含量较少的元素有硫、磷、氯、钠、钾、镁、钙、铁等，还有微量元素铜、锰、锌、硼、钼、碘等。从化学元素组成和化学观点来看生物体，生命系统都是由相对简单的无机分子(水和无机盐)

和含碳有机化合物(碳水化合物、脂类、蛋白质、核酸和维生素、酶、激素)组成。一般情况下，水占细胞鲜重的 60%～90%，无机盐占 1%～1.5%，蛋白质占 7%～10%，脂类占 1%～2%，碳水化合物及其他有机物占 1%～1.5%。

生物圈是指地球上有生命活动的领域及其居住环境的整体，主要由具有生命的动物、植物和微生物组成。它在地面以上大约 23 km 的高度，在地面以下延伸至约 12 km 的深处，其中包括平流层的下层、整个对流层及沉积岩圈、土壤圈和水圈。但绝大多数生物通常生存于地球陆地之上和海洋表面之下各约 100 m 厚的范围内。地球生物圈的总质量约为 $1.8×10^{15}$ kg(干生命物质)，约相当于 3.6 kg·m^{-2}(地球表面)。

生物圈主要由生命物质、生物生成性物质和生物惰性物质三部分组成。生命物质是生物有机体的总和，包括植物、动物、微生物在内的物种，约有 1000 万种；生物生成性物质是指由生命物质所组成的有机矿物质相互作用的生成物，如煤、石油、泥炭和土壤腐殖质等；生物惰性物质是指低层大气的气体、沉积岩、黏土矿物和水。

生活在生物圈某区域范围内某生物物种的所有个体总和称为种群(population)。在此范围内所有种群之和称为群落(community)。生物群落与环境之间以及生物群落内部通过能量流动和物质循环形成一个统一整体，即生态系统(ecosystem)。生物圈是地球上最大的生态系统，其中有多种类型的生态系统，典型的如森林、灌丛、草原、湿地和海洋等。各种类型的生态系统为不同的动物、植物和微生物提供独特的生存和繁衍条件。

一个完整生态系统的基本组成都包括非生物成分和生物成分。生物成分包括生产者、消费者和分解者。非生物成分是生态系统的生命支持系统，是生物生活的场所，包括参与物质循环的无机元素和化合物、联系生物和非生物的有机质、气候因子等生物生存所必需的物质条件等。生态系统的组成成分及相互关系如图 1-14 所示。

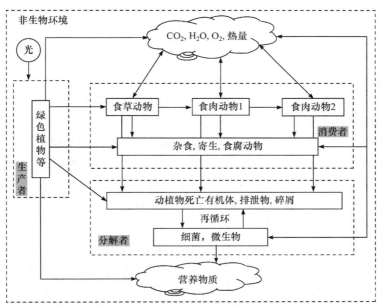

图 1-14　生态系统的组成成分及相互关系(改自卢升高和吕军，2006)
(Elements and interrelation of ecosystem)

　　生态系统的结构主要包括时空结构和营养结构。时空结构是指生态系统中组成要素或其亚系统在时间和空间上的分化与配置所形成的结构。营养结构是指生态系统中各种生物成分之间或生态系统中各生态功能群——生产者、消费者和分解者之间通过利用与被利用的关系，以营养为纽带，依次连接而成的食物链网结构，以及营养物质在食物链网中不同环节的组配结构。

　　生态系统的功能包括生物生产、能量流动、物质循环、信息传递。由于生态系统具有负反馈的自我调节机制，在通常情况下，生态系统会保持自身的平衡(生态平衡)，即生物种类的组成和数量比例相对稳定和非生物环境条件(如空气、阳光、水、土壤等)相对稳定。实质上，生态平衡(ecological equilibrium)是生态环境在一定时间内结构和功能的相对稳定状态，其物质和能量的输入和输出接近相等。当外来干扰因素，如火山爆发、地震、泥石流、人类修建大型工程、排放有毒物质、人为引入或消灭某些生物等超过一定限度时，就会引起生态系统失衡，甚至导致生态危机。生态平衡失调的初期往往不容易被人类察觉，一旦发展到危机，就很难在短期内恢复平衡。

 延伸阅读 1-9　　导致全球昆虫数量锐减的元凶

Sánchez-Bayo F, Wyckhuys K A G. 2019. Worldwide decline of the entomofauna: A review of its drivers. Biological Conservation, 232: 8-27.

 延伸阅读 1-10　　更多生物圈相关知识

程胜高, 罗泽娇, 曾克峰. 2003. 环境生态学. 北京: 化学工业出版社.

孔繁翔. 2000. 环境生物学. 北京: 高等教育出版社.

李洪远. 2006. 生态学基础. 北京: 化学工业出版社.

李振基, 陈小麟, 郑海雷. 2014. 生态学. 4 版. 北京: 科学出版社.

1.6　环 境 问 题

　　人类与环境之间是一个相互作用、相互影响、相互依存的对立统一体。环境问题是指由自然或人为原因引起的环境污染和生态破坏，直接或间接影响人类生存发展的一切现实或潜在的问题。环境问题的实质是社会、经济、环境之间的协调发展问题以及资源的合理开发利用问题。环境问题是多方面的，按照环境问题的成因，可将其分为原生环境问题和次生环境问题。原生环境问题也称第一环境问题，主要是由自然演变和自然灾害造成的，如火山喷发、地震、洪涝、干旱、滑坡、地方病等。原生环境问题不完全属于环境科学所研究的范围。由于人类活动引起的生态破坏和环境污染，反过来又危及人类自身的生存和发展的现象，称为次生环境问题，也称第二环境问题。

　　目前所说的环境问题一般是指次生环境问题。次生环境问题包括环境污染和生态破坏两种类型。由于人为因素，环境的构成或状态发生变化，造成环境质量下降，从而扰乱和破坏生态系统和人类正常生活及生产条件的现象称为环境污染，简称"污染"。生态破坏主要指人类活动直接作用于自然生态系统，造成生态系统的生产能力降低和结构变化，从而影响人类正常生产和生活的环境问题。

1.6.1　环境污染

1. 环境污染物概述

人类为满足生活和生产活动的需求，一方面向环境索取自然资源和能源，一方面又将生活和生产过程中产生的废物排放到环境中去。如果排放的物质超过环境的自净能力，环境质量就会发生不良变化，对人类或其他生物的健康或环境中某些有价值的物质产生有害影响。环境污染物是指那些进入环境后使环境的正常组成和性质发生变化，进而直接或间接有害于人类的物质。

化学物质(chemical substance)可以改变自然环境的组成、结构和功能。例如，进入大气平流层的氟氯烷烃能导致臭氧层中的臭氧加速消耗，温室气体能够引发全球气候变化。这些变化对于人类以及生态系统中特定物种的生存和发展可能是有害的。另一方面，化学物质也可以直接对生物体的健康造成有害效应。例如，双酚 A 能够扰乱人体内分泌系统，游离的银离子对微生物具有毒害效应。总之，化学物质通过改变无机环境或直接作用于生物体而产生有害效应的时候，即为有害化学物质。"有害效应"总是针对特定的主体，发生于特定的环境情景，是一个相对的概念。化学物质或者化学污染物的危害性可以分为环境危害(对于地球生态系统的组成、结构、功能有害)、健康危害(对人体健康、生态健康有害)以及物理危害(如燃烧、爆炸、腐蚀)三个方面。在环境化学领域，有害性的界定一般以保护人类以及生态系统中绝大多数物种的利益为出发点，即关注化学物质的环境危害和健康危害。

2. 污染物分类

大部分环境污染物是由人类的生产和生活产生的。有些物质(如氮、磷等)原本是人和生物必需的营养元素，是生产中有用的物质，由于利用不充分而大量排放，就可能成为环境污染物；有些污染物进入环境后，经过物理、化学和生物作用，可能转化成危害性更大的物质，也可能降解为无害物质。有的污染物存在于某单一的环境介质或以单一介质为主，如二氧化硫主要存在于大气中；有的污染物存在于大气、土壤、水、生物等多介质中，如 PAHs 和多氯联苯(polychlorinated biphenyls，PCBs)等在水体底泥、土壤和大气中都有检出。

环境污染物种类繁多，形态各异，可以根据不同的目的、不同的标准，形成多种不同的分类方法。按照接受污染物影响的环境介质，可将污染物分为大气污染物、水体污染物、土壤污染物等。按污染物的存在形态，可将污染物分为气体污染物、液体污染物和固体污染物。如果按污染物性质，可将其分为化学性污染、生物性污染物(如病原菌)和物理性污染物(如电磁辐射、噪声)。在导致环境污染的各种污染物中，化学污染物的贡献最大，占比达 80%～85%甚至以上。化学污染物存在天然来源和人为来源。天然来源包括地震、火山喷发、森林火灾等自然过程。这些自然过程均可能导致有害化学物质的生成，并将有害化学物质，如多环芳烃、卤代芳烃、二噁英类化合物(polychlorinated dibenzo-*p*-dioxins/dibenzofurans，PCDD/Fs)等释放环境中。人为来源主要指人类活动直接或间接地将有害化学物质排放到环境中。首先，人工合成化学品(synthetic chemicals)的生产和使用，是有害化学污染物的一个重要来源。人类活动(采矿、焚烧、工业生产)还为一些天然存在的有害化学物质增加了新的、大规模的产生和释放途径。例如，PAHs 可在煤等化石燃料和生物质燃料的不完全燃烧过程中产生；PCDD/Fs 可以在垃圾及废弃物不充分燃烧时产生；另外，一些污染物是工业生产的副产物等。

其次，有些在地表、地壳中已经存在的物质，由于人类活动而改变了其存在形态和空间位置，从而造成对环境的污染，典型的例子是汞及有机汞类污染物。总的来看，化学污染物的主要来源在于人类活动。此外，为了强调污染物的某些有害作用，还可以将污染物分为致畸污染物、致突变污染物及致癌污染物等。

下面主要基于社会功能、环境要素、元素组成和管理需求区分的污染物加以介绍。

(1) 人类社会不同功能产生的污染物：工业污染物、农业污染物、服务业污染物和生活污染物。

工业污染物：工业生产对环境造成污染主要是对自然资源的过量开采，致使多种化学元素在生态系统中超量循环以及生产过程中产生的"三废"。常见的污染物有酸、碱、油、重金属、有机物、毒物、放射性物质等。有些工业(炼焦厂)生产过程还会产生大量苯并[a]芘、亚硝基化合物等致癌性物质。另外，食品厂、发酵厂和制药厂等除向环境排放大量耗氧性有机物外，还会产生微生物、寄生虫等。

农业污染物：主要包括农药、化肥等，以及农业本身产生的废弃物。

服务业(交通和餐饮等)污染物：交通造成的污染包括噪声、汽油等燃料燃烧产物的排放和有毒有害物质的泄漏、清洗废水、扬尘等。餐饮等行业产生的污染物主要包括废水以及燃料燃烧产生的有毒有害物质等。

生活污染物：主要包括生活污水、分散取暖和炊事燃煤燃烧排放的气态污染物。分散取暖和炊事燃煤是城市主要的大气污染源之一。生活污水主要包括洗涤和粪便污水，其含有大量耗氧有机物和病菌、病毒与寄生虫等病原体。

(2) 按环境要素区分的污染物，可分为大气污染物、水体污染物和土壤污染物。

自然环境中，由于火山爆发、森林火灾和森林排放、海浪飞沫、陨星破碎所产生的宇宙尘及自然尘等向大气排放各种物质。另一方面，人类对资源开发和利用的同时，也不断地向大气排放各种物质。影响范围广的大气污染物主要是颗粒物、二氧化硫、氮氧化物、碳氧化物和挥发性有机物等，见表1-8。排入水体的污染物种类很多，主要包括有机污染物、无机污染物、非金属污染物和放射性污染物等，见表1-9。土壤污染物主要来自"三废"物质、化学农药和病原微生物等，见表1-10。

表 1-8　大气中主要污染物及其影响
(Main pollutants in the air and their effects)

污染物种类	典型污染物	影响
含硫化合物	SO_2、SO_3、H_2S	酸雨和硫酸型烟雾、雾霾，影响动植物和人类等
含氮化合物	NO、NO_2、NH_3	光化学烟雾、酸雨、雾霾，影响动植物和人类等
碳的氧化物	CO、CO_2	高浓度 CO 有毒，CO_2 产生温室效应
碳氢化合物	烷烃、烯烃、烷基苯、多环芳烃	参与光化学反应，生成自由基，有毒
卤代化合物	多氯联苯、有机氯农药、氯氟烃类	具有高毒性和持久性，破坏臭氧层，影响人体健康
颗粒物	碳粒、飞灰、可吸入粒子	影响人体健康和能见度

表 1-9　水体中主要污染物及其影响
(Main aquatic pollutants and their effects)

污染物种类		典型污染物	影响
有机污染物	耗氧有机物	碳水化合物、蛋白质、脂肪和纤维素	消耗水中溶解氧，影响水生生物
	有毒有机物	多环芳烃、多氯联苯、农药、酚类、药物	破坏水生生态环境，危害健康
无机污染物	有害无机物	固体悬浮物、酸、碱和盐等	改变物质的存在形态，降低水质
	有毒无机物	氰化物、汞、铅、镉、砷、硒和氟	产生毒性效应，降低水质
放射性污染物		铀、镭等	放射性危害
水体富营养物质		NO_3^-、NO_2^-、NH_4^+和合成洗涤剂	产生富营养化
病原微生物		致病菌、病毒	传播疾病

表 1-10　土壤中主要污染物及其影响
(Main pollutants in the soil and their effects)

污染物种类	典型污染物	影响
无机污染物	镉、汞、铜、铅和砷等以及硫酸盐和硝酸盐类等	影响动植物生长，进而威胁人类健康
有机污染物	农药、除草剂、石油类、洗涤剂和酚类	毒害土壤微生物，影响农作物生长，影响人类健康
放射性污染物	^{137}Cs 和 ^{90}Sr	产生放射性危害，威胁人类健康
病原微生物	肠道细菌、结核杆菌等	传播疾病

案例 1-6　为了研究大气污染物的来源，需要建立污染物的排放清单。欧美发达国家和地区在 20 世纪 80 年代就建立了完善的大气污染源排放清单编制技术体系。我国排放清单的构建起步相对较晚。近年来，我国大气污染源排放清单技术取得了长足的发展，出现了编制规范、高分辨率、涵盖众多污染物的排放清单。清华大学开发的中国多尺度排放清单(multi-resolution emission inventory for China, MEIC)模型被广泛应用于大气污染物预防与控制、环境经济学、气候变化等领域，为制定相关的污染物管控政策提供基础。

延伸阅读 1-11　中国多尺度排放清单模型
Li M, Liu H, Geng G N, et al. 2017. Anthropogenic emission inventories in China: A review. National Science Review, 4(6): 834-866.

(3) 按元素组成可分为无机污染物、有机污染物。

无机污染物包括各种有毒金属及其氧化物、酸、碱、盐类、硫化物和卤化物等。采矿、冶炼、机械制造、建筑材料、化工等工业生产排出的污染物中大多为无机污染物，其中硫、氮、碳的氧化物和金属粉尘是主要的大气无机污染物。各种酸、碱和盐类的排放，会引起水体污染，其中所含的重金属如铅、镉、汞、铜会在沉积物或土壤中积累，通过食物链危害人体与生物。无机元素不同价态或以不同化合物的形式存在时其环境化学行为和生物效应大不相同。

有机污染物存在于大气、水体和土壤等多介质环境中，既有天然来源(如森林火灾、火山喷发)，也有人为来源[如工业化学品、有机农药、药品和个人护理用品(pharmaceutical and personal care products，PPCPs)]。还有一些污染物是金属有机化合物，如有机汞、有机铅、有机砷、有机锡等，这些有机金属化合物比相应的金属无机化合物毒性要大得多。

(4) 新污染物(new pollutants)和传统污染物。党的二十大报告部署"开展新污染物治理"，国家"十四五"规划和 2035 年远景目标纲要指出"重视新污染物治理"。新污染物治理，是我国生态文明建设进入促进经济社会发展全面绿色转型、实现生态环境质量改善由量变到质变，生态环保逐步从"雾霾""黑臭"等显性污染治理，向具有长期、隐蔽性污染治理阶段发展的必然要求，也是深入打好污染防治攻坚战的深度延伸、广度拓展。

一些污染物较早被纳入环境监管，如反映水中耗氧性污染物污染的指标 COD、BOD，大气中的污染物 SO_2、NO_x、$PM_{2.5}$ 等，可以视为传统污染物。相对于传统污染物，新污染物可以界定为新近产生或被新近认识的、任何人工合成或自然存在的化学物质或微生物，其环境赋存浓度可引起显著的已知或可疑的毒害作用(包括对人体和生态物种的毒害、对地球系统结构的危害)。

化学品是新污染物的主要来源之一。化学品，即地球上原本不存在或即使存在但含量很少、经人类有意合成或提纯而具有某种功能和商品属性的化学物质。化学品对人类社会发展和生活质量改善，发挥了重要作用。但是，化学品是双刃剑，如果使用和管理不当，会影响人类社会的可持续发展。

化学品及相关产品在其生命周期过程中进入环境，就成为新污染物。例如，全氟和多氟烷基化合物(PFASs)、阻燃剂类化学品(如溴系阻燃剂、有机磷阻燃剂)、增塑剂类化学品[如双酚 A 及替代品、邻苯二甲酸酯(PAEs)]、苯并三唑类紫外线稳定剂、船舶防污涂料中的有机锡化合物等。化学品种类多，大体上可分为工业化学品、农用化学品、药品和个人护理用品、产品中的化学品。美国化学文摘社(CAS)注册的化学物质已达到 1.76 亿种(2021 年初数据，每天增加 8000~10000 种)，全球市场使用的化学品及其混合物已达 35 万种。

新污染物的另一个来源是人类生产、生活中无意排放的有毒物质。有些新污染物既来源于化学品，也来源于人类活动的副产物。例如，多氯联苯(PCBs)主要是人工合成的化学品，但在一些含氯有机物高温燃烧的场景下也能产生 PCBs。

此外，由于全球气候和生态系统的变化，以及微生物进化的快速迭代性，冰川、深海等区域的病原菌和病毒可能被释放，成为威胁人类健康的新污染物。抗生素的大量使用和一些环境因子的耦合，导致抗性基因的增生和传播，也是威胁人类健康的新污染物。这些生物性新污染物，广义上也可归并到人类活动无意排放的有毒物质之列。

新污染物具有异于传统污染物的一些特性：污染隐蔽性，相对传统污染物，新污染物环境浓度低，其危害性未被广泛察觉，所以新污染物往往是环境中的微量或痕量污染物。

环境持久性：新污染物在环境中往往不易降解，呈现持久性或者由于持续地向环境释放而呈现"假持久性"。若不加以管理，其环境浓度会逐年上升，且许多新污染物容易被生物蓄积。

释放途径多样性：传统污染物更多是通过人类生产生活设施进行管端排放，便于污染控制；而新污染物往往在其前体及产品生命周期的多个阶段，通过多种途径释放到环境中。例如，各种产品中添加的阻燃剂、增塑剂类化学品，在产品的生产、运输、储存、使用和废物处置等过程中，可以通过排放、耗散等多种途径进入环境成为新污染物。

危害多样性：许多新污染物具有内分泌干扰效应、"三致"作用等毒害效应，其长期低剂量暴露会对生物体造成潜在危害。全球生物多样性的降低，除了气候变化、栖息地丧失等因素，新污染物的污染也有贡献。此外，还有一些新污染物危害地球系统物理结构，最典型的是消耗臭氧层的各种氟氯烷烃类化学物质。

种类多样性：新污染物主要是化学和生物化学物质，从物质微观尺度的角度看，化学物质包括以分子和高分子形态(如微米和纳米尺度的塑料颗粒)存在的物质、以分子聚集体形式存在的物质(其中纳米材料是分子聚集体存在的一种典型形式，病毒也可以视作分子聚集体)；生物化学物质主要包括病毒在内的各种病原微生物。人工合成化学品是新污染物的一个重要来源，且种类众多。

治理复杂性：传统污染物的环境影响往往具有确定性，而新污染物种类多、环境中含量低、空间分布差异大，其环境影响底数不易摸清。各种化学品一旦进入环境成为污染物，再进行污染修复或者治理，需要消耗额外的能量并产生新的污染，完全消除其污染几乎是不可能实现的。因此，新污染物的治理关键在于污染预防。防控化学品的风险，防范化学品成为新污染物。如果不能有效地预防和控制新污染物的污染，其在环境中的持续积累，会对人体和生态系统的健康产生"温水煮青蛙"的效果。预防新污染物的污染，则需要评价其环境暴露、危害性和风险性，进而降低或者阻断其暴露，通过研发替代性的化学品降低其危害性，从而降低其风险。新污染物治理的复杂性凸显了环境系统工程思想在新污染物治理中的重要性和必要性(图 1-15)。

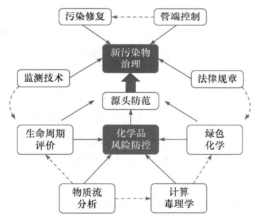

图 1-15　新污染物治理与化学品风险防控的系统工程框架
(Framework for environmental systems engineering on control of emerging pollutants and chemicals risks)

1.6.2　全球和区域性环境问题

环境问题贯穿人类发展的整个阶段。由于生产方式和生产力水平的差异，不同历史阶段环境问题的类型、影响范围和程度也不相同。环境问题大致经历了生态环境早期破坏、近代城市环境问题和当代环境问题三个阶段。生态环境的早期破坏阶段是一个漫长的时期，此时人类活动对环境的影响还是局部的。工业革命以来，随着工业和城市的快速发展，产生了严重的生态破坏和环境污染问题，属于近代环境问题。从全球的角度看，当代环境问题主要包括全球气候变化、化学品污染、酸雨、臭氧层破坏等，不同的区域和国家还存在各自不同的区域性环境问题。

1. 当前主要的全球性环境问题

当前，引起全球普遍关注的环境问题主要有：全球气候变化、化学品污染、臭氧层破坏和损耗(destruction of ozonosphere)、酸雨(acid rain)、生物多样性减少(loss of biodiversity)、土地荒漠化(land desertification)及森林植被破坏、淡水资源危机和海洋酸化(ocean acidification)等。

(1) 全球气候变化。气候变化是国际社会公认的最主要的全球性环境问题之一。科学家在全球各地经过不间断的长期观测，已发现地表大气的平均温度在不断变化中呈上升态势。据IPCC估计，如果人类对全球变暖坐视不管，到 21 世纪末全球气温将升高 4～5℃(相对于工业革命前)。这将导致大量物种灭绝、粮食大幅减产、全球海平面平均上升 0.7 m 等严重后果。为积极应对气候变化，全球 170 多位国家领导人于 2016 年共同签署了《巴黎协定》。该协定要求将 21 世纪全球平均气温上升幅度控制在 2℃以内，并争取将全球气温上升控制在前工业化时期水平之上 1.5℃以内。温室气体减排是应对气候变化的重要工作之一，如果不能控制温室气体的排放量，气候变化影响将会变得更加严重。美国作为温室气体排放量最大的国家，于 2017 年宣布退出《巴黎协定》。我国积极履行《巴黎协定》所要求的相关义务，于 2018 年提前 3 年兑现减排部分承诺。

(2) 化学品污染。过去的 100 多年，人类合成了化肥、农药、药物、各种日用和工业化学品，其中许多化学品是地球生态圈中原本不存在(或者即使存在，浓度也特别低)的物质，属于人为的(anthropogenic)化学品。20 世纪 60 年代，人类大规模使用各种化学品导致其对生态和人类健康的不利效应逐渐显现。1962 年，Rachel Carson (1907—1964)在《寂静的春天》中，指出了一些人工合成化学品(如有机氯农药、多氯联苯)污染对地球生态环境造成的危害，促使了人类环保意识的觉醒。

为应对化学品污染问题，联合国环境规划署(United Nations Environment Programme, UNEP)于 2006 年发布了《国际化学品管理战略方针》(SAICM)，希望"到 2020 年，通过透明和科学的风险评价与风险管理程序，并考虑预先防范措施原则以及向发展中国家提供技术和资金等能力支援，实现化学品生产、使用以及危险废物符合可持续发展原则的良好管理，以最大限度地减少化学品对人体健康和环境的不利影响"。为实现此目标，UNEP 在 2013 年发布了《全球化学品展望》(Global Chemicals Outlook)，倡导通过科学合理的化学品管理，控制化学品的全球污染。2019 年 3 月，UNEP 又发布了《全球化学品展望Ⅱ》，并指出："最大限度减少化学品和废物的不利影响这一全球目标无法在 2020 年实现。"不仅如此，《全球化学品展望Ⅱ》还预测，2017 年到 2030 年全球化学品(不包括药品)销售额的增长将要翻一番，而且预测从 1990 到 2030 年，全球基本化学品产能的增长远高于人口的增长，如图 1-16 所示。

一些化学品一旦进入环境，不容易降解，不仅具有环境持久性(persistence)、容易发生长距离迁移(long-distance transport)、容易被生物蓄积(bioaccumulation)，还具有急、慢性毒性(chronic toxicity)，成为持久性有机污染物(persistent organic pollutants, POPs)，对人体和生态健康构成危害，影响人类社会的生存、繁衍和持续发展。多数 POPs 具有"三致"(致癌、致畸、致突变)效应和遗传毒性，许多 POPs 能干扰人和生物体的内分泌系统。POPs 在全球范围的各种环境介质(大气、江河、海洋、底泥、土壤等)以及动植物组织器官和人体中广泛存在，已经引起了各国政府、学术界、工业界和公众的广泛关注。此外，一些 POPs 具有天然来源，一些 POPs 还是工业生产的副产物。

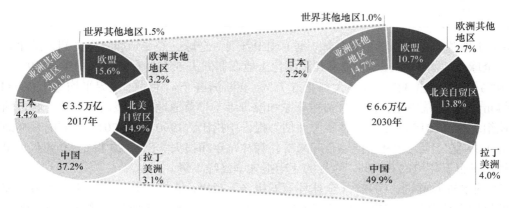

图 1-16　欧洲化学工业理事会统计、预测的 2017 年和 2030 年全球化学品(不包括药品)销售额
(Global sales of chemicals in 2017 and 2030. Adapted from UNEP，2019)

(3) 臭氧层破坏和损耗。臭氧层的 O_3 浓度减少，使得地球表面更容易暴露于太阳的紫外辐射下，对生态环境产生破坏作用，影响人类和其他生物的正常生存。全球 300 多个国家签订了《关于消耗臭氧层物质的蒙特利尔议定书》，共同控制臭氧耗损物质(ozone-depleting substances，ODS)的排放。目前，臭氧层破坏趋势已被初步遏制，臭氧层中 O_3 浓度在逐年恢复。联合国发布的《2018 年臭氧层消耗科学评估报告》证实，已成功削减了 ODS 的浓度，并推进平流层 O_3 持续恢复。由于 ODS 相当稳定，可以存在 50～100 年，因此臭氧层的恢复尚需时日。据估计，自 2000 年以来，臭氧层以每 10 年 1%～3%的速度恢复。按照预计的速度发展下去，北半球和中纬度地区的臭氧层有望在 2030 年之前完全恢复；在 2050 年之前，南半球的臭氧层将恢复原样；至 2060 年，极地地区的臭氧层将恢复原样。

(4) 酸雨。酸雨最早大约出现在 20 世纪 50 年代，原只发生在北美和欧洲工业发达国家的酸雨，逐渐向一些发展中国家扩展，如印度、中国等。酸雨的酸度也在逐渐增强。欧洲大气化学监测网近 20 年连续监测表明，欧洲雨水的酸度增加了 10%，瑞典、丹麦、波兰、德国、加拿大等国家的酸雨 pH 多为 4.0～4.5，美国已有 15 个州的酸雨 pH 在 4.8 以下。

(5) 生物多样性减少。据 UNEP 估计，自 2000 年以来沿海和海洋生态系统受到人类活动的严重影响，生态系统退化造成海岸带森林、海草和珊瑚面积减少。根据 3000 种野生物种种群的变化趋势分析，在 1970～2000 年，物种的平均数量丰富性持续降低了约 40%；内陆水域物种降低了约 50%，而海洋和陆地物种均降低了约 30%。2018 年，联合国框架下的生物多样性和生态系统服务政府间科学-政策平台(Intergovernmental Science-Policy Platform on Biodiversity and Ecosystem Services，IPBES)对生物多样性的评估报告显示，全球各地区生物多样性继续恶化，显著威胁人类经济生活和食品安全。其中，非洲地区最为严重，到 2100 年，气候变化会导致超过半数的非洲鸟类和哺乳动物消亡。亚太地区有一些改善，但水产养殖和过度捕捞逐渐成为海洋生态系统新的威胁。盗猎行为也对全球物种多样性造成了影响。

案例 1-7　北美大陆各种鸟类种群正以惊人的速度减少。*Science* 发表的一篇论文指出，自 1970 年至今，美国和加拿大鸟类数量已减少 29%，约 29 亿只鸟从北美大陆消失。研究人员认为，北美鸟类数量变化情况可以反映世界其他地区鸟类数量变化趋势,多种因素降低了鸟类繁殖率,并增加了它们的死亡率。其中,最可能的因素是它们栖息地的减少和退化,而后者主要是城市化、农业集约化等人类活动的结果。有毒化学品污染,也是造成鸟类种群减少的元凶之一。

(6) 土地荒漠化及森林植被破坏。据 UNEP 统计,全球已经受到和将会受到荒漠化影响的地区占全球土地面积的 35%。荒漠和荒漠化土地在非洲占 55%,在北美和中美占 19%,在南美占 10%,在亚洲占 34%,在澳大利亚占 75%,在欧洲占 2%。目前,世界平均每年有 $5×10^4$～$7×10^4$ km² 的土地荒漠化,以热带稀树草原和温带半干旱草原地区发展最为迅速。联合国粮食及农业组织在《2015 年全球森林资源评估》报告中指出,1990 年至 2015 年间的森林面积净损失为 1.29 亿公顷天然林。但综合起来看,森林每年净损失率已从 20 世纪 90 年代的 0.18% 减缓到在过去五年里的 0.08%,森林的年净损失率已经下降。

(7) 淡水资源危机。UNEP《全球环境展望 6》指出,人口增长、城市化、水污染和不可持续的发展都使全球的水资源承受越来越大的压力,而气候变化加剧了这种压力。在大多数区域,水资源短缺、干旱和饥荒等缓慢发生的灾害导致移民增加。受到严重风暴和洪水影响的人也越来越多。全球水循环的改变,正在对水量和水质造成影响,其影响在全世界分布不均。自 1990 年以来,由于有机和化学污染,如病原体、营养物、农药、沉积物、重金属、塑料和微塑料废物、POPs 及含盐物质,水质开始显著恶化。约有 23 亿人(约占全球人口的 1/3)仍然无法获得安全的卫生设施。每年约有 140 万人死于可预防的疾病,如腹泻和肠道寄生虫,这些疾病与饮用水受到病原体污染及卫生设施不足有关。

(8) 海洋酸化。海洋酸化是指海洋的 pH 在一段时间内不断地减小的现象,通常持续几十年或者更长时间,主要是由海水吸收了来自大气中过量 CO_2 引起的。海洋中天然化学物质成分的增加或减少(如火山活动、甲烷水合物释放、净呼吸的长期变化)或人类活动(如氮和硫化合物释放到大气中)也与海洋酸化有关。2009 年,超过 150 位科学家于摩纳哥签署了《摩纳哥宣言》(Monaco Declaration)。该宣言指出,海水 pH 的急剧变化,比过去自然改变的速度快了100 倍。现有的大量科学证据表明,在过去 200 年的时间里,海洋吸收了人类产生 CO_2 的 20%～30%,海洋吸收的 CO_2 最大限度地缓解了全球变暖,但也使表层海水的 pH 平均值从工业革命开始时的 8.2 下降到目前的 8.1。根据 IPCC 预测,到 2100 年,海水 pH 平均值将下降 0.3～0.4,至 7.9 或 7.8。到 2300 年,全球海水 pH 平均值有可能会下降约 0.5。

案例 1-8　从工业化到 21 世纪初,海洋平均 pH 下降 0.1 的时间,从一百年变成了十年。北冰洋作为生态系统结构简单、对气候和环境变化也最敏感的地区,会首先感应到这种酸化的加速。高浓度的 CO_2 容易入侵北极海水,导致其上层水体的酸度升高。与此同时,北极变暖引起的北极海洋环流和大气模态异常,使北冰洋酸化雪上加霜。北冰洋海冰覆盖面积锐减,诱发太平洋携带"腐蚀性"的酸化海水大范围入侵,进一步加快了北冰洋酸化海水。多项研究已证明,北冰洋是全球海洋酸化的"领头羊"。北冰洋酸化水体以每年 1.5%的速度快速扩张,并预估酸化水体将在 21 世纪中叶覆盖整个北冰洋。

延伸阅读 1-12　全球化学品展望Ⅱ
United Nations Environment Programme. Global Chemicals Outlook Ⅱ. https://www.unenvironment.org/resources/report/global-chemicals-outlook-ii-legacies-innovative-solutions.

延伸阅读 1-13　2018 年臭氧层消耗科学评估报告
World Meteorological Organization. 2018. Scientific Assessment of Ozone Depletion: 2018, Global Ozone Research and Monitoring Project Report No. 58.

延伸阅读 1-14　2015 全球森林资源评估(FAO，2016)

Food and Agriculture Organization of the United Nations. 2016. 2015 Global Forest Resources Assessment. Rome.

 延伸阅读 1-15　1948~2018 全球森林资源评估(FAO，2018)

Food and Agriculture Organization of the United Nations. 2018. 1948~2018 Seventy Years of FAOs Global Forest Resources Assessment. Rome.

 延伸阅读 1-16　食物与环境的关系

Sedlak D L. 2019. The food-environment nexus. Environmental Science & Technology, 53(12): 6597-6598.

 延伸阅读 1-17　人类活动的安全空间

Rockström J, Steffen W, Noone K, et al. 2009. A safe operating space for humanity. Nature, 461(7263): 472-475.

2. 中国生态文明建设

生态环境是人类生存和发展的根基，生态环境的变化直接影响文明的兴衰演替。源于森林茂盛、水量充沛的古埃及文明、古巴比伦文明由于严重的土地荒漠化而逐渐衰亡，现已被埋藏于万顷黄沙之下。我国历史上一些地区也有惨痛的教训。河西走廊、黄土高原曾经林木茂盛，由于毁林开荒、乱砍滥伐，生态环境遭到了严重破坏，加剧了经济衰落。唐代中叶以来，我国经济中心逐步向东、向南转移，很大程度上同西部地区生态环境的变迁有关。由此可见，生态文明建设是关系中华民族永续发展的根本大计。

中华民族向来尊重自然、热爱自然，并很早就把保护自然环境的观念上升为国家管理制度。例如，西周颁布的《伐崇令》中规定："毋坏室，毋填井，毋伐树木，毋动六畜。有不如令者，死无赦。"2018 年 5 月，全国生态环境保护大会在北京召开，习近平总书记发表了重要讲话，标志着习近平生态文明思想的确立。习近平生态文明思想是对党的十八大以来习近平总书记围绕生态文明建设提出的一系列新理念、新思想、新战略的高度概括和科学总结。这一思想集中体现为"生态兴则文明兴"的深邃历史观、"人与自然和谐共生"的科学自然观、"绿水青山就是金山银山"的绿色发展观、"良好生态环境是最普惠的民生福祉"的基本民生观、"山水林田湖草是生命共同体"的整体系统观、"实行最严格的生态环境保护制度"的严密法治观、"共同建设美丽中国"的全民行动观、"共谋全球生态文明建设之路"的共赢全球观。

党的十八大以来，在习近平生态文明思想的指导下，经过不懈的努力，我国生态环境质量持续改善，取得了一些可喜的成果。我国是世界上第一个大规模开展 $PM_{2.5}$ 治理的发展中国家。2022 年，全国 338 个地级及以上城市的 $PM_{2.5}$ 平均浓度同比下降 3.3%。全国地表水优良水质断面比例不断提升，Ⅰ～Ⅲ类水体比例达到 87.9%，同比上升 3.0%，劣Ⅴ类水体比例下降到 0.7%，大江大河干流水质稳步改善。2022 年，单位国内生产总值 CO_2 排放比 2012 年下降约 34.4%。另外，我国消耗臭氧层物质的淘汰量占发展中国家总量的 50%以上，是全球对臭氧层保护贡献最大的国家。2017 年，我国同 UNEP 等一道建立"一带一路"绿色发展国际联盟。2012～2012 年，我国累计完成造林 9.6 亿亩(1 亩≈666.7m²)，森林覆盖率提高到 24%，是同期全球森林资源增长最多的国家。

　　同时，还必须清醒地意识到，我国生态文明建设依然矛盾突出、挑战重重、压力巨大，推进生态文明建设还有不少难关要过，还有不少硬骨头要啃，还有不少顽瘴痼疾要治，形势仍然十分严峻。例如，我国 1/3 的土地受到酸雨污染，工业固体废物和城市垃圾的"围城"现象仍十分普遍，全国 29.3% 的高等植物需要重点关注和保护，生态环境质量为"较差"和"差"的县域仍占 32.8% 等。

　　从总体上看，虽然我国环境污染和生态破坏问题依然严峻，但是生态环境质量持续好转，出现了稳中向好的趋势，但成效并不稳固。生态文明建设正处于压力叠加、负重前行的关键期，已进入提供更多优质生态产品以满足人民日益增长的优美生态环境需要的攻坚期，也到了有条件有能力解决生态环境突出问题的窗口期。

　　党的二十大报告进一步强调：推动绿色发展，促进人与自然和谐共生。部署加快发展方式绿色转型，深入推进环境污染防治，提升生态系统多样性、稳定性、持续性，积极稳妥推进碳达峰碳中和。良好的生态环境是最普惠的民生福祉，在习近平生态文明思想的指导下，未来我国将持续坚持精准治污、科学治污、依法治污，持续深入打好蓝天、碧水、净土保卫战。加强污染物协同控制，基本消除重污染天气。统筹水资源、水环境、水生态治理，推动重要江河湖库生态保护治理，基本消除城市黑臭水体。加强土壤污染源头防控，开展新污染物治理。提升环境基础设施建设水平，推进城乡人居环境整治。全面实行排污许可制，健全现代环境治理体系。严密防控环境风险。展望未来，天会越来越蓝，水会越来越清，山会越来越绿，美丽中国的目标一定会实现！作为环境专业的本科生，须树立生态文明建设的责任担当意识，学好包括环境化学在内的各门基础课和专业课，锻炼自己认识和解决复杂环境问题的能力，为建设社会主义生态文明和人类命运共同体做出自己的贡献。

📖 延伸阅读 1-18　2017 年中国生态环境状况公报
中华人民共和国生态环境部. 2018. 2017 中国生态环境状况公报.
📖 延伸阅读 1-19　2018 年中国生态环境状况公报
中华人民共和国生态环境部. 2019. 2018 中国生态环境状况公报.
📖 延伸阅读 1-20　推动我国生态文明建设迈上新台阶
习近平. 2019. 推动我国生态文明建设迈上新台阶. 求是, (3): 4-19.

本 章 小 结

　　本章主要介绍了大气圈、水圈、土壤圈和生物圈的组成、性质及污染问题，目的是使读者建立起对自然环境及其性质的一些基本性的概念，尤其侧重对自然环境的多介质/界面的整体性认识。从大气环境角度，介绍了大气圈的组成和结构、大气颗粒物的组成及性质、臭氧生成和损耗的机理、温室效应及温室气体等。从水环境的角度，介绍了天然水的基本组成和性质、水体富营养化等问题。从土壤环境的角度，介绍了土壤的组成、剖面结构和理化性质。还介绍了生物圈的一些基本概念和知识。最后，概述了当前全球和区域性的一些主要环境问题。

思 维 导 图

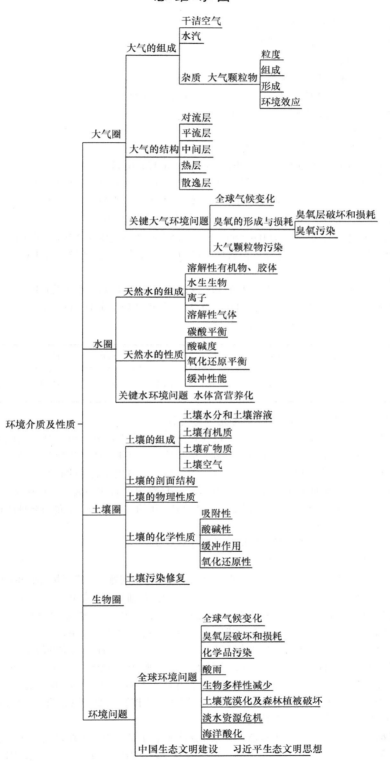

习题和思考题

1-1　什么是大气温度层结？各层结特点如何？

1-2　地球环境主要由哪些圈层构成？

1-3　简述赤潮发生的原因。

1-4　开放和封闭水体系中碳酸平衡过程有什么区别？

1-5　土壤的主要组分有哪些？这些组分是如何形成或产生的？

1-6　什么是活性酸度和潜性酸度？二者有何区别与联系？

1-7　土壤的基本化学性质有哪些？

1-8　环境中的污染物分为哪几类？举例说明。

1-9　(1) 根据下面 CFC 的代码，推断其化学结构式：a. 12；b. 113；

(2) 根据下面 CFC 的化学结构式，推断其代码：a. CH_3CCl_3；b. CCl_4；c. CH_3CFCl_2。

1-10　某监测站点测得空气中 SO_2 的小时平均浓度为 25 ppbv，温度为 5℃，压强为 100.1 kPa，计算大气中 SO_2 的分压 p_{SO_2} (Pa)、SO_2 的摩尔浓度 c_{SO_2} (mol·m^{-3})和质量浓度(μg·m^{-3})。

1-11　已知干空气中 NH_3 的浓度为 0.6 ppbv，水在 25℃时的蒸气压为 $3.167×10^3$ Pa，NH_3 的亨利常数是 $1.63×10^3$ mol^{-1}·L·Pa，计算 NH_3 在水中的溶解度(mol·L^{-1})。(大气压为 $1.013×10^5$ Pa，NH_3 的解离常数 $K_b = 1.75×10^{-5}$)

1-12　在某次环境监测中，测得某池塘水的 pH 为 8.0，水温为 25℃，水体的碱度为 $2.50×10^{-3}$ mol·L^{-1}，已知 H_2CO_3 的解离常数 $K_1 = 4.45×10^{-7}$，$K_2 = 4.69×10^{-11}$，计算该池塘水中 H_2CO_3、HCO_3^-、CO_3^{2-} 和 OH^- 的浓度。

1-13　在某次降雨监测中，测得如下浓度数据：

离子	Ca^{2+}	NH$_4^+$	Na$^+$	K$^+$	Mg^{2+}	SO$_4^{2-}$	NO$_3^-$	Cl$^-$	F$^-$
浓度/(μmol·L^{-1})	41.89	54.42	41.41	27.98	13.24	40.38	32.64	101.4	21.45

根据电中性原理，求本次降雨的 pH，判断是否为酸雨。

1-14　第十三届全国人民代表大会第二次会议的政府工作报告中指出，2019 年政府的工作任务之一是持续推进污染防治，巩固扩大蓝天保卫战成果。计划二氧化硫、氮氧化物的排放量下降 3%，重点地区 PM$_{2.5}$ 浓度继续下降。请从大气污染成因角度论述我国实施二氧化硫、氮氧化物减排的原因。

1-15　工业革命以来，全球 CO_2 浓度逐年攀升，在 2016 年 9 月首次突破了 400 ppmv。1992 年的《联合国气候变化框架公约》、1997 年的《京都议定书》和 2016 年的《巴黎协定》都对全球碳排放提出了要求。简述 CO_2 导致全球变暖的原因。

1-16　思考：什么是环境化学？学习环境化学有什么意义？

1-17　思考：原生和次生环境问题的区别。

1-18　近年来，我国大气臭氧污染日趋严重。为解决臭氧污染问题，生态环境部将推动 PM$_{2.5}$ 和臭氧的协同控制以及以氮氧化物和挥发性有机物为重点的多污染物协同减排，积极推进产业、能源、运输和用地结构的优化调整。请根据所学的知识，讨论和思考：(1)臭氧在大气中如何形成和损耗？(2)为什么要推动 PM$_{2.5}$ 和臭氧的协同控制？(3)除 PM$_{2.5}$ 外，还有哪些污染物可能与臭氧的形成和损耗相关？

1-19　电影《烈火英雄》讲述了一个油罐区发生火灾后，消防队伍团结救灾的故事。影片取材于 2010 年 7 月 16 日大连新港附近输油管道爆炸的事件，事件起因是一艘 30 万吨级外籍油轮在卸油的过程中，由于操作不当引发的输油管线爆炸。大量原油泄漏引发火灾，并造成大面积周边海域被污染。讨论和思考：(1)这场灾难对周围生态环境可能有哪些影响？(2)应采用哪些手段控制溢油扩散和修复污染的海域？(3)进入海洋环境中的溢油可能发生哪些迁移和转化过程？

1-20　恩格斯在《自然辩证法》中写道：美索不达米亚、希腊、小亚细亚以及其他各地的居民，为了得到耕地，毁灭了森林，但是他们做梦也想不到，这些地方今天竟因此而成为不毛之地，因为他们使这些地方失去了森林，也就失去了水分的集聚中心和储藏库。阿尔卑斯山的意大利人，当他们在山南坡把那些在山北坡得到精心保护的枞树林砍光用尽时，没有预料到，这样一来，他们把本地区的高山畜牧业的根基毁掉了；他们更没有预料到，他们这样做，竟使山泉在一年中的大部分时间内枯竭了，同时在雨季又使更加凶猛的洪水倾泻到平原上。简单粗暴地向自然索取、不注重生态文明建设给上述地区的居民带来了灾难性的后果。以史为鉴，可以知兴替。讨论和思考：我们要怎么做才能防止类似灾难的发生？

　　1-21　习近平总书记在 2018 年 5 月的全国生态环境保护大会上指出，我国生态文明建设正处于压力叠加、负重前行的关键期，已进入提供更多优质生态产品以满足人民日益增长的优美生态环境需要的攻坚期，也到了有条件有能力解决生态环境突出问题的窗口期。讨论和思考：(1)生态文明建设正处于压力叠加、负重前行的关键期，其关键在何处？(2)我国生态文明建设要攻克哪些难关？(3)为什么说我国生态文明建设处于窗口期？

主要参考资料

陈怀满. 2018. 环境土壤学. 3 版. 北京: 科学出版社.

戴树桂. 2006. 环境化学. 2 版. 北京: 高等教育出版社.

河海大学《水利大辞典》编辑修订委员会. 2015. 水利大辞典. 上海: 上海辞书出版社.

黄成敏. 2005. 环境地学导论. 成都: 四川大学出版社.

江桂斌, 阮挺, 曲广波. 2019. 发现新型有机污染物的理论与方法. 北京: 科学出版社.

江桂斌, 郑明辉, 孙红文, 等. 2019. 环境化学前沿(第二辑). 北京: 科学出版社.

金相灿. 1995. 中国湖泊环境. 北京: 海洋出版社.

李荫堂. 2003. 地球环境概论. 北京: 气象出版社.

刘绮. 2004. 环境化学. 北京: 化学工业出版社.

刘兆荣, 陈忠明, 赵广英, 等. 2003. 环境化学教程. 北京: 化学工业出版社.

卢升高, 吕军. 2006. 环境生态学. 杭州: 浙江大学出版社.

唐孝炎, 张远航, 邵敏. 2006. 大气环境化学. 2 版. 北京: 高等教育出版社.

王佳钰, 王中钰, 陈景文, 等. 2022. 环境新污染物治理与化学品环境风险防控的系统工程. 科学通报, 67(3): 267-277.

王晓蓉, 顾雪元, 等. 2018. 环境化学. 北京: 科学出版社.

吴彩斌, 雷恒毅, 宁平. 2005. 环境学概论. 北京: 中国环境科学出版社.

夏立江. 2003. 环境化学. 北京: 中国环境科学出版社.

杨达源. 2012. 自然地理学. 2 版. 北京: 科学出版社.

曾凡刚. 2003. 大气环境监测. 北京: 化学工业出版社.

Alowitz M J, Scherer M M. 2002. Kinetics of nitrate, nitrite, and Cr(Ⅵ) reduction by iron metal. Environmental Science & Technology, 36(3): 299-306.

Bang S, Johnson M D, Korfiatis G P, et al. 2005. Chemical reactions between arsenic and zero-valent iron in water. Water Research, 39(5): 763-770.

Intergovernmental Panel on Climate Change. 2007. Climate Change 2007: The Physical Science Basis. Cambridge: Cambridge University Press.

Intergovernmental Panel on Climate Change. 2013. Climate Change 2013: The Physical Science Basis. Cambridge: Cambridge University Press.

Józefaciuk G. 2011. Encyclopedia of Agrophysics: Surface Properties and Related Phenomena in Soils and Plants. Dordrecht: Springer.

Julia S. Ocean acidification to hit levels not seen in 14 million years. Data website: https://www.cardiff.ac. uk/news/view/1235229-ocean-acidification-to-hit-levels-not-seen-in-14-million-years.

Li K, Jacob D J, Liao H, et al. 2019. Anthropogenic drivers of 2013~2017 trends in summer surface ozone in China. Proceedings of the National Academy of Sciences of the United States of America, 116(2): 422-427.

Ludwig R D, Su C M, Lee T R, et al. 2007. *In situ* chemical reduction of Cr(Ⅵ) in groundwater using a combination of ferrous sulfate and sodium dithionite: A field investigation. Environmental Science & Technology, 41(15):

5299-5305.

Mackay D. 2001. Multimedia Environmental Models: The Fugacity Approach. 2nd ed. Florida: CRC Press.

Manahan S E. 2017. Environmental Chemistry. 10th ed. Florida: CRC Press.

National Aeronautics and Space Administration(NASA). Annual records of global atmospheric ozone concentrations. https://ozonewatch.gsfc.nasa.gov/statistics/annual_data.html.

National Oceanic and Atmospheric Administration. The NOAA annual greenhouse gas index. https://www.esrl.noaa.gov/gmd/aggi/aggi.html.

National Oceanic and Atmospheric Administration. Trends in concentrations of greenhouse gases. https://www.esrl.noaa.gov/gmd/ccgg/trends/data.html.

Rosenberg K V, Dokter A M, Blancher P J, et al. 2019. Decline of the North American Avifauna. Science, 366(6461): 120-124.

Su C M, Puls R W. 2004. Nitrate reduction by zerovalent iron: Effects of formate, oxalate, citrate, chloride, sulfate, borate, and phosphate. Environmental Science & Technology, 38(9): 2715-2720.

United Nations Development Programme. China national human development report 2016: Social innovation for inclusive human development. https://www.cn.undp.org/content/china/en/home/library/human_ development /china-human- development-report-2016.html.

United Nations Environment Programme. Global Environment Outlook 6. https://www.unenvironment.org/resources/global-environment-outlook-6.

Yang G C C, Lee H L. 2005. Chemical reduction of nitrate by nanosized iron: Kinetics and pathways. Water Research, 39(5): 884-894.

Yao L, Garmash O, Bianchi F, et al. 2018. Atmospheric new particle formation from sulfuric acid and amines in a Chinese megacity. Science, 361(6399): 278-281.

Zhang R Y, Khalizov A, Wang L, et al. 2012. Nucleation and growth of nanoparticles in the atmosphere. Chemical Reviews, 112(3): 1957-2011.

Zou Y, Wang X, Khan A, et al. 2016. Environmental remediation and application of nanoscale zero-valent iron and its composites for the removal of heavy metal ions: A review. Environmental Science & Technology, 50(14): 7290-7304.

第 2 章　化学污染物的迁移行为

迁移是指污染物在环境中发生空间位置和范围的变化，这种变化往往伴随污染物在环境中浓度的变化。化学污染物迁移的方式主要有物理迁移、化学迁移和生物迁移。物理迁移是指污染物在环境中的机械运动，如随水流、气流的运动和扩散，在重力作用下的沉降等。化学迁移是指污染物经过化学过程发生的迁移，包括溶解、解离、氧化还原、水解、配位、螯合、化学沉淀、生物降解等。生物迁移是指污染物通过有机体的吸收、代谢、生育、死亡等生理过程实现的迁移。化学迁移一般包含物理迁移，而生物迁移包含化学迁移和物理迁移。污染物的迁移往往与转化相伴随，所谓转化，通常指污染物发生了化学变化。本章侧重介绍污染物在环境非生物相间的物理迁移。

2.1　概　　述

从宏观的角度看，污染物在环境介质内部及介质间的迁移过程主要有两种形式，即环境介质携带污染物所进行的平流(advection)运动和污染物自身分子运动所导致的扩散(diffusion)迁移。平流运动包括：空气中颗粒物和气相中污染物的干湿沉降(dry and wet deposition)，空气中污染物从对流层向平流层的迁移，水体中颗粒物的沉降(settling)、埋藏(burying)和再悬浮(resuspension)，空气、水流和生物体携带污染物的运动，水体、土壤和生物体内污染物的挥发等过程。扩散迁移包括：环境介质(相)内部的分子扩散(molecular diffusion)、相内湍流或涡流扩散(turbulent/eddy diffusion)、非稳态扩散(unsteady-state diffusion)、在多孔介质中的扩散、环境介质间的扩散等。第 7 章的多介质环境模型部分，对这些平流和扩散过程有详细的数学描述。本节概要介绍污染物在大气、水体和土壤中可能发生的迁移行为。

2.1.1　大气中污染物的迁移

污染物在大气中的迁移，是指由于空气的运动使污染源排放出来的污染物传输和分散的过程，这种迁移过程一般可使污染物浓度降低。

1. 大气中污染物迁移的主要方式

大气中污染物的迁移转化是大气环境具有自净能力的一种表现。进入大气中的污染物可通过风力、气流、干湿沉降等方式在水平或垂直方向上进行动力迁移。迁移可以发生在各个圈层内，也可以发生在圈层间。

(1) 风力扩散。在各种气象因子影响下，大气中的污染物具有自然地扩散稀释和浓度趋于均一的倾向。风力即是此类气象因子之一，大气的水平运动形成风。由外摩擦力介入而产生的风因流经起伏不平的地形而具有湍流性质，使得由风力携带的污染物在较小范围内向各个方向扩散。风力越大，污染物沿下风向扩散得越快。

(2) 气流扩散。垂直方向流动的空气称为气流,它关系到污染物在垂直方向上的扩散迁移。气流的发生、强弱均与大气稳定度有关。稳定大气不产生气流,而大气稳定度越差,气流越剧烈,污染物在纵向的扩散越快。

(3) 干沉降。大气中的污染气体和气溶胶等物质随重力沉降及气流的对流和扩散等作用,被地球表面的土壤、水体和植被等吸附去除的过程,称为干沉降。

(4) 湿沉降。大气中所含气态污染物或颗粒物质随降水(雨水、雪等)降落并积留在地表的过程称为湿沉降。湿沉降是污染气体在大气中被消除的重要过程。

2. 影响大气中污染物迁移的因素

由污染源排放到大气中的污染物在迁移过程中要受到各种因素的影响,主要有空气的机械运动(如风和大气湍流)、天气形势和地理地势造成的逆温现象以及污染源本身的特性等。

(1) 风和大气湍流的影响。污染物在大气中的扩散取决于三个因素:风可使污染物向下风向扩散,大气湍流可使污染物向各个方向扩散,浓度梯度可使污染物发生质量扩散,其中风和大气湍流起主导作用。在摩擦层中大气稳定度较低,污染物可以从排放源向下风向迁移从而得到稀释,也可以随空气的铅直对流运动升到高空而扩散。摩擦层以上的自由大气中的乱流及其效应通常极微弱,污染物很少到达这里。

(2) 天气形势和地理地势的影响。天气形势是指大范围气压分布的状况,局部地区的气象条件总是受天气形势的影响。因此,局部地区的扩散条件与大型的天气形势是相互联系的。某些天气系统与区域性大气污染有密切联系。不利的天气形势和地形特征结合在一起通常会使某一地区的污染程度大大加重。例如,由于大气压分布不均,在高压区存在下沉气流,使气温绝热上升,于是形成上热下冷的逆温现象。这种逆温称为下沉逆温,它可以持续很长时间,分布很广,逆温层厚度也较厚。这样就会使从污染源排放出来的污染物长时间地积累在逆温层中而不能扩散。一些较大的污染事件大多是在这种天气形势下形成的。

由于不同地形地面之间的物理性质存在很大差异,从而引起热状况在水平方向上分布不均匀。这种热力差异在天气系统条件弱时就有可能产生局部环流,如海陆风、城郊风和山谷风等,均对空气中污染物的迁移有影响。

2.1.2　水中污染物的迁移

水环境中污染物的运动是很复杂的,主要包括以下几方面:污染物随着水体流动的迁移运动,同时发生扩散和稀释,使浓度趋于均一;污染物吸附于水体颗粒物而发生物理性重力沉降或胶体颗粒沉降;污染物通过挥发进入大气。

1. 水体推流迁移作用

水体推流迁移作用是污染物在水流作用下发生的迁移运动。污染物质点之间以及污染物质点与水分子之间不发生相互碰撞、混合,这是一种简单的流动形式。计算表达式如下:

$$p_x = u_x c, \qquad p_y = u_y c, \qquad p_z = u_z c \tag{2-1}$$

式中,p_x、p_y 和 p_z 分别为在空间三个方向(即 x、y、z 方向)上的污染物推流迁移通量($kg \cdot m^{-2} \cdot s^{-1}$);$u_x$、$u_y$、$u_z$ 分别为水流速在 x、y、z 方向上的分量($m \cdot s^{-1}$);c 为水中污染物的浓度($kg \cdot m^{-3}$)。水体对污染物的推流迁移作用只能改变污染物的空间位置,不能改变污染物的浓度。

2. 分散作用

污染物在水体中的分散作用包括分子扩散、湍流扩散和弥散(dispersion)。

(1) 分子扩散。分子扩散是由污染物分子的随机运动引起的，分子扩散的质量通量与扩散物质的浓度梯度成正比，即

$$D_x^1 = -S_m \frac{\partial c}{\partial x}, \quad D_y^1 = -S_m \frac{\partial c}{\partial y}, \quad D_z^1 = -S_m \frac{\partial c}{\partial z} \tag{2-2}$$

式中，D_x^1、D_y^1 和 D_z^1 分别为在 x、y、z 方向上由分子扩散导致的污染物扩散通量($\mathrm{kg \cdot m^{-2} \cdot s^{-1}}$)；$c$ 为水中污染物的浓度($\mathrm{kg \cdot m^{-3}}$)；S_m 为分子扩散系数($\mathrm{m^2 \cdot s^{-1}}$)。

(2) 湍流扩散。湍流流场中，污染物质点之间及污染物质点与水分子之间由于各自的不规则运动而发生相互碰撞、混合。湍流扩散规律可以用菲克(Fick)第一定律表达：

$$D_x^2 = -S_x \frac{\partial \overline{c}}{\partial x}, \quad D_y^2 = -S_y \frac{\partial \overline{c}}{\partial y}, \quad D_z^2 = -S_z \frac{\partial \overline{c}}{\partial z} \tag{2-3}$$

式中，D_x^2、D_y^2 和 D_z^2 分别为在 x、y、z 方向上由湍流扩散导致的污染物扩散通量($\mathrm{kg \cdot m^{-2} \cdot s^{-1}}$)；$\overline{c}$ 为水中污染物的时间平均浓度($\mathrm{kg \cdot m^{-3}}$)；S_x、S_y 和 S_z 分别为在 x、y、z 方向上的湍流扩散系数($\mathrm{m^2 \cdot s^{-1}}$)。

(3) 弥散。弥散作用是由水体横断面上的实际流速分布不均匀引起的，可以这样描述：

$$D_x^3 = -d_x \frac{\partial \overline{\overline{c}}}{\partial x}, \quad D_y^3 = -d_y \frac{\partial \overline{\overline{c}}}{\partial y}, \quad D_z^3 = -d_z \frac{\partial \overline{\overline{c}}}{\partial z} \tag{2-4}$$

式中，D_x^3、D_y^3 和 D_z^3 分别为在 x、y、z 方向上由弥散作用导致的污染物扩散通量($\mathrm{kg \cdot m^{-2} \cdot s^{-1}}$)；$\overline{\overline{c}}$ 为水中污染物的时间平均浓度的空间平均值($\mathrm{kg \cdot m^{-3}}$)；d_x、d_y 和 d_z 分别为在 x、y、z 方向上的弥散系数($\mathrm{m^2 \cdot s^{-1}}$)。

案例 2-1　大规模的围海养殖和填海造地活动，会改变滨海湿地的地貌地形，从而影响水中污染物的迁移扩散行为和水体的富营养化进程。卢昱岑等(2012)通过研究地形的变化对黄河口海域盐度分布的影响，发现随着地形的演变，低盐度海水分布的范围会随之变大(图 2-1 和图 2-2)。进一步分析发现，随着地形的淤进，河口横截面变窄，在流量相同的情况下水流流速增加，因此低盐度海水能够传播到更远的地方。

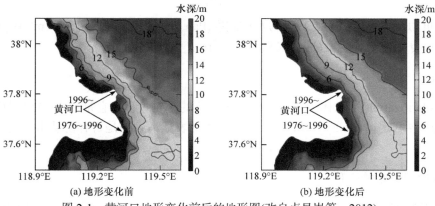

图 2-1　黄河口地形变化前后的地形图(改自卢昱岑等，2012)

(Topographic map before and after the changes of the Yellow River estuary)

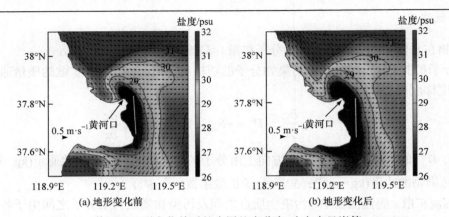

图 2-2　黄河口地形变化前后的表层盐度分布(改自卢昱岑等，2012)
(Surface salinity distribution before and after topographical changes of the Yellow River estuary)

延伸阅读 2-1　　地形演变对黄河口切变锋位置及盐度分布的影响
卢昱岑，沈永明，张明. 2012. 地形演变对黄河口切变锋位置及盐度分布的影响. 水动力学研究与进展，27(3): 349-357.

3. 吸附分配作用

天然水体是一个巨大的分散体系，其中的分散物质包括各种溶解态的离子和分子、胶体粒子、悬浮粒子及较大的粗粒子等。颗粒物按组成可分为三类，即无机粒子、有机粒子及无机与有机粒子的聚集体。这些粒子可以吸附水中的各种污染物质(或者水中的污染物分配至颗粒物的内部)，显著地影响着污染物在水体中的存在状态和迁移转化。此外，包含大量颗粒物组分的水底沉积物也可以被看作吸附剂的组合体。

4. 重力沉降

吸附于水体颗粒物上的污染物可以发生重力沉降(gravity settling)或胶体颗粒沉降。对于球形颗粒物，在静止水体中的重力沉降速度可用斯托克斯定律(Stokes' law)描述：

$$v = \frac{(\rho_1 - \rho_2)gd^2}{18\mu} \tag{2-5}$$

式中，v 为重力沉降速度($m \cdot s^{-1}$)；μ 为水体黏度($Pa \cdot s$)；ρ_1 为颗粒密度($kg \cdot m^{-3}$)；ρ_2 为水体密度($kg \cdot m^{-3}$)；g 为重力加速度(这里取 9.8 $m \cdot s^{-2}$)；d 为颗粒直径(m)。

5. 挥发

挥发(volatilization)是水体中污染物向大气迁移的重要过程，它是在水-空气界面进行的物理迁移过程。亨利定律(Henry's law)常数和蒸气压是表征污染物是否容易从水中向大气迁移的重要参数。

2.1.3　土壤中污染物的迁移

土壤可被粗略地划分成四相：气相、水相、固相和生物相。污染物在土壤中的行为受四相间分配趋势的制约。土壤中的化学污染物可能有如下迁移过程：挥发进入大气；随地表径流污染附近的地表水；吸附于土壤固相表面或有机质中；随降雨或灌溉水向下迁移，通过土壤剖面形成垂直分布，直至渗滤到地下水；生物或非生物降解；植物吸收等。

1. 扩散和淋溶过程

污染物在土壤中的扩散是指其自发地由浓度较高的地方向浓度较低的地方迁移的过程。污染物在土壤中的扩散能力主要取决于污染物本身的物理化学性质和土壤的特性。淋溶作用的发生是外力作用的结果，污染物悬浮或溶解在水中或吸附在固体物质上，以水为介质进行迁移。空气在土壤中的移动而引起的污染物的流动几乎可以忽略不计。

(1) 土壤扩散。污染物在土壤中的扩散有两种形式，即气态扩散和非气态扩散。非气态扩散可以发生在溶液中、气-液或液-固界面上。污染物在土壤中的扩散力主要取决于污染物本身的性质及土壤的环境条件。影响污染物扩散的主要因素有土壤含水量、吸附作用、土壤紧实度、温度。含水量不同的土壤中，同一种污染物的扩散情况不同。土壤对污染物的吸附作用可以有效地抑制污染物的扩散，吸附作用越强，扩散作用越弱。土壤紧实度是影响土壤孔隙率和界面特性的参数，对于以蒸气形式进行扩散的污染物，提高土壤紧实度就会降低土壤的孔隙率，污染物在土壤中的扩散系数也就随之降低。温度升高，分子运动加快，污染物分子更易以气态形式存在，因此扩散系数显著提高。

(2) 土壤淋溶。淋溶(leaching)是污染物污染地下水的主要原因。土壤淋溶作用是指通过天然下渗雨水或人工灌溉，将上方土层中的某些矿物盐类或有机物移至下方土层中的作用。影响污染物淋溶作用的因素很多，包括污染物的理化性质、土壤的结构性质、作物类型及耕作方式等。一般来说，水溶性大的污染物淋溶作用强，更有可能进入深层土壤而造成地下水污染。通常，污染物在吸附容量小的砂土中易随间隙水的垂直运动而不断向下渗透；而在黏粒矿物和有机质含量高且吸附能力强的土壤中，不易随间隙水向下移动，淋溶能力弱，大多积累于上部 30 cm 的表层土内。当土壤中污染物的残留质量分数为 5×10^{-9} 时，污染物所能达到的最大深度称为最大淋溶深度。通常使用最大淋溶深度作为评价土壤对污染物淋溶能力的指标。

2. 污染物在土壤-植物界面的迁移

植物生长、发育过程中所必需的养分均来自土壤。当土壤中的污染物浓度超过植物的忍耐限度时，会引起植物吸收和代谢失调。其中一些污染物在植物体内残留，会影响植物的生长发育，甚至导致遗传变异。土壤中污染物主要通过植物根系根毛细胞的作用积累于植物茎、叶和果实部分。污染物在土壤-植物中的迁移过程如图 2-3 所示，由于该迁移过程受到多种因素的影响，污染物可能停留于细胞膜外或穿过细胞膜进入细胞质。

1) 污染物由土壤向植物体内的迁移

(1) 植物提取(phytoextraction)。土壤环境中的污染物可以直接被植物吸收进入植物体内，如果本身形态、性质不发生改变，并储存在植物组织中，称为植物提取。植物吸收污染物过程分为被动吸收和主动吸收。被动吸收过程中污染物伴随蒸腾流，通过扩散作用进入植物体内，其动力主要来自蒸腾拉力；而主动吸收则是植物细胞膜对污染物选择性运输的结果，需要植物细胞额外供给能量。一般认为，植物通过根部吸收污染物的途径有：质外体、共质体和质外体-共质体。质外体途径包括由细胞壁到木质部的运动，这一途径必须让污染物通过凯氏带(是内皮层上具有水密性的屏障，它将皮层和中柱分隔开来)，然后进入木质部；共质体途径包括初始进入细胞壁，然后进入表皮、皮层细胞的原生质，污染物滞留在原生质中，然后通过胞间连丝进入内皮层、中柱和切皮部；质外体-共质体途径与共质体途径相同，只是污染物可以绕过凯氏带后重新通过细胞壁进入木质部。

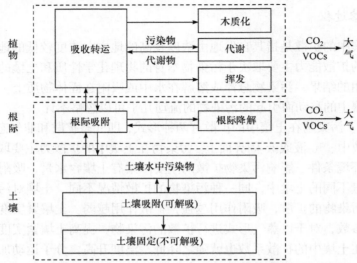

图 2-3　污染物在土壤-植物中的迁移过程(改自林道辉等，2003)
(Transport processes of organic pollutants between soil and plant)

案例 2-2　植物提取技术在修复重金属污染土壤方面备受关注，与之相关的是超积累植物(hyperaccumulator plant)。超积累植物是指对重金属吸收量较大，并能将其运输储藏到地上部分，且地上部分重金属含量显著高于根部的一类植物，这类植物地上部分的重金属含量是常规植物的 10～500 倍以上。目前全球范围内超过 400 种植物被鉴定为超积累植物。我国因具有丰富的生物多样性和大量的矿产资源，而成为超积累植物物种研究的热点地区。过去 20 年来，我国的研究人员进行了大量的筛选工作，发现了许多不同种类的超积累植物。图 2-4 展示了四种我国发现的超积累植物，图(a)为蜈蚣草(*Pteris vittata* L.)，是我国首次发现的砷(As)超积累植物；图(b)为伴矿景天(*Sedum plumbizincicola*)，对重金属镉(Cd)、锌(Zn)均具有超积累作用；图(c)为海州香薷(*Elsholtzia splendens*)，是铜(Cu)的超积累植物；图(d)为商陆(*Phytolacca americana*)，是锰(Mn)的超积累植物。

图 2-4　我国发现的四种超积累植物(Li et al.，2018)
(Four hyperaccumulator plants found in China)

延伸阅读 2-2　　中国的重金属超积累植物的研究进展

Li J T, Gurajala H K, Wu L H, et al. 2018. Hyperaccumulator plants from China: A synthesis of the current state of knowledge. Environmental Science & Technology, 52(21): 11980-11994.

(2) 植物对污染物的转运。部分污染物被根系吸收后在植物体内通过木质部或韧皮部沿根-茎-叶向上转运。无论在木质部还是韧皮部转运，前提都是污染物必须溶解于植物组织液中，因此疏水性污染物在植物体内通常难以转运。相对于植物的体内转运，污染物可以沿着食物链在生物体之间转运；对于一些污染物，该过程同时伴随着生物放大作用。另外，人为收割、拔除和销毁吸收污染物后的植物会使污染物或其代谢产物从一地转运到另一地。

(3) 植物对污染物的转化。污染物可以通过吸收和迁移过程进入植物中，进而被代谢转化。Li 等(2019)发现在南瓜(*Cucurbita maxima×C. moschata*)和大豆(*Glycine max* L. Merrill)幼苗中短链氯化石蜡(short chain chlorinated paraffins，SCCPs)的代谢转化途径包括碳链的断键、脱氯和氯重排。Zhang 等(2019)把水稻(*Oryza sativa* L.)暴露于 2,4,6-三溴苯酚(2,4,6-tribromophenol)溶液中，5 天后发现 99.2%的 2,4,6-三溴苯酚被代谢了，代谢途径包括脱溴、羟基化、甲基化、偶联反应、硫酸化和糖基化。Hou 等(2019)发现南瓜幼苗能代谢转化四溴双酚 A(tetrabromobisphenol A，TBBPA)，发现糖基化是南瓜幼苗中 TBBPA 最主要的代谢途径(图 2-5)。

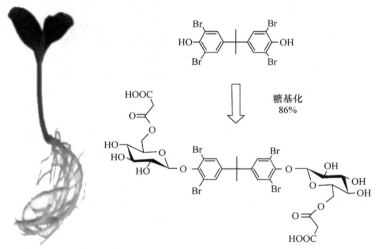

图 2-5　南瓜幼苗中 TBBPA 的主要代谢途径(Hou et al.，2019)

(Main metabolic pathways of TBBPA in pumpkin seedlings)

　延伸阅读 2-3　　南瓜中 TBBPA 的糖基化

Hou X, Yu M, Liu A, et al. 2019. Glycosylation of tetrabromobisphenol A in pumpkin. Environmental Science & Technology, 53(15): 8805-8812.

(4) 植物对污染物的固定。体内固定作用是继污染物被转化后植物脱毒机制的重要一步。污染物及其次生产物通常先与某些植物组分形成结合体以增加其水溶性，继而进一步与细胞壁组分(如木质素等)结合或被直接运输进细胞液泡。植物体内与污染物结合的组分主要包括丙二酸、D-葡萄糖、谷胱甘肽、半胱氨酸等。污染物与植物组分形成的结合体至少有三个最终去向：储存在细胞液泡中、储存在非原生质体中、与细胞壁共价结合。例如，Castro 等(2001)证实了三唑能在向日葵(*Helianthus annuus*)中发生木质化，Garrison 等(2000)在伊乐藻(*Elodea canadensis*)中发现了农药滴滴涕(dichlorodiphenyltrichloroethane，DDT)残基与木质素的共价结合。

案例 2-3　植物对外源污染物的代谢在代谢模式、酶类和 cDNA 序列水平上与动物肝脏相似，van Aken 等(2010)提出了"绿色肝脏"(green liver)的概念。图 2-6 以 2,3′-二氯联苯为例，显示了"绿色肝脏"模型的三相反应：羟基化活化二氯联苯、与植物分子(糖)结合、将结合物隔离在液泡或细胞壁中。

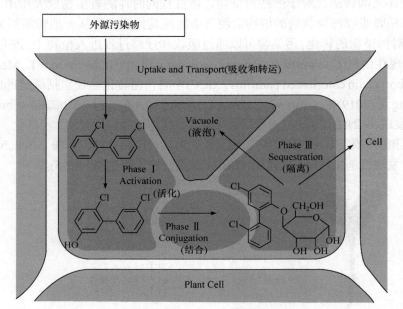

图 2-6　"绿色肝脏"模型的三相反应示意图(Van Aken et al.，2010)
(Three-phases reaction of the green liver model)

📖 延伸阅读 2-4　土壤中多氯联苯污染的植物修复：发展趋势和展望

van Aken B, Correa P A, Schnoor J L. 2010. Phytoremediation of polychlorinated biphenyls: New trends and promises. Environmental Science & Technology, 44(8): 2767-2776.

---

(5) 植物挥发(phytovolatilization)。植物通过根系吸收到体内的污染物可以向地上部分迁移，从根部到达叶部。进入叶中的污染物可以通过植物挥发进入空气中，这一现象对苯和三氯乙烯(trichloroethylene，TCE)这类挥发性较强的物质尤为明显。Limmer 和 Burken(2016)认为有机污染物的植物挥发行为分为直接和间接挥发，直接挥发主要发生在植物的茎或叶中，由于植物的根系活动从土壤中挥发的则是间接挥发，并且发现正辛醇/空气分配系数低($\lg K_{OA} < 5$)的化合物更容易从植物中挥发。南瓜叶片中的 SCCPs 也能通过叶片挥发至空气中，其脱氯产物比母体化合物的挥发性更强(Zhang et al.，2017)。硒(Se)、砷(As)和汞(Hg)等无机污染物也能从植物中挥发。Jia 等(2012)发现水稻吸收三甲基砷氧化物后，能挥发出三甲基砷。

案例 2-4　植物挥发可能是 TCE 和类似氯代挥发性有机化合物(chlorinated volatile organic compounds，CVOCs)从土壤中去除的重要机制。Doucette 等(2013)通过测定美国 Travis 和 Fairchild 空军基地处 TCE 从树叶、树干和土壤中的挥发量，评估这些挥发途径在植物修复中的重要性。结果表明，TCE 的挥发主要通过叶

片[Travis 为(0.34±0.16)kg·a⁻¹, Fairchild 为(0.01±0.06)kg·a⁻¹]和土壤[Travis 为(0.48±0.36)kg·a⁻¹, Fairchild 为(0.003±0.002)kg·a⁻¹]两种途径。

📖 延伸阅读 2-5　树木和土壤中 TCE 的挥发

Doucette W, Klein H, Chard J, et al. 2013. Volatilization of trichloroethylene from trees and soil: Measurement and scaling approaches. Environmental Science & Technology, 47(11): 5813-5820.

(6) 植物根际效应。根际释放的有机物质可以增加污染物的生物有效性(bioavailability)。一方面，释放的有机物增加了土壤的阳离子交换容量并且竞争土壤中污染物的结合位点，使得结合于土壤颗粒或有机质上的污染物减少；另一方面，根际释放的有机物可以充当表面活性剂，如根际释放的各种甘油酯和糖蛋白降低了污染物的界面张力，增加了其在土壤间隙水中的溶解度。此外，根际释放的有机物还可以刺激生物表面活性剂菌群的产生，而生物表面活性剂菌群可以增加污染物的溶解度，从而增加其根际降解。

2) 污染物在土壤-植物中迁移的影响因素

影响污染物在土壤-植物中迁移的因素主要包括：污染物本身的结构和理化性质、土壤的结构和性质、环境气象条件、植物种属等。

(1) 污染物的理化性质。土壤污染物向植物中的迁移取决于污染物的生物有效性，并与污染物的物理化学性质，如饱和蒸气压(p)、正辛醇/水分配系数(K_{OW})、水溶解度(S_W)、分子大小、分子结构、解离常数等有关。疏水性较强、饱和蒸气压较大($p > 2×10^{-4}$ Pa)的气相污染物，主要以气态形式通过叶面气孔或角质层被植物吸收。根系内表皮含有一层具有软木脂的不透水硬组织带，污染物必须通过这层疏水性的硬组织带，才能进入内表皮，到达管胞和导管组织，并进一步通过木质部向上转移。通常，污染物的亲水性越强(lgK_{OW}越低)，通过硬组织带进入内表皮的能力越弱；但进入内表皮后，亲水性强的污染物更易随植物体内的蒸腾流或汁液向上迁移。lgK_{OW} = 1.0~3.5 的污染物较易被植物吸收转运；lgK_{OW} > 3.5 的疏水性污染物被根表面强烈吸附，不易向上迁移；lgK_{OW} < 1.0 的亲水性污染物不易被根吸收或主动通过植物的细胞膜。

污染物的相对分子质量和分子结构会影响植物吸收。植物根系一般容易吸收相对分子质量小于 500 的污染物。相对分子质量较大的非极性化合物因被根表面强烈吸附，不易被植物吸收转运。分子结构不同的污染物会因其对植物的毒性不同，而对植物吸收效率产生不同影响。

(2) 土壤的结构和性质。土壤理化性质对植物吸收污染物具有显著影响。土壤颗粒组成直接关系到土壤颗粒比表面积的大小，影响其对污染物的吸附能力，从而影响污染物的生物有效性。土壤酸碱性不同，其吸附污染物的能力也不同。碱性条件下，土壤中部分腐殖质由螺旋态转变为线形态，提供了更丰富的结合位点，降低了污染物的生物有效性；相反，酸性条件下，土壤颗粒吸附的污染物可重新回到土壤水中，随植物根系吸收进入植物体。土壤中矿物质和有机质的含量是影响污染物生物有效性的两个最重要的因素。矿物质含量高的土壤对离子性污染物吸附能力较强，降低了其生物有效性；有机质含量高的土壤会吸附或固定大量的疏水性有机污染物，降低了其生物有效性。植物主要从土壤水溶液中吸收污染物，土壤水分能抑制土壤颗粒对污染物的表面吸附，提高其生物有效性。另外，土壤性质的变化直接影响植物的生长状况，从而影响植物吸收转运污染物的效率。

(3) 环境气象条件。影响污染物土壤-植物迁移转运的气象条件主要有风、湿度和温度等。

风和湿度会影响污染物的挥发及植物的蒸腾作用。温度影响土壤中污染物的挥发,影响土壤和植物对污染物的吸附和分配能力,因为污染物的土壤吸附和植物角质层分配过程均属于放热过程。

(4) 植物种属。寻找和优选用于土壤污染植物修复的特性植物,是近二十年来研究的热点问题之一。不同种类植物的组织成分不同,其积累、代谢污染物的能力也不同。脂质含量高的植物对亲脂性有机污染物的吸收能力强,如花生等作物对艾氏剂和七氯的吸收能力大小顺序为:花生(*Arachis hypogaea*)>大豆(*Glycine max* L.)>燕麦(*Avena sativa* L.)>玉米(*Zea mays* L.)。同类植物对污染物的吸收能力也有所区别,如木本植物对镉的吸收蓄积能力存在明显的种间差异。旱柳(*Salix matsudana*)、北京杨(*Populus pekinensis*)等杨柳科树种有较强的吸收蓄积镉的能力,而刺槐(*Robinia pseudoacaia*)、紫穗槐(*Amorpha fruicoca*)等豆科树种吸收蓄积镉的能力不及杨柳科树种的十分之一。此外,植物不同部位积累污染物的能力不同,对多数植物来说,根系累积污染物的能力大于茎叶和籽实。在孔雀草(*Tagetes patula*)提取土壤中苯并芘的研究中发现,其根系累积的污染物浓度是茎叶中的 2 倍以上。

案例 2-5　植物修复是指利用植物吸收、转化、降解污染物从而净化环境的一种污染修复技术(图 2-7)。植物修复的过程主要有:植物组织将土壤和地下水中的污染物直接吸收(植物提取)或吸附到根部(根际过滤);被吸收到植物组织内的污染物可以由植物酶进行转化(植物转化),也可以通过蒸腾作用挥发到大气中(植物挥发);未被植物组织吸收的污染物可由根际微生物降解(根际修复)。

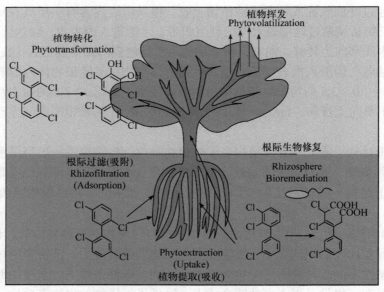

图 2-7　植物修复土壤和地下水污染的过程示意(van Aken et al.,2010)

(Processes of phytoremediation)

2.2　污染物的挥发与沉降

化学污染物的挥发和沉降过程主要发生在大气和水、土壤、植物等环境介质之间。大气中的颗粒物和气态污染物(硫氧化物、氮氧化物)可以通过干湿沉降从大气到达地面和水面。水体及土壤中的污染物也能通过挥发作用进入大气中。本节介绍挥发作用、干沉降和湿沉降及酸沉降的基本原理。

2.2.1　挥发作用

1. 水相中污染物的挥发动力学

挥发是污染物从水相、土壤相或植物相迁移到气相的过程。如果污染物具有高挥发性，挥发作用是一个重要的迁移途径；即使某些污染物的挥发性较小，挥发作用也不能忽视，这是由于污染物的环境归趋是多种过程综合贡献的结果。水中污染物的挥发速率可由下式表示：

$$\frac{\partial c}{\partial t} = -k_{\mathrm{V}}(c - p/K_{\mathrm{H}})/z = -k'_{\mathrm{V}}(c - p/K_{\mathrm{H}}) \tag{2-6}$$

式中，c 为水体中溶解态污染物的浓度($\mathrm{mol \cdot m^{-3}}$)；$k_{\mathrm{V}}$ 为挥发速率常数($\mathrm{m \cdot h^{-1}}$)；k'_{V} 为混合水体中污染物的挥发速率常数($\mathrm{h^{-1}}$)；z 为水体的混合深度(m)；p 为污染物在水面大气中的分压(Pa)；K_{H} 为亨利常数($\mathrm{Pa \cdot m^3 \cdot mol^{-1}}$)。在很多情况下，污染物的大气分压可以认为是零，式(2-6)可简化为一级动力学的形式：

$$\frac{\partial c}{\partial t} = -k'_{\mathrm{V}}c \tag{2-7}$$

2. 亨利常数

由于许多挥发性污染物在水体中的浓度都比较低，此时的水体可看作理想化的稀溶液。如果污染物从水相向气相的挥发分配达到平衡，可用亨利定律来描述污染物在两相之间的平衡分配。

式(2-6)中污染物 i 的亨利常数($K_{\mathrm{H},i}$，$\mathrm{Pa \cdot m^3 \cdot mol^{-1}}$)的表达式为

$$K_{\mathrm{H},i} = p_i/c_{\mathrm{W},i} \tag{2-8}$$

式中，p_i 为一定温度和平衡状态下气相中污染物 i 的蒸气压(Pa)；$c_{\mathrm{W},i}$ 为水中(溶液中)污染物 i 的浓度($\mathrm{mol \cdot m^{-3}}$)。文献中，亨利常数有多种表达方式。在不同的表达方式中，由于所使用的物理量单位不同，亨利常数的大小和单位也不同。亨利常数的另外一种表达方式为

$$K'_{\mathrm{H},i} = K_{\mathrm{AW},i} = c_{\mathrm{A},i}/c_{\mathrm{W},i} \tag{2-9}$$

式中，$c_{\mathrm{A},i}$ 为污染物 i 在空气中的浓度($\mathrm{mol \cdot m^{-3}}$)；$K'_{\mathrm{H},i}$ 为量纲为一的亨利常数；$K_{\mathrm{AW},i}$ 也称为污染物 i 的空气/水平衡分配系数。根据式(2-8)和式(2-9)可得

$$K'_{\mathrm{H},i} = K_{\mathrm{AW},i} = K_{\mathrm{H},i}/RT = 4.1 \times 10^{-4} K_{\mathrm{H},i} \tag{2-10}$$

式中，T 为热力学温度($293.15\ \mathrm{K}$)；R 为摩尔气体常量($8.314\ \mathrm{J \cdot mol^{-1} \cdot K^{-1}}$)。

影响 $K_{\mathrm{H},i}$ 大小的因素主要包括化合物的分子结构、温度及溶液的组成。对于非极性或弱极性有机化合物，如正烷烃、氯代苯、烷基苯等，其 $K_{\mathrm{H},i}$ 值变化不会超过一个数量级。温度对 $K_{\mathrm{H},i}$ 值的影响较显著。盐度影响化合物的水溶解度，进而影响 $K_{\mathrm{H},i}$ 值。对于系列性的有机化合物，其 $K_{\mathrm{H},i}$ 值的变化范围如图 2-8 所示。

$K_{\mathrm{H},i}$ 值的实验测定不是一件简单的工作，特别是对于 $K_{\mathrm{H},i}$ 值很小的化合物。虽然可以得到的 $K_{\mathrm{H},i}$ 实验值在不断增多，但是相对于饱和蒸气压(p)、水溶解度(S_{W})和正辛醇/水分配系数(K_{OW})，$K_{\mathrm{H},i}$ 实验数据还相当有限。$K_{\mathrm{H},i}$ 值的数据可以在有关数据库中查阅得到，如美国化学会

(American Chemical Society)下属化学文摘社(Chemical Abstract Services，CAS)的 SciFinder®和德国的 CrossFire Beilstein 数据库等。对于环境中常见的污染物，可以在 Sander(2015)出版的手册中查到。此外，$K_{H,i}$ 可近似由污染物 i 的饱和蒸气压和水溶解度的比值计算得到，但这一近似算法可能有很大误差。基于多参数线性自由能关系(polyparameter linear free energy relationship，pp-LFER)模型或者定量构效关系(quantitative structure-activity relationship，QSAR)模型，也可预测有机化合物的 $K_{H,i}$(Goss，2006；Dearden et al.，2013)。

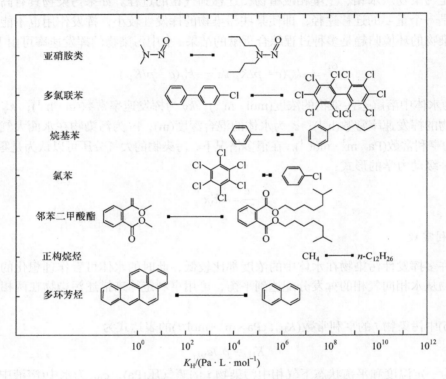

图 2-8　几类重要有机化合物亨利常数(K_H)的范围

[Ranges in Henry's law constant (K_H) for some important classes of organic compounds]

【例 2-1】　有一充分混合的水深较浅的池塘，假设在池塘水和相邻大气中存在苯的污染，且监测到苯在空气中的浓度为 $c_A = 0.05$ mg·m^{-3}，在池塘水中的浓度为 $c_W = 0.4$ mg·m^{-3}。假设空气和水的温度相同，那么在典型夏季温度($T = 25℃$)和冬季温度($T = 5℃$)的情况下，苯的迁移方向如何？已知 25℃和 5℃条件下，苯的亨利常数(量纲为一)分别为 0.22 和 0.05。请分析在 $T = 25℃$ 和 $T = 5℃$ 的情况下，苯在两相中的迁移方向。

解　　　　　　　　　　　$c_A/c_W = 0.05$ mg·m^{-3}/0.4 mg·m$^{-3} = 0.125$

在 $T = 25℃$ 时，$0.125 < 0.22$，苯向空气中挥发；

在 $T = 5℃$ 时，$0.125 > 0.05$，空气中的苯向水中扩散迁移。

---

3. 双膜理论

双膜理论(double-film theory)是一种传质机理模型，该理论可较好地解释污染物在两相间的迁移(包括挥发)过程。下面以挥发过程为例，介绍双膜理论。双膜理论认为，化学物质从水中挥发时，必须克服来自近水表层和空气层的阻力，这种阻力控制着化学物质由水向空气迁移的速率。由图 2-9 可见，化学物质在挥发过程中要分别通过一个薄的"液膜"和一个薄的"气膜"，双膜理论的主要假设是：①膜层以外的气、液相主体，由于流体的充分湍动，分压或浓度均匀化，无分压或浓度梯度，故无传质阻力。②相界面气-液达到平衡，无传质阻力。浓度差存在于气膜和液膜内，故全部阻力存在于两膜内。③在气、液两相接触面附近，分别存在呈滞流状态的稳态气膜与液膜。在此滞膜层内传质严格按分子扩散方式进行，膜的厚度随流体流动状态而变化。④在气液膜层内，浓度梯度在两个层中的分布是线性的，而在有效膜层外，浓度梯度消失。

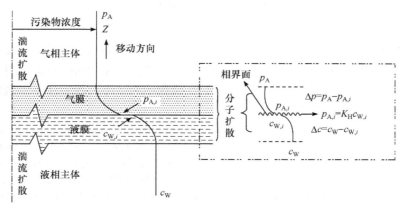

图 2-9　双膜理论示意图

(Diagram of double-film theory)

在气膜和液膜的界面上，液相主体中化学物质的浓度为 c_W ($\mathrm{mol \cdot m^{-3}}$)，扩散到界面处降为 $c_{W,i}$，跨过界面后分压为 $p_{A,i}$(Pa)，进入气相主体后以分压 p_A 存在，显然，化学物质在两相中克服传质阻力的推动力不同，对于挥发过程，在液相中推动力为 $c_W - c_{W,i}$，在气相中为 $p_{A,i} - p_A$。假设化学物质在气-液界面上达到平衡并且遵循亨利定律，则

$$p_{A,i} = K_H \cdot c_{W,i} \tag{2-11}$$

对于稳态传质，扩散通量(J, $\mathrm{mol \cdot m^{-2} \cdot h^{-1}}$)等于传质系数与扩散推动力的乘积，在液相中：

$$J_W = k_{WA}(c_W - c_{W,i}) \tag{2-12}$$

在气相中：

$$J_A = k_{AW}(p_{A,i} - p_A)/RT \tag{2-13}$$

式中，k_{WA} 为液相一侧传质系数($\mathrm{m \cdot h^{-1}}$)；k_{AW} 为气相一侧传质系数($\mathrm{m \cdot h^{-1}}$)。将式(2-11)代入式(2-13)中，消去 $p_{A,i}$，得到

$$J_A = k_{AW}(K_H \cdot c_{W,i} - p_A)/RT \tag{2-14}$$

由于稳态传质，界面处没有物质积累，两层薄膜中物质的扩散通量必然相等，即

$$J = k_{WA}(c_W - c_{W,i}) = k_{AW}(K_H c_{W,i} - p_A)/RT \tag{2-15}$$

$$c_{W,i} = \frac{k_{WA} c_W + k_{AW} p_A/RT}{k_{WA} + k_{AW} K_H/RT} \tag{2-16}$$

将式(2-16)代入式(2-12)中，液相中通量方程变为如下形式：

$$J = \frac{k_{WA} k_{AW}(c_W K_H - p_A)/RT}{k_{WA} + k_{AW} K_H/RT} \tag{2-17}$$

通常情况下，化学物质的大气分压(p_A)可以看作是零，即$p_A = 0$，则液相侧的通量为

$$J = \left(\frac{k_{WA}k_{AW}K_H/RT}{k_{WA} + k_{AW}K_H/RT} \right) c_W \tag{2-18}$$

令

$$k_V = \frac{k_{WA}k_{AW}K_H/RT}{k_{WA} + k_{AW}K_H/RT} \tag{2-19}$$

或将其变换成阻力形式：

$$\frac{1}{k_V} = \frac{1}{k_{WA}} + \frac{RT}{k_{AW}K_H} \tag{2-20}$$

则

$$J = k_V \cdot c_W \tag{2-21}$$

式(2-19)及式(2-20)中，k_V为挥发速率常数($m \cdot h^{-1}$)；$1/k_V$为挥发过程的总阻力($m^{-1} \cdot h$)；$1/k_{WA}$为液相一侧的传质阻力($m^{-1} \cdot h$)；$RT/k_{AW}K_H$为气相一侧的传质阻力($m^{-1} \cdot h$)。从上述推导可见，化学污染物在水相中的挥发通量(速率)，等于其在液相中的浓度与挥发速率常数的乘积，挥发过程的快慢主要受k_{AW}、k_{WA}及K_H的控制。

案例 2-6 评价大气污染物的被动采样器，可应用双膜理论。采样是大气污染物监测的关键环节，采集空气中的污染物大多使用主动采样器(如大流量空气采样器)。但主动采样器价格昂贵，体积较大，采样成本较高；采样需要动力，不适合在野外使用，尤其不适合大范围多点同时采样；采样后需要对样品进行较为复杂的前处理。被动采样是为替代主动采样而诞生的一种新的采样技术。所谓被动采样，就是目标物不依靠外加动力，而是借助目标物在不同环境介质中的化学势(或逸度)差的驱动，通过扩散过程，被采样材料吸附或吸收目标污染物的采样方法。大气被动采样器具有结构简单、价格低廉、采样方便、不需要外加动力、适合于野外采样的优点，既可以应用于大尺度空气污染研究，也可以应用于小尺度的环境空气质量监测。

假定采样过程中目标物在空气中的浓度恒定不变，根据双膜理论，污染物在空气和采样器之间的传质过程发生在气固界面间。那么，总传质系数 k 可分别由界面两侧的传质系数计算得到：

$$\frac{1}{k} = \frac{1}{k_A} + \frac{1}{k_S K_{SA}} \tag{2-22}$$

式中，k_A为空气侧的传质系数($m \cdot h^{-1}$)；k_S为采样器侧的传质系数($m \cdot h^{-1}$)；K_{SA}为目标物在采样材料和空气间的分配系数。由于大多数目标物 K_{SA} 远远大于 k 和 k_S，即 $k = k_A$，传质过程由空气侧的传质控制。

4. 污染物在土壤中的挥发

土壤中污染物的挥发过程(图 2-10)主要包括两个步骤：一是深层土壤中的污染物通过扩散作用进入表层土壤，包括土壤空气扩散及土壤水扩散；二是表层土壤中的污染物通过挥发作用进入大气，该过程符合双膜理论。污染物在土壤中挥发的整个过程主要受以下几个因素影响：

(1) 污染物的性质(如蒸气压、水溶解度、正辛醇/水分配系数、正辛醇/空气分配系数等)。一般地，污染物的蒸气压越高，溶解度越小，挥发速率越快；正辛醇/水分配系数大的污染物易吸附于土壤有机质上，从而具有较低的挥发速率。

(2) 土壤环境条件(如温度、湿度、孔隙率、土壤颗粒组成、紧实度等)。通常温度升高，污染物的蒸气压随之升高，同时也会使得土壤颗粒更干燥，更易于吸附污染物，影响其挥发速率。

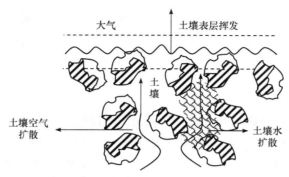

图 2-10　土壤中污染物的挥发过程示意图

(Diagram of volatilization of pollutants from soil)

(3) 表层空气的性质(如风速、湍流程度等)。风速较大时，湍流较强烈的表层空气相可以促使土壤表面水含量降低，同时增大污染物的挥发速率，使其在土壤内部的浓度梯度变大，因此深层污染物能够更快地迁移到土壤表面。

2.2.2　干沉降和湿沉降

大气沉降(atmospheric deposition)是指自然或人为排放到大气中的气态、固态或液态污染物自然沉降到地面，或随着雨、雪、雾或冰雹等形式间接沉降到地面上的现象，其分为干沉降和湿沉降。

1. 干沉降

干沉降是指大气中的污染气体和气溶胶等物质随重力沉降及气流的对流和扩散等作用，被地球表面的土壤、水体和植被等吸附去除的过程。干沉降包括大气污染物的重力沉降，及其与植物、建筑物或地面(土壤)碰撞而被捕获(被表面吸附或吸收)的过程。干沉降速率以在某一特定高度内污染物的下降速率表示。

大气悬浮颗粒物重力沉降过程与其本身的密度和大小有关，密度和直径大的粒子有较大的沉降速率；对于直径为 1.5~100 μm 的粒子，若考虑其在空气中仅受相互平衡的自身重力和静止空气浮力的作用，则其重力沉降速率可用斯托克斯定律求出：

$$v = \frac{(\rho_1 - \rho_2)gd^2}{18\eta} \tag{2-23}$$

式中，v 为重力沉降速率($\text{m} \cdot \text{s}^{-1}$)；$\eta$ 为空气黏度($\text{Pa} \cdot \text{s}$)；ρ_1 为颗粒密度($\text{kg} \cdot \text{m}^{-3}$)；$\rho_2$ 为空气密度($\text{kg} \cdot \text{m}^{-3}$)；$g$ 为重力加速度(这里取 $9.8 \text{ m} \cdot \text{s}^{-2}$)；$d$ 为颗粒直径(m)。

设气溶胶粒子的沉降速率为 v，则气溶胶粒子从高度为 H 的大气中沉降到地面所需的沉降时间(即滞留时间)为

$$\tau = \frac{H}{v} \tag{2-24}$$

当 $H = 5000 \text{ m}$ 时，粒径为 1.0 μm 的粒子沉降时间为 3 年 11 个半月。而对于粒径为 10 μm 的粒子，沉降时间仅为 19 天(不考虑风力等气象条件的影响)。干沉降去除的气溶胶粒子的量，只占气溶胶粒子总量的 10%~20%。可以说，过小的粒子由于其降落速率相对大气的垂直运

动来说并不重要，因此与地表碰撞可能是它们在近地面处较为有效的去除过程。地表捕获与许多因素有关系，如气象条件、地表的物理化学性质及污染物本身的性质等，具体机制目前还不是很清楚。

2. 湿沉降

湿沉降指大气中的物质通过降水而降落到地面的过程。湿沉降对气体和颗粒状污染物来说是最有效的大气净化机制。湿沉降有两类：雨除(rainout)和冲刷(washout)。

气溶胶粒子中有相当一部分细粒子，特别是粒径小于 0.1 μm 的粒子，可以作为云形成过程中的凝结核。这些凝结核成为云滴的中心，通过凝结等过程，云滴不断增长形成雨滴或雪晶。对于粒径小于 0.05 μm 的粒子，布朗运动可以使其黏附在云滴上或溶解于云滴中。雨滴(或雪晶)会进一步长大而形成雨(或雪)，降落到地面上，气溶胶粒子也就随之从大气中去除，此过程称为雨除(或雪除)。

在降雨(或降雪)过程中，雨滴(或雪晶、雪花)不断地将大气中的微粒携带、溶解或冲刷下来，这种方式起冲刷作用，去除气溶胶粒子的效率会随着粒子直径的增大而升高。通常，雨滴可将粒径大于 2 μm 的气溶胶粒子冲刷下来。酸雨就是由于酸性物质的湿沉降而形成的。

2.2.3　酸沉降

酸沉降(acid deposition)是指大气中的酸性物质通过干、湿沉降两种途径迁移到地表的过程。在早期的研究中，人们的注意力几乎全部集中于湿沉降(即酸雨)的研究，后来发现干沉降的作用不能低估。当引起环境问题时，往往是干、湿沉降综合作用的结果(约各占 50%)，所以干沉降的研究日益被人们所重视。但是，关于干沉降研究的资料仍很少，原因是其反应机制复杂，又缺乏精确的测量方法，要获取可靠资料很不容易。目前干沉降仍是亟待深入开展的研究领域，这里主要讨论湿沉降。

现代酸雨研究是从早期的降水化学发展而来的。早在 1761～1767 年，Marggraf 就进行了雨雪的降水化学测定。1872 年英国化学家 Smith 在《空气和雨：化学气象学的开端》一书中首先使用了"酸雨"这一术语，指出降水的化学性质与燃煤和有机物分解等因素有关，同时也指出酸雨对植物和建筑材料具有危害性。但直到 1972 年斯德哥尔摩第一次人类环境会议后，酸雨才受到世界的关注，成为全球环境问题之一。

全球酸沉降严重的地区有三个：欧洲、北美东部和东亚。最早是北欧(挪威、瑞典等国)的科学家注意到酸雨及其对水体和生物的危害，而后是中欧和东欧，最后扩展到整个欧洲。20世纪 50～60 年代，北欧的瑞典和挪威地区开始受到酸雨的侵害，酸雨的危害逐步发展为"区域性"事件。20 世纪 70～80 年代，在经济快速发展的同时，酸雨范围由北欧扩大为北欧和中欧，酸雨问题由区域性发展为全球性。20 世纪 80 年代以来，除北美和欧洲外，东北亚(主要是日本、韩国和中国)的酸雨区迅速成为世界第三大酸雨区。酸雨已经成为名副其实的全球性环境问题。造成全球酸沉降最严重的污染物是人为产生的酸性物质(SO_2 和 NO_x 等)。

20 世纪 70 年代末，我国各地相继出现酸雨污染，逐渐发展成为继欧洲、北美之后世界第三大酸雨区。但我国高度重视酸雨污染防治，经过不懈努力，我国酸雨污染问题至 2015 年基本得到缓解，未出现欧洲和北美地区曾发生的大面积森林退化、鱼虾绝迹现象。从图 2-11 可以看出，自 20 世纪 80 年代中期到 90 年代中期，我国酸雨污染日趋严重，在部分南方省市出现年均降水 pH<4.0 的地区，酸雨出现的频率也逐年上升。从酸雨强度(降水酸度、酸雨频率

及酸雨区面积)来看，1993～1998 年我国酸雨强度最大，1998 年我国实行"两控区"(酸雨或二氧化硫污染控制区的简称)政策之后酸雨强度有所减弱。2003～2007 年，随大气污染物排放量的增加，酸雨强度又有所增强。2008 年以后 SO_2 排放量显著下降，酸雨污染状况逐年改善，至 2015 年我国酸雨污染问题基本得到控制。

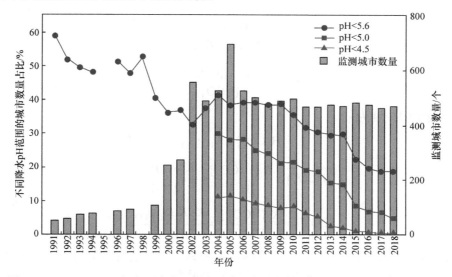

图 2-11　1991～2018 年全国降水不同 pH 范围的城市数量占比(改自王文兴等，2019)
(Proportion of cities with different precipitation pH ranges in China from 1991 to 2018)

2022 年，我国酸雨区面积约 48.4 万 km^2，占陆域国土面积的 5.0%。其中，较重酸雨(降水 pH 年均值低于 5.0)区面积占国土面积的 0.07%。酸雨污染主要分布在长江以南和云贵高原以东地区，主要包括浙江、上海的大部分地区、江西中部、福建北部、湖南中东部、广西北部和南部、广东部分区域、重庆西南部。在我国 468 个监测降水的城市中，酸雨频率平均为 9.4%，出现酸雨的城市比例为 33.8%。全国降水 pH 年均值范围为 4.60～7.93，平均为 5.67。我国酸雨的主要致酸物质为硫化物，降水中 SO_4^{2-} 的含量普遍都很高。

延伸阅读 2-6　2022 年中国生态环境状况公报
中华人民共和国生态环境部. 2023. 2022 中国生态环境状况公报.

---

1. 降水的 pH

降水的 pH 是降水酸度的一种指示。对于天然降水，其酸度来源于大气降水对大气中的 CO_2 和其他酸性物质的吸收。在天然大气(未被污染的大气)中，可溶于水且含量比较大的酸性气体是 CO_2，如果只把 CO_2 作为影响天然降水 pH 的因素，根据 CO_2 与纯水的平衡，可以求得降水的 pH 背景值。

$$CO_2\,(g) + H_2O \underset{\longleftarrow}{\overset{K_H}{\longrightarrow}} H_2CO_3$$

$$H_2CO_3 \underset{\longleftarrow}{\overset{K_1}{\longrightarrow}} H^+ + HCO_3^-$$

$$HCO_3^- \underset{\longleftarrow}{\overset{K_2}{\longrightarrow}} H^+ + CO_3^{2-}$$

式中，K_H 为 CO_2 水合平衡常数；K_1、K_2 分别为二元酸 H_2CO_3 的一级解离常数、二级解离常数。它们的表达式为

$$K_H = \frac{[H_2CO_3]}{p_{CO_2}} \tag{2-25}$$

$$K_1 = \frac{[H^+][HCO_3^-]}{[H_2CO_3]} \tag{2-26}$$

$$K_2 = \frac{[H^+][CO_3^{2-}]}{[HCO_3^-]} \tag{2-27}$$

各组分在溶液中的浓度为

$$[H_2CO_3] = K_H p_{CO_2} \tag{2-28}$$

$$[HCO_3^-] = \frac{K_1[H_2CO_3]}{[H^+]} = \frac{K_1 K_H p_{CO_2}}{[H^+]} \tag{2-29}$$

$$[CO_3^{2-}] = \frac{K_2[HCO_3^-]}{[H^+]} = \frac{K_H K_1 K_2 p_{CO_2}}{[H^+]^2} \tag{2-30}$$

根据电中性原理：溶液一定是电中性的，即阳离子所带电荷总量与阴离子所带电荷总量一定相等。在溶液中，一种离子所带电荷总量可表示为

$$Q = z \cdot c \cdot V \tag{2-31}$$

式中，Q 为电荷总量(C)；z 为离子电荷值($C \cdot mol^{-1}$)；c 为物质的量浓度($mol \cdot L^{-1}$)；V 为溶液体积(L)。可以得出：

$$[H^+] = [HCO_3^-] + 2[CO_3^{2-}] + [OH^-]$$

将[H^+]、[HCO_3^-]和[CO_3^{2-}]代入上式，得

$$[H^+] = \frac{K_H K_1 p_{CO_2}}{[H^+]} + \frac{2K_H K_1 K_2 p_{CO_2}}{[H^+]^2} + \frac{K_W}{[H^+]} \tag{2-32}$$

式中，p_{CO_2} 为 CO_2 在大气中的分压(Pa)；K_W 为水的离子积常数。由于 $K_1 = 4.3×10^{-7}$，$K_2 = 4.8×10^{-11}$，$K_1 \gg K_2$，可忽略 H_2CO_3 的二级电离，即

$$[H^+] = \frac{K_H K_1 p_{CO_2}}{[H^+]} + \frac{K_W}{[H^+]} \tag{2-33}$$

已知 $K_W = 10^{-14}$，$p_{CO_2} = 33$ Pa，$K_H = 3.47×10^{-7}$ $mol \cdot L^{-1} \cdot Pa^{-1}$，将其分别代入式(2-33)可得[$H^+$] $= 2.22×10^{-6}$ $mol \cdot L^{-1}$，所以 pH $= -lg[H^+] = 5.65$。如果不忽略 H_2CO_3 的二级电离，可将式(2-32)转换为[H^+]的一元三次方程，求解此方程也能得出 pH $= 5.65$。多年来，国际上一直将此值看作未受污染的大气水的 pH 背景值，把 pH 为 5.6 作为判断酸雨的界限，pH 小于 5.6 的降雨称为酸雨。

人们通过对降水的多年观测，已经对 pH $= 5.6$ 能否作为酸性降水以及判别人为污染的界限提出了异议。因为实际上大气中除 CO_2 外，还存在各种酸性和碱性气体及气溶胶物质，它们的量虽然很少，但对降水的 pH 也有贡献。同时，对降水 pH 影响较大的强酸(如硫酸和硝酸)，也有其天然来源，因而对雨水的 pH 也有贡献。此外，有些地域大气中碱性尘粒或其他

碱性气体(如 NH_3)含量较高，也会导致 pH 上升。

因此，pH = 5.6 不是一个判别降水是否受到酸化和人为污染的合理界限。于是有人提出降水 pH 背景值的问题。世界各地区自然条件不同(如地质、气象、水文等差异)，会造成各地区降水 pH 的不同。通过分析某些地区降水的 pH 背景值，发现降水 pH 均小于或等于 5.0，因而认为把 5.0 作为酸雨 pH 的界限更符合实际情况。有人认为 pH 大于 5.6 的降水也未必没受到酸性物质的人为干扰，因为即使有人为干扰，如果不是很强烈，由于这种雨水有足够的缓冲容量，不会使雨水呈酸性；而 pH 在 5.0~5.6 的雨水有可能受到人为活动的影响，但没有超过天然本底硫的影响范围，或者说人为影响即使存在，也不超出天然缓冲作用的调节能力，因为雨水与天然本底硫平衡时的 pH 即为 5.0。如果雨水 pH < 5.0，就可以确信人为影响是存在的，所以提出以 5.0 作为酸雨 pH 的界限更为确切。

【例 2-2】　某次雨水分析数据如下：$[NH_4^+] = 1.8×10^{-6}$ mol · L^{-1}，$[Cl^-] = 5.8×10^{-6}$ mol · L^{-1}，$[Na^+] = 3.0×10^{-6}$ mol · L^{-1}，$[NO_3^-] = 2.5×10^{-5}$ mol · L^{-1}，$[SO_4^{2-}] = 2.8×10^{-5}$ mol · L^{-1}，基于电中性原理，求出雨水的 pH，并判断是否属于酸雨。

解　由于降水要维持电中性，如果全面测定降水中的化学组分，最后阳离子所带电荷总量与阴离子所带电荷总量一定相等。

根据电中性原理：

$$[H^+] = [Cl^-] + [NO_3^-] + 2[SO_4^{2-}] - [NH_4^+] - [Na^+]$$

$$= 5.8×10^{-6} + 2.5×10^{-5} + 2×2.8×10^{-5} - 1.8×10^{-6} - 3.0×10^{-6}$$

$$= 8.2×10^{-5}(mol · L^{-1})$$

则此时雨水的

$$pH = -lg[H^+] = -lg(8.2×10^{-5}) = 5 - lg8.2 = 5 - 0.91 = 4.09$$

pH < 5，故为酸雨。

---

2. 酸雨的化学组成

酸雨是大气化学过程和物理过程的综合效应。酸雨中含有许多无机酸(硫酸和硝酸等)和有机酸(甲酸和乙酸等)，其中绝大部分是硫酸和硝酸，多数情况下以硫酸为主。从污染源排放出来的 SO_2 和 NO_x 是形成酸雨的主要起始物。其中，硫酸的形成过程为

$$SO_2 + ·OH \longrightarrow HSO_3·$$

$$SO_2 + H_2O \longrightarrow H_2SO_3$$

$$HSO_3· + O_2 \longrightarrow HO_2· + SO_3$$

$$H_2SO_3 + [O] \longrightarrow H_2SO_4$$

$$SO_3 + H_2O \longrightarrow H_2SO_4$$

大气中，上述 SO_2 被氧化成 H_2SO_4 的反应受到许多因素影响。例如，过渡金属离子可以催化 SO_2 的氧化，加快硫酸盐的形成(Harris et al.，2013)。

在白天和夜晚，不同反应对硝酸形成的贡献有所差异。在白天，硝酸主要通过 NO_2 被·OH 氧化形成：

$$NO + [O] \longrightarrow NO_2$$

$$\cdot OH + NO_2 + M \longrightarrow HNO_3 + M$$

这里 M 表示催化剂(如水分子等)。在夜晚，由于·OH 的浓度较低，上述反应对硝酸的贡献较小。硝酸主要通过 NO_3 与有机物[如α-蒎烯(α-pinene，$C_{10}H_{16}$)]的氢夺取或 N_2O_5 的水解反应形成：

$$NO_2 + O_3 \longrightarrow NO_3 + O_2$$

$$NO_3 + NO_2 \longrightarrow N_2O_5$$

$$NO_3 + C_{10}H_{16} \longrightarrow HNO_3 + \cdot C_{10}H_{15}$$

$$N_2O_5 + H_2O \longrightarrow 2HNO_3$$

　　自然因素(火山喷发等)和人为因素(含硫矿物燃料燃烧等)排放到大气中的 SO_2 和 NO_x，经氧化后溶于水形成硫酸、硝酸和亚硝酸等酸性物质，这是造成降水 pH 降低的主要原因。除此之外，还有许多气态或固态物质进入大气对降水 pH 也会有影响。大气中存在大量的固体颗粒物使降水具备了凝结核。大气颗粒物中许多金属如锰、铜和钒等是酸性气体氧化的催化剂，可以促使更多酸性物质的形成。大气光化学反应生成的 O_3 和 $HO_2 \cdot$ 等又是使 SO_2 氧化的氧化剂。另一方面，飞灰中的氧化钙、土壤中的碳酸钙、天然和人为来源的 NH_3 以及其他碱性物质都可以与降水中的酸中和，对酸性降水起到缓冲作用。当大气中酸性气体浓度高时，如果中和酸的碱性物质很多，即缓冲能力很强，降水就不会有很高的酸性，甚至可能成为碱性。在碱性土壤地区，如果大气颗粒物浓度高，往往会出现降水为碱性的情况。相反，即使大气中 SO_2 和 NO_x 浓度不高，而碱性物质相对较少，降水仍然会有较高的酸性。

　　因此，降水的 pH 高低是酸碱平衡的结果。若降水中酸量大于碱量，就会形成酸雨。所以在研究酸雨时，必须对雨水样品进行化学分析。通过分析测定可知，雨水中无机离子主要有 Ca^{2+}、Mg^{2+}、NH_4^+、K^+、H^+ 等阳离子和 SO_4^{2-}、NO_3^-、Cl^-、HCO_3^- 等阴离子。酸性降水中的关键性成分是硫酸和硝酸，占酸雨中酸性成分的90%以上。我国酸雨中关键性离子组分是 SO_4^{2-}、Ca^{2+} 和 NH_4^+。作为酸的指标，SO_4^{2-} 的来源主要是燃煤排放的 SO_2。作为碱的指标，Ca^{2+} 和 NH_4^+ 的来源较为复杂，既有人为来源，又有天然来源，而且可能天然来源是主要的。如果天然来源为主，就会与各地的自然条件，尤其是土壤性质有很大关系。据此也可以在一定程度上解释我国酸雨区域性分布的原因。2022 年，我国降水中主要阳离子为 Ca^{2+} 和 NH_4^+，当量浓度(1 L 溶液中所含溶质的克当量数)比例分别为 29.9%和 13.6%；主要阴离子为 SO_4^{2-}，当量浓度比例为 18.0%，NO_3^- 与 SO_4^{2-} 当量浓度比总体呈上升趋势，表明酸雨类型由以硫酸型为主逐渐向硫酸-硝酸复合型转变。

　　3. 酸雨的形成过程

　　大气成分被降水去除是常见的汇机制，包含复杂的物理化学过程。一般按照污染物进入雨滴的时间分为云内清除过程和云下清除过程两阶段，各阶段又分为若干物理和化学步骤(图 2-12)。

　　SO_2 进入大气后，在合适的氧化剂和催化剂存在条件下，会反应生成硫酸。在干燥条件下，SO_2 通过光化学过程被氧化为 SO_3，然后转化为硫酸，但这个反应比较缓慢。在潮湿的大气中，SO_2 转化为硫酸的过程常与云雾的形成同时进行。SO_2 生成亚硫酸(H_2SO_3)，在 Fe、Mn

等金属盐杂质作为催化剂的作用下，H_2SO_3 迅速被氧化为 H_2SO_4。

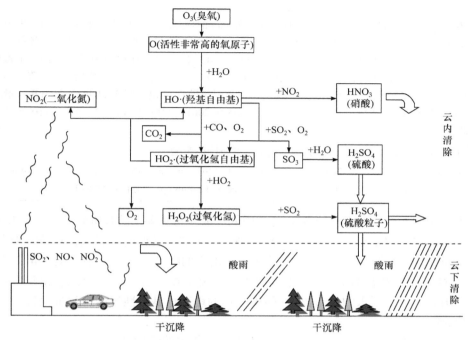

图 2-12　酸雨形成的机理(Cruickshank，1988)

(Mechanism for the formation of acid rain)

NO_x 主要是指 NO 和 NO_2。人为排放的 NO_x 主要是化石燃料在高温下燃烧产生的。在化石燃料燃烧过程中，排放的 NO 占 95%以上，进入大气后，大部分很快转化为 NO_2。在大气中 NO_x 转化为硝酸。NO_2 除了本身直接反应转化为硝酸外，当它与 SO_2 同时存在时，还可以促进 SO_2 向 SO_3 和 H_2SO_4 转化，从而加快酸雨的形成。

许多研究表明，降水的 pH、人为排放 SO_2 量与降水中 SO_4^{2-} 含量之间，经常不呈线性相关 (H^+-SO_4^{2-}，SO_2-SO_4^{2-})。说明酸性降水的形成是一个复杂的大气物理化学过程。污染物从排放源产生，到最后沉降下来经历了三个过程：大气输送、化学和物理转化、清除或沉降。这三个大气过程决定了酸沉降的形式、性质和地理位置，同时，这三个大气过程相互交叉，需要多学科(气象、化学和云物理学等)的协作研究。

我国降水中[SO_4^{2-}]/[NO_3^-]一般为 5 左右，个别地区高达 10 左右(如重庆)，这与能源结构密切相关。我国能源结构以燃煤为主(2022 年煤炭消费比重占 56%)，所以 SO_4^{2-} 浓度高。发达国家的降水中，[SO_4^{2-}]/[NO_3^-]一般为 2～3，有的地区(如洛杉矶)低到 1。因为发达国家燃油(电厂和车辆)在能源结构中占很大比重，尤其在城市地区 NO_x 排放量很大，加上脱硫技术和防尘设备的改进，燃煤排放的 SO_2 量近年来有下降趋势，所以其降水中[SO_4^{2-}]/[NO_3^-]明显比我国低。

4. 影响酸雨形成的因素

(1) 酸性污染物的排放及其转化条件。从监测数据来看，降水酸度的时空分布与大气中 SO_2 和降水中 SO_4^{2-} 浓度的时空分布存在一定的相关性。即酸性污染物如 SO_2 排放得多，降水中 SO_4^{2-} 浓度就高，降水的 pH 就低。温度高，湿度大时，更有利于 SO_2 的转化，易形成酸雨。例如，我国西南地区的煤中含硫量高，并且较少经脱硫处理，直接作为燃料燃烧，因此 SO_2 排放量很高。再加上这个地区气温高，湿度大，有利于 SO$_2$ 的转化，因此造成了大面积强酸性降雨区。

案例 2-7　继欧洲和北美之后，东亚已成为全球酸沉降的热点区域，中国西南部和东南部出现大面积硫和氮的高沉降。中国在 2006 年和 2011 年相继对二氧化硫(SO$_2$)和氮氧化物(NO$_x$)的排放进行控制。为了评价 SO$_2$ 和 NO$_x$ 减排对酸沉降的影响，Yu 等(2017)于 2001～2013 年在中国西南部重庆市附近的一个森林集水区监测了透冠雨(throughfall)的化学成分。结果表明，2006 年以后，随着重庆市 SO$_2$ 排放量的下降，2008～2013 年重庆市大气硫沉降量呈明显下降趋势。相比之下，氮沉降量随着 NO$_x$(直到 2011 年)和 NH$_3$ 排放量的增加而持续增加。但总的来说，酸沉降已经有所减少。此集水区在 2001～2013 年的沉降趋势可代表区域乃至全国的酸沉降趋势。

　　延伸阅读 2-7　SO$_2$ 减排对我国西南地区酸沉降的影响

Yu Q, Zhang T, Ma X X, et al. 2017. Monitoring effect of SO$_2$ emission abatement on recovery of acidified soil and streamwater in southwest China. Environmental Science & Technology, 51(17): 9498-9506.

(2) 大气中的 NH$_3$。大气中的 NH$_3$ 对酸雨的形成非常重要。已有研究表明，降水 pH 受硫酸、硝酸与 NH$_3$ 以及碱性颗粒物影响。NH$_3$ 是大气中唯一常见的气态碱，它易溶于水，能与酸性气溶胶或雨水中的酸起中和作用，从而降低雨水的酸度。在大气中，NH$_3$ 可以直接与二氧化硫、硫酸、硝酸和盐酸等形成中性的硫酸铵或亚硫酸氢铵等，避免二氧化硫进一步转化成硫酸。美国有人根据雨水的分布提出，酸雨严重的地区正是酸性气体排放量大且大气中 NH$_3$ 含量少的地区。

(3) 颗粒物的酸度及其缓冲能力。酸雨不仅与大气中的酸性和碱性气体有关，还与大气颗粒物的性质有关。大气颗粒物的组成十分复杂，主要来源于地面扬尘。扬尘的化学组成与土壤组成基本相同，因而颗粒物的酸碱性取决于土壤的性质。除土壤粒子外，大气颗粒物还有矿物燃料燃烧形成的飞灰、烟等，它们的酸碱性都会对酸雨有一定的影响。颗粒物对酸雨形成有两个方面的作用：一是所含的金属可催化二氧化硫氧化成硫酸，二是颗粒物自身的酸碱性和缓冲性可以直接影响降水酸度。

(4) 天气形势。一般来说，酸雨容易在温度高、湿度大的环境中形成，这是因为这种条件有利于 SO$_2$ 和 NO$_x$ 转化为 H$_2$SO$_4$ 和 HNO$_3$。风速可以影响大气中污染物的浓度：当风速大时，大气层结不稳定，对流运动较强烈，污染物能够迅速扩散，使其浓度降低，酸雨污染减轻；相反，当风速小时，大气层结比较稳定，容易出现逆温现象，污染物难以扩散，积聚在低层大气中，浓度增高，导致酸雨污染加重。风向的影响则表现为大气污染源的下风向容易出现酸雨，其上风向酸雨产生的机会大大减少。雷电不仅能使 NO$_x$ 浓度增大，而且能加快 SO$_2$ 和 NO$_x$ 的氧化速度，因此雷电多发区正是酸雨发生概率较大的地区。

2.3　污染物界面吸附与分配

吸附和分配行为是污染物在两种相邻环境介质间迁移的重要方式。通常吸附(adsorption)指污染物由一种环境介质迁移至另一种环境介质表面，使界面层浓度升高。分配行为是指污染物由一种环境介质迁移至另一种环境介质的内部及界面。与吸附和分配相关的两个概念还有吸收(absorption)和吸着(sorption)，吸收通常指物质从某一个环境介质进入另一环境介质的内部；吸着包括了吸附与吸收过程。

金属和有机物均可发生吸附、分配作用。吸附与分配作用可以发生在水体颗粒物-水、水体沉积物-水、大气颗粒物-空气、土壤-水、土壤-空气、植物-空气、水-空气、水-脂相等相邻的环境介质间。表征有机污染物吸附、分配行为的理化参数有：水溶解度(S_W)、饱和蒸气压(p)、颗粒物/空气分配系数(K_p)、正辛醇/空气分配系数(K_{OA})、正辛醇/水分配系数(K_{OW})及土壤(沉积物)有机碳吸附系数(K_{OC})等。

2.3.1 吸附作用的机理

1. 吸附作用

环境中胶体颗粒的界面吸附作用(图 2-13)主要有表面吸附(surface adsorption)、离子交换吸附(ion exchange adsorption)和专属吸附(special adsorption)等。

(1) 表面吸附作用。由于颗粒物具有巨大的比表面积和表面能，因此固-液界面或固-气界面存在表面吸附作用。颗粒物表面积越大，所产生的表面吸附能越大，颗粒物的吸附作用越强。

(2) 离子交换吸附作用。由于环境中大部分以胶体形式存在的颗粒物带负电荷，容易吸附各种阳离子，在吸附过程中，胶体每吸附一部分阳离子，同时也放出等量的其他阳离子。例如，带负电荷的土壤胶体颗粒容易吸附各种阳离子。离子交换吸附属于物理化学吸附，该类吸附是一种可逆反应，能够迅速达到平衡，受温度的影响小，在酸碱条件下均可进行。离子交换吸附作用与溶质性质、浓度及吸附剂性质等有关。离子交换吸附作用便于理解胶体颗粒对水合金属离子的吸附过程，但是，尚无法用于解释在吸附过程中表面电荷符号改变，甚至胶体颗粒吸附同号电荷离子化合物的现象。因此，有学者提出了专属吸附作用。

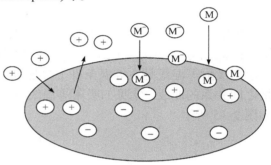

胶体颗粒物表面

图 2-13　吸附作用示意图
(Diagram of adsorption)

(3) 专属吸附作用。专属吸附是指吸附过程中，除了化学键的作用外，还存在憎水键和范德华力或氢键的作用。专属吸附作用不但可使表面电荷改变符号，而且可使离子化合物吸附在同号电荷的表面上。在水环境中，配位离子、有机离子、有机高分子和无机高分子的专属吸附作用特别强。

在吸附、分配过程中，起决定作用的分子间作用力有：偶极-偶极作用力(dipole-dipole interaction)、偶极-诱导偶极作用力(dipole-induced dipole interaction)和诱导偶极-诱导偶极作用力(也称为色散力，induced dipole-induced dipole interaction)。如图 2-14 所示，极性分子具有固有偶极，当极性分子相互靠近时，由于同极相斥，异极相吸，分子发生了相对移动，这种由固有偶极取向而产生的作用力称为偶极-偶极作用力；非极性分子在极性分子固有偶极作用下发生形变，产生诱导偶极，诱导偶极与固有偶极之间的作用力为偶极-诱导偶极作用力；当两个非极性分子相互靠近时，电子的运动和原子核的振动会引起电子云与原子核之间的相对位移，产生瞬时偶极，由瞬时偶极之间产生的相互作用力称为色散力。对大多数分子来说，色散力是最主要的。两分子间色散相互作用能 U 可由下式计算：

$$U = -\frac{3 I_1 I_2 \alpha_1 \alpha_2}{2\sigma^6 (I_1 + I_2)(4\pi\varepsilon)^2} \tag{2-34}$$

式中，I_1 和 I_2 为两分子的第一电离势(ionization potential 或 ionization energy)；α_1 和 α_2 为两分子的极化率；σ 为两分子瞬时偶极的距离；ε 为真空介电常数。这里，第一电离势是指从孤立的原子或分子中除去一个电子所需的能量。

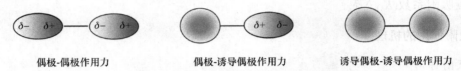

偶极-偶极作用力　　　　　　偶极-诱导偶极作用力　　　　诱导偶极-诱导偶极作用力

图 2-14　各种分子间相互作用力示意图
(Diagram of the various intermolecular interactions)

2. 吸附等温线

吸附是一个动态平衡过程，在一定温度下，当吸附达到平衡时，颗粒物表面上的吸附量(G，$g \cdot kg^{-1}$)与溶液中溶质浓度(c，$g \cdot m^{-3}$)之间的关系，可以用吸附等温线(adsorption isotherm)表示。吸附等温线是在等温条件下描述吸附质的平衡浓度与固相(吸附剂)对吸附质的吸附量之间关系的曲线。常见的吸附等温线有三类，即 Henry 型、Freundlich 型、Langmuir 型，如图 2-15 所示。

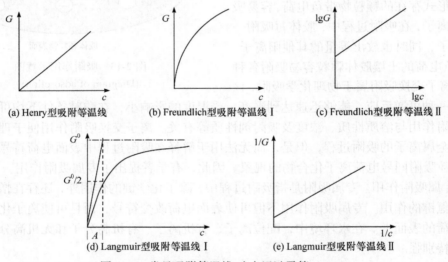

(a) Henry型吸附等温线　　(b) Freundlich型吸附等温线 Ⅰ　　(c) Freundlich型吸附等温线 Ⅱ

(d) Langmuir型吸附等温线 Ⅰ　　　　(e) Langmuir型吸附等温线 Ⅱ

图 2-15　常见吸附等温线(改自汤鸿霄等，1984)
(Common adsorption isotherms)

Henry 型吸附等温线为直线型，其表达式为

$$G = Kc \tag{2-35}$$

式中，K 为分配系数($m^3 \cdot kg^{-1}$)。

Freundlich 型吸附等温线为

$$G = Kc^{1/n} \tag{2-36}$$

两侧取对数，则有

$$\lg G = \lg K + \frac{1}{n} \lg c \tag{2-37}$$

以 $\lg G$ 对 $\lg c$ 作图可得一直线，$\lg K$ 为截距。因此，K 值是 $c = 1$ 时的吸附量，它可以大致表示吸附能力的强弱。$1/n$ 为斜率，它表示吸附量随浓度变化而变化的程度。该等温线不能给出饱和吸附量。

Langmuir 吸附等温线为

$$G = G^0 c/(A + c) \tag{2-38}$$

式中，G^0 为单位表面上达到饱和时的最大吸附量(g·kg^{-1})；A 为常数。G 对 c 作图得到一条双曲线，其渐近线为 $G = G^0$，即当 $c \to \infty$ 时，$G \to G^0$。在等温式中，A 为吸附量达到 $G^0/2$ 时溶液的平衡浓度。将式(2-38)转化为

$$\frac{1}{G} = \frac{1}{G^0} + \frac{A}{G^0}\frac{1}{c} \tag{2-39}$$

以 $\dfrac{1}{G}$ 对 $\dfrac{1}{c}$ 作图，同样得到一直线。

吸附等温线在一定程度上反映吸附剂与吸附质的特性，其形式在许多情况下与实验所用的溶质浓度区段有关。当溶质浓度很低时，可能在初始区段中呈现 Henry 型，当浓度较高时，曲线可能表现为 Freundlich 型，但统一起来仍属于 Langmuir 型的不同区段。

3. 影响吸附的因素

影响吸附的因素很多，首先是溶液 pH 的影响。一般情况下，颗粒物对重金属的吸附量随 pH 升高而增大。当溶液 pH 超过某元素的临界 pH 时，该元素在溶液中的水解、沉淀起主要作用。其次是颗粒物粒度和浓度对重金属吸附量的影响。颗粒物粒度增大，其对重金属的吸附量减小，且当溶质浓度范围固定时，吸附量随颗粒物浓度增大而减少。此外，温度、离子共存等均会对吸附产生影响。颗粒物对有机物的吸附，主要取决于各种分子间作用力的大小。

2.3.2　描述吸附、分配行为的理化参数

1. 水溶解度

(1) 水溶解度(water solubility，S_W)的定义。某种物质的水溶解度定义为：在一定温度下，某物质溶解在单位体积或者质量的纯水中的最大量。这里主要是指有机化合物的水溶解度，金属离子的水溶解度通常用溶度积的概念来阐释。几类重要有机化合物的 S_W 范围如图 2-16 所示。

S_W 是影响污染物迁移归趋的重要因素，因为具有较高水溶解度的物质会迅速被水循环所分散，水生生物对这些物质的生物富集系数也相对较小，土壤和沉积物对这些物质的吸附系数也较低，同样，污染物在水中的溶解能力也影响其降解途径，如光解、水解和生物降解等。

(2) 影响有机污染物在水中溶解度的因素。S_W 除了受污染物本身的分子特性影响外，外界条件如温度、pH、电解质以及溶液中有机质对溶解度影响也较大。

S_W 是温度的函数，在多数情况下，S_W 随温度升高而增大，如苯的 S_W 随温度升高而增大。但也有相反的，如对二氯苯的 S_W 随温度升高而减小。对于某些物质来说，在一定的温度变化范围内，升高温度时，S_W 既可增大，也可减小。例如，2-丁酮在 80℃以上，S_W 随温度升高而增大，在-6～80℃，S_W 随温度升高而减小。

pH 也会对有机物的 S_W 产生影响。有研究表明，pH 增大，有机酸类农药的 S_W 增大，有机碱类农药则相反；中性有机物(如烷烃或氯代烃)的 S_W 也会随 pH 的变化而变化。

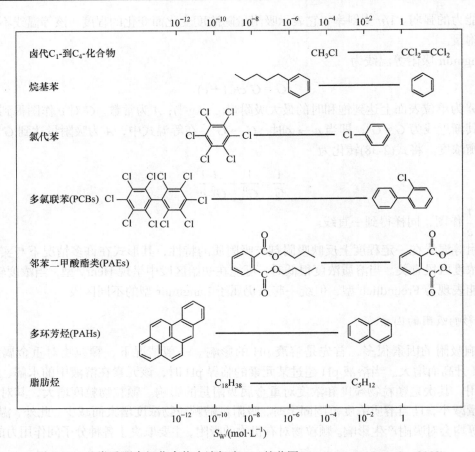

图 2-16　几类重要有机化合物水溶解度(S_W)的范围(Schwarzenbach et al.，2002)

[Ranges in water solubilities (S_W) for some important classes of organic compounds]

　　电解质一般会导致有机物的 S_W 下降。由于海水中电解质的存在，如萘、蒽等多环芳烃(polycyclic aromatic hydrocarbons，PAHs)在海水(NaCl 浓度为 35 g · L⁻¹)中的溶解度降低，小于其在淡水中的溶解度。在含有电解质的溶液中，通常可用 Setschenow 方程来预测 S_W，即

$$\lg(S_W/S_E) = K_S \cdot c_S \tag{2-40}$$

式中，S_W 为纯水中的溶解度(mol · L⁻¹)；S_E 为电解质溶液中的溶解度(mol · L⁻¹)；c_S 为电解质物质的量浓度(mol · L⁻¹)；K_S 为 Setschenow 常数，通常为 0.2~0.3 L · mol⁻¹，这样在海水中，有机物质的溶解度只是纯水中的 66%~76%。

　　此外，有机质也会对有机物的 S_W 产生影响。溶解性有机质(如地表水中自然存在的腐殖酸和灰黄霉素)的存在可导致许多有机物的 S_W 升高。

　　(3) 水溶解度的测定方法。有机化合物的 S_W 差距很大，从完全可溶到低至 10^{-10} mol · L⁻¹，甚至更低。由于水是环境中化学品迁移转化的主要媒介，为了评价化学品的环境行为，有必要获取它们的 S_W 值。

　　测定 S_W 的方法有摇瓶法和柱淋洗法(OECD，1995)。摇瓶法就是在间歇式反应器中加入过量的待测纯物质，使其达到溶解平衡。摇瓶法适用于许多相对可溶的化合物，不适用于具有挥发性与表面活性的物质。对于长链烷烃、PAHs、多氯联苯、多氯代二恶英等较难溶的污染物，实验测定其 S_W 比较困难。而这些污染物的 S_W 值可通过柱淋洗法得到。柱淋洗法测定

S_W 的原理是将待测污染物涂于玻璃微球表面，装入微型玻璃柱内，用水淋洗，调节水的流速，直至流出液中污染物含量不变，根据此时的浓度值，求出污染物的 S_W。需要注意的是，对难溶性污染物，不同的测定方法或不同实验室中得到的 S_W 可能相差 2～3 倍，甚至相差一个数量级，可以通过用化合物的其他性质或结构相近的化合物的 S_W 来对比确定实验值。

(4) 水溶解度的估算方法。虽然物质的 S_W 可以通过实验测得，但没有一种方法适用于所有物质。例如，在测定疏水性特别强的化合物 S_W 时，会遇到许多问题，并且不同的方法测得的结果不同。因此，对 S_W 进行估算受到越来越多的重视。

估算有机物 S_W 值的方法可大致分为两类。一类是根据分子的其他理化性质或结构参数来估算，包括两个方面：一是直接应用分子的理化性质来估算，如可以根据某物质的正辛醇/水分配系数(K_{OW})进行估算；二是根据分子的结构参数来估算，如根据分子连接性指数(molecular connectivity index，MCI)和各种线性溶解能关系(linear solvation energy relationship，LSER)模型来估算等。有时也可以把这两种方法结合起来进行估算。另一类是根据分子碎片加和法，如基团贡献法。上述方法都是基于有机物的定量构效关系建立的，关于 QSAR 的原理和方法，将在第 6 章介绍。

【例 2-3】　美国 EPA 工具软件 EPI Suite™ 中的 WSKOWWIN 模块用下式估算有机物的 S_W(mol·L^{-1})值：

$$\lg S_W = 0.796 - 0.854\lg K_{OW} - 0.00728\,M_r$$

式中，K_{OW} 为化合物的正辛醇/水分配系数；M_r 为化合物的相对分子质量。已知苯的 $\lg K_{OW}$ 值为 2.13，相对分子质量为 78.11，请估算苯的 S_W 值。

解　　　　　　　$\lg S_W(苯) = 0.796 - 0.854\times2.13 - 0.00728\times78.11 = -1.592$

$$S_W(苯) = 0.026\ \text{mol·L}^{-1}$$

其实测值为 0.023 mol·L^{-1}。

---

2. 蒸气压

(1) 蒸气压(vapor pressure，P)的定义为：某种物质，当其气相与其纯净态(液体或固体)达到平衡时的气压。蒸气压决定污染物的大气浓度、停留时间、干湿沉降、长距离环境迁移性、多介质环境行为等。蒸气压还可用来估算化合物的其他理化性质，如正辛醇/空气分配系数(K_{OA})、蒸发焓、蒸发速率、闪点、亨利常数(K_H)、液体黏度等。几类重要有机化合物在 25℃ 时饱和蒸气压的范围如图 2-17 所示。

根据与气相平衡的纯物质的状态，蒸气压分为固体蒸气压(P_S)和(过冷)液体蒸气压(P_L)，通过下式可将二者进行转化(P_S 和 P_L 的单位为 Pa)：

$$P_L = \frac{P_S}{\exp\left[(\Delta_{fus}S_m/R)(1-T_m/T)\right]} \tag{2-41}$$

式中，$\Delta_{fus}S_m$ 为化合物在熔点时的熔解熵(J·K^{-1}·mol^{-1})；T_m 为化合物的熔点(K)；R 为摩尔气体常量(8.314 J·mol^{-1}·K^{-1})。

与 P_S 相比，环境科学中应更关注 P_L。这是因为环境中的有机污染物常以分子的形式分散于各个环境介质中，彼此之间的距离较大，难以聚集形成晶体，因此它们在实际环境中的存在状态与溶液中的存在状态类似，故 P_L 比 P_S 更能反映有机污染物在环境中的挥发性。

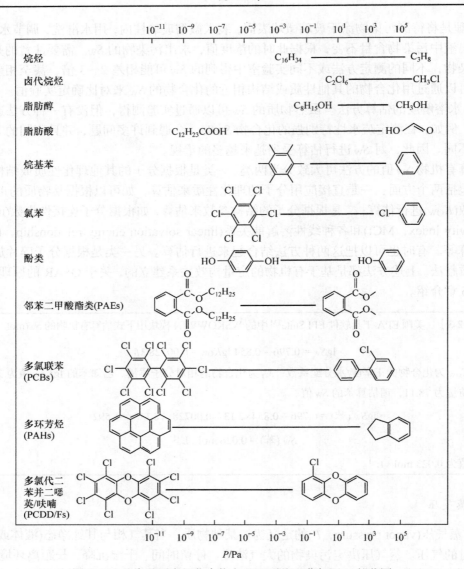

图 2-17 几类重要有机化合物在 25℃时饱和蒸气压(P)的范围

[Ranges at 25℃ in saturation vapor pressure (P) values for some important classes of organic compounds]

(2) 影响蒸气压的因素。蒸气压的大小与温度有密切关系，当蒸气、液体两相平衡时，蒸气压与温度的关系满足克拉佩龙-克劳修斯方程(Clapeyron-Clausius equation)：

$$\frac{\mathrm{d}\ln P}{\mathrm{d}T} = \frac{\Delta H_{\mathrm{vap}}}{RT^2} \tag{2-42}$$

式中，ΔH_{vap} 为液态纯物质的摩尔蒸发热(J·mol^{-1})。假设ΔH_{vap}与温度无关，或因温度变化范围很小，ΔH_{vap}可作为常数，并将气体视为理想气体，对式(2-42)进行积分，得

$$\ln P = -\frac{\Delta H_{\mathrm{vap}}}{RT} + C \tag{2-43}$$

$$\ln P = -\frac{A}{T} + C \tag{2-44}$$

式中，$A = \Delta H_{\mathrm{vap}}/R$。这就是通常污染物的蒸气压与温度之间的关系表达式。因此，在较小的温

度范围内,如果污染物的状态没有发生变化,只要得到化合物部分温度下的蒸气压,就可根据式(2-44)计算出在一定温度范围内污染物在不同温度下的蒸气压。

固体不经液体直接变成蒸气的现象称为升华,当蒸气、固体两相平衡时,根据上述方法可以得到固体化合物的蒸气压和温度的关系。与式(2-44)相似,得

$$\ln P = -\frac{B}{T} + C \tag{2-45}$$

式中,$B = \Delta H_{sub}/R$,ΔH_{sub} 为固态纯物质的摩尔升华热($J \cdot mol^{-1}$)。

分子间作用力是决定有机物的沸点、熔点、气化热、熔化热、溶解度、蒸气压等物理化学性质的主要因素。分子间作用力包括范德华力及氢键。范德华力又包括偶极-偶极作用、偶极-诱导偶极作用、色散力。这三种力均为吸引力,这三种作用力越强,分子间作用力越牢固,蒸气压越小。

(3) 蒸气压的实验测定方法。实验方法分为"直接测定法"和"间接测定法"两类(Delle Site,1997)。蒸气压的直接测定方法有:使用压力计测定、通过测定降压条件下的沸点来测定、隙透测定法、气相饱和法测定、通过分配系数测定等。在这些直接测定方法中,通常,隙透测定法和气相饱和法被认为是测定 $P < 1$ Pa 的化合物蒸气压最准确的方法。

间接测定法包括相对挥发速率测定和色谱法测定。其中,色谱法是基于一个化合物的保留时间(体积)和它蒸气压的相关关系来测定蒸气压的值。用色谱法来测定难挥发和半挥发化合物蒸气压具有操作简便、所需溶剂量少、结果准确等优点,已被证明为一种测定低挥发性物质蒸气压快速可靠的方法。然而,没有任何一种方法可以完整测得环境中重要化合物的蒸气压范围($10^{-6} \sim 10^5$ Pa)。

(4) 蒸气压的估算方法。目前,主要有以下三类方法可用来估算蒸气压:

第一类方法是在克拉佩龙方程式中加入不同的假定,从而推导出不同的预测方程,如Mishra 等(1991)得到的可用于预测有机化合物 P_S 和 P_L 的方程。这类方法得到的预测方程中常含有临界温度、临界压力、熔点、沸点等物理量。

第二类方法则是根据一系列化合物的蒸气压与某种实验数据之间的相关关系,估算相应化合物的蒸气压,如 Eitzer 和 Hites(1988)利用部分多氯代二苯并二噁英/呋喃(polychlorinated dibenzo-p-dioxins/furans,PCDD/Fs)的蒸气压对数值和气相保留因子之间的相关关系,预测其他 PCDD/Fs 的蒸气压。

第三类方法就是基于 QSAR 的方法。根据分子的结构信息和训练集化合物的蒸气压,即可建立 QSAR 预测模型,再用于预测其他化合物的蒸气压。

案例 2-8 P_L 的 QSAR 预测模型。赵文星等(2015)基于化合物的分子结构描述符合实验测定的 644 种不同化合物的 P_L,采用偏最小二乘回归(partial least squares regression,PLSR)和支持向量机(support vector machine,SVM)方法,构建化合物 $\lg P_L$ 的线性和非线性 QSAR 预测模型。

📖 延伸阅读 2-8 有机化学品不同温度下(过冷)液体蒸气压预测模型的建立与评价
赵文星, 李雪花, 傅志强, 等. 2015. 有机化学品不同温度下(过冷)液体蒸气压预测模型的建立与评价. 生态毒理学报, 10(2): 159-166.

---

3. 颗粒物/空气分配系数

颗粒物/空气分配系数(particle/gas partition coefficient,K_P)描述有机污染物在空气颗粒物与

空气之间的分配能力，K_P (m³ · μg⁻¹)的定义为

$$K_P = \frac{C_P / C_{TSP}}{C_A} \tag{2-46}$$

式中，C_P 为分配平衡时污染物在颗粒物相中的浓度(ng · m⁻³)；C_A 为分配平衡时污染物在气相中的浓度(ng·m⁻³)；C_{TSP} 为空气中总悬浮颗粒物的浓度(μg · m⁻³)。K_P 影响有机污染物的干湿沉降、光降解以及其与空气中其他污染物的化学反应。

　　一般情况下，有机污染物可通过在颗粒物表面吸附和内部吸收两种方式实现其在空气和颗粒物之间的分配。有机污染物在空气相与颗粒物相间的分配受颗粒物的性质、化合物的性质及环境条件(如温度、湿度)等的影响。有研究表明，化合物的蒸气压越低越容易分配到小粒径的空气颗粒物中，蒸气压越高越容易分配到大粒径的颗粒物中。

　　有机化合物的 K_P 可采用气溶胶箱法、飞行时间质谱仪、扩散反射红外傅里叶变换谱、克努森(Knudsen)池等方法和技术来测定，但测定方法复杂，成本高、耗时长。国际上普遍采用模型来预测估算 K_P 值。有多种理论模型可用于预测化合物的 K_P 值。例如，基于化合物 K_P 值与其正辛醇/空气分配系数(K_{OA})或 P_L 之间的关系，估算 K_P 值；根据化合物在空气/颗粒物表面分配过程中吉布斯自由能的改变估算 K_P 值；还可以基于分子结构参数建立 QSAR 模型来预测 K_P 值，如基于 Abraham 分子结构描述符的 pp-LFER 已被证明是一种描述吸附分配行为和预测吸附数据的有效方法，能很好地预测 K_P 值(Endo and Goss，2014)。

案例 2-9　碳纳米材料由于具有优异的物理化学特性而被大量生产与使用，因此难免被释放到环境中与有机污染物产生相互作用。以碳纳米材料石墨烯为例，Wang 等(2017)构建了气相中脂肪族化合物、苯及其衍生物和 PAHs 在碳纳米颗粒物表面吸附能的 pp-LFER 预测模型。结果表明，有机物的空气/碳纳米颗粒间的分配行为受有机物与碳纳米颗粒之间的色散作用和静电作用影响显著。

　　📖　延伸阅读 2-9　通过密度泛函理论(density functional theory，DFT)计算和 pp-LFER 模型揭示有机污染物在碳纳米材料上的吸附机理

Wang Y, Chen J W, Wei X X, et al. 2017. Unveiling adsorption mechanisms of organic pollutants onto carbon nanomaterials by density functional theory computations and linear free energy relationship modeling. Environmental Science & Technology, 51(20): 11820-11828.

　　📖　延伸阅读 2-10　模拟单壁碳纳米管对水中有机污染物的吸附

Zou M Y, Zhang J D, Chen J W, et al. 2012. Simulating adsorption of organic pollutants on finite (8, 0) single-walled carbon nanotubes in water. Environmental Science & Technology, 46(16): 8887-8894.

---

4. 正辛醇/水分配系数

　　(1) 正辛醇/水分配系数(K_{OW})定义为：分配平衡时，某一化合物在正辛醇相中的浓度(c_O)与其在水相中非解离形态浓度(c_W)的比值，即

$$K_{OW} = c_O/c_W \tag{2-47}$$

由于 K_{OW} 的变化范围很大，通常以 $\lg K_{OW}$ 表示其大小。正辛醇是一种长链烷烃醇，在结构上与生物体内的碳水化合物和脂肪类似，因此，可用 K_{OW} 来模拟有机物在有机相(含生物相)和水之间的平衡分配行为。由图 2-18 所示，各种有机化合物的 $\lg K_{OW}$ 变化范围很大；再考虑到不同有机化合物在辛醇中的溶解度差别不大，而在水中的溶解度差别很大(图 2-16)，故 $\lg K_{OW}$ 是反映有机物疏水性大小的参数，而不是描述有机物亲脂性大小的参数。

　　K_{OW} 表示了化合物在有机相和水相之间分配的倾向。通常，$\lg K_{OW}$ 较小的化合物更具亲水性，

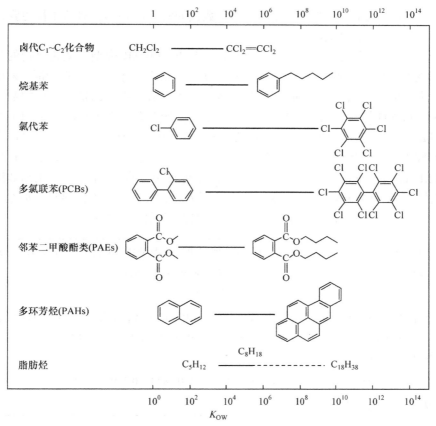

图 2-18　几类重要有机化合物的正辛醇/水分配系数(K_{OW})的范围(Schwarzenbach and Gschwend，1993)

[Ranges in octanol-water partition constants (K_{OW}) for some important classes of organic compounds]

具有较高的 $\lg S_W$，在土壤(沉积物)中的吸附系数($\lg K_{OC}$)以及在水生生物中的富集系数($\lg BCF$)相对较小；相反，$\lg K_{OW}$ 较大的化合物，其 S_W 较小，$\lg K_{OC}$ 和 $\lg BCF$ 较大。例如，Veith 等(1979)发现了林丹、阿特拉津(atrazine)、异狄氏剂等有机农药的 BCF 与 K_{OW} 存在良好的线性关系：

$$\lg BCF = 0.85\lg K_{OW} - 0.70 \qquad (n=60，R^2=0.90) \tag{2-48}$$

式中，n 为建立模型所用的化合物个数；R^2 为决定系数。Gerstl(1990)发现了氨基甲酸酯类(carbamates)农药 K_{OC} 与 K_{OW} 也具有线性关系：

$$\lg K_{OC} = 0.433\lg K_{OW} + 0.919 \qquad (n=39，R^2=0.863) \tag{2-49}$$

Hansch 等(1968)发现醇、醚、酯、卤代烷烃等有机化合物的溶解度 S_W 与 K_{OW} 存在良好的线性关系：

$$\lg S_W = -1.339\lg K_{OW} + 0.978 \qquad (n=156，R^2=0.874) \tag{2-50}$$

在生态毒理学研究中，一般用 K_{OW} 表征疏水性有机污染物通过生物膜进入生物体的能力，因此 $\lg K_{OW}$ 与有机污染物的非反应性毒性(即麻醉性毒性)之间具有很好的相关性，可以用化合物的 $\lg K_{OW}$ 来估算污染物的麻醉毒性或基线毒性(baseline toxicity)。例如，Su 等(2014)发现烷烃、醇、酮、醚、苯及其衍生物的 $\lg K_{OW}$ 和鱼类半数致死浓度 LC_{50} 存在良好的相关关系：

$$\lg(1/LC_{50}) = 0.854\lg K_{OW} - 1.74 \qquad (n=102，R^2=0.93) \tag{2-51}$$

(2) 正辛醇/水分配系数的实验测定方法。常见的 K_{OW} 实验测定方法与水溶解度测定方法类似，即采用摇瓶法或产生柱法。摇瓶法仅限于 $K_{OW}<10^5$ 的化合物，对强疏水性的化合物，

通常采用产生柱法。$K_{OW} < 10^6$ 的化合物，实验数据通常是准确的，对疏水性更强的化合物，准确测定其 K_{OW} 需要精细的技术。

(3) 正辛醇/水分配系数的估算方法。可以通过构建 QSAR 模型，从化合物的分子结构参数(如拓扑学参数、线性溶剂化能参数等)来估算 K_{OW}。根据分子的亚结构特征，采用基团贡献或碎片常数法来估算 K_{OW}，是一种经典的 QSAR 方法。值得指出的是，碎片常数法没有考虑分子碎片的空间立体排布，因此有些预测值并不准确。如今有多个工具软件可用于有机物 K_{OW} 的预测。例如，美国环保局所开发的 EPI Suite^{TM} 软件中的 KOWWIN 子程序可以快速预测 $\lg K_{OW}$。KOWWIN 子程序的原理就是原子/碎片贡献法，计算需要输入分子的 SMILES (Simplified Molecular Input Line Entry System)编码(详见第 6 章)。此外，利用高效液相色谱保留参数也能估算 K_{OW}(Arey et al., 2005)，该方法误差小，具有较大的优越性。如今，随着计算能力的提升，采用计算毒理学方法估算 K_{OW}，将成为广泛使用的方法。

【例 2-4】 在美国环保局工具软件 EPI Suite^{TM} 中的 KOWWIN 模块中，输入 1,2-二硝基苯(1,2-dinitrobenzene)的结构后，可根据基团贡献法预测 1,2-二硝基苯的 $\lg K_{OW}$ 值：

$$\lg K_{OW} = \sum (f_i n_i) + b$$

式中，f_i 为化合物中原子/碎片 i 的碎片常数；n_i 为原子/碎片 i 的个数；b 为线性方程的常数。已知 1,2-二硝基苯可被拆分为 6 个芳香碳和 2 个硝基，芳香碳的 $f = 0.2940$，硝基的 $f = -0.1823$，$b = 0.229$。请估算 1,2-二硝基苯的 $\lg K_{OW}$ 值。

解　　　　　　$\lg K_{OW}$ (1,2-二硝基苯) $= 6 \times 0.2940 - 2 \times 0.1823 + 0.229 = 1.6284$

苯的 $\lg K_{OW}$ 实测值为 1.63。

也可以根据化合物的 K_{OW} 与其他性质(如 S_W、色谱保留指数、K_{OC}、生物富集因子等)之间的相关性来估算 K_{OW}。常见有机化合物的(过冷)液态水溶解度的对数值与正辛醇/水分配系数的对数值之间的关系如图 2-19 所示。37 种持久性有机污染物(persistent organic pollutants, POPs)，包括 PAHs、PCDD/Fs 和十溴二苯乙烷(decabromodiphenyl ethane, DBDPE)的 $\lg K_{OW}$ 与其反相高效液相色谱中的保留因子的对数值[$\lg k_w$, $k_w = (t_R - t_0)/t_0$]之间的关系如图 2-20 所示。

还可以根据不同溶剂-水系统的分配系数之间的相关关系，利用溶剂回归方程通过其他有机溶剂/水分配系数来估算 K_{OW}；此外，还可以通过活度系数的方法来估算 K_{OW}。活度系数法适用于任何温度，其他方法求出的数据几乎都是在室温下的，温度范围为 15～30℃。K_{OW} 的温度系数通常为 0.001～0.01 对数单位·度$^{-1}$。

近年来，由于量子化学方法计算溶剂化能速度和准确性的提升，量子化学计算已经是一种能够替代实验获取化合物 K_{OW} 数据的有效方法。

【例 2-5】 采用密度泛函理论(DFT)计算化合物从水相向正辛醇相溶解的自由能变 ΔG_{OW} (J · mol^{-1})，通过下式可得到化合物的 $\lg K_{OW}$。

$$\lg K_{OW} = -\Delta G_{OW}/(2.303\, RT)$$

式中，R 为摩尔气体常量(8.314 J · mol^{-1} · K^{-1})；T 为热力学温度(K)。Nedyalkova 等(2019)结合隐式(implicit)溶剂模型，用 DFT 计算得到苯酚在 25℃下的 $\Delta G_{OW} = -2.062$ kcal · mol^{-1}(1 kcal · mol^{-1} = 4.18 kJ · mol^{-1})，求苯酚的 $\lg K_{OW}$。

解　　　　　　$\Delta G_{OW} = -2.062 \times 4.18 \times 1000 = -8619.16$(J · mol^{-1})

$$T = 25 + 273.15 = 298.15(\text{K})$$
$$\lg K_{OW}(\text{苯酚}) = 8619.16/(2.303 \times 8.314 \times 298.15) = 1.51$$

苯酚的 $\lg K_{OW}$ 实测值为 1.51。

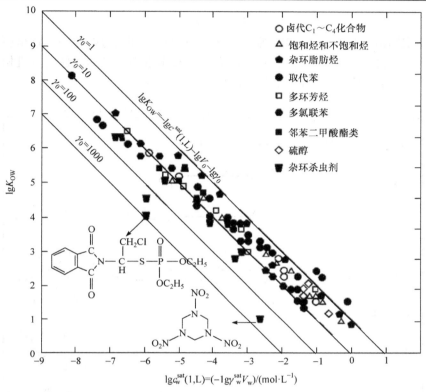

图 2-19　常见有机化合物的(过冷)液态水溶解度的对数值与正辛醇/水分配系数的对数值之间的关系 (Schwarzenbach and Gschwend，1993)[Plot of lg (n-octanol/water partition constants)versus lg (subcooled) liquid aqueous solubilities for a variety of organic compound classes]

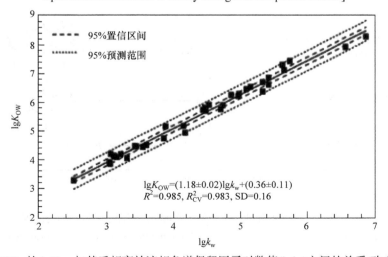

图 2-20　37 种 POPs 的 $\lg K_{OW}$ 与其反相高效液相色谱保留因子对数值($\lg k_w$)之间的关系(改自梁超等，2014) [Relation between $\lg K_{OW}$ and logaritum of retention factors on a reversed-phase liquid chromatography system ($\lg k_w$) for 37 persistent organic pollutants]

5. 正辛醇/空气分配系数

(1) 正辛醇/空气分配系数(n-octanol/air partition coefficient，K_{OA})定义为：分配平衡时，污染物在正辛醇相中浓度(c_O)与在气相中的浓度(c_A)的比值，即

$$K_{OA} = c_O/c_A \qquad (2\text{-}52)$$

一般情况下，用 K_{OA} 来表征污染物在空气与环境有机相之间的分配能力，这里所说的环境有机相包括土壤有机相、植物、气溶胶颗粒的有机相甚至室内家具和地毯的有机相等。几类重要有机化合物的 K_{OA} 变化范围如图 2-21 所示。

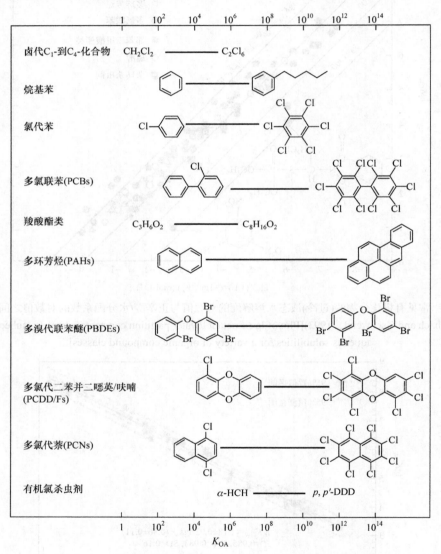

图 2-21　几类重要有机化合物的正辛醇/空气分配系数(K_{OA})的范围

[Ranges in n-octanol/air partition constants (K_{OA}) for some important classes of organic compounds]

K_{OA} 具有较强的温度依附性，通常可表示为

$$\ln K_{OA} = -\Delta G_{OA}/RT \tag{2-53}$$

式中，ΔG_{OA} 为化合物从空气向正辛醇相溶解的自由能变化($J \cdot mol^{-1}$)；R 为摩尔气体常量($8.314\ J \cdot mol^{-1} \cdot K^{-1}$)；$T$ 为热力学温度(K)。

$\lg K_{OA}$ 与有机物的许多理化性质和环境行为参数具有相关关系。例如，Shoeib 和 Harner(2002)发现 25℃时，有机氯化合物的 $\lg K_{OA}$ 与(过冷)液体蒸气压($\lg P_L$)之间有很好的线性关系：

$$\lg K_{OA} = -0.982\ \lg P_L + 6.88 \qquad (n = 16, R^2 = 0.808) \tag{2-54}$$

Cousins 等(1998)发现 PCBs 的土壤/空气分配系数(K_{SA})与 K_{OA} 之间也存在很好的相关关系：

$$\lg K_{SA} = 0.70\ \lg K_{OA} + 0.48 \qquad (n = 7, R^2 = 0.92) \tag{2-55}$$

Finizio 等(1997)发现 PAHs 类有机物在大气颗粒物与空气间的分配系数($\lg K_p$)与 $\lg K_{OA}$ 之间也有很好的线性关系：

$$\lg K_p = 0.79\ \lg K_{OA} - 10.01 \qquad (n = 10, R^2 = 0.97) \tag{2-56}$$

(2) K_{OA} 的测定方法。直接测定 K_{OA} 的方法有产生柱法、逸度测量法和固相微萃取法。这里主要介绍产生柱法。Harner 和 Mackay(1995)发展了产生柱法来测定 POPs 的 K_{OA}。所用的实验装置(图 2-22)主要由压缩空气钢瓶、气体管路系统、气体控制系统、空气净化装置、热交换装置、装填正辛醇的玻璃柱、涂布了所研究化合物的正辛醇溶液的产生柱、样品富集阱等组成。压缩空气钢瓶中的空气经净化后，进入热交换装置，温度为 T_1，然后经过一个装填正辛醇的玻璃柱。从该正辛醇玻璃柱出来的饱和正辛醇空气进入另一个热交换装置，温度变为 T_2 ($T_1 < T_2$)，产生柱的温度也控制在 T_2，在产生柱下面安置一个 U 形管，以截取冷凝下来的正辛醇，经过产生柱的空气通入样品富集阱并采用色谱分析样品富集阱中化合物的含量。最后基于双膜理论，考虑平衡条件，计算得到 K_{OA}。迄今，该方法已被用于测定部分氯代苯、多氯联苯、PCDD/Fs、多氯代萘、多溴代联苯醚和有机氯农药的 K_{OA}，并给出了这些化合物的 $\lg K_{OA}$ 与 $1/T$ 之间的线性关系。

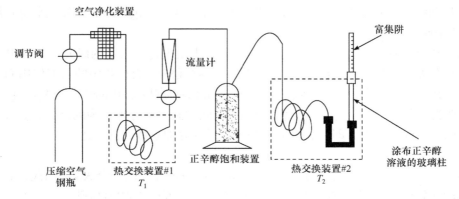

图 2-22 产生柱法测定 K_{OA} 的实验装置示意图

(Schematic diagram of apparatus for measuring K_{OA} by generator column method)

(3) K_{OA} 的估算方法。实验方法测定 K_{OA} 往往需要化合物的标准样品和色谱等仪器设备，比较费时，且需要特殊的实验材料。因此，有必要利用理论预测方法对污染物的 K_{OA} 值进行估算。通常，可应用 K_{OW} 和 K_H 来简单地估算 K_{OA}，即

$$K_{OA} = \frac{K_{OW}}{K_H/RT} = \frac{K_{OW}RT}{K_H} \tag{2-57}$$

由于 K_{OW} 是化学品在水饱和的正辛醇相和正辛醇饱和的水相之间的分配系数，而 K_H 表征的是化学品在纯水相和空气相间的分配行为，采用上述方法估算 K_{OA} 会带来误差。基于化合物的 P_L 也可估算 K_{OA}[式(2-54)]。此外，通过计算化合物分子在正辛醇中的溶解自由能或基于化合物的分子结构描述参数构建的 QSAR 模型，均可预测污染物的 K_{OA} 值。

案例 2-10　现有的 K_{OA} 数据很少，并且 K_{OA} 强的温度依附性增大了实验获取 K_{OA} 数据的难度，因此有必要建立 K_{OA} 的 QSAR 预测模型。K_{OA} 的 QSAR 预测模型主要始于大连理工大学的相关研究工作。Jin 等(2017)基于 367 种化合物在不同温度下的 795 个 lgK_{OA} 值，建立了 pp-LFER 模型，可用于预测有机物在不同温度下的 lgK_{OA}。该模型对于填补 K_{OA} 数据空白具有重要意义。

延伸阅读 2-11　预测不同化学品 K_{OA} 的 pp-LFER 模型

Jin X, Fu Z, Li X, et al. 2017. Development of polyparameter linear free energy relationship models for octanol-air partition coefficients of diverse chemicals. Environmental Science Processes & Impacts, 19(3): 300-306.

延伸阅读 2-12　有机化合物 K_{OA} 预测方法的比较

Fu Z Q, Chen J W, Li X H, et al. 2016. Comparison of prediction methods for octanol-air partition coefficients of diverse organic compounds. Chemosphere, 148: 118-125.

6. 土壤(沉积物)吸附分配系数

(1) 土壤(沉积物)吸附分配系数的定义。污染物在土壤(沉积物)与水之间的吸附、分配作用，可以用分配系数(K_d)表示：

$$K_d = c_S/c_W \tag{2-58}$$

式中，c_S 为分配平衡时污染物在土壤(沉积物)中的浓度(mol·kg^{-1})；c_W 为分配平衡时污染物在水中的浓度(mol·m^{-3})。

前人对化合物在土壤(沉积物)与水之间的分配机制进行了大量的研究，并提出了分配理论。分配理论认为，非离子性化合物主要通过在土壤(沉积物)有机相中的溶解作用而实现其在土壤(沉积物)和水之间的分配。因此，K_d 与土壤(沉积物)有机相中的碳含量(X_{OC}，g·g^{-1})成正比。为了在类型各异、组分复杂的土壤(沉积物)之间找到表征分配行为的常数，引入了标化的分配系数(K_{OC}，m^3·kg^{-1})，即以有机碳为基础表示的分配系数，其表达式为

$$K_{OC} = K_d/X_{OC} \tag{2-59}$$

这样，对于每一种有机化合物，可得到与沉积物特征无关的一个 K_{OC}。因此，某一有机化合物，无论遇到何种类型土壤(沉积物)，只要知道土壤(沉积物)中有机碳的含量，便可求得相应的分配系数，若进一步考虑到颗粒物大小产生的影响，其 K_d 则可表示为

$$K_d = K_{OC} \cdot [0.2(1-f) X_{OC}^s + f X_{OC}^f] \tag{2-60}$$

式中，f 为细颗粒的质量分数($d < 50\,\mu m$)；X_{OC}^s 为粗沉积物组分的有机碳含量(g·g^{-1})；X_{OC}^f 为

细沉积物组分的有机碳含量$(g \cdot g^{-1})$。

一些早期研究中的土壤吸附系数是以土壤中的有机质(X_{OM})为基础,而不是以X_{OC}为基础。因此,也称K_{OM}为吸附系数。X_{OC}可直接测定,使K_{OC}更易获得,所以现在常用的土壤吸附分配系数为K_{OC}。K_{OM}与K_{OC}不同,它们之间的比会随着土壤(沉积物)类型的变化而稍有变化,常假设其比值为1.724,即$K_{OC} = 1.724 K_{OM}$,由此可将两者进行转换。常见几类重要有机化合物的K_{OC}范围如图2-23所示。值得指出的是,不同的文献中,对K_{OC}的提法不同,早期更多称为吸附系数,如今更多称为分配系数。这是因为土壤颗粒物上的污染物分子,既有吸附到颗粒物表面的,也有分配到颗粒物内部的。由此,称K_{OC}为土壤(沉积物)吸附分配系数更合适。

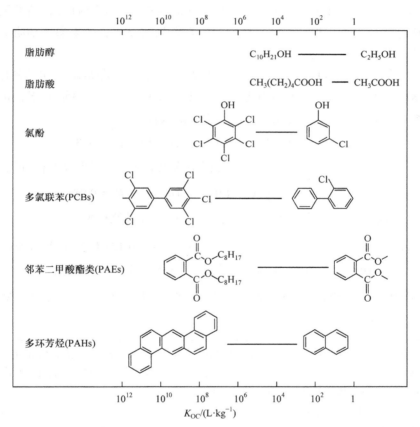

图 2-23　常见几类重要有机化合物的土壤(沉积物)吸附分配系数(K_{OC})的范围
[Ranges in soil/sediment adsorption coefficients (K_{OC}) for some important classes of organic compounds]

K_d和K_{OC}对于评价化学品在土壤和沉积物中的迁移归趋具有重要意义。化学品在土壤(沉积物)/水之间分配的程度,不仅影响化学品的迁移速率,而且影响化学品的挥发、光降解、水解和生物降解等过程。例如,曾被大规模使用的农药DDT,具有较高的K_{OC}值,容易分配在土壤中,从而在土壤和水体沉积物中大量蓄积。即使现在已经停止使用DDT,土壤和水体沉积物中的DDT仍可重新释放到水体中,使水体中的DDT浓度升高,且由于生物富集作用,鱼体中的DDT浓度也可能相当高。

(2) 实验测定 K_{OC} 的方法(OECD，2000)。配制一系列不同初始浓度的待测化合物溶液，按一定比例与土壤或沉积物混合，恒温振荡一定时间，达到平衡后测定液相中的浓度，求出固相中的浓度。然后将吸附量 x/m (被吸附化合物的微克数/土壤的克数)和溶液浓度 c 代入吸附等温方程(如 Freundlich 方程)，以确定分配系数 K_d 和参数 n，即

$$x/m = K_d c^{1/n} (\mu g \cdot g^{-1}) \tag{2-61}$$

再根据式(2-59)计算 K_{OC}。不同实验条件下测得的 K_{OC} 值存在差异。实际环境中的一些因素，如温度、土壤和水的 pH、颗粒物大小和表面积、水中盐的浓度、水中溶解有机质、水中悬浮颗粒物的表面结构、非平衡吸附以及固体和液体的比例等，会对化合物的 K_{OC} 测定值产生影响。化合物的挥发、化学或生物降解等导致化学物质的损失也会影响 K_{OC} 值的测定。也可以采用液相色谱柱法通过测定保留时间来间接测定化合物的 K_{OC}，如果参考物质选取得合适，该方法不失为一种快速有效的获取 K_{OC} 值的方法。

(3) K_{OC} 的估算方法。可以根据化合物的正辛醇/水分配系数(K_{OW})、水溶解度(S_W)等理化参数来估算 K_{OC}。还可以依据分子结构建立 QSAR 模型来估算 K_{OC}。例如，Sabljic 等(1995)发现疏水性有机化合物的 $\lg K_{OC}$ 与 $\lg K_{OW}$ 之间有很好的线性关系：

$$\lg K_{OC} = 0.81 \lg K_{OW} + 0.10 \qquad (n = 81，R^2 = 0.89) \tag{2-62}$$

Chiou 等(1979)发现氯代烃类化合物的 $\lg K_{OC}$ 和水溶解度($\lg S_W$)之间也存在很好的相关关系：

$$\lg K_{OC} = -0.557 \lg S_W + 4.04 \qquad (n = 15，R^2 = 0.988) \tag{2-63}$$

dos Reis 等(2014)建立了非离子型有机农药 $\lg K_{OC}$ 的 QSAR 预测模型：

$$\lg K_{OC} = 0.386 \lg K_{OW} + 4.45 \, Mv + 0.0152 \, VAR - 0.124 \, MAXDP - 1.46 \tag{2-64}$$

$$(n = 143，R^2 = 0.848，Q_{LOO}^2 = 0.835，SECV = 0.356)$$

式中，Mv、VAR 及 MAXDP 为分子结构描述符；Q_{LOO}^2 为交叉验证系数；SECV 为交叉验证标准误差。

案例 2-11 预测 K_{OC} 的 QSAR 模型。Wang 等(2015)基于 824 种化合物的 $\lg K_{OC}$ 值和 9 个分子结构描述符，采用多元线性回归算法，构建了 $\lg K_{OC}$ 的 QSAR 模型。该模型具有良好的拟合优度、较高的稳健性和良好的预测能力，可用于有机化学品 $\lg K_{OC}$ 值的高通量获取。

 延伸阅读 2-13 有机化合物 K_{OC} 的预测模型

Wang Y, Chen J W, Yang X H, et al. 2015. In silico model for predicting soil organic carbon normalized sorption coefficient (K_{OC}) of organic chemicals. Chemosphere, 119: 438-444.

本 章 小 结

本章首先概述了化学污染物在典型环境介质(大气、水和土壤)中的迁移过程；其次，介绍了化学污染物的挥发和沉降过程，涉及挥发作用、干湿沉降及酸沉降的基本原理。最后，介绍了化学污染物的吸附和分配行为，讲述了吸附分配作用机理、吸附等温线类型及描述吸附分配行为理化参数[水溶解度、蒸气压、颗粒物/空气分配系数、正辛醇/水分配系数、正辛醇/空气分配系数及土壤(沉积物)吸附分配系数]的基本概念。

思 维 导 图

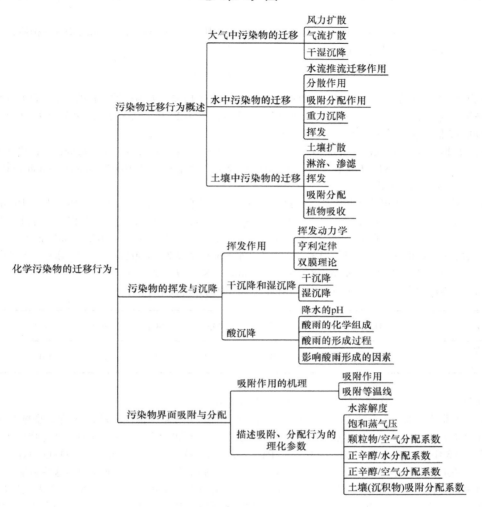

习题和思考题

2-1　大气、水和土壤中的污染物可以发生哪些迁移行为?

2-2　什么是挥发作用? 水中有机污染物的挥发速率受哪些因素影响?

2-3　如何基于双膜理论, 推导水中污染物的挥发动力学表达式?

2-4　什么是干沉降和湿沉降? 酸雨的形成原因是什么? 确定降水的 pH 背景值需要考虑哪些因素?

2-5　什么是吸附等温线? 主要有哪些类型? 请分别简述吸附等温线的发生条件或适用范围。

2-6　表征有机污染物多介质分配的参数有哪些? 如何定义它们?

2-7　有研究发现, 多氯联苯 PCB-153(2,2′,4,4′,5,5′-hexachlorobiphenyl)在中国东海海水中的浓度冬季高于夏季, PCB-153 的亨利常数 K_H 随水温的变化是海水中 PCB-153 浓度季节变化的主要原因。PCB-153 在典型夏季温度(T=25℃)和冬季温度(T=4℃)的亨利常数分别是 52.8 Pa·m³·mol⁻¹ 和 6.5 Pa·m³·mol⁻¹。假定东海的海水中和大气中 PCB-153 的浓度分别是 153.4 pg·m⁻³ 和 2.08 pg·m⁻³, 并且水温和大气温度相同。计算分析在夏季和冬季 PCB-153 在海水和大气中是否达到平衡。如果未达到平衡, 迁移方向如何?

2-8　美国 EPA 工具软件 EPI Suite™ 中的 WSKOWWIN 模块采用下式估算化合物的溶解度(S_w, mol·L⁻¹):

$$\lg S_w = 0.796 - 0.854\lg K_{ow} - 7.28 \times 10^{-3} M_w + \sum f_i$$

式中, K_{ow} 为化合物的正辛醇/水分配系数; M_w 为化合物的摩尔质量; 对于醇类、酸类、苯酚类等结构需要

加上校正项 $\sum f_i$ 。已知苯酚的相对分子质量为 94.11，lgK_{OW} 值为 1.46，苯酚的 $\sum f_i = 0.58$，请估算苯酚的溶解度。

2-9　EPI Suite™ 中的 KOWWIN 模块中，输入 3,5-二甲基苯酚(3,5-dimethylphenol)的结构后，可根据碎片贡献法预测 3,5-二甲基苯酚的 lgK_{OW} 值：

$$lgK_{OW} = \sum (f_i n_i) + b$$

式中，f_i 为化合物中原子/碎片 i 的碎片常数；n_i 为原子/碎片 i 的个数；b 为线性方程的常数。已知 3,5-二甲基苯酚可被拆分为 6 个芳香碳、2 个甲基和 1 个羟基，芳香碳的 $f = 0.2940$，甲基的 $f = 0.5473$，羟基的 $f = -0.4802$，$b = 0.2290$。请估算 3,5-二甲基苯酚的 lgK_{OW} 值。

2-10　根据化合物的 K_{OW} 可估算 K_{OC}。基于 81 种疏水性化合物的 lgK_{OC} 值和 lgK_{OW} 值，建立了关系式 lgK_{OC} (L·kg^{-1}) = 0.10 + 0.81 lgK_{OW} ($n = 81$，$R^2 = 0.96$)，若已知多氯联苯 PCB-8(2,4'-dichlorobiphenyl)的 lgK_{OW} 为 5.10，$X_{OC} = 1.79\%$，求其 K_d。

2-11　某化工厂发生甲苯泄漏事件，向附近水塘泄漏了甲苯，假设该水塘中水的体积为 2×10^3 m^3，上方空气体积为 1×10^4 m^3，底部沉积物体积为 5 m^3，沉积物的密度(ρ_s)为 2.5 kg·L^{-1}，沉积物中有机碳含量(X_{OC})为 5%。甲苯的物理化学性质参数为：摩尔质量 $M = 92$ g·mol^{-1}，亨利常数 $K_H = 673$ Pa·m^3·mol^{-1}，土壤沉积物吸附系数 $K_{OC} = 248$ L·kg^{-1}。已知甲苯在水中达到平衡时的浓度为 0.0002 mol·m^{-3}，求甲苯在空气和沉积物中达到平衡时的浓度和物质的量($R = 8.31$ Pa·m^3·mol^{-1}·K^{-1}，$T = 298$ K)。

2-12　大连市生态环境局 2019 年某次降雨常规监测中的分析数据如下：

离子	Ca^{2+}	NH$_4^+$	Na$^+$	K$^+$	Mg^{2+}	SO$_4^{2-}$	NO$_3^-$	Cl$^-$	F$^-$
浓度/(μmol·L^{-1})	41.89	54.42	41.41	27.98	13.24	40.38	32.64	101.4	21.45

根据电中性原理，求出本次降雨的 pH，并判断是否为酸雨。

2-13　工业革命以来，全球 CO$_2$ 浓度持续升高。根据西班牙气象局报告，到 2019 年，全球 CO$_2$ 平均浓度达到了 416.7 mL·m^{-3}，如果仅考虑 CO$_2$ 在天然降水中的溶解和电离平衡(可忽略其二级电离)，已知 $K_w = 10^{-14}$，$K_1 = 4.3\times10^{-7}$，$K_H = 3.47\times10^{-7}$ mol·L^{-1}·Pa^{-1}，请计算 CO$_2$ 在大气中的分压并计算此降水的 pH。

2-14　某企业由于操作不慎，造成硝基苯泄漏，导致它们排入河流，进入河流中的这些硝基苯会通过多种方式迁移或转化，最终硝基苯及其降解产物在多介质环境(土壤、沉积物、鱼、水体、大气及大气颗粒物)中达到平衡分布。假如你是当地的环保管理者，论述你需要了解硝基苯的哪些吸附分配行为参数，才能科学地制订该泄漏事故的应急方案，降低其对生态环境产生的影响。

2-15　阿特拉津是一种三嗪类除草剂，其生产和使用已有 40 多年的历史，欧盟已禁止使用阿特拉津，但我国和美国仍在使用。有监测数据表明，阿特拉津在我国白洋淀地区的土壤和地下水中的浓度分别为 86.9 ng·g^{-1} 和 3.29 μg·L^{-1}；在我国长江泰州到南通段地表水中阿特拉津最高浓度可达 64.49 μg·L^{-1}；在加拿大 Egbert 地区大气中的阿特拉津的浓度可达 700 pg·m^{-3}。作为政府的环境管理部门，需要分析大气、土壤、地表水、地下水中的阿特拉津经过哪些途径进行迁移转化而导致大尺度的区域性多介质环境污染，进而提出污染防控措施。假如你工作于环境管理部门，请解释：阿特拉津在喷洒之后，哪些迁移方式导致它们在大气、地表水、地下水、土壤中有检出？哪些物理化学参数决定其在这些介质中的分布？

主要参考资料

陈景文. 1999. 有机污染物定量结构-性质关系与定量结构-活性关系. 大连: 大连理工大学出版社.
大连理工大学. 2002. 化工原理(下). 北京: 高等教育出版社.
戴树桂. 2006. 环境化学. 2 版. 北京: 高等教育出版社.
何燧源. 2005. 环境化学. 4 版. 上海: 华东理工大学出版社.
江桂斌, 郑明辉, 孙红文, 等. 2019. 环境化学前沿. 2 版. 北京: 科学出版社.

梁超, 乔俊琴, 葛欣, 等. 2014. 保留时间两点校正反相高效液相色谱法测定持久性有机污染物的正辛醇-水分配系数. 色谱, 32(4): 426-432.

林道辉, 朱利中, 高彦征. 2003. 土壤有机污染植物修复的机理与影响因素. 应用生态学报, 14(10): 1799-1803.

刘维屏. 2005. 农药环境化学. 北京: 化学工业出版社.

刘兆荣. 2003. 环境化学教程. 北京: 化学工业出版社.

汤鸿霄. 1984. 天然水体中的环境胶体化学//环境化学专题报告文集, 中国环境学会环境化学专业委员会, 11-37.

王连生. 2004. 有机污染化学. 北京: 高等教育出版社.

王文兴, 柴发合, 任阵海, 等. 2019. 新中国成立 70 年来我国大气污染防治历程、成就与经验. 环境科学研究, 32(10): 1622-1635.

王晓蓉, 顾雪元, 等. 2018. 环境化学. 北京: 科学出版社.

夏立江. 2003. 环境化学. 北京: 中国环境科学出版社.

赵美萍, 邵敏. 2005. 环境化学. 北京: 中国环境科学出版社.

Arey J S, Nelson R K, Xu L, et al. 2005. Using comprehensive two-dimensional gas chromatography retention indices to estimate environmental partitioning properties for a complete set of diesel fuel hydrocarbons. Analytical Chemistry, 77(22): 7172-7182.

Castro S, Davis L C, Erickson L E. 2001. Plant-enhanced remediation of glycol-based aircraft deicing fluids. Practice Periodical of Hazardous, Toxic, and Radioactive Waste Management, 5(3): 141-152.

Chiou C T, Peters L J, Freed V H. 1979. A physical concept of soil-water equilibria for nonionic organic compounds. Science, 206(4420): 831-832.

Cousins I T, McLachlan M S, Jones K C. 1998. Lack of an aging effect on the soil-air partitioning of polychlorinated biphenyls. Environmental Science & Technology, 32(18): 2734-2740.

Cruickshank A M. 1988. Gordon research conferences. Science, 239(4844): 1159-1180.

Dearden J C, Rotureau P, Fayet G. 2013. QSPR prediction of physico-chemical properties for REACH. SAR and QSAR in Environmental Research, 24(4): 279-318.

Delle Site A. 1997. The vapor pressure of environmentally significant organic chemicals: A review of methods and data at ambient temperature. Journal of Physical and Chemical Reference Data, 26(1): 157-193.

dos Reis R R, Sampaio S C, de Melo E B. 2014. An alternative approach for the use of water solubility of nonionic pesticides in the modeling of the soil sorption coefficients. Water Research, 53: 191-199.

Eitzer B D, Hites R A. 1988. Vapor pressures of chlorinated dioxins and dibenzofurans. Environmental Science & Technology, 22(11): 1362-1364.

Endo S, Goss K U. 2014. Applications of polyparameter linear free energy relationships in environmental chemistry. Environmental Science & Technology, 48(21): 12477-12491.

Finizio A, MacKay D, Bidleman T, et al. 1997. Octanol-air partition coefficient as a predictor of partitioning of semi-volatile organic chemicals to aerosols. Atmospheric Environment, 31(15): 2289-2296.

Garrison A W, Nzengung V A, Avants J K, et al. 2000. Phytodegradation of p, p'-DDT and the Enantiomers of o, p'-DDT. Environmental Science & Technology, 34(9): 1663-1670.

Gerstl Z. 1990. Estimation of organic chemical sorption by soils. Journal of Contaminant Hydrology, 6(4): 357-375.

Goss K U. 2006. Prediction of the temperature dependency of Henry's law constant using poly-parameter linear free energy relationships. Chemosphere, 64(8): 1369-1374.

Hansch C, Quinlan J E, Lawrence G L. 1968. Linear free-energy relationship between partition coefficients and the aqueous solubility of organic liquids. The Journal of Organic Chemistry, 33(1): 347-350.

Harner T, Bidleman T F. 1996. Measurements of octanol-air partition coefficients for polychlorinated biphenyls. Journal of Chemical & Engineering Data, 41(4): 895-899.

Harner T, Bidleman T F. 1998. Measurement of octanol-air partition coefficients for polycyclic aromatic hydrocarbons and polychlorinated naphthalenes. Journal of Chemical & Engineering Data, 43(1): 40-46.

Harner T, Green N J L, Jones K C. 2000. Measurements of octanol-air partition coefficients for PCDD/Fs: A tool in assessing air-soil equilibrium status. Environmental Science & Technology, 34(15): 3109-3114.

Harner T, Mackay D. 1995. Measurement of octanol-air partition coefficients for chlorobenzenes, PCBs, and DDT. Environmental Science & Technology, 29(6): 1599-1606.

Harner T, Shoeib M. 2002. Measurements of octanol-air partition coefficients (K_{OA}) for polybrominated diphenyl ethers (PBDEs): Predicting partitioning in the environment. Journal of Chemical & Engineering Data, 47(2): 228-232.

Harris E, Sinha B, van Pinxteren D, et al. 2013. Enhanced role of transition metal ion catalysis during in-cloud oxidation of SO_2. Science, 340(6133): 727-730.

Jia Y, Huang H, Sun G X, et al. 2012. Pathways and relative contributions to arsenic volatilization from rice plants and paddy soil. Environmental Science & Technology, 46(15): 8090-8096.

Li Y, Hou X, Chen W, et al. 2019. Carbon chain decomposition of short chain chlorinated paraffins mediated by pumpkin and soybean seedlings. Environmental Science & Technology, 53(12): 6765-6772.

Limmer M, Burken J. 2016. Phytovolatilization of organic contaminants. Environmental Science & Technology, 50(13): 6632-6643.

Mishra D S, Yalkowsky S H. 1991. Estimation of vapor pressure of some organic compounds. Industrial & Engineering Chemistry Research, 30(7): 1609-1612.

Nedyalkova M A, Madurga S, Tobiszewski M, et al. 2019. Calculating the partition coefficients of organic solvents in octanol/water and octanol/air. Journal of Chemical Information and Modeling, 59(5): 2257-2263.

OECD(Organization for Economic Cooperation and Development). 1995. Guidelines for the testing of chemicals: Water solubility.

OECD(Organization for Economic Cooperation and Development). 2000. Guideline for the testing of chemicals: Adsorption-desorption using a batch equilibrium method.

Sabljic A, Güsten H, Verhaar H, et al. 1995. QSAR modelling of soil sorption. Improvements and systematics of log K_{OC} vs. log K_{OW} correlations. Chemosphere, 31(11/12): 4489-4514.

Sander R. 2015. Compilation of Henry's law constants (version 4.0) for water as solvent. Atmospheric Chemistry and Physics, 15(8): 4399-4981.

Schwarzenbach R P, Gschwend P M, Imboden D M. 1993. Environmental organic chemistry. Hoboken: John Wiley & Sons, Inc.

Shoeib M, Harner T. 2002. Using measured octanol-air partition coefficients to explain environmental partitioning of organochlorine pesticides. Environmental Toxicology and Chemistry, 21(5): 984-990.

Su L M, Liu X, Wang Y, et al. 2014. The discrimination of excess toxicity from baseline effect: Effect of bioconcentration. Science of the Total Environment, 484: 137-145.

Veith G D, DeFoe D L, Bergstedt B V. 1979. Measuring and estimating the bioconcentration factor of chemicals in fish. Journal of the Fisheries Research Board of Canada, 36(9): 1040-1048.

Zhang C, Feng Y, Liu Y W, et al. 2017. Uptake and translocation of organic pollutants in plants: A review. Journal of Integrative Agriculture, 16(8): 1659-1668.

Zhang Q, Liu Y, Lin Y, et al. 2019. Multiple metabolic pathways of 2, 4, 6-tribromophenol in rice plants. Environmental Science & Technology, 53(13): 7473-7482.

Zhang R Y, Wang G H, Guo S, et al. 2015. Formation of urban fine particulate matter. Chemical Reviews, 115(10): 3803-3855.

第 3 章　化学污染物的转化行为

污染物的转化(transformation of pollutants)是指污染物在环境中通过物理、化学或生物的作用改变其存在形态或转变为不同物质的过程。广义上讲,污染物的转化可分为物理转化、化学转化和生物化学转化。物理转化包括污染物的相变、凝聚及放射性元素的蜕变等。化学转化主要包括光化学转化、氧化还原和配位水解等作用。通过化学转化,往往发生了原有化学键的断裂和新化学键的生成。生物化学转化是污染物通过生物的吸收和代谢作用而发生的变化,主要是指生物降解,尤其是微生物作用下的降解转化。污染物的转化与迁移不同,后者只是空间位置的相对移动。污染物的迁移和转化往往是伴随进行的。例如,酸沉降,既涉及酸性气体(如 SO_2 和 NO_2)的氧化反应,又涉及其转化产物的迁移过程。

3.1　光化学转化

太阳光是地球生态系统物质循环和能量流动的驱动力。光化学转化(photochemical transformation)不可逆地改变污染物分子,强烈影响大气、表层水体、表层土壤等环境介质中污染物的消减和归趋,是决定难以通过其他方式(如生物降解、水解等)降解的有机污染物(简称难降解性污染物)环境持久性的重要因素。

3.1.1　基本概念

1. 光的基本性质

光是一种电磁波,具有波粒二象性。光的发射和吸收主要表现其粒子性。光的衍射、干涉、偏振等现象主要表现其波动性,可用振动频率 ν、波长 λ、光速 c (在真空中,$c=3\times10^8$ m · s^{-1})等参数来描述光的波动性,它们之间的关系为

$$\nu = \frac{c}{\lambda} \tag{3-1}$$

波长常用的单位有 cm、μm 和 nm。频率的单位为 Hz,还可以用波数 $\bar{\nu}$(每厘米长度中光波振动的数目,即波长的倒数 $1/\lambda$,cm^{-1})表示。

在讨论光或电磁波与原子或分子相互作用时,通常把光看成是一束高速运动的粒子,称为光量子或光子。每个光子都具有一定的能量 E,根据爱因斯坦-普朗克(Einstein-Planck)关系式:

$$E = h\nu \tag{3-2}$$

式中,h 为普朗克常量,$h = 6.626\times10^{-34}$ J · s。1 mol 光子所具有的总能量 E_m = 1 Einstein,即 $E_m = N_A h\nu = N_A hc/\lambda$,其中 N_A 为阿伏伽德罗常量,$N_A = 6.02\times10^{23}$ mol^{-1}。

根据 λ 或 ν 的大小,光或电磁波可以分为无线电波、微波、红外、可见、紫外及 X 射线等几个区域,各区域的相关波长显示于图 3-1 中。UV-B 为波长 280~320 nm 的紫外光,这部分紫外光可以导致阳光烧灼和其他生物效应,在许多污染物(包括大部分日常使用的农药)的直接

光解中起主要作用。UV-A 通常指波长为 320～400 nm 的紫外光。UV-C 通常指波长为 200～280 nm 的紫外光。

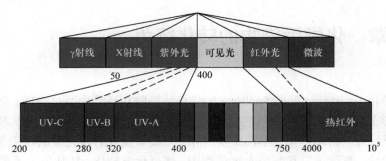

图 3-1　电磁波谱图(图中数字为波长，nm)
(Electromagnetic spectrum，the numbers are different wavelengths，nm)

2. 分子的运动、能级和分子轨道理论

化学物质是由分子或原子组成的，分子或原子在不断地运动。原子和分子可以平动，核外电子绕核运动，分子还可以振动和转动。每一种运动都有一定的能量，这种能量是不连续的。微观粒子所具有的这些不连续的能量状态，称为能级。每一种运动的最低能级，称为基态(ground state)。能级的升高，通常称为激发；能级的降低，通常称为跃迁。有时跃迁也泛指电子从一个能级向另一个能级的运动(能量升高或降低)。每一种微观粒子有哪些能级，这是粒子本身的属性，由微观粒子的自身结构所决定。

图 3-2 是三种分子运动能级的示意图。转动能级差很小，振动能级差较大，电子运动的能级差最大。这些能级的能量变化都是不连续的，是量子化的，即能量只能沿特定的能级变化。这些能级的值是分子的本征属性，与分子的原子组成、键能和键角等因素有关。

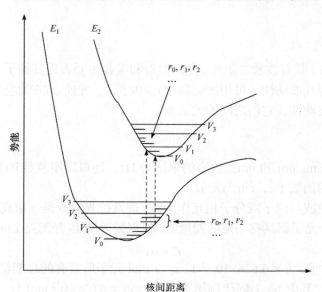

图 3-2　分子轨道能级(E_1，E_2，…)、分子振动能级(V_0，V_1，V_2，…)和转动能级(r_0，r_1，r_2，…)示意图
(Schematic diagram of molecular orbital energy levels，molecular vibrational energy levels and
rotational energy levels)

分子轨道理论(molecular orbital theory)认为，原子在形成分子时所有电子都有贡献。分子中的电子不再从属于某个原子，而是在整个分子空间范围内运动。分子轨道是原子轨道的线性组合，一个分子有多少个原子价电子轨道，就有多少个分子轨道。为有效地组合成分子轨道，要求成键的各原子轨道必须符合下述三条原则：对称性匹配原则、能量近似原则和轨道最大重叠原则。分子轨道具有不同的能级，电子在分子轨道中的分布服从能量最低原理，即首先排满能量最低的轨道，再排能级高的轨道；泡利(Pauli)不相容原理，即每一轨道最多只能有两个自旋方向相反的电子；洪德规则，即在同一原子或分子中，若存在能量相同的轨道，电子将以自旋平行的方式分占尽可能多的轨道。

表 3-1 介绍了几个关于电子排布状态的重要概念。大多数的有机分子在稳定状态(基态)都具有自旋成对的电子，是单线(重)态(singlet state)。三线(重)态(triplet state)是分子具有自旋不成对电子的状态。激发单线态是指两个激发电子占据不同的轨道，且自旋方向相反。激发三线态指两个电子占据不同的轨道，且自旋方向相同。

表 3-1　电子排布示意图(箭头表示电子的自旋方向)
(Schematic diagram of electronic configuration)

名称	示意图	名称	示意图
单线(重)态(S_0)	↓↑	激发单线态(S_1)	↑　↓
三线(重)态(T_0)	↓　↓	激发三线态(T_1)	↓　↓

如果分子的电子被光激发，通常从单线(重)态(S_0)到第一激发单线态 S_1 的激发是最常见的，从 S_0 到第二、第三激发单线态(S_2 和 S_3)的激发也有可能。但是在液体和固体中，S_2、S_3 态可以迅速地跃迁到 S_1 状态(时间为 $10^{-13} \sim 10^{-11}$ s)。

3.1.2　光吸收与光物理过程

1. 化学物质对光的吸收

分子、原子、自由基(具有未成对电子的原子或分子碎片)、离子等均可以吸收光。当一个光子接近一个分子时，分子和光辐射二者的电磁场之间会相互作用，当且仅当光辐射因相互作用而被分子吸收时，这种光才能有效地引发光化学反应。对于一个特定化合物，首先关心的是其吸收紫外-可见光的可能性，这些信息包含在化合物的吸收光谱中。

在透明容器(如石英比色皿)中均匀、非散射的介质(如不含颗粒物的有机物水溶液)中，体系对光的吸收遵循朗伯(Lambert)定律和比尔(Beer)定律。朗伯定律表明，体系对入射光的吸收比例与入射光的强度无关。值得注意的是，这个定律不适用于入射光强度非常大的情形，如激光辐射。比尔定律表明，该体系的辐射吸收量与吸收辐射的分子数成正比。只要分子间没有明显的相互作用(如相互结合)，比尔定律即适用。根据这两条规律，得到朗伯-比尔(Lambert-Beer)定律，即

$$A_\lambda = \lg \frac{I_0}{I} = \varepsilon_\lambda c l \tag{3-3}$$

式中，A_λ 为吸光度；I_0 为入射光的光强($E \cdot cm^{-2} \cdot s^{-1}$)；$I$ 为透射光的光强($E \cdot cm^{-2} \cdot s^{-1}$)；$\varepsilon_\lambda$ 为化合物在波长 λ 处的摩尔吸光系数($L \cdot mol^{-1} \cdot cm^{-1}$)；$c$ 为溶液中化合物的浓度($mol \cdot L^{-1}$)；l 为光程(cm)。

朗伯-比尔定律是分光光度法定量测定的基础。摩尔吸光系数 ε_λ 是指溶液浓度为 $1\ mol \cdot L^{-1}$ 时，在厚度 1 cm 的吸收池中一定波长下测得的吸光度。它表示物质对某一波长光的吸收特性，因而是鉴定化合物的重要依据。ε_λ 越大，表示物质对某一波长光的吸收能力越强，因而分光光度定量测定的灵敏度就越高。

对于某一特定物质，在不同的波长下，其相应的 ε_λ 值是不同的。若固定物质的浓度和吸收池的厚度，以吸光度 A 或 $\lg\varepsilon_\lambda$ 为纵坐标，波长 λ 为横坐标作图，就得到了该物质的吸收光谱曲线。吸收光谱体现了物质的特性，不同的物质具有不同的特征吸收曲线。图 3-3 分别为紫外线稳定剂[2-(2′-羟基-5′-甲基苯基)苯并三唑]、防晒剂(2,4-二羟基二苯甲酮)、抗病毒药物(阿昔洛韦)和抗生素(磺胺喹噁啉)的吸收光谱。

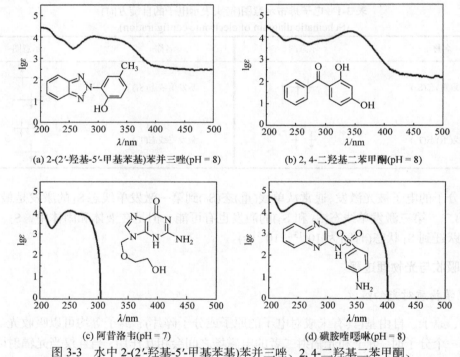

(a) 2-(2′-羟基-5′-甲基苯基)苯并三唑(pH = 8)   (b) 2, 4-二羟基二苯甲酮(pH = 8)

(c) 阿昔洛韦(pH = 7)   (d) 磺胺喹噁啉(pH = 8)

图 3-3　水中 2-(2′-羟基-5′-甲基苯基)苯并三唑、2, 4-二羟基二苯甲酮、
阿昔洛韦和磺胺喹噁啉的紫外-可见吸收光谱
(UV-vis absorption spectra of 2-(2′-hydroxy-5′-methylphenyl) benzotriazole，2, 4-dihydroxydiphenylketone，
acyclovir and sulfaquinoxaline in waters)

如图 3-3 所示，有机化合物能在较大波长范围内吸收光，并有一个或多个吸收峰。每个吸收峰都与特定的电子跃迁相对应，如 $\pi \rightarrow \pi^*$ 跃迁或 $n \rightarrow \pi^*$ 跃迁。由于基态和激发态分子，可能处于不同的振动态和转动态，所以其紫外-可见光谱呈现宽的吸收带，而不是尖锐的吸收线。

2. 电子激发的类型

基态分子吸收一个光子，它的一个电子通常从基态轨道激发到能量最低的空轨道。如前所述，分子的紫外吸收光谱就是由分子中价电子的激发而产生的。从化学键性质分析，与吸收光谱有关的主要是三种电子：形成单键的 σ 电子；形成双键的 π 电子；未共有电子或称非键电子，一般指分子中氧、氮、硫和卤素等杂原子外层的孤对电子，表示为 n 电子。目前常用分子轨道法来处理分子中价电子所处的状态。图 3-4 给出了分子轨道示意图和三种电子的实例。

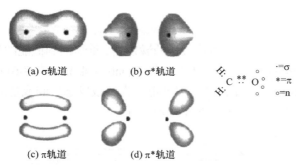

(a) σ轨道　　　　　(b) σ*轨道

(c) π轨道　　　　　(d) π*轨道

图 3-4　σ、σ*、π、π*轨道示意图和 CH_2O 分子中的 σ、π、n 电子

(Schematic diagrams of σ, σ*, π and π* orbits and σ, π and n electrons in the molecule CH_2O)

根据分子轨道理论，分子中 σ、π、n 三种电子的能级能量次序大致为 σ<π<n<π*<σ*。如图 3-5 所示，可大致比较不同类型能级激发所需能量的大小，以及与吸收峰波长的关系。主要介绍以下几种类型的电子跃迁：

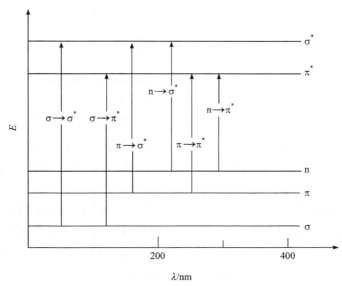

图 3-5　有机化合物的分子轨道能量和各类电子跃迁能量示意图

(Molecular orbital energy and electron transition energy of organic compounds)

(1) σ→σ*：电子从成键的 σ 轨道激发到反键 σ 轨道(σ*)，此种激发主要对应烷烃化合物。

(2) n→σ*：杂原子上未共用的 n 电子激发到 σ*轨道，当醇、胺、醚类分子吸收光子时，可发生此种激发。

(3) π→π*：电子从成键的 π 轨道激发到反键的 π 轨道(π*)，当烯烃、醛类、酯类、取代苯类分子吸收光子时，发生此种激发。

(4) n→π*：杂原子上未共用的 n 电子激发到 π*轨道，常见于醛类、酮类、酯类等分子的电子激发。

基态分子吸收光子，发生电子激发，便成为激发态分子。分子激发态的寿命相当短，其性质不容易测定。一个分子的激发态与其基态具有截然不同的性质，如立体结构、偶极矩、酸碱强度等方面存在较大差异。激发态分子可发生随后的系列光物理过程和光化学过程。

3. 光物理过程

激发态分子容易以各种形式失掉其过量的激发能，重新回到低能的稳定状态，这一过程称为激发态的失活或衰变(deactivation)。雅布隆斯基(Jablonski)图(图 3-6)表示了一些重要的光物理过程(photophysical process)。光物理过程可定义为各激发态之间或各激发态与基态之间发生互相转化的跃迁过程。下面介绍重要的光物理过程。

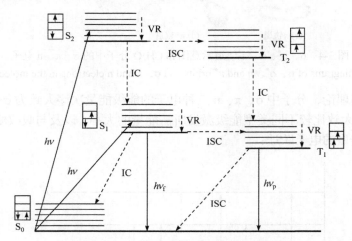

图 3-6　分子激发或失活的雅布隆斯基图
(Jablonski diagram for molecular excitation or inactivation)

(1) 振动弛豫(vibrational relaxation，VR)：在较高的振动和转动能级上的分子，可以通过碰撞等向周围环境释放能量，同时回到能量最低的振动态。该过程发生很快，涉及最低激发单线态(S_1)的过程尤为重要。

(2) 内部转变(internal conversion，IC)：电子从激发单线态回到基态或从能量较高的激发单线态回到能量较低的激发单线态，同时向周围的分子(如溶剂分子等)释放热能。

(3) 辐射荧光(fluorescence radiation，$h\nu_f$)：S_1 态的电子回到具有不同振动能级的 S_0 态，发出紫外或可见光。由于这个过程发生得相对比较慢(10^{-9} s)，不是很常见，对于大多数化合物，荧光非常弱或者难以检测。荧光光谱的谱形与其吸收光谱的谱形类似。

(4) 系间穿越(inter-system crossing，ISC)：电子从激发单线态回到另外一个能量较低的激发态轨道，并发生自旋反转。系间穿越主要发生在 S_1 态。很多化合物分子可以发生系间穿越。系间穿越是量子力学"禁阻"的，但是实际上它的发生非常普遍。

(5) 磷光辐射(phosphorescence radiation，$h\nu_p$)：处于 T_1 状态的分子回到 S_0 状态，同时释放光能。处于 T_1 状态的分子也可以通过释放热能回到 S_0 状态，这也是一种系间穿越。系间穿越和磷光辐射的发生过程比较慢，时间在 $10^{-3} \sim 10^{-1}$ s，这意味着 T_1 状态的寿命比 S_1 状态的寿命长得多，其原因是 T_1 变换成 S_0 也是系间穿越，是比较困难的。如果一个分子既能观测到荧光，又能观测到磷光，则观测到的磷光的波长要比荧光的波长长，并且磷光的持续时间长。

此外，还有热失活和能量转移。热失活是指 O_2、NO 等分子与激发态分子相碰撞，使能量以热的形式耗散。能量转移就是激发态分子与另一分子相碰撞，使另一个分子成为激发态分子，可表示为

$$S^* + A \longrightarrow S + A^*$$

这一过程也称光敏化作用，物质 S 称为光敏剂。因此，激发一个分子有两种途径：直接吸收光子而激发，或者接受另外的激发态分子的能量而被激发。激发三线态的分子也可以发生热失活或能量转移等。

3.1.3　光化学过程

1. 光化学反应的原理

光化学反应(photochemical reaction)是物质(原子、分子、自由基或离子)吸收光子所引发的化学键断裂和生成的化学反应。导致激发态分子发生化学反应的原因可能有：

(1) 电子被激发到 E_2(图 3-2)的很高的振动能级上，在这种情况下，分子在首次振动时就有可能导致化学键断裂而发生分解反应。

(2) 即使分子被激发到 E_2 的较低的能级上，也有可能发生分解反应。由于激发态分子的核间距大于基态，并且分子激发过程较快(约 10^{-15} s)，分子振动较慢(约 10^{-12} s)，所以当分子突然激发时，因弹簧效应而导致化学键的突然断裂。

(3) 有些情况下，激发态分子不稳定，核间的排斥作用大于吸引作用，导致化学键断裂。例如，氢气分子当其吸收光子时，发生 σ→σ* 激发而分解。

激发态分子化学键断裂，生成自由基或小分子是常见的光化学反应，激发态分子化学键断裂很少生成离子。如果生成的自由基不是处于激发态，它们的行为和其他过程生成的自由基是完全一样的。

相对于光化学反应来讲，可将通常的化学反应称为热化学反应。光化学反应具有一定的特征和规律，它与热化学反应的主要区别为：热化学反应所需的活化能，来自反应物分子的热碰撞，而光化学反应所需的活化能来源于辐射的光子能量；在恒温恒压下，热化学反应总是使体系的自由焓降低，但对光化学反应则是不适用的，许多光化学反应体系的自由焓是增加的，如氧在光的作用下转变为臭氧，氨的分解及植物将 CO_2 与 H_2O 合成碳水化合物并放出氧气等；热化学反应的速率受温度影响较大，而光化学反应受温度影响较小，有时甚至与温度无关。

2. 光化学反应类型

光化学反应是复杂的，涉及多个过程和分步反应。将物质吸收光子后直接发生的光物理和光化学过程，称为光化学反应的初级过程。而初级过程中反应物、生成物之间的进一步反应称为光化学反应的次级过程。初级光化学过程的主要类型包括单分子反应和双分子反应。单分子反应包括激发态分子分解为小分子、自由基以及分子内重排和光致异构化等。对于双分子反应，两个激发态分子发生反应的情况很罕见，其主要是一个激发态分子和一个处于基态的分子发生反应。光化学反应的类型介绍如下：

(1) 光解(photolysis)。光解反应是物质由于吸收光子所引发的分解反应。一个分子吸收一个光子的辐射能之后，如果所吸收的能量等于或多于键的解离能，则发生键的断裂，产生小分子、原子或自由基。直接光解是指有机物吸收光子后直接引发的分解反应，可表示为

$$A \xrightarrow{h\nu} A^*$$

$$A^* \longrightarrow B + C + \cdots$$

激发态分子化学键的均裂可生成自由基。例如，醛和酮分子经波长为 230～330 nm 光的照射，可以断裂为两个自由基：

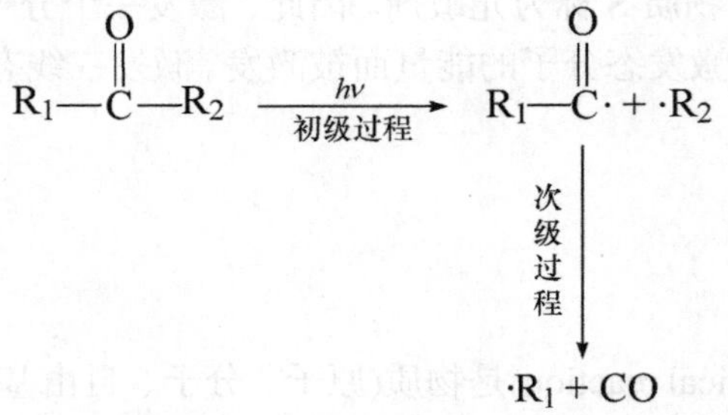

$$R_1-\overset{\overset{\displaystyle O}{\|}}{C}-R_2 \xrightarrow[\text{初级过程}]{h\nu} R_1-\overset{\overset{\displaystyle O}{\|}}{C}\cdot + \cdot R_2$$

次级过程 ↓

$$\cdot R_1 + CO$$

另外，过氧化合物中的 O—O 键和脂肪偶氮化合物 R′—N═N—R 中的 C—N 键也可以发生这种类型的反应。R′—N═N—R 光解可以生成稳定的产物 N_2 和大量的 R· 自由基。光解可生成小分子，如醛分子经光照射后还可以分裂为两个小分子：

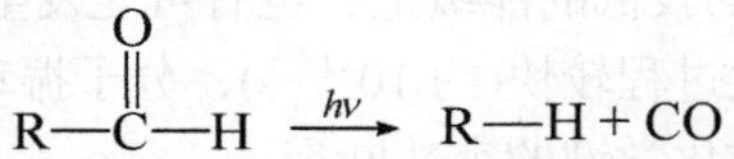

$$R-\overset{\overset{\displaystyle O}{\|}}{C}-H \xrightarrow{h\nu} R-H + CO$$

(2) 分子内重排(intramolecular rearrangement)。某些情况下，化合物在吸收光子后能够引起分子内重排。例如，邻硝基苯甲醛吸收光后，可发生反应：

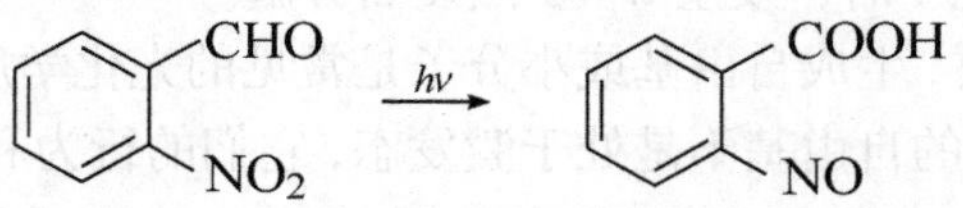

（结构式：邻硝基苯甲醛 CHO/NO₂ $\xrightarrow{h\nu}$ 邻亚硝基苯甲酸 COOH/NO）

(3) 光致异构化(photoisomerization)。某些有机物吸收光能后，可发生异构化反应，例如：

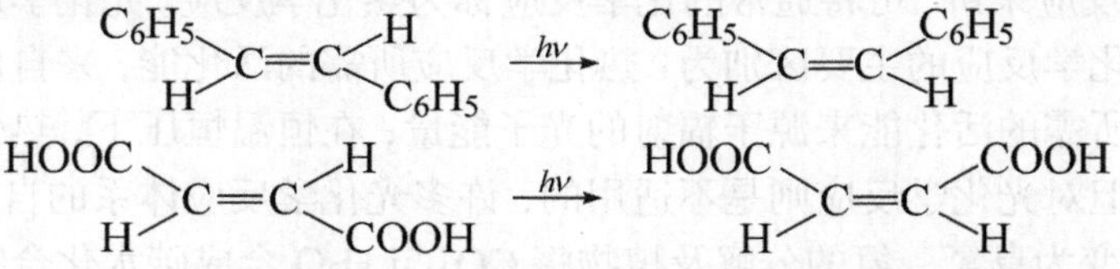

（顺式二苯乙烯 $\xrightarrow{h\nu}$ 反式二苯乙烯）

（马来酸 $\xrightarrow{h\nu}$ 富马酸）

(4) 摘取氢(hydrogen atom abstraction)。羰基化合物吸收光能形成激发态后，在有氢原子供体存在时，容易发生分子间氢的摘取反应。例如，当溶解在异丙醇溶液中的二苯酮受到光照时，激发三线态的二苯酮可以摘取异丙醇分子上的 α 氢，如图 3-7 所示。

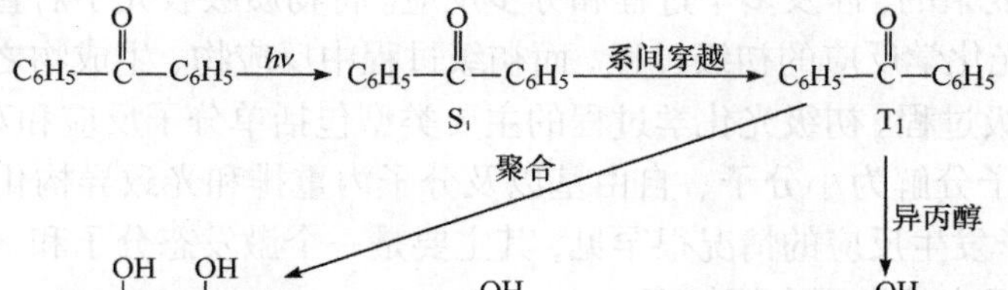

（反应式：$C_6H_5-\overset{O}{C}-C_6H_5 \xrightarrow{h\nu}$ S_1 态 $\xrightarrow{\text{系间穿越}}$ T_1 态 $\xrightarrow{\text{异丙醇}}$ ；聚合生成频哪醇；异丙醇氧化生成产物）

图 3-7　二苯酮的摘取氢反应

(Hydrogen abstraction reaction of benzophenone)

案例 3-1　十溴二苯醚(deca-bromodiphenyl ether, BDE-209)是一种多溴联苯醚(polybrominated diphenyl ethers, PBDEs)类阻燃剂。由于其生产和使用, BDE-209 在大气、土壤和水体沉积物等多种环境介质中被检出。Xie 等 (2009)的研究表明, BDE-209 在不同溶剂中的光解速率常数具有显著差异。产物分析表明, BDE-209 在四氢呋喃、乙醇、二氯甲烷、异丙醇、乙腈和甲醇这些有供氢能力的溶剂中发生了脱溴加氢反应, 生成 3 种 9 溴代 PBDEs, 并随光照时间的延长继续脱溴, 但在不同溶剂中, 低溴代 PBDEs 产物的产率不同(图 3-8)。

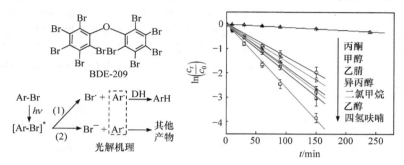

图 3-8　十溴二苯醚的光解机理和在不同溶液中的光解动力学
(Photolytic mechanisms and photolytic kinetics of BDE-209 in different solutions)

📖 **延伸阅读 3-1**　基于量子化学计算和实验方法, 探究溶剂对十溴联苯醚光降解过程的影响

Xie Q, Chen J W, Shao J P, et al. 2009. Important role of reaction field in photodegradation of deca-bromodiphenyl ether: Theoretical and experimental investigations of solvent effects. Chemosphere, 76(11): 1486-1490.

(5) 光致聚合反应(photopolymerization)。光致聚合反应实际上也是环加成反应, α,β-不饱和羰基化合物可以经光照生成二聚体。

另外, 环境中八氯代二苯并二噁英(octachlorodibenzo-p-dioxin, OCDD)的一个重要来源为大气液滴中五氯苯酚(pentachlorophenol, PCP)的光化学聚合, 即

(6) 光敏化反应(photosensitized reaction)。在光化学反应中, 某些化合物能够吸收光能, 但自身并不参与反应, 而把能量转移给另一化合物, 使之成为激发态参与反应, 这样的反应称为光敏化反应。吸光的物质称为光敏剂(S), 接受能量的化合物称为受体(A)。光敏化反应可表示为

$$S(S_0) \xrightarrow{hv} S(S_1) \xrightarrow{\text{系间穿越}} S(T_1)$$

$$S(S_1) + A(S_0) \xrightarrow{\text{能量转移}} S(S_0) + A(S_1)$$

$$S(T_1) + A(S_0) \xrightarrow{\text{能量转移}} S(S_0) + A(T_1)$$

$$A(T_1) \longrightarrow 参与反应$$

受体化合物 A 发生的是间接光降解，即是由光敏剂 S 吸收光子而诱导的光反应。

案例 3-2　　污染物可通过光化学转化生成持久性、毒性更大的产物。如图 3-9 所示，精噁唑禾草灵 (fenoxaprop-*p*-ethyl)是一种广泛应用的除草剂，精噁唑禾草灵吸光后能发生光解和光致异构化反应，经醚键断裂后生成噁唑酚(4-[(6-chloro-2-benzoxazolyl)oxy] phenol)。太阳光照射下，噁唑酚不易发生光解反应，表现出高于精噁唑禾草灵的环境光化学持久性。毒性实验表明，噁唑酚对大型溞(*Daphnia magna*)的毒性较母体增加约 2.4 倍(Lin et al.，2008)。

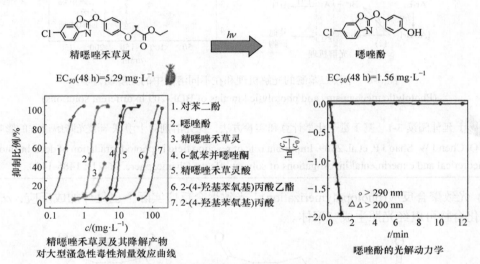

图 3-9　精噁唑禾草灵光解后的毒性和持久性变化

(Toxicity and photochemical persistence of fenoxaprop-*p*-ethyl after photolysis)

📖 **延伸阅读 3-2**　精噁唑禾草灵光降解生成毒性更大、光稳定性更强的产物

Lin J, Chen J W, Wang Y, et al. 2008. More toxic and photoresistant products from photodegradation of fenoxaprop-*p*-ethyl. Journal of Agricultural and Food Chemistry, 56(17): 8226-8230.

3.1.4　光化学反应动力学

1. 光化学基本定律和量子产率

光化学过程的发生要遵循两个重要的定律：光化学第一定律和光化学第二定律。光化学第一定律认为，只有被体系吸收的光，对光化学反应才是有效的。这是在 1817 年和 1843 年分别由 Grotthus 与 Draper 独立提出的一个最基本的光化学定律。该定律指出，照射在反应体系中的光，必须在能量或波长上满足体系中分子激发的条件，否则将不能被分子所吸收。但应指出的是，即使照射光的能量满足激发所需，若未被体系中的分子所吸收，则光照同样不能引发光化学反应。还应指出，照射的光不一定必须被反应分子吸收，被体系中的非反应性分子吸收也可能引起光化学反应。这一定律意味着吸收光谱对于研究光化学反应具有重要意义。

光化学第二定律指出，分子吸收光的过程是单光子过程。这是 1908 年和 1912 年分别由

Stark 和 Einstein 独立提出的。这一定律简单地说，就是每个分子只能依靠吸收一个光子而到达它的激发态。在普通光照射的情况下，该定律是适用的。但是随着激光的引入，在某些情况下，可利用双光子效应来实现分子的激发，即一个分子可能通过吸收两个低能光子而实现激发。这两个光子的吸收可能是同时的，也可能是分步完成的。

一个光子被吸收后，形成一个激发态分子。激发态分子十分不稳定，寿命很短，有些可能发生光化学过程；有些可能通过分子内或分子间的物理失活回到基态。在光化学中定义了量子产率(quantum yield)这一概念，即物质吸收光子后，所产生的光物理过程或光化学过程的相对效率可用量子产率来表示，其定义式为

$$\Phi_i = \frac{i \text{过程所消耗的激发态物种的数目}}{\text{吸收光子数目}} \qquad (3\text{-}4)$$

这是指单个初级过程的量子产率，也称初级量子产率。例如，丙酮的光解：

$$CH_3COCH_3 \xrightarrow{h\nu} CO + 2CH_3$$

研究表明丙酮只光解生成 CO 和 CH₃，且产物比较稳定，不再发生热化学反应，因此这里丙酮只发生了初级光化学过程，生成 CO 的初级量子产率为 1，即在丙酮光解的初级过程中，每吸收一个光子便可解离生成一个 CO 分子。如果光物理和光化学过程均有发生，则 $\sum \Phi_i = 1$，即所有初级过程的量子产率之和必定等于 1。

对于光物理过程，一般不会发生后续的热反应，但是对于光化学过程，还可以发生后续的热化学反应，所以对于光化学反应，除了初级量子产率外，还要考虑总量子产率，或称表观量子产率：

$$\Phi = \frac{\text{光化学过程中消耗反应物或生成产物的分子数}}{\text{吸收的有效光子数} I_a} \qquad (3\text{-}5)$$

例如，NO₂ 光解：

$$NO_2 \xrightarrow{h\nu} NO + O$$

计算该反应 NO 的初级量子产率为

$$\Phi_{NO} = \frac{d[NO]/dt}{I_a} = -\frac{d[NO_2]/dt}{I_a} \qquad (3\text{-}6)$$

式中，I_a 为单位时间、单位体积内 NO₂ 吸收的光子数；[NO]、[NO₂]分别为 NO 和 NO₂ 的浓度。

以上仅考虑了光化学中的一个初级反应。若 NO₂ 光解体系中存在 O₂，则初级反应产物还会与 O₂ 发生热反应：

$$O + O_2 \longrightarrow O_3$$

$$O_3 + NO \longrightarrow O_2 + NO_2$$

由此可以看出，光解后生成的一部分 NO 还有可能被 O₃ 氧化成 NO₂。最终观察到的结果，所生成的 NO 总量子产率 Φ 要比上面计算出来的小，即 $\Phi < \Phi_{NO}$。

若光解体系是纯 NO₂，光解产生的 O 可与 NO₂ 发生如下热反应：

$$NO_2 + O \longrightarrow NO + O_2$$

在这一光化学反应体系中，会导致最终生成的 NO 要比初级光化学反应中生成得多，即总量子产率大于初级量子产率。最终观察结果发现 $\Phi = 2\Phi_{NO}$。

【例 3-1】 在 30.6℃，用波长为 435.8 nm 的黄色光照射，肉桂酸与溴发生光加成反应，光强为 $I = 1.4\times10^{-3}\,J\cdot s^{-1}$，溶液能吸收 80.1% 的入射光。经照射 1105 s 之后，Br_2 减少 0.075 mmol，求此反应的量子产率(效率)。

解
$$E = N_A h\nu = \frac{6.02\times10^{23}\times6.626\times10^{-34}\times3\times10^8}{435.8\times10^{-9}} = 274588(J\cdot mol^{-1})$$

被吸收的光子数为

$$\frac{1.4\times10^{-3}\times80.1\%\times1105}{274588} = 4.51\times10^{-6}(mol)$$

发生反应的 Br_2 的物质的量 $= 7.50\times10^{-5}$ mol，所以

$$\Phi = \frac{7.50\times10^{-5}}{4.51\times10^{-6}} = 16.6$$

这里计算 Φ 的表达式没有严格符合前面量子产率的定义，得到的 Φ 值大于 1，这里 Φ 表示体系对光子的利用效率。

---

2. 大气中污染物的直接光解动力学

对于大气中的污染物质，其直接光解速率可由初级量子产率(Φ)导出。如对于反应：

$$A \xrightarrow{h\nu} A^* \longrightarrow B + C + \cdots$$

$$\Phi = \frac{d[B]/dt}{I_a} = \frac{R}{I_a} \tag{3-7}$$

$$R = \Phi \cdot I_a \tag{3-8}$$

式中，R 为光化学反应速率；I_a 为入射光强。

假设空间中某一定体积的空气所得到的入射光的总强度为 I_λ(图 3-10)，此体积空气吸收波长为 λ 的光的强度可根据朗伯-比尔定律计算。被空间中吸光物质 X 吸收的光强 $I_a(\lambda)$ 可近似地表示为

$$I_a(\lambda) = \sigma(\lambda)\cdot J(\lambda)\cdot[X] \tag{3-9}$$

式中，$\sigma(\lambda)$ 为吸收截面 (absorption cross section，$cm^2\cdot mol^{-1}$)，指波长 λ 的入射光被 X 吸收的概率；[X] 为空间中吸光物质 X 的浓度($mol\cdot cm^{-3}$)；$J(\lambda)$ 为光化通量(光子数·$cm^{-2}\cdot s$)，指某一给定体积所受到波长 λ 光辐射的通量。

计算 X 的直接光解速率，仅需考虑导致 X 发生光化学反应的光，量子产率是计算必须考虑的因素。所以，在波长为 λ 的光的照射下，X 的光化学反应速率 R 为

$$R = \Phi(\lambda)\cdot\sigma(\lambda)\cdot J(\lambda)\cdot[X] \tag{3-10}$$

式中，$\Phi(\lambda)$ 为 X 直接光解生成其他产物的量子产率。由于 X 对于不同波长光的吸收能力不同，因此太阳光照射下 X 的总光化学反应速率(R_X)为不同波长条件下 X 光化学反应速率的累积：

$$R_X = \sum_{\lambda=290\,nm}^{\lambda_i} \Phi(\lambda)\cdot\sigma(\lambda)\cdot J(\lambda)\cdot[X] \tag{3-11}$$

式中，λ_i 为 X 光吸收的最大波长；$\Phi(\lambda)$、$\sigma(\lambda)$ 和 $J(\lambda)$ 分别为 $\Delta\lambda$ 范围内集中于 λ 时的量子产率、吸收截面和光化通量，$J(\lambda)$ 应该经季节、纬度和高度等因子的校正。

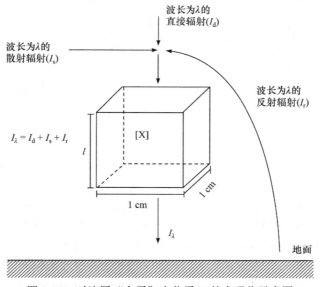

图 3-10　对流层"盒子"中分子 X 的光吸收示意图

(Schematic diagram of the absorption of molecular X in the troposphere "box")

对于大气中的污染物质，其光化学反应一般遵循一级反应动力学或准一级反应动力学。因此，式(3-11)也可表示为

$$R_X = k_p \cdot [X] \tag{3-12}$$

式中，R_X 的单位为 $mol \cdot cm^{-3} \cdot s^{-1}$；$k_p$ 为一级速率系数(s^{-1})；[X]的单位为 $mol \cdot cm^{-3}$。

$$k_p = \sum_{\lambda=290\,nm}^{\lambda_i} \sigma(\lambda) \cdot \Phi(\lambda) \cdot J(\lambda) \tag{3-13}$$

对于大气中的有机污染物的直接光解动力学，数据还较为匮乏，而羟基自由基参与的气相光降解在很大程度上决定了许多有机污染物在对流层中的归趋，这部分内容将在 3.3.3 小节进行详细介绍。

3. 水体中污染物直接光解动力学

对于水环境中的污染物质，其光化学反应一般遵循一级反应动力学或准一级反应动力学。其速率常数(k)与半减期($t_{1/2}$)的表达式为

$$-\frac{dc}{dt} = kc \tag{3-14}$$

$$c = c_0 e^{-kt} \tag{3-15}$$

$$t_{1/2} = \frac{\ln 2}{k} \tag{3-16}$$

例如，模拟太阳光照射下，三种磺胺类抗生素在水溶液中的光解一级反应动力学拟合曲线如图 3-11 所示。

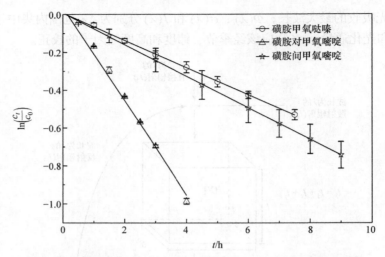

图 3-11　三种磺胺类抗生素在超纯水中光解的一级动力学拟合曲线
(c_0 为磺胺类抗生素初始浓度，c_t 为时间 t 时磺胺类抗生素的浓度)
(First-order photolysis kinetics plot of three sulfonamide antibiotics in ultrapure water，c_0 is the initial concentration
of sulfonamide antibiotics，c_t is the concentration of sulfonamide antibiotics at time t)

　　20 世纪 70 年代，Zepp 和 Cline(1977)基于光化学第一定律和第二定律，考虑太阳辐射在大气和水体中的传播机制，从理论上论证了污染物在水中的直接光解应符合准一级动力学，简述如下。

　　(1) 地球表面的太阳辐射。大气对不同波长的光的衰减程度是不一样的。波长越短，越不容易通过大气层，尤其是 $\lambda < 295$ nm 的光线，不能通过大气层。因此，地球表面太阳辐射的截止波长为 295 nm，如图 3-12 所示。另外，通常来说，太阳光的强度随着太阳入射倾角的减小而减小。因此，光强从中午到日落，从低纬度地区到高纬度地区，从夏季到冬季是递减的。

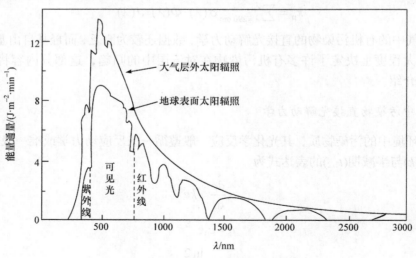

图 3-12　太阳辐射光谱
(Solar spectrum)

　　由太阳高度降低所导致的光强衰减，UV-B 比 UV-A 更明显。UV-B 的强度也受到大气臭氧含量的季节波动和不同地理位置的影响。在北半球，随纬度的增高和从秋季到春季的过渡，臭氧的含量增加，UV-B 的强度随之衰减。此外，大气的散射作用随着波长的减小而增强，这种散射作用对于蓝色光和紫外光特别明显。正因为在这些散射光的照射下，天空才显蓝色。可以说，50%以上 UV-B 来自大气的散射作用。因此，到达地面的光，既有太阳光的直接辐射，又有大气的散射。

(2) 水体中的光辐射与光程。光程可以定义为一束光在水平大气层或水体中所通过的距离。如图 3-13 所示，如果规定大气层的厚度为 h，水体的深度为 D，则

$$l_{气} = h\sec Z \qquad (3\text{-}17)$$

$$l_{水} = D\sec\theta \qquad (3\text{-}18)$$

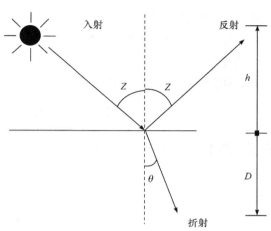

图 3-13　日光入射到水体示意图
(Schematic diagram of solar incidence into waters)

式中，$l_{气}$ 为太阳光的直接辐射在大气中的光程；$l_{水}$ 为太阳光的直接辐射在水体中的光程。由 Snell 定律，折射率可表示为

$$n = \sin Z/\sin\theta \qquad (3\text{-}19)$$

随着太阳高度的降低，折射光的量增大。近似从水平方向照射到水面的光线，其折射程度最大，此时折射角最大，约为 48°。

光还可以在大气和水体中发生散射。研究发现，天空散射光在大气中的光程大约是 2 h。如果忽略大气的反射作用并假设天空是晴朗的，那么大气散射光在水体中的平均光程为

$$l_s = 2Dn(n - \sqrt{n^2 - 1}) \qquad (3\text{-}20)$$

以水的折射率$(n = 1.34)$计算，l_s 的表达式为

$$l_s = 1.20D \qquad (3\text{-}21)$$

如果同时考虑反射光的作用，

$$l_s = 1.19D \qquad (3\text{-}22)$$

反射作用对 l_s 这一计算值的作用不大，因为在所有的大气散射光中，反射光仅仅是一小部分。

(3) 光线在自然水体中的衰减。水体对光线有吸收和散射作用，导致光的强度衰减。光的散射作用与波长的关系不大，但相对来说，水在蓝光区是最透明的。在海洋中，吸收光的主要物质是水。太阳光在海水中的散射作用使得海水显蓝色。太阳光可以照射到海洋的深层。而在内陆水体中，由于水中有机物的光吸收作用，太阳光照射得不深。

水体对光的吸收系数 α_λ 与光波长有关，从一个水体到另一个水体，这个值波动很大。在紫外-可见光区，波长越短，水体对光的吸收作用越强。水体中物质对光的吸收作用是导致光强被衰减的主要原因，相比之下，水体的散射作用不是很重要，尤其对紫外光更是如此。

(4) 描述水体中光解速率的方程。根据光化学第一定律，在一完全混匀的水体，污染物(P)在某一波长 λ 的平均光解速率$(-\mathrm{d}[P]/\mathrm{d}t)_\lambda$ 正比于单位体积内污染物的吸光速率。单位时间内光的吸收量 I_λ 可以根据朗伯-比尔定律计算，即

$$I_\lambda = I_{0\lambda}(1 - 10^{-\alpha_\lambda l}) \qquad (3\text{-}23)$$

式中，α_λ 为水体对光的吸收系数(light absorption coefficient)；l 为光程(optical path)；$I_{0\lambda}$ 为某波

长下入射光的强度(incident light intensity)。

照射到水体的光既有直接辐射，又有散射辐射，如果水体深度为 D，则单位体积的平均光吸收速率(I_{a_λ})为

$$I_{a_\lambda} = \frac{I_{d_\lambda}(1 - 10^{-\alpha_\lambda l_d}) + I_{s_\lambda}(1 - 10^{-\alpha_\lambda l_s})}{D} \tag{3-24}$$

式中，I_{d_λ} 为太阳直接辐射光的强度；I_{s_λ} 为太阳散射辐射光的强度；l_d 为太阳直接辐射光的光程；l_s 为太阳散射辐射光的光程。

水中污染物 P 的存在，可以使光吸收系数变为 $\alpha_\lambda + \varepsilon_\lambda[P]$，其中 ε_λ 为污染物 P 的摩尔吸光系数，[P]为污染物 P 的浓度。此时

$$污染物所吸收光的比率(fraction) = \frac{\varepsilon_\lambda[P]}{\alpha_\lambda + \varepsilon_\lambda[P]} \tag{3-25}$$

由于天然水中污染物浓度通常很低，所以

$$\varepsilon_\lambda[P] \ll \alpha_\lambda + \varepsilon_\lambda[P] \tag{3-26}$$

即

$$\alpha_\lambda + \varepsilon_\lambda[P] \approx \alpha_\lambda \tag{3-27}$$

$$\frac{\varepsilon_\lambda[P]}{\alpha_\lambda + \varepsilon_\lambda[P]} \approx \frac{\varepsilon_\lambda[P]}{\alpha_\lambda} \tag{3-28}$$

这样，某一污染物的平均光吸收速率可以表示为

$$I'_{a_\lambda} = I_{a_\lambda} \frac{\varepsilon_\lambda[P]}{j\alpha_\lambda} \tag{3-29}$$

$$I'_{a_\lambda} = k_{a_\lambda}[P] \tag{3-30}$$

其中

$$k_{a_\lambda} = \frac{I_{a_\lambda}\varepsilon_\lambda}{j\alpha_\lambda} \tag{3-31}$$

j 是一个转换常数($j = 6.02 \times 10^{23}$)，通过 j 的转换，光强度的单位与浓度的单位达到一致。经转换，[P]的单位为 $mol \cdot L^{-1}$，光强的单位为 $mol \cdot cm^{-2} \cdot s^{-1}$。

在下列两种情况下，k_{a_λ} 的表达式可以简化，如果 $\alpha_\lambda l_d$ 和 $\alpha_\lambda l_s$ 均大于 2，则

$$I_{a_\lambda} = \frac{I_{d_\lambda} + I_{s_\lambda}}{D} \tag{3-32}$$

定义

$$I_{d_\lambda} + I_{s_\lambda} = W_\lambda \tag{3-33}$$

则

$$I_{a_\lambda} = \frac{W_\lambda}{D} \tag{3-34}$$

$$k_{a_\lambda} = \frac{W_\lambda \varepsilon_\lambda}{jD\alpha_\lambda} \tag{3-35}$$

如果 $\alpha_\lambda l_d$ 和 $\alpha_\lambda l_s$ 均小于 0.02，非常少的光(<5%)被系统吸收，则

$$I_{a_\lambda} = \frac{2.303\alpha_\lambda(I_{d_\lambda}l_d + I_{s_\lambda}l_s)}{D} \tag{3-36}$$

k_{a_λ} 不依赖于 α_λ，且可以表示为

$$k_{a_\lambda} = \frac{2.303\varepsilon_\lambda(I_{d_\lambda}l_d + I_{s_\lambda}l_s)}{jD} \tag{3-37}$$

由于

$$k_{a_\lambda} = \frac{2.303\varepsilon_\lambda(I_{d_\lambda}l_d + I_{s_\lambda}l_s)}{jD} = \frac{2.303\varepsilon_\lambda(I_{d_\lambda}D\sec\theta + I_{s_\lambda}1.2D)}{jD}$$

$$= \frac{2.303\varepsilon_\lambda(I_{d_\lambda}\sec\theta + 1.2I_{s_\lambda})}{j} = \frac{2.303\varepsilon_\lambda Z_\lambda}{j} \tag{3-38}$$

所以

$$k_{a_\lambda} = 2.303\varepsilon_\lambda Z_\lambda j^{-1} \tag{3-39}$$

其中

$$Z_\lambda = I_{d_\lambda}\sec\theta + 1.2I_{s_\lambda} \tag{3-40}$$

式(3-39)适用条件为 $\varepsilon_\lambda[P] > \alpha_\lambda$ 且 $\alpha_\lambda + \varepsilon_\lambda[P] < 0.02$。

平均光解速率正比于光解量子产率 Φ，其又可表示为

$$-\left(\frac{d[P]}{dt}\right)_\lambda = \Phi_\lambda k_{a_\lambda}[P] \tag{3-41}$$

溶液中复杂分子的光化学反应量子产率通常不依赖于波长，又令 $k_a = \sum\limits_\lambda k_{a_\lambda}$，所以

$$-\frac{d[P]}{dt} = \Phi k_a[P] \tag{3-42}$$

如果反应遵从一级动力学，则半减期为

$$t_{1/2} = \frac{0.693}{\Phi k_a} \tag{3-43}$$

由于 Φ 值不大于 1，因此有下面的关系式：

$$t_{1/2} \geqslant \frac{0.693}{k_a} \tag{3-44}$$

如果污染物吸收的光量子数远大于溶剂吸收的光量子数，即

$$\sum\varepsilon_\lambda[P] \gg \sum\alpha_\lambda \tag{3-45}$$

那么

$$\frac{\varepsilon_\lambda[P]}{\alpha_\lambda + \varepsilon_\lambda[P]} = 1 \tag{3-46}$$

所以

$$I'_{a_\lambda} = I_{a_\lambda} \cdot 1 = \frac{W_\lambda}{D} \tag{3-47}$$

$$k_{a_\lambda} = \frac{W_\lambda}{jD} \tag{3-48}$$

则平均光解速率常数 k_λ 为

$$k_\lambda = \Phi_\lambda k_{a_\lambda} = \frac{\Phi_\lambda W_\lambda}{jD} \tag{3-49}$$

此时光解反应动力学就变成零级动力学，则

$$k = \frac{\Phi\sum W_\lambda}{jD} \tag{3-50}$$

光解半减期则与污染物的初始浓度和水体深度有关系：

$$t_{1/2} = \frac{jD[\mathrm{P_0}]}{2\Phi\sum W_\lambda}$$
(3-51)

通过以上讨论可以看出，水中有机物的直接光解速率常数 k 与光程(l)、光强(I_λ)、量子产率(Φ_λ)和摩尔吸光系数(ε_λ)有直接的关系，其中 l 和 I_λ 主要反映了环境条件的影响；Φ_λ 和 ε_λ 则说明分子的本征性质是决定其能否光解及光解速率大小的内因。

3.1.5　光催化降解

光催化降解(photocatalytic degradation)指在有催化剂存在的条件下，有机物的降解(分解)反应。通常是催化剂吸收光子，通过链式反应，生成强氧化性/还原性的自由基，导致物质降解。图 3-14 显示了光催化的基本原理。

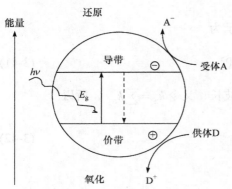

图 3-14　光催化原理示意图
(Schematic diagram of photocatalytic principle)

n 型半导体(TiO₂、ZnO、Fe₂O₃、CdS 和 ZnS 等)是常见的光催化剂。这些半导体粒子是光活性物质，含有能带结构。半导体中被价电子占有的能带称为价带，价带的最高能级称为价带缘。与价带缘相邻的较高的能带称为导带，导带的最低能级称为导带缘。价带和导带之间存在一个区域为禁带，价带缘与导带缘的能级差称为禁带宽度(E_g)。当照在半导体粒子上的光子能量大于禁带宽度时，光激发电子从价带跃迁到导带，产生电子(e^-)和空穴(h^+)。空穴具有强氧化性，电子具有强还原性。并且与金属不同，半导体粒子的能带间缺少连续区域，电子-空穴对寿命较长。电子、空穴都有能力还原和氧化吸附在表面上的物质。以 TiO₂ 为例，说明半导体在光辐射作用下发生的光催化基本过程：

$$TiO_2 \xrightarrow{h\nu} e^- + h^+$$

$$e^- + h^+ \longrightarrow TiO_2 + 热能或光能$$

$$h^+ + H_2O \longrightarrow \cdot OH + H^+\cdot$$

$$e^- + O_2 \longrightarrow O_2\cdot^- + H^+ \longrightarrow HO_2\cdot$$

$$2HO_2\cdot \longrightarrow O_2 + H_2O_2$$

$$H_2O_2 + O_2\cdot^- \longrightarrow \cdot OH + OH^- + O_2$$

$$H_2O_2 \xrightarrow{h\nu} 2\cdot OH$$

$$h^+ + OH^- \longrightarrow \cdot OH$$

光激发产生的电子和空穴通过扩散或空间电荷迁移到 TiO₂ 表面，至被捕获或复合为止，期间可能发生以下几种行为：同其他吸附物发生化学反应；发生电子与空穴的复合或通过无辐射跃迁消耗激发态能量；从半导体表面扩散，参加溶液中的化学反应。这几种途径之间相互竞争，即捕获(化学反应复合：光催化或光分解)和简单的复合两个过程相互竞争。因此，只有抑制电子和空穴的复合，才有可能使光化学反应顺利发生。另外，以上几种途径间的相互竞争与界面周围环境密切相关，所以界面吸附也十分重要。

光催化活性受到许多因素影响，以 TiO_2 为例，其光催化活性的影响因素包括：

(1) 晶型。TiO_2 属于 n 型半导体，它常以锐钛矿(anatase)、金红石(rutile)及板钛矿(brookite)三种结晶组态存在于自然界中，其中以金红石型分布最广，锐钛矿和板钛矿则较为少见。板钛矿型和锐钛矿型都属亚稳相，可分别在一定温度与压力下转变为金红石型。由于晶体结构的不同，三种晶相所表现出来的物理化学性质也有所不同。早期认为，锐钛矿型的 TiO_2 具有较高的光催化活性；也有研究认为，不同晶型的 TiO_2 对不同的有机污染物具有不同的光催化活性；还有研究认为，混合晶型的 TiO_2 的光催化活性较高，尤以30%金红石和70%锐钛矿组成的混合晶型活性最高。德国 Degussa 公司生产的商品 TiO_2 光催化剂 P25 就是由这两种晶型混合组成的。

(2) 粒径。催化剂粒径越小，比表面积越大，表面活性位增多，有利于反应物的吸附，光催化反应速率和效率也就越高。当粒子在 $1 \sim 10$ nm 时，就会出现量子效应，成为量子化粒子，导致明显的禁带变宽，从而使电子-空穴对具有更强的氧化还原能力，催化活性将随粒子量子化程度的提高而增加。而且随着粒径的减小，光生电子与空穴能够很快到达催化剂表面，进而空穴与电子内部复合的概率大大减小。但对于纳米颗粒来说，表面复合是其电子-空穴对复合的重要方式，而且晶粒的尺寸越小，这种作用就越强，所以过分减小催化剂的晶粒尺寸反而导致活性降低。另外，还会出现随量子化程度的提高，禁带变宽，吸收谱线蓝移，导致 TiO_2 光敏化程度变弱，对光能利用率降低。因此，在实际过程中要选择一个合适的粒径范围。

(3) 表面性质。TiO_2 的表面性质对其催化活性也有重要影响，研究较多的有表面羟基、表面态能级、表面酸碱中心及表面吸附性能等。利用单晶表面的规则结构，可以准确区分和控制表面吸附程度和活性中心。在 TiO_2 的不同晶面上，物质的光催化活性和选择性有很大区别，人们研究较多的是金红石型单晶二氧化钛(110)，该晶面结构是热力学上最稳定的。

(4) 反应液 pH。在水和废水处理中，反应液 pH 对光催化的影响主要是通过影响催化剂表面特性、表面吸附及化合物存在形态而发挥作用。德国 Degussa 公司生产的 P25 二氧化钛等电点约为 6.6，在 pH>6.6 时，催化剂表面荷负电，其主要形态为 TiO^-；pH<6.6 时，催化剂表面荷正电，主要形态为 $TiOH^{2+}$。催化剂表面形态和表面电荷不同，化合物的吸附能力显著不同。光催化反应中，不同的 pH 条件会导致催化降解机理的不同，即使对同一种污染物质，pH 影响也是多方面的。因此，应根据不同反应液的 pH 选择适宜的催化剂，或对某种催化剂相应地调整反应液的 pH，以期获得最佳的催化反应处理效果。

(5) 光源。光催化氧化始于光照射下 n 型半导体的电子激发，用于激发的光子能量必须大于半导体的禁带宽度。TiO_2 的 E_g 为 3.2 eV，即只有波长小于 387 nm 的光才能激发它。此外，水中溶解性盐类对光催化降解有机物也有复杂的影响，与盐的种类有关，可能既存在竞争性吸附，又存在竞争性反应。

在过去的几十年间，通过半导体光催化进行水处理的高级氧化技术(advanced oxidation processes，AOPs)被广泛研究。但是，该技术实际应用仍很少。原因主要有两方面，一是光转换效率较低；二是水中的溶解性有机质(dissolved organic matter，DOM)等溶解性组分竞争光活性位点和活性自由基。

延伸阅读3-3　　光催化在水处理中的应用前景

Loeb S K, Alvarez P J J, Brame J A, et al. 2019. The technology horizon for photocatalytic water treatment: Sunrise or sunset? Environmental Science & Technology, 53(6): 2937-2947.

3.1.6　大气中重要的光化学过程

大气是地球表面环境光化学反应最活跃的圈层。大气中的一些组分或污染物质能够吸收不同波长的光，从而发生光化学过程或光物理过程。这些过程可以导致许多自由基的生成，这些自由基又会引发许多后续热化学反应，因此大气中一些重要物质的光解，在大气环境化学中具有重要的作用。下面介绍几种重要气体的光吸收特征(图 3-15)及其与大气污染有直接关系的重要的光化学过程(表 3-2)。光吸收截面(absorption cross section，$cm^2 \cdot mol^{-1}$)通常用来表征气相中分子吸收光子的能力，即一个分子吸收光子过程中的有效截面积，用σ来表示。σ可表示为

$$\sigma = \frac{A_\lambda}{l \cdot n} \tag{3-52}$$

式中，A_λ为吸光度；l为光程(cm)；n为单位体积内的分子数目($mol \cdot cm^{-3}$)。

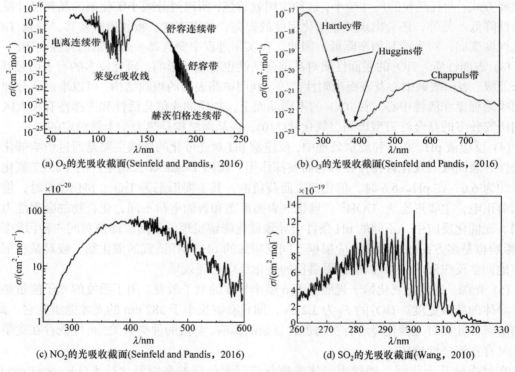

(a) O_2的光吸收截面(Seinfeld and Pandis，2016)　　(b) O_3的光吸收截面(Seinfeld and Pandis，2016)

(c) NO_2的光吸收截面(Seinfeld and Pandis，2016)　　(d) SO_2的光吸收截面(Wang，2010)

图 3-15　O_2、O_3、NO_2 和 SO_2 的吸收截面

(Absorption cross section of O_2，O_3，NO_2 and SO_2)

表 3-2　大气中重要吸光物质的光化学过程
(Photochemical processes of important light-absorbing substances in the atmosphere)

吸光物质		光化学过程	备注
O_2	初级过程	$O_2 \xrightarrow{\lambda<240\ nm} O + O$	大气中，波长小于 240 nm 的紫外光可引起 O_2 分解
O_3	初级过程	$O_3 \xrightarrow{\lambda<336\ nm} O_2 + O$ (激发态) $O_3 \xrightarrow{315\sim1200\ nm} O_2 + O$ (基态)	O_3 分解主要由 310 nm 以下的紫外光引起，O(激发态)原子能与 H_2O 分子碰撞产生 · OH，是对流层大气中 · OH 的重要来源之一。O(基态)原子易与 O_2 结合，重新生成 O_3，这一循环过程不引起 O_3 损耗
NO_2	初级过程 次级过程	$NO_2 \xrightarrow{\lambda<420\ nm} NO + O$ (基态) O (基态) $+ O_2 + M \longrightarrow O_3 + M$	NO_2 光解反应的次级过程是污染大气中 O_3 的重要来源
HNO_3	初级过程	$HNO_3 \xrightarrow{200\sim315\ nm} \cdot OH + NO_2$	—
HNO_2	初级过程	$HNO_2 \xrightarrow{200\sim315\ nm} \cdot OH + NO$	光解是 HNO_2 在大气中最主要的反应，这一过程是大气中 · OH 的主要来源之一
N_2O	初级过程	$N_2O + O$ (激发态) $\xrightarrow{\lambda<1025\ nm} 2NO$ $N_2O + O$ (激发态) $\xrightarrow{\lambda<990\ nm} N_2 + O_2$	N_2O 在平流层发生光解反应产生 NO，进而引起臭氧层破坏
SO_2	初级过程	$SO_2 \xrightarrow{240\sim400\ nm} SO_2$ (激发态)	SO_2 吸光后不直接解离，而是形成激发态 SO_2 分子
甲醛	初级过程 次级过程	$HCHO \xrightarrow{\lambda<370\ nm} H + HCO \cdot$ $HCHO \xrightarrow{\lambda<320\ nm} H_2 + CO$ $H + O_2 \longrightarrow HO_2 \cdot$ $HCO \cdot + O_2 \longrightarrow HO_2 \cdot + CO$ $HO_2 \cdot + NO \longrightarrow NO_2 \cdot + \cdot OH$ $HO_2 \cdot + O_3 \longrightarrow 2O_2 + \cdot OH$	醛类光解是大气中 $HO_2 \cdot$ 的重要来源之一，继而是大气中 · OH 的来源
甲基过氧化氢	初级过程 次级过程	$CH_3OOH \xrightarrow{\lambda<290\ nm} H + CH_3OO \cdot$ $CH_3OOH \xrightarrow{\lambda<290\ nm} \cdot OH + CH_3O \cdot$ $2CH_3OO \longrightarrow O_2 + 2CH_3O \cdot$ $2CH_3OO \longrightarrow O_2 + HCHO + CH_3OH$ $2CH_3OO \longrightarrow CH_3O_2CH_3 + O_2$ $CH_3O \cdot + O_2 \longrightarrow HCHO + HO_2 \cdot$	过氧化物的光解反应是大气中 · OH 的重要来源。甲基过氧化氢的初级和次级光化学过程均对大气中 · OH 有贡献，初级过程中 · OH 的产率大于 0.9

3.1.7　水中污染物的光化学降解

　　地球表面的 70% 为水体所覆盖。因此，污染物在表层水体的光化学行为，是决定污染物在地球环境的归趋和持久性的重要过程。水环境光化学主要研究淡水和海水中的污染物在日光作用下所引发的光化学反应及其对污染物迁移、转化、归趋以及对水生生物和水生生态系统的影响。天然水中污染物的光化学降解包括直接光解和间接光降解，间接光降解主要是由光敏化反应引起的有机污染物的降解反应。

1. 直接光解

直接光解(direct photolysis)是水中发生的最简单的光化学过程。对于许多有机化合物，直接光解比敏化光解重要。表 3-3 列出了一些重要有机污染物直接光解的速率常数和半减期，量子产率 Φ_d 的测定波段为 290 nm$<\lambda<$420 nm 或 290 nm$<\lambda<$350 nm，速率常数 k_d 和半减期 $t_{1/2}$ 测定条件为：冬季、北纬 40°、表层水体。

表 3-3　一些有机污染物的直接光解动力学参数
(Direct photolysis kinetics parameters of some organic pollutants)

物质用途	污染物名称	Φ_d	k_d	$t_{1/2}$
抗生素 (Ge et al.，2010)	环丙沙星(ciprofloxacin)	$(5.48 \pm 1.92)\times10^{-2}$	7.85×10^{-2} min^{-1}	8.82 min
	达氟沙星(danofloxacin)	$(3.03 \pm 1.92)\times10^{-2}$	8.84×10^{-2} min^{-1}	7.84 min
	左氧氟沙星 (levofloxacin)	$(8.26 \pm 1.92)\times10^{-3}$	1.64×10^{-2} min^{-1}	42.2 min
	沙氟沙星(sarafloxacin)	$(3.97 \pm 1.92)\times10^{-2}$	6.03×10^{-2} min^{-1}	11.5 min
阻燃剂 (Leal et al.，2013; Zhang et al.，2018)	十溴联苯醚(BDE-209)	$(1.0 \pm 0.1)\times10^{-2}$	1.05×10^{-3} d^{-1}	660 d
	DPTE (2,3-dibromopropyl-2,4,6-tribromophenyl ether)	0.008 ± 0.001	$(2.32\sim2.98)\times10^{-3}$ d^{-1}	232~298 d
心血管药物 (Liu et al.，2007)	普萘洛尔(propranolol)	—	1.36×10^{-1} d^{-1}	5.1 d
	美托洛尔(metoprolol)	—	$(2.33\sim3.65)\times10^{-3}$ d^{-1}	190~298 d
	阿替洛尔(atenolol)	—	$(6.30\sim6.66)\times10^{-3}$ d^{-1}	104~110 d

一些有机污染物的直接光解可生成诸多中间产物。图 3-16 为抗病毒药物齐多夫定的光化学反应途径。Zhou 等(2015)发现齐多夫定吸光后，叠氮官能团失去一分子氮后形成氮烯活性中间体，氮烯活性中间体可以发生分子内重排，形成易被亲核试剂进攻的氮杂环丙烷类物质，而后生成呋喃类产物。

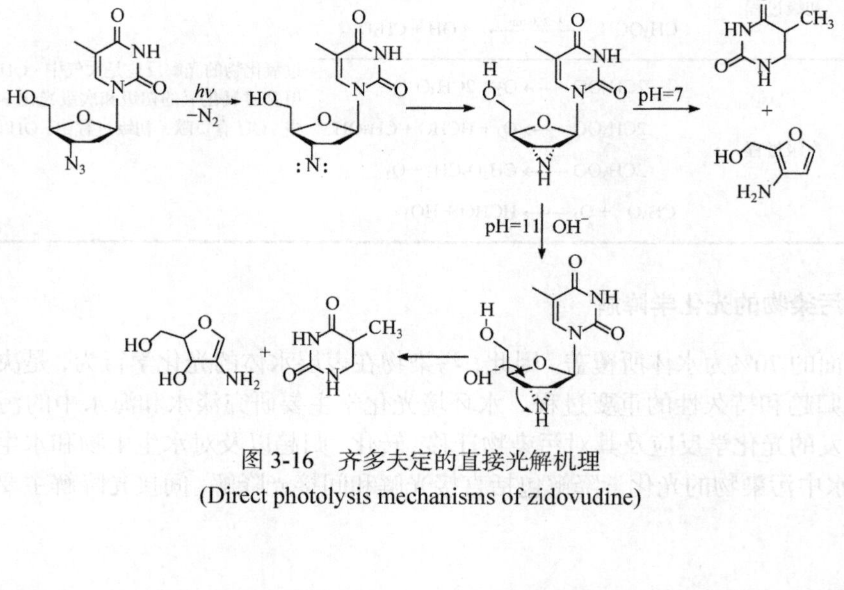

图 3-16　齐多夫定的直接光解机理
(Direct photolysis mechanisms of zidovudine)

除以上有机污染物的直接光解，在天然水系统中无机化合物的直接光解也能发生，如 NO_2^- 的直接光解，产生羟基自由基：

$$NO_2^- \xrightarrow{h\nu} \cdot NO + O^- \cdot$$

$$O^- \cdot + H^+ \xrightarrow{h\nu} \cdot OH$$

这一反应可使海洋表面 NO_2^- 每年损失约 10%。过渡金属离子配合物也可发生直接光解，例如：

$$Fe(III)\text{-}OH \text{ 配合物} \xrightarrow{h\nu} Fe(II) + \cdot OH$$

$$Fe(III)\text{-}有机配合物 \xrightarrow{h\nu} Fe(II) + CO_2$$

这里，NO_2^- 和 Fe(III)-OH 配合物的直接光解为天然水体中活性自由基 $\cdot$ OH 的重要来源，可引起有机污染物的氧化反应。

2. 间接光降解

间接光降解(indirect photodegradation)是由体系中光活性物质吸收光子后导致污染物发生的降解或转化，天然水体中溶解性有机质(DOM)、NO_3^-、NO_2^-、H_2O_2 等组分均能导致污染物发生间接光降解。这一过程可以使不直接吸收太阳光的化合物发生降解转化。例如，农药艾氏剂不吸收 $\lambda > 250$ nm 的光，因而在日光照射的纯水中不发生光解。但是，当水体中含有 $\mu mol \cdot L^{-1}$ 级 H_2O_2 时，艾氏剂可快速光氧化生成狄氏剂及其他产物，而在黑暗中 H_2O_2 并不能氧化艾氏剂(Remucal，2014)。

DOM 是天然水体中促进有机污染物间接光降解的重要物质，如图 3-17 所示，DOM 吸光后形成激发单线态 DOM (excited singlet state of DOM，$^1DOM^*$)，之后经过系间穿越转化为激发三线态 DOM (excited triplet state of DOM，$^3DOM^*$)，$^3DOM^*$ 不仅能直接参与污染物的间接光降解过程，而且还是单线态氧($^1O_2$)、$\cdot$ OH 等活性物种的前驱体。例如，Zhou 等(2015)发现抗病毒药物拉米夫定(lamivudine)在纯水中不发生光解，而 DOM 的存在会通过产生 $^3DOM^*$、$^1O_2$ 和 $\cdot$ OH 共同导致其降解。

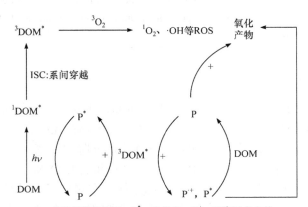

P：有机污染物分子；P*：激发态；P$^+$：阳离子自由基

图 3-17　DOM 参与有机污染物间接光降解的主要过程

(Main indirect photodegradation pathways of pollutants initiated by DOM)

在自然水体中，藻类也可以影响有机污染物的光化学行为。藻类在阳光照射下可以产生 H_2O_2 和 $\cdot$ OH 等活性氧物种，从而诱发污染物的光氧化反应(Liu et al.，2004)。Zepp 和 Schlotzhauer

(1983)研究表明，多环芳烃和有机磷化合物在有藻存在的溶液中光降解反应快于其在蒸馏水中。

案例 3-3 防晒剂 2-苯基苯并咪唑-5-磺酸(2-phenylbenzimidazole-5-sulfonic acid，PBSA)的间接光降解途径。Zhang 等(2010)结合实验和密度泛函理论(DFT)，发现激发态 PBSA 能够敏化溶解氧生成 $^1O_2$ 和·OH 等活性物种；4 种不同来源 DOM 模型分子、I^- 和 CO_3^{2-} 能通过能量或电子转移淬灭 PBSA 激发态分子及阳离子自由基，抑制其光降解；DOM 抑制 PBSA 直接和自敏化光降解，I^- 和 HCO_3^-/CO_3^{2-} 抑制其光降解。因此，这种计算可以预测和阐释 DOM、卤素离子、HCO_3^-/CO_3^{2-} 等光活性因子对污染物间接光降解的影响途径(图 3-18)。

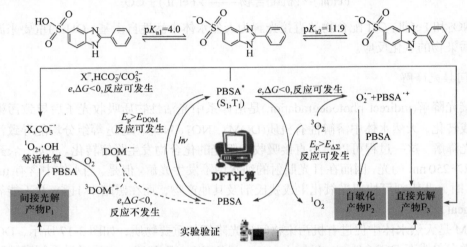

图 3-18 通过 DFT 计算和验证确定 PBSA 间接光降解途径

(Indirect photodegradation pathways of PBSA predicted by DFT calculation and confirmed experimentally)

延伸阅读 3-4 量子化学计算与实验相结合，探究水环境中防晒剂 2-苯基苯并咪唑-5-磺酸的光化学行为

Zhang S Y, Chen J W, Qiao X L, et al. 2010. Quantum chemical investigation and experimental verification on the aquatic photochemistry of the sunscreen 2-phenylbenzimidazole-5-sulfonic acid. Environmental Science & Technology, 44(19): 7484-7490.

3. 环境水体中污染物光降解动力学

以往关于污染物在水环境中的光降解动力学研究，主要适用于污染物在表层水体中光降解的情形。通过在实验室模拟太阳光照条件下，考察污染物在光解管中的降解转化，测定污染物的光解速率常数和量子产率，用于推测环境水体中的光降解速率。然而，这样难以表征真实环境水体的情形。在自然水体中，受水中颗粒物、浮游植物和 DOM 等的影响，光强随水深的增加而衰减。在黄河三角洲的河流、河口和滨海水体，实测水下不同深度、不同时间的光强，建立了水下光强的预测模型；进而考虑污染物的直接和间接光降解过程，建立了污染物在水体不同深度和时间的光解速率的预测模型，并采用现场实验进行了验证。以磺胺甲噁唑为例，直接采用实验室测定的数据预测其环境光降解半减期($t_{1/2}$)，对于黄河三角洲的淡水、河口水和海水水体，其 $t_{1/2}$ 分别为 8.1 h、5.9 h 和 9.8 h；如果考虑光强随水深和时间变化，其 $t_{1/2}$ 则分别为 501.6、321.6 h 和 338.4 h。可以看出，简单地采用实验室测定数据预测环境光降解半减期，磺胺甲噁唑的环境持久性被严重低估。所以，在预测污染物在真实水环境中的光解动力学时，应考虑光强在水体中的变化。

　　不同环境水体中,光强的衰减具有明显差异。浑浊的湖水和河水的透光层深度小于 0.3 m,而干净海水的透光层深度能达到 150 m(Gons et al.,1998)。光强在水体中的衰减程度,由水体自身和水中光活性物质(包括浮游植物、非藻类颗粒物和带发色团的 DOM)共同决定。水体中太阳光强的衰减,一方面可以影响污染物的光吸收速率,以及直接光解速率;另一方面可以影响水体中光敏剂(如 DOM)的光吸收速率,以及水体中活性中间体(reactive intermediates,RI,包括 $^1O_2$、·OH 和 $^3DOM^*$ 等)的产生和污染物的间接光降解。另外,不同波长的光在水体中的衰减程度不同,一天中不同时间的光强也是变化的,这些因素会影响污染物的光解。因此,在构建污染物的光解动力学模型时,应综合考虑这些因素的影响。

　　如图 3-19 所示,污染物在水体中的光解速率常数(k)可表示为

$$k = k_d + k_{id} \tag{3-53}$$

式中,k_d 为直接光解速率常数;k_{id} 为间接光降解速率常数(s^{-1})。k_{id} 可通过下式计算:

$$k_{id} = k_{^1O_2}[^1O_2] + k_{·OH}[·OH] + k_{^3DOM^*}[^3DOM^*] \tag{3-54}$$

式中,$k_{^1O_2}$、$k_{·OH}$ 和 $k_{^3DOM^*}$ 分别为污染物与 $^1O_2$、·OH 和 $^3DOM^*$ 反应的二级速率常数($L·mol^{-1}·s^{-1}$);$[^1O_2]$、$[·OH]$ 和 $[^3DOM^*]$ 分别为 $^1O_2$、·OH 和 $^3DOM^*$ 的稳态浓度($\mu mol·L^{-1}$)。值得注意的是,这里仅考虑了污染物和 DOM 产生的 $^1O_2$、·OH 和 $^3DOM^*$ 三种活性物种反应,还有一些其他影响因素未考虑。

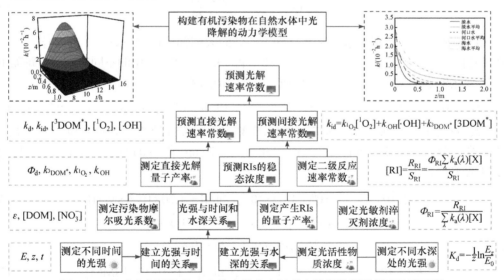

图 3-19　构建有机污染物在自然水体中光解动力学常数预测模型的流程图

(Flow chart for predicting photodegradation rate constants of pollutants in the field water bodies)

　　根据稳态近似原理,认为 RI 的产生速率与淬灭速率相同,则水体中 RI 的稳态浓度表示为

$$[RI] = \frac{R_{RI}}{k'_{RI}} = \frac{\Phi_{RI} \sum_\lambda k_a(\lambda)[S]}{k'_{RI}} \tag{3-55}$$

式中,R_{RI} 为 RI 的产生速率;Φ_{RI} 为产生 RI 的量子产率;k'_{RI} 为 RI 的淬灭速率常数;$k_a(\lambda)$ 为光吸收特征速率;$[S]$ 为光敏剂 S 的浓度。

  自然水体中，$^1O_2$ 和 $^3DOM^*$ 主要来自于 DOM 的光物理过程，·OH 主要来自于 DOM、NO_3^- 和 NO_2^- 的光化学过程。RI 的产生速率和量子产率可通过化学探针测定，可采用糠醇、苯和 2,4,6-三甲基苯酚分别为测定 $^1O_2$、·OH 和 $^3DOM^*$ 的探针。$^1O_2$ 的淬灭主要是与水分子的碰撞而能量损失，$k'_{^1O_2}$ 为 $2.5×10^5\ s^{-1}$；$^3DOM^*$ 的淬灭主要是热失活和与基态氧分子反应，$k'_{^3DOM^*}$ 为 $5×10^5\ s^{-1}$；·OH 的淬灭是与水体中的溶解性组分反应，淬灭剂主要包括 DOM、HCO_3^-、CO_3^{2-}、NO_3^- 和 Br^-，k'_{OH} 可通过下式计算：

$$k'_{OH} = 2×10^4[DOC] + 1×10^7[HCO_3^-] + 1×10^{10}[NO_2^-] + 4×10^8[CO_3^{2-}] + 3×10^9[Br^-] \tag{3-56}$$

式中，[DOC]为溶解性有机碳含量，用来量化水体中 DOM$(mg\ C \cdot L^{-1})$；$[HCO_3^-]$、$[CO_3^{2-}]$、$[NO_2^-]$ 和$[Br^-]$分别为 HCO_3^-、CO_3^{2-}、NO_2^- 和 Br^- 的浓度$(mol \cdot L^{-1})$。

  单位体积水体中化合物 X 的光吸收特征速率表示为

$$k_a(\lambda) = \frac{I_\lambda \varepsilon_X(\lambda)(1-10^{-\{\alpha(\lambda)+\varepsilon_X(\lambda)[X]\}z})}{\{\alpha(\lambda)+\varepsilon_X(\lambda)[X]\}z} \tag{3-57}$$

式中，I_λ 为波长 λ 处的光强$(Einstein \cdot cm^{-2} \cdot s^{-1})$，其中，1 Einstein $= N_A c/\lambda$ (N_A 为阿伏伽德罗常量，c 为光速)；$\varepsilon_X(\lambda)$ 为化合物 X 在波长 λ 处的摩尔吸光系数$(L \cdot mol^{-1} \cdot cm^{-1})$；$\alpha(\lambda)$ 为水体对光的吸收系数(cm^{-1})；z 为水体深度(cm)；[X]为化合物 X 的浓度。

  对于垂直方向上混合均匀的水体，光强在水体中的衰减可由光学衰减系数(K_d)表示：

$$K_d(\lambda) = -\frac{1}{z}\ln\frac{E_d(\lambda,z)}{E_d(\lambda,0)} \tag{3-58}$$

式中，$E_d(\lambda,0)$ 和 $E_d(\lambda,z)$分别为水面和水下深度 z 处的太阳辐照度$(W \cdot cm^{-2} \cdot nm^{-1})$。

  在构建模型时，首先应建立光强与时间和水深的关系。在一天中的不同时间段，每隔 10 min 测定一次到达地表的太阳光强，建立光强(I)与时间(t)的关系：

$$I(t) = 0.00951t^4 - 0.447t^3 + 7.32t^2 - 48.5t + 113 \quad (n = 63，\ p<0.001，\ R^2 = 0.996) \tag{3-59}$$

同时，在野外(这里以黄河三角洲区域为例)采样测定不同位置处的水下光强和各水体中光活性物质的浓度，分别建立 310 nm、330 nm、350 nm、370 nm 和 390 nm 波长处的 K_d 值与光活性物质浓度的关系：

$$K_d(310) = 1.53×10^0 + 1.65×10^{-1}[Chl\text{-}a] + 1.20×10^{-2}[SMM] \tag{3-60}$$
$$+ 6.00×10^{-3}[SOM] + 6.30×10^{-1}[DOC]$$
$$(n = 21，\ p<0.001，\ R^2 = 0.822)$$

$$K_d(330) = 7.92×10^{-1} + 1.41×10^{-1}[Chl\text{-}a] + 1.10×10^{-2}[SMM] \tag{3-61}$$
$$+ 1.00×10^{-2}[SOM] + 6.22×10^{-1}[DOC]$$
$$(n = 21，\ p<0.001，\ R^2 = 0.795)$$

$$K_d(350) = 2.80×10^{-2} + 1.32×10^{-1}[Chl\text{-}a] + 1.20×10^{-2}[SMM] \tag{3-62}$$
$$+ 1.00×10^{-2}[SOM] + 6.11×10^{-1}[DOC]$$
$$(n = 21，\ p<0.001，\ R^2 = 0.820)$$

$$K_d(370) = 1.12×10^{-1} + 1.07×10^{-1}[Chl\text{-}a] + 9.00×10^{-3}[SMM] \tag{3-63}$$

$$+ 1.50 \times 10^{-2}[\text{SOM}] + 5.15 \times 10^{-1}[\text{DOC}]$$
$$(n = 21, \ p < 0.001, \ R^2 = 0.811)$$

$$K_d(390) = 1.88 \times 10^{-1} + 9.60 \times 10^{-2}[\text{Chl-a}] + 8.00 \times 10^{-3}[\text{SMM}] \qquad (3\text{-}64)$$
$$+ 1.00 \times 10^{-2}[\text{SOM}] + 4.02 \times 10^{-1}[\text{DOC}]$$
$$(n = 21, \ p < 0.001, \ R^2 = 0.832)$$

式中，[Chl-a]、[SMM]、[SOM]和[DOC]分别为水体中叶绿素-a、悬浮无机颗粒物、悬浮有机颗粒物和溶解性有机碳的浓度，单位分别为 $\mu g \cdot L^{-1}$、$mg \cdot L^{-1}$、$mg \cdot L^{-1}$ 和 $mg\,C \cdot L^{-1}$。

利用式(3-58)~式(3-64)，可以预测环境水体中水下光强随水深和时间的变化。例如，在黄河三角洲区域采集淡水、河口水和海水水样，测定了这三种水体中光活性物质的浓度，根据式(3-60)~式(3-64)，分别计算出这三种水体的 $K_d(310)$、$K_d(330)$、$K_d(350)$、$K_d(370)$ 和 $K_d(390)$ 值，结合式(3-58)和式(3-59)，预测光强在淡水、河口水和海水水体中随水深和时间的变化，如图 3-20 所示。

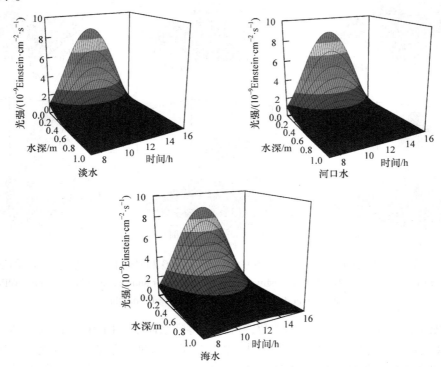

图 3-20　黄河三角洲区域淡水、河口水和海水在不同水深和时间的太阳光强变化的预测值
(Predicted sunlight intensity in freshwater, estuarine water and seawater bodies in the Yellow River estuary at different time of day and water depths)

基于预测的水下太阳光强和水体产生 $^1O_2$、$\cdot OH$ 和 $^3DOM^*$ 的量子产率，预测了 3 种 RI 在淡水、河口水和海水中的产生速率随水深和时间的变化，如图 3-21 所示。

从图 3-21 的预测结果来看，一天中 RI 的产生速率在正午时刻最高，并且随水深的增加而降低，这与光强的变化趋势一致。虽然 RI 的产生速率在 3 种水体中均随深度的增加而降低，但是降低趋势不同。在淡水中降低最快，其次是河口水，海水中降低最慢，这是由水体的 K_d 值决定的。由于 RI 产生速率在海水中随深度增加而降低的趋势最弱，虽然表层海水中 RI 的产生速率最小，但是随水深的增加，海水中 RI 的产生速率会逐渐超过淡水和河口水中的速率。

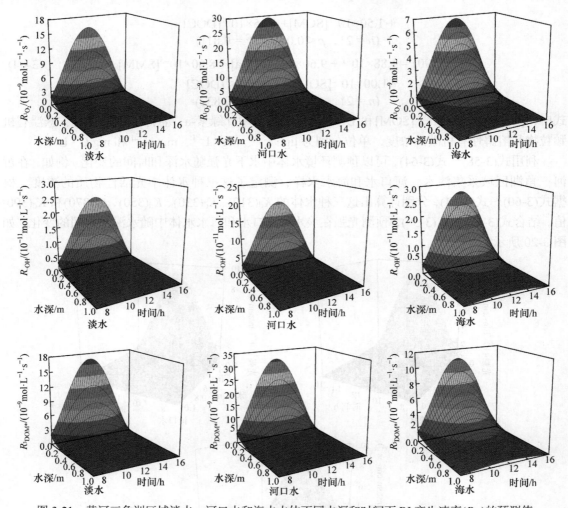

图 3-21　黄河三角洲区域淡水、河口水和海水水体不同水深和时间下 RI 产生速率(R_{RI})的预测值

[Predicted formation rates of RIs (R_{RI}) in freshwater, estuarine water and seawater bodies in the Yellow River estuary at different time of day and water depths]

　　根据 RI 的产生速率和淬灭速率常数，可预测得到水体中 RI 的稳态浓度。结合模型化合物的摩尔吸光系数、直接光解量子产率和与 RI 反应的二级速率常数，可预测污染物在水体中不同深度和时刻下的光解速率常数(某一特定深度处的值)。通过对水下太阳光强积分取平均值，可预测不同水深时的平均光解速率常数；进一步对一天中的光强积分取平均值，可以预测出一天中平均的光解速率常数。以抗生素磺胺甲噁唑(sulfamethoxazole，SMX)和抗病毒药物阿昔洛韦(acyclovir，ACV)为例，图 3-22 显示了两种化合物在黄河三角洲区域三种水体不同深度和时间的光解速率常数。

　　如果用正午时刻表层水体中的光解速率常数估算模型化合物的光解半减期($t_{1/2}$)，则磺胺甲噁唑在淡水、河口水和海水中的 $t_{1/2}$ 值分别为 8.1 h、5.9 h 和 9.8 h；如果用正午时刻 2 m 水深时的平均光解速率常数估算 $t_{1/2}$ 值，则磺胺甲噁唑在上述 3 种水体中的 $t_{1/2}$ 值分别为 128.1 h、81.9 h 和 86.4 h；如果用 2 m 水深一天平均的光解速率常数估算 $t_{1/2}$ 值，则磺胺甲噁唑在 3 种水体中的 $t_{1/2}$ 值分别为 501.6 h、321.6 h 和 338.4 h。通过上面的讨论可知，如果不考虑光强随

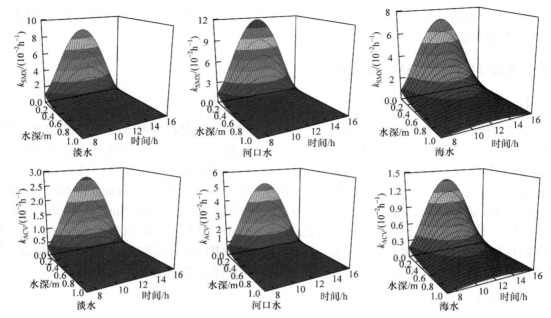

图 3-22　黄河三角洲区域三种不同水体中磺胺甲噁唑和阿昔洛韦在不同水深和时间的
光解速率常数(k)的预测值

[Predicted photodegradation rate constants (k) for sulfamethoxazole (SMX) and acyclovir (ACV)
in three water bodies in the Yellow River estuary]

水深和时间的变化，磺胺甲噁唑在黄河三角洲淡水、河口水和海水中的 $t_{1/2}$ 值分别会被低估 62 倍、55 倍和 35 倍。同理，阿昔洛韦在淡水、河口水和海水中的 $t_{1/2}$ 值分别会被低估 53 倍、48 倍和 27 倍。上述结果表明，在评价污染物在水环境中的光降解动力学行为时，应考虑不同水体对光强的衰减以及光强随时间的变化。

　　通过采集水样并搭建大型模拟水槽开展验证实验，结果表明模型的预测值与实测值具有很好的一致性，均方根误差为 0.31~0.76。模型预测的目标物光解速率常数的偏差要大于 RI 产生速率的偏差，这可能是因为在测定目标物与 $^3DOM^*$ 反应的二级速率常数时，采用了小分子 DOM 类似物核黄素来代替真实水体中的 DOM。

　　所建立的模型只考虑了污染物发生直接光解、与 $^1O_2$ 反应、与·OH 反应和与 $^3DOM^*$ 反应，忽略了其他反应途径(如与 CO_3^- 和卤素自由基反应)。CO_3^- 和卤素自由基对污染物光解的影响与污染物的种类和环境有关。例如，在硝酸根离子存在下，HCO_3^- 产生的 CO_3^- 能够促进酚类物质的光解(Vione et al.，2009)；在滨海地区，卤素自由基能够促进双烯和硫醚类物质的光解 (Parker and Mitch，2016)。因此，在研究这几类污染物时，应考虑 CO_3^- 和卤素自由基的影响。另外，污染物的自敏化光氧化过程也没有考虑，因为自然水体中的 RI 主要由光敏剂产生，而不是来自于污染物。

　　上述建模过程中，用核黄素来代表水体中的 DOM，测定目标物与 $^3DOM^*$ 反应的二级速率常数。但是核黄素并不能真正代表水体中的 DOM，污染物与不同水体 $^3DOM^*$ 的反应速率、更优的小分子替代物以及污染物与这些替代物的反应速率都有待进一步的研究。目前假设在水体垂直方向上光敏剂、淬灭剂和光学衰减系数均匀分布，即不随深度的变化而改变；同时认为水体中溶解氧含量饱和。水体中的溶解氧能够影响 RI 的产生，进而影响污染物的光解。光敏剂和淬灭剂的浓度以及光学衰减系数在垂直方向上可能是非均匀分布，这些都会影响 RI 的产生和污染物的光降解。

3.1.8　环境介质表面污染物的光化学行为

1. 土壤表面的光化学过程

土壤表面的光降解是各种污染物的一个重要去除途径，包括除草剂、杀虫剂、兽用抗生素等。研究表明，污染物在土壤表面的直接光解和间接光降解都与其在均相或多相水体系中的光化学行为很不相同。有机污染物在土壤表面的光解受到诸多因素的影响，如污染物分子存在状态、土壤组成和光辐照深度等。对于非均质的复杂土壤体系，有机污染物分子在土壤颗粒物表面和内部以吸附态或结合态存在，这种非均质分布和吸附态的分子，与处于均质的液相或气相的分子特征有很大不同。吸附在土壤表面化合物的吸收光谱和光解量子产率与水溶液中的化合物是不同的。土壤吸附作用可使有机污染物吸收光谱发生红移，从而增加其吸收日光发生直接光解的可能性。土壤表面也有可能发生间接光降解，土壤的一些组分对有机污染物具有光催化活性。

2. 植物表面的光化学行为

大多数植物表面含有蜡质和脂类等物质，它们能富集空气中的许多半挥发脂溶性有机物，如 PAHs、PCDD/Fs 等。另外，农药的喷洒施用，会使农药残留于农作物的表面。植物表面的污染物在日光照射下可发生某些光化学行为。

Niu 等(2013a，2013b)研究表明，吸附在植物叶面上的 PAHs、PCDD/Fs 在太阳光照射下发生光降解。吸附到云杉[*Piceaabies* (L.) Karst.]针叶表面的 PAHs 分子和 PCDD/Fs 分子的光降解符合一级动力学规律，PAHs 的光降解半减期为 15.8～75.3 h；PCDD/Fs 的光降解半减期为 20～50 h。说明光降解对于吸附到云杉针叶表面的 PAHs 和 PCDD/Fs 的归趋起着一定的作用。对于 PAHs 在植物叶片表面的光降解，该过程受到植物叶片成分的影响。如图 3-23 所示，相对于吸附到飞灰类大气颗粒物上，PAHs 在植物表面的光降解半减期要小得多，相比于水溶液中的光解半减期则要长得多。

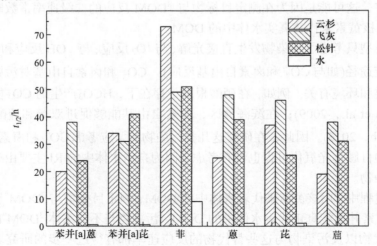

图 3-23　部分 PAHs 在不同环境介质表面上的光解半减期($t_{1/2}$)

[Comparison of the photodegradation half-lives ($t_{1/2}$) in natural water with those on the surfaces of pine needles, spruce needles and fly ash for selected PAHs]

📖 延伸阅读 3-5　太阳光照射下，吸附在云杉[*Piceaabies* (L.) Karst.]针叶表面的 PCDD/Fs 分子光降解行为

Niu J F, Chen J W, Henkelmann B, et al. 2003b. Photodegradation of PCDD/Fs adsorbed on spruce (*Piceaabies* L. Karst.) needles under sunlight irradiation. Chemosphere, 50(9): 1217-1225.

污染物在植物表面的光解，除了受植物种类和叶片成分的影响，还与植物所处的大气环境有关。由于多数植物表面上有机污染物的光化学行为主要发生在植物-空气界面，因此植物表面上的光化学行为受大气环境中活性氧(如 O_2^-、·OH、H_2O_2、$^1O_2$、O_3)的浓度影响。

3. 大气颗粒物表面的光化学行为

污染物在大气颗粒物表面的光化学降解受污染物分子结构、吸附基质的性质以及该基质所处的大气环境的影响，但主要依赖于基质的性质。大气颗粒物主要成分包括 SiO_2、Al_2O_3、硅铝酸盐和 $CaCO_3$ 等物质以及碳和铁氧化物等。大气颗粒物的含碳量、色泽、含水量、孔隙率、孔隙大小和覆盖率等性质的差异，都可能会影响污染物的光降解反应。吸附在大气颗粒物表面的 PAHs 与在水相和有机相中 PAHs 的光化学行为有所不同。一般来说，烟灰和炭黑不利于 PAHs 的光降解，可促进 PAHs 从燃烧源随颗粒物通过大气进行远距离迁移。

3.2　典型无机污染物的转化行为

无机污染物主要包括金属及其化合物、非金属氧化物、无机酸、碱和盐类物质。对于大气环境，其中存在的酸性污染物(如 SO_2 等)主要与酸雨相关联，含有 Ca^{2+}、Mg^{2+} 的悬浮粒子通常具有碱性，而地面扬尘或进入大气的海水飞沫中都含有一定的盐。污染水体中的酸主要来源于酸雨、矿山排水和某些化工生产废水，碱主要来源于碱法造纸、化学纤维、制碱、制革及炼油等工业废水。酸性废水或碱性废水中和处理后可产生盐，而且这两类废水与地表物质反应也能生成一般的无机盐类物质，所以酸和碱的污染必然伴随着无机盐的污染。土壤中存在的酸、碱、盐类污染物主要通过地表侵蚀、土壤矿物质化学转化、大气和水中污染物迁移、肥料施用、垃圾堆放等过程引入。

大气中，无机污染物通常以气态或悬浮形式存在，其在大气中经过化学反应，如光解、氧化还原、酸碱中和等，或转化成无毒化合物，或转化成毒性更大的二次污染物。因此，研究污染物的转化对大气环境质量控制具有十分重要的意义。

在水体及土壤中，酸、碱或盐类污染物通常存在于溶液中，它们会通过解离或进一步水解产生各种相应的阴、阳离子，这些离子可进一步发生配合、氧化还原、酸碱解离、沉淀等反应。在这些转化反应中，溶解-沉淀、配位平衡、氧化还原是天然水和水处理过程中极为重要的现象，对于无机污染物(特别是金属和准金属等物质)的转化具有重要意义。

无机污染物一般不能被生物降解，主要通过溶解-沉淀、配位平衡、氧化还原等作用进行转化。本节将侧重介绍空气中硫氧化物、氮氧化物和水体中重金属污染物转化的基本原理。

3.2.1　空气中硫氧化物的转化及硫酸烟雾型污染

1. 空气中硫的来源

大气中含硫化合物主要包括 SO_2、H_2S、SO_3、H_2SO_4、SO_4^{2-}、CS_2、COS、$(CH_3)_2S$、$(CH_3)_2S_2$、

HSCH₃、C₂H₅SH 等, 其中 SO_2、SO_3、H_2SO_4、SO_4^{2-} 为氧化性硫化物, 其他为还原性硫化物(硫的最低价态为–2 价)。表 3-4 列出了大气中主要硫化物的来源和含量及其在大气中的停留时间。

表 3-4 大气中含硫物种的来源和含量
(Sources and concentrations of sulf-species in the atmosphere)

含硫物种	体积分数/10⁻⁹	寿命/d	来源
SO_2	0.01~0.3	3~5	含硫矿物燃料燃烧、硫化物矿石冶炼、火山喷发
H_2S	0.05~0.3	1~2	次层土壤、湿地
CS_2	0.02~0.5	50	次层土壤、湿地
$(CH_3)_2S$	0.01~0.07	1	海洋
COS	0.3~0.5	200~400	海洋、土壤
SO_4^{2-}	~0.5	7~22	大气中的化学反应

SO_2 是由污染源直接排放到大气中的主要硫氧化物, 有人为和天然来源。其人为来源主要是含硫燃料的燃烧。硫在燃料中可能以有机硫化物、无机硫化物或元素硫的形式存在。石油的含硫量一般为 0.03%~7.89%, 除元素硫、硫化物外, 还含有硫醇、噻吩、苯并噻吩、二苯并噻吩和其他有机硫化物约 200 种。煤的含硫量一般为 0.5%~11%, 无机硫主要以黄铁矿和砷黄铁矿形式存在, 有机硫主要以硫醇、硫化物和杂环硫化物等形式存在于复杂的煤晶格中。就全球范围而言, 每年由人为源排入大气的 SO_2 上千万吨, 其中约 60%来自煤的燃烧, 约 30%来自石油的燃烧和炼制过程。

SO_2 的天然来源主要是火山喷发。喷发物中所含的硫化物大部分以 SO_2 形式存在, 少量为 H_2S。SO_2 的另一天然来源是大气中低价态硫气体的氧化转化, 其中这些低价态硫主要来源于自然界有机物的腐化和微生物对硫酸盐的还原。

对于城市和工业区, SO_2 排放量大而造成大气污染, 产生酸雨和硫酸烟雾型污染等。而 SO_2 进入平流层, 可以使平流层气溶胶增加, 从而通过阻挡太阳辐射的作用, 使气温下降。

2. 二氧化硫的气相氧化

大气中 SO_2 的转化首先被 O_2 或自由基等氧化成 SO_3, 随后 SO_3 被水吸收而生成硫酸, 从而形成酸雨或硫酸烟雾。硫酸还可以与大气中的碱性物质结合生成硫酸盐气溶胶。

(1) SO_2 的直接光氧化。由热力学知识, 大气中的 SO_2 被 O_2 氧化的反应可以自发进行, 反应式为

$$2SO_2 + O_2 \longrightarrow 2SO_3$$

但这一反应在没有催化剂的均相条件下, 进行极为缓慢, 几乎可以忽略此反应对大气中 SO_2 转化的贡献。

根据 SO_2 气态分子的特性, 在低层大气中 SO_2 不会发生光解, 而是吸收太阳紫外光形成激发单重态 $^1SO_2$ 和三重态 $^3SO_2$ (图 3-24)。

能量较高的 $^1SO_2$ 不稳定, 可转变到 $^3SO_2$ 或基态 SO_2。由于 $^3SO_2$ 的寿命相对较长, 在环境大气条件下, 激发态的 SO_2 主要是以 $^3SO_2$ 的形式存在。大气中的 $^3SO_2$ 可以直接被氧化成 SO_3:

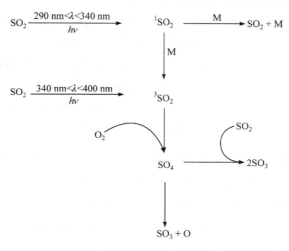

图 3-24 SO_2 的气相转化过程
(Transformation of SO_2 in gas phase)

$$^3SO_2 + O_2 \longrightarrow SO_4 \longrightarrow SO_3 + O$$

$$^3SO_2 + O \longrightarrow SO_3$$

或

$$SO_4 + SO_2 \longrightarrow 2SO_3$$

$^3SO_2$ 也可淬灭失活：

$$^3SO_2 + M \longrightarrow SO_2 + M$$

总的来说，这种光氧化途径并不是最主要的。大气中 SO_2 的光氧化速率约为 0.04% $[SO_2]$ (h^{-1})，激发态 $^3SO_2$ 与 O_2、O 的反应速率也很低，约为 0.1% $[SO_2](h^{-1})$。

(2) SO_2 被自由基氧化(间接光氧化)。SO_2 可以被大气中 · OH、HO_2 · 、RO_2 · 和 RC(O)O_2 · 等自由基氧化。这些自由基来源于污染大气中各种有机污染物的光解及其他化学反应，主要涉及大气中一次污染物 NO_x 的光解，以及光解产物与活性碳氢化合物相互作用的过程。其次，大气光化学反应产物(如醛、亚硝酸和过氧化氢)的光解也可以产生自由基。以上这些自由基大多数都有较强的氧化性，可使 SO_2 的转化加快。

· OH 与 SO_2 的氧化反应是大气中 SO_2 转化的重要反应，如图 3-25 所示，首先 · OH 与 SO_2 经反应(1)结合形成一个活性自由基 $HOSO_2$ · ，此自由基进一步与空气中 O_2 作用[反应(2)]，反

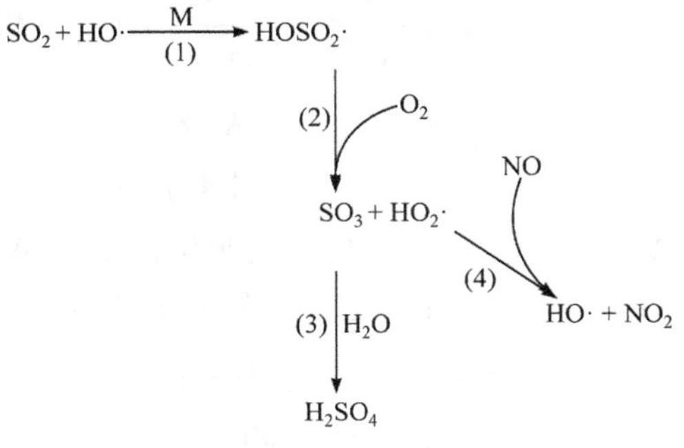

图 3-25 SO_2 与 · OH 的反应
(Reaction between SO_2 and · OH)

应生成的 SO_3 与 H_2O 结合[反应(3)]生成 H_2SO_4，$HO_2 \cdot$ 可以通过反应(4)使得 $\cdot OH$ 再生，于是上述氧化过程循环进行。这个过程的速率决定步骤是反应(1)。

在大气中，$HO_2 \cdot$、$CH_3O_2 \cdot$、$CH_3C(O)O_2 \cdot$ 以及二元活性自由基 $CH_3C \cdot HOO \cdot$ 也易与 SO_2 反应，将其氧化成 SO_3。SO_2 与上述自由基的氧化反应如下：

$$HO_2 \cdot + SO_2 \longrightarrow HO_2SO_2 \cdot \longrightarrow \cdot OH + SO_3$$

此反应转化速率约为 1.9%[SO_2](h^{-1})，$HO_2SO_2 \cdot$ 为中间产物。

$$CH_3O_2 \cdot + SO_2 \longrightarrow CH_3O_2SO_2 \cdot \longrightarrow CH_3O \cdot + SO_3$$

此反应转化速率约为 2.0%[SO_2](h^{-1})，$CH_3O_2SO_2 \cdot$ 为中间产物。

$$CH_3C(O)O_2 \cdot + SO_2 \longrightarrow CH_3C(O)O \cdot + SO_3$$

$$CH_3C \cdot HOO \cdot + SO_2 \longrightarrow CH_3CHO + SO_3$$

综上，$\cdot OH$ 以及其他自由基与 SO_2 光氧化反应的速率比直接光氧化过程要快得多，SO_2 的总转化速率达 2%～5%[SO_2](h^{-1})。在形成光化学烟雾的情况下，测得 SO_2 的氧化速率为 5%～10%[SO_2](h^{-1})，表明自由基等活性物种对 SO_2 的氧化起重要作用。此外，SO_2 也能被氧原子(自由基)氧化，污染大气中的氧原子主要来源于 NO_2 的光解。

3. 二氧化硫的液相氧化

SO_2 可溶于大气中的水滴和颗粒物表面所吸附的水中，然后被 O_2、O_3 或 H_2O_2 氧化。当有某些过渡金属离子存在时，SO_2 的液相氧化速率可大大加快。因此，SO_2 的液相氧化既受扩散溶解作用的制约，又与液滴中氧化剂、金属离子的浓度有关。

1) SO_2 的液相平衡

$$SO_2 + H_2O \underset{K_H}{\rightleftharpoons} SO_2 \cdot H_2O \qquad K_H = 1.22 \times 10^{-5} \ mol \cdot L^{-1} \cdot Pa^{-1}$$

$$SO_2 \cdot H_2O \underset{K_{a1}}{\rightleftharpoons} HSO_3^- + H^+ \qquad K_{a1} = 1.32 \ mol \cdot L^{-1}$$

$$HSO_3^- \underset{K_{a2}}{\rightleftharpoons} SO_3^{2-} + H^+ \qquad K_{a2} = 6.42 \times 10^{-8} \ mol \cdot L^{-1}$$

这三个反应涉及 SO_2 的气液相平衡问题。考虑 SO_2 的溶解量，可以计算平衡时溶液中的物种分布。溶液中可溶性四价硫总浓度为

$$[S(\text{IV})] = [SO_2 \cdot H_2O] + [HSO_3^-] + [SO_3^{2-}]$$

$$= K_H \left(1 + \frac{K_{a1}}{[H^+]} + \frac{K_{a1}K_{a2}}{[H^+]^2}\right) p_{SO_2} = K_H^* p_{SO_2} \tag{3-65}$$

$$K_H^* = K_H \left(1 + \frac{K_{a1}}{[H^+]} + \frac{K_{a1}K_{a2}}{[H^+]^2}\right) \tag{3-66}$$

式中，K_H^* 为修正的亨利常数。K_H^* 总是大于 K_H，可见溶液中 $S(\text{IV})$ 的总量要超过由亨利定律所决定的 SO_2 溶解的量。而且，可溶性四价硫的总浓度与 pH 有关：

pH≤2 时 $\qquad\qquad\qquad\qquad [S(\text{IV})] \approx [SO_2 \cdot H_2O]$ $\qquad\qquad\qquad\qquad$ (3-67)

2＜pH＜7 时 $\qquad\qquad\qquad [S(\text{IV})] \approx [HSO_3^-]$ $\qquad\qquad\qquad\qquad\qquad$ (3-68)

pH≥7 时 $\qquad\qquad\qquad\quad [S(\text{IV})] \approx [SO_3^{2-}]$ $\qquad\qquad\qquad\qquad\qquad\quad$ (3-69)

2) S(Ⅳ)的 O_3 氧化和 H_2O_2 氧化

在污染大气中，往往因光化学反应而产生浓度较高的 O_3 和 H_2O_2 等强氧化剂。它们可将 SO_2 氧化。S(Ⅳ)的 O_3 氧化反应为

$$SO_2 \cdot H_2O + O_3 \xrightarrow{k_0} 2H^+ + SO_4^{2-} + O_2 \quad k_0 = 2.4 \times 10^4\,L \cdot mol^{-1} \cdot s^{-1}$$

$$HSO_3^- + O_3 \xrightarrow{k_1} H^+ + SO_4^{2-} + O_2 \quad k_1 = 3.7 \times 10^5\,L \cdot mol^{-1} \cdot s^{-1}$$

$$SO_3^{2-} + O_3 \xrightarrow{k_2} SO_4^{2-} + O_2 \quad\quad k_2 = 1.5 \times 10^9\,L \cdot mol^{-1} \cdot s^{-1}$$

从以上三个反应的速率常数可以判断，SO_3^{2-} 与 O_3 反应最快，其次是 HSO_3^-，最慢的是 $SO_2 \cdot H_2O$。这三个反应的相对重要性随 pH 的变化而不同，pH 较低时，$SO_2 \cdot H_2O$ 与 O_3 的反应较为重要，pH 较高时，SO_3^{2-} 与 O_3 的反应占优势。

对于 H_2O_2 与 S(Ⅳ)反应的研究，相关报道较多。H_2O_2 在 pH 为 0～8 时均可氧化 S(Ⅳ)，通常氧化反应如下：

$$HSO_3^- + H_2O_2 \rightleftharpoons SO_2OOH^- + H_2O$$

$$SO_2OOH^- + H^+ \longrightarrow H_2SO_4$$

3) 金属离子对 S(Ⅳ)的催化氧化

已有研究证明，水滴中存在 Mn^{2+}、Cu^{2+}、Ni^{2+}、Fe^{2+}、Fe^{3+} 等离子时，S(Ⅳ)的氧化速率也可明显提高，表明这些过渡金属离子对 S(Ⅳ)具有催化氧化作用。但对不同离子，其催化机理不同。例如，Mn(Ⅱ)的催化氧化反应为

$$SO_2 + Mn^{2+} \rightleftharpoons MnSO_2^{2+}$$

$$2MnSO_2^{2+} + O_2 \rightleftharpoons 2MnSO_3^{2+}$$

$$MnSO_3^{2+} + H_2O \rightleftharpoons Mn^{2+} + H_2SO_4$$

总反应为

$$2SO_2 + 2H_2O + O_2 \xrightarrow{Mn^{2+}} 2H_2SO_4$$

以上介绍了 SO_2 的气相氧化和液相氧化。此外，SO_2 还可被固体颗粒表面吸附，并且可在粒子表面金属氧化物(如 Fe_2O_3、Al_2O_3、MnO_2)或活性炭的催化作用下，氧化生成 SO_3，反应式为

$$2SO_2 + O_2 \xrightarrow{催化剂} 2SO_3$$

不过，这类干表面上的催化氧化过程需要很高的温度，多发生在烟道气中。

综上，大气中 SO_2 的氧化有多种途径，主要途径是 SO_2 的均相气相氧化和液相氧化，其转化机制因具体环境条件而异。一般在白天低湿度条件下，以气相氧化为主；在高湿度条件下，则以液相氧化为主，并且通常生成 H_2SO_4 气溶胶，若有 NH_3 吸收在液滴中就会生成硫酸铵。

4. 硫酸烟雾型污染

通过前面的介绍可知，SO_2 在气相、液滴中或固体颗粒物表面，通过各种氧化反应转化成

SO_3，遇水蒸气生成 H_2SO_4。H_2SO_4 由于低挥发性，容易成核并凝结长大成 H_2SO_4 雾(或硫酸盐细粒子)。大气中约有 60%的 H_2S 和 SO_2 能够转化成硫酸盐，这是形成硫酸盐气溶胶的关键。硫酸和硫酸盐气溶胶粒径很小，95%以上集中在细粒子范围($D_p < 2.0\ \mu m$)；它们在大气中飘浮，大幅度地吸收或散射光而降低能见度。这种由于 SO_2、颗粒物以及由 SO_2 氧化所形成的硫酸盐颗粒物所造成的大气污染现象，称为硫酸烟雾型污染(pollution of sulfuric acid aerosol)。

硫酸烟雾最早发生在英国伦敦，故也称为伦敦型烟雾。据统计，从 1873 年到 1962 年，伦敦共发生过 6 次重大的硫酸烟雾污染事件。例如，1952 年 12 月 5~8 日，地处泰晤士河河谷地带的伦敦城市上空处于冷高压空气中心，一连几日无风，大雾笼罩着伦敦城。由于地面温度低，上空又形成了逆温层。而此时，正值城市冬季大量燃煤，排放的煤烟粉尘在无风状态下蓄积不散，烟和湿气积聚在大气层中，致使城市上空连续四五天弥漫着很浓的黄色烟雾，能见度极低。在这种气候条件下，飞机被迫停航，汽车白天行驶也需打开车灯，行人走路极为困难。并且，由于大气中的污染物不断积蓄，不能扩散，许多人都感到呼吸困难，眼睛刺痛，流泪不止。仅仅 4 天时间，4000 多人死亡，随后两个月又有 8000 多人丧生。这就是骇人听闻的"伦敦烟雾事件"。

综上，硫酸烟雾多发生在寒冷无风的冬季，其污染源为家庭、工厂燃煤排放。在化学成分上，SO_2、颗粒物和硫酸雾、硫酸盐类气溶胶等污染物属于还原性混合物，所以硫酸烟雾也称为还原型烟雾。

3.2.2　空气中氮氧化物的转化及光化学烟雾污染

大气中主要含氮化合物有 N_2O、NO、NO_2、N_2O_3、N_2O_5、NH_3、HNO_2、HNO_3、亚硝酸酯、硝酸酯、硝酸盐、亚硝酸盐和铵盐等，其中氮氧化物是大气中重要的气态污染物。氮氧化物的主要人为来源是矿石燃料的燃烧。燃烧过程的高温条件下，空气中的氮和氧反应生成氮氧化物，最主要的是 NO。NO 还可以进一步被氧化为 NO_2、N_2O_3、N_2O_5 等。下面介绍大气中主要的氮氧化物及其重要的转化行为。

1. 大气中主要的氮氧化物

(1) 氧化亚氮(N_2O)。N_2O 俗称"笑气"，是无色气体，属于清洁大气的组分，是目前已知的温室气体之一，体积分数约为 0.3×10^{-6}。N_2O 主要来自天然源，是环境中的含氮化合物在微生物作用下分解而产生的。人为源主要有氮肥、化石燃料燃烧及工业排放等，土壤中含氮化肥经过生物作用后可产生 N_2O，这是主要的人为源之一。N_2O 惰性很大，在对流层中十分稳定，几乎不参与化学反应，但进入平流层中，吸收来自太阳的高能紫外线产生 NO，从而对臭氧层起破坏作用。

(2) 一氧化氮(NO)和二氧化氮(NO_2)。在大气污染化学中，无色无味的 NO 和刺激性的红棕色 NO_2 均是大气中的重要污染物，通常用 NO_x 表示。它们的天然来源主要是闪电、微生物的固氮作用以及 NH_3 的氧化。具体地，生物有机体腐败过程中微生物将有机氮转化为 NO，NO 继续被氧化成 NO_2；另外，有机体中氨基酸分解产生的 NH_3 也可被 ·OH 氧化成 NO_x。火山喷发和森林大火等也会产生 NO_x。人为污染源是各种燃料在高温下的燃烧以及硝酸、氮肥、染料和炸药等生产过程中所产生的氮氧化物废气，其中以燃料燃烧排出的废气造成的污染最为严重。燃烧过程中，空气中的氮在高温条件下能氧化成 NO，进而可转化为 NO_2，其反应如下：

$$O_2 \rightleftharpoons O + O$$

$$O + N_2 \longrightarrow NO + N$$

$$N + O_2 \longrightarrow NO + O$$

$$2NO + O_2 \longrightarrow 2NO_2$$

以上反应为链式反应,其中前 3 个反应进行得很快,最后一个反应进行得很慢,因而燃烧排放的氮氧化物中 90%是 NO,而 NO_2 含量很少。

2. NO_x 的光化学转化

NO_x 在大气光化学过程中起着重要的作用,NO_2、NO 和 O_3 之间存在的化学循环是大气光化学过程的基础。当日光照射含有 NO 和 NO_2 的空气时,NO_2 经光解离而产生活泼的氧原子,它与空气中的 O_2 结合生成 O_3。O_3 又可以将 NO 氧化成 NO_2,其基本反应如下:

$$NO_2 \xrightarrow[h\nu]{k_1} NO + O$$

$$O + O_2 + M \xrightarrow{k_2} O_3 + M \text{ (M 为空气中的 N_2、O_2 或其他分子)}$$

$$O_3 + NO \xrightarrow{k_3} NO_2 + O_2$$

假设该体系所发生的光化学过程只有上述三个反应,已知 NO 和 NO_2 的初始浓度为$[NO]_0$和$[NO_2]_0$,并且该体系处于恒温、恒定体积的反应器中,则阳光照射后该反应器中 NO_2 浓度的变化可由下式得出:

$$\frac{d[NO_2]}{dt} = -k_1[NO_2] + k_3[O_3][NO] \tag{3-70}$$

体系中 O_2 是大量存在的,于是可将$[O_2]$看成是恒定的。另外,$[M]$也是恒定的,这样体系中还有四个变量:$[NO]$、$[NO_2]$、$[O]$和$[O_3]$。类似于 NO_2,O 的动力学方程可写为

$$\frac{d[O]}{dt} = k_1[NO_2] - k_2[O][O_2][M] \tag{3-71}$$

由于 O 十分活泼,反应所生成的 O 很快被消耗,所以 $d[O]/dt$ 趋近于零。因此,可以用稳态近似法来处理,即

$$\frac{d[O]}{dt} = 0 \tag{3-72}$$

则有

$$k_1[NO_2] = k_2[O][O_2][M] \tag{3-73}$$

当该体系达到稳态时,

$$[O] = \frac{k_1[NO_2]}{k_2[O_2][M]} \tag{3-74}$$

式中,$[O_2]$、$[M]$不变,而$[O]$随体系中$[NO_2]$呈正比例变化。另外,上面三个基本反应最终达到稳态时,所有浓度均恒定,三个基本反应中每一物种的生成速率都等于消耗速率。

下面计算 O_3 的稳态浓度,由

$$\frac{d[NO_2]}{dt} = -k_1[NO_2] + k_3[O_3][NO] = 0 \qquad (3\text{-}75)$$

得出

$$[O_3] = \frac{k_1[NO_2]}{k_3[NO]} \qquad (3\text{-}76)$$

NO、NO_2 和 O_3 之间为稳态关系，若体系中无其他反应参与，$[O_3]$ 取决于 $[NO_2]/[NO]$。

因为体系中总氮是守恒的，因此

$$[NO_2] + [NO] = [NO_2]_0 + [NO]_0 \qquad (3\text{-}77)$$

又因为上述的三个反应中，$[O_3]$ 和 $[NO]$ 始终是等计量关系，所以

$$[O_3]_0 - [O_3] = [NO]_0 - [NO] \qquad (3\text{-}78)$$

由式(3-77)和式(3-78)得

$$[NO] = [NO]_0 + [O_3] - [O_3]_0 \qquad (3\text{-}79)$$

$$[NO_2] = [NO_2]_0 + [O_3]_0 - [O_3] \qquad (3\text{-}80)$$

将式(3-79)和式(3-80)代入式(3-76)，可得

$$[O_3] = \frac{k_1([NO_2]_0 + [O_3]_0 - [O_3])}{k_3([NO]_0 + [O_3] - [O_3]_0)} \qquad (3\text{-}81)$$

解得

$$[O_3] = -\frac{1}{2}\left([NO]_0 - [O_3]_0 + \frac{k_1}{k_3}\right) + \frac{1}{2}\left\{\left([NO]_0 - [O_3]_0 + \frac{k_1}{k_3}\right)^2 + \frac{4k_1}{k_3}([NO_2]_0 + [O_3]_0)\right\}^{\frac{1}{2}} \qquad (3\text{-}82)$$

令 $[NO]_0 = 0$，$[O_3]_0 = 0$，那么

$$[O_3] = \frac{1}{2}\left\{\left[\left(\frac{k_1}{k_3}\right)^2 + \frac{4k_1}{k_3}[NO_2]_0\right]^{\frac{1}{2}} - \frac{k_1}{k_3}\right\} \qquad (3\text{-}83)$$

假设式(3-83)中 $[NO_2]_0 = 0.10 \text{ mL} \cdot \text{m}^{-3}$，$k_1/k_3 = 1.00 \times 10^{-8}$，则可以计算得到城市大气中 $[O_3] = 3.16 \times 10^{-5} \text{ mL} \cdot \text{m}^{-3}$。

实际上，城市大气中氮氧化合物多为 NO，而不是 NO_2，NO_2 的浓度一般不会超过 $0.10 \text{ mL} \cdot \text{m}^{-3}$。然而实际测得城市大气中 O_3 的浓度为 $0.10 \sim 0.40 \text{ mL} \cdot \text{m}^{-3}$，这说明城市大气中必然有其他 O_3 来源。

3. NO_x 的气相转化

NO_x 作为大气中的主要污染物之一，参与的化学反应如图 3-26 所示。

(1) NO 的氧化。NO 可以通过很多氧化过程氧化为 NO_2。例如，O_3 为氧化剂时，

$$O_3 + NO \longrightarrow NO_2 + O_2$$

过氧烷基自由基($RO_2 \cdot$)为氧化剂时，

$$RO_2 \cdot + NO \longrightarrow NO_2 + RO \cdot$$

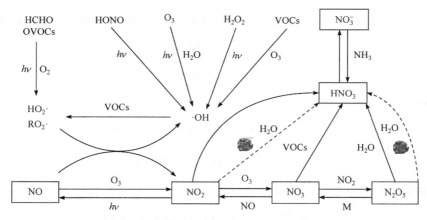

图 3-26　氮氧化物在大气环境中的转化(Fu et al.，2020)

(Transformation of nitrogen oxides in the atmosphere)

生成的 RO· 可进一步与 O_2 反应，O_2 从 RO· 中靠近 O 的次甲基中摘除一个 H，生成 HO_2· 和相应的醛，HO_2· 继而可氧化 NO：

$$RO· + O_2 \longrightarrow R'CHO + HO_2·$$

$$HO_2· + NO \longrightarrow NO_2 + · OH$$

· OH 和 RO· 也可与 NO 直接反应生成亚硝酸或亚硝酸酯：

$$· OH + NO \longrightarrow HNO_2$$

$$RO· + NO \longrightarrow RONO$$

HNO_2 和 RONO 都很容易发生光解。

(2) NO_2 的转化。如前所述，NO_2 的光解在大气污染化学中占有十分重要的地位，可以引发大气对流层中生成臭氧的反应。此外，NO_2 能够与一系列的自由基(如 · OH、HO_2·、RO_2·、RO· 等)发生反应，也能与 O_3 和 NO_3 反应，其中重要的是 NO_2 与 O_3、NO_2 与 · OH 的反应。

NO_2 与 O_3 的反应：

$$O_3 + NO_2 \longrightarrow NO_3 + O_2$$

此反应在对流层中很重要，若大气中 O_3 和 NO_2 浓度较高，此反应是大气对流层中 NO_3 的主要来源。生成的 NO_3 进一步与 NO_2 反应：

$$NO_3 + NO_2 \rightleftharpoons N_2O_5$$

这是一个可逆反应。生成的 N_2O_5 又可分解为 NO_2 和 NO_3。

NO_2 与 · OH 反应可生成 HNO_3：

$$· OH + NO_2 \longrightarrow HNO_3$$

此反应是大气中气态 HNO_3 的主要来源，同时也对酸雨和酸雾的形成起着重要作用。

4. NO_x 的液相转化

NO_x 是大气中的重要污染物，它们可以溶于大气的水中，构成液相平衡体系。在这一体系中，NO_x 有特定的转化过程。

(1) NO_x 的液相平衡。NO_x 在液相中的平衡比较复杂。NO 和 NO_2 在气液两相间的关系为

$$NO\,(g) \rightleftharpoons NO\,(aq)$$

$$NO_2\,(g) \rightleftharpoons NO_2\,(aq)$$

液相中的 NO 和 NO_2 可以结合：

$$2NO_2\,(aq) \underset{}{\overset{K_{n1}}{\rightleftharpoons}} N_2O_4\,(aq)$$

$$NO\,(aq) + NO_2\,(aq) \underset{}{\overset{K_{n2}}{\rightleftharpoons}} N_2O_3\,(aq)$$

$NO_2\,(aq)$ 和 $NO\,(aq)$ 可以通过如下方式进行反应：

$$2NO_2\,(aq) + H_2O \rightleftharpoons 2H^+ + NO_2^- + NO_3^-$$

$$NO\,(aq) + NO_2\,(aq) + H_2O \rightleftharpoons 2H^+ + 2NO_2^-$$

上述转化反应表明，对于 NO-NO_2 体系，其液相平衡如下：

$$2NO_2(g) + H_2O \overset{K_1}{\longrightarrow} 2H^+ + NO_2^- + NO_3^-$$

$$NO(g) + NO_2\,(g) + H_2O \overset{K_2}{\longrightarrow} 2H^+ + 2NO_2^-$$

其平衡常数可表示为

$$K_1 = \frac{[NO_2^-][NO_3^-][H^+]^2}{(p_{NO_2})^2}, \quad K_2 = \frac{[NO_2^-]^2[H^+]^2}{p_{NO_2} \cdot p_{NO}} \quad (p\text{表示分压}) \tag{3-84}$$

所以

$$\frac{[NO_3^-]}{[NO_2^-]} = \frac{p_{NO_2}}{p_{NO}} \frac{K_1}{K_2} \tag{3-85}$$

对于式(3-85)，标准状况下，$K_1/K_2 = 7.4 \times 10^6$。表 3-5 列出了 NO_x 液相转化反应的平衡常数。

表 3-5　NO_x 液相转化反应的平衡常数
(Equilibrium constants for liquid-phase transformation of NO_x)

反应	平衡常数(298 K)
$NO\,(g) \rightleftharpoons NO\,(aq)$	$K_{H(NO)} = 1.9 \times 10^{-8}$ mol·L^{-1}·Pa^{-1}
$NO_2\,(g) \rightleftharpoons NO_2\,(aq)$	$K_{H(NO2)} = 9.9 \times 10^{-8}$ mol·L^{-1}·Pa^{-1}
$2NO_2\,(aq) \rightleftharpoons N_2O_4\,(aq)$	$K_{n1} = 7 \times 10^4$ mol^{-1}·L
$NO\,(aq) + NO_2\,(aq) \rightleftharpoons N_2O_3\,(aq)$	$K_{n2} = 3 \times 10^4$ mol^{-1}·L
$HNO_3(aq) \rightleftharpoons H^+ + NO_3^-$	$K_{n3} = 15.4$ mol·L^{-1}
$HNO_2(aq) \rightleftharpoons H^+ + NO_2^-$	$K_{n4} = 5.1 \times 10^{-4}$ mol·L^{-1}
$2NO_2\,(g) + H_2O \rightleftharpoons 2H^+ + NO_2^- + NO_3^-$	$K_1 = 2.4 \times 10^{-8}$ (mol·L^{-1})^4·Pa^{-2}
$NO\,(g) + NO_2\,(g) + H_2O \rightleftharpoons 2H^+ + 2NO_2^-$	$K_2 = 3.2 \times 10^{-11}$ (mol·L^{-1})^4·Pa^{-2}

当 $p_{NO_2}/p_{NO} > 10^{-5}$ 时，则 $[NO_3^-] \gg [NO_2^-]$。此时，体系中以 NO_3^- 为主。根据电中性原理：

$$[H^+] = [OH^-] + [NO_2^-] + [NO_3^-]$$

这时可以认为 $[H^+] \approx [NO_3^-]$，于是可以求出相应的浓度表达式：

$$[NO_3^-] = \left[\frac{K_1^2 (p_{NO_2})^3}{K_2 p_{NO}} \right]^{1/4} \tag{3-86}$$

$$[NO_2^-] = \frac{(K_2 p_{NO} p_{NO_2})^{1/2}}{[NO_3^-]} = \left[\frac{K_2^3 (p_{NO})^3}{K_1^2 p_{NO_2}} \right]^{1/4} \tag{3-87}$$

$$[HNO_2(aq)] = \frac{[H^+][NO_2^-]}{K_{n4}} = \frac{(K_2 p_{NO} p_{NO_2})^{1/2}}{K_{n4}} \tag{3-88}$$

(2) NO_x 的液相反应动力学。从表 3-6 中所列的非均相反应动力学参数可以看出，NO_x 通过非均相反应可以形成 HNO_3 和 HNO_2。NO_2 也可能通过在湿颗粒物或云雾液滴中的非均相反应而形成硝酸盐。该表中所列的反应速率常数为最低值，实际上的数值可能要大些。例如，反应 $N_2O_5 + H_2O \longrightarrow 2HNO_3$ 中，液相表面的 $[N_2O_5]$ 不足以维持平衡浓度值，这说明该反应进行得相当快，而控制步骤为气液界面间的扩散过程。

表 3-6　NO_x 的非均相反应速率常数
(Rate constants for heterogeneous reactions of NO_x)

反应	反应速率常数
$N_2O_5 + H_2O \longrightarrow 2HNO_3$	1.3×10^{-20} $cm^3 \cdot mol^{-1} \cdot s^{-1}$
$NO + NO_2 + H_2O \longrightarrow 2HNO_2$	4.4×10^{-40} $cm^3 \cdot mol^{-1} \cdot s^{-1}$
$2HNO_2 \longrightarrow NO + NO_2 + H_2O$	1.0×10^{-20} $cm^3 \cdot mol^{-1} \cdot s^{-1}$
$HNO_2 + O_2 \longrightarrow$ 产物	1.0×10^{-19} $cm^3 \cdot mol^{-1} \cdot s^{-1}$
$HNO_3 + NO \longrightarrow HNO_2 + NO_2$	3.4×10^{-22} $cm^3 \cdot mol^{-1} \cdot s^{-1}$
$HNO_3 + HNO_2 \longrightarrow 2NO_2 + H_2O$	1.1×10^{-17} $cm^3 \cdot mol^{-1} \cdot s^{-1}$
$2NO_2 + H_2O \longrightarrow HNO_3 + HNO_2$	8.0×10^{-89} $cm^6 \cdot mol^{-2} \cdot s^{-1}$
$2NO_2 + H_2O \longrightarrow 2H^+ + NO_2^- + NO_3^-$	1.7×10^{-13} $cm^6 \cdot mol^{-2} \cdot s^{-1}$

(3) HNO_3 的液相平衡：

$$HNO_3(g) + H_2O \xrightleftharpoons{K_{H(HNO_3)}} HNO_3 \cdot H_2O$$

式中，硝酸(气)的亨利常数 $K_{H(HNO_3)} = 2.07$ $mol \cdot L^{-1} \cdot Pa^{-1}$。

$$HNO_3 \cdot H_2O \xrightleftharpoons{K_{n3}} H^+ + NO_3^- + H_2O$$

$$K_{n3} = \frac{[H^+][NO_3^-]}{[HNO_3 \cdot H_2O]} = 15.4 \text{ mol} \cdot L^{-1} \tag{3-89}$$

由于 K_{n3} 值较大，故可以认为溶液中 HNO_3 几乎全部以 NO_3^- 形式存在。溶解的 HNO_3 总浓度为

$$
\begin{aligned}
T_{HNO_3} &= [HNO_3 \cdot H_2O] + [NO_3^-] \\
&= [HNO_3 \cdot H_2O]\left(1 + \frac{K_{n3}}{[H^+]}\right) \\
&= K_{H(HNO_3)} p_{HNO_3}\left(1 + \frac{K_{n3}}{[H^+]}\right) \\
&\approx K_{H(HNO_3)} p_{HNO_3} \frac{K_{n3}}{[H^+]}
\end{aligned}
\tag{3-90}
$$

同理，HNO_2 在液相平衡时可溶解的总浓度为

$$
T_{HNO_2} = K_{H(HNO_2)} p_{HNO_2}\left(1 + \frac{K_{n4}}{[H^+]}\right)
\tag{3-91}
$$

式中，K_{n4} 为亚硝酸的解离常数。

5. 光化学烟雾

含有氮氧化物 NO_x 和碳氢化合物 RH 等一次污染物的大气，在日光照射下发生光化学反应而产生二次污染物[O_3、醛、过氧乙酰硝酸酯(peroxyacetyl nitrate, PAN)、H_2O_2 等]，这种由一次污染物和二次污染物的混合物所形成的烟雾污染现象，称为光化学烟雾(photochemical smog)。这种烟雾不同于传统的伦敦型烟雾，它们的主要区别见表 3-7。

表 3-7　伦敦型烟雾与洛杉矶型烟雾的比较
(Comparison between London-type smog and Los Angeles-type smog)

		伦敦型烟雾	洛杉矶型烟雾
概况		发生较早(1873 年)，至今已多次出现	发生较晚(1943 年)，发生光化学反应
污染源		家庭、工厂燃煤排放	汽车排气为主
燃料		煤、燃料油	汽油、煤气、石油
污染物		SO_2、颗粒物和硫酸雾、硫酸盐类气溶胶	碳氢化合物、NO_x、O_3、醛、酮、PAN 等
反应类型		催化反应、热反应	光化学氧化反应、热反应
气象条件	季节	冬	夏、秋
	气温	低(4℃以下)	高(24℃以上)
	湿度	85%以上	70%以下
	日光	弱	强
	逆温状况	辐射性逆温	沉降性逆温
	风速	静风	22 m·s^{-1} 以下
臭氧浓度		低	高
出现时间		白天夜间连续	白天
可见度		1.6 km 以内	<100 m
毒性		对呼吸道有刺激作用，严重时可致死亡	对眼睛和呼吸道有强烈刺激作用，O_3 等氧化剂有强氧化破坏作用，严重时导致死亡

　　1943 年，光化学烟雾污染在美国洛杉矶首次出现，因此这种污染现象又称为洛杉矶型烟雾。其特征是烟雾呈蓝色，具有强氧化性，能使橡胶开裂；对眼睛、呼吸道等有强烈刺激作用，并能引起头痛、呼吸道疾病恶化，严重时可致人死亡；对植物叶片有害，能使大气能见度降低。形成条件是大气温度较高、强日光以及大气中存在碳氢化合物和氮氧化物。光化学烟雾污染所产生刺激物的浓度峰值出现在中午和午后，污染区域往往出现在污染源下风向几十到几百千米的范围内。当前，世界许多大城市发生过光化学烟雾，如日本东京、英国伦敦、中国兰州等。1951 年至今，人们对光化学烟雾开展了大量的研究工作，包括发生源、发生条件、反应机制及模型、对生物的毒性、监测和控制等方面，并已经取得了丰硕的成果。

　　由图 3-27 所示的典型光化学烟雾的日变化曲线可知，烃类和 NO 的浓度最大值出现在早上交通高峰时期，此时 NO_2 浓度很低。随着太阳辐射增强，O_3、NO_2 和醛的浓度逐渐增加，到中午已经较高，它们的浓度峰值一般比 NO 浓度峰值晚出现 4～5 h。由此推断，O_3、NO_2 和醛是在日光照射下产生的二次污染物，而早上汽车的排放尾气(含有一次污染物)是产生这些光化学反应的直接原因。傍晚虽然交通也很繁忙，但是日光较弱，因此不足以引起光化学反应。综上，光化学烟雾白天生成，夜晚消失，污染物浓度峰值出现在中午和午后。

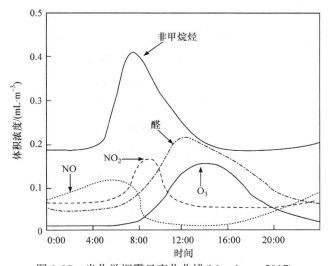

图 3-27　光化学烟雾日变化曲线(Manahan，2017)
(Generalized plot of atmospheric concentrations of species involved in smog formation as a function of time of day)

　　为研究光化学烟雾产生的机理，可采用烟雾箱实验，即在一密闭容器内，通入含非甲烷烃和氮氧化物的反应气体，在人工光源照射下进行模拟大气光化学反应。图 3-28 为丙烯-NO_x-空气体系的模拟结果。

　　烟雾箱模拟结果显示：随着时间延长，NO 向 NO_2 转化(NO 消耗)；由于氧化而大量消耗丙烯(碳氢化合物消耗)；臭氧、过氧乙酰硝酸酯(peroxyacetyl nitrate，PAN)、HCHO、NO_2 等二次污染物生成。其中简化的反应机理，即关键性的反应如下：

　　(1) 引发反应主要是 NO_2 光解导致 O_3 的生成。

$$NO_2 \xrightarrow{\lambda < 420\,nm} NO + O$$

$$O + O_2 + M \longrightarrow O_3 + M$$

$$O_3 + NO \longrightarrow O_2 + NO_2$$

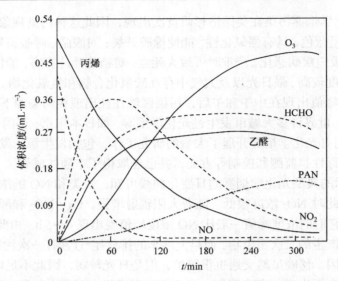

图 3-28　丙烯-NO$_x$-空气体系中一次及二次污染物的浓度变化曲线

(Variation curves of concentrations of primary and secondary pollutants in system of propylene-NO$_x$-air)

(2) 碳氢化合物(如丙烯)氧化生成具有活性的自由基，如 · OH、HO$_2$ · 、RO$_2$ · 等。

$$RCHO \xrightarrow{hv} H + RCO \cdot$$

$$RH + O \longrightarrow R + \cdot OH$$

$$RH + \cdot OH \longrightarrow R + H_2O$$

$$H + O_2 \longrightarrow HO_2 \cdot$$

$$R + O_2 \longrightarrow RO_2 \cdot$$

$$RCO \cdot + O_2 \longrightarrow \underset{\overset{\|}{O}}{RCOO} \cdot$$

(3) 通过如上途径生成的自由基促进了 NO 向 NO$_2$ 的转化。

$$NO + HO_2 \cdot \longrightarrow NO_2 + \cdot OH$$

$$NO + RO_2 \cdot \longrightarrow NO_2 + RO \cdot$$

$$RO \cdot + O_2 \longrightarrow HO_2 \cdot + R'CHO$$

$$NO + RC(O)O_2 \cdot \longrightarrow NO_2 + RC(O)O \cdot$$

$$RC(O)O \cdot \longrightarrow R \cdot + CO_2$$

　　由上述反应可知，一个自由基在形成之后到灭亡之前可以参加多个自由基传递反应，正是这种自由基传递过程提供了 NO 转化为 NO$_2$ 的最终条件。NO$_2$ 既是链反应的引发物质，又是链反应的终止物质。

　　(4) 反应终止的条件：NO、RH 等消耗殆尽，O$_3$、NO$_2$、PAN、HNO$_3$ 等最终形成。

$$\cdot OH + NO_2 \longrightarrow HNO_3$$

$$RC(O)O_2 \cdot + NO_2 \longrightarrow RC(O)O_2NO_2(PAN)$$

$$O + O_2 + M \longrightarrow O_3 + M$$

$$RC(O)O_2NO_2 \longrightarrow RC(O)O_2 + NO_2$$

在光化学烟雾中, PAN 是重要的二次污染物。PAN 没有天然源, 只有人为源, 其前驱体是大气中氮氧化物和乙醛。在光的参与下, 乙醛与·OH 通过 O$_2$ 生成过氧乙酰基, 再与 NO$_2$ 反应生成 PAN, 如图 3-29 所示。因此, 大气中检测到 PAN 即可作为发生光化学烟雾的依据。PAN 对眼有刺激性, 可能导致皮肤癌, 还是植物的毒剂。PAN 在雨水中解离成硝酸根和有机物, 从而参与降水的酸化。与 PAN 属于同一类的污染物还有过氧苯酰硝酸酯、过氧丙酰硝酸酯和过氧丁酰硝酸酯(这些都是俗称, 实际上是两种酸的混酐), 它们都是光化学烟雾的反应产物。

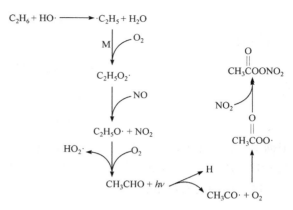

图 3-29　PAN 的结构及形成机理
(Structure and formation mechanism of PAN)

3.2.3　水相中溶解-沉淀平衡

溶解(dissolution)和沉淀(precipitation)过程影响无机污染物在水环境中分布、积累、迁移和转化, 尤其影响污染物在水环境中的迁移能力。一般来说, 对于重金属类化合物, 溶解度大者, 迁移能力强。在金属类化合物溶解-沉淀的液-固平衡体系中, 一般用溶度积来表征溶解度。天然水中各种矿物质的溶解-沉淀作用也遵守溶度积规则。

在溶解和沉淀现象的研究中, 平衡关系和反应速率两者都很重要。已知平衡关系就可预测污染物溶解或沉淀作用的方向, 并可以计算平衡时溶解或沉淀的量。但需要注意如下几点: ①水中金属化合物的溶解-沉淀过程通常是一些非均相反应, 其中某些反应进行缓慢, 在动态环境中不易达到平衡。②热力学理论中所阐述的物相关系不一定与实际沉淀反应完全一致。例如, 在实际中往往出现化合物的溶解量大于其溶解度极限值的情况, 即过饱和现象。③化合物溶解所产生的离子可能在溶液中进一步发生反应。④用于计算的平衡常数因测定条件不尽相同而存在差异。

正是由于这些影响因素较为繁杂, 利用平衡计算得到的结果往往与实际观测值相差较大。但一般可基于计算, 讨论金属离子溶解-沉淀中的共性问题。

水环境中无机污染物通常以氧化物、氢氧化物、硫化物、碳酸盐的形式, 参与溶解-沉淀过程的转化, 下面分别加以讨论。

1. 氢氧化物和氧化物

金属氢氧化物(hydroxide)沉淀有多种形态, 它们在水环境中的行为差别很大。氧化物(oxide)可认为是氢氧化物脱水而成的。水环境中这类化合物存在形态直接与 pH 有关, 并涉及水解和羟基配位的平衡过程。此过程往往复杂多变, 这里以强电解质的最简单转化平衡反应表示:

$$Me(OH)_n(s) \rightleftharpoons Me^{n+} + nOH^-$$

根据溶度积:

$$K_{sp} = [Me^{n+}][OH^-]^n \tag{3-92}$$

上式转换为

$$[Me^{n+}] = K_{sp}/[OH^-]^n = K_{sp}[H^+]^n/ K_W^n \tag{3-93}$$

$$-\lg[Me^{n+}] = -\lg K_{sp} - n\lg[H^+] + n\lg K_W \tag{3-94}$$

$$-\lg[Me^{n+}] = pK_{sp} - npK_W + npH \tag{3-95}$$

根据上式，由金属氢氧化物的溶度积数值(表 3-8)，可绘制出溶液中金属离子饱和浓度对数值与 pH 的关系图(图 3-30)。根据图 3-30，可大致查出各种金属离子在不同 pH 溶液中的最大饱和浓度，该图具有如下特点：

表 3-8　298 K 时金属氢氧化物的溶度积

(Solubility product of metal hydroxides at 298 K)

氢氧化物	K_{sp}	pK_{sp}	氢氧化物	K_{sp}	pK_{sp}
AgOH	1.6×10^{-8}	7.80	$Fe(OH)_3$	3.2×10^{-38}	37.50
$Ba(OH)_2$	5.0×10^{-3}	2.3	$Mg(OH)_2$	1.8×10^{-11}	10.74
$Ca(OH)_2$	5.5×10^{-6}	5.26	$Mn(OH)_2$	1.1×10^{-13}	12.96
$Al(OH)_3$	1.3×10^{-33}	32.9	$Hg(OH)_2$	4.8×10^{-26}	25.32
$Cd(OH)_2$	2.2×10^{-14}	13.66	$Ni(OH)_2$	2.0×10^{-15}	14.70
$Co(OH)_2$	1.6×10^{-15}	14.80	$Pb(OH)_2$	1.2×10^{-15}	14.93
$Cr(OH)_3$	6.3×10^{-31}	30.2	$Th(OH)_4$	4.0×10^{-45}	44.4
$Cu(OH)_2$	5.0×10^{-20}	19.30	$Ti(OH)_3$	1.0×10^{-40}	40
$Fe(OH)_2$	1.0×10^{-15}	15.0	$Zn(OH)_2$	7.1×10^{-18}	17.15

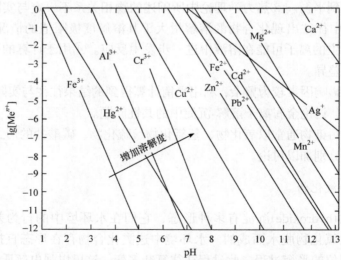

图 3-30　氢氧化物金属离子饱和浓度对数值与 pH 的关系

(Relationship between logarithmic saturated concentrations of hydroxide metal ions and pH)

(1) 直线斜率的绝对值等于金属离子化合价 n，价态相同的金属离子斜率相同。

(2) 该图横轴截距是 $-\lg[Me^{n+}] = 0$ 或 $[Me^{n+}] = 1.0$ mol · L^{-1} 时的 pH，即 $pH = 14 - \dfrac{1}{n}pK_{sp}$。

(3) 该图右边斜线代表的金属氢氧化物的溶解度大于左边斜线代表的金属氢氧化物的溶解度。

但是，式(3-95)和图 3-29 所表征的关系并不能充分反映出氢氧化物的溶解度，还应该考虑 OH^- 的配位作用。考虑 OH^- 配位作用的情况，金属氧化物或氢氧化物的溶解度(Me_T)表征如下：

$$Me_T = [Me^{z+}] + \sum_1^n [Me(OH)_n^{z-n}] \tag{3-96}$$

例如，考虑 OH^- 的配位作用，PbO(s)在 25℃条件下，可能发生如下反应：

$$PbO\,(s) + 2H^+ \rightleftharpoons Pb^{2+} + H_2O \qquad\qquad lgK_{s0} = 12.7$$

$$PbO\,(s) + H^+ \rightleftharpoons [Pb(OH)]^+ \qquad\qquad lgK_{s1} = 5.0$$

$$PbO\,(s) + H_2O \rightleftharpoons Pb(OH)_2 \qquad\qquad lgK_{s2} = -4.4$$

$$PbO\,(s) + 2H_2O \rightleftharpoons [Pb(OH)_3]^- + H^+ \qquad\qquad lgK_{s3} = -15.4$$

由上面四个式子可得到 PbO 的溶解度，表示为

$$[Pb(II)_T] = K_{s0}[H^+]^2 + K_{s1}[H^+] + K_{s2} + K_{s3}[H^+]^{-1} \tag{3-97}$$

也可表示为

$$[Pb(II)_T] = [Pb^{2+}] + \sum_{n=1}^3 [Pb(OH)_n^{2-n}] \tag{3-98}$$

根据上式，各种铅形态 Pb^{2+}、$[Pb(OH)]^+$、$[Pb(OH)_2]^0$ 和$[Pb(OH)_3]^-$的浓度对数值对 pH 作图，得到四条特征线，其斜率分别为–2、–1、0 和+1，如图 3-31 所示。把所有化合态都考虑进来，可以得到图中阴影所包围的区域，这是 PbO(s)稳定存在的区域。图 3-31 中阴影以外的区域为溶解的铅形态，具体以何种形态存在，存在浓度是多少，视 pH 而定。

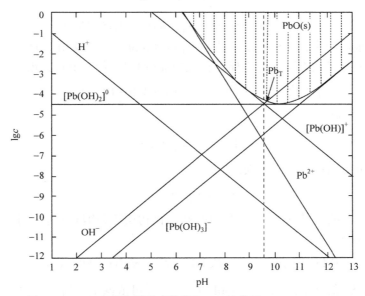

图 3-31　PbO(s)的溶解度对数值与 pH 的关系(Pankow，1991)

[Relationship between logarithmic value of PbO(s) solubility and pH]

图 3-30 表明金属的氧化物和氢氧化物具有两性特征。它们与质子或 OH⁻ 都能发生反应，存在一个 pH，在此 pH 下溶解度最小，在更强的酸性和碱性 pH 区域内，溶解度都变大。

2. 硫化物

金属硫化物是比对应的氢氧化物溶度积更小的一类难溶沉淀物，只要水环境中存在 S^{2-}，几乎所有的重金属均可以从水中除去。表 3-9 列出了主要重金属硫化物的溶度积。

表 3-9　重金属硫化物的溶度积(汤鸿霄，1979)
(Solubility product of heavy metal sulfide)

分子式	K_{sp}	pK_{sp}	分子式	K_{sp}	pK_{sp}
Ag_2S	6.3×10^{-50}	49.20	HgS	4.0×10^{-53}	52.40
CdS	7.9×10^{-27}	26.10	MnS	2.5×10^{-13}	12.60
CoS	4.0×10^{-21}	20.40	NiS	3.2×10^{-19}	18.50
Cu_2S	2.5×10^{-48}	47.60	PbS	8.0×10^{-28}	27.90
CuS	6.3×10^{-36}	35.20	SnS	1.0×10^{-25}	25.00
FeS	3.3×10^{-18}	17.50	ZnS	1.6×10^{-24}	23.80
Hg_2S	1.0×10^{-45}	45.00	Al_2S_3	2.0×10^{-7}	6.70

当水中溶有硫化氢(H_2S)气体时，H_2S 呈二元酸状态，其分级电离为

$$H_2S \rightleftharpoons H^+ + HS^- \quad K_1 = 8.9\times10^{-8}$$

$$HS^- \rightleftharpoons H^+ + S^{2-} \quad K_2 = 1.3\times10^{-15}$$

两式相加可得

$$H_2S \rightleftharpoons 2H^+ + S^{2-}$$

$$K_{1,2} = [H^+]^2[S^{2-}]/[H_2S] = K_1K_2 = 1.16\times10^{-22} \tag{3-99}$$

在 H_2S 饱和水溶液中，H_2S 浓度总是保持在 $0.1\ mol \cdot L^{-1}$，又由于 H_2S 实际电离甚微，因此饱和溶液中 H_2S 分子浓度可认为也保持在 $0.1\ mol \cdot L^{-1}$，代入上式，得

$$[H^+]^2[S^{2-}] = 1.16\times10^{-22}\times0.1 = 1.16\times10^{-23} = K'_{sp} \tag{3-100}$$

在任意 pH 的水中，则

$$[S^{2-}] = K'_{sp}/[H^+]^2 \tag{3-101}$$

若溶液中存在二价金属离子 Me^{2+}，则有

$$[Me^{2+}][S^{2-}] = K_{sp} \tag{3-102}$$

溶液中促成硫化物沉淀的是 S^{2-}，因此在 H_2S 和硫化物均达到饱和的溶液中，可算出溶液中金属离子的饱和浓度为

$$[Me^{2+}] = K_{sp}/[S^{2-}] = K_{sp}[H^+]^2/K'_{sp} = K_{sp}[H^+]^2/(0.1K_1K_2) \tag{3-103}$$

在天然水中，S^{2-} 的浓度约为 $10^{-10}\ mol \cdot L^{-1}$，这样可依据金属硫化物的 K_{sp}，计算出天然水中该金属离子的平衡浓度。如 CuS 的 $K_{sp} = 6.3\times10^{-36}$，$[Cu^{2+}] = K_{sp}/[S^{2-}] = 6.3\times10^{-26}\ mol \cdot L^{-1}$，可见天然水中只要存在少量 S^{2-} 就可以使 Cu^{2+} 完全沉淀。

3.2.4　水相中配位平衡

配位(complexation)作用是指具有电子给体性质的配体与具有接受电子空位的离子或原子形成配合物的过程。金属离子可与含电子给体的物质结合，形成配位化合物。水环境中金属污染物大部分以配合物形态存在，其迁移、转化及生物毒性等均与配合作用密切相关。配合态金属离子和自由离子态金属离子的毒性不同。例如，自由铜离子的毒性大于配合态铜，而甲基汞的毒性远大于无机汞。

在重金属配合物形成过程中，重金属离子作为配合物中心体，而某些阴离子则可作为配位体。它们之间的配位平衡和反应速率等概念与机制，可以应用配合物化学基本理论予以描述，如软硬酸碱理论、欧文-威廉斯顺序等。

天然水体中重要的无机配位体有 OH^-、Cl^-、CO_3^{2-}、HCO_3^-、F^-、S^{2-} 等。除 S^{2-} 外，这些离子均属于路易斯硬碱，它们易与硬酸进行配位。例如，OH^- 在水溶液中将优先与某些能够作为中心离子的硬酸(如 Fe^{3+}、Mn^{3+} 等)结合，形成配离子或氢氧化物沉淀，而 S^{2-} 则更易与重金属(如 Hg^{2+}、Ag^+ 等)形成多硫配离子或硫化物沉淀。根据这一规则，可以定性地判断某个金属离子在水体中的形态。

有机配位体情况比较复杂，水体中有动植物组织的天然降解产物，如氨基酸、糖、腐殖酸；生活废水中有洗涤剂、清洁剂、螯合剂[乙二胺四乙酸(EDTA)]、农药和大分子环状化合物等。这些有机物相当一部分具有配位能力。

1. 配合物在溶液中的稳定性

配合物在溶液中的稳定性是指配合物在溶液中解离成中心离子(原子)和配位体，当解离达到平衡时解离程度的大小。为了讨论中心离子(原子)和配位体性质对配合物稳定性的影响，现举例简述配位化合物的形成特征。例如，Cd^{2+} 和配位体 CN^- 结合形成 $[Cd(CN)]^+$ 配离子：

$$Cd^{2+} + CN^- \longrightarrow [Cd(CN)]^+$$

由于中心离子一般可接受多对孤对电子，$[Cd(CN)]^+$ 还可继续与 CN^- 结合，逐渐形成稳定性渐弱的配合物 $Cd(CN)_2$、$[Cd(CN)_3]^-$ 和 $[Cd(CN)_4]^{2-}$。其中，CN^- 中只含有一个配位原子，为单齿配位体(也称为单基配位体)。

在天然水体中，单齿配位体并不重要，重要的是多齿配位体(也称为多基配位体)。一般含多个氨基和羧基的有机物都是多基配位体，如甘氨酸、乙二胺是二齿配位体，二乙基三胺是三齿配位体，乙二胺四乙酸根是六齿配位体。多齿配位体和中心离子形成环状配合物，这种配合物称为螯合物；与金属离子形成螯合物的有机配位体称为螯合剂。螯合物比单齿配位体所形成的配合物稳定性要大得多。

配合物的稳定性还与金属离子的电荷和半径有关，一般来说，金属离子的化合价越高，配合物越稳定。并且对于同族金属元素，从上到下其配合物稳定性增加。

配合物的逐级生成常数(或逐级稳定常数)和积累生成常数(或积累稳定常数)是表征配合物在溶液中稳定性的重要参数。例如，$[Zn(NH_3)]^{2+}$ 可由下面的反应生成：

$$Zn^{2+} + NH_3 \rightleftharpoons [Zn(NH_3)]^{2+}$$

由于该反应为 Zn^{2+} 与第一个 NH_3 发生反应，故为一级生成反应。该反应达到平衡时，其平衡常数 K_1 为

$$K_1 = \frac{[Zn(NH_3)^{2+}]}{[Zn^{2+}][NH_3]} = 3.9 \times 10^2 \qquad (3\text{-}104)$$

在溶液中，$[Zn(NH_3)]^{2+}$ 继续与 NH_3 发生反应，生成 $[Zn(NH_3)_2]^{2+}$：

$$[Zn(NH_3)]^{2+} + NH_3 \rightleftharpoons [Zn(NH_3)_2]^{2+}$$

$$K_2 = \frac{[Zn(NH_3)_2^{2+}]}{[Zn(NH_3)^{2+}][NH_3]} \qquad (3\text{-}105)$$

Zn^{2+} 还可与 NH_3 发生三级、四级反应，其平衡常数分别为 K_3、K_4：

$$K_3 = \frac{[Zn(NH_3)_3^{2+}]}{[Zn(NH_3)_2^{2+}][NH_3]} \qquad (3\text{-}106)$$

$$K_4 = \frac{[Zn(NH_3)_4^{2+}]}{[Zn(NH_3)_3^{2+}][NH_3]} \qquad (3\text{-}107)$$

式中，$K_1 \sim K_4$ 称为逐级生成常数，表示 NH_3 加至中心离子 Zn^{2+} 上是一个逐步的过程。而积累生成常数对应几个配位体加到中心金属离子过程的加和。例如，$[Zn(NH_3)_2]^{2+}$ 的生成可用下面的反应式表示：

$$Zn^{2+} + 2NH_3 \rightleftharpoons [Zn(NH_3)_2]^{2+}$$

该反应的表观形成常数即为二级积累生成常数，用 β_2 表示：

$$\beta_2 = \frac{[Zn(NH_3)_2^{2+}]}{[Zn^{2+}][NH_3]^2} = K_1 K_2 = 8.2 \times 10^4 \qquad (3\text{-}108)$$

同理，对于 $[Zn(NH_3)_3]^{2+}$，三级积累生成常数 $\beta_3 = K_1 K_2 K_3$；对于 $[Zn(NH_3)_4]^{2+}$，四级积累生成常数 $\beta_4 = K_1 K_2 K_3 K_4$。$K_n$ 或 β_n 值越大，配离子越难解离，配合物越稳定。

2. OH⁻ 对重金属离子的配位作用

在水环境化学的研究中，OH⁻ 对重金属离子的配位作用值得重视。这是由于大多数重金属离子均能水解，其水解过程实际上就是 OH⁻ 的配位过程，它是影响一些重金属难溶盐溶解度的主要因素，并且对某些金属离子的光化学活性有影响。

现以二价金属离子 Me^{2+} 为例进行讨论，其与 OH⁻ 的配位作用如下：

$$Me^{2+} + OH^- \rightleftharpoons [Me(OH)]^+ \qquad K_1 = \frac{[Me(OH)^+]}{[Me^{2+}][OH^-]} \qquad (3\text{-}109)$$

$$[Me(OH)]^+ + OH^- \rightleftharpoons [Me(OH)_2]^0 \qquad K_2 = \frac{[Me(OH)_2^0]}{[Me(OH)^+][OH^-]} \qquad (3\text{-}110)$$

$$[Me(OH)_2]^0 + OH^- \rightleftharpoons [Me(OH)_3]^- \qquad K_3 = \frac{[Me(OH)_3^-]}{[Me(OH)_2^0][OH^-]} \qquad (3\text{-}111)$$

$$[Me(OH)_3]^- + OH^- \rightleftharpoons [Me(OH)_4]^{2-} \qquad K_4 = \frac{[Me(OH)_4^{2-}]}{[Me(OH)_3^-][OH^-]} \qquad (3\text{-}112)$$

式中，K_1、K_2、K_3 和 K_4 为羟基配合物的逐级生成常数。上述反应也可表示为

$$Me^{2+} + OH^- \rightleftharpoons [Me(OH)]^+ \qquad \beta_1 = K_1 \qquad (3\text{-}113)$$

$$Me^{2+} + 2OH^- \rightleftharpoons [Me(OH)_2]^0 \qquad \beta_2 = K_1 K_2 \qquad (3\text{-}114)$$

$$Me^{2+} + 3OH^- \rightleftharpoons [Me(OH)_3]^- \qquad \beta_3 = K_1K_2K_3 \qquad (3\text{-}115)$$

$$Me^{2+} + 4OH^- \rightleftharpoons [Me(OH)_4]^{2-} \qquad \beta_4 = K_1K_2K_3K_4 \qquad (3\text{-}116)$$

式中，β_1、β_2、β_3、β_4 为积累生成常数。

以 β 代表 K，计算各种配合物占金属总量的百分数，以 ψ 表示，计算过程如下：

$$[Me]_T = [Me^{2+}] + [MeOH^+] + [Me(OH)_2^0] + [Me(OH)_3^-] + [Me(OH)_4^{2-}] \qquad (3\text{-}117)$$

$$=[Me^{2+}]+\beta_1[Me^{2+}][OH^-]+\beta_2[Me^{2+}][OH^-]^2+\beta_3[Me^{2+}][OH^-]^3+\beta_4[Me^{2+}][OH^-]^4$$

$$= [Me^{2+}]\{1 + \beta_1[OH^-] + \beta_2[OH^-]^2 + \beta_3[OH^-]^3 + \beta_4[OH^-]^4\}$$

设 $\alpha = 1 + \beta_1[OH^-] + \beta_2[OH^-]^2 + \beta_3[OH^-]^3 + \beta_4[OH^-]^4$，则

$$[Me]_T = [Me^{2+}] \cdot \alpha \qquad (3\text{-}118)$$

$$\psi_0 = \frac{[Me^{2+}]}{[Me]_T} = 1/\alpha \qquad (3\text{-}119)$$

$$\psi_1 = \frac{[Me(OH)^+]}{[Me]_T} = \frac{\beta_1[Me^{2+}][OH^-]}{[Me^{2+}] \cdot \alpha} = \psi_0\beta_1[OH^-] \qquad (3\text{-}120)$$

同理

$$\psi_2 = \frac{[Me(OH)_2^0]}{[Me]_T} = \psi_0\beta_2[OH^-]^2 \qquad (3\text{-}121)$$

$$\psi_n = \frac{[Me(OH)_n^{2-n}]}{[Me]_T} = \psi_0\beta_n[OH^-]^n \qquad (3\text{-}122)$$

可见，ψ 与积累生成常数及 pH 有关。在一定温度下，β_1、β_2、$\cdots$、β_n 为定值，ψ 仅是 pH 的函数。

图 3-32 表示了 Cd^{2+}-OH^- 配离子在不同 pH 下的分布。图中，当 pH<8 时，镉基本上以 Cd^{2+} 形态存在；pH=8 时，开始形成 $[Cd(OH)]^+$ 配离子；pH≈10 时，$[Cd(OH)]^+$ 达到峰值；pH=11

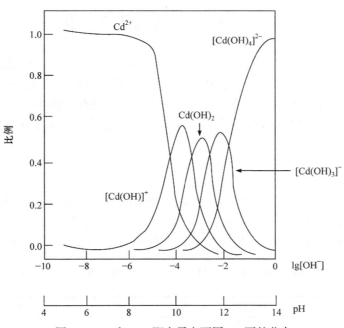

图 3-32　Cd^{2+}-OH^-配离子在不同 pH 下的分布

(Distribution of Cd^{2+}-OH complex ions at various pH values)

时，$Cd(OH)_2$ 达到峰值；pH=12 时，$[Cd(OH)_3]^-$ 达到峰值；当 pH>13 时，则 $[Cd(OH)_4]^{2-}$ 占优势。

案例 3-4 金属离子的配位作用，也影响有机污染物的环境行为。抗生素是在水环境中经常检出的一类新型污染物，由于其具有"假"持久性并能引起环境菌群抗药性而备受关注。近年来，金属复合污染成为水环境中，特别是水产和畜禽养殖废水及其邻近水体中，抗生素污染的一个重要特征。环丙沙星(ciprofloxacin, CIP)就是一些水体中经常被检出的一种抗生素(图 3-33)。Wei 等(2015)发现 Cu(Ⅱ)可以与一价阳离子形态的 CIP (H_2CIP^+)的羧基和羰基氧原子配位，生成条件稳定常数为 $1.23×10^6$ $L \cdot mol^{-1}$ 的 1 : 1 配合物 $[Cu(H_2CIP)(H_2O)_4]^{3+}$。Cu(Ⅱ)的配位作用改变了 H_2CIP^+ 的分子内电荷分布、光吸收激发所对应的分子轨道及轨道结构。因而，$[Cu(H_2CIP)(H_2O)_4]^{3+}$ 具有与 H_2CIP^+ 不同的光吸收特性、较慢的直接光解速率、较弱的 $^1O_2$ 光致生成能力和与 $^1O_2$ 的反应活性。同时，Cu(Ⅱ)配位作用还可以改变 H_2CIP^+ 的直接光解和 $^1O_2$ 氧化反应途径。

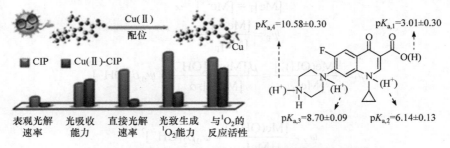

图 3-33 环丙沙星的分子结构及可解离官能团的 pK_a 值
(Molecular structure and dissociation position pK_a values of ciprofloxacin)

延伸阅读 3-6 以环丙沙星与 Cu(Ⅱ)为例，探究金属配位对抗生素光化学行为的影响

Wei X, Chen J, Xie Q, et al. 2015. Photochemical behavior of antibiotics impacted by complexation effects of concomitant metals: A case for ciprofloxacin and Cu(Ⅱ). Environmental Science Processes & Impacts, 17(7): 1220-1227.

3.3 有机污染物的化学转化

除光化学反应外，有机污染物还可能发生以下重要的转化行为：酸碱解离、水解反应、氧化降解及生物降解，其中前三种属于化学转化的范畴。对于有机污染物，酸碱解离主要是有机酸碱分子在特定环境体系中发生的转化行为；水解作用则是有机物(特别是含有可水解官能团的化合物)与水之间最重要的反应；氧化降解主要指有机化合物与强氧化的自由基或活性氧之间的反应，通常发生在空气和水体中。

3.3.1 酸碱解离反应

环境中的有机酸碱(表 3-10)可以发生酸碱解离(acid-base dissociation)反应，形成带电荷的物种。这类带电荷的物种与中性形态相比，可能具有不同的性质、反应活性和毒理效应，因而有必要了解有机酸碱分子在特定环境体系中是否会形成离子以及该反应进行的程度。

表 3-10 有机酸碱化合物示例(Schwarzenbach et al.，2017)
(Examples of some organic acids and bases)

名称	结构	pK_a(25℃)	pH=7 时中性形态所占比例
三氟乙酸(trifluoroacetic acid)		0.40	<0.001

名称	结构	pK_a(25℃)	pH = 7 时中性形态所占比例
五氯酚(pentachlorophenol)	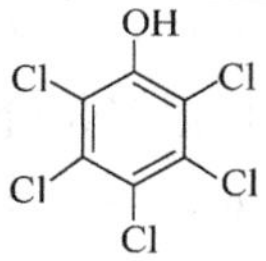	4.75	0.006
1-萘磺酸 (1-naphthalene-sulfonic acid)	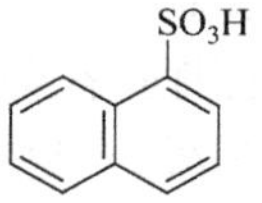	0.57	< 0.001
4-氯苯胺 (4-chloroaniline)	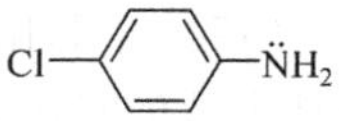	3.99	0.999
异喹啉(isoquinoline)	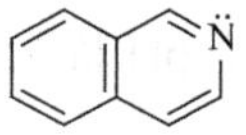	5.40	0.975
苯并咪唑(benzimidazole)	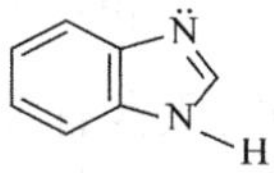	5.53	0.967

由于游离态质子相当不稳定，质子迁移只有在酸与碱反应时才能发生。酸(HA)是质子供体，碱(B)是质子受体，其解离平衡为

$$HA \rightleftharpoons A^- + H^+$$

$$H^+ + B \rightleftharpoons BH^+$$

总反应：

$$HA + B \rightleftharpoons BH^+ + A^-$$

其中，A^- 称为 HA 的共轭碱；BH^+ 称为 B 的共轭酸。

酸解离常数定义为

$$K_a = \frac{[H^+][A^-]}{[HA]} \tag{3-123}$$

根据碱(B)和水的反应

$$B + H_2O \rightleftharpoons BH^+ + OH^-$$

可以定义碱的解离常数为

$$K_b = \frac{[BH^+][OH^-]}{[B]} \tag{3-124}$$

为了方便表示，K_a、K_b 通常以负对数的形式表示，即 pK_a、pK_b。

天然水体中引入"痕量"（$<0.1\ \text{mmol} \cdot \text{L}^{-1}$）的有机酸或有机碱，在大多数情形下不会改变水体的 pH，这是因为天然水体的 pH 主要由各种无机酸碱(如 H_2CO_3、HCO_3^-、CO_3^{2-})决定，它们在水体中浓度往往比所研究的有机酸碱化合物浓度高得多。在某个 pH 时，有机酸在水中以酸形式存在的分数 α_a 为

$$\alpha_a = \frac{[HA]}{[HA]+[A^-]} = \frac{1}{1+\dfrac{[A^-]}{[HA]}} = \frac{1}{1+10^{pH-pK_a}} \tag{3-125}$$

以碱形式存在的分数为 $1-\alpha_a$。表 3-10 给出了几种有机酸碱在 pH = 7 水中的 α_a 和 $1-\alpha_a$ 值。图 3-34 表示一种有机酸或碱的形态和 pH 的关系。

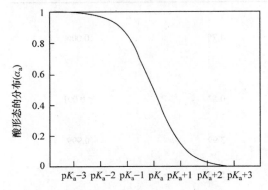

图 3-34　酸形态的分布与 pH 的关系
(Schwarzenbach et al.，2017)(Relationship
between fraction of acid form and pH values)
pH = pK_a 时，酸、碱形态等浓度存在，
即[HA] = [A⁻]，[BH⁺] = [B]

以上讨论的有机酸碱均只含有一个酸碱基团，但是很多化合物含有不止一个酸性或碱性基团。例如，4-羟基苯甲酸是一种"双质子酸"，1,2-二胺基丙烷是一种"双质子碱"，它们在适当的 pH 范围水溶液中可以形成二价离子，如图 3-35 所示。另外，某些化合物同时具有酸性和碱性基团，如羟基异喹啉和氨基酸。对于这类化合物，当 pH 为某个数值时体系中所有物种的平均净电荷为零，这个 pH 称为等电点，可以由下式给出：

$$pH_{等电点}=\frac{1}{2}\left(pK_{a1}+pK_{a2}\right) \qquad (3\text{-}126)$$

当一种物质含有多个酸碱基团时，先将这些电离基团的 pK_a 按由小到大的顺序排列，然后将第 n 个和第 n+1 个 pK_a 求算术平均值，即得该物质的等电点，这里 n 为该物质完全质子化时带正电荷的基团数。

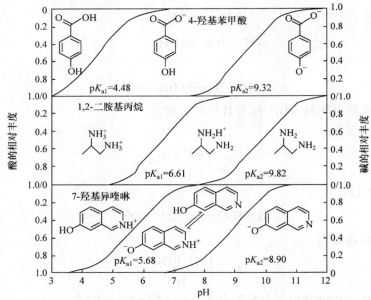

图 3-35　具有多个酸碱官能团的化合物在不同 pH 下共轭酸碱的相对丰度
(Relative abundance of conjugated acid and base of three compounds containing mulriple acid
or/and base functional groups)

案例 3-5　大部分抗生素的分子结构中含有可电离基团(羧基、羟基、氨基等)，在水中可以发生酸碱解离，并影响其环境行为。Wei 等(2013)发现环丙沙星的分子结构中含有 4 个可电离基团，其在水中可存在 5 种主要的解离形态(H_4CIP^{3+}、H_3CIP^{2+}、H_2CIP^{+}、$HCIP^{0}$、CIP^{-})。这 5 种形态具有不同的吸光特性、表观光解速率常数、量子产率和光降解途径(图 3-36)。

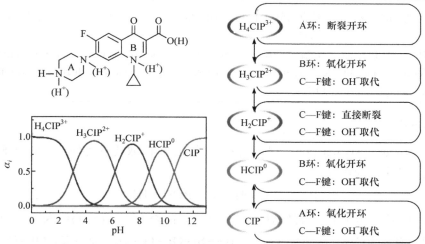

图 3-36　不同解离形态的环丙沙星具有不同的表观光解途径

(Different photolytic pathways for different dissociation species of ciprofloxacin)

📖　延伸阅读 3-7　不同解离形态的环丙沙星光解途径和产物的差异

Wei X, Chen J, Xie Q, et al. 2013. Distinct photolytic mechanisms and products for different dissociation species of ciprofloxacin. Environmental Science & Technology, 47(9): 4284-4290.

案例 3-6　人体运甲状腺素蛋白(human transthyretin，hTTR)对维持体内甲状腺激素平衡具有重要作用，Yang 等(2013)发现卤代酚类化合物能通过与甲状腺激素竞争 hTTR 结合位点，进而影响甲状腺激素体内平衡。卤代酚类化合物含有可电离的基团羟基，其与 hTTR 的相互作用具有形态依赖性(图 3-37)。阴离子形态的卤代酚类化合物与 hTTR 的结合作用强于其对应的分子形态。阴离子形态卤代酚类化合物中的(—O⁻)基团可与 hTTR 中侧链的—NH₃⁺相互作用形成离子对，还可与 hTTR 中残基形成氢键，这些相互作用导致卤代酚类化合物中的(—O⁻)基团在 hTTR 配体结合空腔中具有优势取向。

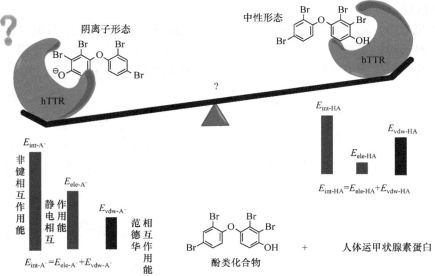

图 3-37　不同解离形态卤代酚类化合物与人体运甲状腺素蛋白具有不同的结合作用

(Different interactions of ionizable halogenated phenolic compounds with human transthyretin)

📖 延伸阅读 3-8　　对于具有内分泌干扰性的化学品，与人体运甲状腺素蛋白的结合是其不可忽视的反应机制

Yang X H, Xie H B, Chen J W, et al. 2013. Anionic phenolic compounds bind stronger with transthyretin than their neutral forms: Nonnegligible mechanisms in virtual screening of endocrine disrupting chemicals. Chemical Research in Toxicology, 26(9): 1340-1347.

3.3.2　水解反应

水解反应(hydrolysis reaction)是水分子(或氢氧根离子)取代有机分子中的原子或原子团所发生的反应。整个反应可表示为

$$RX + H_2O/OH^- \rightleftharpoons ROH + HX/X^-$$

在环境中，可发生水解反应的结构有：—(C=O)—O—、—(C=O)—N⟨、—X、—C≡N、(P=O)—(O—)(O—)、cyclic—O—、—(O=S=O)—O—、cyclic—(C=O)—O—、(C=O)—(O—)(O—)、—(C=O)—O—(C=O)—、⟩N—S⟨、cyclic—N—(C=O)(C=O)、—NH—(C=O)—O—、⟩N—(C=O)—S—、⟩N—(C=O)—N⟨、—(O=S=O)—NH—(C=O)—N⟨、cyclic—(C=O)—N—、—(C=O)—X 等。

1. 水解反应机理(亲核取代反应)

水解反应属于亲核取代反应。亲核取代是指亲核试剂携带一对孤对电子，进攻化合物中缺电子中心原子并形成新键，离去基团(离核试剂)携带一对电子从原化合物中解离，可表示为

$$Nu: + R\text{-}LG \longrightarrow R\text{-}Nu + LG:$$

式中，Nu：代表亲核试剂；R-LG 称为底物(substrate)；LG：代表离去基团；"："表示孤对电子。

亲核取代反应有单分子亲核取代(S_N1)和双分子亲核取代(S_N2)两种机理，如图 3-38 和图 3-39 所示。

1) S_N1 机理

在 S_N1 机理中，亲核取代分两步进行。在第一步(限速步骤)中，离去基团从化合物中解离，同时携带一对孤对电子离去，从而形成中间产物碳正离子。反应第二步，碳正离子与亲核试剂结合形成产物。反应速率仅取决于离去基团从分子中脱离的难易程度。

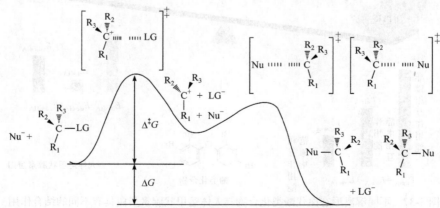

图 3-38　S_N1 反应机理图(Schematic mechanism of S_N1)

$\Delta^\ddagger G$ 为限速步骤活化吉布斯自由能，ΔG 为吉布斯自由能变

($\Delta^\ddagger G$ is the Gibbs free energy of activation of rate-determining steps, ΔG is the difference of Gibbs free energy of products and reactants)

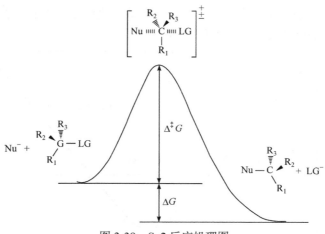

图 3-39　S_N2 反应机理图

(Schematic mechanism of S_N2)

$\Delta^{\ddagger}G$ 为限速步骤活化吉布斯自由能，ΔG 为吉布斯自由能变

2) S_N2 机理

在 S_N2 机理中，反应速率取决于亲核试剂进攻的能力和化合物发生反应的自发性，前者的影响可以由亲核试剂的相对亲核性描述。在某些情况下，难以区分某一亲核取代反应是否属于 S_N1 机理或 S_N2 机理。

2. 水解反应动力学

有机污染物的水解反应通常受到温度、pH、金属离子、离子强度、溶解性有机质(DOM)等环境因素的影响。温度与水解速率常数之间的定量关系可以用 Arrhenius 公式表示：

$$k_H = Ae^{-E_a/RT} \tag{3-127}$$

式中，k_H 为水解速率常数(s^{-1})；E_a 为该条件下的反应活化能($kJ \cdot mol^{-1}$)；A 为指前因子(s^{-1})；R 为摩尔气体常量($8.314\ J \cdot mol^{-1} \cdot K^{-1}$)；$T$ 为热力学温度(K)。

pH 主要通过酸催化、中性水解和碱催化影响水解速率。总水解速率常数 k_T 可以表示为

$$k_T = k_A \cdot [H^+] + k_N + k_B \cdot [OH^-] \tag{3-128}$$

式中，k_A 为酸催化水解二级速率常数($L \cdot mol^{-1} \cdot s^{-1}$)；$k_N$ 为中性水解一级速率常数(s^{-1})；k_B 为碱催化水解二级速率常数($L \cdot mol^{-1} \cdot s^{-1}$)。基于 k_T，水解半减期($t_{1/2}$)计算如下：

$$t_{1/2} = \frac{\ln2}{k_T} \tag{3-129}$$

通过测定不同 pH 下的 k_T，可以得到 $\lg k_T$-pH 图，$\lg k_T$-pH 曲线可以呈现 U 形或 V 形，这取决于中性过程的水解速率常数的大小(图 3-40)。其中 I_{AN}、I_{AB} 和 I_{NB} 三点对应于三个 pH，即

$$I_{AN} = -\lg\frac{k_N}{k_A} \tag{3-130}$$

$$I_{AB} = -\frac{1}{2}\lg\frac{k_B K_W}{k_A} \tag{3-131}$$

$$I_{NB} = -\lg\frac{k_B K_W}{k_N} \tag{3-132}$$

由这三个值可计算出 k_A、k_B、k_N。如果某有机物在 $\lg k_T$-pH 图中的曲线最低点落在 pH = 5～8

范围内，则在预测其水解反应速率时，必须考虑酸碱催化作用的影响。表 3-11 列出了一些卤代烷基、磷酸酯、羧酸酯类化合物的水解半减期。

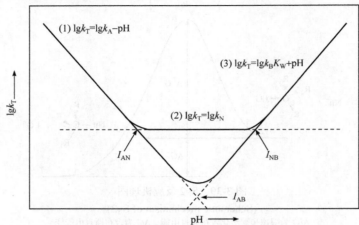

图 3-40　水解速率常数与 pH 的关系

(Relationship between hydrolysis rate constant and pH)

表 3-11　一些卤代烷基、磷酸酯、羧酸酯类化合物的水解半减期(Tebes-Stevens et al.，2017)

(Hydrolysis half-lives for some halogenated aliphatics，organophosphorus ester and carboxylic acid ester)

化合物	半减期/d		
	pH = 5	pH = 7	pH = 9
二氯甲烷 (dichloromethane)		5.60×10^4	3.61×10^7
三氯甲烷(chloroform)		4.70×10^2	1.83×10^4
四氯化碳 (tetrachloromethane)		1.46×10^4	
毒死蜱[diethoxy-sulfanylidene-(3,5,6-trichloropyridin-2-yl)oxy-λ^5-phosphane]	4.34×10^1	5.65×10^1	3.38×10^1
苯线磷 (N-[ethoxy-(3-methyl-4-methylsulfanylphenoxy)phosphoryl]propan-2-amine)	2.45×10^2	3.01×10^2	2.35×10^2
敌敌畏 (2,2-dichloroethenyl dimethyl phosphate)	3.44×10^0	9.94×10^{-1}	1.91×10^1
二嗪农[diethoxy-(6-methyl-2-propan-2-ylpyrimidin-4-yl)oxy-sulfanylidene-λ^5-phosphane]		2.35×10^0	1.17×10^1
三唑磷 (diethoxy-[(1-phenyl-1,2,4-triazol-3-yl)oxy]-sulfanylidene-λ^5-phosphane)	3.00×10^2	4.49×10^1	2.85×10^1

续表

化合物	半减期/d		
	pH = 5	pH = 7	pH = 9
丙溴磷 (4-bromo-2-chloro-1-[ethoxy(propylsulfanyl)phosphoryl]oxybenzene)	1.06×10^2	4.30×10^1	3.30×10^{-1}
邻苯二甲酸二(2-乙基)己酯 [bis(2-ethylhexyl)benzene-1,2-dicarboxylate]			2.00×10^{-2}
甲氰菊酯 ([cyano-(3-phenoxyphenyl)methyl]2,2,3,3-tetramethylcyclopropane-1-carboxylate)	2.04×10^6		
抗倒酯 (4-iodo-1-methyl-2-nitrobenzene)	1.55×10^2	5.24×10^2	7.30×10^0
禾草灵 (methyl 2-[4-(2,4-dichlorophenoxy)phenoxy]propanoate)	3.63×10^2	3.17×10^1	5.20×10^{-1}

案例 3-7　在水环境中新型污染物抗生素经常被检出，其环境行为和生态风险已引起关注。水解行为是决定抗生素环境归趋的重要途径。头孢拉定(cephradine)属于头孢类抗生素，其分子具有 2 个水解官能团(β-内酰胺键和酰胺键)，在天然水 pH 范围内，头孢拉定存在两种离子形态(两性离子形态 $AH^{\pm}$ 和阴离子形态 A^{-})。Zhang 等(2015)研究表明，酸性条件下 $AH^{\pm}$ 水分子辅助水解为主要路径，中性条件和碱性条件下 $AH^{\pm}$ 或 A^{-} 碱催化水解为主要路径(图 3-41)。

　　延伸阅读 3-9　基于量子化学计算方法，探究头孢拉定在环境 pH 条件下的水解途径及动力学

Zhang H Q, Xie H B, Chen J W, et al. 2015. Prediction of hydrolysis pathways and kinetics for antibiotics under environmental pH conditions: A quantum chemical study on cephradine. Environmental Science & Technology, 49(3): 1552-1558.

　　延伸阅读 3-10　预测有机化学品在环境 pH 条件下的水解产物

Tebes-Stevens C, Patel J M, Jones W J, et al. 2017. Prediction of hydrolysis products of organic chemicals under environmental pH conditions. Environmental Science & Technology, 51(9): 5008-5016.

案例 3-8　高产量化学品邻苯二甲酸酯(PAEs)是一类具有潜在内分泌干扰性的有机污染物，水解反应是 PAEs 在环境中降解的重要途径。然而，碱催化水解二级速率常数(k_B)值的缺乏限制了对其进行环境持久性评价。Xu 等(2019)基于量子化学计算和定量构效关系模型，高通量预测了 PAEs 的 k_B 值。研究表明，PAEs 碱催化水解半减期从 0.001 h 至 558 年(pH = 7～9)不等。该研究克服了因 PAEs 种类众多、分析定量困难、实验周期长和标准品缺乏而难以通过传统水解动力学实验测定 k_B 值的难点，为 PAEs 的环境持久性评价提供了基础数据。

　　延伸阅读 3-11　基于量子化学计算，建立预测邻苯二甲酸酯碱催化水解动力学的 QSAR 模型

Xu T, Chen J W, Wang Z Y, et al. 2019. Development of prediction models on base-catalyzed hydrolysis kinetics of phthalate esters with density functional theory calculation. Environmental Science & Technology, 53 (10): 5828-5837.

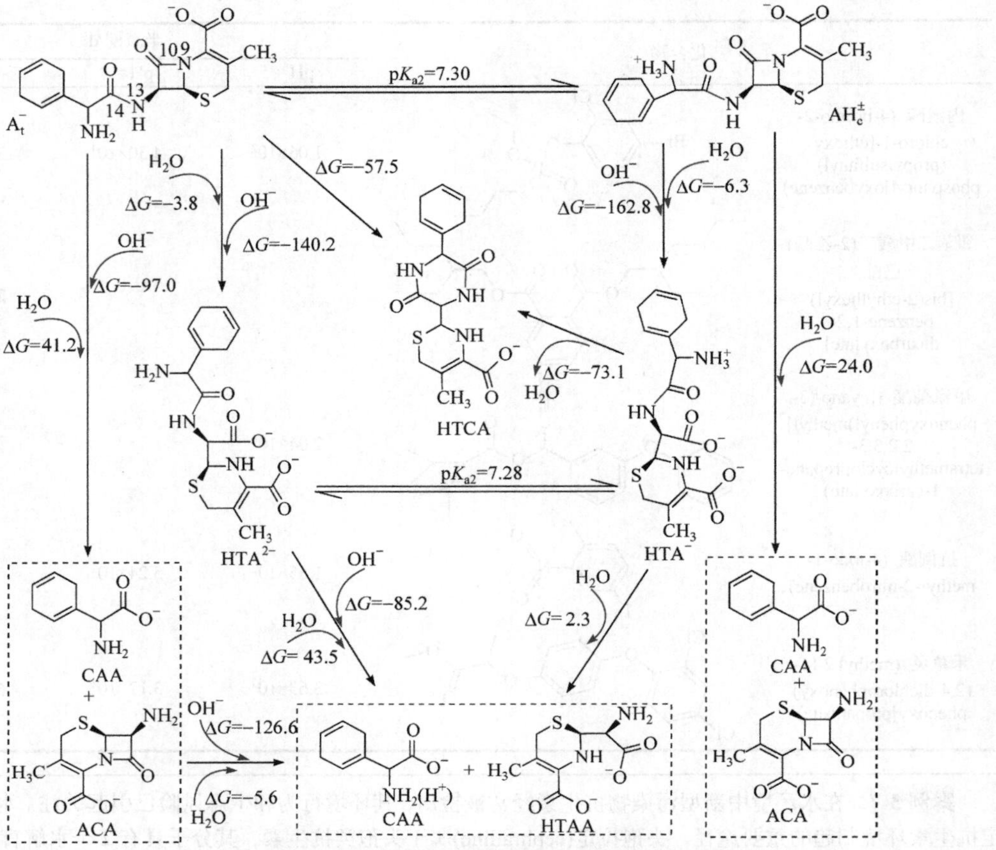

图 3-41 头孢拉定可能的水解路径及其吉布斯自由能
(Potential hydrolysis pathways and the corresponding Gibbs free energies)
ΔG 为反应的吉布斯自由能变，kJ·mol^{-1}
(ΔG is the difference of Gibbs free energy of products and reactants，kJ·mol^{-1})

3.3.3 活性物种引发的氧化降解

在大气和水体中，自由基(free radical)或活性氧(reactive oxygen species，ROS)是导致污染物氧化降解的重要活性物种。自由基是指具有不成对电子的原子和分子碎片，其对外来电子有很强的亲和力，能起强氧化剂的作用。凡有自由基生成或由其诱发的反应都称为自由基反应。ROS 是机体内或自然环境中含氧并且性质活泼的物质的总称，包括羟基自由基(hydroxyl radical，·OH)、单线态氧分子(singlet oxygen，$^1O_2$)、臭氧分子(ozone，O_3)、超氧阴离子自由基(superoxide，O_2^-)、氢过氧自由基(hydroperoxyl radical，·HO_2)和过氧化氢(hydrogen peroxide，H_2O_2)等。自由基或 ROS 主要通过光化学过程生成，也可以通过一些暗过程(如还原性 DOM 和金属的氧化反应)生成。自由基或 ROS 大多具有高反应活性，能够参与许多有机污染物的氧化降解过程，因此在环境污染控制技术中得到了广泛的应用。

1. 羟基自由基(·OH)

·OH 是一种具有高反应活性、弱选择性的活性物种，能够氧化多种有机物分子。在大气中，·OH 是最重要的氧化剂，可以将许多痕量有机污染物转化为水溶性的物质，然后通过雨洗效应从对流层中去除，因此·OH 被称为"大气的清洁剂"。在水环境中，有机污染物与·OH 的反应也是其重要的去除途径。大气和水环境中·OH 的来源和反应机制有所区别。

1) 大气和水环境中·OH 的来源

·OH 在全球大气中的平均浓度约为 9.7×10^5 mol·cm^{-3}。一般高温有利于·OH 的形成，所以·OH 的时空分布是：夏天多于冬天，白天多于夜间，低纬度地区浓度更高。理论计算的·OH 浓度南半球比北半球高约 20%，这也是因为南半球的平均温度比北半球高。清洁大气中·OH 的天然来源主要是 O_3 的光解离。平流层中 O_3 吸收的主要是波长小于 290 nm 的紫外光，对流层中的 O_3 可以吸收波长在 290～400 nm 的光并发生光解：

$$O_3 \xrightarrow{h\nu} O + O_2$$

$$O + H_2O \longrightarrow 2 \cdot OH$$

污染大气中，亚硝酸和过氧化氢的光解也可能是·OH 的重要来源：

$$HNO_2 \xrightarrow{h\nu} \cdot OH + NO$$

$$H_2O_2 \xrightarrow{h\nu} 2 \cdot OH$$

水环境中的·OH 主要通过复杂的光化学反应生成。天然水体中，H_2O_2 是·OH 的主要来源，硝酸盐、亚硝酸盐的直接光解也是·OH 的重要来源。硝酸盐和亚硝酸盐吸收波长大于 290 nm 的紫外光，进而光解产生·OH：

$$NO_3^- \xrightarrow{h\nu} \cdot NO_2 + O^- \cdot$$

$$NO_2^- \xrightarrow{h\nu} \cdot NO + O^- \cdot$$

$$O^- \cdot + H^+ \xrightarrow{h\nu} \cdot OH$$

2) ·OH 降解有机污染物的动力学和反应机制

气相/水相中有机污染物与·OH 的反应过程一般遵循二级反应动力学，即

$$-\frac{d[P]}{dt} = k_{OH}[P][\cdot OH] \tag{3-133}$$

式中，k_{OH} 为污染物 P 与·OH 反应的二级速率常数(L·mol^{-1}·s^{-1})；[P]和[·OH]分别为污染物和·OH 的浓度(mol·L^{-1})。如果在某自然环境或工程体系中，[·OH]能维持稳态浓度近似不变，则污染物 P 的·OH 降解反应可表示为表观一级反应动力学：

$$-\frac{d[P]}{dt} = k_{OH}[P][\cdot OH] = k_{app}[P] \tag{3-134}$$

$$t_{1/2} = \frac{\ln 2}{k_{app}} = \frac{\ln 2}{k_{OH}[\cdot OH]} \tag{3-135}$$

【例 3-2】　假设环丙沙星(CIP)在近岸海水中的降解以直接光解和·OH 反应为主。海水中·OH 的稳态浓度[·OH] = 10^{-15} mol·L^{-1}，CIP 的直接光解速率常数 $k_d = 0.3$ h^{-1}，CIP 与·OH 的反应速率常数 $k_{OH} = 2.15 \times 10^{10}$ L·mol^{-1}·s^{-1}。求 CIP 的表观降解速率常数 k_{app} 和半减期 $t_{1/2}$。

解　已知 CIP 与·OH 的反应速率常数

$$k_{OH} = 2.15 \times 10^{10} \text{ L·mol}^{-1} \cdot \text{s}^{-1}$$

则 CIP 仅参与·OH 反应的表观降解速率常数为

$$k_{OH,app} = k_{OH}[\cdot OH] = 2.15 \times 10^{-5} \text{ s}^{-1} = 0.077 \text{ h}^{-1}$$

所以　　　　$k_{app} = k_{OH,app} + k_d = 0.377$ h^{-1}，$t_{1/2} = \ln 2/k_{app} = 1.84$ h

气相和水相中有机污染物与·OH 的二级反应速率常数(k_{OH})是表征有机污染物在环境中持久性和归趋的重要参数。k_{OH} 的实验测定方法可分为直接测定法和间接测定法。直接测定法包括闪光光解法(flash photolysis，FP)、脉冲激光光解法(pulsed laser photolysis，PLP)、共振荧光法(resonance fluorescence，RF)等。间接测定法(也称为相对速率法)需要 k_{OH} 已知，且结构与待测化合物相似的化合物作为参比化合物，然后根据如下关系式计算出待测化合物的 k_{OH} 值。

$$k_{OH,P} = \frac{k_P}{k_R} \times k_{OH,R} = \frac{\ln([P]_t/[P]_0)}{\ln([R]_t/[R]_0)} \times k_{OH,R} \tag{3-136}$$

式中，$k_{OH,P}$ 和 $k_{OH,R}$ 分别为污染物 P 和参比化合物 R 与·OH 反应的二级速率常数(L·mol^{-1}·s^{-1})；k_P 和 k_R 分别为污染物 P 和参比化合物 R 的表观降解速率常数(s^{-1})。

至今通过实验手段测得了 1600 余种有机化合物的气相 k_{OH} 值(范围为 10^{-16} ~ 10^{-9} cm^3·mol^{-1}·s^{-1})和 1000 余种有机化合物的水相 k_{OH} 值(范围为 10^7 ~ 10^{10} L·mol^{-1}·s^{-1})，一些代表性有机化合物的 k_{OH} 范围如图 3-42 和图 3-43 所示。

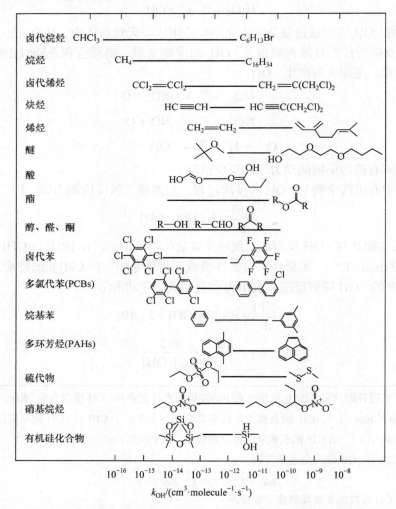

图 3-42　代表性有机污染物与羟基自由基气相反应速率常数(k_{OH})的分布(Schwarzenbach et al.，2017)
[Distribution of gaseous rate constants of representative organic compounds reacting with hydroxyl radicals (k_{OH})]

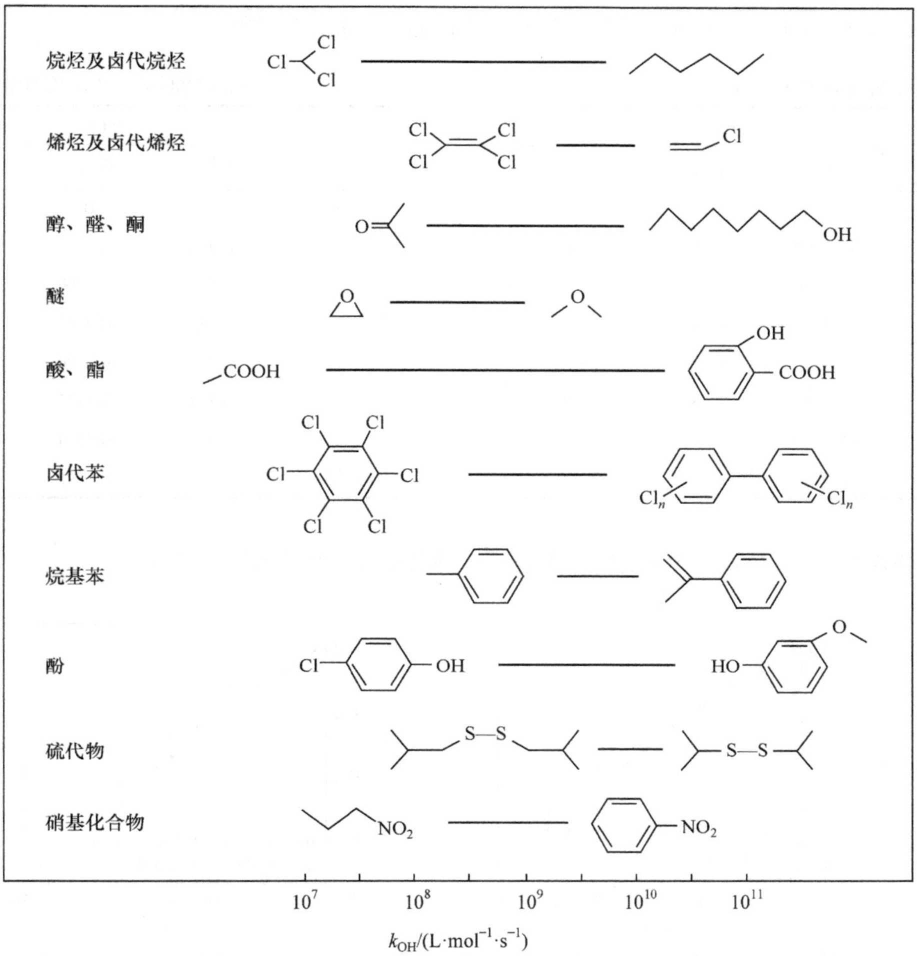

图 3-43　代表性有机污染物与羟基自由基水相反应速率常数(k_{OH})的分布(Schwarzenbach et al.，2017)
[Distribution of aqueous rate constants of representative organic compounds reacting with hydroxyl radicals (k_{OH})]

【例 3-3】　通过竞争动力学法，测定磺胺嘧啶(sulfadiazine)的·OH 反应速率常数 $k_{OH,P}$。以苯乙酮 (acetophenone，$k_{OH,R}=5.9\times10^9\,L\cdot mol^{-1}\cdot s^{-1}$)为参比化合物。采用高效液相色谱，测得反应过程中磺胺嘧啶 和苯乙酮在不同时刻的峰面积如下所示，求磺胺嘧啶的 $k_{OH,P}$。

3 组平行实验中磺胺嘧啶在 t 时刻的峰面积

t/min	A_t		
	平行 1	平行 2	平行 3
0	1371	1408	1396
3	1335	1346	1320
6	1302	1287	1289
9	1261	1250	1253
12	1196	1214	1213
15	1150	1170	1168
20	1084	1092	1095
25	1020	1023	1025

3 组平行实验中苯乙酮在 t 时刻的峰面积

t/min	A_t		
	平行 1	平行 2	平行 3
0	408	425	422
3	386	395	391
6	364	370	369
9	350	344	345
12	324	328	327
15	298	292	298
20	269	269	270
25	239	238	237

解　$\ln(c_t/c_0) = \ln(A_t/A_0)$，磺胺嘧啶和苯乙酮随时间 t 的浓度变化如下所示：

磺胺嘧啶随时间 t 的浓度变化			
t/min	$\ln(c_t/c_0)$		
	平行 1	平行 2	平行 3
0	0	0	0
3	−0.0267	−0.045	−0.0558
6	−0.0516	−0.0905	−0.0799
9	−0.0831	−0.1195	−0.1077
12	−0.1359	−0.1481	−0.1403
15	−0.1755	−0.1857	−0.1781
20	−0.2342	−0.2546	−0.2425
25	−0.2957	−0.3198	−0.3092

苯乙酮随时间 t 的浓度变化			
t/min	$\ln(c_t/c_0)$		
	平行 1	平行 2	平行 3
0	0	0	0
3	−0.0552	−0.0724	−0.0771
6	−0.1123	−0.138	−0.1345
9	−0.1527	−0.2112	−0.2026
12	−0.2305	−0.2606	−0.2547
15	−0.3129	−0.3757	−0.3486
20	−0.4161	−0.4574	−0.4473
25	−0.5344	−0.5798	−0.5769

以 t 为横坐标，以 $\ln(c_t/c_0)$ 为纵坐标，通过最小二乘法拟合，得到直线如下图所示：

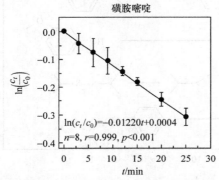

磺胺嘧啶

$\ln(c_t/c_0) = -0.01220t + 0.0004$
$n = 8$, $r = 0.999$, $p < 0.001$

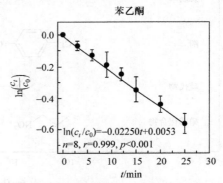

苯乙酮

$\ln(c_t/c_0) = -0.02250t + 0.0053$
$n = 8$, $r = 0.999$, $p < 0.001$

磺胺嘧啶的拟合直线的斜率为−0.01220，苯乙酮的拟合直线的斜率为−0.02250，即 $k_P = 0.01220$ min^{-1}，$k_R = 0.02250$ min^{-1}。已知 $k_{OH,R} = 5.9 \times 10^9$ L · mol^{-1} · s^{-1}，则

$$k_{OH,P} = \frac{k_P}{k_R} \times k_{OH,R} = (0.01220/0.02250) \times 5.9 \times 10^9 \text{ L · mol}^{-1} \cdot \text{s}^{-1} = 3.2 \times 10^9 \text{ L · mol}^{-1} \cdot \text{s}^{-1}$$

基于定量结构-活性关系(quantitative structure-activity relationship，QSAR)模型，也可以预测有机化合物的 k_{OH} 值。例如，应用理论分子结构描述符所构建的 k_{OH} 的 QSAR 模型，可以预测多种有机化合物(含有官能团 $\diagdown$C＝C$\diagup$、—C≡C—、—OH、—CHO、—O—、$\diagdown$C＝O、—COOH、—C≡N、—NH$_2$、—NO$_2$、—SH、—SO$_3$H、—X、—Si 等的化合物)的 k_{OH}，模型去多法内部验证的 $Q_{LMO}^2 = 0.865$，均方根误差(RMSE) = 0.391。

有机污染物与 ·OH 反应大致包含四种途径：·OH 摘取脂肪族 C—H 或 O—H 上的 H；·OH 加成到 C＝C 或 C≡C 上；·OH 加成到芳环上；·OH 与含有 N、P 和 S 的特定基团作用，即

$$\cdot OH + H\text{—}R \longrightarrow \cdot R + H_2O$$

$$\cdot OH + HO\text{—}R \longrightarrow \cdot O\text{—}R + H_2O$$

$$\cdot OH + \diagup C = C \diagdown \longrightarrow \cdot OH\text{—}C = C \diagdown$$

$$\cdot OH + \text{—}C \equiv C\text{—} \longrightarrow \cdot OH\text{—}C \equiv C\text{—}$$

$$\cdot OH + Ar \longrightarrow \cdot OH - Ar$$

$$\cdot OH + N/S/P - R \longrightarrow \cdots$$

案例 3-9　短链氯化石蜡(short chain chlorinated paraffins，SCCPs)是一类具有 POPs 潜在特性的新型有机污染物。由于 SCCPs 气相 k_{OH} 值的缺乏，限制了对其环境持久性的评估。并且，SCCPs 具有成千上万种异构体、对映体和非对映体，难以通过实验逐个测定其 k_{OH} 值。Li 等 (2014)采用密度泛函理论(DFT)方法，计算一些 SCCPs 与 $\cdot OH$ 的 k_{OH} 值，进一步构建 QSAR 模型，有助于解决 SCCPs 的 k_{OH} 值缺失的问题，见图 3-44。

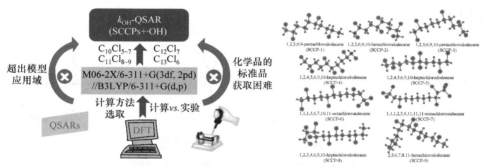

图 3-44　基于密度泛函理论计算短链氯化石蜡与羟基自由基的反应速率常数

(Calculation of reaction rate constants of short chain chlorinated paraffins with $\cdot OH$ based on density functional theory)

延伸阅读 3-12　预测气相中短链氯化石蜡与 $\cdot OH$ 的反应速率常数

Li C, Xie H B, Chen J W, et al. 2014. Predicting gaseous reaction rates of short chain chlorinated paraffins with $\cdot OH$: Overcoming the difficulty in experimental determination. Environmental Science & Technology, 48(23): 13808-13816.

案例 3-10　有机磷酸酯(organophosphate esters，OPEs)是一类具有多种分子结构的重要工业化学品，OPEs 作为阻燃剂和增塑剂被广泛用于各种家用和工业产品中。OPEs 在河水、海水、地下水等水环境中已被检出。因大多 OPEs (尤其是氯化 OPEs)难以发生微生物的降解、水解和直接光解，与 $\cdot OH$ 的反应是影响 OPEs 水环境归趋的重要途径，但 OPEs 的 k_{OH} 值缺乏相关报道。Li 等(2018)通过竞争动力学方法测定了部分 OPEs 的水相 k_{OH} 值，基于实验数据建立了 k_{OH} 的 QSAR 模型，并通过量子化学计算，发展了 k_{OH} 值的预测方法，有助于对 OPEs 水环境持久性的评估(图 3-45)。

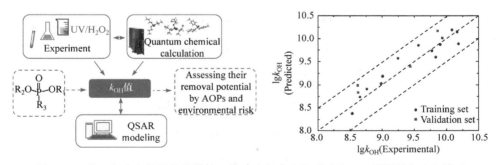

图 3-45　基于实验和量子化学计算，构建水相中有机磷酸酯 k_{OH} 的预测方法和模型

(Development of k_{OH} prediction models based on quantum chemical calculation and experiments)

延伸阅读 3-13　基于实验和模型预测水相中有机磷系阻燃剂和增塑剂与 $\cdot OH$ 的反应速率常数

Li C, Wei G, Chen J, et al. 2018. Aqueous OH radical reaction rate constants for organophosphorus flame retardants and plasticizers: Experimental and modeling studies. Environmental Science & Technology, 52(5): 2790-2799.

3) ·OH 在高级氧化中的应用

近年来,高级氧化技术在水处理等污染控制领域得到了广泛的应用,其通过产生大量活性物种,将污染物氧化成无机物,或将其转化为低毒、易生物降解的物质(von Gunten,2018)。在高级氧化过程中, ·OH 是最重要的一种活性物种。许多高级氧化技术都是基于·OH 氧化降解污染物,如芬顿(Fenton)氧化、光催化氧化、电化学氧化和湿式氧化等(Brillas et al.,2009)。在这些高级氧化技术中,芬顿氧化是目前较常用的一种化学氧化技术,其主要通过芬顿试剂[亚铁离子(Fe^{2+})和 H_2O_2]产生·OH 等活性物种降解污染物。芬顿反应中主要涉及的活性物种反应如图 3-46 所示。

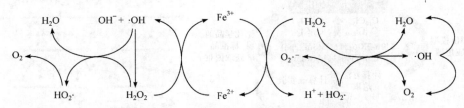

图 3-46 芬顿体系中的活性物种生成反应
(Formation of reactive species in Fenton system)

目前公认的芬顿反应机理主要分为三个步骤(Munoz et al.,2015;Vorontsov,2019),即链的开始(·OH 等活性物种的生成)、链的传递[活性物种之间的反应,以及活性物种与污染物(RH)生成烷基自由基(R·)和过氧烷基自由基(RO_2·)的反应]和链的终止(中间产物的终止反应),反应方程式如下:

链的开始
$$Fe^{2+} + H_2O_2 \longrightarrow Fe^{3+} + \cdot OH + OH^-$$

$$Fe^{3+} + H_2O_2 \longrightarrow Fe^{2+} + HO_2 \cdot + H^+$$

$$HO_2 \cdot \longrightarrow O_2^{\cdot -} + H^+$$

链的传递
$$\cdot OH + H_2O_2 \longrightarrow HO_2 \cdot + H_2O$$

$$H_2O_2 + HO_2 \cdot \longrightarrow O_2 + H_2O + \cdot OH$$

$$H_2O_2 + O_2^{\cdot -} \longrightarrow O_2 + \cdot OH + OH^-$$

$$RH + \cdot OH \longrightarrow R \cdot + H_2O$$

$$R \cdot + O_2 \longrightarrow RO_2 \cdot$$

$$R \cdot + H_2O_2 \longrightarrow ROH + \cdot OH$$

$$R \cdot + Fe^{2+} + H^+ \longrightarrow RH + Fe^{3+}$$

$$R \cdot + Fe^{3+} \longrightarrow R^+ + Fe^{2+}$$

链的终止
$$Fe^{2+} + \cdot OH \longrightarrow Fe^{3+} + OH^-$$

$$Fe^{2+} + HO_2 \cdot + H^+ \longrightarrow Fe^{3+} + H_2O_2$$

$$Fe^{3+} + HO_2 \cdot \longrightarrow Fe^{2+} + O_2 + H^+$$

$$Fe^{2+} + O_2^{\cdot-} + H^+ \longrightarrow Fe^{3+} + H_2O_2$$

$$Fe^{3+} + O_2^{\cdot-} \longrightarrow Fe^{2+} + O_2$$

$$\cdot OH + \cdot OH \longrightarrow H_2O_2$$

$$\cdot OH + \cdot OH \longrightarrow O_2 + H_2O$$

$$HO_2\cdot + HO_2\cdot \longrightarrow O_2 + H_2O_2$$

$$O_2^{\cdot-} + HO_2\cdot + H^+ \longrightarrow O_2 + H_2O_2$$

$$HO_2\cdot + \cdot OH \longrightarrow O_2 + H_2O$$

$$O_2^{\cdot-} + \cdot OH \longrightarrow O_2 + OH^-$$

$$R\cdot + R\cdot \longrightarrow R\!-\!R$$

除此之外，芬顿反应中，Fe^{2+} 和 Fe^{3+} 能够形成 $Fe(OH)_3$，从而絮凝并沉降溶液中溶解的悬浮固体颗粒，还可能形成一些高价态铁物种[Fe(IV)、Fe(V)和 Fe(VI)]，从而氧化降解污染物(Kremer，1999)。

传统的芬顿氧化技术受溶液 pH 的影响较大，一般在 pH = 3 时效果最佳。pH 过低，不利于 Fe^{2+} 与 Fe^{3+} 之间的循环转化，从而影响 $\cdot OH$ 的产量；pH 过高，Fe^{3+} 会形成相对活性较低的 $Fe(OH)_3$，H_2O_2 也开始分解成 O_2 和 H_2O (Brillas et al.，2009)，含铁物种和 H_2O_2 的消耗使 $\cdot OH$ 的产量降低，从而影响整个芬顿体系的氧化效果。

芬顿氧化过程中，Fe^{2+} 和 H_2O_2 的添加量也是影响反应效果的重要因素。若 Fe^{2+} 或 H_2O_2 的浓度过低，则产生的 $\cdot OH$ 较少，对污染物的氧化效果下降。若 Fe^{2+} 或 H_2O_2 的浓度过高，过量的 Fe^{2+} 或 H_2O_2 会与 $\cdot OH$ 反应，使得 $\cdot OH$ 的消耗增加而其利用率下降，造成试剂的浪费和氧化效果的降低。另外，溶液中过高的 Fe^{2+} 浓度还会使 Fe^{3+} 浓度升高，导致出水色度增大、含铁污泥的处理成本升高。

除此之外，反应温度、溶液中的无机离子和氧化产物等都会对芬顿反应产生影响。一般情况下，随着温度的升高，反应速率加快，但是过高的温度会加速 H_2O_2 的分解，降低反应效率(Brillas et al.，2009)。一些无机离子(如 CO_3^{2-}、SO_4^{2-} 和 Cl^-)能够淬灭芬顿体系中的 $\cdot OH$，从而抑制 $\cdot OH$ 的氧化降解反应(Ribeiro et al.，2019)。一些无机离子和氧化产物[如醌、羟基化有机物和羧酸等]能与芬顿体系中的 Fe^{2+} 或 Fe^{3+} 形成稳定的配合物，使其无法催化 H_2O_2 生成 $\cdot OH$，从而降低氧化效果。

芬顿氧化技术具有氧化能力强、操作简单等优点。但是，芬顿试剂受 pH 的限制较大，且在无外界 pH 调节时，反应后的 Fe^{3+} 废液会产生大量含铁污泥，造成 Fe^{2+} 的损失和二次污染(Jiang et al.，2010)。为了克服传统芬顿氧化技术的缺点，近年来，通过与其他物理/化学方法结合，一系列基于芬顿的氧化技术应运而生，如类芬顿(用其他含铁物种或金属离子替代 Fe^{2+} 催化 H_2O_2 生成 $\cdot OH$)、光芬顿、电芬顿、超声-芬顿、微波-芬顿等(Miller et al.，2018)。

【例 3-4】　假设磺胺甲噁唑(sulfamethoxazole)在某废水处理厂高级氧化处理池中的降解以 $\cdot OH$ 反应为主，体系中 $\cdot OH$ 的稳态浓度[$\cdot OH$] = 10^{-13} mol·L^{-1}。某模拟实验中，磺胺甲噁唑随时间 t 的色谱峰面积(A_t，A_{t-c_t})变化如下所示，计算磺胺甲噁唑的 k_{OH}。

3 组平行实验中磺胺甲噁唑在 t 时刻的峰面积

t/min	A_t			t/min	A_t		
	平行 1	平行 2	平行 3		平行 1	平行 2	平行 3
0	1308	1327	1322	12	1080	1059	1070
3	1252	1251	1251	15	1024	993	1019
6	1189	1181	1198	20	944	930	937
9	1128	1113	1127	25	851	829	832

解　$\ln(c_t/c_0) = \ln(A_t/A_0)$，磺胺甲噁唑随时间 t 的浓度变化如下所示。

3 组平行实验中磺胺甲噁唑随时间 t 的浓度变化

t/min	$\ln(c_t/c_0)_1$	$\ln(c_t/c_0)_2$	$\ln(c_t/c_0)_3$	t/min	$\ln(c_t/c_0)_1$	$\ln(c_t/c_0)_2$	$\ln(c_t/c_0)_3$
0	0	0	0	12	−0.192	−0.226	−0.211
3	−0.044	−0.059	−0.055	15	−0.245	−0.290	−0.260
6	−0.095	−0.117	−0.098	20	−0.326	−0.355	−0.344
9	−0.148	−0.176	−0.160	25	−0.430	−0.470	−0.463

以 t 为横坐标，$\ln(c_t/c_0)$ 为纵坐标，通过最小二乘法拟合，得到直线如下：

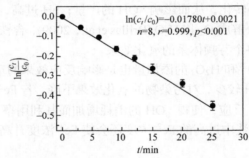

拟合直线的斜率为 −0.01780，即 $k_{app} = 0.01780\ \text{min}^{-1} = 2.967 \times 10^{-4}\ \text{s}^{-1}$，已知体系中 ·OH 的稳态浓度 $[\cdot\text{OH}] = 10^{-13}\ \text{mol} \cdot \text{L}^{-1}$，则 $k_{OH} = k_{app}/[\cdot\text{OH}] = 2.967 \times 10^{9}\ \text{L} \cdot \text{mol}^{-1} \cdot \text{s}^{-1}$。

2. 臭氧(O_3)

O_3 是大气和水中重要的活性氧种。O_3 的标准氧化电位为 2.07 V，在常见的氧化剂中，其氧化能力仅次于氟、原子氧(O)和 ·OH(Legrini et al., 1993)。O_3 是天然大气的重要微量组分，能参与许多大气污染物的降解转化过程，其形成和损耗机制见 1.2.4 小节。在水环境中，O_3 作为一种相对清洁和环境友好的氧化剂，常被用于水处理、消毒等污染控制领域。

1) O_3 与有机污染物的反应机制

O_3 与污染物的反应可分为直接反应和间接反应(von Sonntag and von Gunten, 2012；Paździor et al., 2019)。直接反应是指 O_3 直接氧化降解有机污染物，多在酸性条件下发生。O_3 虽然具有较强的氧化能力，但由于其在水中溶解度较低且选择性较高，其在直接反应中无法将污染物完全矿化，常产生醛、醇及小分子有机酸等副产物。

在 O_3 的分子结构中，中心氧原子带正电，两侧氧原子一个带负电、一个不带电，因此 O_3 既具有亲电性也具有亲核性。O_3 可以与一些含富电子官能团的化合物(如含不饱和键的化合物、胺类和芳香族化合物等)发生亲电反应(Miklos et al., 2018)。在亲电反应中，O_3 带正电的氧原子进攻化合物分子中电子云密度较高的部位,形成臭氧化或羟基化的中间产物,并进一步分解成羰基和羧基化合物及 H_2O。O_3 还可以与含有吸电子基团(如—Cl 和—NO$_2$)的芳香族化合物发生亲核反应。在亲核反应中,O_3 带负电荷的氧原子进攻化合物的缺电子部位,最终生成小分子有机酸等产物。

O_3 的间接反应是指利用 O_3 分解产生的 $\cdot OH$ 等活性物种氧化降解有机污染物。$\cdot OH$ 是此类反应中最重要的氧化剂,其氧化能力高于 O_3,能够有效提升污染物的降解效率。水溶液中,O_3 分解生成 $\cdot OH$ 的过程包含一系列复杂的链式反应,期间会产生 $HO_2 \cdot$、$O_2 \cdot^-$ 等其他活性物种,反应方程式如下:

$$O_3 + OH^- \longrightarrow HO_2^- + O_2$$

$$O_3 + HO_2^- \longrightarrow \cdot OH + O_2 \cdot^- + O_2$$

$$O_3 + O_2 \cdot^- \longrightarrow O_3 \cdot^- + O_2$$

pH<8 时

$$O_3 \cdot^- + H^+ \rightleftharpoons HO_3 \cdot$$

$$HO_3 \cdot \longrightarrow \cdot OH + O_2$$

pH>8 时

$$O_3 \cdot^- \rightleftharpoons O \cdot^- + O_2$$

$$O \cdot^- + H_2O \longrightarrow \cdot OH + OH^-$$

$$O_3 + \cdot OH \longrightarrow HO_2 \cdot + O_2$$

2) O_3 在高级氧化中的应用

臭氧氧化技术是高级氧化过程中常用的一种处理技术,其具有反应迅速、原料易得、工艺流程简单、无二次污染等优点,多用于废水处理和饮用水净化等过程。由于 O_3 单独作为氧化剂降解污染物的矿化效率较低,且受 pH 限制较大(一般需要强碱性条件),近年来,人们在臭氧氧化技术的基础上,通过引入其他物理/化学技术,发展了一系列基于 O_3 的高级氧化技术,如 O_3/H_2O_2、O_3/UV、$O_3/UV/H_2O_2$、$O_3/$电等(Wang and Chen,2020)。

(1) O_3/H_2O_2 高级氧化技术。该技术将 H_2O_2 引入 O_3 体系中,能够显著加快 O_3 分解生成 $\cdot OH$ 的过程,进而提高污染物的去除效率和 O_3 的利用率,但外加的 H_2O_2 增加了能耗,且残余的 H_2O_2 会造成水体的二次污染。在 O_3/H_2O_2 氧化过程中,溶液中的 H_2O_2 会部分解离生成 HO_2^-,HO_2^- 经过一系列链反应生成 $\cdot OH$(Wang and Chen,2020)。部分反应方程式如下:

$$H_2O_2 \longrightarrow HO_2^- + H^+$$

(2) O_3/UV 高级氧化技术。在 UV 辐射下,O_3 与 H_2O 反应产生 H_2O_2,不仅能够加快 O_3 分解生成 $\cdot OH$ 的过程,H_2O_2 也能分解生成 $\cdot OH$(Wang and Chen,2020)。反应方程式如下:

$$O_3 + H_2O \xrightarrow{hv} H_2O_2 + O_2$$

$$H_2O_2 \xrightarrow{hv} 2 \cdot OH$$

(3) $O_3/$电高级氧化技术。该技术将臭氧氧化与电场技术耦合,提高了处理效率且避免了 H_2O_2 在生产、储存、运输、装卸等方面的危险性,但是也存在需要外加能量、设备复杂及电极成本高等问题。其反应机理主要包括三个步骤:在阴极通过电化学还原 O_2 生成 H_2O_2,从而加快 O_3 分解生成 $\cdot OH$ 的过程;O_3 在阴极得到一个电子生成 $O_3 \cdot^-$,并进一步反应生成 $\cdot OH$;H_2O 在一些阳极材料(如金刚石、二氧化锡等)表面直接分解生成 $\cdot OH$(Li C,et al.,2014)。

反应方程式如下：

$$O_2 + 2H^+ + 2e^- \longrightarrow H_2O_2$$

$$O_3 + e^- \longrightarrow O_3\cdot^-$$

$$H_2O \longrightarrow \cdot OH + H^+ + e^-$$

在臭氧氧化过程中，pH、水质、O_3 浓度等因素都会影响污染物的降解效率。例如，溶液 pH 的升高能够增加 O_3 分解产生 $\cdot OH$ 的速率，但过高的 pH 可能会导致碳酸钙沉淀等问题 (Wang and Chen，2020)。水中的腐殖酸、伯醇和甲酸等可以促进 O_3 的分解，而 CO_3^{2-}、HCO_3^- 和叔丁醇等则可以淬灭 $\cdot OH$，抑制链反应增长(Staehelin and Hoigne，1985)。增加 O_3 的浓度，有助于提升污染物的处理效果(Gomes et al.，2017)。

3.4　有机污染物的生物降解

生物降解(biodegradation)通常是指在微生物的作用下，污染物分子结构破坏并分解为简单物质的过程，影响许多污染物在自然和工程环境中的归趋。由于环境微生物的普遍存在，生物降解是一种广泛发生在水体、底泥、土壤中的环境行为，与光化学转化、化学转化并列成为环境中的三大转化行为。在污染控制/修复技术中，生物降解也十分重要。

生物降解可在有氧或无氧的条件下进行，有氧条件的最后产物主要是二氧化碳、水、硝酸盐、硫酸盐、磷酸盐；无氧条件下的最后产物是氨、硫化氢和有机酸等。有机物如果被降解成 CO_2、H_2O 等简单无机化合物，则为彻底降解，否则为不彻底降解。本节重点介绍生物降解相关的重要概念，介绍生物降解两种代谢模式的动力学描述。

3.4.1　生物降解代谢模式

生物降解存在两种代谢模式：生长代谢(growth metabolism)和共代谢(co-metabolism)。

1. 生长代谢

某些有机污染物像天然有机化合物那样，可作为微生物生长的碳源，微生物可以对有机污染物进行彻底的降解和矿化，这种代谢方式称为生长代谢。生长代谢一般有一个滞后期。当化合物作为唯一碳源时，通常用莫诺(Monod)方程描述化合物的降解速率：

$$-\frac{dc}{dt} = \frac{1}{Y_d} \cdot \frac{V_{max}[B]c}{K_s + c} \tag{3-137}$$

式中，c 为有机污染物的浓度；$[B]$ 为微生物浓度；Y_d 为消耗一个单位碳所产生的生物量；V_{max} 为最大比生长速率；K_s 为半饱和常数，即在 V_{max} 一半时的基质浓度。

当 $c \ll K_s$ 时，莫诺方程也可以转化为二级动力学方程，即

$$-\frac{dc}{dt} = k_2[B]c \tag{3-138}$$

$$k_2 = \frac{V_{max}}{Y_d K_s} \tag{3-139}$$

莫诺方程已经成功地应用于唯一碳源的基质转化速率，而不论细菌的菌株是单一的细菌菌株还是混合的种群。例如，用不同来源的菌株，以马拉硫磷作为唯一碳源进行生物降解，分析菌株生长的情况和马拉硫磷的转化速率，可以得到莫诺方程中的各种转化参数：$V_{max} = 0.37\,h^{-1}$，$K_s = 2.17\,\mu mol \cdot L^{-1}$ ($0.716\,mg \cdot L^{-1}$)，$Y_d = 4.1 \times 10^{10}\,cell \cdot \mu mol^{-1}$ ($1.2 \times 10^{11}\,cell \cdot mg^{-1}$)。当用不同浓度 ($0.027 \sim 0.33\,\mu mol \cdot L^{-1}$) 的马拉硫磷进行实验，测得的速率常数为 $(2.6 \pm 0.7) \times 10^{-12}\,L \cdot (cell \cdot h)^{-1}$，而按上述参数计算出的 $V_{max}/Y_d K_s$ 值为 $4.16 \times 10^{-12}\,L \cdot (cell \cdot h)^{-1}$，两者处于同一数量级，这说明可以在浓度很低的情况下建立简化的动力学表达式(3-138)。

但是如果将式(3-137)用于广泛的生态系统，理论上是行不通的。在实际环境中被研究的化合物并非微生物的唯一碳源。一个天然微生物群落总是从各式各样的有机碎屑物质中获取能量并降解它们。在这种情况下，Y 的概念就失去了意义。此时，通常用简单的一级动力学方程表示：

$$-\frac{dc}{dt} = k_b c \tag{3-140}$$

式中，k_b 为微生物降解速率常数。

2. 共代谢

如果某有机污染物本身不能作为微生物生长的唯一碳源和能源，必须有另外的化合物存在并提供微生物生长所需的碳源和能源时，该有机物才能被降解，这种现象称为共代谢。与生长代谢相比，共代谢没有滞后期，降解速率比生长代谢慢，不提供微生物能量，不影响微生物种群的数量。其动力学可表示为

$$-\frac{dc}{dt} = k_{b2}[B]c \tag{3-141}$$

式中，k_{b2} 为二级生物降解速率常数。

通常微生物种群不依赖共代谢速率，因而微生物降解速率常数可用 $k_b = k_{b2}[B]$ 表示，从而使上式简化为一级动力学方程。用上述二级生物降解速率常数的文献值时，需要估计细菌种群的多少，不同的细菌计数方法可能使结果产生高达几个数量级的差别，因此根据用于计算 k_{b2} 的同一方法来估算[B]值非常重要。

3.4.2 有机污染物的微生物降解途径

有机污染物微生物降解途径的每一步都是由细胞产生的特定的酶所催化的，所以生物体酶的种类、化合物的结构特性和外界环境因素(氧和有机质含量、温度、pH、盐度等)对微生物降解有机物都存在一定的影响。有机物的生物降解一般都包含一系列连续反应，转化途径多种多样，下面就典型的有机污染物的微生物降解途径加以介绍。

1. 耗氧性有机污染物的微生物降解

耗氧性有机污染物是指生物残体、废水和废弃物中的糖类、脂肪和蛋白质等易被生物降解的有机物质。耗氧性有机污染物的微生物降解，广泛地发生于水体和土壤之中。其有氧分解的反应式可表示为

$${CH_2O} + O_2 \xrightarrow{\text{微生物}} CO_2 + H_2O$$

1) 糖类的微生物降解

糖类通式为 $C_x(H_2O)_y$，分为单糖、二糖和多糖三类。它们的微生物降解基本途径及产物如表 3-12 所示。

表 3-12　糖的类别及其微生物降解方式
(Classification of carbohydrates and their microbial degradation patterns)

类别	通式	实例	微生物转化方式	转化产物
单糖	$C_5H_{10}O_5$；$C_6H_{12}O_6$	戊糖：木糖、阿拉伯糖；己糖：葡萄糖、半乳糖、甘露糖、果糖	酵解	丙酮酸
二糖	$C_{12}H_{22}O_{11}$	蔗糖、麦芽糖、乳糖	水解	单糖
多糖	$(C_6H_{10}O_5)_n$	淀粉、纤维素与半纤维素	水解	二糖、单糖(以葡萄糖为主)

在表 3-12 中，酵解反应是指单糖在微生物细胞内，无论是有氧氧化还是无氧氧化条件，都可经过相应的一系列酶促反应形成丙酮酸。例如，葡萄糖酵解的总反应为

$$C_6H_{12}O_6 + 2NAD^+ \longrightarrow 2CH_3COCOOH + 2NADH + 2H^+$$

单糖酵解生成的丙酮酸，在有氧氧化条件下通过酶促反应转化成乙酰辅酶 A，总反应为

$$CH_3COCOOH + NAD^+ + CoASH \longrightarrow CH_3COSCoA + NADH + H^+ + CO_2$$

乙酰辅酶 A 与草酰乙酸经酶促反应，转变成柠檬酸，反应式为

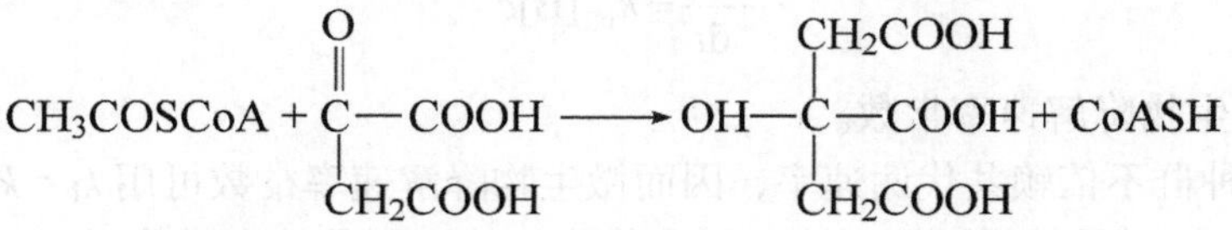

柠檬酸通过图 3-47 的循环酶促反应途径，形成草酰乙酸，与上述丙酮酸持续生成的乙酰辅酶 A 反应转变成柠檬酸，再进行新一轮的循环转化。这种生物转化的循环途径称为三羧酸循环或柠檬酸循环，简称 TCA 循环。

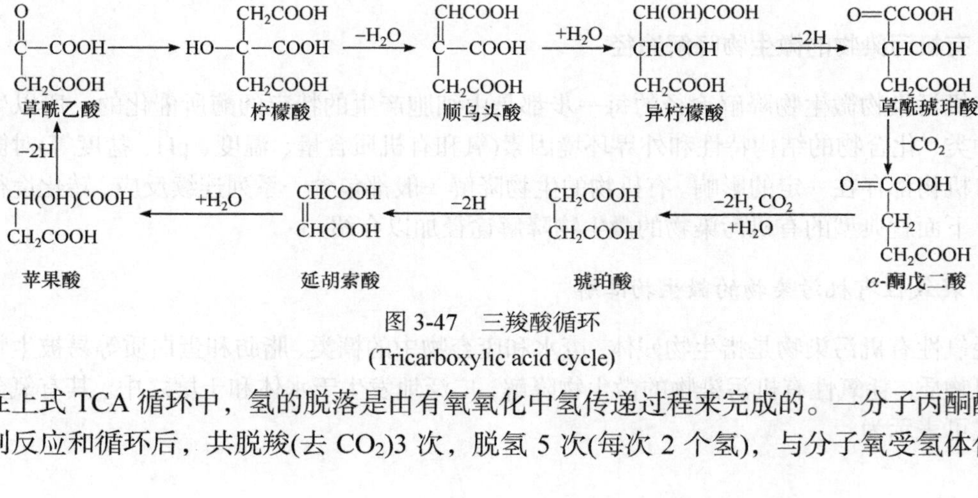

图 3-47　三羧酸循环
(Tricarboxylic acid cycle)

在上式 TCA 循环中，氢的脱落是由有氧氧化中氢传递过程来完成的。一分子丙酮酸经过一系列反应和循环后，共脱羧(去 CO_2)3 次，脱氢 5 次(每次 2 个氢)，与分子氧受氢体化合共

生成 5 个水分子，而过程中其他转变所需净水分子数为 3 个。因此，丙酮酸被完全氧化，总反应为

$$CH_3COCOOH + 2.5O_2 \longrightarrow 2H_2O + 3CO_2$$

在无氧氧化条件下，丙酮酸通过酶促反应，往往以其本身作为受氢体而被还原为乳酸，或以其转化的中间产物作受氢体，发生不完全氧化生成低级的有机酸、醇及 CO_2 等，反应如下：

$$CH_3COCOOH + 2[H] \xrightarrow[\text{乳酸菌}]{\text{厌氧}} CH_3CH(OH)COOH$$

$$CH_3COCOOH \longrightarrow CO_2 + CH_3CHO$$

$$CH_3CHO + 2[H] \longrightarrow CH_3CH_2OH$$

$$CH_3COCOOH + 2[H] \xrightarrow[\text{酵母菌}]{\text{兼性厌氧}} CO_2 + CH_3CH_2OH$$

综上，糖类通过微生物作用，在有氧氧化条件下能被完全氧化为 CO_2 和 H_2O，降解彻底；在无氧氧化条件下通常氧化不完全、不彻底，生成简单有机酸、醇及 CO_2 等。无氧氧化过程因有大量简单有机酸生成，体系 pH 下降，属于酸性发酵；发酵的具体产物取决于产酸菌种类和外界条件。

2) 脂肪的微生物降解

脂肪是由脂肪酸和甘油合成的酯。常温下呈固态的是脂，多来自动物；而呈液态的是油，多来自植物。微生物降解脂肪的基本途径如图 3-48 所示。

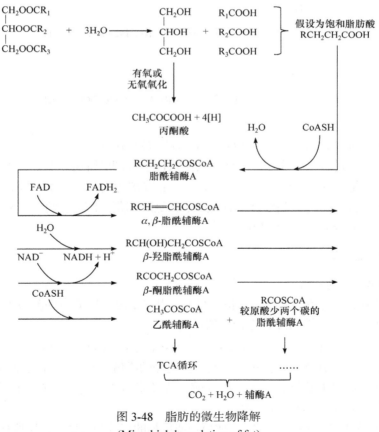

图 3-48　脂肪的微生物降解
(Microbial degradation of fat)

　　在脂肪降解过程中，共包括四个基本的过程：脂肪水解成脂肪酸和甘油；甘油转化为丙酮酸；有氧氧化条件下饱和脂肪酸通过酶促 β-氧化途径变成脂酰辅酶 A 和乙酰辅酶 A；脂酰辅酶 A 和乙酰辅酶 A 最终氧化成 CO_2 和 H_2O，并使辅酶 A 复原。此外，在无氧氧化条件下，脂肪酸通过酶促反应，往往以其转化的中间产物作受氢体而被不完全氧化，转化为低级的有机酸、醇和 CO_2 等。

　　综上，脂肪通过微生物作用，在有氧氧化条件下彻底降解，形成 CO_2 和 H_2O；而在无氧氧化条件下，常进行酸性发酵，形成简单有机酸、醇和 CO_2 等，为不彻底降解。

　　3) 蛋白质的微生物降解

　　蛋白质是一类由氨基酸通过肽键联结成的大分子化合物，其中 α-氨基酸有 20 多种。微生物降解蛋白质的基本途径如下：蛋白质由胞外水解酶催化水解形成氨基酸；氨基酸在有氧氧化或无氧氧化条件下，脱氨脱羧成脂肪酸。其中氨基酸脱氨脱羧形成脂肪酸的反应可以表示为

$$R-\underset{\underset{H}{|}}{\overset{\overset{NH_2}{|}}{C}}-COOH + H_2O \xrightarrow{\text{有氧氧化}} R-\underset{\underset{H}{|}}{\overset{\overset{OH}{|}}{C}}-COOH + NH_3$$

$$R-\underset{\underset{H}{|}}{\overset{\overset{NH_2}{|}}{C}}-COOH + O_2 \xrightarrow{\text{有氧氧化}} RCOOH + NH_3 + CO_2$$

$$R-\underset{\underset{H}{|}}{\overset{\overset{NH_2}{|}}{C}}-COOH + 2[H] \xrightarrow{\text{无氧氧化}} RCH_2COOH + NH_3$$

$$RH_2C-\underset{\underset{H}{|}}{\overset{\overset{NH_2}{|}}{C}}-COOH \xrightarrow{\text{无氧氧化}} RCH=CHCOOH + NH_3$$

上述生成的各种脂肪酸继续转化，反应式及最终产物如前所述。

　　综上，蛋白质通过微生物作用，在有氧氧化条件下可彻底降解，生成 CO_2、H_2O 和 NH_3 或 NH_4^+；而在无氧氧化条件下，通常酸性发酵，不彻底降解为简单有机酸、醇和 CO_2 等。值得注意的是，蛋白质中含有硫的氨基酸有半胱氨酸、胱氨酸和蛋氨酸，它们在有氧氧化条件下可形成硫酸，在无氧氧化条件下还有 H_2S 产生。

　　2. 烃类的微生物降解

　　1) 脂肪烃的微生物降解

　　烷烃与自然界普遍存在的脂肪酸、植物蜡结构相似，因此环境中许多微生物利用直链烷烃作为唯一碳源和能源。甲烷的降解途径一般认为是

$$CH_4 \rightarrow CH_3OH \rightarrow HCHO \rightarrow HCOOH \rightarrow CO_2 + H_2O$$

　　烃类微生物降解以有氧氧化占绝对优势。正烷烃的降解途径大致有三种：通过烷烃的末端氧化、亚末端氧化或双末端氧化，逐步生成醇、醛及脂肪酸，而后经 β-氧化进入 TCA 循环，并彻底被矿化为二氧化碳和水(图 3-49)。

　　中等链长的直链脂肪烃(10～18 个 C)比更短或更长的直链脂肪烃更容易被利用，因为随着碳链增长溶解度降低，而短链的脂肪烃虽然溶解度较高但是易溶解于细胞膜中而对细胞具有毒性。

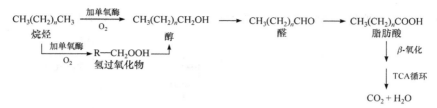

图 3-49　烷烃的微生物降解途径

(Microbial degradation pathway of alkanes)

2) 对烯烃的生物降解

对烯烃的生物降解性研究主要是以单烯为代表。研究表明烯烃和烷烃具有相当的生物降解速率。烯烃的微生物降解途径主要是对末端或亚末端甲基的氧化攻击,攻击方式类似于烷烃,或者是攻击双键产生伯醇、仲醇和环氧化物。这些最初的产物又会被进一步氧化生成伯脂肪酸,像烷烃一样经 β-氧化被降解,进入 TCA 循环,并被降解为二氧化碳和水(图 3-50)。

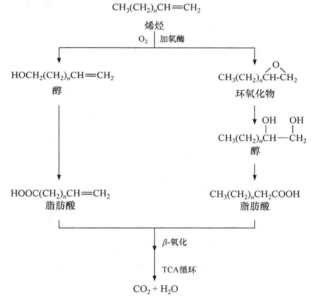

图 3-50　烯烃的微生物降解途径

(Microbial degradation pathway of alkenes)

3) 芳香烃的微生物降解

大量的真菌和细菌能够在各种环境条件下部分或完全转化芳香烃化合物。在好氧条件下,普遍的初始转化是在加单氧酶和加双氧酶的催化作用下,芳环羟基化生成儿茶酚;然后在第二个加双氧酶的作用下,儿茶酚的环被打开,两个羟基之间打开为邻位途径,在一个羟基的下一个位置打开为间位途径;此后,进一步反应直至完全降解(图 3-51)。烷基化的芳香烃衍生物,首先是苯环或者烷基碳链被氧化,碳链经 β-氧化后按照碳原子数目的不同生成相应的苯甲酸或苯乙酸。然后是羟基化作用和开环(图 3-52)。

萘、蒽、菲等二环和三环的芳香化合物,其生物降解先经过在单加氧酶作用在内的若干步骤生成双酚化合物,再在双加氧酶作用下逐一开环形成侧链,然后转化成儿茶酚,再进一步矿化成二氧化碳和水。

一般来说,饱和脂肪烃和烯烃的降解性相当,中等链长的直链脂肪烃更容易被利用,烃的支链和卤素取代基会降低生物降解性。而芳烃较难生物降解，多环芳烃更难。

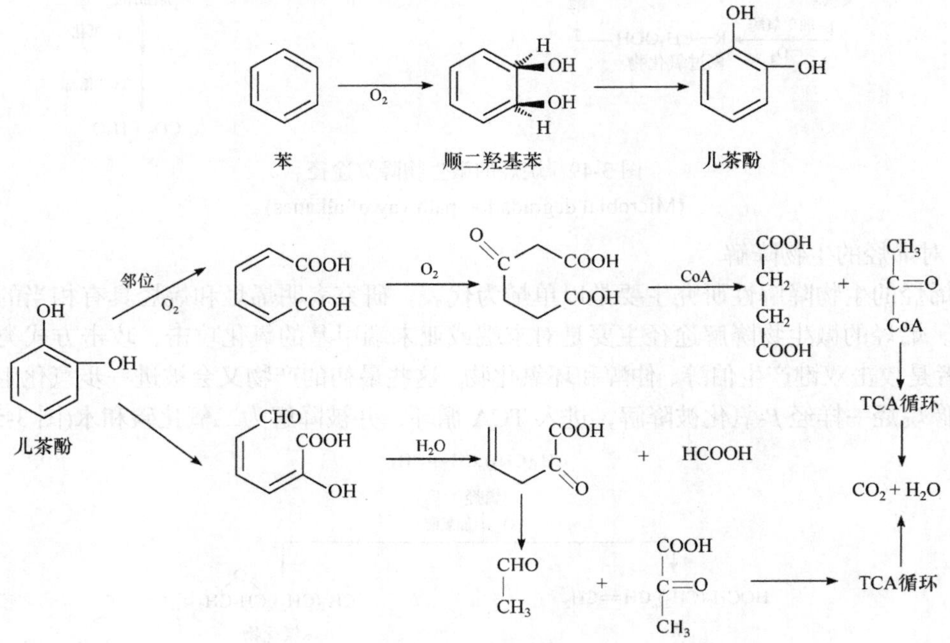

图 3-51 苯的微生物降解途径
(Microbial degradation pathway of benzene)

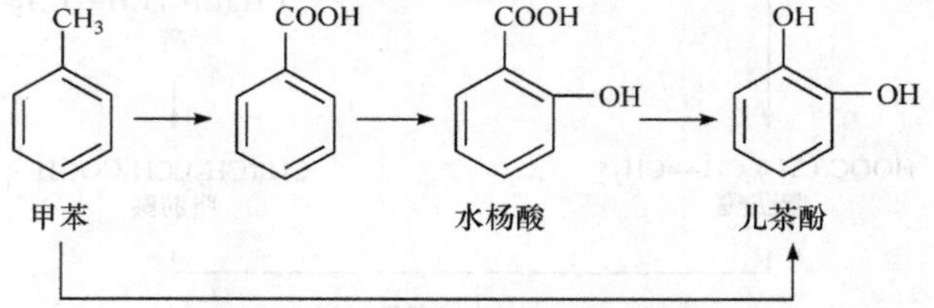

图 3-52 甲苯的微生物降解途径
(Microbial degradation pathway of toluene)

3. 难降解性有机污染物的微生物降解

难降解性有机污染物是指在一般自然环境中，不能被普通微生物部分降解或完全降解，或者在任何环境条件下不能以足够快的速度降解以阻止自身环境累积的有机污染物。一般认为，难降解性有机物具有 4 个基本特性：①长期残留性，即一旦被排放到环境中，它们难以分解，因此可以在水体、土壤和底泥等环境介质中存留数年或更长的时间。②生物蓄积性，即难降解性有机物一般具有低水溶性、高脂溶性的特征，能够在生物脂肪中蓄积。③半挥发性，很多难降解性有机物具有半挥发性，可以在大气环境中远距离迁移。④高毒性，对人和动物一般具有毒性作用，有的可以导致生物内分泌紊乱、生殖及免疫功能失调，有的甚至会引发癌症等严重疾病。

难降解性有机污染物很多，如有些多环芳烃、卤代烃、杂环类化合物、有机氰化物、有机磷农药、表面活性剂、有机染料等。下面介绍几种典型难降解性有机污染物的微生物降解过程。

1) 多环芳烃的微生物降解

PAHs 在环境中是一种极为稳定的难降解性物质，尽管如此，由于其在环境中分布的广泛性，经过适应和诱导产生了一些环境微生物，可以对 PAHs 进行代谢分解，甚至矿化，而且厌氧环境和好氧环境微生物都能降解 PAHs。在好氧环境中，微生物对 PAHs 的降解首先是产生加氧酶，并且 PAHs 的降解取决于微生物产生加氧酶的能力。一般而言，一种微生物所产生的加氧酶只适合于一种或几种 PAHs，所以环境中不同 PAHs 的降解必须依赖于环境中多种微生物的共同参与。环境中的丝状菌一般产生单加氧酶，该酶将单个氧原子加入 PAHs 分子中，形成一种新的羟基化的化合物，这是 PAHs 降解的第一步，也是很重要的一步。细菌类主要产生双加氧酶，双加氧酶将两个氧原子加入到 PAHs 分子中，生成双氧乙烷，进一步氧化生成双氢乙醇，再被继续氧化形成儿茶酸和龙胆酸等。

　　PAHs 在环境中的降解速率主要受第一步加氧酶活性的控制。加氧酶使苯环加氧的后续过程基本上不积累中间产物，说明加氧过程对全过程的控制作用。PAHs 降解至苯环开裂时所产生的降解产物就有一部分被用来合成微生物自身的生物量，并产生 CO_2 和 H_2O 等。图 3-53 是土壤中假单胞杆菌对菲的降解代谢过程。

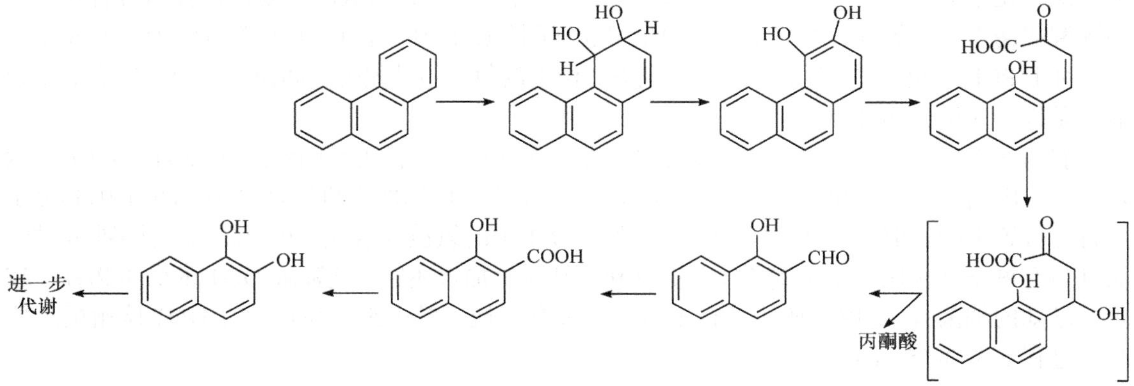

图 3-53　假单胞杆菌对菲的微生物降解途径

(Microbial degradation pathways for biodegradation of phenanthrene by pseudomonas)

　　以上是好氧环境中微生物对 PAHs 的降解。此外，在还原性环境中，同样存在 PAHs 的降解。在反硝化条件下，以硝酸盐作为电子受体。而在硫酸盐还原条件下，以硫酸盐作为电子受体，可降解萘、菲和一些蒽的同系物等。

　　2) 多氯联苯的微生物降解

　　PCBs 性质稳定，可降解 PCBs 的微生物种类很少。在自然条件下或人工实验条件下，PCBs 的生物降解过程大多是共代谢，这表明环境的复杂性、环境基质的异质性和环境微生物的多样性，是降解 PCBs 类化合物的重要基础。

　　PCBs 分子中含氯越多，越难生物降解。生物降解卤代化合物时，先进行还原脱卤。PCBs 分子中含氯原子越多，需要经过的脱氯过程越多，分子中含氯原子越多，脱氯的难度越大。研究 PCBs 混合物发现，混合 PCBs 含氯量在 42% 以下时可在 48 h 内经生物降解而明显减少；而含氯量达 54% 时，PCBs 几乎不被生物所降解。图 3-54 显示了 PCBs 在环境中的一种微生物降解途径。

　　3) 五氯酚(pentachlorophenol, PCP)的微生物降解

　　卤代酚具有很大的毒性，特别是氯代酚类的化合物。PCP 作为除草剂、防腐剂或黏胶添加剂，被大量生产和使用。许多国家和地区都发现较严重的 PCP 污染。PCP 既可以被微生物好氧降解，也可以被缺氧降解。研究发现，假单胞杆菌 *Pseudomonas* sp. CS5 在好氧条件下可以对 PCP 进行有效的降解。在缺氧条件下，PCP 的邻位氯较容易脱除。例如，PCP 经过厌氧污泥处理，首先脱氯形成 3, 4, 5-三氯酚，即与羟基相邻的 2 位和 6 位上的氯先行被脱除，然后

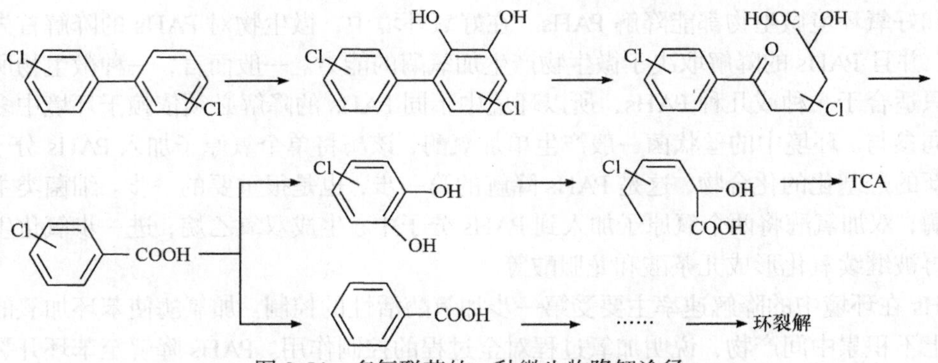

图 3-54　多氯联苯的一种微生物降解途径
(Microbial degradation pathway of polychlorinated biphenyls)

再依次转化生成 3, 5-二氯酚和 3-氯酚，最终氯全部被脱除，形成的苯酚遵循普通芳香化合物的降解代谢途径。另外，3, 4, 5-三氯酚也可脱除间位(3 位和 5 位)上的两个氯原子，形成 4-氯酚。对于 PCP，邻位上氯脱除后，是先脱除对位上的氯，还是先脱除间位上的氯，这取决于脱氯的条件，如微生物种类等。

　　农药的微生物降解。农药是进入环境的非点源污染物，代表性的农药如 DDT、2,4-D、六六六、艾氏剂、狄氏剂和异狄氏剂等。DDT 曾经是广泛使用的有机氯杀虫剂。DDT 因其分子中特定位置上的氯取代而变得特别稳定，如果分子中的氯被氢取代，可以增加其生物降解性。而且与有氧条件相比，在无氧条件下更有利于其脱氯加氢还原，能降解 DDT 的微生物种类较多，已知的细菌有 12 属，放线菌有 1 属，真菌有 2 属。其中细菌和真菌对 DDT 降解的还原脱氯过程如图 3-55 所示。

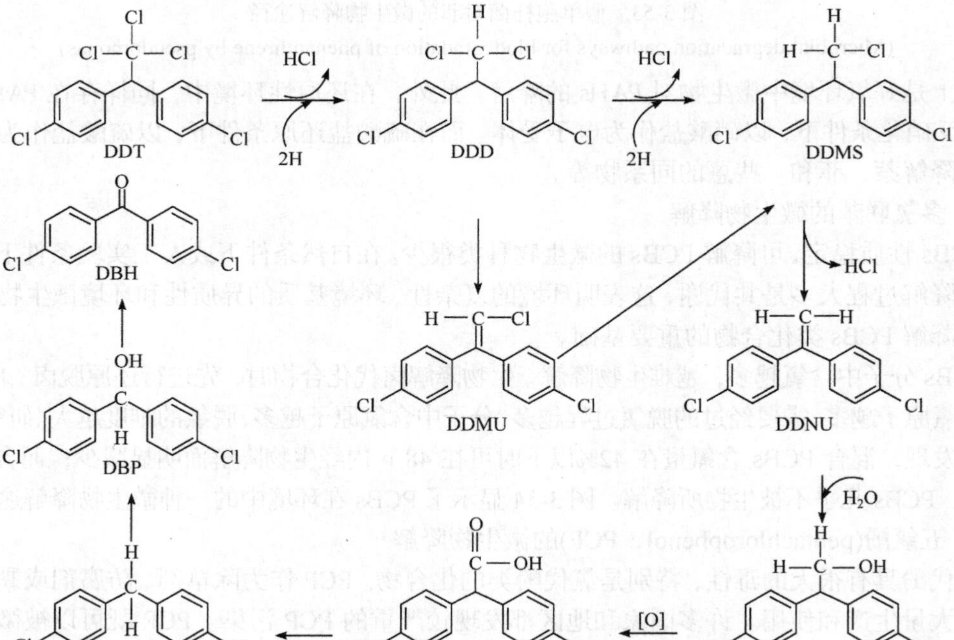

图 3-55　DDT 的微生物降解途径(Aislabie et al., 1997)
(Microbial degradation pathway of DDT)

3.4.3　部分非金属和金属的微生物转化

1. 氮的微生物转化

氮元素在整个生物界中处于重要的地位，自然界氮元素存在形式主要有以下三种：空气中的分子氮；生物体内的蛋白质、核酸以及生物残体变成的有机氮化合物；铵盐、亚硝酸盐、硝酸盐等无机氮化合物。在生物的协同作用下，三种形式的氮互相转化，构成氮循环。其中，微生物在转化中起着重要作用。主要的微生物转化是固氮、硝化、反硝化、同化、氨化作用，其中 NO_3^- 生物同化过程如图 3-56 所示，氮的整个微生物转化过程如图 3-57 所示。

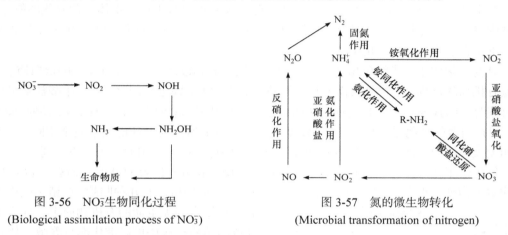

图 3-56　NO_3^- 生物同化过程　　　　　　图 3-57　氮的微生物转化
(Biological assimilation process of NO_3^-)　　(Microbial transformation of nitrogen)

生物固氮是指分子氮通过固氮微生物固氮酶系的催化而形成氨的过程。此时，氨不释放到环境中，而是继续在机体内转化，合成氨基酸、组成蛋白质等。在陆地环境中，好氧的根瘤菌是最主要的可以起到固氮作用的微生物；在土壤中，以自生固氮菌为主，如固氮菌属、红假单胞菌属等；水环境中，蓝细菌如束毛藻是最主要的固氮菌。细菌的固氮作用需要消耗大量的ATP 能量和还原性辅酶；在叶子表面和根际中所进行的固氮具有重要的生态学意义，因为合成的氨可以直接供给植物进行合成有机氮化合物。

$$3\{CH_2O\} + 2N_2 + 3H_2O + 4H^+ \longrightarrow 3CO_2 + 4NH_4^+$$

硝化作用(nitrification)是微生物将氨氧化为硝酸盐和亚硝酸盐的过程。硝化过程是一个大量消耗氧的过程。氨被微生物氧化为 NO_3^- 的过程是 NH_4^+ 中氮被氧化为 NO_3^-、氢被还原为水的过程。

$$2NH_3 + 3O_2 \longrightarrow 2H^+ + 2NO_2^- + 能量$$

$$2NO_2^- + O_2 \longrightarrow 2NO_3^- + 能量$$

上述两反应分别由亚硝化单胞菌属和硝化杆菌属引起。硝化作用是两步产能的反应，产生的能量用来固定 CO_2。硝化作用最适合的 pH 为 6.6～8.0。pH<6.0 的环境中，硝化速率下降，pH<4.5 时，硝化作用完全被抑制。

反硝化作用又称为脱硝化作用，是指硝酸盐在通气不良的条件下，通过微生物作用而还原成氮气的过程。主要有以下三种情况：

(1) 包括细菌、真菌、放线菌在内的多种微生物，能将硝酸盐还原为亚硝酸盐：

$$HNO_3 + 2H \longrightarrow HNO_2 + H_2O$$

(2) 兼性厌氧假单胞菌属、色杆菌属等能使硝酸盐还原成氮气：

$$2HNO_3 \xrightarrow[-2H_2O]{4H} 2HNO_2 \xrightarrow[-2H_2O]{4H} 2HNO \begin{array}{c} \xrightarrow[-2H_2O]{2H} N_2 \\ \uparrow 2H \quad -H_2O \\ \xrightarrow{-H_2O} N_2O \end{array}$$

(3) 梭状芽孢杆菌等常将硝酸盐还原成亚硝酸盐和氨:

$$HNO_3 \xrightarrow[-H_2O]{2H} HNO_2 \xrightarrow[-H_2O]{2H} HNO \xrightarrow[-H_2O]{} NH(OH)_2 \xrightarrow[-H_2O]{2H} NH_2OH \xrightarrow[-H_2O]{2H} NH_3$$

在生物圈内反硝化作用具有一定的生态学意义:可以减少造成水体富营养化的氮化合物;土壤中发生反硝化作用,会因为硝酸盐的减少而降低土壤的肥力;保持大气中分子氮含量的稳定,维持自然界各种形态的氮的平衡。

氮的同化作用是指绿色植物和微生物吸收硝态氮和铵态氮,组成机体中的蛋白质、核酸等含氮有机物的过程。生物生长需要从外界获得氮素营养,即进行同化作用。硝酸盐氮微生物利用过程是硝酸还原过程,称为同化硝酸盐还原。同化硝酸盐还原和反硝化都是还原 NO_3^- 的过程,但是前者的产物是有机氮化合物,后者为分子氮;所需要的环境也不完全相同,前者在有氧和无氧环境中都能进行,后者只能在无氧环境中进行;起作用的酶系也不相同。

氨化作用(ammonification)是指含氮有机物经微生物分解成氨的过程。在这一过程中,起作用的微生物种类很多。氨化作用释放出来的铵进入环境中可以有几种归趋:被植物或微生物吸收;被结合到无生命的有机物质上,如土壤、胶体或腐殖质;铵还可以被化能自养微生物利用。

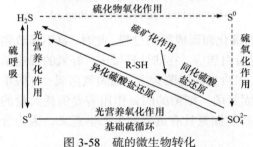

图 3-58　硫的微生物转化
(Microbial transformation of sulfur)

2. 硫的微生物转化

硫是生命所必需的元素。在环境中硫的存在形态有单质硫、无机硫化物和有机硫化物三种。有机硫化合物包括含硫的氨基酸、磺氨酸等。这些硫可以在微生物的作用下互相转化,构成硫循环,如图 3-58 所示。

能氧化还原硫化物的微生物主要是光能自养菌和化能自养菌。能氧化单质硫的光能自养菌主要是绿硫菌科和着色菌科的微生物,它们都能利用光能作为能源,以硫化氢(H_2S)作为供氢体还原 CO_2 生成有机物和元素硫。这些生物在硫转化中是很重要的,可以有效地阻止硫化物进入大气或者以金属硫化物的形式生成沉淀。

$$CO_2 + 2H_2S \xrightarrow{h\nu} CH_2O + 2S^0 + H_2O$$

化能自养生物中大部分都能将硫化物氧化成单质硫,单质硫沉积在细胞内。例如,丝硫菌属能氧化 H_2S,当环境中缺少 H_2S 时,就将元素硫氧化为硫酸盐,再次获得能量,反应如下:

$$2H_2S + O_2 \longrightarrow 2H_2O + 2S^0 + 能量$$

$$2S^0 + 3O_2 + 2H_2O \longrightarrow 2H_2SO_4 + 能量$$

硫化氢和单质硫在微生物作用下进行氧化,最后生成硫酸的过程称为硫化。土壤中的无机硫主要溶解形式是硫酸盐。同化硫酸盐还原就是微生物利用硫酸盐合成含硫细胞物质(R-SH)的过程。异化硫酸盐还原是在厌氧的条件下,硫酸盐被微生物还原为 H_2S 的过程。异化硫酸盐还原菌一般是能进行无氧呼吸的异养菌,如脱硫弧菌。硫酸盐和亚硫酸盐在微生物作用下还原，最后生成 H_2S 的过程称为反硫化。

3. 金属的生物甲基化

金属的生物甲基化(biological methylation of metals)是指通过生物的作用，生成带有甲基的挥发性的有机金属化合物的过程。汞、锡、铅类金属元素以及砷、碲、硒类金属元素均可发生生物甲基化过程。生物甲基化可以改变金属的物理和化学性质，是金属参与生物地球化学循环的重要途径。生物甲基化可以使一些金属(如汞、锡和铅等)更容易挥发，脂溶性更高。这些甲基化金属脂溶性的增加使其不易被生物体排泄，易在体内积累从而引发毒性。例如，长期食用受甲基汞污染的鱼类或贝类，会导致中毒，日本水俣病即源于甲基汞中毒。然而某些金属的生物甲基化可能是一种解毒机制。例如，砷的生物甲基化生成毒性更小、反应性更弱的甲基砷，更容易从体内排泄出来。

汞是在环境中的最普遍的金属污染物之一，其生物甲基化过程由图 3-59 所示。微生物能在好氧和厌氧条件下利用机体内的甲基钴氨蛋氨酸转移酶将汞甲基化。图 3-60 为该酶的辅酶甲基钴胺素(CH_3CoB_{12})的结构式，是含三价钴离子的咕啉衍生物，其中钴离子位于由四个氢化吡咯相继连接成的咕啉环中心。它有六个配位体，即咕啉环上的 4 个氮原子，咕啉 D 环支链上二甲基苯并咪唑(dimethylbenzimidazole，Bz)的 1 个氮原子和 1 个负甲基离子。辅酶把负甲基离子传递给汞离子形成甲基汞(CH_3Hg^+)，自身变为水合钴胺素。水合钴胺素中的钴被辅酶 $FADH_2$ 还原，并失去水转变为 5 个氮配位的一价钴胺素。最后，辅酶甲基四叶氢酸将甲基正离子转移给五配位钴胺素，并从一价钴得到两个电子，以负甲基离子与之配位，完成甲基钴胺素的再生，使汞的生物甲基化能够继续进行。在上述过程中，若以甲基汞取代汞离子的位置，便可以形成二甲基汞[$(CH_3)_2Hg$]。二甲基汞的生成速率约是甲基汞的生成速率的 1/6000。二甲基汞化合物挥发性很大，易从水体逸至大气。在缺氧条件下，汞的甲基化速率更快。

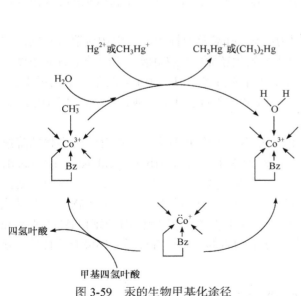

图 3-59　汞的生物甲基化途径
(Biomethylation pathway of Hg)

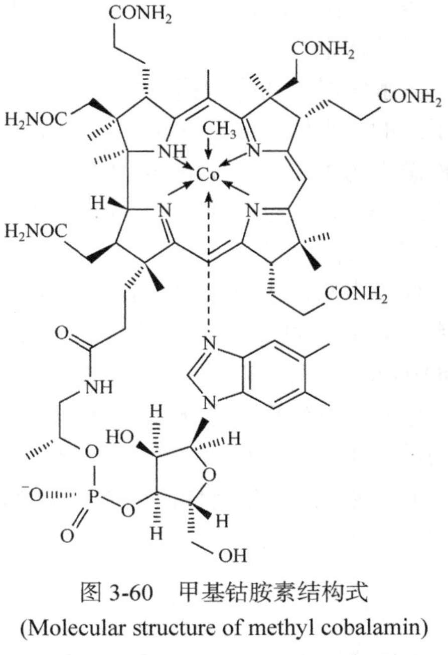

图 3-60　甲基钴胺素结构式
(Molecular structure of methyl cobalamin)

多种厌氧微生物，如甲烷菌、匙形梭菌，以及好氧微生物，如荧光假单胞菌、草分枝杆菌都具有生成甲基汞的能力。在水体中还存在一类抗汞微生物,能使甲基汞或无机化合物转化成金属汞,这时微生物以还原作用转化汞的途径。例如:

$$CH_3HgCl + 2H \longrightarrow Hg + CH_4 + HCl$$

$$(CH_3)_2Hg + 2H \longrightarrow Hg + 2CH_4$$

$$HgCl_2 + 2H \longrightarrow Hg + 2HCl$$

上式的反应方向与汞的生物甲基化相反,故又称为汞的生物去甲基化。常见的抗汞微生物是假单胞菌属。

3.4.4　环境因素对生物降解速率的影响

环境条件关系到微生物的生长、代谢等生理活动,对于微生物降解污染物的速率有很大的影响。这些环境条件包括温度、pH、溶解氧及共存物质等。

各种微生物有其适宜生长的温度范围。如果温度超过这一范围,微生物生长不利,乃至死亡,于是物质的降解速率便急剧下降,直至为零。而若在此范围内适当升高,增加了反应活化能,则能加快有机物的降解速率,此时,温度改变对降解速率常数的影响,可用 Arrhenius 关系式表示,即

$$K_T = K_{T_1} \theta^{T-T_1} \tag{3-142}$$

式中,K_T 和 K_{T_1} 分别为温度 T 和 T_1 时微生物对有机物的降解速率常数;θ 为温度系数,可通过实验测定,一般有机耗氧反应的温度系数为 1.047。

不同的微生物有其适合生长的 pH,通常为 5~9。显然,pH 超过这一范围,污染物的降解速率一般会减小。适合微生物生长的 pH 条件,不一定就是微生物的酶催化有机底物降解的恰当条件。在目前缺少有关预测方法的情况下,可以通过实验在微生物生长合适的 pH 范围内进行最佳选定。

溶解氧对生物降解速率也有影响,这是因为厌氧、好氧及兼性厌氧微生物对溶解氧的需求是不同的。当体系 pH 一定时,可用所测得的体系氧化还原电位(E_h)指示相应的溶解氧浓度。各种微生物生长所需要的 E_h 值不一样。一般地,好氧微生物在 $E_h > 0.1\ V$ 的条件下均可生长,以 0.3~0.4 V 较为适宜。厌氧微生物只能在 $E_h < 0.1\ V$ 的条件下生长。兼性厌氧微生物在 E_h 为 0.1 V 左右都能生长。

环境中与污染物共存的其他物质,往往也会在不同程度上影响微生物对该污染物的降解速率。例如,某些重金属离子(Hg^{2+}、Cu^{2+}、Cd^{2+} 等)对河水生物需氧量(biological oxygen demand, BOD)反应速率常数存在显著影响。生物有效性也是影响微生物对污染物降解速率的重要因素。对于生物有效性的概念,不同学科的理解稍有差异。在环境领域,可认为生物有效性是化学物质对于生物体的可接触性,取决于化学物质进入生物体(或生物体内的靶位置)的速率和量。化学物质进入生物体的能力与生物体种类、化学物质的疏水性等性质、环境介质性质、暴露时间和途径有关系。

本 章 小 结

本章介绍了环境中化学污染物的重要转化行为。在 3.1 节"光化学转化"中,涉及了某些无机和有机污染物的光化学行为,其中着重介绍了光吸收、光物理与光化学过程的重要概念、基本

原理，并对大气、天然水中以及环境介质表面的污染物的光化学行为进行了定性或定量的描述。在 3.2 节"典型无机污染物的转化行为"中，侧重介绍了空气中硫氧化物和水体中重金属污染物转化(溶解-沉淀、配位平衡)的基本原理。在 3.3 节和 3.4 节中，简要讲解了有机污染物的其他转化行为，主要包括酸碱解离、水解反应、氧化降解、生物降解等。环境中，化学污染物的转化行为复杂，但通常以一种或几种转化行为为主，具体转化方式取决于环境条件与污染物本身的性质。

思 维 导 图

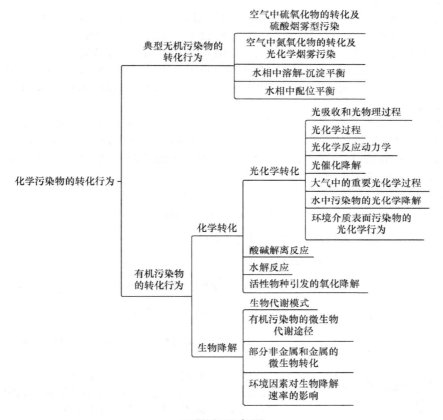

习题和思考题

3-1　名词解释：自由基、UV-A 和 UV-B、量子产率、等电点、水解、生物降解。

3-2　简述物质吸收光子后所发生的光物理过程

3-3　什么是光化学反应？可以分为哪几类？

3-4　简述光化学的基本定律。

3-5　三氯生能在纯水中发生直接光解，其表观量子产率 Φ 为 $10^{-3}\sim10^{-1}$ 数量级，请说明表观量子产率小于 1 的可能原因。

3-6　二氧化钛(TiO_2)具有光化学性质稳定、廉价易得等特点，且在有效光照条件下可以产生·OH 等活性物种降解有机污染物，因此在基于光催化的水处理工艺中得到广泛应用。请简述 TiO_2 光催化降解的基本原理。

3-7　简述大气中重要吸光物质的光解离。

3-8　影响水中污染物直接光解速率常数大小的因素有哪些？

3-9　简述 SO_2 在大气中发生的两种气相转化过程，并简要说明哪种转化行为对 SO_2 转化为 SO_3 贡献较大。

3-10　简述伦敦型烟雾(硫酸烟雾)与洛杉矶型烟雾(光化学烟雾)的形成条件和光化学烟雾的反应机理。

3-11　举例说明什么是配合物的逐级稳定常数和积累稳定常数，它们之间的关系如何？

3-12 写出准一级水解反应速率常数(k_T)的数学表示式，并写出式中各个参数的含义。

3-13 简单说明什么是亲核取代反应，请列举几种环境中重要的亲核试剂(或亲核物质)。

3-14 简述空气或水体中重要自由基或活性氧的来源。

3-15 什么是共代谢和生长代谢？它们之间有什么不同？

3-16 环境中污染物可能发生哪些主要的转化行为？

3-17 某工厂排出的废水呈乳白色，当地人称其为"牛奶河"，经测定水中重金属超标近 200 倍，并且附近居民疾病发病率远高于以往。了解重金属在环境中的行为对于污染控制和修复极为重要，简述重金属在水体中可能发生的转化行为。

3-18 通常化学键的键能大于 167.4 kJ·mol^{-1}，那么波长为多少的光不能引起光化学解离？(光速 c = 2.9979×10^8 m·s^{-1}，普朗克常量 h = 6.626×10^{-34} J·s，阿伏伽德罗常量 N_A = 6.02×10^{23})

3-19 半导体的禁带宽度一般在 3 eV 以下，当照在半导体粒子上的光子能量大于禁带宽度时，光激发电子从价带激发到导带产生电子(e^-)和空穴(h^+)，已知 1 eV = 1.60×10^{-19} J，请计算要使禁带宽度为 3 eV 的半导体激发，理论上至少需要波长为多少的光？(光速 c = 2.9979×10^8 m·s^{-1}，普朗克常量 h = 6.626×10^{-34} J·s，阿伏伽德罗常量 N_A = 6.02×10^{23})

3-20 含镉废水通入 H$_2$S 达到饱和并调整 pH 为 8.0，请算出水中剩余镉离子的浓度。(已知 CdS 的溶度积 K_{sp} = 7.9×10^{-27}，H$_2$S 在水中的饱和浓度为 0.1 mol·L^{-1}，H$_2$S 的 K_1 = 8.9×10^{-8}，K_2 = 1.3×10^{-15})

3-21 已知 Zn(OH)$_2$ 的溶度积为 K_{sp} = 7.1×10^{-18}，求 pH = 7.0 的溶液中，可溶解的锌离子的浓度，同时讨论决定水中可溶性金属锌浓度的因素。

3-22 已知 Fe^{3+} 与水反应生成的主要配合物及平衡常数如下：

$$Fe^{3+} + H_2O \rightleftharpoons [Fe(OH)]^{2+} + H^+ \qquad lgK_1 = -2.16$$

$$Fe^{3+} + 2H_2O \rightleftharpoons [Fe(OH)_2]^+ + 2H^+ \qquad lgK_2 = -6.74$$

$$Fe(OH)_3(s) \rightleftharpoons Fe^{3+} + 3OH^- \qquad lgK_{so} = -38$$

$$Fe^{3+} + 4H_2O \rightleftharpoons [Fe(OH)_4]^- + 4H^+ \qquad lgK_4 = -23$$

$$2Fe^{3+} + 2H_2O \rightleftharpoons [Fe_2(OH)_2]^{4+} + 2H^+ \qquad lgK = -2.91$$

请推导出铁的各种形态的浓度(以其负对数 pc 表示)与 pH 之间的关系。

3-23 大部分抗生素结构中含有羧基、羟基、氨基等可电离基团，在水中会发生酸碱解离反应，其在不同 pH 的水体中存在多种解离形态，各解离形态的结构差异会使其表现出不同的理化性质和毒性，因而在其环境行为研究的时候有必要考虑各解离形态的影响。以环丙沙星(CIP)为例，图 3-61 是其分子结构，请判断在 pH 为 6~9 的水体中 CIP 主要以哪些形态存在。如果仅考虑其中一个 pK_a 值所对应的官能团，如何计算不同形态的存在比例？请画出不同存在比例的示意图。

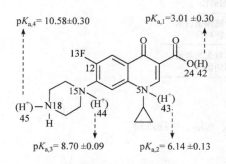

图 3-61 环丙沙星的分子结构

(Molecular structure of ciprofloxacin)

3-24 已知甲酸乙酯(formic acid ethyl ester)酸催化水解二级速率常数(k_A)为 1.1×10^{-4} L·mol^{-1}·s^{-1}，中性水解一级速率常数(k_N)为 1.5×10^{-10} s^{-1}，碱催化水解二级速率常数(k_B)为 1.1×10^{-1} L·mol^{-1}·s^{-1}。计算甲酸乙酯的 I_{AN}、I_{AB} 和 I_{NB} 值，以及在 pH = 7 时的水解半减期($t_{1/2}$)。

3-25 某有机污染物在 pH = 8、T = 25℃的水体中的浓度为 5 μmol·L^{-1}，已知此污染物的中性水解一级速率常数(k_N)为 0.05 d^{-1}，碱催化水解二级速率常数(k_B)为 2.6×10^6 L·mol^{-1}·d^{-1}，酸催化水解二级速率常数(k_A)为 1.7 L·mol^{-1}·d^{-1}，一级光降解速率常数(k_P)为 0.02 d^{-1}，一级微生物降解速率常数(k_M)为 0.20 d^{-1}，求该污染物在水体中的总降解速率常数(k_T)、总降解速率(dc/dt)和半减期($t_{1/2}$)。

3-26 假设 2,4-二羟基二苯甲酮(2,4-dihydroxybenzophenone，BP-1)在水环境中主要通过直接光解和间接光降解两种途径去除，其直接光解一级速率常数(k_d)为 5.95×10^{-3} h^{-1}；水中主要活性物种的稳态浓度分别为：$[^1O_2]_{ss} = 2.96 \times 10^{-14}$ $mol \cdot L^{-1}$，$[^3DOM^*]_{ss} = 7.28 \times 10^{-15}$ $mol \cdot L^{-1}$，$[\cdot OH]_{ss} = 4.27 \times 10^{-17}$ $mol \cdot L^{-1}$；BP-1 与各活性物种反应的二级反应速率常数分别为：$k_{^1O_2} = 9.2 \times 10^6$ $L \cdot mol^{-1} \cdot s^{-1}$，$k_{^3DOM^*} = 1.1 \times 10^9$ $L \cdot mol^{-1} \cdot s^{-1}$，$k_{OH} = 4.8 \times 10^9$ $L \cdot mol^{-1} \cdot s^{-1}$。请判断该情形下，哪个活性物种对 BP-1 间接光降解的贡献最大，并计算 BP-1 的准一级光降解速率常数(k_{BP-1})和半减期($t_{1/2}$)。

主要参考资料

陈静生. 1987. 水环境化学. 北京: 高等教育出版社.

戴树桂. 2006. 环境化学. 2 版. 北京: 高等教育出版社.

邓南圣, 吴峰. 2003. 环境光化学. 北京: 化学工业出版社.

江桂斌, 刘维屏. 2017. 环境化学前沿. 北京: 科学出版社.

吕小明. 2005. 环境化学. 武汉: 武汉理工大学出版社.

汤鸿霄. 1979. 用水废水化学基础. 北京: 中国建筑工业出版社.

唐孝炎, 张远航, 邵敏, 等. 2006. 大气环境化学. 2 版. 北京: 高等教育出版社.

夏立江. 2002. 环境化学. 北京: 中国环境科学出版社.

张建成, 王夺元. 2006. 现代光化学. 北京: 化学工业出版社.

Aislabie J M, Richards N K, Boul H L. 1997. Microbial degradation of DDT and its residues—A review. New Zealand Journal of Agricultural Research, 40(2): 269-282.

Bailey R A, Clark H M, Ferris J P, et al. 2002. Introduction//Chemistry of the Environment. Amsterdam: Elsevier.

Brezonik P L. 2002. Chemical Kinetics and Process Dynamics in Aquatic Systems. Boca Raton: CRC Press.

Brillas E, Sirés I, Oturan M A, 2009. Electro-Fenton process and related electrochemical technologies based on Fenton's reaction chemistry. Chemical Reviews, 109(12): 6570-6631.

de Vione D, Khanra S, Man S C, et al. 2009. Inhibition *vs.* enhancement of the nitrate-induced phototransformation of organic substrates by the · OH scavengers bicarbonate and carbonate. Water Research, 43(18): 4718-4728.

Fu X, Wang T, Gao J, et al. 2020. Persistent heavy winter nitrate pollution driven by increased photochemical oxidants in Northern China. Environmental Science & Technology, 54(7): 3881-3889.

Ge L, Chen J, Wei X, et al. 2010. Aquatic photochemistry of fluoroquinolone antibiotics: kinetics, pathways, and multivariate effects of main water constituents. Environmental Science & Technology, 44(7): 2400-2405.

Gomes J, Costa R, Quinta-Ferreira R M, et al. 2017. Application of ozonation for pharmaceuticals and personal care products removal from water. Science of the Total Environment, 586: 265-283.

Gons H J, Ebert J, Kromkamp J. 1998. Optical teledetection of the vertical attenuation coefficient for downward quantum irradiance of photosynthetically available radiation in turbid inland waters. Aquatic Ecology, 31(3): 299-311.

Jiang C, Pang S, Ouyang F, et al. 2010. A new insight into Fenton and Fenton-like processes for water treatment. Journal of Hazardous Materials, 174(1/2/3): 813-817.

Kremer M L. 1999. Mechanism of the Fenton reaction. Evidence for a new intermediate. Physical Chemistry Chemical Physics, 1(15): 3595-3605.

Lado Ribeiro A R, Moreira N F F, Li Puma G, et al. 2019. Impact of water matrix on the removal of micropollutants by advanced oxidation technologies. Chemical Engineering Journal, 363: 155-173.

Leal J F, Esteves V I, Santos E B H. 2013. BDE-209: Kinetic studies and effect of humic substances on photodegradation in water. Environmental Science & Technology, 47(24): 14010-14017.

Legrini O, Oliveros E, Braun A M. 1993. Photochemical processes for water treatment. Chemical Reviews, 93(2): 671-698.

Li C, Xie H B, Chen J W, et al. 2014. Predicting gaseous reaction rates of short chain chlorinated paraffins with · OH: Overcoming the difficulty in experimental determination. Environmental Science & Technology, 48(23): 13808-

13816.

Li X, Wang Y J, Yuan S, et al. 2014. Degradation of the anti-inflammatory drug ibuprofen by electro-peroxone process. Water Research, 63: 81-93.

Liu Q T, Williams H E. 2007. Kinetics and degradation products for direct photolysis of β-blockers in water. Environmental Science & Technology, 41(3): 803-810.

Liu X, Wu F, Deng N. 2004. Photoproduction of hydroxyl radicals in aqueous solution with algae under high-pressure mercury lamp. Environmental Science & Technology, 38(1): 296-299.

Manahan S E. 2017. Environmental Chemistry. 10th ed. Florida: CRC Press.

Miklos D B, Remy C, Jekel M, et al. 2018. Evaluation of advanced oxidation processes for water and wastewater treatment: A critical review. Water Research, 139: 118-131.

Miller C J, Wadley S, Waite T D. 2018. Fenton, Photo-Fenton and Fenton-like Processes. In Advanced Oxidation for Water Treatment: Fundamentals and Applications. London: IWA Publisher.

Munoz M, de Pedro Z M, Casas J A, et al. 2015. Preparation of magnetite-based catalysts and their application in heterogeneous Fenton oxidation: A review. Applied Catalysis B: Environmental, 176/177: 249-265.

Niu J F, Chen J W, Henkelmann B, et al. 2003b. Photodegradation of PCDD/Fs adsorbed on spruce (*Piceaabies* L. Karst.) needles under sunlight irradiation. Chemosphere, 50(9): 1217-1225.

Niu J F, Chen J W, Martens D, et al. 2003a. Photolysis of polycyclic aromatic hydrocarbons adsorbed on spruce [*Piceaabies* (L.) Karst.] needles under sunlight irradiation. Environmental Pollution, 123(1): 39-45.

Pankow J F. 1991. Aquatic Chemistry Concepts. Chelsea, Michigan: Lewis Publishers.

Parker K M, Mitch W A. 2016. Halogen radicals contribute to photooxidation in coastal and estuarine waters. Proceedings of the National Academy of Sciences of the United States of American, 113(21): 5868-5873.

Paździor K, Bilińska L, Ledakowicz S. 2019. A review of the existing and emerging technologies in the combination of AOPs and biological processes in industrial textile wastewater treatment. Chemical Engineering Journal, 376: 120597.

Remucal C K. 2014. The role of indirect photochemical degradation in the environmental fate of pesticides: A review. Environmental Science: Processes & Impacts, 16(4): 628.

Ribeiro A R, Moreira N F F, Li Puma G, et al. 2019. Impact of water matrix on the removal of micropollutants by advanced oxidation technologies. Chemical Engineering Journal, 363: 155-173.

Schwarzenbach R P, Gschwend P M, Imboden D M. 2017. Environmental Organic Chemistry. 3rd ed. Hoboken: John Wiley & Sons, Inc.

Seinfeld J H, Pandis S N. 2016. Atmospheric Chemistry and Physics: From Air Pollution to Climate Change. 3rd ed. Hoboken: John Wiley & Sons, Inc.

Staehelin J, Hoigne J. 1985. Decomposition of ozone in water in the presence of organic solutes acting as promoters and inhibitors of radical chain reactions. Environmental Science & Technology, 19(12): 1206-1213.

Vione D, Khanra S, Man S C, et al. 2009. Inhibition vs. enhancement of the nitrate-induced phototransformation of organic substrates by the ·OH scavengers bicarbonate and carbonate. Water Research, 43(18): 4718-4728.

von Gunten U. 2018. Oxidation processes in water treatment: Are we on track? Environmental Science & Technology, 52(9): 5062-5075.

von Sonntag C, von Gunten U. 2012. Chemistry of Ozone in Water and Wastewater Treatment. London: IWA Publishing.

Vorontsov A V. 2019. Advancing Fenton and photo-Fenton water treatment through the catalyst design. Journal of Hazardous Materials, 372: 103-112.

Wang H S, Zhang Y G, Wu S H, et al. 2010. Using broadband absorption spectroscopy to measure concentration of sulfur dioxide. Applied Physics B, 100(3): 637-641.

Wang J L, Chen H. 2020. Catalytic ozonation for water and wastewater treatment: Recent advances and perspective. Science of the Total Environment, 704: 135249.

Zepp R G, Cline D M. 1977. Rates of direct photolysis in aquatic environment. Environmental Science & Technology,

11(4): 359-366.

Zepp R G, Schlotzhauer P F. 1983. Influence of algae on photolysis rates of chemicals in water. Environmental Science & Technology, 17(8): 462-468.

Zhang Y N, Wang J Q, Chen J W, et al. 2018. Phototransformation of 2,3-dibromopropyl-2,4,6- tribromophenyl ether (DPTE) in natural waters: Important roles of dissolved organic matter and chloride ion. Environmental Science & Technology, 52(18): 10490-10499.

Zhou C Z, Chen J W, Xie Q, et al. 2015. Photolysis of three antiviral drugs acyclovir, zidovudine and lamivudine in surface freshwater and seawater. Chemosphere, 138: 792-797.

第4章 污染物的生态毒理学

外源化学物质(xenobiotics)与生物体接触后，经历吸收(absorption)、分布(distribution)、代谢(metabolism)和排泄(excretion)过程，即 ADME 过程。其中，吸收、分布和排泄过程统称为生物转运(biological transport)，代谢过程又称为生物转化(biotransformation)。生物转化过程是指外源化学物质在组织细胞内各种酶系的催化作用下，发生化学结构和性质的变化，形成代谢物(metabolite)。外源化学物质及其代谢物的暴露可能对生物体产生毒性。毒性作用的大小和部位，与 ADME 过程密切相关。了解外源化学物质的 ADME 过程和化合物的致毒机制，可为化学物质的风险性评价提供依据。本章主要介绍生态毒理学基础知识。

4.1 毒理学与生态毒理学

毒理学(toxicology)是研究有毒有害因素对各种生物体(包括对人体)的损害作用及其机制的科学。生态毒理学(ecotoxicology)是毒理学重要的分支科学，是研究有毒有害因素，尤其是化学物质对生态环境影响及对非人类生物的损害作用规律及其防治措施的科学。研究环境化学物质的生态毒理学，可为控制和治理环境污染及环境管理提供科学依据。

4.1.1 毒物与毒理学

1. 毒物

毒物(toxicant)是指进入生物体后能使体液和组织发生生物化学变化，干扰或破坏机体的正常生理功能，并引起暂时性或持久性的病理损害，甚至危及生命的物质。毒物可以是固体、液体和气体。毒物与机体接触或进入机体后，能与机体相互作用，发生物理或生物化学反应。外源化学物质是指不是生物体的组成成分，也非生物体所需的营养物质或维持生理功能所必需的物质，但它们可通过一定环节和途径与生物体接触，由环境进入生物体，且产生一定的生物学作用。区分一种外源化学物质是否有毒，必须充分考虑接触的剂量(dose)和途径。日常生活中的非毒物质，甚至生命必需的营养物质，如维生素、生命必需的微量元素等，当大量进入机体时也会引起损害作用；而有毒的物质在极其微量时对机体也可能不产生毒害作用。

根据作用机体的主要部位，毒物可分为作用于神经系统、造血系统、心血管系统、呼吸系统、肝、肾、眼、皮肤的毒物等；根据作用性质，可分为刺激性、腐蚀性、窒息性、致突变、致癌、致畸、致敏的毒物等；此外，还有其他的分类方法。

2. 毒理学

毒理学一词由希腊文"toxikon"和"logos"两词组合演变而来，原文含义是描述毒物的科学。现代毒理学的起源可追溯到西班牙人 Orfila 的工作，他首次研究了化学物质对生物体的负面效应，系统观察和描述了化学物质与生物体反应之间的关系。对毒理学研究而言，剂量-效应(dose-effect)关系是基础。Paracelsus 指出"所有的物质都是有毒的，没有一种物质不是毒物，毒物和药物只是剂量不同"。

毒理学是高度综合的科学，与人类生活密切相关。一直以来，化学、生物化学、病理学、生理学、流行病学、免疫学、生态学和生物信息学为毒理学的发展做出了重要贡献。近年来，随着分子生物学和分析化学的发展，毒理学取得了快速发展。现代先进的仪器设备和化学分析技术，为低浓度的化学毒物及其代谢产物的检测提供了高灵敏度的分析方法，拓展了毒理学的领域。现代毒理学的目的是了解有毒有害因素与生物体之间的相互作用关系，阐明有毒有害因素对生物个体引起的有害效应和剂量-反应(dose-response)(效应)关系，确定有毒有害因素对生物体引起有害效应的能力，为指导化学物质的安全使用和风险防范提供依据。

4.1.2　体内和体外毒性测试技术

为了评价潜在有毒化学物质的毒理效应，通常进行毒性实验。毒性实验方法根据模式和对象处理方式的不同，可分为体内(in vivo)和体外(in vitro)毒性测试方法。In vivo 毒性测试是指基于动植物的整体开展的毒性研究。In vitro 毒性测试是指基于组织、微生物、细胞或生物大分子开展的毒性研究。

1. In vivo 毒性测试技术

In vivo 毒性测试技术多在整体动植物中进行。根据研究的目的，按照生物可能接触的剂量和途径，使实验生物在一定时间内接触环境有毒有害因素，观察实验生物形态和功能的变化。按照实验目的的不同，可分为繁殖实验、蓄积实验、代谢实验及"三致"实验(即"致癌变、致畸变、致突变"实验)等；根据污染物暴露(exposure)时间的长短，可分为急性、亚慢性(亚急性)和慢性毒性实验。

由于环境污染物在生态系统中往往是低剂量、长时间暴露，在评价其生态危害时，亚慢性和慢性实验的结果更有价值。亚慢性毒性实验是指机体连续多日接触环境污染物的毒性效应实验，一般暴露 1～3 个月。慢性毒性实验是指机体长期接触环境污染物的毒性效应实验，一般暴露 6 个月至 2 年，甚至终生染毒。考虑到亚慢性和慢性毒性实验周期较长，一般采用急性毒性实验。急性毒性实验是研究潜在有毒化学物质等有害因素大剂量一次暴露或短时间内多次暴露对所试生物引起的毒性效应实验。急性毒性实验可分为水生生物急性毒性实验和陆生生物急性毒性实验等。

水生生物急性毒性实验目前主要采用三类水生生物：①鱼类，如斑马鱼(Danio rerio)、鲤鱼(Cyprinus carpio)、青鳉(Oryzias latipes)等。②水蚤类，水蚤类是淡水生物，传代周期短，易培养、繁殖，且对许多毒物敏感，已被生态毒理学研究广泛应用。其中大型溞(Daphnia magna)是一种典型的模式生物。③藻类，藻类属水生低等植物，在食物链中位于初级生产者阶层，评价有害因素对藻类生长的作用，可反映水体污染情况，也可反映该水体初级生产营养级的受损害程度，从而评估水体生态系统的变化。常用模式藻类包括斜生栅藻(Scenedesmus obliquus)、蛋白核小球藻(Chlorella pyrenoidosa)及水华微囊藻(Microcystis flos-aquae)。

陆生生物急性毒性实验一般采用直接依赖土壤生存的动物和植物。动物毒性实验常采用蚯蚓作为测试生物，常用品种为赤子爱胜蚓(Eisenia foetida)。蚯蚓生活周期短、繁殖力强、便于饲养，主要用于评价农用化学品对土壤生态系统的损害效应。植物毒性实验常采用模式植物如拟南芥(*Arabidopsis thaliana*)。实验方法主要有种子发芽、根伸长及植物幼苗生长等。

2. *In vitro* 毒性测试技术

In vitro 毒性测试采用生物大分子、细胞系、生物组织、器官作为受试靶标来替代活体动物。*In vitro* 实验可采用器官灌流技术，即将受试化学物溶于灌洗液，通过血管流经特定的脏器，观察环境污染物在所试脏器内的代谢转化(metabolic transformation)和毒作用特征。最常用的器官为大鼠的肝，肝不仅是生物转化的主要场所，也是发挥毒作用和排泄的场所。

In vitro 实验也可将所试脏器从实验动物体内取出，利用胶原酶、胰蛋白酶等酶解的方法，或先把脏器剪成碎块，制成单细胞悬液进行环境污染物对细胞毒性作用的研究。也可将分离的细胞进行体外培养，研究环境污染物的细胞生物学作用。随着生物离心技术的高速发展，可将各种细胞器，如细胞膜(cell membrane)、核、内质网、线粒体及微粒体(microsome)等分离纯化，开展生物化学和分子生物学研究，探讨有毒有害化学物质作用机制，研究有毒有害化学物质对细胞、器官、个体，甚至对生物群体的早期危害，为生态系统提供有警示作用的生物标志物(biomarker)。

4.1.3　生态毒理学

生态毒理学是由 Truhaut 在 1969 年首次提出，定义为毒理学的一个分支，是生态学与毒理学之间相互渗透的一门交叉学科，研究天然的或人工合成的物质或其他因素对生物个体、种群、群落以及生态系统的毒性效应及风险。前述 *in vivo* 和 *in vitro* 的毒性测试方法，通常被应用于生态毒理学的研究。生态毒理学是一门随着生态和环境问题的日益突出而产生的交叉学科，在很大程度上是由于环境污染促使传统的毒理学从研究个体效应扩大到群体效应而产生的。例如，为了揭示水俣病的病因和机制，不仅要研究甲基汞的毒性作用，还需研究无机汞转化为甲基汞的机制、甲基汞在鱼体内的生物富集及甲基汞沿食物链的传递。

生态毒理学旨在阐明以下三方面的内容：

(1) 污染物进入非生物环境的途径及其分布和归趋。污染物可通过人类活动进入大气、土壤和水中，在各介质间迁移。迁移过程受气象条件、污染物自身性质及环境介质性质的影响。同时，在介质中由于受光照、微生物等作用，可能被转化形成其他物质。综合考虑污染物进入环境的途径，在各环境介质中的迁移和转化，可明确其环境归趋。

(2) 污染物进入生物圈中的途径及归趋，沿食物链/网的迁移。生态毒理学中研究污染物的生物过程主要包括吸收、分布、代谢和排泄。大多数污染物能够通过各种途径进入生物体。在生物体内一系列酶的作用下，发生生物转化，形成代谢产物。代谢产物的毒性可能低于或高于母体化合物。污染物在生物体内富集及沿食物链/网的迁移可导致其在生物体内蓄积较高浓度，进而引起有害效应。因此研究污染物进入生物体的路径、组织分布、生物积累参数、生物转化产物及沿食物链/网的迁移尤为重要。

(3) 化学污染物在某一特定水平下对生态系统的毒性效应。研究直接影响特定物种毒性的不同形式(如急性毒性、慢性毒性、特殊毒性等)。研究由于对生物圈中非人类生物的直接效应导致对人类的影响，如抗生素在养殖业和医疗业的使用增加了细菌耐药性，位于细菌可移动基因单元(如质粒上的抗性基因)可通过水平基因转移过程，实现不同种类细菌间的传播，进而威胁人体健康。研究影响毒性效应的因子，如不同种类生物、生物的不同生长期及多种污染物同时存在产生联合效应的影响等。建立定性及定量关系如剂量-效应关系以得到毒性阈值。

近年来，生态毒理学正从基因、蛋白质、组织、器官、个体、种群和群落水平开展深入研究。例如，将组学技术(包括基因组学、蛋白质组学和代谢组学)整合到生态毒理学研究中，通过组学研究确认一系列毒物效应基因，从而在基因组水平更深入阐明毒物的作用机制，并在基因和蛋白质水平寻找更敏感、有效的生物标志物。又如，基于细胞毒性通路(toxicity pathway)的毒性测试策略。毒性通路是指一系列有序的、调节正常生物功能的细胞内事件，当被外源化学物质干扰时，可以导致细胞的不良结局，进而影响整个机体。有害结局通路(adverse outcome pathway，AOP)则描述从分子起始事件，到后续一系列分子、细胞、组织、器官、个体、种群乃至生态系统的不同层级的关键事件和有害结局。此外，生态毒理学还通过借鉴分子毒理和遗传毒理方法揭示毒性作用机制。例如，围绕细胞 DNA 损伤反应信号机制，识别和鉴定 DNA 损伤修复反应功能蛋白复合体，研究蛋白相互作用、蛋白翻译后修饰与活性调节、功能相关的信号机制。研究基于基因组不稳定和旁效应而非基因组 DNA 序列变化导致的损伤效应，且该损伤效应能在细胞间甚至世代间传递，即表观遗传效应。

总之，生态毒理学的核心是生态毒理效应，即有毒有害物质对生命有机体危害的程度与范围的研究。它运用多学科(生态学、毒理学、化学、医学、数学和生物技术)理论来揭示各种复杂的生态健康和环境健康问题。

4.2　生理毒代动力学

生理毒代动力学(physiologically based toxicokinetics，PBTK)是对外源化学物质在生物体内 ADME 过程的定量描述。外源化学物质进入生物体后，可能会对生物体产生毒害作用。传统上，常根据外源化学物质的环境暴露浓度评价其毒性效应，然而，环境中的外源化学物质未必能够全部进入生物体内，相比之下，与外源化学物质的吸收、代谢等过程相关的生物体的内暴露浓度更能直接反映其毒性效应。此外，许多外源化学物质表现出针对特定细胞、组织或器官等生物靶点的特异性毒性效应。因此，获取上述位点的"靶点浓度"，有助于揭示外源化学物质对生物体的毒性作用机制。受实验技术和条件等限制，仅通过整体动物实验难以实现外源化学物质在生物体内靶点浓度的高效获取。借助 PBTK 模型可预测外源化学物质在生物体内浓度随时间的变化，关联其环境暴露浓度与靶点浓度。

4.2.1　物质通过生物膜的方式

外源化学物质的 ADME 过程，均需通过各种具有复杂分子结构和生理功能的生物膜(biomembrane)，因此，有必要了解生物膜的结构和功能。细胞是构成生命的基本结构与功能单位。细胞膜或质膜(plasma membrane)与细胞内膜(如线粒体膜、叶绿体膜、内质网膜、高尔基体膜、核膜等)统称为生物膜。

生物膜具有重要的生理功能，主要由蛋白质、脂质和糖类组成。根据生物膜的液态镶嵌模型，生物膜由脂质双分子层和镶嵌的蛋白质组成，厚度为 7～10 nm，具有流动性，膜蛋白和膜质均可侧向运动。脂质的主要成分为磷脂，其亲水的极性基团由磷酸和碱基组成，排列于膜的内外表面；疏水的两条脂肪链端伸向膜的中部。因此，在双分子层中央存在一个疏水区，生物膜是类脂层屏障(barrier)。膜上镶嵌的蛋白质，有附着在磷脂双分子层表面的表在蛋白，也有深埋或贯穿磷脂双分子层的内在蛋白。有的蛋白质是物质转运的载体，有的是接受化学物质的受体，有的是能量转换器，还有的是具有催化作用的酶。因此，生物膜在生态毒理学研究中非常重要，许多物质的毒性作用与生物膜有关，因为它控制着外源化学物质及其代谢产物进出细胞。物质通过生物膜的方式主要有以下两种。

1. 被动转运

被动转运(passive transport)的特点是生物膜对物质的转运不起主动作用，是一种纯物理化学过程。被动转运又可分为简单扩散(simple diffusion)和滤过(filtration)两种方式。

(1) 简单扩散。大部分外源化学物质通过简单扩散进行生物转运。化学物质从生物膜浓度高的一侧向浓度低的一侧扩散，称为简单扩散。化学物质简单扩散不需要耗能，不需要载体参与，没有特异性选择、竞争性抑制及饱和现象。

扩散速率(dQ/dt，$mg \cdot s^{-1}$)服从菲克定律(Fick's law)：

$$\frac{dQ}{dt} = -D \cdot A \cdot \frac{\Delta c}{\Delta x} \tag{4-1}$$

式中，Δx 为膜厚度(m)；Δc 为膜两侧物质的浓度梯度($mg \cdot m^{-3}$)；A 为扩散面积(m^2)；D 为扩散系数($m^2 \cdot s^{-1}$)。

简单扩散主要受生物膜两侧浓度梯度、化学物质正辛醇/水分配系数(K_{OW})、解离度和体液pH影响。生物膜两侧化学物质的浓度梯度越大，化学物质通过膜的速度越快，反之亦然。一般化学物质的 K_{OW} 越大，越容易通过生物膜。因此，水溶性的化合物一般不易通过简单扩散进入细胞，如葡萄糖、氨基酸、钠离子和钾离子等。K_{OW} 过大而水溶性极低的物质，也不易通过简单扩散进行跨膜转运，如磷脂。许多化学物质如弱酸、弱碱的盐类，在溶液中呈离子态时，脂溶性低，不易通过生物膜；而非离子状态的 K_{OW} 高，较易通过生物膜。因此，物质在体液中的解离度越大，越难通过简单扩散的方式通过生物膜。此外，体液的 pH 可影响弱酸(如苯甲酸等有机酸)和弱碱(如苯胺等有机碱)的解离度。当 pH 降低时，弱酸类化合物非离子状态的百分比增加，易于简单扩散透过生物膜，而弱碱类化合物离子状态百分比增加，不易通过生物膜；当体液偏碱时，则发生与上述过程相反的过程。

(2) 滤过。滤过是外源化学物质透过生物膜上的亲水性孔道的过程。生物膜中具有带极性、常含有水的微小孔道，称为膜孔。直径小于膜孔的水溶性物质，可借助膜两侧的静水压及渗透压，以水作为载体，经膜孔透过生物膜。一些水溶性的物质可以通过滤过完成生物转运过程。

2. 特殊转运

有些化合物不能通过简单扩散或滤过作用进行跨膜转运，它们必须通过生物膜上的特殊转运(specialized transport)系统完成转运过程。特殊转运的特异性较强，只能转运具有一定结构的化合物，而且必须借助载体完成。特殊转运根据机理可以分为主动转运(active transport)、易化扩散(facilitated diffusion)和膜动转运(cytosis)。

(1) 主动转运。在消耗一定代谢能量的条件下，物质借助载体透过生物膜由低浓度处向高浓度处转运的过程，称为主动转运。载体一般是生物膜上的蛋白质，可与被转运的化学物质形成复合物，然后将化学物质运到生物膜另一侧并将化学物质释放。与化合物结合时载体构型发生改变，但组成成分不变，释放化学物质后，又恢复原有构型，以进行再次转运。化学物质逆浓度梯度转运消耗的能量一般来自腺苷三磷酸(adenosine triphosphate，ATP)。载体对转运的化学物质具有选择性，必须具有一定基本结构的化学物质才能被转运，结构稍有改变，即可影响转运过程。载体有一定的容量限制,当化学物质达到一定的浓度时,载体可以饱和,转运量达到极限值。若两种化学物质结构相似,转运载体相同,则这两种化学物质之间出现竞争抑制。

主动转运在代谢物排出、营养物吸收以及维持细胞内多种离子的正常浓度等方面具有重要意义。在正常生理状况下,神经细胞膜内 K^+ 浓度远远高于膜外介质中的浓度;Na^+ 与此相反。保持细胞内正常生理功能必需的 Na^+ 和 K^+ 浓度主要通过 Na^+-K^+-ATP 酶转运载体(钠钾泵)来维持。又如,铅、镉、砷等化合物,可通过肝细胞的主动转运进入胆汁并排出体外。

(2) 易化扩散。不易溶于脂质的物质,利用特异性蛋白载体由高浓度向低浓度处移动的过程,称为易化扩散,又称载体扩散。由于没有逆浓度梯度由低浓度处向高浓度处移动,所以不消耗代谢能量。利用载体,生物膜具有一定主动性或选择性,但又不能逆浓度梯度移动,故又属于扩散性质。例如,水溶性葡萄糖由胃肠道进入血液、由血浆进入红细胞并由血液进入神经组织都是通过易化扩散。它受到膜特异性载体及其数量的制约,因而呈现特异性选择,类似物质竞争性抑制和饱和现象。

(3) 膜动转运。少数物质与膜上某种蛋白质具有特殊的亲和力,当其与膜接触后,可改变这部分膜的表面张力,引起膜的外包或内陷而被包围进入膜内,固体物质的这一转运称为胞吞(phagocytosis),液体物质的这一转运称为胞饮(pinocytosis)。膜动转运对体内外源化学物质的消除具有重要的意义,如白细胞吞噬微生物、肝脏网状内皮细胞对有毒异物的消除都与此有关。膜动转运也需要消耗能量。

总之,物质通过生物膜的方式取决于膜内外环境、膜的性质和需转运化学物质的结构。

4.2.2　吸收

吸收是外源化学物质从机体外穿过生物屏障进入血液循环系统的过程。外源化学物质主要通过消化道、呼吸道和皮肤三种途径进入生物体内,对应的生物屏障分别为胃肠系统中的膜、肺泡/鳃和角质层。

1. 消化道吸收

消化道吸收是外源化学物质进入生物体的主要途径。对人体而言,水和食物中的有害物质主要是通过消化道吸收进入体内。消化道的任何部位都有吸收作用,大多数化学物质在消化道中以简单扩散方式被吸收。肠道黏膜上有绒毛,可增加小肠吸收面积,因此消化道中主要的吸收部位在小肠,其次是胃。外源化学物质经口腔摄入进入消化道的吸收过程通常遵循一级动力学规律:

$$\frac{\mathrm{d}A_\mathrm{o}}{\mathrm{d}t} = K_\mathrm{o} \cdot A_\mathrm{stom} \tag{4-2}$$

式中,K_o 为口腔吸收常数(h^{-1});A_stom 为胃中外源化学物质的量(mg)。

2. 呼吸道吸收

用肺呼吸的生物主要通过肺泡吸收气态污染物。以人体为例,其鼻腔到肺泡的整个呼吸道各部分由于结构不同,对毒物的吸收情况也不同,越到肺的深部,因接触面积越大,停留时间越长,吸收量越大。人体中肺泡数量约 3 亿个,表面积达 50~100 m²,相当于皮肤吸收面积的 50 倍左右。肺泡周围布满长约 2000 km 的毛细血管网络,血液供应很丰富,毛细血管与肺泡上皮细胞膜很薄，仅 1.5 μm 左右，有利于外源化学物质的吸收。因此，气体污染物如 CO、NO$_2$、SO$_2$，挥发性物质如苯、四氯化碳的蒸气及气溶胶硫酸型烟雾等经肺吸收的速度很快，仅次于静脉注射。

外源化学物质通过呼吸道进入啮齿类动物体内时，假设吸收过程受血液流速限制，动脉血中外源化学物质的浓度(c_a，mg · L^{-1})为

$$c_a = \frac{Q_p \cdot c_{inh} + Q_c \cdot c_v}{Q_c + (Q_p / P_{ba})} \tag{4-3}$$

式中，c_v 为混合静脉血中外源化学物质的浓度(mg · L^{-1})；c_{inh} 为吸入气中外源化学物质的浓度(mg · L^{-1})；P_{ba} 为外源化学物质的血液-空气分配系数；Q_p 为有效呼吸容积(L · h^{-1})；Q_c 为心输出量(L · h^{-1})。

对于用鳃呼吸的生物(如鱼)，外源化学物质主要通过鳃的呼吸作用进入生物体内，吸收过程受流速(血液或水的流速)或细胞膜扩散限制。一般地，对于相对分子质量较小和/或具有亲脂性的化学物质，以及体积较小或血流/质量比例较大的组织/器官，可假设这类物质在两相之间的分配瞬间达到平衡，此时化学物质的吸收分配受流速限制；相反地，扩散作用是限制分配的主要因素。鱼类通过呼吸作用摄取水中外源化学物质时，假设吸收过程受流速(血液或水的流速)限制，c_a 可通过下式求得：

$$c_a = \frac{\min(Q_w, Q_c \cdot P_{bw}) \cdot \left(c_w - \dfrac{c_v}{P_{bw}}\right)}{Q_c} + c_v \tag{4-4}$$

式中，min 指区间内最小数；c_w 为水中外源化学物质的浓度(mg · L^{-1})；P_{bw} 为外源化学物质的血液-水分配系数；Q_w 为有效呼吸容积(L · h^{-1})。

3. 皮肤吸收

皮肤是保护机体的有效屏障，外源化学物质一般不易穿透。但不少化合物可通过皮肤吸收引起毒性作用。外源化学物质经皮肤吸收主要通过两条途径：一是表皮；二是毛囊、汗腺和皮脂腺等皮肤附属器。外源化学物质依靠简单扩散通过表皮，再经真皮乳头层的毛细血管进入血液。一般相对分子质量大于 300 的物质不易通过无损伤的皮肤。具有一定水溶性的脂溶性化合物，如苯胺可为皮肤迅速吸收，而水溶性很差的脂溶性苯，经皮肤吸收量较少。经毛囊吸收的物质不经过表皮屏障，可直接通过皮脂腺和毛囊壁进入真皮。电解质和某些金属，特别是汞，在紧密接触毛囊后可被吸收。

对于皮肤暴露，当外源化学物质的吸收受扩散限制时，皮肤中外源化学物质浓度(c_{sk}，mg · L^{-1})可通过求解质量守恒微分方程获得：

$$\frac{dc_{sk}}{dt} = \frac{Q_{sk} \cdot (c_a - c_{vsk}) + K_p \cdot A \cdot [c_e - (c_{sk} / P_{se})]}{V_{sk}} \tag{4-5}$$

式中，c_e 为环境中外源化学物质浓度(mg · L^{-1}，当水中外源化学物质通过皮肤渗透进入生物体时 c_e 指水中外源化学物质浓度；暴露在空气中的外源化学物质通过皮肤进入体内，则 c_e 指空气中外源化学物质浓度)；c_{vsk} 为流出皮肤的静脉血中外源化学物质浓度(mg · L^{-1})；P_{se} 为皮肤-环境(如水、空气等)分配系数；Q_{sk} 为皮肤血流量(L · h^{-1})；A 为皮肤暴露面积(dm^2)；K_p 为渗透

系数(dm · h^{-1})；V_{sk} 为皮肤体积(L)。

案例 4-1   多环芳烃(PAHs)是一类广泛存在于环境中的污染物，许多 PAHs 具有致癌性。有机物的不完全燃烧会产生 PAHs。烧烤过程中通常将木炭作为能源，而木炭燃烧过程产生的烟气中存在大量 PAHs。摄食和呼吸暴露通常被认为是 PAHs 进入人体的主要方式，2018 年期刊 ES&T 上的一篇论文表明，皮肤吸收是烧烤烟气中低相对分子质量 PAHs 进入人体的重要途径(图 4-1)。

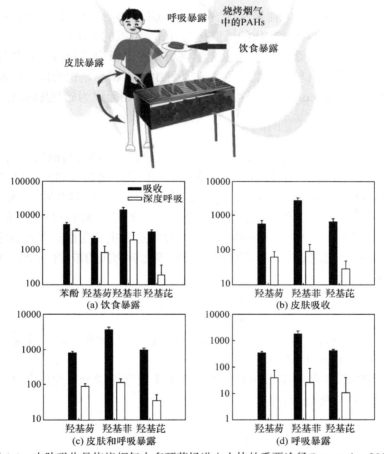

图 4-1   皮肤吸收是烧烤烟气中多环芳烃进入人体的重要途径(Lao et al.，2018)

(Importance of dermal absorption of polycyclic aromatic hydrocarbons derived from barbecue fumes)

📖 延伸阅读 4-1   烧烤烟气中 PAHs 在不同途径下的人体内外暴露特征

Lao J Y, Xie S Y, Wu C C, et al. 2018. Importance of dermal absorption of polycyclic aromatic hydrocarbons derived from barbecue fumes. Environmental Science & Technology, 52(15): 8330-8338.

【例 4-1】   水中的污染物主要通过鱼类的鳃呼吸进入鱼体血液中，并随血液分布至各器官。某污水处理厂下游河流的河水和鲤鱼体内均有常见消炎药双氯芬酸的检出，水中双氯芬酸浓度 c_w = 100 ng · L^{-1}。假设鱼体内的双氯芬酸通过鱼鳃的呼吸作用进入鱼体中，吸收过程受流速限制，测得鲤鱼的有效呼吸容积 Q_w = 20 L · h^{-1}，心输出量 Q_c = 2 L · h^{-1}，鲤鱼静脉血中双氯芬酸浓度 c_v = 200 ng · L^{-1}，双氯芬酸的血液-水分配系数 P_{bw} = 5，求动脉血中双氯芬酸的浓度 c_a。

解　动脉血中双氯芬酸的浓度 c_a 为

$$c_a = \frac{\min(Q_w, Q_c \cdot P_{bw}) \cdot \left(c_w - \dfrac{c_v}{P_{bw}}\right)}{Q_c} + c_v = \frac{\min(20, 2 \times 5) \times \left(100 - \dfrac{200}{5}\right)}{2} + 200 = 500(\text{ng} \cdot \text{L}^{-1})$$

4.2.3　分布与储存

外源化学物质通过吸收进入血液和体液后，随血流和淋巴液分散到全身各组织。代谢、储存和排泄器官对体循环中的化学物质的摄取称为分布。组织的血流量、组织与外源化学物质之间的亲和力以及其他一些因素决定了外源化学物质在各组织中的分布。有些外源化学物质与某种组织的亲和力强或具有较高的脂溶性而在某种组织累积。累积的部位可能是其主要毒性作用部位，即靶器官(target organ)，也可能不呈现毒性作用而成为储存库(storage depot)。

1. 分布

通过吸收进入血液的外源化学物质，少数呈游离状态，大部分与血浆蛋白结合，并随血液分布到各器官/组织。从动力学角度看，在分布的开始阶段，各器官/组织中外源化学物质的浓度主要受血流量影响，在血液供应丰富的器官如肝脏中，外源化学物质的浓度通常较高。受外源化学物质与器官之间亲和力的影响，外源化学物质可在生物体内进行再分布(redistribution)。外源化学物质在血液和生物体各组织/器官之间的分配过程主要受血液流速和细胞膜扩散速率限制。分配过程受血液流速限制时，器官/组织中外源化学物质的浓度(c_t, mg·L^{-1})可通过如下质量守恒微分方程计算：

$$\frac{\mathrm{d}c_t}{\mathrm{d}t} = \frac{Q_t}{V_t} \cdot (c_a - c_{vt}) \tag{4-6}$$

式中，Q_t 为器官/组织血流量(L·h^{-1})；c_{vt} 为流出器官/组织的静脉血中外源化学物质的浓度(mg·L^{-1})；V_t 为器官/组织的体积(L)。

分配过程受细胞膜扩散速率限制时，可用如下质量守恒微分方程描述外源化学物质在血液和器官/组织之间的分配行为：

$$\frac{\mathrm{d}c_t}{\mathrm{d}t} = \frac{\mathrm{PA}_t}{V_t} \cdot \left(c_{vt} - \frac{c_t}{P_t}\right) \tag{4-7}$$

式中，PA_t 为扩散系数(L·h^{-1}，即单位时间内流经毛细血管某一截面的血量)；c_t 为器官/组织中外源化学物质的浓度(mg·L^{-1})；P_t 为组织-血液分配系数。

此外，生物体的特定部位能够对外源化学物质的转运形成明显的屏障作用，造成外源化学物质在体内分布不均匀。屏障可以理解为生物体阻止或减少化学物质由血液进入某种组织器官的一种生理保护机制，使生物体不受或少受化学物质的危害。生物体中的屏障主要包括血脑屏障和胎盘屏障。血脑屏障对外源化学物质进入中枢神经系统有阻止作用，其渗透性小于生物体其他部位，许多化学物质在血液中浓度相当高时仍不能进入大脑。中枢神经系统的这一特性是由解剖学和生理学上的特性决定的：①中枢神经系统的毛细血管内皮细胞间相互连接很紧密，几乎无空隙。②毛细血管周围被星形胶质细胞紧密包围。因此，化学物质必须穿过上述屏障才能进入大脑，其通透速度主要取决于化学物质的脂溶性和解离度。一般而言，化学物质穿入中枢神经系统的能力随其脂溶性的增加而增加，随其解离程度的增加而降低。例如，非脂溶性的无机汞不易进入脑组织,其毒作用主要不在脑而在肾脏。而甲基汞很容易进入脑组织,且由于脑内甲基汞逐渐代谢转化成汞离子,不能通过血脑屏障排出,可在脑内滞留引起中枢神经中毒。③在中枢神经系统间液中蛋白质浓度很低,因此在化学物质从血液进入脑的过程中,蛋白质结合这一转运机制就不能发挥作用。新生儿和出生的动物,血脑屏障没有完全建立,对某些化学物质的毒性反应比成人大,如吗啡和铅。胎盘屏障的主要功能之一是阻止母体血液中一些有害物质通过胎盘,以保护胎儿正常发育。营养物质通过主动转运方式透过胎盘进入胎儿,而大部分化学物质通过胎盘的方式是简单扩散。胎盘屏障由位于母体血液循环系统和胎盘之间的几层细胞组成。

2. 储存

进入血液的外源化学物质,大部分能够与血浆蛋白或体内不同组织结合,但外源化学物质对这些部位所产生的毒性作用并不相同。有的部位外源化学物质含量较高,且可直接发挥其毒性作用,引起组织病变。有的部位外源化学物质含量虽高,但未显示明显的毒作用,称为储存库。生物体中的储存库主要有以下几种。

(1) 血浆蛋白。进入血液中的外源化学物质可与其中的蛋白质(尤其是白蛋白)结合,影响外源化学物质的储存、转化和排泄等过程。与蛋白质结合的外源化学物质不易通过细胞膜进入靶器官产生毒性作用,使血浆蛋白成为其最重要的储存库。外源化学物质与血浆蛋白的这种结合是可逆的非共价结合,结合的化合物可以解离出来,随血液循环进行分布或再分布。不同的外源化学物质与血浆蛋白的结合是有竞争性的,一种已被结合的外源化学物质,可被结合力更强的外源化学物质所取代,使原来结合的外源化学物质解离出来而呈现毒性。例如,农药DDT的代谢产物DDE能竞争性置换已与白蛋白结合的胆红素,使其在血液中游离,引起黄疸。

(2) 肝和肾。肝和肾组织的细胞中含有特殊的结合蛋白,能将血浆中与蛋白结合的有毒物质夺取过来。例如,肝细胞中有一种配体蛋白,能与多种有机酸、有机阴离子、皮质类固醇及偶氮染料等结合,使这些物质进入肝脏。肝和肾中还含有巯基氨基酸蛋白,能与锌和镉等重金属结合,称为金属硫蛋白。肝和肾既是许多外来化学物质的储存库,又是体内代谢转化和排泄的重要器官。

(3) 脂肪组织。许多外源化学物质,如各种有机氯农药(氯丹、DDT、六六六等)和有机汞农药(西力生、赛力散等)具有脂溶性,易于分布和蓄积在脂肪组织内。

(4) 骨骼组织。骨骼组织中某些成分与某些污染物有特殊亲和力,因此这些物质在骨骼中的浓度很高,如氟化物、铅、锶等能与骨基质结合而储存其中。研究表明,体内90%的铅储于骨骼中。有毒物质在体内的储存具有双重意义:一方面对急性中毒具有保护作用,可降低毒物在体液中的浓度;另一方面储存库可能成为体内毒物的一种来源,具有慢性致毒的潜在危害。例如,铅的毒作用部位在软组织,储存于骨内对生物体具有保护作用,但在缺钙、体液pH下降或甲状旁腺激素溶骨作用的情况下,可导致骨内的铅重新释放至血液而引起中毒。

4.2.4　代谢

代谢是指生物相中外源化学物质的生物转化及其与内源化学物质的结合。对于高等生物,肝脏是生物体内最重要的代谢器官,外源化学物质的生物转化过程主要在肝脏进行。其他组织器官,如肺、肾脏、肠道、大脑、皮肤等也具有一定的生物转化能力,虽然这些器官的代谢能力及代谢容量可能低于肝脏,但有些污染物可在这些组织中发生不同程度的代谢转化,有些还具有特殊的意义。

外源化学物质在生物体内的代谢过程遵循一级动力学、二级动力学或饱和动力学规律。在一级动力学过程中，代谢速率受外源化学物质的浓度限制；当外源化学物质的浓度和辅因子浓度共同限制代谢速率，代谢过程遵循二级动力学规律；当代谢器官中的酶被底物(substrate)饱和后，代谢反应速率(dc_{met}/dt，$mg \cdot L^{-1} \cdot h^{-1}$)可用米氏方程表示。

$$\text{一级反应} \qquad \frac{dc_{met}}{dt} = K_f \cdot c_{vt} \qquad\qquad (4\text{-}8)$$

$$\text{二级反应} \qquad \frac{dc_{met}}{dt} = K_s \cdot c_{vt} \cdot c_{cf} \qquad\qquad (4\text{-}9)$$

$$\text{米氏反应} \qquad \frac{dc_{met}}{dt} = \frac{V_{max} \cdot c_{vt}}{(K_m + c_{vt}) \cdot V_t} \qquad\qquad (4\text{-}10)$$

式中，K_f 为一级代谢速率常数(h^{-1})；K_s 为二级代谢速率常数($L \cdot mg^{-1} \cdot h^{-1}$)；$c_{cf}$ 为组织中辅因子的浓度($mg \cdot L^{-1}$)；V_{max} 为酶促反应最大速度($mg \cdot h^{-1}$)；K_m 为米氏常数($mg \cdot L^{-1}$)。

4.2.5 排泄

排泄是外源化学物质及其代谢产物向机体外转运的过程。对于高等生物，排泄器官有肾、肝、胆、肠、肺、外分泌腺等。排泄的主要途径是经肾随尿液排出和经肝随同胆汁通过肠道排出。肾脏是最主要的排泄器官，经肾脏排出的化学物质的量超过其他各种途径排出化学物质的总量，但其他途径往往对特殊化合物的排泄具有特别的意义。例如，由肺随呼气排出 CO_2，由肝随胆汁排泄 DDT 和铅。对于鱼类，外源化学物质及其代谢产物主要通过鱼鳃随呼出水排出。

1. 肾排泄

肾脏的排泄机理主要有三个：肾小球被动滤过、肾小管的重吸收和肾小管排泄。肾小球滤过是一种被动转运的过程。肾小球毛细管具有 7～10 nm 的微孔，大部分外源化学物质或其代谢产物的相对分子质量如果不超过 60000，一般均可滤出，但与血浆蛋白结合的化学物质因相对分子质量过大，不能滤过而留在血液内。

肾小管重吸收指肾小球滤液经过肾小管及集合管时，滤液中的水和溶于水的某些物质被肾小管壁上皮细胞全部或部分吸收，并重新回到血液。重吸收的机理可分为被动转运和主动转运。在近曲小管，几乎可以全部重吸收的化合物有葡萄糖、氨基酸、多肽等蛋白质及维生素，可大部分被重吸收的物质有钾离子、磷酸和尿酸等。通过主动转运吸收的物质主要是机体维持正常生理功能的物质及营养素，而外源化学物质的重吸收主要通过被动转运完成。脂溶性外源化学物质的主要吸收部位在近曲小管部分，所以被重吸收的毒物对肾脏的损害也多在此处发生。而水溶性的极性化合物多直接随同尿液排出体外。

肾小管排泄指肾小管上皮细胞可将外源化学物质及其代谢产物以主动转运的方式排泄到肾小管中。实际上是肾小管主动分泌，此种主动转运可分为供有机阴离子和有机阳离子转运的两种系统。这两种系统均位于肾小管的近曲小管，均可以转运与蛋白质结合的物质，且存在两种化学物质通过同一转运系统时的竞争作用。

外源化学物质经肾随尿液排出的过程可通过滤过率、重吸收率和排泄率来表示。外源化学物质或其代谢产物的滤过率(dF/dt，$mg \cdot h^{-1}$)可用下式表示：

$$\frac{\mathrm{d}F}{\mathrm{d}t} = \mathrm{GFR} \cdot c_{\mathrm{u}} \tag{4-11}$$

式中，F 为外源化学物质或其代谢产物的滤过量(mg)；GFR 为肾小球滤过率($\mathrm{L} \cdot \mathrm{h}^{-1}$)；$c_{\mathrm{u}}$ 为血液中未结合的外源化学物质或其代谢产物的浓度($\mathrm{mg} \cdot \mathrm{L}^{-1}$)。

外源化学物质或其代谢产物的尿液排泄率($\mathrm{d}U/\mathrm{d}t$，$\mathrm{mg} \cdot \mathrm{h}^{-1}$)可表示为

$$\frac{\mathrm{d}U}{\mathrm{d}t} = U_{\mathrm{o}} \cdot c_{\mathrm{urine}} \tag{4-12}$$

式中，U 为外源化学物质或其代谢产物的排出量(mg)；U_{o} 为尿排出量($\mathrm{L} \cdot \mathrm{h}^{-1}$)；$c_{\mathrm{urine}}$ 为尿液中外源化学物质或其代谢产物浓度($\mathrm{mg} \cdot \mathrm{L}^{-1}$)。

外源化学物质或其代谢产物的重吸收率(R)为

$$R = (F - U)/F \times 100\% \tag{4-13}$$

2. 经肝脏随同胆汁排泄

经肝脏随同胆汁排出体外是外源化学物质在体内的一种消除途径。来自胃肠的血液携带着所吸收的化合物先通过门静脉进入肝脏，然后流经肝脏再进入全身循环。外源化学物质在肝脏中先经过生物转化，形成的一部分代谢产物，可被肝细胞直接排入胆汁，再混入小肠随粪便排出体外。外源化学物质随同胆汁进入小肠后，有两种去向：一部分随胆汁混入粪便直接排出体外；一部分脂溶性的、易被吸收的化合物及其代谢产物，可在小肠中重新被吸收，再经门静脉系统返回肝脏，随同胆汁排泄，即进行肠肝循环(enterohepatic circulation)。肠肝循环具有重要的生理学意义，可使生物体需要的一些化合物被重新利用，如小肠壁对各种胆汁酸的重吸收率平均达 95%。在毒理学方面则由于毒物的重吸收，其在体内停留时间延长，毒性作用也将增强。例如，甲基汞主要通过胆汁从肠道排出，肝肠循环导致甲基汞发生重吸收过程，因而在治疗水俣病时，常利用泻剂或口服多硫树脂，使其与汞化合物结合以阻止汞的重吸收，并促进排出。

3. 呼吸作用排泄

对于随呼吸作用排出体外的外源化学物质，通常用呼吸速率、心输出量和血液-空气/水分配系数描述排泄过程，外源化学物质通过肺泡排泄的过程可表示为

$$c_{\mathrm{exp}} = 0.7 \times \frac{c_{\mathrm{a}}}{P_{\mathrm{ba}}} + 0.3 \times c_{\mathrm{inh}} \tag{4-14}$$

式中，c_{exp} 为呼出气中外源化学物质的浓度($\mathrm{mg} \cdot \mathrm{L}^{-1}$)；$P_{\mathrm{ba}}$ 为外源化学物质的血液-空气分配系数；c_{inh} 为吸入气中外源化学物质的浓度($\mathrm{mg} \cdot \mathrm{L}^{-1}$)。

外源化学物质通过鱼鳃排泄的过程可表示为

$$c_{\mathrm{exp}} = \frac{c_{\mathrm{v}}}{P_{\mathrm{bw}}} \tag{4-15}$$

式中，c_{exp} 为鱼鳃排出的水中外源化学物质浓度($\mathrm{mg} \cdot \mathrm{L}^{-1}$)；$c_{\mathrm{v}}$ 为混合静脉血中外源化学物质的浓度($\mathrm{mg} \cdot \mathrm{L}^{-1}$)；$P_{\mathrm{bw}}$ 为外源化学物质的血液-水分配系数。

4. 其他排泄途径

外源化学物质还可经其他途径排出体外，如经胃肠排泄、随同汗液和唾液排泄、随同毛发

和指甲脱落排出、随同乳汁排泄等。许多外源化学物质可通过简单扩散进入乳汁，如有机氯杀虫剂、乙醚、多卤联苯、咖啡因和某些金属都可随同乳汁排出。

案例 4-2　药品和个人护理用品(pharmaceutical and personal care products，PPCPs)可随废水持续不断地排放到水环境中，呈现出"假持久性"的特征。水中的 PPCPs 可能会在水生生物体内富集，通过生理毒代动力学(PBTK)模型获得 PPCPs 在生物体靶器官中的浓度，有助于评价 PPCPs 的生态风险。针对重要的海水养殖物种构建 PBTK 模型，对于绿色养殖也有参考意义。

研究建立了鲤鱼(*Cyprinus carpio*)和海参(*Apostichopus japonicus*)的 PBTK 模型，用于预测 PPCPs 在生物体各组织中的浓度。鲤鱼 PBTK 模型中，鱼体被划分为鱼鳃、大脑、肝脏、肾脏、充分灌注室(心脏、胰脏、脾脏等血流量较大的器官合并为一室)和非充分灌注室(肌肉、骨骼等血流量较小的器官合并为一室)，各室之间依靠血液连接，并假设水中 PPCPs 主要通过鱼鳃呼吸作用进入鱼体，随血液分布至各器官，在各器官中进行物质交换以及在肝脏中发生代谢作用之后，PPCPs 及其代谢产物随血液返回鱼鳃中，随后排出体外(图 4-2)。海参 PBTK 模型中，根据海参解剖结构，划分为体壁、口、消化道、呼吸树和体腔液共 5 个室，考虑到海水和组织的直接接触或液体交换，假设海水中的 PPCPs 能通过体壁、口、呼吸树和体腔液在海参体内蓄积，体腔液中的 PPCPs 通过被动扩散分布至其他器官(图 4-3)。根据质量守恒定律，列出各室的质量守恒方程式，将水中 PPCPs 浓度及其物理化学参数、生物化学参数和生物体的生理参数代入各方程式并联立求解，获得 PPCPs 在鲤鱼和海参体内的靶点浓度。

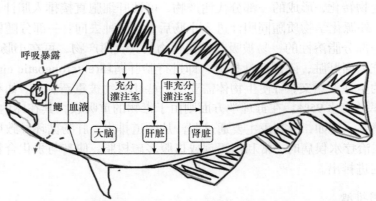

图 4-2　鱼体 PBTK 模型的基本结构示意图(Arnot and Gobas，2006)

(Schematic delineation of PBTK model for fish)

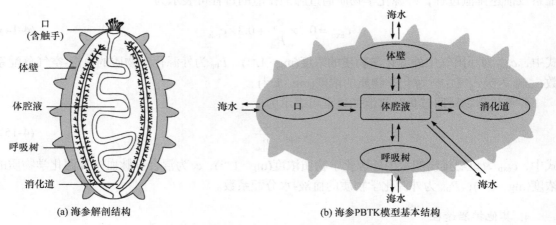

图 4-3　海参 PBTK 模型的基本结构示意图

[Schematic delineation of PBTK model for sea cucumber(*Apostichopus japonicus*)]

📖 延伸阅读 4-2　野生鲤鱼中药品和个人护理用品的生理毒代动力学研究；海参中抗生素的生物积累、生物转化及多室毒代动力学模型

Zhang S Y, Wang Z Y, Chen J W. 2019. Physiologically based toxicokinetics (PBTK) models for pharmaceuticals and personal care products in wild common carp (*Cyprinus carpio*). Chemosphere, 220: 793-801.

Zhu M H, Wang Z Y, Chen J W, et al. 2020. Bioaccumulation, biotransformation, and multicompartmental toxicokinetic model of antibiotics in sea cucumber (*Apostichopus japonicus*). Environmental Science & Technology, 54(20): 13175-13185.

4.3　生物富集、放大与积累

外源化学物质生物富集、放大和积累方面的信息，有助于环境质量标准的制定、确定每日最大允许摄入量、对潜在危险物质进行分类及进行风险评价。

4.3.1　生物富集

1. 生物富集的概念

生物富集(bioconcentration)是指生物通过非吞食方式，从周围环境中蓄积某种元素或难降解性物质，使其在机体内的浓度超过周围环境中的浓度的现象。以往关于生物富集的研究，多针对水生生物(含底栖生物)，如各种鱼类。生物富集常用生物富集因子(bioconcentration factor，BCF，L·kg^{-1})表示：

$$BCF = c_b/c_e \tag{4-16}$$

式中，c_b 为平衡时某种污染物在生物体内的浓度(g·kg^{-1})；c_e 为平衡时某种污染物在生物体周围环境中的浓度(g·L^{-1})。图 4-4 给出了鱼体内一些有机物的 BCF 范围。

研究生物富集对于阐明污染物质在生态系统内的迁移、评价污染物进入生物体后可能造成的危害，以及利用生物体对被污染的环境进行监测与修复等方面，具有重要的意义。同一种生物对不同物质的富集程度有很大差别，不同种生物对同一种物质的富集能力也有很大差异。例如，虹鳟鱼(*Oncorhynchus mykiss*)中 2,2′,4,4′-四氯联苯的 BCF 值为 12400，而四氯化碳的 BCF 值仅为 17.7；1,2,3-三氯苯在鲤鱼(*Cyprinus carpio*)体内的 BCF 值为 980，在钩虾(*Gammarus pulex*)体内的 BCF 值为 190。影响 BCF 大小的因素主要有三方面：①污染物性质，包括疏水性(lgK_{OW})、水溶性(lgS_W)和可降解性，一般来说，可降解性低、lgK_{OW} 高、lgS_W 低的物质，其 BCF 高；②生物方面因素，包括生物种类、大小、性别、器官和发育阶段；③环境条件，包括温度、盐度、硬度、氧含量、光照状况、pH 等，如翻车鱼(*Mola mola*)中多氯联苯的 BCF 值在水温为 5℃时为 6000，而在 15℃时为 50000。

2. 生物富集动力学

在实际环境中，即使化学物质在生物体内不发生代谢作用，其在生物体与周围环境中也较难达到分配平衡的状态。以水生生物为例，从动力学角度看，水生生物对水中难降解物质的富

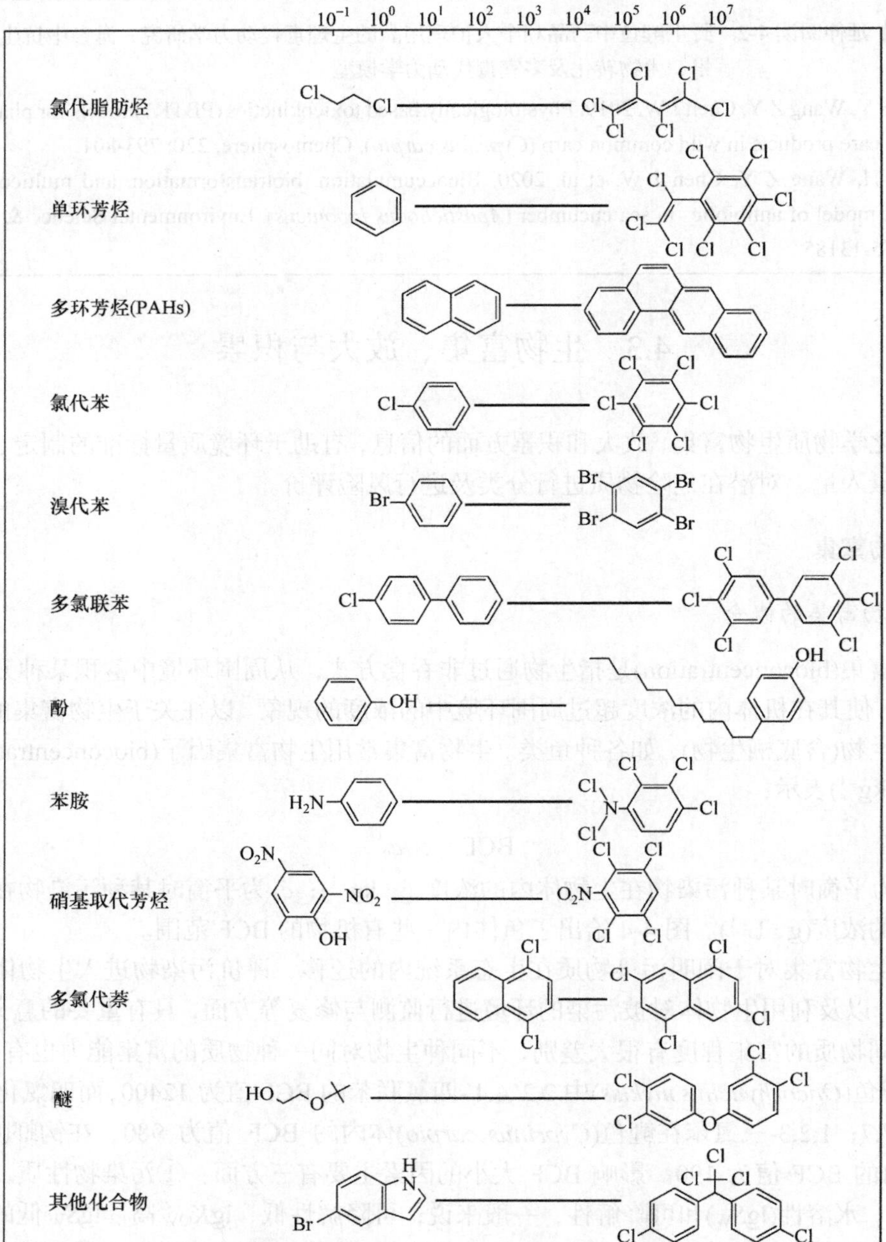

图 4-4　鱼体富集一些有机污染物的 BCF 值范围

(Ranges in fish BCF values for some organic pollutants compounds)

集速率，是生物对其吸收速率(R_a)、消除速率(R_e)及由生物体质量增长引起的稀释速率(R_g)的加和：

$$\frac{dc_f}{dt} = R_a + R_e + R_g = k_a \cdot c_w - k_e \cdot c_f - k_g \cdot c_f \tag{4-17}$$

式中，k_a、k_e 和 k_g 分别为水生生物吸收(L · kg^{-1} · d^{-1})、消除(d^{-1})和生长速率常数(d^{-1})；c_f 为水生生物体内污染物的瞬时浓度(g · kg^{-1})；c_w 为水中污染物的浓度(g · L^{-1})。

如果富集过程中生物体重增长不明显，则 k_g 可忽略不计，式(4-17)可以简化成：

$$\frac{dc_f}{dt} = k_a \cdot c_w - k_e \cdot c_f \tag{4-18}$$

通常，水体足够大，c_w 可视为恒定。假设 $t = 0$ 时，$c_f(0) = 0$。在此条件下，求解以上两式得

$$c_f = \frac{k_a \cdot c_w}{k_e + k_g} \cdot [1 - e^{(-k_e - k_g) \cdot t}] \tag{4-19}$$

$$c_f = \frac{k_a \cdot c_w}{k_e} \cdot (1 - e^{-k_e \cdot t}) \tag{4-20}$$

从以上两式可以看出，c_f/c_w 随时间延续而增大，前期增大比后期增大迅速，当 $t \to \infty$ 时，可以认为污染物在两相的分配达到平衡，则

$$BCF = c_f/c_w = k_a/(k_e + k_g) \tag{4-21}$$

$$BCF = c_f/c_w = k_a/k_e \tag{4-22}$$

在实验室模拟条件下，可用动力学方法测定 k_a、k_e 和 k_g，然后用以上两式计算得化合物的 BCF 值。许多研究者提出了估算 BCF 的方法，其中最典型的是基于 K_{OW} 来估算 BCF。例如，Veith 等(1979)报道的一个关于鱼的 BCF 的估算方程式为

$$\lg BCF = 0.85 \times \lg K_{OW} - 0.70 \quad (n = 59, R^2 = 0.897) \tag{4-23}$$

式中，n 为数据集个数；R^2 为相关系数。

对于疏水性较强的化合物($\lg K_{OW} > 6$)，随着 K_{OW} 增大，BCF 反而减小，上述方程并不能反映这一变化趋势。欧盟在化学品风险评价技术导则中，建议采用如下方法估算 BCF 值：

如果 $\lg K_{OW} < 1$　　　　　　$\lg BCF = 0.15$ $\tag{4-24}$

如果 $1 \leqslant \lg K_{OW} \leqslant 6$　　　　$\lg BCF = 0.85 \times \lg K_{OW} - 0.70$ $\tag{4-25}$

如果 $6 < \lg K_{OW} < 10$　　$\lg BCF = -0.20 \times (\lg K_{OW})^2 + 2.74 \times \lg K_{OW} - 4.72$ $\tag{4-26}$

如果 $\lg K_{OW} \geqslant 10$　　　　　$\lg BCF = 2.68$ $\tag{4-27}$

也可以根据有机污染物的定量-构效关系(QSAR)来预测 BCF。BCF 的一些预测模型已具有相关的软件，如 EPI Suite^{TM} (v4.10)中的 BCFBAF v3.01 模块。表 4-1 列出了一些代表性有机污染物在虹鳟鱼(*Oncorhynchus mykiss*)体内的 lgBCF 实测值和由 Veith 模型、欧盟导则建议模型以及 EPI Suite^{TM}(v4.10)中的 BCFBAF v3.01 模块获得的预测值。图 4-5 比较了 lgBCF 的实测值和预测值。从图 4-5 可以看出，三个模型的预测结果接近，对于欧盟导则建议模型，$R^2 = 0.790$，均方根误差 RMSE = 0.436；对于 Veith 模型，$R^2 = 0.783$，RMSE = 0.480；对于 EPI Suite^{TM} (v4.10)中的 BCFBAF v3.01 模块，$R^2 = 0.791$，RMSE = 0.621。

表 4-1　代表性有机污染物在虹鳟鱼(*Oncorhynchus mykiss*)体内的 lgBCF 预测值和实测值
(Predicted and observed lgBCF values for typical organic pollutants in *Oncorhynchus mykiss*)

化合物	lgK_{OW}*	lgBCF(实测)	lgBCF(预测)		
			Veith 模型	欧盟模型	EPI Suite™
1,1,2,3,4,4-六氯-1,3-丁二烯 (1,1,2,3,4,4-hexachloro-1,3-butadiene)	4.78	3.76	3.36	3.36	2.82
1,2,3,4-四氯苯 (1,2,3,4-tetrachlorobenzene)	4.60	3.72	3.21	3.21	2.70
1,2,4-三氯苯 (1,2,4-trichlorobenzene)	4.02	2.95	2.72	2.72	2.32
1,2-二氯苯(1,2-dichlorobenzene)	3.43	2.43	2.22	2.22	1.93
1,3,5-三氯苯 (1,3,5-trichlorobenzene)	4.19	3.26	2.86	2.86	2.43
1,3-二氯苯(1,3-dichlorobenzene)	3.53	2.65	2.30	2.30	2.00
1,2,4,5-四溴苯 (1,2,4,5-tetrabromobenzene)	5.13	3.81	3.66	3.66	3.05
1,3,5-三溴苯 (1,3,5-tribromobenzene)	4.51	3.70	3.13	3.13	2.64
1,3-二溴苯(1,3-dibromobenzene)	3.75	2.80	2.49	2.49	2.14
2,5-二氯联苯 (2,5-dichlorobiphenyl)	5.10	4.00	3.64	3.64	3.62
3,5-二氯联苯 (3,5-dichlorobiphenyl)	5.41	3.78	3.90	3.90	3.82
2,2′,4,4′,5,5′-六氯联苯 (2,2′,4,4′,5,5′-hexachlorobiphenyl)	7.75	4.83	5.89	4.50	4.34
2-氯硝基苯(2-nitrochlorobenzene)	2.24	2.10	1.20	1.20	1.14
3-氯硝基苯(3-nitrochlorobenzene)	2.46	1.89	1.39	1.39	1.29
4-氯硝基苯(4-nitrochlorobenzene)	2.39	2.00	1.33	1.33	1.24
2,3-二氯硝基苯 (2,3-dichloronitrobenzene)	3.05	2.16	1.89	1.89	1.68
2,4-二氯硝基苯 (2,4-dichloronitrobenzene)	3.07	2.07	1.91	1.91	1.69
2,5-二氯硝基苯 (2,5-dichloronitrobenzene)	3.09	2.05	1.93	1.93	1.71
3,4-二氯硝基苯 (3,4-dichloronitrobenzene)	3.12	2.07	1.95	1.95	1.73
3,5-二氯硝基苯 (3,5-dichloronitrobenzene)	3.09	2.23	1.93	1.93	1.71
五氯硝基苯(quintozine)	4.64	2.40	3.24	3.24	2.73
2,3,4,5-四氯硝基苯 (2,3,4,5-tetrachloronitrobenzene)	3.93	1.89	2.64	2.64	2.26
2,3,4-三氯硝基苯 (2,3,4-trichloronitrobenzene)	3.61	2.20	2.37	2.37	2.05
2,4,5-三氯硝基苯 (2,4,5-trichloronitrobenzene)	3.48	1.84	2.26	2.26	1.96

* lgK_{OW} 由 EPI Suite™ (v4.10)中的 KOWWIN v1.68 模块获得，lgBCF 实测值来自 Oliver 和 Niimi(1983, 1984, 1985)、Veith 等 (1979)、Muir 等(1985)和 Niimi 等(1989)。

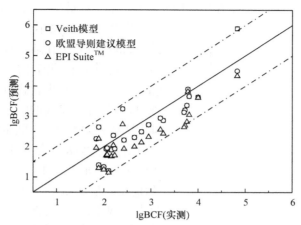

图 4-5　代表性有机污染物在虹鳟鱼体内 lgBCF 的实测值与预测值对比

(Comparison of predicted and observed lgBCF values for typical organic pollutants in *Oncorhynchus mykiss*)

【例 4-2】　Deneer 等(1987)提出硝基苯衍生物在虹鳉鱼(*Poecilia reticulata*)体内 BCF 值的预测方法：lgBCF = 0.77 × lgK_{OW} + 0.65，已知 2,4-二硝基甲苯的 lgK_{OW} = 1.98，计算其鱼体 BCF 值。

解　2,4-二硝基甲苯的鱼体 BCF 值：

$$BCF = 10^{(0.77 \times 1.98 + 0.65)} = 149.49(L \cdot kg^{-1})$$

4.3.2　生物放大

生物放大(biomagnification)是指在生态系统中，由于高营养级生物吞食低营养级生物，使某些元素或难降解性物质在生物体中的浓度随营养级的升高而逐步增大的现象。生物放大因子(biomagnification factor，BMF，kg · kg^{-1})是指污染物在一个特定营养级水平的生物体内的浓度(c_i，g · kg^{-1})与较低营养级水平的生物体内的浓度(c_{i-1}，g · kg^{-1})之比，即

$$BMF = c_i/c_{i-1} \tag{4-28}$$

一般来说，较低营养级的生物会被较高营养级的生物捕食，顶级营养者必须吃掉相当于自身体重很多倍的食物来维持其存活、繁殖及生长。生物放大导致食物链上高营养级生物体中污染物的浓度显著地超过其环境浓度。

生物放大发生在具有食物链关系的生物中，如果生物之间不存在食物链关系，则用生物富集或生物积累(bioaccumulation)来解释。20 世纪 70 年代，科学家在研究农药和重金属的浓度在食物链上逐级增大的现象时，将这种现象称为生物富集或生物积累。1973 年起，科学家才开始用"生物放大"一词，并对生物富集、生物积累和生物放大三者的概念进行区分。研究生物放大，特别是研究各种食物链对哪些污染物具有放大的潜力，对于确定环境中污染物的安全浓度等具有重要的意义。

如果有机物难以被生物体代谢，则可用 lgK_{OW} 来预测水生食物链中污染物的生物放大作用。研究者指出，化合物的 lgK_{OW} > 4 时，可能发生生物放大；化合物的 lgK_{OW} 为 5~7 时，可被认为具有生物放大作用；化合物的 lgK_{OW} 在 5 以下时，较低的吸收效率和较高的消除速率将限制其生物放大的能力；化合物的 lgK_{OW} 在 7 以上时，较低营养级如浮游植物，对其具有较小的同化效率，可阻碍生物放大。Russell 等(1995)发现白鲈(*Morone chrysops*)摄食银侧美洲

鰟(*Notropzs atherinoides*)时，lgK_{OW} 在 6.1 以上的多氯联苯容易被生物放大(图 4-6)。

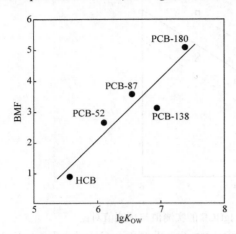

图 4-6　多氯联苯在白鲈和银侧美洲鰟之间
的 BMF 与 lgK_{OW} 的关系(Russell et al.，1995)
(Variation of biomagnification factors of polychlorinated
biphenyls between *Morone chrysops*
and *Notropzs atherinoides* with lgK_{OW})

生物放大现象不仅可以发生在水生食物链中，也可以发生在陆生食物链中。研究表明，部分弱疏水性的化学物质(如氯苯和林丹)的 lgK_{OW} < 5，在水生食物链中未发现生物放大现象，但是在加拿大的陆生食物链中却发现了其生物放大的现象。在陆生食物链中，正辛醇/空气分配系数(K_{OA})是一个重要的参数。Kelly 等(2007)的研究表明，难降解且中等疏水性物质(lgK_{OW} 为 2～5)在水生食物网中未发现生物放大的现象，但可能在陆生动物(包括人)食物网中被生物放大，化合物较大的 lgK_{OA} 值和较低的呼吸释放速率导致了这种现象。图 4-7 给出了具有不同的 K_{OW} 和 K_{OA} 范围的化学物质，在不同类型食物链中的生物放大能力。对于 2 < lgK_{OW} < 5 和 lgK_{OA} > 6 的化学物质，其在陆生动物中的生物放大作用应该引起关注。这些具有较低 lgK_{OW} 和较高 lgK_{OA} 值的化学物质，使用量大，具有潜在的生物积累性，值得进一步的监管和评价。

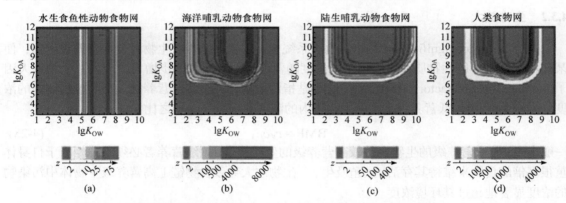

图 4-7　化学物质的 K_{OW}(x 轴)和 K_{OA}(y 轴)值对生物放大的影响(Kelly et al.，2007)
[Contour plots illustrating the relationship between chemical K_{OW}(x axis), K_{OA}(y axis), and food chain magnification(z dimension represented as contours)]
z 维代表等高线，数值代表化学物质的浓度在食物网的顶级营养者体内和最低营养级体内相比的放大倍数

　　具有生物放大作用的污染物进入环境，即使是微量的，也会使生物尤其是处于高营养级的生物受到毒害，甚至会影响到人类的健康。然而生物放大的影响因素多种多样，并非在所有的条件下都能发生生物放大现象。深入研究生物放大作用，特别是研究哪些污染物在各种食物链具有生物放大的潜力，对于评价化学品的生态风险和健康风险有着重要的意义。

　　案例 4-3　DDT 是一种晶体为白色且不溶于水的有机氯杀虫剂，于 1874 年首次合成。直至 1939 年，人类才发现这种化合物具有杀虫剂特性。DDT 无刺激性、气味极淡，对害虫毒性很高，而对温血动物和植物相对无害，廉价且容易大量生产，化学性质稳定、残效期长。在第二次世界大战期间，DDT 被用于对抗黄热病、斑疹伤寒、丝虫病等虫媒传染病。战后，DDT 作为杀虫剂而被大量生产和使用。然而，在 20 世纪 60 年代，科学家发现 DDT 在环境中非常难降解，能在生物体内富集，并随着食物链放大，且达到一定浓度后对生物体具有毒性效应。1962 年，美国科学家 Rachel Carson 在其著作《寂静的春天》中表述，DDT 和一些其他农药可能具有致癌性，应用于农业会对野生生物，尤其是鸟类构成威胁。研究发现，进入美国的珍稀动物白头海雕(*Haliaeetus leucocephalus*)体内的 DDT 会导致海雕产下不能孵化出小海雕的软壳蛋。1976 年，美国洛杉矶动物园的小河马(*Hippopotamus amphibius*)因为饮用了农药厂排放的含有 DDT 废液的河水而全部死亡。由于 DDT 对生态系统造成了严重危害，各国纷纷开始限制、禁止生产和使用 DDT。

4.3.3 生物积累

生物积累是生物从周围环境和食物链蓄积某种元素或难降解性物质，使其在机体中浓度超过周围环境中浓度的现象。生物富集或生物放大是生物积累的一种情况。与生物富集类似，生物积累常用生物积累因子(bioaccumulation factor，BAF，L·kg^{-1})表示：

$$BAF = c_b/c_e \tag{4-29}$$

式中，c_b 为平衡时某种污染物质在生物体内的浓度(g·kg^{-1})；c_e 为平衡时某污染物质在生物体周围环境中的浓度(g·L^{-1})。

以水生生物为例，从动力学的角度看，水生生物对某物质的积累速率等于从水中的吸收速率(R_{ai})，从食物链上的吸收速率(R_{ai-1})及其本身消除(R_{ei})、稀释(R_{gi})速率的加和：

$$\frac{dc_i}{dt} = R_{ai} + R_{ai-1} + R_{ei} + R_{gi} = k_{ai} \cdot c_w + \alpha_{i,i-1} \cdot W_{i,i-1} \cdot c_{i-1} - k_{ei} \cdot c_i - k_{gi} \cdot c_i \tag{4-30}$$

式中，下标 i 和 $i-1$ 分别为食物链 i 和 $i-1$ 级的生物；c_w 为生物生存的水环境中某物质浓度(g·L^{-1})；c 为物质的浓度(g·kg^{-1})；$W_{i,i-1}$ 为 i 级生物对 $i-1$ 级生物的摄食率(g·kg^{-1}·d^{-1})；$\alpha_{i,i-1}$ 为 i 级生物对 $i-1$ 级生物中该物质的同化率；k_a 为物质的吸收速率常数(L·kg^{-1}·d^{-1})；k_e 为物质的消除速率常数(d^{-1})；k_g 为生长速率常数(d^{-1})。

当生物积累达到平衡时，求解式(4-30)得

$$c_i = \left(\frac{k_{ai}}{k_{ei} + k_{gi}}\right) \cdot c_w + \left(\frac{\alpha_{i,i-1} \cdot W_{i,i-1}}{k_{ei} + k_{gi}}\right) \cdot c_{i-1} \tag{4-31}$$

令式(4-31)右端两项分别为 c_{wi} 和 $c_{\varphi i}$，则

$$c_i = c_{wi} + c_{\varphi i} \tag{4-32}$$

该式表明，生物所积累的物质，一部分是从水中摄取，另一部分是从食物传递获得。这两项反映出相应的生物富集和生物放大对生物积累的贡献大小，且 $c_{\varphi i}$ 和 c_{i-1} 之间存在如下关系：

$$\frac{c_{\varphi i}}{c_{i-1}} = \frac{\alpha_{i,i-1} \cdot W_{i,i-1}}{k_{ei} + k_{gi}} \tag{4-33}$$

只有式(4-33)右端大于 1 时，食物链上从饵料生物至捕食生物才会呈现生物放大。通常 $W_{i,i-1} > k_{gi}$，对于同种生物，k_{ei} 越小，$\alpha_{i,i-1}$ 越大的物质，生物放大越显著。

对于底栖水生生物，沉积物也是生物体内污染物的来源之一。生物对沉积物中污染物的积累可用生物-沉积物积累因子(biota-sediment bioaccumulation factor，BSAF，kg·kg^{-1})表示：

$$BSAF = c_b/c_s \tag{4-34}$$

式中，c_b 为平衡时污染物在生物体内的浓度$(g \cdot kg^{-1})$；c_s 为平衡时污染物在沉积物中的浓度$(g \cdot kg^{-1})$。

生物富集、生物放大和生物积累三者相互联系，对其深入研究可更好地阐明化学品在生态系统内的迁移规律，评价化学品的生态风险和健康风险。

案例 4-4　理论上，大多数化合物的生物积累过程遵循一级动力学规律，其 BAF 值不随暴露浓度改变。然而，2011 年期刊 ES&T 上的一项研究发现，全氟化合物(PFCs)在绿色贻贝(*Perna viridis*)中的生物积累过程与暴露浓度之间存在负相关关系。该现象可通过非线性吸附机理解释，随着暴露浓度的增加，生物体内与 PFCs 结合的特异性位点逐渐饱和，导致生物体的内暴露浓度随暴露浓度的增加而达到峰值(图 4-8)。

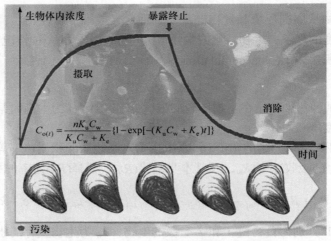

图 4-8　绿色贻贝对全氟化合物生物积累的浓度依赖性(Liu et al.，2011)

(Concentration-dependent bioaccumulation process for PFCs in *Perna viridis*)

📖 延伸阅读 4-3　全氟化合物的生物积累具有浓度依赖性

Liu C H, Gin K Y H, Chang V W C, et al. 2011. Novel perspectives on the bioaccumulation of PFCs - the concentration dependency. Environmental Science & Technology, 45(22): 9758-9764.

【例 4-3】　苯并三唑类紫外线稳定剂 UV-234 能够在生物体内发生积累，某河流沉积物中 UV-234 的浓度 $c_s = 0.6 \, ng \cdot g^{-1}$，河水中浓度 $c_w = 0.3 \, ng \cdot L^{-1}$，在底栖生物虾中的生物积累因子 BAF = 5 $L \cdot kg^{-1}$。

(1) 假设达到平衡条件，虾中积累的 UV-234 全部来源于水，计算虾体内的 UV-234 浓度 c_{shrimp}。

(2) 由于虾是底栖生物，沉积物中积累的 UV-234 会不可避免地进入虾体内，如果虾体内的 UV-234 全部来源于沉积物，假设达到平衡条件，计算沉积物-虾的生物积累因子 BSAF。

(3) 若河中上层浮游鱼类以虾为食，摄食率 $\alpha = 20 \, mg \cdot g^{-1} \cdot d^{-1}$，同化率为 $W = 60\%$，鱼体从水中吸收 UV-234 的吸收速率常数 $k_a = 3 \, L \cdot kg^{-1} \cdot d^{-1}$，消除速率常数 $k_e = 0.5 \, d^{-1}$，忽略鱼的生长对 UV-234 积累的影响，假设达到平衡条件，计算鱼体内 UV-234 的浓度 c_{fish}。

解　(1) 虾体内的 UV-234 浓度 c_{shrimp}：

$$c_{shrimp} = BAF \cdot c_w = 5 \times 0.3 = 1.5 (ng \cdot kg^{-1})$$

(2) 沉积物-虾的生物积累因子 BSAF：

$$BSAF = c_{shrimp}/c_s = 1.5/0.6 = 2.5 (g \cdot kg^{-1})$$

(3) 鱼体内 UV-234 的浓度 c_{fish}：

$$c_{\text{fish}} = \frac{k_{\text{a}}}{k_{\text{e}}} \cdot c_{\text{w}} + \left(\frac{\alpha \cdot W}{k_{\text{e}}}\right) \cdot c_{\text{shrimp}} = \frac{3}{0.5} \times 0.3 + \left(\frac{20 \times 10^{-3} \times 60 \times 10^{-2}}{0.5}\right) \times 1.5 = 1.836 (\text{ng} \cdot \text{kg}^{-1})$$

4.4　生物转化

外源化学物质进入生物体后，在酶的催化下发生变化并形成转化产物(有时称为代谢物)，此变化过程称为生物转化或代谢转化。生物转化过程分两个阶段：第一阶段称为一相反应(phase Ⅰ reaction)，主要包括氧化(oxidation)反应、还原(reduction)反应和水解(hydrolysis)反应；第二阶段称为二相反应(phase Ⅱ reaction)，主要为结合反应(conjugation reaction)。通常，通过一相反应，将活泼的极性基团加到疏水的有机分子之上。通过二相反应，形成水溶性更高的化合物，容易排出体外。

4.4.1　生物转化中的酶

酶(enzyme)是一类由细胞制造和分泌、以蛋白质为主要成分、具有催化活性的生物催化剂(biocatalyst)。生物体在新陈代谢过程中，几乎所有的化学反应都是在酶的催化作用下进行的。酶的种类很多，已知的酶有 2000 多种。酶催化的生物化学反应，称为酶促反应(enzymatic reaction)。在酶的催化下发生化学变化的物质，称为底物。

酶催化作用具有专一性高、催化效率高和外部条件温和的特点。①专一性高：一种酶只作用于一类化合物或一定的化学键，以促进一定的化学变化，并生成一定的代谢物，这种现象称为酶的特异性或专一性(specificity)。例如，脲酶只能催化尿素水解成 NH_3 和 CO_2，而不能催化甲基尿素水解。②催化效率高：酶催化的化学反应速率，比普通催化剂高 $10^7 \sim 10^{13}$ 倍。③温和的外部条件：大部分酶是蛋白质，酶促反应要求一定的 pH、温度等温和的条件。强酸、强碱、有机溶剂、重金属盐、高温、紫外线、剧烈振荡等任何使蛋白质变性的理化因素都可能使酶变性而失去其催化活性。

根据起催化作用的场所，酶分为胞外酶和胞内酶两大类。这两类都在细胞中产生，但是胞外酶能通过细胞膜，在细胞外对底物起催化作用，通常是催化底物水解，而胞内酶不能通过细胞膜，只能在细胞内发挥各种催化作用。根据催化反应的类型，可以把酶分成六大类：氧化还原酶、水解酶、转移酶、裂解酶、异构酶及合成酶。根据酶的成分可分为单成分酶和双成分酶。单成分酶只含有蛋白质，如脲酶、蛋白酶。双成分酶除了含有蛋白质外，还含有非蛋白质部分，前者称酶蛋白，后者称辅基(prosthetic group)或辅酶(coenzyme)。酶蛋白的作用是决定催化专一性和催化效率。辅酶的成分是金属离子、含金属的有机化合物或小分子的复杂有机化合物。辅酶约有 30 种。同一辅酶可以结合不同的酶蛋白，构成许多种双成分酶，可对不同底物进行相同反应。辅酶在酶促反应中常参与化学反应，主要起着传递氢、传递电子、传递原子或化学基团以及"搭桥"(某些金属元素)等作用，它们决定着酶促反应的类型。

4.4.2　若干重要辅酶的功能

1. 黄素单核苷酸和黄素腺嘌呤二核苷酸

黄素单核苷酸(flavin mononucleotide，FMN)和黄素腺嘌呤二核苷酸(flavin adenine dinucleotide，

FAD)都是核黄素(riboflavin，维生素 B₂)的衍生物，见图 4-9。核黄素是核糖醇($C_5H_{12}O_5$)和 7,8-二甲基异咯嗪的缩合物，由于在异咯嗪的 1 位和 5 位 N 原子上具有两个活泼的双键，易发生氧化还原反应，故核黄素有氧化型和还原型两种方式，是脱氢酶的辅酶，在生物体内酶促反应中起传递氢的作用。

(a) 黄素单核苷酸

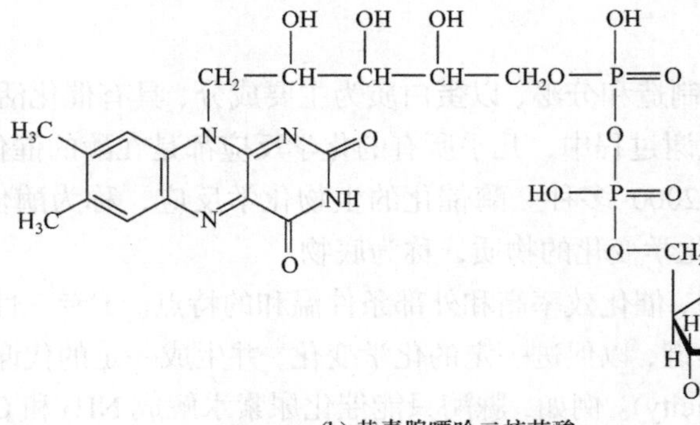

(b) 黄素腺嘌呤二核苷酸

图 4-9　黄素单核苷酸和黄素腺嘌呤二核苷酸的分子结构式

(Molecular structures of flavin mononucleotide and flavin adenine dinucleotide)

FMN 或 FAD 是一些氧化还原酶的辅酶，在酶促反应中具有传递氢原子的功能，如图 4-10 所示。FMN 和 FAD 的还原型分别为 FMNH₂ 和 FADH₂。

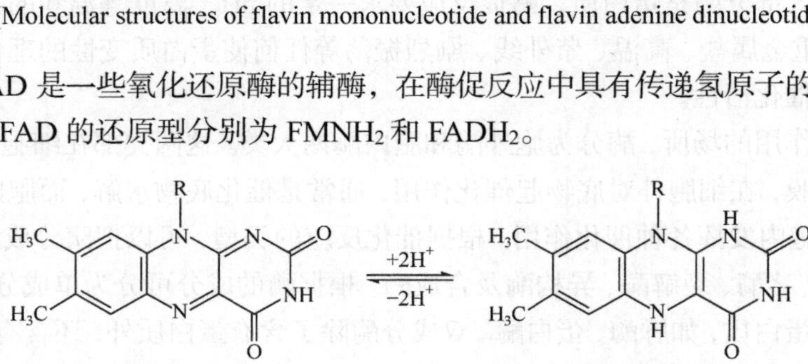

FAD或FMN	FADH₂或FMNH₂
[氧化型FAD或FMN(黄色)]	[还原型FAD或FMN(黄色)]

图 4-10　黄素腺嘌呤二核苷酸和黄素单核苷酸的氧化还原态

(Redox status for flavin mononucleotide and flavin adenine dinucleotide)

2. 烟酰胺腺嘌呤二核苷酸和烟酰胺腺嘌呤二核苷酸磷酸

烟酰胺是吡啶衍生物，烟酰胺辅酶是电子载体，在各种酶促反应中起着重要的作用。在机体内烟酰胺与核糖、磷酸、腺嘌呤组成脱氢酶的辅酶，主要是烟酰胺腺嘌呤二核苷酸(nicotinamide adenine dinucleotide，NAD⁺，辅酶Ⅰ)和烟酰胺腺嘌呤二核苷酸磷酸(nicotinamide adenine dinucleotide phosphate, NADP⁺，辅酶Ⅱ)，其结构如图 4-11 所示。

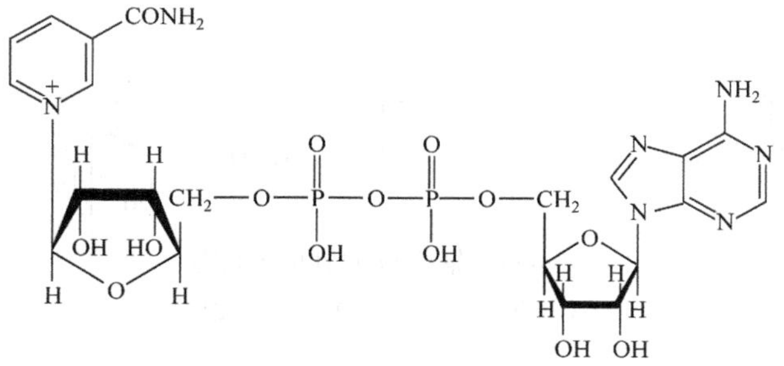

(a) NAD$^+$

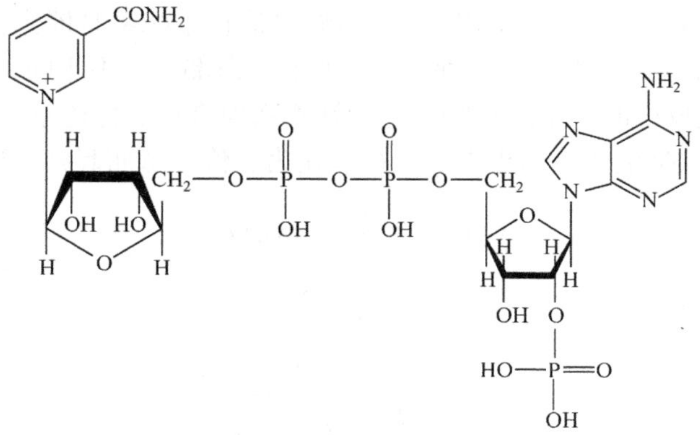

(b) NADP$^+$

图 4-11　NAD$^+$和 NADP$^+$的分子结构式

(Molecular structures for nicotinamide adenine dinucleotide and nicotinamide adenine dinucleotide phosphate)

NAD$^+$和 NADP$^+$的还原型分别为还原型烟酰胺腺嘌呤二核苷酸(reduced nicotinamide adenine dinucleotide，NADH)和还原型烟酰胺腺嘌呤二核苷酸磷酸(reduced nicotinamide adenine dinucleotide phosphate，NADPH)。NAD$^+$和 NADP$^+$是一些氧化还原酶的辅酶，在酶促反应中具有传递氢的作用。NAD$^+$在氧化途径(分解代谢)中是电子受体，而 NADPH 在还原途径(生物合成)中是电子供体。NAD$^+$可以在脱氢酶的作用下接受氢负离子，而 NADP$^+$可以给出氢负离子，如图 4-12 所示。

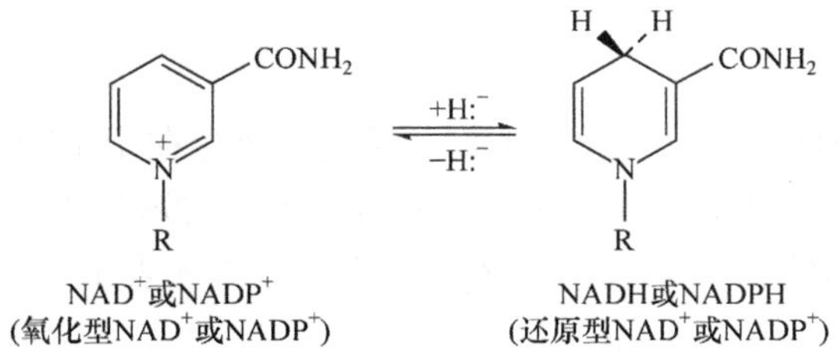

NAD$^+$或NADP$^+$　　　　　　　　　NADH或NADPH
(氧化型NAD$^+$或NADP$^+$)　　　　　(还原型NAD$^+$或NADP$^+$)

图 4-12　NAD$^+$和 NADP$^+$的氧化还原状态

(Redox status for NAD$^+$ and NADP$^+$)

3. 辅酶 Q

辅酶 Q(coenzyme Q)又称为泛醌，简写为 CoQ，广泛存在于动物和细菌的线粒体中。辅酶 Q 的活性部分是它的醌环结构，主要功能是作为线粒体呼吸链氧化还原酶的辅酶，在酶与底物分子之间传递氢或电子，如图 4-13 所示。

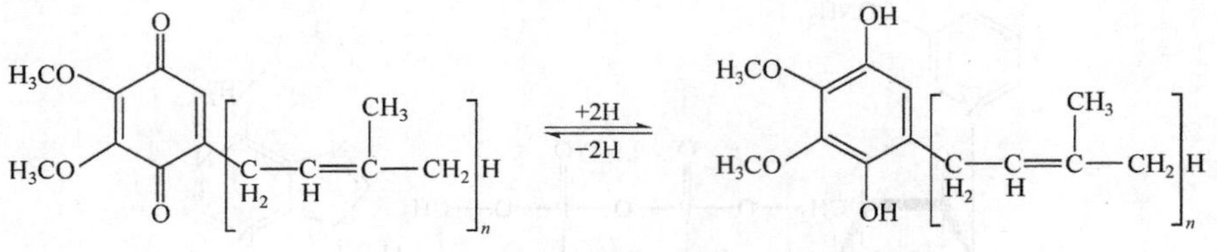

图 4-13　辅酶 Q 的氧化还原态
(Redox status for coenzyme Q)

4. 细胞色素酶系的辅酶

细胞色素(cytochrome)类是含铁的电子传递体。细胞色素酶系是催化底物氧化的一类酶系，主要有细胞色素 b、c_1、c、a 和 a_3 等几种。它们的酶蛋白部分各不相同，辅酶都是铁卟啉，如图 4-14 所示。在酶促反应时，辅酶铁卟啉中的铁不断地进行氧化还原，当铁获得电子时从三价还原为二价，二价铁把电子传递出去后又被氧化为三价，从而起到传递电子的作用。

$$\text{cyt}_n\text{Fe}^{3+} \underset{-e^-}{\overset{+e^-}{\rightleftharpoons}} \text{cyt}_n\text{Fe}^{2+}$$

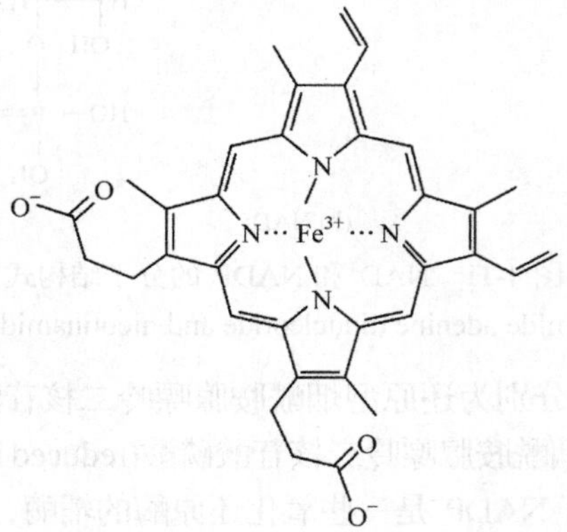

图 4-14　铁卟啉的分子结构式
(Molecular structure of ferriporphyrin)

5. 辅酶 A

辅酶 A(coenzyme A)是泛酸的一种衍生物，泛酸广泛存在于生物界，是一种有机酸。辅酶 A 常简写为 CoA，结构如图 4-15 所示。CoA 主要起到传递酰基的作用，是各种酰化反应中的辅酶。由于携带酰基的部位在—SH 基上，故也常以 CoASH 表示。

4.4.3　生物氧化中的氢传递反应

有机物在细胞内氧化分解成二氧化碳和水，释放能量被腺苷三磷酸(ATP)储存的过程，称为生物氧化(biological oxidation)。生物氧化实际上是需氧细胞呼吸作用中的一系列氧化还原反应，所以又称为细胞氧化或细胞呼吸(cellular respiration)。ATP 是一分子腺嘌呤、一分子核糖和三个相连的磷酸基团构成的，如图 4-16 所示。

生物氧化实际上就是指氧化磷酸化(oxidative phosphorylation)，是 NADH 和 $FADH_2$ 上的电子通过一系列电子传递载体传递给氧气伴随 NADH 和 $FADH_2$ 的再氧化，将释放的能量使腺

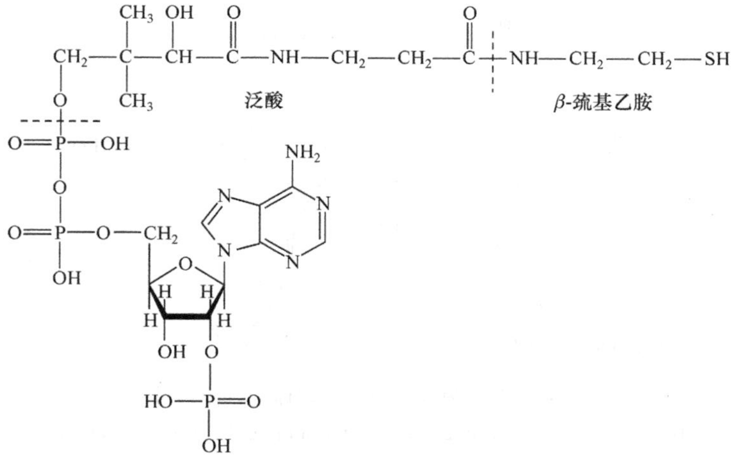

图 4-15 辅酶 A 的分子结构式
(Molecular structure of coenzyme A)

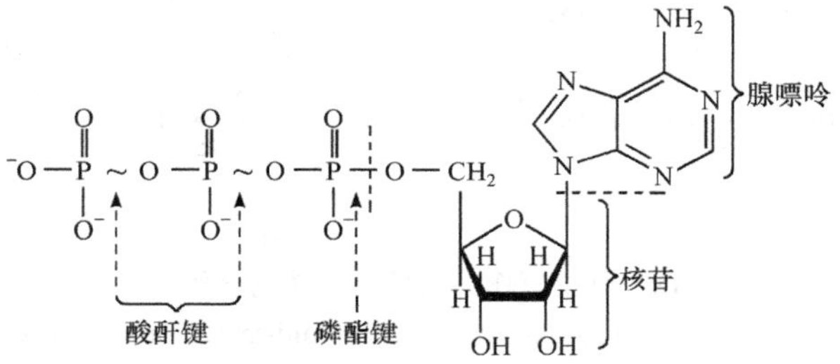

图 4-16 ATP 的分子结构式
(Molecular structure of ATP)

苷二磷酸(adenosine diphosphate，ADP)磷酸化生成 ATP 的过程。有机物的氧化多为去氢氧化，脱落的氢以原子或电子形式，由相应的氧化还原酶按一定顺序传递至受体。这一氢原子或电子传递的过程称为氢传递或电子传递过程，其受体称为受氢体或电子受体。受氢体如果为细胞内的分子氧就是有氧氧化，若为非分子氧的化合物则是无氧氧化。

1. 有氧氧化中以分子氧为直接受氢体的氢传递过程

以氧为直接受氢体的氧化还原酶称为氧化酶(oxidase)。氧化酶一般是含金属 Cu^{2+} 和 Fe^{3+} 的蛋白质，通过它们的氧化态与还原态的互变，将传递体或底物的电子传递给氧并使其激活形成 O_2^-，与 H^+ 化合形成水。例如，细胞色素氧化酶、抗坏血酸酶催化的反应属于此类反应，如图 4-17 所示。这类的氢传递过程只有一种酶作用于有机底物。

2. 有氧氧化中分子氧为间接受氢体的氢传递过程

这类的氢传递过程中几种酶共同发挥作用。第一种酶催化底物脱氢生成 NADH，由其余的酶顺序传递，最后把其中的电子传递给分子氧形成激活态 O_2^-，并与脱落氢中的质子结合成水，如图 4-18 所示。NADH 氧化呼吸链是细胞内最重要的呼吸链，生物氧化中绝大多数都是以 NAD^+ 为辅酶的脱氢酶催化。

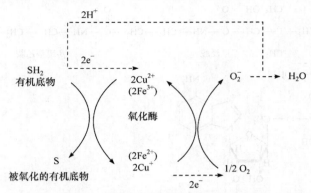

图 4-17　分子氧作为直接受氢体的氢传递过程

(Hydrogen transfer process: oxygen as a direct hydrogen acceptor)

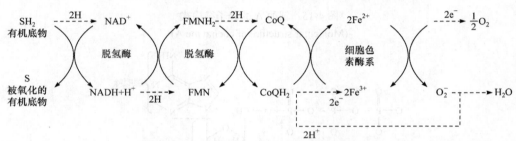

图 4-18　分子氧作为间接受氢体的氢传递过程

(Hydrogen transfer process: oxygen as an indirect hydrogen acceptor)

3. 无氧氧化中有机底物转化中间产物作受氢体的氢传递过程

这类的氢传递过程中有一种或一种以上的酶参与，最后由脱氢酶辅酶 NADH 将所含来源于有机底物的氢，传给该底物生物转化的相应中间产物。例如，兼性厌氧的酵母菌在无分子氧存在下以葡萄糖为生长底物时，用葡萄糖转化中间产物乙醛作为受氢体，乙醛被还原成乙醇，如图 4-19 所示。

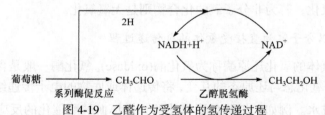

图 4-19　乙醛作为受氢体的氢传递过程

(Hydrogen transfer process: acetaldehyde as a hydrogen acceptor)

4. 无氧氧化中某些无机含氧化合物作受氢体的氢传递过程

在这类氢传递过程中，最常见的受氢体是硝酸根、硫酸根和二氧化碳。它们接受来源于有机底物由酶传递来的氢，而被分别还原为氮分子（或一氧化二氮）、硫化氢和甲烷。例如：

$$10[H] + 2NO_3^- + 2H^+ \xrightarrow[\text{反硝化菌}]{\text{兼性厌氧}} N_2 + 6H_2O$$

$$24[H] + 3H_2SO_4 \xrightarrow[\text{硫酸还原菌}]{\text{兼性厌氧}} 3H_2S + 12H_2O$$

$$8[H] + CO_2 \xrightarrow[\text{厌氧甲烷菌}]{} CH_4 + 2H_2O$$

4.4.4　有毒有机污染物的生物转化类型

生物体内有毒物质的生物转化，主要包括氧化、还原、水解、结合四种反应类型。

1. 氧化反应

(1) 微粒体混合功能氧化酶(mixed function oxidase，MFO)催化的氧化反应，是生物体内重要的氧化反应类型。微粒体并非独立的细胞器，而是内质网在细胞匀浆中形成的碎片。粗面和滑面的内质网形成的微粒体均含有 MFO。MFO 是由多种酶构成的多酶系统，其中包括细胞色素 P450、细胞色素 b_5、还原型辅酶Ⅱ细胞色素 P450 还原酶、还原型辅酶Ⅰ细胞色素 b_5 还原酶及环氧化物水化酶等。MFO 主要存在于肝细胞的内质网中，其特异性很低，进入体内的各种外源化学物质几乎都要经过这一氧化反应而转化为代谢物。

MFO 催化的氧化反应的特点是反应中需要一个氧分子，其中一个氧原子被还原成水，另一个氧原子与底物结合，即被氧化的作用物上加上一个氧原子，故又称为微粒体加单氧酶(microsomal mono-oxygenase)，简称单加氧酶。其反应式如下：

$$RH + NADPH + H^+ + O_2 \xrightarrow{\text{MFO}} RH + H_2O + NADP^+$$

底物　还原型辅酶Ⅱ　　　　　　　　　氧化产物

由 MFO 催化的氧化反应的类型很多，主要包括脂肪族羟化、芳香族羟化、环氧化、脱烷基、脱氨、脱硫、氧化脱卤反应、硫-氧化、氮-羟化反应等。

脂肪族羟化反应：脂肪族化合物侧链通常在末端倒数第一个或第二个碳原子上发生氧化，形成羟基。例如，有机磷杀虫剂八甲磷经此反应生成毒性更强的 N-羟甲基八甲磷，巴比妥也可发生此类反应。

$$CH_3(CH_2)_nCH_3 + O \longrightarrow CH_3(CH_2)_nOH$$

芳香族羟化反应：芳香环上的氢被氧化成羟基。例如，苯经此反应可以氧化成苯酚；苯胺可氧化成对氨基酚和邻氨基酚；萘和黄曲霉素等也可以经过此反应进行氧化。

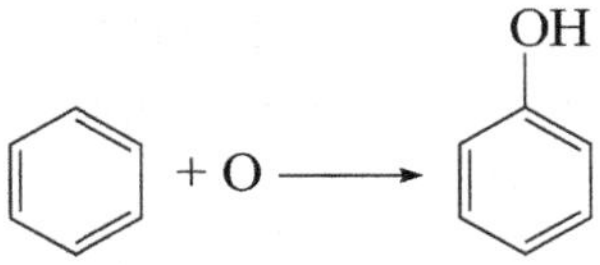

环氧化反应：外源化学物质的两个碳原子之间与氧原子之间形成桥式结构，即形成环氧化物。环氧化物多不稳定，可以继续分解。例如，氯乙烯在 MFO 作用下可形成环氧氯乙烷。多环芳烃类化合物，如苯并[a]芘，形成的环氧化物可与生物大分子发生共价结合，诱发突变或癌变。

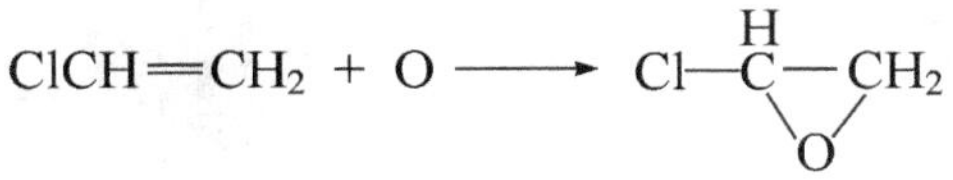

$$ClCH{=}CH_2 + O \longrightarrow Cl{-}\overset{H}{\underset{O}{C}}{-}CH_2$$

脱烷基反应：许多在 N—、O—、S—上带有短链烷基的化学物质，易被羟化进而脱去烷基生成醛类或酮类以及相应的脱烷基产物。

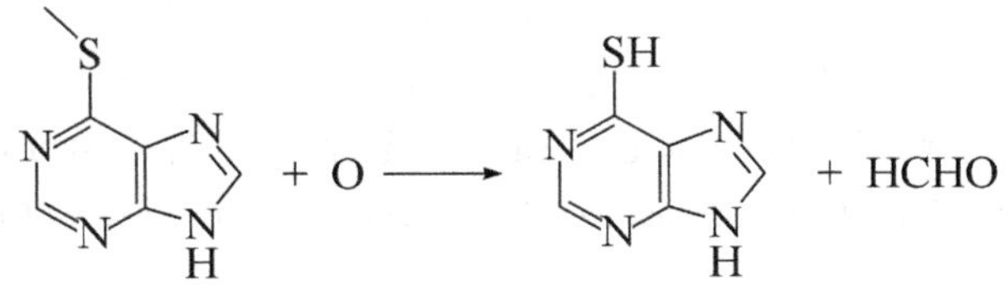

6-甲巯基嘌呤　　　　　　　　　　6-巯基嘌呤

脱氨反应：伯胺类化合物在邻近氮原子上进行氧化，脱去氨基，形成丙酮类化合物。例如，苯丙胺可代谢为苯丙酮。

$$苯丙胺 + O \longrightarrow 苯丙酮$$

脱硫反应：在有机磷化物中可以发生这一反应。例如，对硫磷可转化为毒性更强的对氧磷。

$$对硫磷 + O \longrightarrow 对氧磷$$

氧化脱卤反应：卤代烃类化合物可以先形成不稳定的中间代谢产物，即卤代醇类化合物，再脱去卤族元素。

$$R-CH_2 + O \longrightarrow R-CH-OH \longrightarrow R-CHO + HX$$
$$\quad\ \ |X \qquad\qquad\qquad |X$$

硫-氧化反应：多发生在硫醚类化合物。代谢产物为亚砜，亚砜可以继续氧化为砜类。

$$R-S-R' \xrightarrow{[O]} R-SO-R' \xrightarrow{[O]} R-SO_2-R'$$

氮-羟化反应：氨基上的一个氢与氧结合的反应。例如，苯胺经氮-羟化反应形成 N-羟基苯胺。

$$苯胺 \longrightarrow N\text{-}羟基苯胺$$

案例 4-5　在细胞色素 P450 酶活性中心(Compound Ⅰ)的催化下，多溴联苯醚(PBDEs)能被转化为单羟基取代的 PBDEs(HO-PBDEs)。以 2,2',4,4'-四溴二苯醚(BDE-47)为例，采用密度泛函理论(DFT)计算，揭示其反应路径包括羟基化、醚键断裂和脱溴等(图 4-20)。

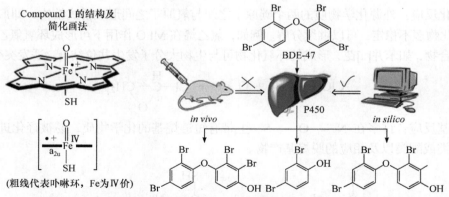

图 4-20　细胞色素 P450 酶催化外源化学物质代谢的路径：以 BDE-47 为例

(Pathways of xenobiotics metabolized by cytochrome P450: a case of BDE-47)

延伸阅读 4-4　细胞色素 P450 酶催化外源化学物质转化机制及路径的计算毒理学研究

Wang X B, Wang Y, Chen J W, et al. 2012. Computational toxicological investigation on the mechanism and pathways of xenobiotics metabolized by cytochrome P450: A case of BDE-47. Environmental Science & Technology, 46(9): 5126-5133.

案例 4-6　多溴联苯醚(PBDEs)因具有环境持久性、生物蓄积性、长距离环境迁移性和毒性而备受关注。PBDEs 在生物体内由 P450 酶催化生成的产物羟基多溴联苯醚(HO-PBDEs)具有比母体更强的甲状腺及雌激素干扰效应。HO-PBDEs 可被 P450 酶的活性中心(Compound Ⅰ)催化,经过酚羟基氢转移和羟基反弹路径产生邻/对位二羟基化产物(*di*-HO-PBDEs)。以 *di*-HO-PBDEs 为前体,在 Compound Ⅰ 的催化作用下,能够通过酚羟基氢转移和自由基偶联生成毒性更大的溴代二噁英(HO-PBDD),如图 4-21 所示。

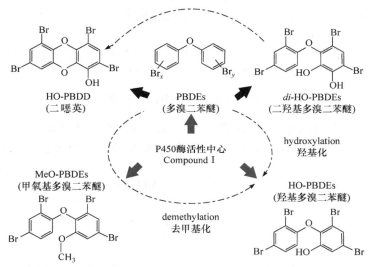

图 4-21　细胞色素 P450 酶活性中心催化多溴联苯醚的生物转化路径

(Transformation pathways of PBDEs catalyzed by the active center of cytochrome P450s)

延伸阅读 4-5　细胞色素 P450 酶活性中心催化多溴二苯醚转化路径的计算毒理学研究;细胞色素 P450 酶活性中心催化甲氧基多溴二苯醚转化路径的计算毒理学研究

Fu Z Q, Wang Y, Chen J W, et al. 2016. How PBDEs are transformed into dihydroxylated and dioxin metabolites catalyzed by the active center of cytochrome P450s: A DFT study. Environmental Science & Technology, 50(15): 8155-8163.

Wang X B, Chen J W, Wang Y, et al. 2015. Transformation pathways of MeO-PBDEs catalyzed by active center of P450 enzymes: A DFT investigation employing 6-MeO-BDE-47 as a case. Chemosphere, 120: 631-636.

(2) 非微粒体酶催化的氧化反应。非微粒体酶主要催化具有醇、醛、酮官能团的外源化学物质的氧化反应。主要包括醇脱氢酶、醛脱氢酶和胺氧化酶类,主要存在于肝细胞线粒体和胞液中。

醇脱氢酶:这类酶可以催化伯醇类使其进行氧化反应形成醛类,催化仲醇类氧化成酮类。在反应中需要 NAD^+ 或 $NADP^+$ 参与。

$$RCH_2OH + NAD^+ \xrightarrow{\text{醇脱氢酶}} RCHO + NADH + H^+$$

醛脱氢酶:在 NAD^+ 的参与下,可催化醛类氧化生成相应的酸类。

$$RCHO + NAD^+ + H_2O \xrightarrow{\text{醛脱氢酶}} RCOOH + NADH + H^+$$

生物体内的乙醇首先经过醇脱氢酶催化成乙醛，再由线粒体乙醛脱氢酶催化形成乙酸。乙醇对机体的毒性作用主要来自乙醛。若体内的醛脱氢酶活力较低，可导致饮酒后酒精积聚，引起酒精中毒。

胺氧化酶：主要存在于线粒体中，可以催化单胺类和二胺类氧化反应形成醛类。因其底物不同可分为单胺氧化酶和二胺氧化酶。

$$RCH_2NH_2 \xrightarrow[\text{单胺氧化酶}]{[O]} RCHO + NH_3$$

2. 还原反应

催化还原反应的酶类主要存在于肝、肾和肺的微粒体和胞液中。根据外源化学物质的结构及反应机理，可将还原反应分为不同的类型。

(1) 羰基还原：醛类和酮类在醇脱氢酶的作用下可以分别被还原成伯醇和仲醇。

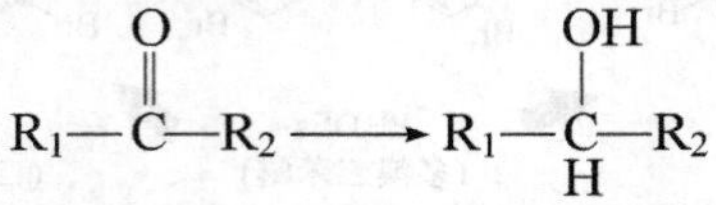

$$R_1—\overset{\overset{\displaystyle O}{\|}}{C}—R_2 \longrightarrow R_1—\overset{\overset{\displaystyle OH}{|}}{\underset{\underset{\displaystyle H}{|}}{C}}—R_2$$

(2) 含氮基团还原：主要包括硝基还原(nitroreduction)、偶氮还原(azoreduction)及氮-氧化物还原。硝基还原反应主要由微粒体硝基还原酶、胞液硝基还原酶和肠道细菌硝基还原酶催化，反应是分步进行的。

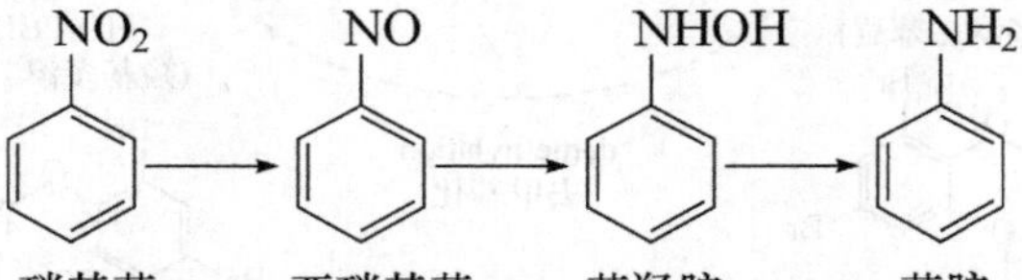

　　硝基苯　　　　　亚硝基苯　　　　　苯羟胺　　　　　　苯胺

偶氮还原反应由偶氮还原酶催化，形成苯肼衍生物，进一步还原裂解成芳香胺，有些偶氮化合物还原后具有致癌作用。

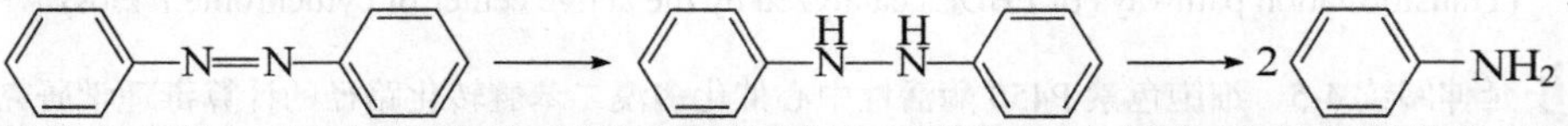

氮-氧化物还原：氮-氧化物的主要代表物烟碱和吗啡在氮-氧化反应中形成的烟碱氮-氧化物和吗啡氮-氧化物，在生物转化过程中可以被还原。

(3) 含硫基团还原：二硫化物、亚砜化合物等可以在体内被还原。杀虫剂三硫磷可以被氧化成三硫磷亚砜，在一定条件下可以被还原成三硫磷。

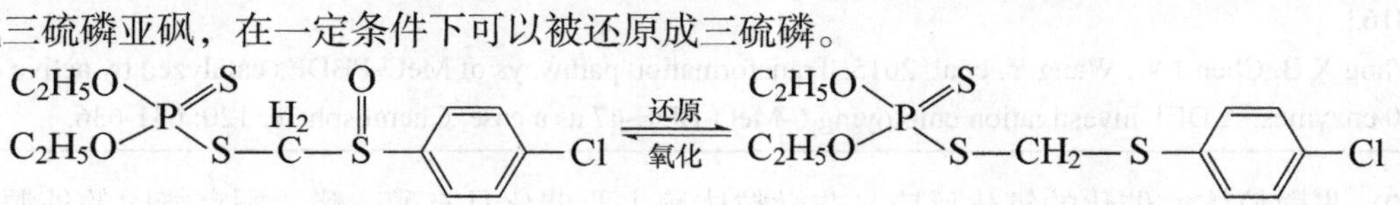

　　三硫磷亚砜　　　　　　　　　　　　　　　　　　　　　　　　三硫磷

(4) 含卤素基团的还原：在这类反应中，与碳原子结合的卤素被氢原子所取代。例如：

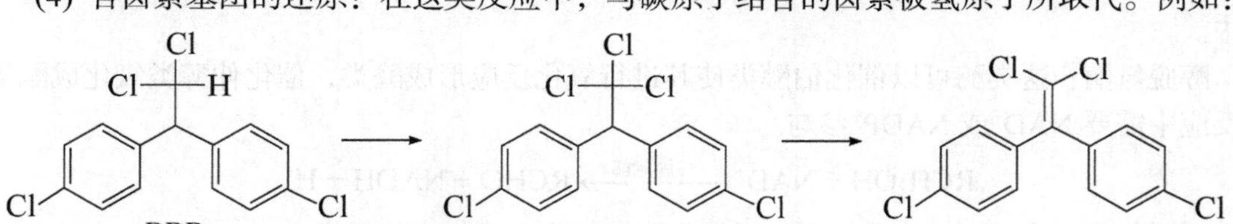

　　　DDD　　　　　　　　　　　　　　DDT　　　　　　　　　　　　DDE

3. 水解反应

水解是化学物质与水发生化学作用而引起的分解反应。一些外源化学物质可以在生物体内水解酶的催化下，发生水解。根据外源化学物质的结构及反应机理，可将水解分为不同的类型。

(1) 酯类水解：酯类在酯酶的催化下发生水解，生成相应的酸和醇。

$$RCOOR' + H_2O \longrightarrow RCOOH + R'OH$$

酯类水解是许多有机磷杀虫剂在体内的主要代谢方式。例如，敌敌畏、对硫磷及马拉硫磷等水解后毒性降低或消失。此外，拟除虫菊酯类杀虫剂也可通过水解反应而解毒。

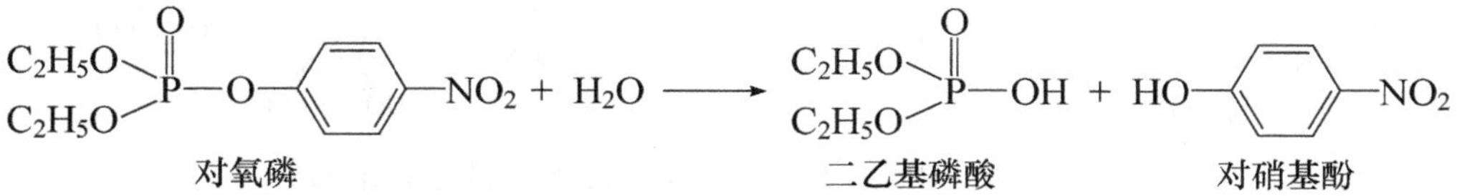

对氧磷　　　　　　　　　二乙基磷酸　　　　对硝基酚

(2) 酰胺类水解：酰胺酶能特异地作用于酰胺键，使酰胺类化合物发生水解。

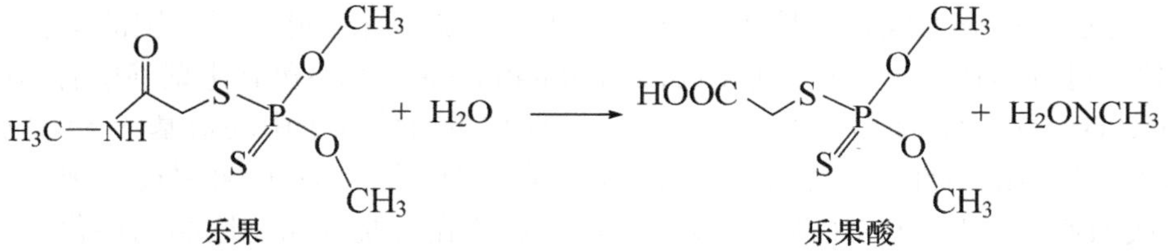

乐果　　　　　　　　　　　　　乐果酸

(3) 水解脱卤反应：DDT 在生物转化过程中形成 DDE 是典型的水解脱卤，这一反应由 DDT 脱氯化氢酶催化，这个催化过程中需要谷胱甘肽(glutathione)的存在，以维持该酶的结构，此反应又属于还原反应。

(4) 环氧化物的水合反应：含有不饱和双键和三键的化合物在相应的酶催化下，与水分子化合的反应，又称为水合反应。最简单的水合反应是乙烯与水结合成乙醇的反应。

$$H_2C\!=\!CH_2 + H_2O \longrightarrow CH_3CH_2OH$$

4. 结合反应

结合反应是进入体内的外源化学物质在代谢过程中与某些内源性物质或基团发生的生物合成反应，形成的产物称为结合物(conjugate)。在一相反应中，外源化学物质的分子结构中将加入一些极性基团，如—OH、—COOH、—SH 和—NH₂等，借此可使外源化学物质易于进行二相反应并生成极性较强的亲水性化合物，易于排出体外。结合反应的类型不多，常见的有葡萄糖醛酸结合(glucuronic acid conjugation)、谷胱甘肽结合、硫酸结合和氨基酸结合等形式。

(1) 葡萄糖醛酸结合是机体内最重要的一种结合反应。葡萄糖醛酸的来源是尿苷二磷酸葡萄糖醛酸(uridine diphosphate glucuronic acid, UDPGA，图 4-22)，在葡萄糖醛酸基转移酶的作用下与外来化学物质的羟基、氨基、羧基、硫基结合，生成 β-葡萄糖醛酸苷(β-glucuronide)。根据进行结合反应的外源化学物质结构及结合方式或部位不同，可分为 O-葡萄糖醛酸结合、N-葡萄糖醛酸结合和 S-葡萄糖醛酸结合，统称为葡萄糖醛酸化。

(2) 谷胱甘肽结合：在谷胱甘肽 S-转移酶(glutathione S-transferase，GST)的催化下，环氧化物、卤代芳香烃、不饱和脂肪烃类及有毒金属等能与谷胱甘肽结合而解毒。谷胱甘肽的结构

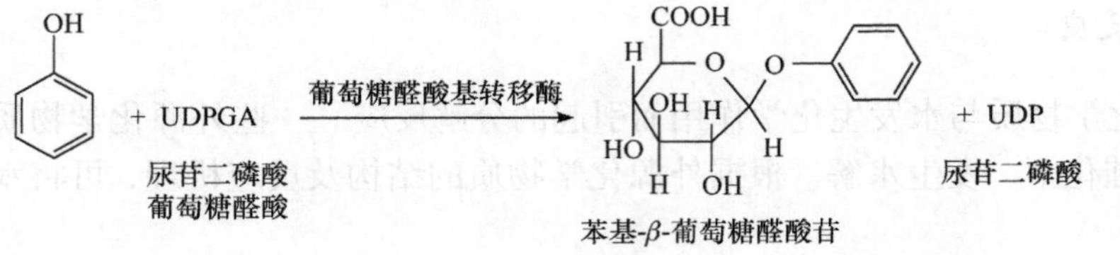

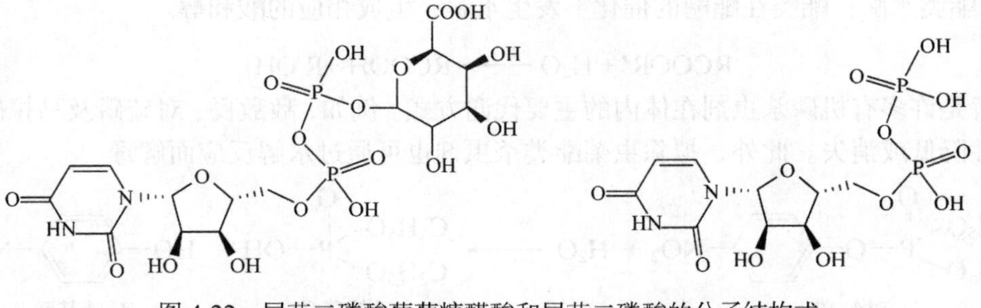

图 4-22　尿苷二磷酸葡萄糖醛酸和尿苷二磷酸的分子结构式
(Molecular structures of uridine diphosphate glucuronic acid and uridine diphosphate)

如图 4-23 所示，反应生成谷胱甘肽结合物。GST 主要存在于肝、肾细胞的微粒体和胞液中。谷胱甘肽可分为还原型谷胱甘肽(reduced glutathione，GSH)和氧化型谷胱甘肽(oxidized glutathione，GSSG)。GSH 是一种抗氧化剂，可保护蛋白质分子中的巯基(—SH)免遭氧化，保护巯基蛋白和酶的活性。在谷胱甘肽过氧化物酶的作用下，GSH 可以还原细胞内产生的 H_2O_2，生成 H_2O，同时，GSH 被氧化为 GSSG，后者在谷胱甘肽还原酶的催化下，又生成 GSH。

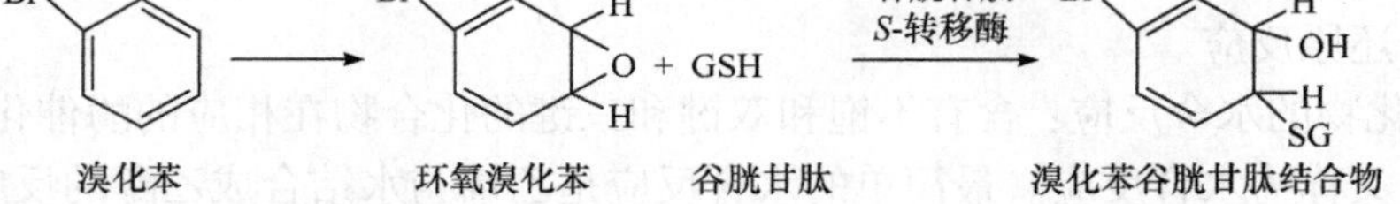

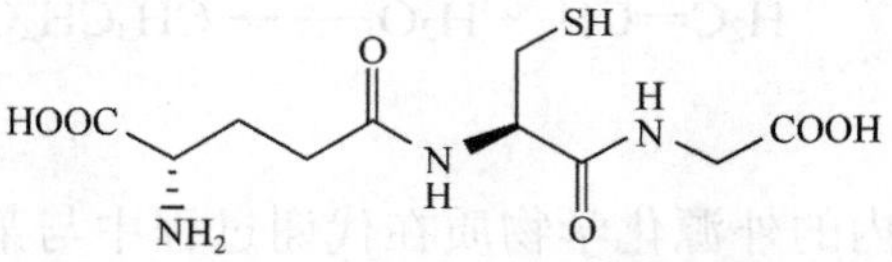

图 4-23　谷胱甘肽的分子结构式
(Molecular structure of glutathione)

(3) 硫酸结合：外源化学物质及其代谢产物中的醇类、酚类或胺类化合物可以与硫酸结合生成硫酸酯。内源性硫酸来自含硫氨基酸的代谢产物，但必须先经三磷酸腺苷活化，成为 3′-磷酸腺苷-5′-磷酸硫酸(3′-phosphoadenosine-5′-phosphosulfate，PAPS，图 4-24)，再在磺基转移酶的催化下与醇类、酚类或胺类结合为硫酸酯等。苯酚与硫酸结合较为常见。

(4) 氨基酸结合：含有羧基的外源化学物质可与氨基酸结合，反应的本质是肽式结合，用于结合反应的氨基酸主要来自食物或衍生体内的甘氨酸。例如，苯甲酸可与甘氨酸结合形成马尿酸而排出体外。

$$C_6H_5COOH + NH_2CH_2COOH \longrightarrow C_6H_5CONHCH_2COOH + H_2O$$

　　　　苯甲酸　　　　　　甘氨酸　　　　　　　　　马尿酸

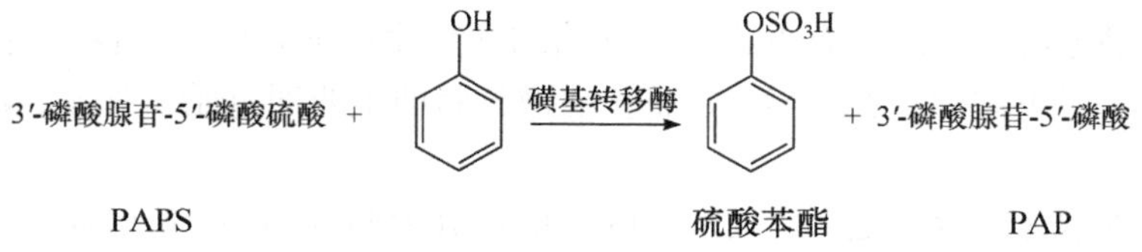

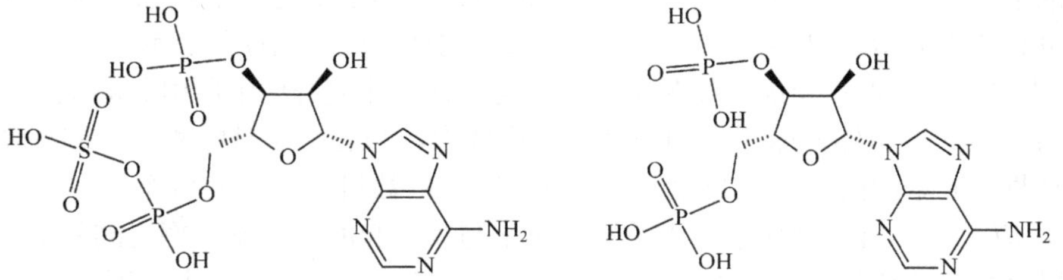

图 4-24　3′-磷酸腺苷-5′-磷酸硫酸和 3′-磷酸腺苷-5′-磷酸的分子结构式
(Molecular structures of 3′-phosphoadenosine-5′-phosphosulfate and 3′-phosphoadenosine-5′-phosphate)

4.5　毒性及其机理

毒性是指外源化学物质能引起机体损害的性质和能力。暴露外源化学物质后对机体的影响，可用剂量-效应关系和剂量-反应关系来表征。多种外源化学物质同时暴露在机体内产生的综合效应，称为毒性的联合作用(joint action)，包括独立作用(independent action)、相加作用(additive action)、协同作用(synergistic action)和拮抗作用(antagonistic action)。不同化学物质毒性作用的生物化学机制可能不同，明确毒性作用机制对于评价化学品的生态风险及人体健康风险具有重要意义。

4.5.1　剂量-反应关系与剂量-效应关系

16 世纪瑞士科学家 Paracelsus 曾指出，剂量决定毒性的大小。剂量指给予机体或者机体接触的外源化学物质的量，或者机体吸收外源化学物质的量、外源化学物质在生物体组织器官和体液中的浓度或含量。剂量是决定外源化学物质对机体造成损害作用的最主要的因素。

与剂量有关的一个词是暴露，可以理解为暴露是指毒物(外源化学物质)接触或者进入生物机体内。在谈环境暴露的概念时，总要针对特定受体(环境介质或有机体等)。暴露指受体外部界面与化学、物理或生物因素的接触，涉及界面、强度、持续时间、透过界面的途径、速度及透过量、吸收量等方面。根据外源化学物质位于受体的体外或体内，暴露可进一步分为外暴露(external exposure)和内暴露(internal exposure)。外暴露量可定义为某物质与受体接触的浓度。对人体而言，此处受体可具体理解为进食时的胃肠道上皮、呼吸时的肺部上皮及皮肤接触时的表皮。对鱼类而言，经水暴露于污染物时，此处受体可以理解为鱼鳃及表皮；摄食暴露时，受体为肠道上皮。内暴露量可定义为某种物质被吸收的量，或透过受体表层进入系统循环的量。对鱼类而言，内暴露量即通过呼吸、皮肤和摄食暴露，进入鱼体的血液和/或肠肝循环系统的量。

暴露途径描述外源化学物质从环境介质中进入生物受体的过程。暴露途径的具体形式取决于物种的生理特点。例如，人体可通过摄取含外源化学物质的水和食物，吸入含污染物的空气或灰尘，皮肤接触等途径暴露于有毒物质。细菌的暴露途径则表现为胞吞作用或跨膜运输。暴露途径还随发育阶段不同而存在差异，如哺乳动物胚胎期主要通过胎盘暴露，婴儿时期的暴露则主要通过母乳传递。

当生物体暴露外源化学物质之后，其产生的反应可分为两种类型：量效应和质效应。量效应即一定剂量外源化学物质与机体接触后引发的机体生物学变化；质效应，指效应不能用某种测定的定量数值来表示，只能以"有"或"无"，"阴性"或"阳性"表示。

剂量-效应关系，指不同剂量外源化学物质与其在个体或群体中所引起的量效应大小之间的相互关系。例如，鱼体暴露于不同浓度的有机磷农药与乙酰胆碱酯酶受抑制程度之间的关系、机体吸收不同浓度的苯蒸气与血液中白细胞减少的数目之间的关系等。

剂量-反应关系，指外源化学物质的暴露剂量与其引起的效应发生率之间的关系。效应发生率一般以百分率或比值表示，如死亡率、发病率、反应率和肿瘤发生率等。

剂量-效应关系和剂量-反应关系均可用曲线表示，曲线的横坐标是暴露剂量，纵坐标通常是效应强度或者效应发生率。曲线有直线形、抛物线形和 S 形，如图 4-25 所示。

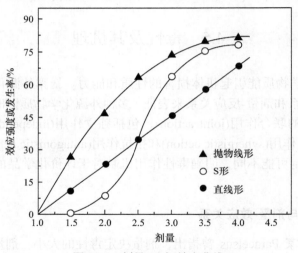

图 4-25　剂量-反应/效应曲线
(Dose-response/effect curves)

直线形：效应或反应强度与剂量呈直线关系。随剂量增加，效应或反应强度也随之线性增加。这种形式比较少见，仅在某些体外实验中，且在一定剂量范围内存在。

抛物线形：效应或反应强度与剂量呈非线性关系，即随剂量增加，效应或反应强度也随之增高，但最初增高急速，随之变为缓慢，以致曲线呈先陡峭后平缓的抛物线形。若将剂量换成对数，则近似呈直线。

S 形：这种形式较常见。曲线开始平缓，继而陡峭，然后又平缓，呈不规则的 S 形。曲线的中间部分，即效应强度或发生率为 50%左右时，曲线的斜率最大；剂量略有变动，反应即有较大变化，所以常选用半数有效剂量作为毒性指标。S 形曲线分为对称与非对称两种。若将非对称 S 形曲线的横坐标(剂量)以对数表示，则转化为对称 S 形曲线。若将对称 S 形曲线的反应率换成概率单位，浓度以对数表示，则转换 S 形曲线呈直线形。如图 4-26 所示，将正态曲线横轴上的单位用标准正态离差 $d = (x - \mu)/\sigma$ 表示(其中 x 为自变量，μ 为自变量的均数，σ 为标准差)，为消去标准正态离差的负号，将其值一律加 5，称为概率单位。以标准正态曲线下的面积表示百分率，当 $d = 0$ 即概率单位为 5 时，左边相应曲线下面积为 50%，即表示百分率为 50%；当 $d=1$ 即概率单位为 6 时，左边相应曲线下面积为 84.13%，即表示百分率为 84.13%，依此类推。由此得到概率单位-百分率换算表，通过查询该表，可将死亡率转换为概率单位。

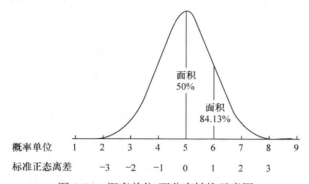

图 4-26　概率单位-百分率转换示意图
(Relationship between probit and percentage)

当受试生物暴露外源化学物质时，引起 50% 的个体死亡时的浓度，称为半数致死浓度 (mediam lethal concentration)，通常用 LC_{50} 表示。与 LC_{50} 相似的概念是半数致死剂量(mediam lethal dose)，即 LD_{50}，即引起受试生物 50% 的个体死亡所需的剂量。EC_{50} 即半数效应浓度 (mediam effective concentration)，是指引起受试生物 50% 个体产生某种效应时对应的暴露浓度。显然，LC_{50} 和 EC_{50} 的值越低，毒物的毒性越大。

外源化学物质的不同毒性可用效能(efficacy)和效价强度(potency)评价。对于 S 形量效关系曲线，随着剂量或浓度的增加，效应也随之增加，当效应增加到最大程度后，即使再增加剂量或浓度，效应不再继续增强，这一效应的极限称为最大效应或效能。效价强度用于作用性质相同的化学物质之间等效剂量的比较，达到等效时所用剂量较小者效价强度大，反之，效价强度小。图 4-27 中表示了两种化学物质 A 和 B 的效能差异与效价强度差异，可以看出效能 B > A，效价强度 A > B。

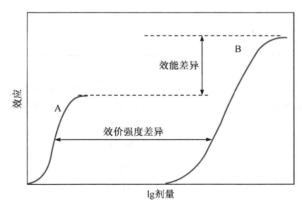

图 4-27　效能和效价强度的差异
(Difference between efficacy and potency)

LC_{50}、LD_{50} 和 EC_{50} 是表征不同化学物质毒性效价强度大小的重要指标，通常采用概率单位法(probit method)和寇氏法(Karber method)等进行求算，下面以 LC_{50} 为例，简要介绍其计算方法。

(1) 概率单位法。以浓度对数为横坐标 x，以概率单位为纵坐标 y 绘图，转换 S 形曲线为直线，最小二乘法拟合该直线。死亡率为 100%或 0%时对应的数据，不参与计算。假设直线方程为 $y = a + bx$，斜率 $b = \left(k\sum xy - \sum x \sum y\right)/\left[k\sum x^2 - \left(\sum x\right)^2\right]$，截距 $a = \left(\sum x^2 \sum y - \sum x \sum xy\right)/\left[k\sum x^2 - \left(\sum x\right)^2\right]$，其中 k 表示实验组数。直线上概率单位为 5 时，对应的浓度对数即为 LC_{50} 的对数值，经反对数变换后即得 LC_{50} 值。其中概率单位可通过查阅概率单位-百分率换算表获得。$lgLC_{50}$ 的 95%置信区间为 $lgLC_{50} \pm 1.96 \times SE$，其中 $SE = 1/b(2/N)^{1/2}$，N 为动物总数。

(2) 寇氏法又称平均致死量法。该方法要求实验满足下列条件：每组实验动物数相同；各组浓度按等比级数分组；最大浓度的死亡率为 100%或与之接近，最小浓度的死亡率为 0%或与之接近。LC_{50} 计算公式为 $lgLC_{50} = X_m - i\left(\sum p - 0.5\right)$，其中 X_m 为最大浓度对数，i 为相邻浓度比值的对数，$\sum p$ 为各组死亡率的总和(以小数表示)。$lgLC_{50}$ 的 95%置信区间为 $lgLC_{50} \pm 1.96 \times SE$，其中 $SE = i\left(\sum \dfrac{pq}{n}\right)^{1/2}$，$p$ 为单组死亡率，q 为单组存活率，即 $q = 1 - p$，n 为单组动物数。

【例 4-4】 大型溞(*Daphnia magna*)暴露于农药敌百虫(trichlorfon)水溶液 48 h 的急性毒性实验结果如表 4-2 所示，分别用概率单位法和寇氏法计算 LC_{50} 及其 95%的置信区间。

表 4-2　大型溞(*Daphnia magna*)暴露于敌百虫的急性毒性数据
(Acute toxicity data of *Daphnia magna* exposed to trichlorfon)

浓度/(ng·L⁻¹)	浓度对数	动物数	死亡率	概率单位
228	2.36	15	0	
254	2.40	15	0.13	3.87
282	2.45	15	0.40	4.75
313	2.50	15	0.73	5.61
347	2.54	15	0.93	6.48
386	2.59	15	1	

解 (1) 概率单位法。设浓度对数为 x，概率单位为 y，直线方程为 $y = a + bx$。由于概率单位法中死亡率为 100%和 0%时对应的数据不参与计算，于是得实验组数 $k = 4$，实验动物总数 $N = 4 \times 15 = 60$。

$$\sum x = 9.89$$
$$\sum y = 20.71$$
$$\sum x^2 = 24.46$$
$$\sum xy = 51.41$$

直线方程的斜率 b 和截距 a 分别为

$$b = \left(k\sum xy - \sum x \sum y\right)/\left[k\sum x^2 - \left(\sum x\right)^2\right] = 27.33$$

$$a = \left(\sum x^2 \sum y - \sum x \sum xy\right)/\left[k\sum x^2 - \left(\sum x\right)^2\right] = -62.33$$

于是直线方程为 $y = -62.33 + 27.33\,x$，将 $y = 5$ 代入，得 $lgLC_{50} = 2.46$，$LC_{50} = 288.40$ ng·L⁻¹。

lgLC$_{50}$ 的 95%置信区间为 lgLC$_{50}$ ± 1.96 × SE，其中

$$SE = 1/b(2/N)^{1/2} = 0.007$$

于是 lgLC$_{50}$ 的 95%置信区间为(2.45，2.47)，LC$_{50}$ 的 95%置信区间为 281.84～295.12 ng·L^{-1}。

(2) 寇氏法。由题可知，各组动物数相等，即每组动物数 $n = 15$；各组浓度满足等比级数要求，相邻浓度比值的对数 $i = \lg(254/228) = 0.05$；当浓度分别为 228 ng·L^{-1} 和 386 ng·L^{-1} 时，死亡率等于 0%和 100%。综上，实验条件满足寇氏法计算 LC$_{50}$ 的要求。

由表 4-2 中可得最大浓度对数 $X_m = 2.59$，设死亡率为 p，则

$$lgLC_{50} = X_m - i\left(\sum p - 0.5\right) = 2.59 - 0.05 \times (0 + 0.13 + 0.40 + 0.73 + 0.93 + 1 - 0.5) = 2.46$$

于是 LC$_{50}$ = 288.4 ng·L^{-1}。

lgLC$_{50}$ 的 95%置信区间为 lgLC$_{50}$ ± 1.96 × SE，其中

$$SE = i\left(\sum \frac{pq}{n}\right)^{1/2}$$
$$= 0.05 \times \left(\frac{0 \times 1}{15} + \frac{0.13 \times 0.87}{15} + \frac{0.4 \times 0.6}{15} + \frac{0.73 \times 0.27}{15} + \frac{0.93 \times 0.07}{15} + \frac{1 \times 0}{15}\right)^{1/2}$$
$$= 0.01$$

于是 lgLC$_{50}$ 的 95%置信区间为(2.44，2.48)，LC$_{50}$ 的 95%置信区间为 275.4～302.0 ng·L^{-1}。

4.5.2 毒物的联合作用

在实际环境中，往往同时存在多种化学污染物，它们会通过不同的暴露途径进入生物体并产生一定的毒性作用，这种毒性往往不是一种毒物单独作用的结果而是多种外源化学物质共同作用的结果。多种外源化学物质同时或在短时间内相继进入生物体后所产生的综合毒性，称为联合毒性(joint toxicity)，这种生物学上的综合作用称为联合作用。联合作用有独立作用、相加作用、协同作用、拮抗作用等。也有人将联合作用分为简单相似作用、复杂相似作用、独立作用和依赖作用等。

(1) 独立作用：两种或两种以上外源化学物质作用于机体，各自的作用方式、途径、受体和部位不同，彼此互无影响，各化学物质所致的生物学效应表现为各个化学物质本身的毒性效应，称为独立作用。例如，苯巴比妥和二甲苯的混合物，如果以死亡率作为毒性指标，则二者为独立作用。

(2) 相加作用：多种外源化学物质产生的综合生物学效应是各种化学物质分别产生的生物学效应总和。若按比例将一种化学物质用另一种化学物质代替，混合物作用的效应并无改变。产生相加作用的机理，可能在于外源化学物质的化学结构比较接近，或者是拥有相同的靶器官或靶组织，或者产生的生物学效应的性质类似。例如，多氯代二苯并二噁英(polychlorinated dibenzo-p-dioxins, PCDDs)和多氯代二苯并呋喃(polychlorinated dibenzofurans, PCDFs)主要通过芳香烃受体(aryl hydrocarbon receptor, AhR)介导而产生毒性效应。世界卫生组织(WHO)为了确定以混合态存在的 PCDD/Fs 毒性强弱而引入毒性当量因子 TEF(toxicity equivalence factor)。规定以毒性最大的 PCDD/Fs——2,3,7,8-T4CDD 作为基准参考物，设定其 TEF 值为 1，其他系列物的 TEF 值通过与 2,3,7,8-T4CDD 比较而得出毒性大小。这样，基于 TEF 就可以将含有不同系列物的 PCDD/Fs 混合物的毒性用一个简单的毒性当量(toxic equivalence quotient，TEQ)表示(详见第 5 章)。

独立作用和相加作用往往很难区分。例如，乙醇与氯乙烯的联合作用使肝脂质过氧化作用增加，呈明确的相加作用。但基于亚细胞水平的研究发现，乙醇引起的线粒体脂质过氧化，而氯乙烯引起微粒体脂质过氧化，彼此无明显影响，为独立作用。

(3) 协同作用：两种或两种以上的外源化学物质同时作用于机体所产生的综合生物学效应大于它们单独引起的生物学效应的总和，即为协同作用。例如，马拉硫磷与苯硫磷的协同作用，是由于苯硫磷对肝脏降解马拉硫磷的酯酶有抑制作用。产生协同作用的机理，可能是由于一种外源化学物质可以促进另一种外源化学物质的吸收，或者其生物转化或排泄，或者使其生物转化趋向于形成毒性更高的代谢物。

(4) 拮抗作用：两种化学物质同时作用于机体时，其中一种化学物质可以干扰另一种化学物质的生物学效应，或两种化学物质间相互干扰，使两者的综合毒性效应低于各自单独作用的效应总和，称为拮抗作用。拮抗作用的机理很复杂，可能是各化学物质作用于相同的系统或受体或酶，之间发生竞争，如阿托品与有机磷化合物之间的拮抗性是生理性拮抗；也可能是在两种化合物之间的一种可以激活另一种化合物的代谢，而使毒性降低。

另外，如果各个化学物质对机体作用的途径、方式、部位及其机理类似，并且各个化学物质对机体的毒性作用互不影响，则这种联合作用为简单相似作用；如果各个化学物质对机体作用的途径、方式、部位及其机理类似，而且各个化学物质对机体的毒作用互相有影响，则这种联合作用为复杂相似作用；如果化学物质对机体作用的途径、方式、部位及机理各不相同，并且各个化学物质对机体的毒作用互相有影响，则这种联合作用为依赖作用。

4.5.3　污染物的"三致"作用

一些环境污染物具有使人或动物致突变、致癌和致畸的作用，统称"三致"作用。

1. 致突变作用

突变(mutation)指遗传物质 DNA 发生可改变生殖细胞或体细胞中的遗传信息，并产生新的表型效应(phenotypic effect)的改变。突变可自然发生的，称为自发突变(spontaneous mutation)；突变也可人为地或受各种因素诱发产生，称为诱发突变(induced mutation)。环境中诱发突变的因素主要为化学因素(各种化学物质)。能引起致突变作用(mutagenecity)的化学物质称为化学诱变剂(chemical mutagen)。环境中常见的化学诱变剂有亚硝胺类、多环芳烃类、烷基汞化合物、甲醛、苯、砷、铅、甲基对硫磷及黄曲霉素 B$_1$ 等。突变的类型包括基因突变(gene mutation)、染色体突变(chromosomal mutation)和基因组突变(genomic mutation)。

(1) 基因突变指基因中 DNA 序列的改变，又称点突变(point mutation)，在光学显微镜下无法观察。基因突变可分为碱基置换(base substitution)、移码突变(frameshift mutation)、整码突变(in-frame mutation)、片段突变等基本类型。

碱基置换指 DNA 序列上的某个碱基被其他碱基取代。碱基置换分为转换(transition)和颠换(transversion)两种。转换指嘌呤与嘌呤碱基(G-A)、嘧啶与嘧啶碱基(T-C)之间的置换；颠换指嘌呤与嘧啶碱基之间的置换(包括 G-T、G-C、A-T 及 A-C)。碱基置换导致编码氨基酸信息的改变，称为错义突变(missense mutation)；若碱基置换未导致遗传密码子的意义改变，称为同义突变(samesense mutation)；碱基置换 mRNA 上的密码子由氨基酸编码密码子变成终止密码子，称为无义突变(nonsense mutation)。碱基置换会引起 mRNA 密码子的改变，导致编码氨基酸信息的变化，引起蛋白质结构和功能的变化，从而表现出表型的变化。

移码突变指从 mRNA 到蛋白质编译过程中遗传密码子读码顺序的突变。通常涉及在基因中增加或缺失一个或几个碱基对，致使以后的三联密码子发生改变。移码突变往往会使基因产物发生大的改变，引起明显的表型效应，常出现致死性突变。

整码突变指在 DNA 链中增加或减少的碱基对为一个或几个密码子，又称为密码子的插入或缺失，此时多肽链中会增加或减少一个或几个氨基酸，此部位之后的氨基酸序列无改变。

片段突变指基因中某些小片段核苷酸序列发生改变，主要包括核苷酸片段的缺失、重复、重组及重排等。

(2) 染色体突变也称染色体畸变(chromosome aberration)，是指染色体结构的改变。染色体突变一般可以通过光学显微镜直接观察。染色体畸变的基础是 DNA 断裂，能引起染色体畸变的因素称为断裂剂(clastogen)。组成染色体的两条染色单体中仅一条受损称为染色单体型畸变(chromatid-type aberration)，两条染色单体均受损称为染色体型畸变(chromosome pattern aberration)。

染色体或染色单体受损发生断裂后，可形成断片，断端可重新连接或互换而表现出各种畸变类型，主要有裂隙、断裂、断片和缺失、微小体、无着丝点环、环状染色体、双着丝点染色体、倒位、插入和重复、易位及辐射体。

(3) 基因组突变指基因组中染色体数目的改变，也称染色体数目畸变。生物各种体细胞染色体数目是一致的，一般具有两套完整的染色体组(或基因组)，称为二倍体(diploid)。生殖细胞在减数分裂后，染色体数目减半，仅具有一套完整的染色体组，称为单倍体(haploid)。在细胞分裂过程中，若染色体出现复制异常或分离出现障碍就会导致细胞染色体数目的异常，包括非整倍体(aneuploid)和整倍体(euploid)。非整倍体指细胞丢失或增加一条或几条染色体。缺失一条时称为单体(monosome)，增加一条时称为三体(trisome)。整倍体指染色体数目的异常是以染色体组为单位的增减，如形成三倍体(triploid)、四倍体(tetraploid)等。

外源化学物质引起基因突变和染色体突变的靶部位主要是 DNA。DNA 损伤作用的机理主要有：①碱基类似物质(base analogue)的取代。与 DNA 分子中的天然碱基的结构相似的外源化学物质，称为碱基类似物。碱基类似物(如 5-溴尿嘧啶)与天然碱基竞争取代，掺入 DNA 分子中，引起碱基配对特性的改变，导致突变。②与 DNA 分子共价结合形成加合物(adduct)。许多亲电性化学物质(如苯并[a]芘的活化形式 7,8-二氢二醇-9,10-环氧化物)可与 DNA 作用形成共价结合物，称为加合物，导致突变。此外，还有一类化学物质可提供甲基或乙基等烷基，而与 DNA 发生共价结合，称为烷化剂(alkylating agent)。烷化剂可使 DNA 碱基发生烷化，导致碱基置换、移码突变和 DNA 断裂等。双功能或三功能烷化剂既能同时提供两个或三个烷基的烷化剂，除了可使碱基烷化外，还可引起交联，导致染色体或染色单体的断裂，造成突变。③改变碱基的结构。某些诱变剂可与碱基发生相互作用，引起错误配对或 DNA 断裂。例如，亚硝酸可以使胞嘧啶、腺嘌呤氧化脱氨基形成新的碱基，使配对关系发生变化，导致 DNA 突变。④大分子嵌入 DNA 链。具有平面环状结构的化学物质能以非共价结合的方式嵌入核苷酸链之间或碱基之间，干扰 DNA 复制酶或修复酶，引起碱基对的增加或缺失，导致移码突变。

引起非整倍体及整倍体突变的靶主要是有丝分裂或减数分裂器，如纺锤丝等。非整倍体可由细胞在第一次减数分裂时同源染色体不分离(nondisjunction)，或在第二次减数分裂或有丝分裂过程中，姐妹染色单体不分离而形成。非整倍体剂(aneugen)通过多种机制导致细胞分裂异常，诱发非整倍体，其作用的靶可以为：微管的合成和组装、纺锤体的形成；中心粒及极体的合成、分裂及其功能；着丝粒蛋白的组装及其功能和着丝粒 DNA。已知的非整倍体剂有氯化镉、水合氯醛、乙胺嘧啶和噻唑苯咪唑等。多倍体的形成机制包括：在有丝分裂过程中，染色体正常复制，但由于纺锤体受损，染色单体不能分离，导致染色体数目加倍，形成四倍体；减数分裂异常导致配子形成二倍体，若二倍体的配子受精，形成多倍体的受精卵；一个卵子被多个精子受精，形成多倍体。

环境因素引起的 DNA 损伤并不是都会表现突变，主要是由于生物体具有 DNA 损伤的修复及耐受机制。DNA 损伤系统可对损伤进行修复，如果 DNA 损伤能被正确无误地修复，突变就不会发生。只有不能修复或在修复中出现了错误的损伤，才能引起突变。目前已知的 DNA 损伤修复系统可分为直接修复(direct repair)和切除修复(excision repair)。直接修复使损伤 DNA 恢复正常。切除修复指除去损伤碱基、含损伤的 DNA 片段或错配碱基。DNA 损伤修复机制涉及生物体清除大部分因环境诱导而产生的 DNA 损伤。不同生物 DNA 损伤修复功能的类型和能力有所不同。DNA 损伤修复过程涉及许多酶的参与，称为 DNA 损伤修复酶，其具有多态性，存在个体差异，影响个体对遗传物质的易感性。

2. 致癌作用

致癌作用(carcinogenesis)是指正常细胞发生恶性转变并发展成癌细胞的过程，其中环境因素在致癌作用中占主导。环境致癌因素中，80%以上为化学物质所致。具有化学致癌作用的物质称为化学致癌物(chemical carcinogen)。

化学致癌机制目前尚未完全阐明，从不同角度形成了多种化学致癌的学说，主要可以分为遗传机制学说(genetic theory)和非遗传机制学说。

(1) 遗传机制学说认为化学致癌物进入细胞后作用于遗传物质，通过引起细胞基因的改变而发挥致癌作用。典型代表有多阶段学说和癌基因学说。

多阶段学说：化学致癌是一个多阶段过程，至少包括引发(initiation)、促长(promotion)和进展(progression)三个阶段，都可自发发生(内源性因素作用)。有些化学致癌物可同时具有引发、促长及进展的作用，称为完全致癌物(complete carcinogen)。

引发阶段是化学致癌物本身或其活性代谢物作用于 DNA，诱发体细胞突变的过程，涉及原癌基因的活化和肿瘤抑制基因的失活。具有引发作用的化学物质称为引发剂(initiator)，引发剂大多数是致突变物。引发细胞(initiated cell)在引发剂的作用下发生不可逆的遗传性改变，不具有自主生长性，非肿瘤细胞。

促长阶段是引发细胞增殖成为癌前病变或良性肿瘤的过程。具有促长作用的化学物质称为促长剂(promoter)。在促长阶段，引发细胞在促长剂的作用下，以相对于周围正常细胞的选择优势进行克隆扩增或其细胞凋亡相对减少，形成良性的肿瘤。促长剂本身不能诱发肿瘤，只有作用于引发细胞才表现出致癌活性，通常为非致突变物。

进展阶段是从癌前病变或良性肿瘤转变成恶性肿瘤的过程。使细胞由促长阶段进入进展阶段的化学物称为进展剂(progressor)。进展过程比引发和促长过程要复杂得多，现在对其机制了解很少。

癌基因(oncogene)学说：细胞的增殖分化都是在基因的调控下进行，若调控基因发生异变则可导致细胞增殖分化紊乱，细胞持续增殖，不能及时分化和凋亡，形成肿瘤。有关基因主要有癌基因和肿瘤抑制基因。

癌基因是一类能引起细胞恶性转化及癌变的基因。癌基因通常是原癌基因(pro-oncogene)在环境致癌因素的作用下被激活产生。原癌基因在进化过程中高度保守，具有正常的生物学功能,对细胞增殖、分化和信息传递的调控有重要作用。目前认为原癌基因的活化方式主要有基因突变、染色体异位和重排、基因扩增等,另外 DNA 低甲基化、DNA 片段或碱基缺失、启动子插入等也可能与原癌基因活化有关。

肿瘤抑制基因也称抑癌基因或抗癌基因,在正常细胞中起着抑制细胞增殖和促进分化的作用,在环境致癌因素的作用下,因其等位基因失活而引起细胞恶性转化。化学致癌物可通过诱发染色体缺失、丢失或基因突变等方式引起肿瘤抑制基因两个等位基因的失活而导致肿瘤。

(2) 非遗传机制学说认为某些外源化学物质不具有和 DNA 作用引起突变或基因改变的能力,而是通过非遗传的途径发挥致癌作用。例如,具有细胞毒性的致癌剂,可通过引起细胞变性坏死、产生刺激细胞分裂增殖的物质而致癌;激素失调可导致肿瘤,可能与其刺激细胞分裂有关;免疫抑制剂可降低机体对癌前细胞的监视和清除能力而致癌。

近年来研究发现,DNA 序列以外的调控机制异常在致癌过程中发挥重要作用,这种调控机制称为表观遗传学(epigenetics)。表观遗传学重点研究 DNA 序列未改变,而表达改变且可遗传的现象,主要包括 DNA 甲基化、基因组印迹、染色质组蛋白修饰、隔离蛋白及非编码 RNA 调控等。

按致癌作用机制,化学致癌物可分为遗传毒性致癌物(genotoxic carcinogen)和非遗传毒性致癌物(non-genotoxic carcinogen)。遗传毒性致癌物包括直接致癌物(direct carcinogen)和间接致癌物(indirect carcinogen)。直接致癌物是指外源化学物质进入机体后,可直接与 DNA 分子共价结合形成加合物而诱导细胞癌变,如烷基和芳基环氧化物、硫酸酯、亚硝酰胺及亚硝基脲等。间接致癌物是指本身没有致癌活性,需要经过代谢活化生成亲电子的活性代谢物,作用于细胞大分子而发挥致癌作用。间接致癌物的原型称为前致癌物(procarcinogen),活性代谢物称为终致癌物(ultimate carcinogen)。在体内经过代谢先转变为化学性质活泼但寿命短暂的中间形式,称为近致癌物(proximate carcinogen),近致癌物进一步代谢活化成终致癌物。间接致癌物主要有多环芳烃类、芳香胺类、亚硝胺类、偶氮化合物和硝基杂环类等。非遗传毒性致癌物主要包括促长剂、激素调控剂、细胞毒剂、过氧化物酶体增殖剂、固态物质和助癌物,如苯巴比妥、灭蚁灵、四氯二苯并二噁英、雌二醇、己烯雌酚、氮川三乙酸、氯贝丁酯、二(2-乙基己基)邻苯二甲酸酯、咪唑硫嘌呤、巯嘌呤和石棉等。

3. 致畸作用

人或动物在胚胎发育过程中由于各种原因所形成的形态结构异常称为先天性畸形(malformation)或畸胎。遗传因素、化学因素、物理因素(如电离辐射等)、生物因素、母体营养缺乏或内分泌障碍等都可能引起先天性畸形,称为致畸作用(teratogenesis)。

关于致畸作用的机制,一般认为有以下几个方面:①环境污染物作用于生殖细胞的 DNA,使之发生突变,导致先天性畸形;②生殖细胞在分裂过程中出现染色体数目缺少或过多的现象,从而造成发育缺陷;③核酸的合成过程受到破坏引起畸形;④母体正常代谢过程被破坏,使子代细胞在生物合成过程中缺乏必需的物质(如维生素),影响正常发育等。关于致畸作用机制,尚待深入探讨。

4.5.4　内分泌干扰效应

根据美国环保局的定义,内分泌干扰物(endocrine disrupting chemicals,EDCs)是指可通过干扰生物或人为保持自身平衡和调节发育过程而在体内产生的天然激素的合成、分泌、运输、结合、反应和代谢等，从而对生物或人体的生殖、神经和免疫系统等功能产生影响的外源化学物质。目前发现的干扰动物及人体内分泌系统的外源化学物质绝大多数具有激素特征。近 800 种化学品被确认或疑似具有干扰激素受体、激素合成或激素传导的效应。

1. EDCs 的种类

表 4-3 列出了一些常见的 EDCs 种类。按照 EDCs 的来源，可将其分为人工合成的药用雌激素(如己烯雌酚)、植物性雌激素(如黄酮)、农药(如有机氯化合物 DDT)、工业化学品(如多氯联苯)、生产和生活过程中无意生产的副产品(如二噁英类物质)等。

按照与受体的结合形式，可分为具有雌性激素作用的物质(如双酚 A)、干扰雌性激素作用的物质(如多氯联苯类)、抗雄性激素作用的物质(如 p, p'-DDE)、干扰甲状腺激素的物质(如羟基取代的多溴二苯醚 HO-PBDEs)等。

表 4-3　典型环境内分泌干扰物
(Examples of endocrine disrupting chemicals)

类别	主要污染物
持久性有机卤化物	六六六(hexachlorocyclohexane)、氯仿(trichloromethane)、1,2-二溴乙烷(1,2-dibromoethane)、二噁英(dioxin)、多溴联苯(polybrominated biphenyls)、多氯联苯(polychorinated biphenyls)、多溴联苯醚(polybrominated diphenyl ethers)等
食品抗氧化剂	丁基羟基茴香醚(butyl hydroxyanisole)
农药杀虫剂	乙草胺(acetochlor)、甲草胺(alachlor)、艾氏剂(aldrin)、杀草强(amitrole)、阿特拉津(atrazine)、氯丹(chlordane)、DDT(dichlorodiphenyltrichloroethane)、狄氏剂(dieldrin)、三氯杀螨醇(dicofol)、马拉硫磷(malathion)、七氯(heptachlor)等
双酚类物质	双酚 A (bisphenol A)、双酚 B (bisphenol B)、双酚 F (bisphenol F)等
邻苯二甲酸酯	邻苯二甲酸二(2-乙基己)酯[di-(2-rthylhexyl)-phthalate]、邻苯二甲酸二丁酯(dibutylphthalate)、邻苯二甲酸丁苄酯(butylbenzylphthalate)、邻苯二甲酸二异丁酯(di-isobutyl phthalate)
多环芳烃类	芘(pyrene)、菲(phenanthrene)、蒽(anthracene)等
植物雌激素	黄酮(flavone)、橙皮素(hesperetin)、柚苷(naringin)、槲皮苷(quercitrin)、柯因(chrysin)、香豆素(coumarin)、玉米烯酮(zearalenone)等
烷基酚	壬基酚(nonyl phenol)、辛基酚(octyl phenol)等
重金属	铅(plumbium，Pb)、镉(cadmium，Cd)、汞(mercury，Hg)
有机金属化合物	三丁基锡(tributyltin)、三苯基锡(triphenyltin)等

2. EDCs 的作用机制

EDCs 的作用机制很复杂，属于环境毒理学研究的一个前沿领域。EDCs 的一种作用机制是受体介导理论，这里以环境外源雌激素为例简要加以介绍。如图 4-28 所示，雌激素分子作为一种配体(ligand)与雌激素受体(estrogen receptor，ER)结合，导致原结合于受体上的热激蛋白-90(hsp90)从受体上解离下来；结合了配体的 ER 发生构象改变并发生同型二聚体化，这种同型二聚体复合物和 DNA 上雌激素反应元件具有高度亲和能力。当这种亲和反应发生时，同型二聚体复合物将使转录因子聚集到靶基因启动子上并促发基因转录的增强，继而 mRNA 翻译成蛋白质并表现出各种生理响应。除受体模式外，环境雌激素也可以通过影响与受体无关的细胞信号转导途径发挥作用。

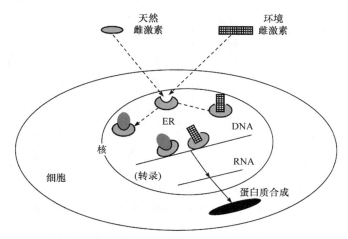

图 4-28　环境雌激素作用的受体介导机制
(Mechanism of action for environmental estrogen)

3. EDCs 的生态与健康效应

EDCs 在生物体生殖和发育、免疫、生态效应等多方面存在潜在的危害效应。

(1) 生殖和发育效应。EDCs 不仅使许多野生动物的繁殖能力显著下降、鱼和鸟类的性别变化(雄性化、雌性化或双性化)，而且对人类的生殖健康也产生了潜在的威胁。EDCs 暴露是影响精子质量的重要因素，进而导致不孕不育症。孕妇食用被多氯联苯和 DDT 等污染的鱼，可能导致妊娠期缩短和新生儿体重降低，并且会并发智商和记忆缺陷问题以及肌神经发育的延迟。一些常见污染物如多氯联苯、溴代阻燃剂、邻苯二甲酸酯、双酚 A 和全氟化合物暴露可降低人体甲状腺激素水平，严重缺乏甲状腺激素可导致大脑损伤。

(2) 免疫学效应。人类接触氨基甲酸酯、有机氯农药、金属有机化合物、PCBs、PCDD/Fs 等 EDCs，可能影响机体免疫功能，导致免疫抑制或免疫过度反应。

(3) 生态效应。EDCs 对鱼类、鸟类及哺乳动物等所处的群落和生态系统的功能具有潜在的破坏性，可以导致一些野生动物种群数量的下降。例如，有研究发现美国的貂、欧洲的河獭以及部分海洋哺乳动物的畸形与 EDCs 污染有关。

案例 4-7　羟基多溴联苯醚(HO-PBDEs)能结合甲状腺激素受体β(TRβ)且与甲状腺激素竞争结合甲状腺运载结合蛋白(TTR)，具有甲状腺激素干扰效应。图 4-29 显示采用酵母双杂交系统测定的 HO-PBDEs 的甲状腺激素干扰效应的大小，表明 HO-PBDEs 具有较强的甲状腺激素活性。

📖 延伸阅读 4-6　羟基多溴联苯醚激素干扰效应的体外测试和计算模拟研究

Li F, Xie Q, Li X H, et al. 2010. Hormone activity of hydroxylated polybrominated diphenyl ethers on human thyroid receptor-*β*: *in vitro* and in silico investigations. Environmental Health Perspectives, 118(5): 602-606.

案例 4-8　新型溴代阻燃剂十溴二苯乙烷(DBDPE)具有甲状腺内分泌干扰效应。DBDPE 是十溴联苯醚(BDE-209)的一种替代物，已经常在环境介质中被检出。DBDPE 能在体内积累且发生生物转化。DBDPE 的暴露可导致斑马鱼(*Danio rerio*)胚胎中甲状腺激素(T3, T4)水平升高，改变与下丘脑-垂体-甲状腺轴相关基因转录，进而影响甲状腺素运载蛋白(TTR)的结合(图 4-30)。

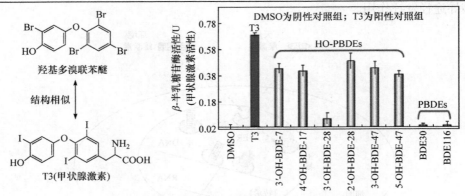

图 4-29　羟基多溴联苯醚的甲状腺激素干扰效应

(Thyroid hormone activity of hydroxylated polybrominated diphenylethers)

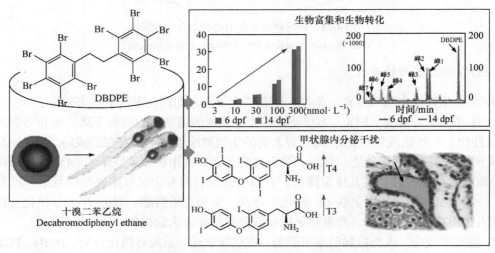

图 4-30　十溴二苯乙烷暴露导致斑马鱼胚胎甲状腺内分泌干扰效应(Wang et al.，2019)

[Thyroid endocrine disruption associated with decabromodiphenyl ethane exposure in zebrafish (*Danio rerio*) larvae]

📖 延伸阅读 4-7　斑马鱼胚胎中十溴二苯乙烷的生物富集、生物转化和甲状腺内分泌干扰效应

Wang X C, Ling S Y, Guan K L, et al. 2019. Bioconcentration, biotransformation, and thyroid endocrine disruption of decabromodiphenyl ethane (DBDPE), a novel brominated flame retardant, in zebrafish larvae. Environmental Science & Technology, 53(14): 8437-8446.

案例 4-9　长期低剂量化学品暴露不仅能影响成年生物的健康，同时也能对其子代产生间接影响。卡马西平(carbamazepine)是水中经常被检出的药物，是哺乳动物体内组蛋白脱乙酰化酶抑制剂，能降低哺乳动物和鱼体内雄激素水平。Fraz 等(2019)研究表明，低剂量($10\,\mu g \cdot L^{-1}$)卡马西平暴露 6 周后，导致斑马鱼(*Danio rerio*)的生殖能力降低、求爱和攻击行为减弱、11-酮基睾酮水平和精子数量减少、精子形态改变。亲代卡马西平的暴露能影响未暴露的子代直到第四代，且主要是父系的暴露影响雄性子代繁殖能力(图 4-31)。

📖 延伸阅读 4-8　斑马鱼亲代暴露卡马西平影响子代繁殖

Fraz S, Lee A H, Pollard S, et al. 2019. Paternal exposure to carbamazepine impacts zebrafish offspring reproduction over multiple generations. Environmental Science & Technology, 53(21): 12734-12743.

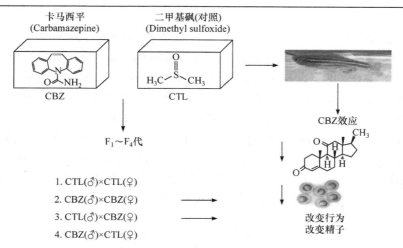

图 4-31　斑马鱼亲代暴露卡马西平影响多代子代繁殖(Fraz et al.，2019)
(Paternal exposure to carbamazepine impacts zebrafish offspring reproduction over multiple generations)

4.5.5　有害结局通路

为揭示化学物质的毒性机制，通常需要开展整体动物/体外毒性测试或一些基于细胞或生物化学分子反应的体外毒性测试。为明确外源化学物质某种毒性测试数据与人体特定健康效应之间的关联，出现了毒性作用模式或机制(mode/mechanism of action，MoA)的概念。2001 年以来，世界卫生组织(WHO)的国际化学品安全规划署(International Programme on Chemical Safety，IPCS)以及经济合作与发展组织(Organization for Economic Cooperation and Development，OECD)均开始采用 MoA 指导慢性毒性与致癌性的评价(Sonich-Mullin et al.，2001；Boobis et al.，2006；Boobis et al.，2008)。

MoA 描述化学物质作用于不同尺度生物学层级的关键事件与过程，一般始于化学物质与细胞的相互作用，进而引起机体功能和解剖学的异常。在不同的毒理学研究中，MoA 可能具有略微不同的内涵，其跨越的生物学尺度也可能差别较大。以"三致效应"(见 4.5.3 小节)为例，致突变效应的 MoA 的尺度一般不超过亚细胞的染色体水平，而致癌或致畸效应 MoA 的尺度则会上升至组织器官甚至个体的水平。目前，不同的毒理学家对 MoA 的解读缺乏一致性。

整体动物实验以及相关体系对毒性机制的揭示是非常有限的，同时这些方法对资源的消耗较大，也违反动物伦理。在此背景下，化学品风险管理者与毒理学家认识到，在过去的 100 多年里，毒理学的科学进展缓慢，毒性测试效率低下。毒理学开始借鉴药物设计和医疗化学领域的成功经验，采用分子生物学技术来研究化学物质的效应机制，并发展相应的风险评价技术。

2007 年，美国国家科学院发布了《21 世纪毒性测试：愿景与策略》报告，倡议对毒性测试方法和思维范式进行变革——从整体动物实验转变到利用细胞，尤其是人源细胞的体外测试方法来评价化学物质暴露所产生的毒性效应。该报告提出的毒性通路的概念受到了广泛的关注。毒性通路本质上是分子生物学技术已经探明的细胞内的生物化学反应或信号通路。当外源化学物质对此类通路的扰乱超过一定的程度，就可能导致机体的损害作用。一条毒性通路可以是细胞膜受体结合到基因表达的一系列连续事件，直至细胞增殖或凋亡。然而，毒性通路的尺度一般不超过细胞水平，欠缺与传统化学品风险评价所关注的宏观、顶层有害效应之间的关联性。

自《21 世纪毒性测试：愿景与策略》报告发布以来，在 IPCS 的 MoA 框架优化过程中，逐渐发展出了一个替代性的概念——有害结局通路(adverse outcome pathway，AOP)。2010 年，Ankley 等阐释了 AOP 的概念框架，论述了(毒性)作用模式/机制、毒性通路、生物学网络(biological network)的含义及其在 AOP 框架中的定位。AOP 框架呈现了对化学品毒性效应的多尺度图景(图 4-32)，其假设化学物质的毒性源起始于外源化学分子与生物大分子的相互作用，即分子起始事件(molecular initiating event，MIE)，并触发后续的细胞信号传导等一系列关键事件(key event，KE)，最终在宏观尺度表现出有害结局(adverse outcome，AO)。AOP 囊括了毒性通路和以往 MoA 概念，同时也提供了便利且标准化的毒性机制组织框架。一经提出，AOP 框架就迅速成为化学物质风险评价与生态、环境毒理学领域的热点话题。

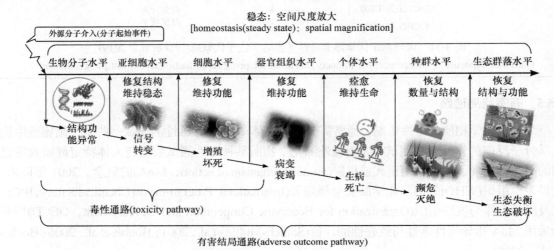

图 4-32　跨越多尺度的化学品(生态)毒性效应
[Chemicals (ecological) toxicity effects spanning multiple scales]

AOP 的存在并不依赖于特定的化学物质，一种化学物质未必会激活特定的 AOP。AOP 是由模块化单元构成的，每条 AOP 包括两个基本单元：KE(包括 MIE 和 AO)和关键事件关系(key event relationship，KER)，构成一个顺序、线性的通路(Villeneuve et al.，2014)。通常多条 AOP 可以共享 KE 和 KER。这些 AOP 交织在一起，构成了 AOP 网络。AOP 的模块化组织架构比 MoA 具有明显的优势。例如，可以借助 AOP 模块更好地理解传统关注的宏观健康效应在微观上具有哪些共同的机制。这些机制能够作为化学物质分类依据。此外，化学物质在分子或细胞水平的实验测试结果可以为宏观效应提供早期预警，甚至省去对应的动物实验，从而提升了测试效率，节省了资源，保障了动物福利。图 4-33 展示雌激素受体拮抗作用导致种群数量下降的 AOP。

当前，欧美学术界和化学品风险管理者对 AOP 的研发与科研投入力度非常大。2012 年，OECD 启动了 AOP 发展计划，负责 AOP 的开发、案例研究、导则撰写及知识库管理工具研发等。2014 年 9 月，OECD 发布了 AOP 知识库(AOP knowledge database，AOP-KB，https://aopkb.org)，公众可以免费浏览相关的网站。AOP-KB 提供了一个技术平台，供研究者根据文献综述和证据权重串接 MIE、KE 和 AO，形成完整的 AOP。OECD 分子筛选与毒理学基因组专家咨询小组(Expert Advisory Group on Molecular Screening and Toxicogenomics，EAGMST)对

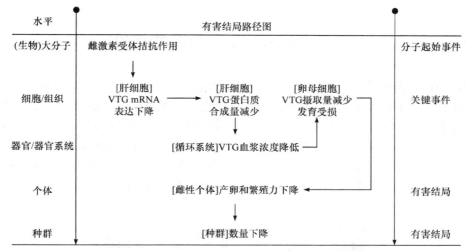

图 4-33　雌激素受体拮抗作用导致种群数量下降的有害结局通路(VTG：卵黄蛋白原)

(http://aopwoko.org/aops/30)

[Adverse outcome pathway: estrogen receptorantagonism leading to decrease in population (VTG, Vitellogenin)]

提交的 AOP 进行评估。可以预见，未来 AOP 体系将越来越成熟，化学物质毒性测试及评价体系(尤其危害识别与影响评价环节)也会发生更为深远的变革。

案例 4-10　细胞色谱 P450 19A 芳香化酶抑制与黑头呆鱼(*Pimephales promelas*)种群水平降低的定量有害结局通路(quantitative adverse outcome pathway，qAOP)，这条 qAOP 包括 3 个计算模型：①雌性黑头呆鱼的下丘脑-垂体-性腺轴(hypothalamic-pitutitary-gonadal axis)中的芳香酶抑制睾丸素向 17β 雌二醇的转化，继而减少卵黄蛋白原(vitellogenin，VTG)的合成；②VTG 调节的卵子发育；③卵子发育调节的种群数量轨迹(图 4-34)。

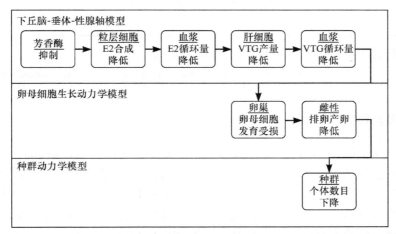

图 4-34　细胞色素 P450 19A 芳香化酶抑制导致黑头呆鱼种群水平降低的定量有害结局通路(Conolly et al.，2017)

(Quantitative adverse outcome pathway: inhibition of cytochrome P450 19A aromatase leading to population-level decreases in the fathead minnow)

📖　延伸阅读 4-9　定量有害结局通路及其在预测毒理学中的应用

Conolly R B, Ankley G T, Cheng W Y, et al. 2017. Quantitative adverse outcome pathways and their application to predictive toxicology. Environmental Science & Technology, 51(8) : 4661-4672.

4.6 化学品的生态风险性评价

根据现有研究的说法，地球大约诞生于 46 亿年前的宇宙大爆炸，之后经历了太古代、元古代、古生代、中生代、新生代这些漫长的地质时代。人类诞生于约 24 万年前，一直到 5000年前人类才有文字记录历史。故一种说法是，如果地球诞生只有 24 小时，人类只在最后的 3秒才诞生。到 18 世纪 60 年代，人类社会出现了工业革命，之后各种环境问题快速涌现。人类文明能否在地球上持续下去？人类能否实现可持续发展？取决于图 4-35 所示的多方面的因素，其中化学品污染是一个重要因素。因此，科学地管理化学品非常必要。

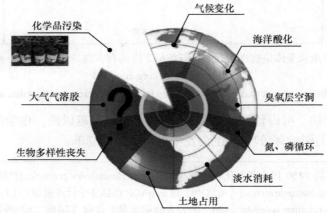

图 4-35 人类在地球环境上生存的空间容量(Rockström et al.，2009)
(A safe operating space for humanity)

延伸阅读 4-10 人类在地球环境上生存的空间容量
Rockström J, Steffen W, Noone K, et al. 2009. A safe operating space for humanity. Nature, 461: 472-475.

4.6.1 化学品及其风险

这里所说的化学品，指的是人工合成的具有特殊功能属性的产品或商品。毋庸置疑，化学品在促进人类社会发展、提升人类生活质量方面，发挥了重要作用。人类不是与生俱来的会合成化学品。1828 年，德国化学家维勒首次合成了尿素；1908 年，德国化学家哈伯申请了氨合成塔的专利，自此开启了人类大规模合成化学品的时代。过去的 100 多年来，人类合成了化肥、农药、药物和各种工业化学品。美国化学文摘服务社(Chemical Abstracts Service，CAS)已注册了 1.5 亿种化学物质(每天约增加 15000 种)，根据欧盟 REACH(Registration, Evaluation, Authorization and Restriction of Chemicals)法规的初步统计，人类在市场上使用的化学品有 14万种。其中许多化学品是地球生态圈中原本不存在(或者即使存在，浓度也特别低)的物质，属于人为的(anthropogenic)化学品。

一些化学品一旦进入环境，不容易降解而具有环境持久性(P)、容易被生物蓄积而具有生物蓄积性(B)，还具有急、慢性毒性(T)，对人体和生态系统的健康构成危害。20 世纪 60 年代，人类大规模使用各种化学品导致对生态和人体健康的不利效应逐渐显现。1962 年，Rachel Carson 在《寂静的春天》一书中，指出了一些人工合成化学品(如有机氯农药、多氯联苯)污染对地球生态环境造成的危害，促使了人类环保意识的觉醒。因此，合成化学品是人体与生态健康的重要风险源，是人类可持续发展面临的重大挑战。

联合国环境署(UNEP)在 2006 年发布了全球化学品管理战略方针(Strategic Approach to International Chemicals Management，SAICM)，希望"到 2020 年，通过透明和科学的风险评价与风险管理程序，并考虑预先防范措施原则以及向发展中国家提供技术和资金等能力支援，实现化学品生产、使用及危险废物符合可持续发展原则的良好管理，以最大限度地减少化学品对人体健康和环境的不利影响"。2013 年，UNEP 发布了《全球化学品展望》，倡导全球各国科学地管控化学品。2019 年，UNEP 又发布了《全球化学品展望Ⅱ》并指出，原定的"最大限度地减少化学品和废物的不利影响"这一全球目标无法在 2020 年实现。因此，需要进一步加强科技对化学品管理的支撑作用，填补包括化学品的环境暴露、危害性和风险性相关的数据空白和未知领域。

化学品的风险取决于化学品的暴露和危害性两方面的因素，即风险 = 暴露 × 危害性(毒性)。暴露科学的任务是，探索并描述对人群和生态系统具有急性与长期影响的暴露事件，着重研究受体通过不同途径暴露于外在污染物的总量(涉及空气、水、食物中污染物的浓度)以及与人体和生物体接触的途径(呼吸、摄食及皮肤接触)，评价受体可能受到的影响。总暴露 (aggregate exposure)指某个化学品通过多个源和途径导致的暴露；累积暴露(cumulative exposure)则是多种化学品通过多种途径的共同暴露(图 4-36)。暴露组则囊括了一个人从胚胎到生命终结期间的全部暴露事件，并考虑社会、文化和心理因素。暴露组学研究贯穿人的一生，探究混合暴露影响，考虑环境因素的作用。

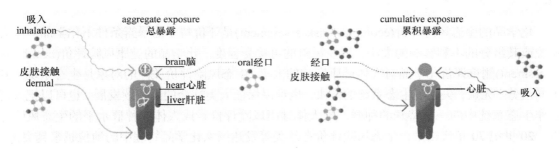

Aggregate exposure means exposure to the same substance from multiple sources and by multiple routes.Cumulative exposure means exposure to various chemicals and by multiple routes.

图 4-36　单一化学品的总暴露与多化学品累积暴露概念(《全球化学品展望Ⅱ》，2019)

(Concepts of aggregate and cumulative exposure)

危害性指化学品或混合物在特定的暴露条件下，对人体或环境造成有害效应的内在潜质。根据联合国推荐的全球化学品统一分类和标签制度(globally harmonized system of classification and labeling of chemicals，GHS)，化学品的危害可分为物理危害、健康危害和环境危害三大类。GHS 系统中将化学品的物理危害分为：爆炸性、可燃性、氧化性、压缩气体、自反应性、自燃性、自加热性、遇水释放可燃气体、有机过氧化物和金属腐蚀性。人类对于化学品的健康与环境危害认识还很有限，GHS 系统中定义的健康和环境危害包括：急性毒性、皮肤腐蚀/刺激性、严重刺激和伤害眼睛、呼吸或皮肤敏感性、生殖细胞突变性、致癌性、生殖毒性、吸入危害、水生环境危害性和臭氧层危害性。

化学品具有的危害性，可在其生产、使用、运输及存储等过程中导致不同性质、对象、程度和范围的危害性问题。欧盟 REACH 法规中将有毒有害化学品列为高关注物质(substance of very high concern，SVHC)，具有环境持久性(persistent)、生物蓄积性(bioaccumulative)和毒性(toxic)的 PBT 物质，具有高持久性和高生物蓄积性(very persistent and very bioaccumulative，vPvB)物质，其他对人体和环境产生不可逆影响的物质(如内分泌干扰物 EDCs 等)。SVHC 包括具有致癌性(carcinogenic)、致突变性(mutagenic)及生殖毒性(toxic for reproduction)的 CMR 物质。一些 CMR 和 EDCs 物质具有的生殖毒性能够损害雌性和雄性生殖系统，影响排卵、生精及生殖细胞分化等过程，同时也能够损害胚胎细胞发育，引起生化功能和结构的变化，影响繁殖能力，甚至累及后代。

根据《全球化学品展望 II 》，虽然目前人类积累了一些关于化学品风险性的数据和知识，但仍存在许多数据空白和未知领域。市场上既有化学品和新化学品的种类、数目、产量和用量方面的信息，在世界上许多国家和地区是缺失的。对大多数的高产量化学品，已有一些环境、健康和安全方面的数据；但是对于大量的低产量化学品，其相关信息仍是空白。许多化学品的危害性方面数据是不完整的。关于化学品生产和使用过程的室内外释放、各种场景下的暴露、化学品的环境浓度、不利健康效应方面的知识，仍然非常缺乏。此外，数据搜集和可获得性在不同时间和地区之间存在差异，为制定标准和基准、判断趋势、发现新问题并识别优先级方面带来了巨大挑战。在政策方面，科学家和管理者的不充分沟通也阻碍了相关成果在政府决策方面的应用。

4.6.2　化学品生态风险评价的框架

化学品的生态风险评价(ecological risk assessment)是评价特定的暴露条件下化学品对生态系统或其组分的不利影响的大小，以及风险的可接受程度。化学品的健康风险评价(health risk assessment)侧重评价化学品对人体健康影响的大小。生态风险评价关注的对象是生态系统或其不同组分。无疑，失去了生态系统的健康，也难以保证人类社会的可持续发展。也可以把人群看作生态系统中的一个特殊的种群，把人体健康风险评价看成人体或种群水平的生态风险评价。20 世纪 70 年代以来，生态风险评价在欧美等发达国家化学品管理中的地位越来越突出，已经成为环境决策的科学基础，并在法律上得到了认可。

化学品的生态风险具有不确定性、危害性、内在价值性、客观性的特点。不确定性，就是事先难以准确预料危害是否会发生以及发生的时间、地点、强度和范围，至多具有其先前发生的概率信息。危害性是指暴露发生后的作用效果对生态系统及其组分具有负面的影响，这些影响有可能导致生态系统内物种的病变、植被演替过程的中断或改变、生物多样性的减少等。内在价值性，指分析和表征生态风险时，应该以生态系统的内在价值为依据，体现生态系统的自身价值和功能。客观性，即任何生态系统都不可能是封闭的和静止不变的，必然会受诸多具有不确定性的危害性因素的影响，也就必然存在风险。

化学品生态风险评价一般包括四个步骤，即危害识别(hazard identification)、暴露评价

(exposure assessment)、效应评价(effect assessment)、风险表征(risk characterization)。风险管理(risk management)是基于风险评价结果结合法律、政治、社会、经济和技术特性采取措施，主要是行政过程。化学品环境风险评价与风险管理的框架如图 4-37 所示。

1. 危害识别

危害识别即化学物质造成的有害效应的识别，包括收集与评估影响人类健康以及引起生态效应的不同类型数据。化学品对人类的健康效应以及生态效应的信息来源于实验室研究、突发事件或其他途径等。关键在于，发生毒性效应的信息在类似的暴露环境中是否具有重复性，一旦潜在的危害得到确定，就可以开始其他的评价步骤。

2. 暴露评价

暴露评价是获取化学物质的暴露浓度，包括两方面的内容：一是分析进入环境的有害物质的迁移转化过程以及在不同的环境介质中的分布和归趋；二是分析受体的暴露途径、暴露方式和暴露量。污染物的迁移、转化和归趋受各种环境因素的影响，其预测环境浓度(predicted environmental concentration，PEC)主要通过各种数学模型获得，如地表水环境模型、大气环境模型、土壤环境模型、地下水环境模型、食物链模型、沉积物模型、多介质环境逸度模型等。

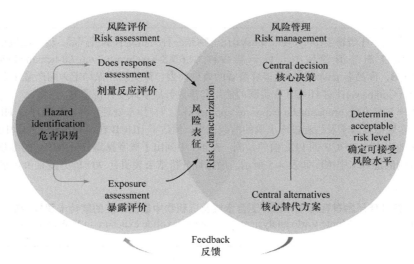

图 4-37　化学品风险评价与风险管理的决策过程框架(《全球化学品展望 II 》，2019)
(Risk assessment and risk management decision process for chemicals)

3. 效应评价

效应评价是对暴露剂量及危害效应大小之间的评价，即剂量-反应(效应)关系的评价。效应评价的数据，主要来源于毒理学研究以及生态系统和人类的流行病学研究，缺失的数据可以采用计算毒理学模型进行预测。对于大部分化学品，可以基于实验室研究获得预测无效应浓度(predicted no effect concentration，PNEC)开展进一步的评价。

4. 风险表征

风险表征是表示化学品对生物个体、种群、群落或生态系统是否存在不利影响(危害)和这种不利影响(危害)出现的可能性判断和大小的估计。风险表征是危害识别、暴露评价、效应评价的综合。风险表征的表达方式有定性和定量两种形式。定性的风险表征，回答有无不可接受的风险。定量的风险表征，不仅回答有无不可接受的风险及风险性质，还要定量说明风险的大小，一般要给出不利影响的概率。风险度量最普遍、应用最广泛的方法是风险商值法(或称比率法)，其他还有概率法、连续法、外推误差法、层次分析法和系统不确定分析等。

风险商值法实际上是一种半定量的风险表征方法，基本原理是求实际监测或由模型估算出的 PEC 与 PNEC 的比值，即为风险指数 Q = PEC/PNEC，当 $Q <$ 1.0 时，为无风险；当 $Q >$ 1.0 时，为有风险。Q 值不能提供风险的大小，只能判断当 Q 值增加时，有害效应的可能性增加。

5. 风险管理

风险管理是指根据生态风险评价的结果和法规条例，确定可接受的风险度和可接受的危害水平，选用有效的控制技术(如降低或阻断暴露的技术、选用替代化学品以降低危害性)，进行风险削减的费用和效益分析，考虑社会经济和政治因素进行政策分析，决定适当的管理措施并付诸实施。

案例 4-11　合成多环麝香类(polycyclic musks)化合物是一种天然麝香的替代品，被广泛应用在洗发水、香水、化妆品和洗涤剂等消费品中。佳乐麝香(1,3,4,6,7,8-hexahydro-4,6,6,7,8-hexamethylcyclopenta-γ-2-benzopyran，HHCB，商品名 galaxolide)是多环麝香的典型代表，被美国环保局定为高产量化学品。宝洁公司(Procter & Gamble Company)针对 HHCB 在美国的使用和排放开展了风险评价研究。

首先采用概率暴露方法(probabilistic exposure approach)，结合污水处理厂污水和污泥中 HHCB 浓度的统计学分布、混合区域稀释因子及污泥进入土壤的荷载速率，预估了 HHCB 在地表水和沉积物中的 PEC 值。这里介绍混合区域地表水中 HHCB 的 PEC 值的预测。表 4-4 中列出了概率暴露分析中用到的参数及分布。根据概率暴露分析预测的地表水中浓度如表 4-5 所示。敏感性分析结果表明近 90%的方差是由污水浓度的稀释与平衡导致的。

表 4-4　估计佳乐麝香在污水处理厂混合水域及沉积物中暴露浓度的蒙特卡罗模型输入参数

(Model input parameters for Monte Carlo analysis to estimate galaxolide exposure in WWTP mixing zone waters and sediments)

参数	统计学分布	值	单位
污水中佳乐麝香浓度	γ 分布(尺度，形状)	(1.05, 1.3495)	$\mu g \cdot L^{-1}$
稀释因子(平均流量条件)	对数正态分布(平均值，标准方差)	(575.95, 2611)	
稀释因子(低流量条件)	γ 分布(尺度，形状)	(251.74, 0.19448)	
沉积物有机碳含量	γ 分布(尺度，形状)	(0.04, 1.07)	$kg \, C \cdot kg^{-1} \, dw$
佳乐麝香在沉积物中有机碳分配系数(partitioning coefficient between organic carbon and water, K_{oc})	点	7079	

表 4-5　采用蒙特卡罗分析方法基于平均和低流量条件预测的混合区域地表水中佳乐麝香浓度的统计结果
(Summary statistics for estimated galaxolide concentrations in surface water in mixing zones under mean and low flow conditions derived from a Monte Carlo analysis)

汇总统计	佳乐麝香在混合区域平均流量条件下浓度/(μg·L^{-1})	佳乐麝香在混合区域低流量条件下浓度/(μg·L^{-1})
平均值 ± 标准偏差	0.07 ± 0.23	0.72 ± 1.02
中值	0.01	0.27
90th 分位数	0.14	2.06
95th 分位数	0.28	2.81
99th 分位数	1.02	4.51

　　收集 HHCB 对淡水浮游生物的慢性毒性数据，得到无效应浓度，如表 4-6 所示。将最低无效应浓度值除以一个人为的因子 10，得到 PNEC 值。采用风险商值法评估风险，结果表明，混合区域地表水中 HHCB 对浮游水生生物无风险。

表 4-6　佳乐麝香对淡水浮游物种的慢性毒性参数及基于蒙特卡罗分析污水处理厂混合区域浓度不超过毒性参数值的概率
(Chronic galaxolide toxicity values for freshwater pelagic species and probability that WWTP mixing zone concentrations will not exceed these values based upon the Monte Carlo analysis)

浮游测试生物	无效应浓度/(μg·L^{-1})	佳乐麝香浓度低于毒性值的可能性	
		平均流量条件	低流量条件
水藻(*Pseudokirchneriella subcapita*)	201	>99.99%	>99.99%
大型溞(*Daphnia magna*)	111	>99.99%	>99.99%
蓝鳃太阳鱼(*Lepomis macrochirus*)	93	>99.99%	>99.99%
黑头呆鱼(*Pimephales promelas*)	68	>99.99%	>99.99%
预测无效应浓度(无效应浓度的最低值与 10 的比值)	6.8	>99.99%	>99.87%

　延伸阅读 4-11　美国污水处理厂混合水域和沉积物中多环麝香的生态风险评价
Federle T, Sun P, Dyer S, et al. 2014. Probabilistic assessment of environmental exposure to the polycyclic musk, HHCB and associated risks in wastewater treatment plant mixing zones and sludge amended soils in the United States. Science of the Total Environment, 493: 1079-1087.

本 章 小 结

　　本章介绍了毒理学和生态毒理学的基本概念、外源化学物质的生理毒代动力学、生物积累的基本概念、生物代谢转化的基本原理、毒性作用机制和化学品的生态风险评价。重点掌握毒理学及生态毒理学的基本概念、生物积累的原理与动力学方程，了解生理毒代动力学的原理、外源化学物质代谢转化的机制，了解毒性作用的生物化学机制以及化学品的生态风险评价的概念框架。

思 维 导 图

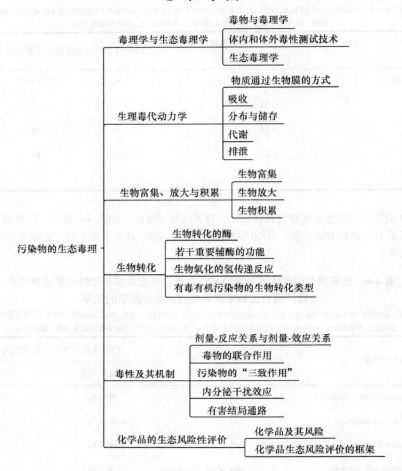

习题和思考题

4-1 名词解释：生物富集、生物放大与生物积累、剂量-效应关系与剂量-反应关系。

4-2 解释效能和效价强度的概念，并比较下图中 A、B、C、D 四种化学品的效能与效价强度大小。

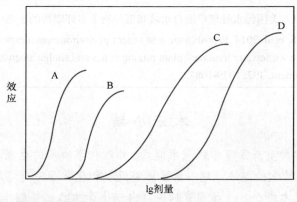

4-3 物质通过生物膜的方式主要有哪几种？怎样定义？分别有什么特点？

4-4 解释 ADME 的内容。

4-5 有机体吸收污染物质有哪几种途径？

4-6　简述有毒有机污染物在生物体内的生物转化。

4-7　哪些指标可以量化毒物毒性大小？

4-8　联合毒性有哪几种作用类型？各自的机理是什么？

4-9　简要叙述生态风险评价的框架。

4-10　溴代和氯代芳烃在鱼体内的生物富集因子与其正辛醇/水分配系数(K_{OW})遵循如下关系：$\lg BCF = 0.99 \times \lg K_{OW} - 1.02$。已知，六氯苯的 $\lg K_{OW} = 5.73$，计算其 BCF 值。

4-11　已知某化学品在鱼体内的摄取(k_a)和释放速率常数(k_e)与其正辛醇/水分配系数(K_{OW})遵循如下关系，$\lg k_a = 0.147 \times \lg K_{OW} + 1.98$，$\lg k_e = -0.414 \times \lg K_{OW} + 1.47$，五氯乙烷的 $\lg K_{OW} = 3.22$，计算其 BCF 值。

4-12　已知 1,3-二溴苯的 $\lg K_{OW} = 3.75$，其鱼体 BCF 值与 $\lg K_{OW}$ 之间的关系如下：$\lg BCF = 0.909 \times \lg K_{OW} + 0.874$，实验测得 1,3-二溴苯在鱼体中的浓度 $c_f = 5\ mg \cdot kg^{-1}$，假设富集过程达到平衡，求 1,3-二溴苯的水体暴露浓度 c_w。

4-13　化学品 A 在鱼体内的吸收速率常数为 $45\ L \cdot kg^{-1} \cdot d^{-1}$，鱼体释放 A 的速率常数为 $0.05\ d^{-1}$；假设 A 在鱼体内初始浓度为零，水中化学品 A 的浓度视为不变。计算 A 在该鱼体内的生物富集因子 BCF 及鱼体达到稳态浓度 95%时所需的时间。

4-14　斑马鱼(*Danio rerio*)胚胎暴露于全氟辛烷磺酸的替代物 6:2 FTAB (6:2 fluorotelomer sulfonamide alkylbetaine)水溶液 96 h 的急性毒性试验结果如下表所示，分别用概率单位法和寇氏法计算 LC_{50} 及其 95%的置信区间。

浓度/(mg · L^{-1})	浓度对数	动物数	死亡率	概率单位
40	1.60	20	0	
50	1.70	20	0.10	3.72
62	1.79	20	0.40	4.75
78	1.89	20	0.80	5.84
97	1.99	20	0.95	6.64
120	2.08	20	1	

主要参考资料

戴树桂. 2006. 环境化学. 2 版. 北京：高等教育出版社.

邓南圣，吴峰. 2004. 环境中的内分泌干扰物. 北京：化学工业出版社.

李建政. 2010. 环境毒理学. 2 版. 北京：化学工业出版社.

孟紫强. 2006. 生态毒理学原理与方法. 北京：科学出版社.

孟紫强. 2018. 环境毒理学. 3 版. 北京：高等教育出版社.

王凯雄，徐冬梅，胡勤海. 2018. 环境化学. 2 版. 北京：化学工业出版社.

王连生. 2004. 有机污染化学. 北京：高等教育出版社.

王中钰，陈景文，乔显亮，等. 2016. 面向化学品风险评价的计算(预测)毒理学. 中国科学：化学, 46(2): 222-240.

杨宝峰，陈建国. 2015. 药理学. 3 版. 北京：人民卫生出版社.

张洪渊，万海清. 2006. 生物化学. 2 版. 北京：化学工业出版社.

张毓琪，陈叙龙. 1993. 环境生物毒理学. 天津：天津大学出版社.

中国毒理学会. 2011. 2010—2011 毒理学学科发展报告. 北京：中国科学技术出版社.

中国毒理学会. 2018. 2016—2017 毒理学学科发展报告. 北京：中国科学技术出版社.

周启星，孔繁翔，朱琳. 2004. 生态毒理学. 北京：科学出版社.

朱圣庚，徐长法. 2017. 生物化学. 4 版. 北京：高等教育出版社.

Ankley G T, Bennett R S, Erickson R J, et al. 2010. Adverse outcome pathways: A conceptual framework to support ecotoxicology research and risk assessment. Environmental Toxicology and Chemistry, 29(3): 730-741.

Arnot J A, Gobas F A P C. 2006. A review of bioconcentration factor (BCF) and bioaccumulation factor (BAF) assessments for organic chemicals in aquatic organisms. Environmental Reviews, 14(4): 257-297.

Boobis A R, Cohen S M, Dellarco V, et al. 2006. IPCS framework for analyzing the relevance of a cancer mode of action for humans. Critical Reviews in Toxicology, 36(10): 781-792.

Boobis A R, Doe J E, Heinrich-Hirsch B, et al. 2008. IPCS framework for analyzing the relevance of a noncancer mode of action for humans. Critical Reviews in Toxicology, 38(2): 87-96.

Coelho S, Oliveira R, Pereira S, et al. 2011. Assessing lethal and sub-lethal effects of trichlorfon on different trophic levels. Aquatic Toxicology, 103(3/4): 191-198.

Deneer J W, Sinnige T L, Seinen W, et al. 1987. Quantitative structure-activity relationships for the toxicity and bioconcentration factor of nitrobenzene derivatives towards the guppy (*Poecilia reticulata*). Aquatic Toxicology, 10(2/3): 115-129.

Guengerich F P. 2007. Mechanisms of cytochrome P450 substrate oxidation: Minireview. Journal of Biochemical and Molecular Toxicology, 21(4): 163-168.

Kelly B C, Ikonomou M G, Blair J D, et al. 2007. Food web-specific biomagnification of persistent organic pollutants. Science, 317(5835): 236-239.

Liu C H, Gin K Y H, Chang V W C, et al. 2011. Novel perspectives on the bioaccumulation of PFCs - the concentration dependency. Environmental Science & Technology, 45(22): 9758-9764.

Manahan S. 2017. Environmental Chemistry. 10th ed. New York: CRC Press.

Miller T H, Gallidabino M D, MacRae J I, et al. 2019. Prediction of bioconcentration factors in fish and invertebrates using machine learning. Science of the Total Environment, 648: 80-89.

Muir D C G, Marshall W K, Webster G R B. 1985. Bioconcentration of PCDDs by fish: effects of molecular structure and water chemistry. Chemosphere, 14: 829-833.

Niimi A J, Lee H B, Kissoon G P. 1989. Octanol/water partition coefficients and bioconcentration factors of chloronitrobenzenes in rainbow trout (*Salmo gairdneri*). Environmental Toxicology and Chemistry, 8(9): 817-823.

NRC. 2007. Toxicity Testing in the 21st Century: A Vision and a Strategy. Washington, D.C. : National Research Council.

Oliver B G, Niimi A J. 1983. Bioconcentration of chlorobenzenes from water by rainbow trout: Correlations with partition coefficients and environmental residues. Environmental Science & Technology, 17(5): 287-291.

Oliver B G, Niimi A J. 1984. Rainbow trout bioconcentration of some halogenated aromatics from water at environmental concentrations. Environmental Toxicology and Chemistry, 3(2): 271-277.

Oliver B G, Niimi A J. 1985. Bioconcentration factors of some halogenated organics for rainbow trout: Limitations in their use for prediction of environmental residues. Environmental Science & Technology, 19(9): 842-849.

Russell R W, Lazar R, Haffner G D. 1995. Biomagnification of organochlorines in lake Erie white bass. Environmental Toxicology and Chemistry, 14(4): 719-724.

Shi G H, Xie Y, Guo Y, et al. 2018. 6:2 fluorotelomer sulfonamide alkylbetaine (6:2 FTAB), a novel perfluorooctane sulfonate alternative, induced developmental toxicity in zebrafish embryos. Aquatic Toxicology, 195: 24-32.

Skakkebaek N E, Rajpert-De Meyts E, Buck Louis G M, et al. 2016. Male reproductive disorders and fertility trends: Influences of environment and genetic susceptibility. Physiological Reviews, 96(1): 55-97.

Sonich-Mullin C, Fielder R, Wiltse J, et al. 2001. IPCS conceptual framework for evaluating a mode of action for chemical carcinogenesis. Regulatory Toxicology and Pharmacology, 34(2): 146-152.

Thompson K, Wadhia K, Loibner A. 2005. Environmental Toxicity Testing. Oxford: Blackwell Publication.

Truhaut R. 1977. Ecotoxicology: objectives, principles and perspectives. Ecotoxicology and Environmental Safety, 1(2): 151-173.

United Nations Environment Programme. 2013. Global Chemicals Outlook I : Towards sound management of chemicals.

United Nations Environment Programme. 2019. Global Chemicals Outlook Ⅱ: From legacies to innovative solutions.

van Leeuwen C J, Vermeire T G. 2007. Risk assessment of chemicals: an introduction. 2nd ed. Netherlands: Springer.

Veith G D, DeFoe D L, Bergstedt B V. 1979. Measuring and estimating the bioconcentration factor of chemicals in fish. Journal of the Fisheries Research Board of Canada, 36(9): 1040-1048.

Villeneuve D L, Crump D, Garcia-Reyero N, et al. 2014. Adverse outcome pathway (AOP) development Ⅰ: Strategies and principles. Toxicological Sciences, 142(2): 312-320.

Yang P, Wang Y X, Chen Y J, et al. 2017. Urinary polycyclic aromatic hydrocarbon metabolites and human semen quality in China. Environmental Science & Technology, 51(2): 958-967.

第 5 章　典型化学污染物及来源

化学污染物具有天然和人为来源。天然来源包括森林火灾、火山喷发、地震等。大多数化学污染物来源于人工合成或人类活动，是人类活动直接或间接、有意或无意地排放到环境中从而导致环境污染的化学物质。本章介绍几种具有代表性的无机污染物(金属、非金属及其化合物)和有机污染物(常见有机污染物、持久性有机污染物、典型有毒有机污染物)，并简要介绍污染物的源解析方法。

5.1　重金属、非金属及其化合物

重金属是指相对密度较高、相对原子质量较高、原子序数较大的金属，如汞、铅、锡、镉、铬等。由于人类活动改变了重金属存在的位置和形态，造成了污染，威胁人类健康，破坏了生态系统。重金属污染已成为事关人体健康的民生问题，中国在《重金属污染综合防治"十三五"规划》中，强调了重金属污染防治的重要性。一些非金属类污染物也会危害人体和生态物种健康。本节简要介绍汞、铅、锡、镉、铬、砷(类金属)及其化合物和氰化物。

5.1.1　重金属及其化合物

1. 汞

汞(mercury，Hg)，俗称水银，原子序数为 80，是唯一在常温常压下能以液态及气态形式存在的重金属。汞沸点为 356.9℃，熔点-38.9℃，密度 13.55 g·cm^{-3}(20℃)，有很高的表面张力和较好的导电性能。汞在地壳中含量较少，约 0.05 mg·kg^{-1}。汞可用于制备氯气和烧碱，生产血压计、水银电池、温度计和荧光灯等。

我国是世界上最大的汞生产国、使用国和排放国。中国人为源大气汞排放总量从 2000 年的 356 t 持续增长至 2010 年的 538 t，年均增长率为 4.2%。燃煤电厂、有色金属(铅、锌、铜和黄金)冶炼、水泥生产、钢铁生产等大规模工业、矿业活动是主要的汞排放源，其产生的含汞"三废"(废水、废气和废渣)的排放，污染周围水体、沉积物、大气及土壤。中国环境监测总站(CNEMC)和联合国环境署、世界卫生组织、欧洲环境局及美国环保局等机构均将汞列为优先控制污染物。在 UNEP 的推动下，《关于汞的水俣公约》已于 2017 年 8 月 16 日正式生效。国家药监局明确要求自 2026 年 1 月 1 日起，我国将全面禁止生产含汞体温计和含汞血压计产品。

在环境中，汞可发生一系列迁移及物理、化学和生物转化(图 5-1)。汞很少以单质形式(Hg^0)存在，常以无机盐(Hg^I，Hg^{II})和有机配合物形式存在，其存在形态与环境的氧化还原状态和pH 有关，不同价态的汞化合物可以相互转化。汞及其化合物可挥发，挥发的程度与其存在的形态、在水中的溶解度及大气的相对湿度等因素有关。一般有机汞的挥发性大于无机汞，有机汞中甲基汞和苯基汞的挥发性最大，无机汞中碘化汞(HgI_2)挥发性最大，硫化汞(HgS)最小。由于汞在水中有一定的溶解度，在潮湿空气中汞的挥发性远高于干空气。

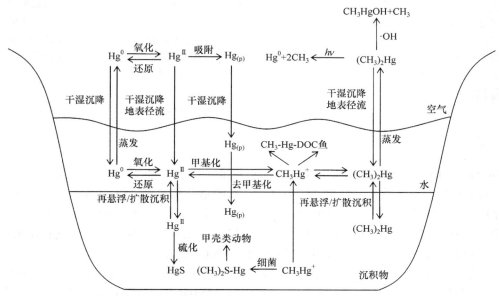

图 5-1　汞的生物地球化学循环(Stein et al.，2009)

(Biogeochemical cycle of mercury)

排放到大气中的 Hg^0 在云层和雾的气相或水相中可被臭氧氧化为 Hg^{II}。大气中的 Hg^0 会进入水体或土壤中，被氧化成 Hg^{II}，继而被微生物甲基化生成甲基汞[$(CH_3)Hg^+$]。水生植物和动物会吸收甲基汞，使其在食物链中传递，进入高营养级生物体内。厌氧环境下 Hg^{II} 可生成 HgS 并沉淀进入沉积物中。此外，水体、土壤、沉积物中的二甲基汞[$(CH_3)_2Hg$]可挥发到大气中，光解生成甲烷(CH_4)和 Hg^0，或者被· OH 氧化。由于土壤、沉积物和水体悬浮颗粒物中各种胶体对汞有强吸附作用，汞通常会富集在污染源附近的沉积物和悬浮颗粒物中。

总之，汞在生态系统中可以在零价汞-二价汞-甲基汞三种形态间相互转化，水体和沉积物是汞重要的汇，是汞生物地球化学循环的活跃场所，甲基化/去甲基化、氧化/还原、沉淀/溶解和吸附/解吸等一系列环境过程控制着汞在环境系统中的分布。

无机汞在环境生物的作用下转化为$(CH_3)Hg^+$或$(CH_3)_2Hg$ 的过程称为汞的生物甲基化，详见 3.4.3 小节。汞的生物甲基化主要发生在沉积物、水体和土壤等基质中。环境中的富里酸和腐殖酸也可以使汞甲基化，相对分子质量较低的富里酸($M_r < 200$)是活泼的甲基化试剂。甲基化使环境中的甲基汞浓度逐渐增大，但有研究发现，随着时间的推移，甲基汞浓度下降，即环境中还存在着去甲基化的过程。

汞的不同形态毒性相差很大。甲基汞是一种发育神经毒素，是毒性最强的汞化合物，比可溶的无机汞化合物毒性大 10～100 倍，可穿过血脑屏障，对中枢神经系统造成不可逆转的损害；也可以通过胎盘屏障进入胎儿体内，且在胎儿大脑和其他组织中蓄积的浓度可超过母体，对婴幼儿的神经发育系统造成严重威胁。甲基汞极易随食物链累积放大，生物富集因子可达到 6 个数量级以上，易被人体吸收并蓄积。1953 年日本熊本县水俣湾附近的居民中出现一种中枢神经性疾病，经过多年研究，日本政府确认，该病是由水俣湾附近的一家化工厂排放含汞和甲基汞废水造成的，称为水俣病，这是在世界历史上首次出现的重大重金属污染事件。

案例 5-1 中国汞污染事件。

松花江和河北省蓟运河流域曾发生过严重的因工业用汞而造成的汞污染事件。1960~1985 年，松花江流域便接连发生死鱼事件 33 起，25 年间渔业损失额达 9.69 亿元。20 世纪 70 年代初，松花江流域渔民中甚至出现了类似于日本水俣病的有机汞中毒病例，患者肌体无力、双手颤抖、关节弯曲、双眼向心性视野狭窄。调查发现，汞污染源是吉林石化公司电石厂乙酸车间，在生产乙醛(CH_3CHO)时使用的硫酸汞($HgSO_4$)催化剂。直到 1982 年引进新工艺为止，该厂一直向周边排放含汞废水，累积汞排放量 114 t，甲基汞排放量 5.4 t。排入水体的含汞废水累积在鱼类体内，人类食用受污染的鱼类导致人体中枢神经疾病。

 延伸阅读 5-1 《关于汞的水俣公约》(UNEP，2013)

2. 铅

铅(lead，Pb)，原子序数为 82，是一种蓝灰色金属，熔点为 327.4℃，沸点为 1755℃，密度大，延展性好，导电性差。铅是地壳中含量最多的重金属元素，约 14 mg·kg^{-1}。其有 4 种天然存在的稳定同位素，分别是 ^{204}Pb(1.48%)、^{206}Pb(23.6%)、^{207}Pb(22.6%)和 ^{208}Pb(52.3%)。铅有+2 和+4 两种价态，是两性金属，能与强酸强碱反应。铅单质不溶于水，氯化铅($PbCl_2$)和溴化铅($PbBr_2$)微溶于水，碳酸铅($PbCO_3$)和氢氧化铅[$Pb(OH)_2$]几乎不溶于水。

铅主要开采于方铅矿、白铅矿和硫酸铅矿。铅的用途广泛，如铅可以有效吸收辐射，被用来屏蔽 X 射线、核辐射和其他形式辐射；铅虽可被盐酸(HCl)和硝酸(HNO_3)溶解，但与其他大多数酸的反应十分缓慢，且只要保持温度低于 60℃，酸和铅基本不会发生反应，故铅还被用于制作浓硫酸的输送管道或者容器；铅可与其他元素形成合金，生产具有特殊用途的产品，如铅蓄电池(正极：铅氧化物；负极：铅锑合金)；铅与氧气接触会形成氧化铅外层，可防止内部金属与氧气或其他成分进一步反应，故铅被广泛应用于地下电缆的覆盖物及液体运输管道。铅化合物具有鲜艳的颜色，被广泛应用于颜料和油漆中，如黄色铬酸铅($PbCrO_4$)、橙红色钼酸铅($PbMoO_4$)、淡黄色氧化铅(PbO)和红色四氧化三铅(Pb_3O_4)等。

环境中铅的天然来源主要是岩石风化，但释放量相对较少。人为来源有冶炼、矿业、化工、印染等工业生产中污染物及废水的排放，工业废气及使用含铅汽油[四乙基铅，$(CH_3CH_2)_4Pb$]的汽车尾气排放，煤的燃烧，农药的使用，自来水管道的腐蚀，日用品(如化妆品、染发剂、装饰用涂料和油漆等)的使用，食品罐头中含铅含锡的释放等。

铅在水体中主要以[$Pb(OH)$]$^+$形态存在，还有一定数量多核配位化合物，如[$Pb_2(OH)_3$]$^+$和[$Pb(OH)_4$]$^{2-}$。铅在水体中不能被生物降解，只能在环境中分散、富集以及在各种形态之间相互转化。铅在水体中可被包含于矿物质或有机胶体中，或吸附在悬浮物上，或以溶解态或颗粒态的形态随水流进行迁移；铅可与天然水体中存在的 S^{2-}、PO_4^{3-}、I^-、CrO_4^{2-} 等离子生成难溶性化合物而沉淀；带正电的铅离子能被水中带负电的胶体吸附，发生聚沉现象；Pb^{4+}化合物易得电子发生还原反应，生成更稳定的 Pb^{2+}化合物；铅可经食物链积累在更高营养级的生物体内，进而对人体造成危害。铅在水体中有自净过程，主要原因是悬浮颗粒物和底泥中含有大量对铅有强烈吸附能力的铁和锰的氢氧化物以及其他有机螯合配位体，导致铅在天然水中含量低，而在排水口附近的水体底泥中大量存在。

铅在土壤中主要以+2 价形式存在，极少数为+4 价，多以氢氧化铅、碳酸铅或磷酸铅[$Pb_3(PO_4)_2$]等难溶态形式存在，故铅的移动性以及被作物吸收的可能性都较低。但在酸性土壤中，H^+可将铅从不溶的铅化合物中溶解出来。植物可吸收土壤溶液中的可溶性铅，积累于根部。除通过根系吸收土壤中的铅以外，植物还可以通过叶片上的气孔吸收污染空气中的铅。

铅污染对人体健康的威胁是一个全球性问题，呼吸、饮食及饮用水均是人体对铅的暴露途径，有机铅还可通过皮肤进入人体血液。铅是一种全身性毒物，对中枢神经系统、生殖系统、免疫系统及肾脏和肝脏等组织都具有毒性。研究表明，铅的长时间、低剂量暴露可引起贫血，还会损伤儿童神经功能、视觉能力，导致神经损害、记忆力减退、注意力分散。处于发育期的儿童对铅更加敏感，其机体的快速发育也会吸收更多的铅。与成人相比，儿童接触铅污染的途径更多，摄入被污染的灰尘是婴儿和儿童吸收铅的一个重要途径。在孕妇受孕期间，铅可以经过胎盘进入胎儿体内，新生儿血铅浓度可达母亲血铅浓度的 80%～100%。经常接触高浓度铅的孕妇出现流产和死产的比例较高，即使接触浓度很低的铅，也可能引起婴儿体重下降、听力损伤或者智力水平下降。由于铅污染可造成增加癌症病死率上升，1987 年铅被国际癌症研究机构(International Agency for Research on Cancer，IARC)列为 2B 类(possibly carcinogenic to humans)致癌物，2006 年铅的无机化合物和有机化合物分别被 IARC 列为 2A 类(probably carcinogenic to humans)和 3 类(not classifiable as to its carcinogenicity to humans)致癌物。

案例 5-2　中国铅污染事件。

20 世纪 80 年代以来，我国出现过多次群体铅中毒事件。事件多集中在金属冶炼厂附近的城市，如甘肃徽县、天水，福建龙溪，青海甘河滩，湖南洞口、茶陵和武冈，河南卢氏，陕西蓝田和凤翔；以及蓄电池加工厂附近城市，如广东番禺、清远，江苏泰州，福建上杭；还有电子废物拆解厂集中的广东贵屿等地。企业的违规排铅是铅中毒事件的罪魁祸首。例如，甘肃省陇南市徽县儿童血铅超标事件中，经环境保护局调查，正是徽县有色金属冶炼厂使其周边 400 m 内土地受到了不同程度污染。该事件共查出 368 人血铅超标，住院 179 人，其中 14 岁以下儿童 171 人。铅中毒可能会对这些儿童的认知功能、学习能力和体格发育产生影响，甚至导致永久性的智力损伤。

📖 **延伸阅读 5-2**　国际癌症研究机构公布的致癌物分类(IARC，2020)

3. 锡

锡(tin，Sn)是一种银白色金属，其化学性质活泼，易失去电子。在环境中锡常以+2 和+4 两种价态存在，以锡矿石为主。单质锡存在两种同素异形体，即灰锡(α-Sn)和白锡(β-Sn)。白锡在室温条件下稳定，呈金属形态，具有可塑性；而灰锡在 13.2℃以下稳定，呈非金属形态，且脆而硬。锡是高等动物所必需的微量元素之一，在人体内主要分布于肾、肝、胸腺、骨等许多器官中，其中骨是无机锡的主要蓄积处。室温下，锡几乎不与水和氧气反应，不会生锈以及被腐蚀，可以作为其他金属的涂层。但在较高温度下，锡可与水蒸气及氧气反应生成氧化锡(SnO_2)。此外，锡能被强酸强碱腐蚀，也能与卤素反应生成氯化锡($SnCl_4$)和溴化锡($SnBr_4$)等，还能与硫、硒、碲等形成化合物。

锡是一种可加工度高的金属，曾与银一同被用于制作珠宝、硬币和餐具。如今，锡多被用于焊接、制作连接金属部件和储存容器以及制造合金(如青铜)；锡纸也是锡的重要应用之一，可防止产品因暴露在空气中而变质。氯化锡可用于制造染料、纺织品、食品防腐剂、肥皂中的香料添加剂及润滑油抗黏剂；氧化锡可用于制造特殊玻璃、陶瓷釉料、香水、化妆品、纺织品；氟化锡(SnF_4)和焦磷酸锡($Sn_2P_2O_7$)用作牙膏中防止蛀牙的添加剂。

大多数无机锡化合物属于低毒或微毒类物质，少数无机锡化合物具有类似于氰化物的明显毒性，吸入或皮肤接触会导致恶心、腹泻、痉挛等中毒现象。例如，氢化锡(SnH_4)的毒性高于砷化氢(AsH_3)，吸入氢化锡可产生痉挛并损害中枢神经系统。含高浓度锡的膳食，会对人体锌代谢产生严重干扰。

有机锡是一类至少具有一个 Sn—C 键的有机化合物，其中 Sn 为 +4 价，通式为 $R_{4-n}SnX_n$ ($n = 0, 1, 2, 3$)，R 表示烷基或芳香基团，X 表示含氧或硫的有机基团，如—OH、—SH、—$OSnR_3$ 或—OR′。常见的有机锡有一取代、二取代、三取代的丁基锡和苯基锡。有机锡化合物主要用作塑料热稳定剂、木材防腐剂、农业杀虫剂、船舶防污涂料、纺织品防霉剂等，以其高效的抗热、杀菌、防腐特性，成为使用最广泛的金属有机化合物之一。农药和防污涂料是水环境中有机锡的主要来源。例如，港口区域的水环境受有机锡污染程度明显，主要由于三丁基锡($C_{12}H_{28}Sn$)在防污涂料中的使用。有机锡化合物多数具有高毒性。因此，20 世纪 80 年代许多国家开始禁止在小船(长度小于 25 m)上使用含三丁基锡的油漆。2001 年 10 月，国际海事组织达成协议，自 2003 年 1 月逐步禁止使用含有机锡的防腐油漆，2008 年 1 月开始完全禁止使用。

案例 5-3　中国锡污染事件。

我国部分近海、港湾和内河港口水域存在较严重的有机锡污染，北海、长江、黄河、滇池、白洋淀、太湖以及大连、天津、青岛、秦皇岛、烟台、济南、北京多地水域毫无例外存在有机锡污染。食品中的锡污染也有相关报道。1999 年元旦期间，在江西赣州的龙南、定南两县，1000 多名群众因食用含有机锡的桶装工业猪油而严重中毒，造成 100 多人住院治疗，3 人死亡。调查发现，销售方为牟取暴利，将工业用猪油冒充食用猪油进行销售，而用来装工业猪油的塑料桶原本是用来装有机锡化工原料的，有机锡又是亲脂性化合物，桶壁上的有机锡进入猪油，导致了此次中毒事件。这是我国发生的也是国际上罕有的有机锡中毒事件。

　延伸阅读 5-3　《控制船舶有害防污底系统国际公约》(IMO，2001)

---

4. 镉

镉(cadmium，Cd)是一种质地柔软、延展性好的银白色金属，在地壳中浓度范围为 0.1～0.5 $mg \cdot kg^{-1}$。1817 年，镉首次被发现于锌矿的杂质中。镉易溶于硝酸生成硝酸镉，还可缓慢溶于盐酸和硫酸，生成氯化镉和硫酸镉。镉在所有稳定化合物中几乎都是 +2 价，但也存在 +1 价，如将镉溶解在氯化镉和氯化铝混合物中可生成 +1 价四氯铝酸镉[$Cd_2(AlCl_4)_2$]。镉与铵根(NH_4^+)和氰根(CN^-)可形成配离子，如[$Cd(NH_3)_4$]$^{2+}$ 和[$Cd(CN)_4$]$^{2-}$。在空气中，镉表面会迅速形成一层氧化物薄膜并失去光泽，防止内部氧化。在自然界中，镉主要存在于硫镉矿中，少量存在于锌矿中。镉在空气中燃烧会形成棕色非晶体氧化镉(CdO)。块状镉不溶于水，不易燃，而粉末状镉可燃烧并会释放出有毒气体。

进入土壤环境后，镉可与土壤中的物质发生氧化还原、吸附解吸、配合溶解、沉淀等反应。土壤中，镉的存在形态可分为：可交换态、碳酸盐结合态、铁锰氧化物结合态、有机物结合态、残渣晶格态。其中，可交换态镉对环境变化敏感，易迁移转化，可被植物吸收。碳酸盐结合态、铁锰氧化物结合态和有机物态称为生物潜在可利用态，当处在酸性介质以及氧化还原电位下降时可以释放出镉。残渣晶格态的镉较稳定，在土壤中的迁移、转化能力弱，因此称为生物不可利用态。由于土壤的强吸附作用，镉很少发生向下再迁移，易累积于土壤表层。在降水的影响下，土壤表层的镉可溶态部分可随水流动发生水平迁移，进入附近土壤或湖泊而造成次生污染。土壤中的镉易被植物所吸收，在被镉污染的水田中种植的水稻，其各组织对镉的浓缩系数大小为：根＞秆＞枝＞叶鞘＞叶身＞稻壳＞糙米。镉在植物体内可取代锌，破坏参与呼吸和其他生理过程的含锌酶的功能，从而抑制植物生长并导致其死亡。

镉及其化合物是生产电池、颜料、涂料及电镀行业中的常见成分。氧化镉可用作黑白电视的荧光粉以及彩色电视阴极射线管中蓝色和绿色的荧光粉。硫化镉(CdS)可用于打印机硒鼓的光敏表面涂层，还可以作为黄色颜料。硒化镉(CdSe)，俗称镉红，是一种红色颜料。在聚氯乙烯材料中，镉被用作热、光和风化稳定剂。因其低摩擦系数和抗疲劳性能，镉被广泛应用于各种焊料和轴承合金中。镉耐腐蚀，可以作为耐腐蚀涂层用于钢材、铝和其他有色合金中，有色合金中加入少量镉可以提高其强度、硬度和耐磨性，同时保持其导热性、导电性或其他性能。此外，碲化镉(CdTe)在太阳能电池的高效光伏材料中的应用也十分广泛。

沉积岩、海洋磷酸盐和磷矿中储存的镉会随着岩石的风化和侵蚀进入海洋中形成污染，火山活动和森林大火是大气中镉的主要来源。开采、冶炼和精炼含硫矿、回收钢铁废料产生的灰尘、镉制品的加工、制造、使用和处置以及其他产品中的镉杂质都是镉污染的人为源。镉主要通过饮食和呼吸进入人体，皮肤吸收量较低。通常来说，食物中的镉仅 2%～6%会被人体吸收，而 30%～64%吸入的镉会被人体吸收，即呼吸是人体吸收镉的主要途径。人体镉吸收还与饮食习惯、吸烟习惯及职业接触有关。饮食摄入的镉中，98%来自陆地食物，1%来自海产品，还有 1%来自饮用水。食用被镉污染的农作物(大米等)是主要暴露途径，而这些农作物中的镉多来自含有镉的肥料(采自磷酸岩)、污水污泥及大气沉降等。烟草类植物易吸收土壤中的镉等重金属，积累在叶片中，在吸烟过程中这些镉则会被人体吸收。据估计，一支香烟中镉含量的10%会在吸烟过程中被吸入人体，研究显示，吸烟者血液中镉的浓度是不吸烟者的 4～5 倍，肾脏中镉的浓度是不吸烟者的 2～3 倍。

一般来说，摄入镉会引发腹痛、恶心及呕吐等症状；吸入镉会导致急性呼吸道刺激和炎症，如肺炎和肺气肿等。此外，镉暴露还会增加罹患肾脏疾病、早期动脉粥样硬化、高血压和心血管等疾病的风险。流行病学研究的最新数据表明，通过饮食摄入镉会增加子宫内膜癌、乳腺癌和前列腺癌及骨质疏松症的风险。Cd^{2+}与 Ca^{2+}、Zn^{2+} 和 Cu^{2+} 半径非常接近，在人体内，镉可置换取代体内铜和锌等必需微量元素，影响人体正常的新陈代谢。例如，骨骼中的钙被镉置换，可导致骨质松软。日本曾发生的"骨痛病"就与镉有关，患病者开始是腰、手、脚关节疼痛，几年后，全身神经痛和骨痛，骨骼软化萎缩，最后虚弱疼痛死亡。2012 年，IARC 已将镉及其化合物列为 1 类(carcinogenic to humans)致癌物。

案例 5-4　中国镉污染事件。

21 世纪以来，我国境内发生了多起镉污染事件。2005 年 12 月 21 日，广东韶关冶炼厂在检修排污设备期间，将该厂大量含镉污水排入北江，令北江下游 10 万人饮水受到威胁，经水库放水稀释，镉浓度才从超标 10 倍下降到超标 2.6 倍。2006 年 1 月 4 日，湖南株洲某清淤治理工程因未采取适当的防范措施，导致含镉废水排入湘江，湘江株洲、湘潭交界断面马家河右岸镉超标 25.6 倍。2009 年 8 月 3 日，湖南浏阳市镇头镇双桥村，以长沙湘和化工厂为圆心向外 500 m 延伸，周围田野里的庄稼渐次呈现深黄色、黄绿色、绿色，晒在水泥地上的稻谷谷壳上透着黄褐色，经调查在 2888 人中尿镉含量超标 509 人，造成 4 人死亡，该工厂是镉污染的直接来源。2012 年 1 月至 2 月，广西龙江拉浪水电站水中镉含量超过《地表水环境质量标准》Ⅲ类标准约80 倍，主要来源于河池市鸿泉立德粉材料厂和广西金河矿业股份有限公司冶化厂利用溶洞排放的废液，龙江镉污染对下游 370 余万人口的饮水安全造成了威胁。

5. 铬

铬(chromium，Cr)是一种钢灰色、有光泽、硬而脆的过渡金属，熔点为 1900℃，沸点为 2642℃，密度为 7.1 g·cm^{-3}。铬是地壳中第 13 丰富的元素，平均浓度为 100 mg·kg^{-1}，主要存在于铬铁矿中。铬不与水发生反应，但可与大多数酸发生反应，易溶于非氧化性无机酸，不溶于硝酸和冷的王水。室温下，铬可与氧结合形成氧化铬(Cr_2O_3)，在金属表面形成薄层，防止内部金属锈蚀。

铬主要以+3、+6 价存在，少以+1、+4、+5 价存在，+3 价为最稳定价态。环境中 Cr^{3+} 和 Cr^{6+} 可以相互转化，其形态主要取决于 pH 与氧化还原电位。水体中的 Cr^{3+} 主要被吸附在固体物质上，存在于沉积物中；而 Cr^{6+} 则多溶于水中。Cr^{6+} 在水体中可稳定存在，但在厌氧条件下可还原为 Cr^{3+}，Cr^{3+} 在天然水中可被氧化，但速率很低。土壤中有机质如腐殖质具有很强的还原能力，能很快地把 Cr^{6+} 还原为 Cr^{3+}，一般当土壤有机质含量大于 2%时，Cr^{6+} 就几乎全部被还原为 Cr^{3+}。由于土壤中的铬多为难溶性化合物，其迁移能力一般较弱，而含铬废水中的铬进入土壤后，也多转化为难溶性铬，故进入土壤中的铬主要残留在土壤表层，且不能被植物吸收利用，生物迁移作用较小，对植物危害小。植物从土壤溶液中吸收的铬，绝大多数保留在根部，很少能转移到种子或果实中。

二氧化铬(CrO_2)是一种磁性化合物，可用于制造高性能磁带；铬酸盐($Cr_2O_4^{2-}$)可用于钻井泥浆中，防止钢材料腐蚀；氧化铬是一种绿色着色剂，用于油漆、沥青屋顶和陶瓷材料以及制作耐火砖；硫酸铬[$Cr_2(SO_4)_3$]可用于镀铬行业；氟化铬(CrF_3)用于印染行业，还可为纺织物防蛀；硼化铬(CrB)是很好的耐火材料。

铬污染的天然来源主要是岩石风化，人为来源主要是冶金、化工、耐火三大行业工业含铬废气和废水的排放。少量铬对于动植物健康十分重要，缺铬可导致类似于糖尿病的症状，大量的铬对身体有害，甚至可致癌。流行病学研究显示 Cr^{6+} 的毒性比 Cr^{3+} 高约 100 倍，且常与呼吸道癌症的发生相关。接触含有铬酸盐的产品可导致过敏性接触性皮炎和刺激性皮炎，甚至形成皮肤溃疡，被人们称为"铬溃疡"。这种溃疡经常出现在接触过强铬酸盐溶液的电镀、制革以及加工铬的工人身上。此外，吸入或误食大量铬还可以引起口腔及喉咙疼痛，损害人的胃、肠道、肾脏及循环系统。

案例 5-5　中国铬污染事件。

2011 年 6 月，云南省陆良化工实业有限公司为了节省运费，将超过 5000 t 的剧毒工业废料铬渣非法丢放，毒水被直接排放到珠江源头南盘江中，经雨水冲刷和渗透，逐渐把容量为 2×10^5 m^3 的水库变成恐怖的"毒源"，水体中 Cr^{6+} 超标 2000 倍，共造成 77 头牲畜死亡。

5.1.2　非金属化合物

1. 砷

砷(arsenic，As)是一种非金属元素，也称为类金属元素，密度为 5.73 g·cm^{-3}，熔点为 817℃，地壳中平均浓度为 2 mg·kg^{-1}。单质砷有三种同素异形体，分别是黄砷、黑砷和灰砷，其中灰砷是一种常见的稳定形态。砷易在空气中失去光泽，加热后迅速氧化为具有大蒜气味的三氧化二砷(As_2O_3)。砷在环境中主要以-3、0、+3 和+5 四种氧化价态存在。三氧化二砷是金属冶炼的产物，也是大多数砷化物的原料，其可被催化氧化或细菌氧化为五氧化二砷(As_2O_5)或者砷酸(H_3AsO_4)。自然界中砷主要以硫化物矿的形式存在，如雌黄矿、雄黄矿和砷黄铁矿等。此外，砷还以离子形态与其他化合物结合生成无机或有机砷化合物，常见的有三氧化二砷、巴黎绿[$3Cu(AsO_2)_2 \cdot Cu(CH_3COO)_2$]、砷酸钙($Ca_3As_2O_8$)和砷酸铅[$Pb_3(AsO_4)_2$]等。

砷主要作为添加剂应用到铜和铅的合金中。砷化氢可用于合成与微电子学及固态激光有关的半导体材料，如砷化镓(GaAs)。19 世纪 60 年代，人们开始使用巴黎绿和伦敦紫两种砷化物作为农药。20 世纪初，两者被有机砷农药[如砷酸钙和砷酸铅]替代。此外，三氧化二砷、亚砷酸钠($NaAsO_2$)、甲基砷酸钠(CH_4AsNaO_3，MSMA)、甲基胂酸二钠($CH_3AsNa_2O_3$，DSMA)及二甲砷酸钠($C_2H_{12}AsNaO_5$，CA)等砷化物也可用作杀虫剂、除草剂及木材防腐剂等。巴黎绿也曾被用作玻璃和陶瓷的绿色颜料。20 世纪 40 年代，无机砷溶液被广泛应用于治疗各种疾病，如梅毒和银屑病，有机砷化合物在兽医或其他民间医疗中，也被用作抗寄生虫剂。

砷进入自然环境主要有两种途径：一种是自然过程，包括森林大火、火山爆发、雨水侵蚀及微生物代谢过程中的释放等；另一种是人为造成的砷污染，包括各类矿产的开采冶炼、含砷化学物质(如农药、杀虫剂、涂料和木材防腐剂)的大量使用、工业生产(如玻璃、制药、电子和半导体)过程及饲料添加剂的使用等。根据生态环境部的报告，2015 年中国工业废水中砷排放量高达 111.6 t，高于汞(1.0 t)、镉(15.5 t)、总铬(104.4 t)和铅(77.9 t)。研究显示，2017 年度我国直接排放砷约 5.75 万 t，其中排入土壤的约 3.37 万 t，排入水体的约 1.98 万 t，排入大气的约 0.40 万 t，可能会对人类健康和生态系统造成较大风险。

环境中的砷可通过经口摄入、呼吸道吸入和皮肤吸收等途径进入人体，相对稳定地分布于皮肤、肝、肺、肾等组织器官中。肝脏是砷的主要代谢器官，约有 70%的砷(无机砷和/或有机砷)经肾脏通过尿液排出。在整个吸收、分布、代谢和排泄过程中，砷及其代谢产物可对全身几乎所有器官造成危害，被美国认定为最高级优先管理化学毒物。2012 年，IARC 将砷甜菜碱和人体不能代谢的其他有机砷化合物列为 3 类致癌物，将砷和无机砷化合物列为 1 类致癌物。

砷化物毒性由高到低依次为：砷化氢 > 无机亚砷酸盐 > 有机三价砷化合物 > 无机砷酸盐 > 有机五价砷化合物 > AsH_4^+ > 单质砷。砷化物的水溶解度与毒性直接相关，单质砷在水和体液中几乎不溶，毒性较低，而三氧化二砷在室温下可溶，毒性较高。长期摄入受砷污染的饮用水和食品可导致癌症、糖尿病及心血管疾病或皮肤损伤等。人在胎儿和幼儿时期接触砷，会影响其认知发展，并与年轻人的死亡率增加有关。研究发现，我国可能近 2000 万人正面临长期砷暴露的威胁。

砷在自然界中普遍存在，在几乎所有环境介质中均有检出。在天然水体中，砷主要以无机形态存在，如 $H_2AsO_4^-$ 和 $H_2AsO_3^-$ 等，具体形态取决于 pH、氧化还原电位，还受到有机物浓度和其他元素(S、Fe、Mn)浓度和形态的影响。有机形态砷主要是由地表水中生物活动产生的，多存在于受工业污染影响严重的水域。在表层水中，溶解氧浓度高，pε 高，pH 在 4~9 的情况下，砷主要以 $H_2AsO_4^-$ 和 $HAsO_4^{2-}$ 的形式存在；在 pH > 12.5 的碱性环境中，砷主要以 AsO_4^{3-} 的形式存在；而在 pε < 0.2、pH > 4 的水中，砷主要以 H_3AsO_3 和 $H_2AsO_3^-$ 的形式存在。当有硫存在时，会形成三硫化二砷(As_2S_3)沉淀，使砷从水体中去除；而当有氧气存在时，细菌可氧化硫，释放出砷。在地下水中，在氧化条件下，尤其是在 pH 升高时，砷可以从黄铁矿或氧化铁(Fe_2O_3)中被活化；而在还原条件下，砷与氧化铁结合时，可以通过还原性解吸或溶解的方式被活化，因此含铁环境中砷浓度较高。

在土壤中，砷有水溶态、吸附交换态和难溶态三种形态。土壤中的水溶态砷极少，一般只占土壤总砷的 5%～10%，大部分砷以与铁、铝水合氧化物胶体结合的形态存在。AsO_3^{3-} 和 AsO_4^{3-} 容易被带正电荷的土壤胶体吸附，尤其是氢氧化铁[$Fe(OH)_3$]胶体，其对砷的吸附能力约为氢氧化铝[$Al(OH)_3$]的 2 倍。因此，土壤固定砷的能力与土壤中游离氧化铁的含量有关，随着氧化铁含量的增加，砷的吸附量增加。当 $p\varepsilon$ 降低，pH 升高时，AsO_4^{3-} 逐渐被还原为 AsO_3^{3-}，且土壤胶体所带的正电荷减少，对砷的吸附量降低，土壤中溶解态砷的含量随之升高。浸水土壤中可溶态砷含量比旱地土壤中高，在浸水土壤生长的作物中，砷含量也较高。

由于砷的毒性，砷化物在涂料、农业、林业等方面的使用量正逐渐降低。目前，仍有部分砷作为饲料添加剂，用于控制球虫病，促进动物生长。为保障动物产品质量安全，维护公共卫生安全和生态安全，我国于 2019 年 5 月 1 日正式禁止使用苯胂酸类[洛克沙胂($C_6H_6AsNO_6$)和阿散酸($C_6H_8AsNO_3$)]饲料添加剂，是继欧盟、美国、加拿大、马来西亚、澳大利亚之后，采取禁止苯胂化物饲料添加剂行动的国家。目前，我国是全球最大的砷生产国，根据美国地质调查局的数据，2017 年全球砷产量为 37000 t，中国砷产量为 25000 t，占全球的 67.57%。

案例 5-6 中国砷化物污染事件。
WHO 公布，全球至少有 5000 万人正面临地方性砷中毒的威胁，其中，大多数来自亚洲国家，而中国正是受砷中毒危害最为严重的国家之一。我国首例饮用水慢性砷中毒事件发生在 20 世纪 80 年代，我国科研人员在新疆奎屯垦区发现地方性砷中毒(地砷病)病例，经过调查，新疆 1192 个监测点中，115 处砷含量超过 0.05 mg·L^{-1}。随后在内蒙古、山西、吉林等 12 个省(自治区)均发现地砷病病区，其中不仅有饮水型地砷病病区，还有世界上独有的燃煤型地砷病病区。2006 年，湖南岳阳某化工厂因违规排放砷污染的工业废水而导致岳阳新墙河受到严重砷污染，其水砷浓度高达 0.31～0.62 mg·L^{-1}，导致周边 8 万多居民饮水困难，健康受到严重威胁。2007 年，贵州省独山县某企业违规排放砷污染废水，使都柳江和麻球河流域砷含量严重超标，造成 17 人中毒，2 万多居民生活用水受到威胁。2008 年，云南省阳宗海发生严重砷污染现象，造成 2.6 万居民的饮水安全受到威胁，严重危害当地生态系统。2013 年 4 月，广药子公司被曝违法使用含重金属的工业硫黄熏蒸的山银花及其枝叶生产药品，导致药品中砷、汞残留，其出产的维 C 银翘片可能涉"毒"。2014 年，湖南石门农业部门曝光，当地矿区水稻砷超标 4.6 倍，蔬菜砷超标 21 倍，小麦砷超标 28 倍，导致当地居民患癌率显著增高。2015 年上半年，国家质检总局共通报 27 批次永旺特慧优国际贸易(上海)有限公司的进口食品不合格，其中有 15 批砷超标。2016 年，中国出口泰国的紫菜产品经检测发现其中致癌物砷含量超标 20 倍，泰国当地官员要求将相关产品下架。

 延伸阅读 5-4　美国地质调查局公布的矿产年鉴(USGS，2020)
延伸阅读 5-5　世界卫生组织关于砷的报道(WHO，2018)

---

2. 氰化物

氰化物(cyanide)是指带有氰基(—CN)的化合物，其中碳原子和氮原子通过三键相连，给予氰基相当高的稳定性，使之在化学反应中通常以一个整体存在。因该基团具有与卤素类似的化学性质，常被称为类卤素。

根据与氰基连接的元素或基团是有机物还是无机物，可把氰化物分为有机氰化物(腈)和无机氰化物两大类。有机氰化物的氰基通过共价键与碳相连，常见的有乙腈(C_2H_3N)、丙腈(C_3H_5N)、丙烯腈(C_3H_3N)、乙二腈(C_2N_2)等，工业上常用的是脂肪族腈。一些腈会在自然条件下生成氰化氢(HCN)和醇类[$R_2C(OH)CN$]。无机氰化物中氰基以阴离子(CN^-)形式存在，可分为游离氰化物和金属氰配合物。此外，还存在一些卤素氰化物，如氰化氢、氯化氰(CNCl)和溴化氰(CNBr)等。

一些游离态氰化物可溶于水，如氰化钠(NaCN)、氰化钾(KCN)、氰化钙[Ca(CN)$_2$]等；还有一些难溶或不溶于水，如氰化亚铜(CuCN)、氰化锌[Zn(CN)$_2$]、氰化镉[Cd(CN)$_2$]等。金属氰配合物又可分为弱金属氰配合物，如氰化铜[Cu(CN)$_3^{2-}$]、氰化锌[Zn(CN)$_4^{2-}$]、氰化镍[Ni(CN)$_4^{2-}$]等，以及强金属氰配合物，如铁氰化物[Fe(CN)$_6^{3-}$]、氰化金[Au(CN)$_2^-$]、氰化钴[Co(CN)$_6^{3-}$]等。游离氰化物可以被氧化成氰酸盐(CNO$^-$)，或者与各种形态的硫(S$_x$S^{2-}和S$_2$O$_3^{2-}$)反应生成硫氰酸盐(SCN$^-$)。

氰化物有天然和人为两种来源。在自然环境中，细菌、真菌和藻类可产生氰化物；植物中的氰苷在特定条件下，可生成有毒的氰化氢，保护植物不受食草动物的侵害，如苦杏仁、杏核、苹果核和桃核就含有氰苷。自然界产生的氰化物总量极少，人类工业生产活动是氰化物污染的主要来源。氰化物主要应用于钢铁、电镀、采矿及化工行业。例如，氰化氢可用作杀虫剂和熏蒸剂；碱金属氰化物(如氰化钾)可用于提取黄金。氰化物还是生产合成纤维、塑料、染料、颜料、动物饲料添加剂以及水处理螯合剂等产品的基本原料。工业含氰废水外排以及垃圾填埋场渗滤液均可造成河流(地表水)、饮用水(地下水)污染，一些物质还可通过燃烧或者裂解的方式产生氰化氢，造成空气污染，如汽车尾气、烟草烟雾、塑料的加热或燃烧。中国已成为全球氰化氢及氰化钠消耗大国，分别约占世界消耗量的 20%和 44%。

在大气中，氰化物主要以气态氰化氢形式存在。氰化氢在大气中可发生扩散、稀释、溶解氧化等过程，从而使大气氰化氢浓度维持在不影响人类健康的较低的平衡状态。在平流层中，与·OH 和 O(^{1}D)反应是大气中氰化氢主要的清除机制。氰化氢在大气中的平均停留时间为 1～3 年。海洋是大气氰化氢的主要汇。大气中少量氰化物呈细粉尘颗粒物，可通过降雨、降雪去除，并沉降到陆地和水体表面。

在地表水中，氰化物主要以氰化氢、氰离子、弱/强金属氰配合物形式存在。地表水中高浓度的游离氰化物主要通过挥发损失，高温、高浓度溶解氧、高浓度二氧化碳(CO$_2$)有利于氰化氢挥发。深层水体中游离氰化物的清除机制有沉降、微生物降解、挥发等。弱金属氰配合物可在溶液中释放出氰离子，具有一定的可生物降解性。模拟试验表明，光照越强、温度越高，水中氰化物降解越快，且海水中降解速率高于淡水。水体中氰化物可迅速转化，故不会在生物(鱼)体内蓄积。

由于氰离子具有良好的生物降解性和挥发性，除突发污染事故场地土壤以外，土壤中少有大量氰离子存在。氰化物在土壤中，可发生溶解/沉淀、吸附/解吸、配位/解离、酸化挥发、生物/非生物转化等复杂的转化。土壤或雨水 pH 增加，有利于氰化物的溶解和游离氰离子的迁移。弱金属氰配合物可解离释放出氰离子，并发生酸化反应，生成氰化氢而挥发。对于[Fe(CN)$_6$]$^{3-}$等强金属氰配合物而言，光照能加快其解离。游离氰化物可生物降解性好，其有氧生物降解的主要产物是二氧化碳和氨气，在一些金矿尾液中，氨气能进一步被氧化生成硝酸盐。游离氰化物能被植物根系迅速吸收并代谢；[Fe(CN)$_6$]$^{3-}$等金属氰配合物能被植物吸收并向上转运，但在植物体内仅有少量被代谢。

大多数无机氰化物属剧毒、高毒物质，且毒性作用迅速。氰化物可经口(食用块茎、块根类农作物，饮用受氰化物污染的地下水)、呼吸道(吸入氰化氢气体)或皮肤(工业污染场地土壤接触)进入人体。氰化物进入人体后能使中枢神经系统瘫痪，使呼吸酶及血液中血红蛋白中毒，引起呼吸困难，全身细胞会因缺氧窒息而使机体死亡。

案例 5-7 中国氰化物污染事件。

中国 1991～2015 年期间发生过多次氰化物污染事件。1991 年 8 月 20 日，上海市嘉定县水厂测出河水中的氰化钠超标(0.2～0.9 g·m^{-3}，以氰离子计)，并发现大批死鱼。经调查，这是由位于张家港市的一家化工厂暗中将含有氰化钠的废渣投入嘉定县内河中造成的。2000 年 9 月 29 日，陕西省商洛市丹凤县一名司机由湖北省金牛化工厂拉运 5.2 t 氰化钠，行至陕西省丹凤县境内时翻入铁峪河，其中 5.1 t 氰化钠泄漏进入河道，大部分渗入河床。2000 年 10 月 24 日，福建龙岩市上杭县 205 国道至紫金山金矿矿区公路上发生了一起氰化钠槽车倾覆山涧的事件，超过 7 t 的氰化钠流入小溪，饮用此水的村民 90 多人中毒。2001 年 11 月 1 日下午，洛阳市第一运输公司一辆载运 11.67 t 液体氰化钠的槽罐车，沿着洛宁县兴华乡偏僻的山间公路，驶向大山深处的吉家洼金矿。当车辆行至该乡窑子头村南约 2 km 处时，发生交通事故，槽罐车翻入兴华涧内，车体与罐体分离，罐体倒扣，罐口破裂，约 10 t 氰化钠泄漏。2006 年底，位于贵州省贞丰县境内的紫金矿业发生溃坝事故。尾矿库中约 2×10^5 m^3 含有剧毒氰化钾等成分的废渣废水溢出，下游两座水库受到污染。2015 年 2 月 21 日，河南嵩县由于非法凿开废弃封闭的矿井，使用危险化学品氰化钠洗硐，发生氰化钠中毒事故，造成 3 人死亡。

5.2 有机污染物

有机物是含碳化合物及其衍生物的总称。天然的有机化合物及其聚合物是生命的物质基础，包括葡萄糖、氨基酸、脂质及淀粉、纤维素、蛋白质等，相对容易被微生物降解。工业革命以后，人类加速开采和耗用煤炭、石油等化石能源，相关能源行业的发展导致有机石油烃类物质大量排放到大气环境中。在人类掌握合成有机化学品的能力后，人工合成的有机化合物被广泛应用于农业、工业、医药及个人护理等。例如，工业制造中开始添加各种辅助功能的有机化合物，农业也开始大幅使用农药与杀虫剂，大量有机化学物质被排放到环境中，变为有机污染物。人工合成的化学品大多性质稳定，在环境中不易降解，存留时间较长，可以通过大气、水的输送进而影响到区域甚至全球环境，并可富集在生物体内，通过食物链传递，最终对人类健康和生态物种造成有害影响。其中一些尚未受法规管制的人工合成有机化合物，包括长时间使用但近期才显示出生态毒理学效应的、曾经大量使用但近期才被检出的以及新开发并进入环境中的有机化合物，也被一些学者称为新型或新兴有机污染物(emerging organic pollutants，EOPs)。

5.2.1 常见有机污染物

根据有机污染物在环境中降解的难易程度不同，可将其分为易降解的有机污染物和难降解的有机污染物。由于生产及排放量大、不易降解、在生物体内积累等因素，一些污染物在环境中经常被检出，属于比较常见的有机污染物，包括石油烃类、酚类化合物、农药类等。

1. 石油烃类

石油的主要化学成分是烃类化合物，包括直链烃、环烷烃、芳香烃和多环芳烃(polycyclic aromatic hydrocarbons，PAHs)。原油组成复杂，主要含碳(78%～83%)和氢(11%～14%)两种元素，其余为硫、氮、氧(1%左右)以及微量金属元素(如镍、钒等)。溢油污染时的主要污染物是烷烃组分，但造成长期污染的是石油在环境转化后形成的产物。其中，苯、甲苯、乙基苯和二甲基苯是最常见的石油污染物。

陆地油田开发中、炼油及石油副产品的加工等生产过程中都会排放石油烃类污染物，其中总烃类居气态污染物的首位，高达 50%以上。据报道，全世界每年进入大气的石油烃约有 4×10^6 t 沉降到地球表面。油田总烃污染主要来自钻井、采油伴生气及原油脱水过程。在水环境中，石油烃类污染物将经历一系列物理、化学和生物过程。其中一部分污染物降解或转化为无害物质，一部分通过挥发等途径转移到其他环境中，还有一部分会长期存在于水环境中，甚至通过饮水和食物链的传递，威胁人体健康。土壤中的石油烃类污染物主要来源于灌溉、溢油事故、油页岩矿渣的堆放和施用、大气污染等。

2. 酚类化合物

早在 1904 年，人们就从煤焦油中分离出最简单的酚类化合物(phenolic compounds)——苯酚(phenol)。第一次世界大战前，从煤焦油中分离酚是制取酚的唯一途径。战后用化学法合成酚使其产量逐年增加。到 1930 年，合成酚的产量已经超过天然酚的提取量。现在几乎所有为人们利用的酚都是用化学合成方法得到的。

酚类化合物还可根据其能否与水蒸气一起挥发而分为挥发性酚和不挥发性酚，一般沸点在 230℃以下的酚称为挥发性酚，沸点在 230℃以上的酚称为不挥发性酚。自然界中存在的 2000 余种酚类化合物，其大部分是植物生命活动产生的，因此生物学上又有内源酚和外源酚之分。植物体内所含有的酚主要为多元酚及其衍生物，称之为内源酚；其他则相应地称之为外源酚。

自然界的许多过程都会产生酚，如动植物的体内代谢过程、动植物残体的降解过程以及粪便和含氮有机物的生物分解过程。植物组织中的单宁和木质素等多酚化合物还可经制革工业和造纸工业的生产废水进入天然水体中。此外，酚的一个重要来源是煤焦油和各种煤的液化、气化产物，酚是煤加工过程中的主要副产物之一。焦化厂、煤气厂的废水中酚含量可达 0.1%～0.3%，而绝缘材料厂用苯酚和甲醛合成酚醛树脂的过程中，排出的废水含酚高达 4%～8%。

酚类化合物易溶于水，因而进入水体后主要残留在水相中，在沉积物和生物体内的富集程度不是很高，但氯代酚的水溶性下降，疏水性相应增强，并且氯化的程度越高，在生物体内的累积性也越显著。在用氯气氧化处理饮用水时，水中的酚容易被次氯酸氯化生成氯酚，这种化合物具有强烈的刺激性和毒性，对饮用水的水质影响很大。

3. 硝基芳烃和芳胺

硝基芳烃(nitro aromatics)是一类在炸药、染料、农药、精细化工等领域具有重要应用价值的化合物。硝基芳烃在生产和使用过程中可通过多种途径进入环境，在环境中广泛分布，目前在大气、水体、土壤和生物体中都检测到了硝基芳烃，此外一些食品中也检测到硝基芳烃。许多硝基芳烃具有"三致"毒性，已经被美国 EPA 和我国生态环境部列入优先控制污染物名单。

芳胺(aromatic amines)也是一种重要的化工原料，是偶氮染料、除草剂、杀虫剂、药物等的合成中间体。随着精细化工行业的发展，尤其是染料、农药及医药等产品产量的不断增加，芳胺类化学品的需求量呈明显上升趋势。环境中芳胺的一个重要来源是芳胺的生产过程，芳胺的生产一般是以硝基芳烃为原料，因此在产生的废物中含有大量的芳胺和硝基芳烃等物质。芳胺的另一个重要来源是含氮化合物在环境中的降解过程，如偶氮化合物在一定条件下还原分解为各种芳胺。此外，芳胺还来源于微生物的合成，并且可在各圈层间迁移。芳胺具有很强的毒性，特别是致癌性，染料工业生产过程中的中间体联苯胺和 β 萘胺是目前公认能导致膀胱癌的物质。

4. 邻苯二甲酸酯

邻苯二甲酸酯(phthalate esters, PAEs)又称酞酸酯,是一种塑料改性添加剂,能增大塑料的可塑性和提高塑料的强度,被广泛地应用于塑料制品的制造加工行业,在最终产品中含量可达60%。目前全球 PAEs 的年使用量已超过 800 万吨,但这些 PAEs 并未聚合到塑料的基质中,因此在生产、使用和处置过程中可能释放到环境中造成污染。有研究表明,PAEs 能影响人体生殖健康,引起肥胖、糖尿病及呼吸系统疾病等。PAEs 已经被 EPA 及中国环境监测中心列为优先水污染物。在我国的大气、湖泊、河流和土壤中都已检出了 PAEs,如长江中下游 PAEs 检出浓度为 $0.178 \sim 1.474$ μg·L^{-1},我国农田土壤中 PAEs 检出浓度范围为 $75 \sim 6369$ μg·kg^{-1}。PAEs 烷基侧链的碳原子数通常为 $1 \sim 13$,随着烷基侧链中碳原子数量的增加,PAEs 的水溶解度显著降低,同时其 K_{OW} 显著增加,长链 PAEs 在标准温度和压力条件下不易挥发。

5. 甲基硅氧烷

硅氧烷(siloxanes)是一种合成有机硅化合物,由交替的硅氧键组成,其中取代基均为甲基的硅氧烷称为甲基硅氧烷(methylsiloxanes),根据主链结构分为环形和线形两种,其中环形甲基硅氧烷属于高产量化学品。甲基硅氧烷是一类具有热稳定性、疏水性、润滑性等优良性能的化学品,在个人护理品和工业领域应用广泛。据统计,我国环硅氧烷的总产量从 2009 年的 10 万 t 高速增长至 2017 年的 102 万 t,约占全球总产量的一半。由于挥发性较强且水溶性较低,甲基硅氧烷容易进入大气。多国的室内空气中检测到 μg·m^{-3} 水平的挥发性甲基硅氧烷,且在室内灰尘中检测到浓度范围 $33.5 \sim 42800$ ng·g^{-1} 的低相对分子质量环硅氧烷。在污水处理厂、土壤和相关行业环境中也有不同水平的硅氧烷检出。部分研究表明,甲基硅氧烷对动物的生理过程存在直接或间接毒性作用,包括免疫系统、呼吸系统和肝脏系统。不同结构的硅氧烷毒性具有差异,如八甲基环四硅氧烷可产生雌激素效应,而十甲基环五硅氧烷则对神经系统具有影响。

6. 塑料及微塑料

由于质量轻、耐腐蚀、易加工、成本低等优点,塑料制品在日常生产、生活中起到了非常重要的作用,这也使塑料的用量急剧增加。据统计,从 2009 年到 2017 年,世界塑料年产量从 2.5×10^4 万 t 增长到 3.48×10^4 万 t,塑料制品的产量已经达到 3 亿 t,并仍在持续增长。塑料的大量使用和处理不当使其在环境中大量积累,并会在物理、化学和生物的共同作用下形成粒径小于 5 μm 的微塑料(microplastics),甚至粒径小于 1 μm 的纳米塑料。微塑料根据其来源可分为原生微塑料和次生微塑料。原生微塑料指直接以细小粒径塑料形态释放进入环境中的塑料颗粒,次生微塑料指大尺寸塑料垃圾进入环境中,并在外力的作用下,逐步老化破碎分解形成的塑料颗粒。微塑料在海水、淡水、土壤、沉积物、灰尘、大气等多种环境介质中有检出,检出浓度受人口稠密程度影响,但由于海水洋流、风力等原因,开阔大洋乃至北冰洋、南大洋等海域也检出了高浓度微塑料,如北冰洋检出浓度为 0.34 个·m^{-3},北太平洋 2.23 个·m^{-3}。有研究表明,微塑料会降低水生生物摄食活性和子代生长、影响生物系统的正常功能,并且微塑料对人体的大量暴露会引发呼吸系统疾病。

7. 药品和个人护理用品

药品和个人护理用品(pharmaceutical and personal care products，PPCPs)是一类近年来关注度不断上升的化学品，包括抗生素(antibiotics)、激素、消炎药等药物以及防腐剂、防晒剂、杀菌剂等个人护理品。PPCPs 在环境中分布广、种类多、对生态环境和人类健康具有潜在危害。PPCPs 具有内分泌干扰效应、引起细菌耐药性等不利影响，由于 PPCPs 的种类多，因而毒性数据十分有限。世界各地水体、沉积物、土壤和生物体等多种环境介质中 PPCPs 被频繁检出，有研究表明不同国家的 PPCPs 检出情况具有显著区别。以我国为例，在河湖及沉积物中抗生素类药物被广泛检出，显著高于欧美国家，这与国民用药习惯有密切关系。

抗生素是一类重要的药物，被广泛用于人类和动物的疾病治疗和预防，常用的抗生素有磺胺类、喹诺酮类、四环素类、大环内酯类、β-内酰胺类等。据估计，2013 年我国抗生素总使用量已经达到 16.2 万 t，远高于欧美国家。抗生素在污水处理厂、天然水体、沉积物和土壤等多种介质中被检出，检出浓度高达$\mu g \cdot L^{-1}(mg \cdot kg^{-1})$水平，可能引起抗生素耐药性等问题。

5.2.2　持久性有机污染物

1. 持久性有机污染物的定义和特性

持久性有机污染物(persistent organic pollutants，POPs)通常指具有持久性、生物蓄积性、长距离环境迁移性和毒性的有机污染物。20 世纪，世界范围内发生过一系列由 POPs 导致的环境污染事件。1968 年日本九州爱知县以及 1979 年我国台湾，发生过食用含多氯联苯(polychlorinated biphenyls，PCBs)的米糠油导致上千人中毒的事件。食用者不仅表现出急性中毒症状，而且其中的一些年轻女性在 7 年后所产下的婴儿色素沉着过度，指甲和牙齿变形，孩童到 7 岁时仍智力发育不全、行为异常。历史上有多起二噁英污染事件。1961～1975 年美军在越南北部喷洒大量含二噁英的脱叶剂，致使动物生殖系统异常，孕妇出现先天性流产。1976 年 7 月 10 日意大利伊克摩萨化工公司爆炸，泄漏了 2 kg 二噁英，导致许多孩子面颊上出现水疱，多人中毒，700 多名居民搬迁，几年后婴儿畸形增多，这就是著名的塞维索化学污染事故。1999 年 5 月的比利时布鲁塞尔，含高浓度二噁英的油脂被加工成畜禽饲料，导致鸡、猪、牛等肉类二噁英含量严重超标，引起世界各国消费者的恐慌，比利时畜牧业损失高达 25 亿欧元，当时的比利时内阁也被迫宣布集体辞职。这些事件给人们敲响了环境安全的警钟。

2001 年 5 月 22～23 日，《关于持久性有机污染物的斯德哥尔摩公约》(以下简称"POPs 公约")全权代表大会在瑞典首都斯德哥尔摩举行，我国是公约首批签字国。2004 年 6 月 25 日，第十届全国人民代表大会常务委员会做出了批准我国加入 POPs 公约的决定，POPs 公约于 2004 年 11 月 11 日在我国正式生效。2007 年 4 月，国务院批准了由国家环保总局会同外交部、国家发展和改革委员会、科技部、财政部、商务部、卫生部、海关总署和国家电力监管委员会等 11 个相关部门组织编制的《中国履行〈关于持久性有机污染物的斯德哥尔摩公约〉国家实施计划》。根据该公约 2001 年的文本，各缔约国将采取一致行动，首先控制并逐步消除 12 种对人类健康和自然环境特别有害的 POPs。该公约包括的 12 种 POPs 为：艾氏剂(aldrin)、氯丹(chlordane)、狄氏剂(dieldrin)、二氯二苯基三氯乙烷(dichloro-diphenyl-trichloroethane，DDT)、异狄氏剂(endrin)、七氯(heptachlor)、灭蚁灵(mirex)、毒杀芬(toxaphene)、六氯苯(hexachlorobenzene)、多氯联苯、多氯代二苯并二噁英/呋喃(polychlorinated dibenzo-*p*-dioxins/dibenzofurans，PCDD/Fs，或称二噁英，dioxins)。其中前 9 种属于有机氯农药，PCBs 和六氯苯也是精细化工产品，六氯苯和 PCDD/Fs 是化学产品的衍生物杂质和含氯废弃物焚烧所产生的次生污染物。

POPs 公约还规定，所要控制的有机污染物清单是开放性的，可随时根据公约规定的筛选程序和标准对清单进行修改。2009 年 5 月 9 日，POPs 公约第四次缔约国大会又增列 9 类 POPs，它们是 α-六六六(α-hexachlorocyclohexane，α-HCH)、β-六六六(β-HCH)、γ-六六六/林丹(γ-HCH/lindane)、开蓬/十氯酮(chlordecone)、五氯苯(pentachlorobenzene)、六溴联苯醚(hexabromodiphenyl ether)和七溴联苯醚(heptabromodiphenyl ether)、四溴联苯醚(tetrabromodiphenyl ether)和五溴联苯醚(pentabromodiphenyl ether)、六溴联苯(hexabromobiphenyl)、全氟辛烷磺酸及其盐类和全氟辛基磺酰氟[perfluorooctane sulfonate acid(PFOS) and its salts and perfluorooctane sulfonyl fluoride]。其中，前五类属于杀虫剂，最后一类主要用作工业原料，其他三类属于溴代阻燃剂，五氯苯也是化学产品的衍生物杂质和含氯废弃物焚烧所产生的次生污染物。

此外，在后续的补充中又引入了十溴联苯醚(商业混合物，c-deca BDE)、六溴代环十二烷(hexabromocyclododecane，HBCD)、六氯丁二烯(hexachlorobutadiene)、多氯代萘(polychlorinated naphthalenes，PCNs)、短链氯化石蜡(short-chain chlorinated paraffins，SCCPs)、硫丹及其同分异构体(technical endosulfan and its related isomers)以及全氟辛酸及其盐类和相关化合物(perfluorooctanoic acid，PFOA，its salts and PFOA-related compounds)7 类 POPs。

 延伸阅读 5-6　斯德哥尔摩公约约定的 POPs 及其介绍(Stockholm Convention，2019)

POPs 公约的实施效果很显著，被禁用的 POPs 类化学品在环境及生物体中的浓度水平呈现了下降的趋势。例如，由于对 PFOS 的管控，瑞典鱼类和蛋类中 PFOS 浓度分别下降为以前的 1/10 和 1/40；多溴二苯醚(polybrominated diphenyl ethers，PBDEs)在停止生产和使用前，北美五大湖中湖红点鲑(*Salvelinus namaycush*)和玻璃梭鲈(*Sander vitreus*)体内 PBDEs 浓度显著上升，而在停止使用之后浓度则快速下降。

比 POPs 概念外延更大的概念是持久性有毒物质(persistent toxic substances，PTS)，可以认为 PTS 是那些在环境中可以长期存在、能够被生物蓄积的有毒物质。图 5-2 列出了 PTS 所包含的一些化合物种类。

POPs 具有四个重要的特性：

(1) 持久性，即在环境中不容易降解，可以持久地存在。一些化学品，如 DDT 和 PCBs，会在环境中存在上百天甚至几年。持久性的判别依据通常是污染物在环境中的降解半减期($t_{1/2}$)。半减期不仅与污染物本身的物理化学性质有关，还与其依存的环境介质、温度、pH、光照、可能存在的微生物的数量和种类、是否存在合适的催化剂等因素有关。污染物半减期并不是固定值，会随着空间和条件的改变而变化。

(2) 生物蓄积性，即能被生物富集(bioconcentration)或者通过食物链被生物放大(biomagnification)，对有较高营养级的生物造成影响。通常用生物富集因子(bioconcentration factor，BCF)或者生物蓄积因子(bioaccumulation factor，BAF)评价有机物的生物蓄积性。很多有机化学品都具有强的疏水性，具有较大的 K_{OW}，可在生物脂肪组织中富集并达到很高的浓度，并经过食物链向更高营养级生物转移。

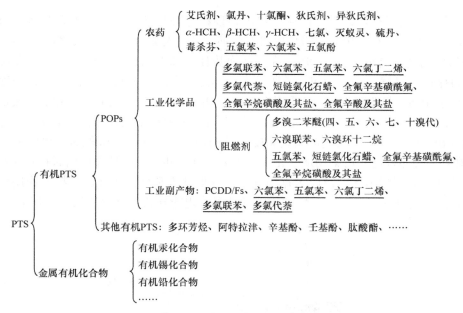

图 5-2　持久性有毒物质(PTS)所包含的污染物

(Typical persistent toxic substances. Those underlined are chemicals that appear in the different categories)

下划线标记的化学品代表在不同分类中重复出现

目前，国际上不同组织对持久性和生物蓄积性的量化指标还没有统一标准。表 5-1 列出了不同国家及国际组织对持久性和生物富集性给出的评判标准。

表 5-1　不同国家及国际组织对持久性和生物富集性的量化指标*

(Guideline for persistence and bioaccumulation properties of different countries and international organizations)

指标		POPs 公约	美国环境保护局(EPA)	加拿大环境保护署(CEPA)	欧洲化学品管理局(ECHA)	OSPAR 公约	中国国家质量监督检验检疫总局
持久性 (降解半减期 $t_{1/2}$)	空气	>2 天	—	≥2 天			
	水	>2 个月	>60 天	≥182 天	淡水 >40 天 海水 >60 天	≥50 天	淡水 >40 天 海水 >60 天
	土壤	>6 个月	>60 天	≥182 天	>120 天	≥50 天	>120 天
	沉积物	>6 个月	>60 天	≥365 天	淡水沉积物 >120 天 海水沉积物 >180 天	≥50 天	淡水沉积物 >120 天 海水沉积物 >180 天
生物富集性	BCF	>5000	≥1000	≥5000	>2000	≥500	>2000
	BAF	—	≥1000	≥5000	—	—	—
	$\lg K_{OW}$	>5		≥5	>4.5	≥4	>4.5

* 数据来源：联合国环境署，Stockholm Convention on persistent organic pollutants(POPs)，UNEP，2001；美国环境保护局，TSCA new chemicals program (NCP) chemical catrgories，USEPA，2010；加拿大环境保护署，Guidance manual for the risk evaluation framework for sections 199 and 200 of CEPA 1999：decisions on environmental emergency plans，1999；欧洲化学品管理局，Guidance on information requirements and chemical safety assessment，Part C：PBT assessment，2008；OSPAR 公约，Cut-off values for the selection criteria of the OSPAR dynamic selection and prioritization mechanism for hazardous substances，2005；国家质量监督检验检疫总局，持久性、生物累积性和毒性物质及高持久性和高生物累积性物质的判定方法(GB/T 24782—2009)，2009。

(3) 长距离环境迁移性，即能够经过长距离迁移到达偏远的高纬度、高海拔极地或高山等寒冷地区。众所周知，在北极和南极地区没有任何工业，人类活动也很少，然而在极地的野生生物体内却检测到了高浓度的 POPs。在一些海拔比较高的山地和高原地区，也发现了高浓度 POPs 的存在。显然，这些 POPs 是通过大气和海洋等环境介质长距离迁移到偏远地区。图 5-3 展示了 POPs 长距离迁移的一种机制——"蚱蜢跳效应"。在低纬度和低海拔地区，气温比较高，污染物的蒸气压比较高，正辛醇/空气分配系数(K_{OA})比较低，污染物容易存在于气相中；当气相中的污染物随大气运动到温度较低的地区，由于温度降低时污染物的蒸气压降低，K_{OA} 升高，会导致这些污染物从气相沉降下来。沉降和挥发两种作用同时存在，在温度比较低的高纬度和高海拔地区，沉降占据主导，而在低纬度和低海拔地区，挥发作用则占据主导。此外，海洋的洋流运动、迁徙性动物的迁徙等，也能导致污染物的长距离环境迁移。

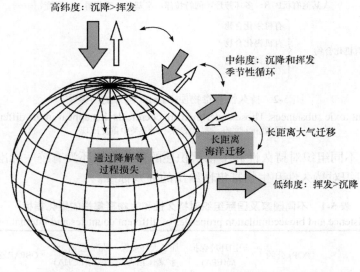

图 5-3　持久性有机污染物的长距离迁移机制——"蚱蜢跳效应"(Wania and Machay，1996)
（"Grasshopper effect"：Pathways involved in the long-range transport of POPs)

案例 5-8　波兰科学家对二噁英及其重要的前体物质五氯酚和三氯生在南北极海洋沉积物中的污染进行了评估，发现超过 60%的样品中检测到了目标污染物，其中五氯酚的浓度范围为 N.D.～152 ng · g^{-1}(干重)，几乎有一半的样品浓度超过了相关法规规定的环境安全浓度。这种高纬度、无人居住地区的高浓度污染是通过 POPs "蚱蜢跳效应"迁移导致的，随着全球海洋温度升高，POPs 的"再排放"和长距离迁移可能会再次发生。

延伸阅读 5-7　二噁英及其前体物质的极地检出和长距离迁移

Kobusińska M E, Lewandowski K K, Panasiuk A, et al. 2020. Precursors of polychlorinated dibenzo-p-dioxins and dibenzofurans in Arctic and Antarctic marine sediments: Environmental concern in the face of climate change. Chemosphere, 260: 127605.

延伸阅读 5-8　持久性有机污染物的分布和迁移规律

Wania F, Machay D. 1996. Tracking the distribution of persistent organic pollutants. Environmental Science & Technology, 30(9): 390A-396A.

(4) 毒性，即在相应环境浓度下会对接触该物质的生物造成有害或有毒效应。许多 POPs

类污染物具有各种急性毒性和慢性毒性，以及"三致"毒性和内分泌干扰作用。在本书的第 4 章对此有详细论述。

2. 典型持久性有机污染物

(1) 二噁英。多氯代二苯并二噁英(PCDDs)和多氯代二苯并呋喃(PCDFs)统称为 PCDD/Fs 或二噁英(dioxins)。PCDDs 和 PCDFs 结构相似(图 5-4)，根据氯原子在苯环上取代的位置和数目不同，两者分别有 75 个和 135 个系列物(表 5-2)。1999 年比利时"污染鸡"事件使 PCDD/Fs 为全球所瞩目，由于其具有高毒性和难降解性，被称为"世纪之毒"。

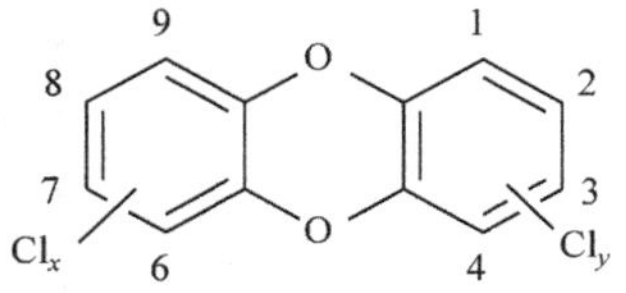

(a) PCDDs 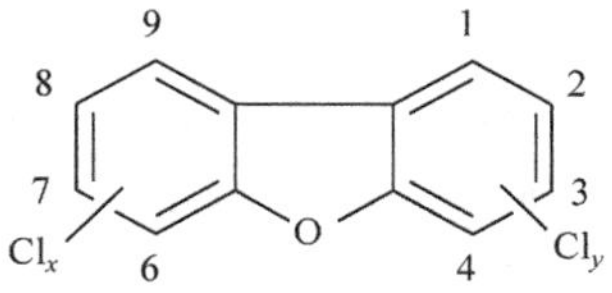　　　　　　　(b) PCDFs

图 5-4　二噁英的化学结构

(Chemical structure of PCDD/Fs)

表 5-2　不同氯取代的多氯代二苯并二噁英/呋喃(PCDD/Fs)系列物个数

(Number of congeners in each homolog of PCDD/Fs)

取代基个数	系列物个数	
	PCDDs	PCDFs
一氯取代的 PCDDs/Fs	2	4
二氯取代的 PCDDs/Fs	10	16
三氯取代的 PCDDs/Fs	14	28
四氯取代的 PCDDs/Fs	22	38
五氯取代的 PCDDs/Fs	14	28
六氯取代的 PCDDs/Fs	10	16
七氯取代的 PCDDs/Fs	2	4
八氯取代的 PCDDs/Fs	1	1
总个数	75	135

案例 5-9　1999 年比利时养鸡场出现了鸡不产蛋、肉鸡生长怪异等反常现象，政府下令对此进行调查。调查中发现饲料厂的饲料中二噁英含量超标，这些饲料厂的饲料还送往了德国、荷兰等地。而在随后的测试中发现，鸡蛋和肉鸡中的二噁英浓度分别超过正常值的 1000 倍和 800 倍。这也导致了比利时和欧洲其他多地下架了鸡肉、鸡蛋及以其为原料的 200 多种产品，此后又将禁止上市范围扩大到牛肉、猪肉及衍生产品，才使得事态缓和。

📖　延伸阅读 5-9　比利时"污染鸡"事件

张锦宏，吴顺意. 1999. 关于比利时"污染鸡"事件. 福建畜牧兽医, 21(4): 21-22.

　　PCDD/Fs 易溶于有机溶剂，极难溶于水。在常温下为无色固体，熔点随所含氯原子数的不同从 90℃至 330℃不等，其挥发性随氯取代数增加而降低。由于 PCDD/Fs 具有高亲脂性，进入人体后即积存于脂肪。此外，它也易被土壤或其他颗粒物质吸附，一旦造成污染，极不易清除。PCDD/Fs 化学性质非常稳定，有耐酸碱、抗化学腐蚀等特性。表 5-3 为部分 PCDD/Fs 的物理化学性质。

表 5-3　部分多氯代二苯并二噁英/呋喃(PCDD/Fs)的物理化学性质(Mackay et al.，2006)
(Physicochemical properties of some PCDD/Fs)

化合物	相对分子质量	蒸气压(25℃)/Pa	正辛醇/水分配系数 lgK_{OW}	有机碳吸附系数 lgK_{OC}	水溶解度(25℃)/(g·m^{-3})	熔点/℃
1-CDD	218.5	7.5×10^{-2}	4.8		4.2×10^{-1}	106
2-CDD	218.5	7.3×10^{-2}	5.0	3.9	3.0×10^{-1}	89
2,3-D$_2$CDD	253.0	9.2×10^{-3}	5.6	4.7	1.5×10^{-2}	164
2,7-D$_2$CDD	253.0	8.1×10^{-3}	5.8		3.8×10^{-3}	210
2,8-D$_2$CDD	253.0	2.5×10^{-3}	5.6		1.7×10^{-2}	151
1,2,4-T$_3$CDD	287.5	1.1×10^{-3}	6.4		8.5×10^{-3}	129
1,2,3,4-T$_4$CDD	322.0	2.8×10^{-4}	6.6		5.5×10^{-4}	190
1,2,3,7-T$_4$CDD	322.0	2.8×10^{-5}	6.9	4.3	4.2×10^{-4}	172
1,3,6,8-T$_4$CDD	322.0	5.8×10^{-5}	7.1	4.4	3.2×10^{-4}	219
1,2,3,4,7-P$_5$CDD	356.4	4.2×10^{-6}	7.4	4.9	1.2×10^{-4}	195
1,2,3,4,7,8-H$_6$CDD	391.0	1.5×10^{-6}	7.8	5.4	4.4×10^{-6}	273
1,2,3,4,6,7,8-H$_7$CDD	425.2	1.8×10^{-7}	8.0	6.7	2.4×10^{-6}	265
O$_8$CDD	460.0	9.5×10^{-7}	8.2	7.1	7.4×10^{-8}	322
2,8-D$_2$CDF	237.1	1.5×10^{-2}	5.4		1.5×10^{-2}	184
2,3,7,8-T$_4$CDF	306.0	2.0×10^{-4}	6.1	5.2	4.2×10^{-4}	227
2,3,4,7,8-P$_5$CDF	340.4	1.7×10^{-5}	6.5	5.6	2.4×10^{-4}	196
1,2,3,4,7,8-H$_6$CDF	302.1	3.1×10^{-6}	7.0	7.4	8.3×10^{-6}	226
1,2,3,6,7,8-H$_6$CDF	374.9	3.6×10^{-6}			1.8×10^{-2}	232
1,2,3,4,6,7,8-H$_7$CDF	409.3	5.7×10^{-7}	7.4	6.4	1.4×10^{-6}	236
1,2,3,4,7,8,9-H$_7$CDF	409.3	5.4×10^{-7}		5.0		221
O$_8$CDF	443.8	1.0×10^{-7}	8.0	6.8	1.2×10^{-6}	258

　　PCDD/Fs 并非人类有意制造的化学品，而是燃烧过程和一些工业过程中的副产品。环境中 PCDD/Fs 的来源可分自然来源和人为来源。有研究表明，PCDD/Fs 在一百万年前就已经在环境中存在，现已知森林火灾和木材燃烧是 PCDD/Fs 的重要自然来源，泥煤的燃烧也是环境中 PCDD/Fs 的来源之一。另外，自然环境中存在的辣根过氧化物酶也可以将氯酚转化为 PCDD/Fs。人为来源是环境中 PCDD/Fs 的主要来源。1920 年之前，环境中 PCDD/Fs 含量相当低，在 1930~1940 年期间，环境中 PCDD/Fs 含量略有起伏，于 20 世纪 60 年代达到高峰，说明环境中的 PCDD/Fs 主要是由人类生产活动产生的。一般来说，燃烧过程都会产生 PCDD/Fs，城市生活垃圾和医疗垃圾焚烧炉是许多国家环境中 PCDD/Fs 的主要来源。此外，一些特定工业过程，如钢铁制造、金属冶炼、火力发电及氯碱工业、造纸等也会产生少量的 PCDD/Fs。抽烟、汽车尾气、露天烧烤也是 PCDD/Fs 的可能来源。另外，当自来水用氯消毒时，在紫外线作用下，水中微量的苯酚可能会发生氯代和脱氢反应，生成 PCDD/Fs。

　　在美国，燃烧过程中所生成的 PCDD/Fs 占已知源生成量的 95%。在欧洲，PCDD/Fs 的主要来源也是城市垃圾焚烧炉，加上其他焚烧炉，共占欧洲 PCDD/Fs 年排放量的 90%。在英国，城市生活垃圾焚烧炉对 PCDD/Fs 排放的贡献量为 30%~56%；金属冶炼部分，包含烧结炉、铁及非铁金属冶炼，贡献量占总排放量的 15%~26%。随着近几年对 PCDD/Fs 生成机理的研究，通过对垃圾焚烧炉技术改进以及安装先进的除尘装置，PCDD/Fs 的排放量已经急剧下降。PCDD/Fs 的另一主要来源是化工过程。PCDD/Fs 往往作为副产品以杂质的形式存在于各种化工产品中，如在 2,4,5-T(除草剂、橙剂的一种成分)的生产过程中就会产生 PCDD/Fs。在越南战争期间，美军在越南丛林地带至少喷洒了 4000 万升橙剂，造成当地严重的 PCDD/Fs 污染，其影响至今仍很严重。此外，五氯酚钠曾作为血吸虫防治中的灭钉螺剂，其生产过程中可能产生 PCDD/Fs，根据 20 世纪 90 年代初五氯酚钠的产量估计，由于五氯酚及其钠盐的使用致使引入环境的 PCDD/Fs 为 240 kg · a^{-1}。

PCDD/Fs 可通过芳香烃受体(aryl hydrocarbon receptor，AhR)介导，改变生物体内基因的表达，产生多个毒性终点和内分泌干扰效应，其关键步骤是与 AhR 的竞争结合。AhR 能够诱导 7-乙氧基-3-异吩噁唑酮-脱乙基酶(7-ethoxyresorufin-O-deethylase, EROD)和芳香烃羟化酶(aryl hydrocarbon hydroxylase，AHH)的表达，将芳香性外源物质代谢为极性中间体。这些极性中间体能够与细胞大分子反应引起细胞毒性。Xie 等(2013)研究发现，PCDD/Fs 也能通过 AhR 在转录水平上抑制神经元乙酰胆碱酯酶的活性，从而干扰到胆碱能神经传导系统。

虽然 PCDD/Fs 各系列物结构类似，但毒性却差异很大。其中有 17 种 2,3,7,8-位取代的系列物具有明显的毒性，毒性最大的是在 2,3,7,8-位全部被取代的共平面 2,3,7,8-T_4CDD，它也是目前已知毒性最大的有机化合物。在 2,3,7,8-位有取代的 PCDDs 和 PCDFs 分别有 7 种和 10 种。而当氯从 2,3,7,8-位移除或在其他位置有氯取代时，毒性就会下降，这可能是因为氯的不同位置会影响 PCDD/Fs 与生物体内 AhR 结合的能力而使毒性发生变化。

PCDD/Fs 通常以混合物的形式存在，为了评价不同系列物的毒性强弱，引入了毒性当量法。毒性当量法是 WHO 为了确定以混合态存在的 PCDD/Fs 毒性强弱而引入的一个概念，其核心是毒性当量因子(toxicity equivalence factor，TEF)。因为不同 PCDD/Fs 系列物(congener)的毒性作用机制类似，所以规定以毒性最大的 PCDD/Fs——2,3,7,8-T_4CDD 作为基准参考物，设定其 TEF 值为 1，其他系列物的 TEF 值通过与 2,3,7,8-T_4CDD 比较而得出毒性大小。这样，基于 TEF，就可以将含有不同系列物的 PCDD/Fs 混合物的毒性用一个简单的毒性当量(toxic equivalence quotient，TEQ)表示。表 5-4 为 17 种在 2,3,7,8-位有氯取代的 PCDD/Fs 的 TEF。例如，0.5 g 的 2,3,7,8-T_4CDD 和 1 g 的 2,3,7,8-T_4CDF 混合物的毒性当量为 0.5 × 1 + 1 × 0.1 = 0.6 g I-TEQ。

表 5-4 17 种 2,3,7,8-位取代二噁英的毒性当量因子(TEF)
(Toxicity equivalence factor values of seventeen 2,3,7,8-substituted PCDD/Fs)

PCDD/Fs	TEF			
	EPA87	EPA05	TEF-WHO$_{98}$	TEF-WHO$_{05}$
2,3,7,8-T_4CDD	1	1.0	1.0	1.0
1,2,3,7,8-P_5CDD	0.5	1.0	1.0	1.0
1,2,3,4,7,8-H_6CDD	0.04	0.1	0.1	0.1
1,2,3,6,7,8-H_6CDD	0.04	0.1	0.1	0.1
1,2,3,7,8,9-H_6CDD	0.04	0.1	0.1	0.1
1,2,3,4,6,7,8-H_7CDD	0.001	0.01	0.01	0.01

PCDD/Fs	TEF			
	EPA87	EPA05	TEF-WHO$_{98}$	TEF-WHO$_{05}$
1,2,3,4,6,7,8,9-O$_8$CDD	0	0.0001	0.0001	0.0003
2,3,7,8-T$_4$CDF	0.1	0.1	0.1	0.1
1,2,3,7,8-P$_5$CDF	0.1	0.05	0.05	0.03
2,3,4,7,8-P$_5$CDF	0.1	0.5	0.5	0.3
1,2,3,4,7,8-H$_6$CDF	0.01	0.1	0.1	0.1
1,2,3,6,7,8-H$_6$CDF	0.01	0.1	0.1	0.1
1,2,3,7,8,9-H$_6$CDF	0.01	0.1	0.1	0.1
2,3,4,6,7,8-H$_6$CDF	0.01	0.1	0.1	0.1
1,2,3,4,6,7,8-H$_7$CDF	0.001	0.01	0.01	0.01
1,2,3,4,7,8,9-H$_7$CDF	0.001	0.01	0.01	0.01
1,2,3,4,6,7,8,9-O$_8$CDF	0	0.0001	0.0001	0.0003

注：EPA87、EPA05 分别表示 EPA 1987 年和 2005 年的数据，WHO$_{98}$ 表示 WHO 1998 年更新，WHO$_{05}$ 表示 WHO 2005 年更新 (https://www.epa.gov)。

(2) 多氯联苯。PCBs 早在 1881 年就由德国人 Schmidt 及 Schulte 首先合成 PCBs 并申请专利，1929 年由美国孟山都(Monsanto)公司开始大量生产 PCBs 供工业使用。PCBs 的母体结构见图 5-5，共有 209 种 PCBs 系列物(表 5-5)。

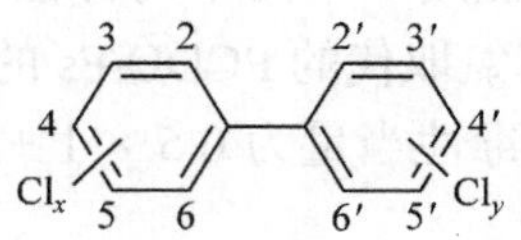

表 5-5　不同氯取代的 PCBs 系列物个数
(Number of congeners in each homolog of PCB)

PCBs	取代基个数	同族物个数
一氯联苯	1	3
二氯联苯	2	12
三氯联苯	3	24
四氯联苯	4	42
五氯联苯	5	46
六氯联苯	6	42
七氯联苯	7	24
八氯联苯	8	12
九氯联苯	9	3
十氯联苯	10	1

图 5-5　多氯联苯的化学结构
(Chemical structure of polychlorinated biphenyls)

PCBs 具有良好的热稳定性、低挥发性、低水溶性、较高的 K_{OW} 和 BCF、高度化学惰性及高介电常数，能耐强酸、强碱，并具有耐腐蚀性，因而被广泛用作变压器和电容器内的绝缘介质以及热导系统和水力系统的隔热介质，另外，PCBs 还可以在油墨、农药、润滑油等生产过程中作为添加剂和塑料的增塑剂(plasticizers)。表 5-6 给出了部分 PCBs 系列物的物理化学参数值。

表 5-6 部分 **PCBs** 系列物的物理化学参数(Mackay et al., 2006)
(Physicochemical properties for some PCB congeners)

系列物	化合物名称	相对分子质量 M_r	水溶解度 /(g·m^{-3})	正辛醇/水分配系数 lgK_{OW}	熔点/℃	蒸气压/Pa	有机碳吸附系数 lgK_{OC}
PCB-1	2-氯联苯 (2-chlorobiphenyl)	188.7	5.5×10^0	4.3	34	2.5×10^0	4.4
PCB-2	3-氯联苯 (3-chlorobiphenyl)	188.7	2.5×10^0	4.6	25	1.0×10^0	4.4
PCB-3	4-氯联苯 (4-chlorobiphenyl)	188.7	1.2×10^0	4.5	78	9.0×10^{-1}	4.4
PCB-4	2,2'-二氯联苯 (2,2'-dichlorobipenyl)	223.1	1.0×10^0	4.9	61	6.0×10^{-1}	4.8
PCB-5	2,3-二氯联苯 (2,3-dichlorobipenyl)	223.1	1.0×10^0	5.0	28	1.4×10^{-1}	4.8
PCB-7	2,4-二氯联苯 (2,4-dichlorobipenyl)	223.1	1.3×10^0	5.0	25	2.5×10^{-1}	4.8
PCB-8	2,4'-二氯联苯 (2,4'-dichlorobipenyl)	223.1	1.0×10^0	5.1	42	1.5×10^{-1}	4.8
PCB-9	2,5-二氯联苯 (2,5-dichlorobipenyl)	223.1	2.0×10^0	5.1	23	1.8×10^{-1}	4.8
PCB-10	2,6-二氯联苯 (2,6-dichlorobipenyl)	223.1	1.4×10^0	5.0	35	3.4×10^{-1}	4.8
PCB-11	3,3'-二氯联苯 (3,3'-dichlorobipenyl)	223.1	3.5×10^{-1}	5.3	29	3.0×10^{-2}	4.9
PCB-12	3,4-二氯联苯 (3,4-dichlorobipenyl)	223.1	8.0×10^{-3}	5.3	49	5.3×10^{-2}	4.9
PCB-14	3,5-二氯联苯 (3,5-dichlorobipenyl)	223.1	4.0×10^{-2}	5.4	31	1.2×10^{-1}	4.9
PCB-15	4,4'-二氯联苯 (4,4'-dichlorobipenyl)	223.1	6.0×10^{-2}	5.3	149	8.0×10^{-2}	4.3
PCB-16	2,2',3-三氯联苯 (2,2',3-trichlorobiphenyl)	257.5	2.1×10^{-1}	5.1	28	5.2×10^{-2}	5.2
PCB-18	2,2',5-三氯联苯 (2,2',5-trichlorobiphenyl)	257.5	4.1×10^{-1}	5.6	44	2.2×10^{-1}	4.2
PCB-20	2,3,3'-三氯联苯 (2,3,3'-trichlorobiphenyl)	257.5	1.6×10^{-1}	5.6	58	0.3×10^{-1}	5.2
PCB-21	2,3,4-三氯联苯 (2,3,4-trichlorobiphenyl)	257.5	1.7×10^{-1}	5.9	102	2.7×10^{-2}	5.2
PCB-26	2,3',5-三氯联苯 (2,3',5-trichlorobiphenyl)	257.5	2.5×10^{-1}	5.7	41	3.5×10^{-2}	5.3
PCB-28	2,4,4'-三氯联苯 (2,4,4'-trichlorobiphenyl)	257.5	1.6×10^{-1}	5.8	57	2.8×10^{-2}	4.2
PCB-29	2,4,5-三氯联苯 (2,4,5-trichlorobiphenyl)	257.5	1.4×10^{-1}	5.6	78	4.4×10^{-2}	5.3
PCB-30	2,4,6-三氯联苯 (2,4,6-trichlorobiphenyl)	257.5	2.2×10^{-1}	5.5	63	9.0×10^{-2}	5.2
PCB-31	2,4',5-三氯联苯 (2,4',5-trichlorobiphenyl)	257.5	1.7×10^{-1}	5.8	67	3.5×10^{-2}	5.3

系列物	化合物名称	相对分子质量 M_r	水溶解度 /(g·m⁻³)	正辛醇/水分配系数 $\lg K_{OW}$	熔点/℃	蒸气压/Pa	有机碳吸附系数 $\lg K_{OC}$
PCB-33	2′,3,4-三氯联苯 (2′,3,4-trichlorobiphenyl)	257.5	8.0×10^{-2}	5.8	60	3.0×10^{-3}	5.3
PCB-35	3,3′,4-三氯联苯 (3,3′,4-trichlorobiphenyl)	257.5	5.1×10^{-2}	5.8	87	9.5×10^{-3}	5.3
PCB-37	3,4,4′-三氯联苯 (3,4,4′-trichlorobiphenyl)	257.5	1.5×10^{-2}	5.9	88	9.4×10^{-3}	5.3
PCB-40	2,2′,3,3′-四氯联苯 (2,2′,3,3′-tetrachlorobiphenyl)	292.0	3.4×10^{-2}	5.6	121	2.0×10^{-3}	5.6
PCB-44	2,2′,3,5′-四氯联苯 (2,2′,3,5′-tetrachlorobiphenyl)	292.0	1.7×10^{-1}	6.0	47	1.5×10^{-2}	5.6
PCB-47	2,2′,4,4′-四氯联苯 (2,2′,4,4′-tetrachlorobiphenyl)	292.0	9.0×10^{-2}	5.9	83	2.0×10^{-3}	5.7
PCB-49	2,2′,4,5-四氯联苯 (2,2′,4,5-tetrachlorobiphenyl)	292.0	1.6×10^{-2}	6.1	64	7.4×10^{-3}	5.7
PCB-50	2,2′,4,6-四氯联苯 (2,2′,4,6-tetrachlorobiphenyl)	292.0	3.4×10^{-2}	5.8	45	4.3×10^{-2}	5.8
PCB-51	2,2′,4,6′-四氯联苯 (2,2′,4,6′-tetrachlorobiphenyl)	292.0	6.5×10^{-2}	5.5	45	3.3×10^{-2}	5.8
PCB-52	2,2′,5,5′-四氯联苯 (2,2′,5,5′-tetrachlorobiphenyl)	292.0	3.0×10^{-2}	6.1	87	2.0×10^{-3}	4.7
PCB-53	2,2′,5,6′-四氯联苯 (2,2′,5,6′-tetrachlorobiphenyl)	292.0	6.5×10^{-2}	5.5	104	4.9×10^{-3}	5.8
PCB-54	2,2′,6,6′-四氯联苯 (2,2′,6,6′- tetrachlorobiphenyl)	292.0	1.8×10^{-1}	5.5	198	6.7×10^{-2}	5.7
PCB-60	2,3,4,4′-四氯联苯 (2,3,4,4′- tetrachlorobiphenyl)	292.0	5.8×10^{-2}	6.3	142	4.3×10^{-3}	5.7
PCB-61	2,3,4,5-四氯联苯 (2,3,4,5-tetrachlorobiphenyl)	292.0	1.9×10^{-2}	5.9	92	4.4×10^{-3}	5.6
PCB-66	2,3′,4,4′-四氯联苯 (2,3′,4,4′-tetrachlorobiphenyl)	292.0	4.0×10^{-2}	5.8	124	6.2×10^{-3}	5.7
PCB-70	2,3′,4′,5-四氯联苯 (2,3′,4′,5-tetrachlorobiphenyl)	292.0	1.6×10^{-2}	5.9	104	5.2×10^{-3}	5.7
PCB-75	2,4,4′,6-四氯联苯 (2,4,4′,6-tetrachlorobiphenyl)	292.0	9.1×10^{-2}	6.2	93	1.5×10^{-2}	5.7
PCB-77	3,3′,4,4′-四氯联苯 (3,3′,4,4′-tetrachlorobiphenyl)	292.0	1.0×10^{-3}	6.5	180	2.0×10^{-3}	5.8
PCB-80	3,3′,5,5′-四氯联苯 (3,3′,5,5′-tetrachlorobiphenyl)	292.0	1.2×10^{-3}	6.1	164	5.1×10^{-3}	5.9
PCB-83	2,2′,3,3′,5-五氯联苯 (2,2′,3,3′,5-pentachlorobiphenyl)	326.4	2.6×10^{-2}	6.3	65	3.0×10^{-3}	6.0
PCB-86	2,2′,3,4,5-五氯联苯 (2,2′,3,4,5-pentachlorobiphenyl)	326.4	2.0×10^{-2}	6.2	100	5.1×10^{-2}	6.0
PCB-87	2,2′,3,4,5′-五氯联苯 (2,2′,3,4,5′-pentachlorobiphenyl)	326.4	4.5×10^{-3}	6.5	114	2.3×10^{-3}	6.1
PCB-88	2,2′,3,4,6-五氯联苯 (2,2′,3,4,6-pentachlorobiphenyl)	326.4	1.2×10^{-2}	6.5	100	3.1×10^{-3}	6.1

续表

系列物	化合物名称	相对分子质量 M_r	水溶解度 /(g·m⁻³)	正辛醇/水分配系数 $\lg K_{OW}$	熔点/℃	蒸气压/Pa	有机碳吸附系数 $\lg K_{OC}$
PCB-95	2,2',3,5,6-五氯联苯 (2,2',3,5,6-pentachlorobiphenyl)	326.4	2.1×10^{-2}	5.9	100	3.4×10^{-3}	6.2
PCB-99	2,2',4,4',5-五氯联苯 (2,2',4,4',5-pentachlorobiphenyl)	326.4	3.7×10^{-3}	6.4	81	2.9×10^{-3}	6.1
PCB-100	2,2',4,4',6-五氯联苯 (2,2',4,4',6-pentachlorobiphenyl)	326.4	7.1×10^{-3}	6.2	79	8.2×10^{-3}	6.2
PCB-101	2,2',4,5,5'-五氯联苯 (2,2',4,5,5'-pentachlorobiphenyl)	326.4	1.0×10^{-2}	6.4	77	3.5×10^{-3}	6.1
PCB-104	2,2',4,6,6'-五氯联苯 (2,2',4,6,6'-pentachlorobiphenyl)	326.4	1.6×10^{-2}	5.8	91	4.3×10^{-3}	6.2
PCB-110	2,3,3',4',6-五氯联苯 (2,3,3',4',6-pentachlorobiphenyl)	326.4	4.0×10^{-3}	6.3	79	2.3×10^{-3}	6.1
PCB-116	2,3,4,5,6-五氯联苯 (2,3,4,5,6-pentachlorobiphenyl)	326.4	6.8×10^{-3}	6.3	124	4.2×10^{-3}	5.9
PCB-128	2,2',3,3',4,4'-六氯联苯 (2,2',3,3',4,4'-hexachlorobiphenyl)	360.9	6.0×10^{-4}	7.0	150	3.4×10^{-4}	6.4
PCB-129	2,2',3,3',4,5-六氯联苯 (2,2',3,3',4,5-hexachlorobiphenyl)	360.9	6.0×10^{-4}	7.3	85	6.8×10^{-4}	6.4
PCB-134	2,2',3,3',5,6-六氯联苯 (2,2',3,3',5,6-hexachlorobiphenyl)	360.9	4.0×10^{-4}	7.3	100	4.8×10^{-4}	6.5
PCB-136	2,2',3,3',6,6'-六氯联苯 (2,2',3,3',6,6'-hexachlorobiphenyl)	360.9	8.0×10^{-4}	6.7	112	1.3×10^{-3}	6.5
PCB-138	2,2',3,4,4',5'-六氯联苯 (2,2',3,4,4',5'-hexachlorobiphenyl)	360.9	1.5×10^{-3}	6.7	80	5.0×10^{-4}	6.5
PCB-153	2,2',4,4',5,5'-六氯联苯 (2,2',4,4',5,5'-hexachlorobiphenyl)	360.9	1.0×10^{-3}	6.9	103	7.0×10^{-4}	6.6
PCB-155	2,2',4,4',6,6'-六氯联苯 (2,2',4,4',6,6'-hexachlorobiphenyl)	360.9	2.0×10^{-3}	7.0	114	3.6×10^{-3}	6.7
PCB-169	3,3',4,4',5,5'-六氯联苯 (3,3',4,4',5,5'-hexachlorobiphenyl)	360.9	5.1×10^{-4}	7.6	202	3.0×10^{-5}	6.6
PCB-170	2,2',3,3',4,4',5-七氯联苯 (2,2',3,3',4,4',5-heptachlorobiphenyl)	395.3	7.7×10^{-3}	7.1	135	8.4×10^{-5}	6.9
PCB-171	2,2',3,3',4,4',6-七氯联苯 (2,2',3,3',4,4',6-heptachlorobiphenyl)	395.3	2.0×10^{-3}	6.7	122	2.5×10^{-4}	6.9
PCB-180	2,2',3,4,4',5,5'-七氯联苯 (2,2',3,4,4',5,5'-heptachlorobiphenyl)	395.3	3.1×10^{-4}	7.2	110	1.3×10^{-4}	6.9
PCB-185	2,2',3,4,5,5',6-七氯联苯 (2,2',3,4,5,5',6-heptachlorobiphenyl)	395.3	4.5×10^{-4}	7.0	149	4.8×10^{-5}	6.9

系列物	化合物名称	相对分子质量 M_r	水溶解度 /(g · m^{-3})	正辛醇/水分配系数 lgK_{OW}	熔点/℃	蒸气压/Pa	有机碳吸附系数 lgK_{OC}
PCB-187	2,2',3,4',5,5',6-七氯联苯 (2,2',3,4',5,5',6-heptachlorobiphenyl)	395.3	4.7×10^{-4}	7.2	149	3.9×10^{-5}	7.0
PCB-194	2,2',3,3',4,4',5,5'-八氯联苯 (2,2',3,3',4,4',5,5'-octachlorobiphenyl)	429.8	2.7×10^{-4}	7.4	159	2.0×10^{-5}	7.3
PCB-202	2,2',3,3',5,5',6,6'-八氯联苯 (2,2',3,3',5,5',6,6'-octachlorobiphenyl)	429.8	3.0×10^{-4}	7.1	162	6.0×10^{-4}	7.3
PCB-206	2,2',3,3',4,4',5,5',6-九氯联苯 (2,2',3,3',4,4',5,5',6-nonachlorobiphenyl)	464.2	1.1×10^{-4}	7.2	206	1.2×10^{-5}	7.7
PCB-207	2,2',3,3',4,4',5,6,6'-九氯联苯 (2,2',3,3',4,4',5,6,6'-nonachlorobiphenyl)	464.2	3.6×10^{-5}	7.5	161	3.2×10^{-5}	7.7
PCB-208	2,2',3,3',4,5,5',6,6'-九氯联苯 (2,2',3,3',4,5,5',6,6'-nonachlorobiphenyl)	464.2	1.8×10^{-5}	8.2	183	6.6×10^{-5}	7.7
PCB-209	2,2',3,3',4,4',5,5',6,6'-十氯联苯 (2,2',3,3',4,4',5,5',6,6'-decachlorobiphenyl)	498.7	1.0×10^{-6}	8.3	306	3.0×10^{-5}	8.1

　　商品化的 PCBs 一般含 60～90 种系列物，是复杂的混合体。PCBs 在各国的商品名称不同，如美国称 Aroclor，德国称 Clophen，日本称 Kanechlor，法国称 Henochlor。在美国，PCBs 的商品牌号使用号码数字命名，如 Aroclor 1242，数字 12 代表联苯的 12 个碳原子，后两个数字 42 指氯含量为 42%的 PCBs 产品。表 5-7 给出了不同商品牌号 PCBs 中各系列物的含量。

表 5-7　不同商品牌号 PCBs 中各系列物的含量(%)

(Percent composition of different technical PCBs)

PCBs	Aroclor					Clophen		Kanechlor		
	1016	1242	1248	1254	1260	A30	A60	300	400	500
一氯联苯	2	1	—	—	—	—	—	—	—	—
二氯联苯	19	13	1	—	—	20	—	17	3	—
三氯联苯	57	45	21	1	—	52	—	60	33	5
四氯联苯	22	31	49	15	—	22	1	23	44	26
五氯联苯	—	10	27	53	12	3	16	—	16	55
六氯联苯	—	—	2	26	42	1	51	—	5	13
七氯联苯	—	—	—	4	38	—	28	—	—	—
八氯联苯	—	—	—	—	7	—	4	—	—	—
九氯联苯	—	—	—	—	1	—	—	—	—	—
十氯联苯	—	—	—	—	—	—	—	—	—	—

注：—表示含量小于 1%。

　　PCBs 主要通过下列途径进入环境：①随工业废水排放进入环境水体；②从密封存放点渗

漏或在垃圾场沥滤释放到环境；③焚烧含 PCBs 的物质而进入大气。由于世界大多数国家在 20 世纪 80 年代已经停止生产 PCBs，环境中 PCBs 主要来自废旧电气设备。

自从瑞典科学家于 1988 年在野生动物和鱼类体内检测到高浓度 PCBs 后，PCBs 污染问题才逐渐被重视。WHO 数据显示，全世界生产的约 200 万吨的工业 PCBs 有 31%左右已排放到环境中。我国于 1965 年开始生产 PCBs，1974 年大多数生产厂家停止生产，到 1980 年全部停止生产，累计产量近万吨。另外，20 世纪 50～70 年代还从欧洲国家进口部分含 PCBs 的变压器和电容器，这些产品大多已达到报废时间。与国外相比，虽然我国生产的 PCBs 总量不多，但是由于人们对其认识不足，已经使相当数量的 PCBs 进入环境，造成局部地区的严重污染。

由于 PCBs 具有长距离迁移性，在北极的海豹、南极的海鸟蛋和几千米高的西藏南迦巴瓦峰上的雪水中都发现了 PCBs。此外，2003 年国际权威期刊 *Science* 报道有 75%的因纽特女性血液中 PCBs 含量超出了安全值的 5 倍。2004 年 *Science* 报道，在俄罗斯靠近北极地区的人群中约有 5%的人血脂中 PCBs 的含量高达 10000 ng·g^{-1}。2013 年 *Environmental Science & Technology* 报道，在美国无 PCBs 工业源的乡村地区母子体内检测到浓度为 658 ng·g^{-1} 的 PCBs，毫无疑问，这些地区的 PCBs 都来自长距离迁移。

国际纯粹与应用化学联合会(International Union of Pure and Applied Chemistry，IUPAC)已经对所有 209 种 PCBs 系列物进行编号。在这 209 种同族物中，有 12 种 PCBs 的毒性较大，类似于 2,3,7,8-T$_4$CDD，常称为类二噁英 PCBs(dioxin-like PCBs)。表 5-8 给出了这 12 种 PCBs 编号及 TEF。这 12 种 PCBs 都有 4 个或更多的氯取代，且不具有邻位取代或仅有一个邻位取代(图 5-5，2,2′,6-位或 6′-位)，其中双对位和多于两个侧位氯取代的 PCBs 毒性最大，如 PCB-81、PCB-77、PCB-126 和 PCB-169，它们的结构最接近 2,3,7,8-T$_4$CDD。因为没有邻位氯原子的妨碍，两个苯环可以在同一平面旋转，所以这些 PCBs 又称为共平面 PCBs。PCBs 还具有内分泌干扰效应。

表 5-8　12 种类二噁英 PCBs 的毒性当量因子(TEF)
(Toxicity equivalence factor values of 12 dioxin-like PCBs)

IUPAC 编号	化合物名称	CAS 编号	TEF(WHO$_{94}$)	TEF(WHO$_{05}$)
PCB-77	3,3′,4,4′-四氯联苯	32598-13-3	0.0001	0.0001
PCB-81	3,4,4′,5-四氯联苯	70362-50-4	0.0001	0.0003
PCB-105	2,3,3′,4,4′-五氯联苯	32598-14-4	0.0001	0.00003
PCB-114	2,3,4,4′,5-五氯联苯	74472-37-0	0.0005	0.00003
PCB-118	2,3′,4,4′,5-五氯联苯	31508-00-6	0.0001	0.00003
PCB-123	2,3′,4,4′,5′-五氯联苯	65510-44-3	0.0001	0.00003
PCB-126	3,3′,4,4′,5-五氯联苯	57465-28-8	0.1	0.1
PCB-156	2,3,3′,4,4′,5-六氯联苯	38380-08-4	0.0005	0.00003
PCB-157	2,3,3′,4,4′,5′-六氯联苯	69782-90-7	0.0005	0.00003
PCB-167	2,3′,4,4′,5,5′-六氯联苯	52663-72-6	0.00001	0.00003
PCB-169	3,3′,4,4′,5,5′-六氯联苯	32774-16-6	0.01	0.03
PCB-189	2,3,3′,4,4′,5,5′-七氯联苯	39635-31-9	0.0001	0.00003

资料来源：https://www.who.int/health-topics/chemical-safety。

案例 5-10　Coulter 等(2019)发现，雄性黑头呆鱼(*Pimephales promelas*)在长期暴露于类二噁英 PCBs 的环境中第二性征会受到显著影响，包括体型发生变化、内分泌关联基因表达改变、减少在巢看护后代时间，进而增加后代的死亡率，这种内分泌干扰效应对种群数量具有潜在影响(图 5-6)。

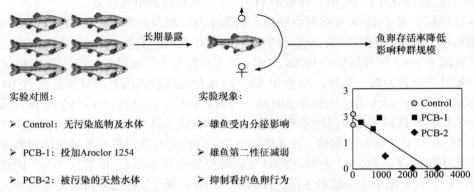

实验对照：

➤ Control：无污染底物及水体

➤ PCB-1：投加 Aroclor 1254

➤ PCB-2：被污染的天然水体

实验现象：

➤ 雄鱼受内分泌影响

➤ 雄鱼第二性征减弱

➤ 抑制看护鱼卵行为

长期暴露

鱼卵存活率降低
影响种群规模

图 5-6　类二噁英 PCBs 对黑头呆鱼的影响(Coulter et al.，2019)

(Effect of dioxin-like PCBs to *Pimephales promelas*)

　　延伸阅读 5-10　类二噁英 PCBs 暴露影响黑头呆鱼繁殖成功率

Coulter D P, Huff Hartz K E, Sepúlveda M S, et al. 2019. Lifelong exposure to dioxin-like PCBs alters paternal offspring care behavior and reduces male fish reproductive success. Environmental Science & Technology, 53(19): 11507-11514.

　　(3) DDT。DDT 全名为二氯二苯基三氯乙烷。DDT 最初是由斯特拉斯堡大学的一名叫 Othmar Zeidler 的学生合成，并于 1874 年发表了合成过程，但当时并不知道 DDT 具有杀虫效果。直到 1939 年，瑞士化学家 Paul Mueller 才发现 DDT 具有优异的广谱杀虫效果，且能有效控制疟疾、斑疹伤寒的传播。DDT 性质稳定，具有优良和长期的杀虫效果，加之合成过程简单、经济，于是被大量生产和广泛应用，成为第一种被全世界广泛使用的农药。正是由于 DDT 的广泛使用，1953 年多国基本上消除了疟疾。Paul Mueller 也因为发现 DDT 的杀虫效果而获得了 1948 年的诺贝尔生理学或医学奖。

　　实际上，DDT 是许多化合物的混合物，而其中起杀虫作用的主要是 *p,p′*-DDT，其他异构体如 *o,o′*-DDT、*o,p′*-DDT、*p,p′*-DDD、*o,p′*-DDD，其杀虫活性很低或不具有活性。图 5-7 列出了 DDT 的异构体结构。

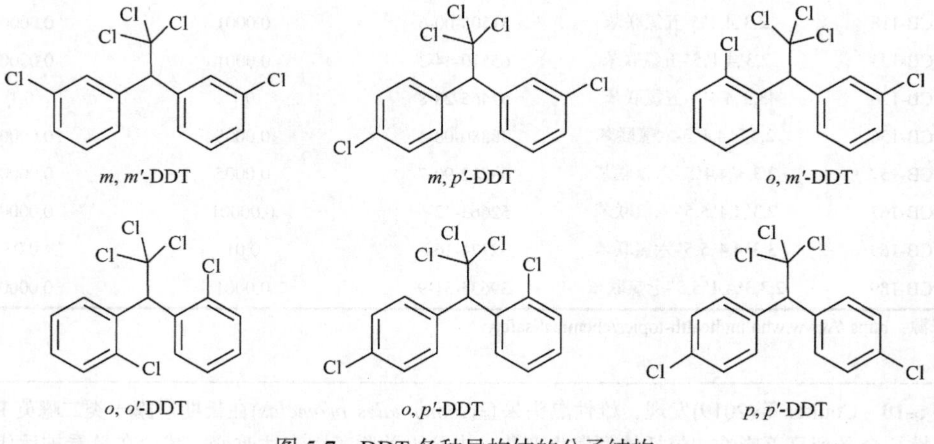

m, m′-DDT

m, p′-DDT

o, m′-DDT

o, o′-DDT

o, p′-DDT

p, p′-DDT

图 5-7　DDT 各种异构体的分子结构

(Molecular structures of DDT isomers)

　　DDT 可能是 20 世纪引起最多争议的有机氯农药之一。一方面，它的广泛施用极大地提高了粮食的产量，从害虫引起的疾病和死亡中拯救了无数人的生命；另一方面，它的持久性和亲脂性使得许多野生生物几近灭绝，给环境和人类生存带来了长期负面影响。

　　DDT 可以很容易地穿透害虫皮肤的蜡质层渗入体内，迅速与害虫的神经细胞结合，使传输 Na^+ 通道无法关闭，瘫痪害虫的神经系统。但使用一段时间后，人们发现害虫对 DDT 产生了抗药性。DDT 除具有神经毒性外，还有内分泌干扰作用。它会扰乱鸟类的内分泌系统，导致鸟蛋的蛋壳变薄，在孵化的过程中容易破裂，使繁殖成功率下降，鸟类数量急剧减少。在美国一些地区，大量施用 DDT 后，鹰隼和许多其他鸟类的数量都明显减少。而采取严厉措施控制 DDT 和其他一些农药的使用之后，这些地区的鸟类数量在几年之后又恢复到了原来的水平。

　　在环境中，DDT 可以脱去 HCl 生成 DDE，在铁卟啉的存在下，可以转化为 DDD，并可以进一步生成 DDA。该反应也可以在生物体代谢过程中发生，代谢产物主要是 DDE。根据分析，正是代谢过程的不同，才使得 DDT 对一些哺乳动物的毒性非常小。另外，由于 DDT 还可以通过根部吸收，在植物组织内富集，特别是在叶片中积累量最大，使得 DDT 能够在陆生食物链中富集。环境中 DDT 的主要代谢途径如图 5-8 所示。

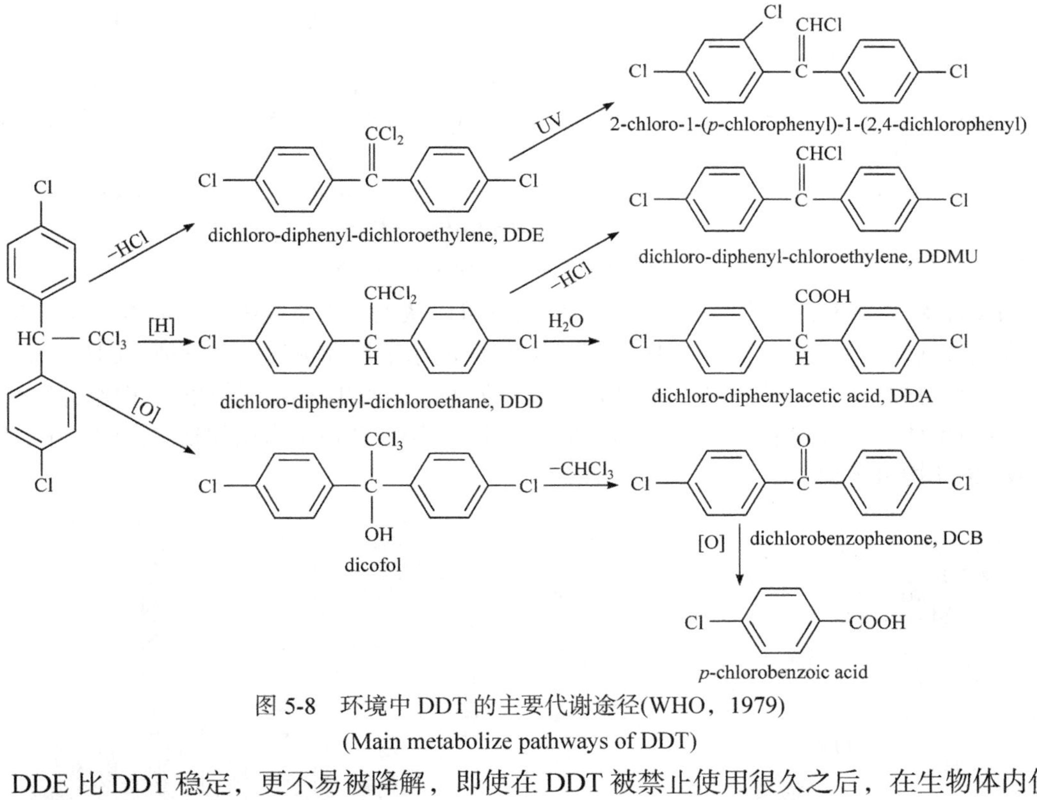

图 5-8　环境中 DDT 的主要代谢途径(WHO，1979)

(Main metabolize pathways of DDT)

　　DDE 比 DDT 稳定，更不易被降解，即使在 DDT 被禁止使用很久之后，在生物体内仍发现有高浓度的 DDE。2000 年在我国广州地区调查发现，人体脂肪中 DDT 含量为 $0.70\,\mathrm{mg\cdot kg^{-1}}$，而 DDE 的水平高达 $2.85\,\mathrm{mg\cdot kg^{-1}}$。DDE 可通过影响钙质代谢过程使鸟类蛋壳变薄。

　　虽然世界上绝大部分国家许多年前就已禁止生产和使用 DDT，但 DDT 在一些国家仍有需求，特别是在疟疾等传染病盛行的地方，如斯里兰卡。1948 年斯里兰卡有 280 万人感染疟疾，使用 DDT 后，到 1963 年只有 17 人患疟疾，而在停止使用 DDT 5 年之后的 1969 年，该国患疟疾人数急剧增加到 250 万人。所以，虽然 DDT 是必须优先禁止的 12 类 POPs 之一，但在一些特殊地区还允许继续使用。

(4) 六六六。六六六是六氯环己烷(hexachlorocyclohexanes，HCHs)的简称，于 1825 年由英国化学家 Michael Faraday 合成，是最古老的氯代烃类杀虫剂之一。苯和氯在紫外光的照射下就可以生成 HCHs。HCHs 一共有 16 种可能的同分异构体，常见的有 5 种，分别编号为 α-HCH、β-HCH、γ-HCH、δ-HCH 和 ε-HCH(图 5-9)。这五种同分异构体在工业 HCHs 中的比例依次为：60%～70%、5%～12%、10%～15%、6%～10% 和 3%～4%。其中只有 γ-HCH 表现出良好的杀虫效果，γ-HCH 又称为林丹，也可称为丙体六六六。γ-HCH 被广泛用来防治农业害虫、木材白蚁和家庭害虫，在医学上还被用来去除人和家畜皮外寄生虫。大量测试表明，HCHs对肝和肾功能以及免疫系统没有明显影响，也没有发现"三致"毒性。与 DDT 类似，关于其毒性的报道数据多是在超过剂量的水平下测试的。例如，在白鼠食物中分别加入 100 mg · kg^{-1}、300 mg · kg^{-1}、600 mg · kg^{-1} 的 γ-HCH，32 个星期后发现只有在最高水平(600 mg · kg^{-1})下，有30%母鼠和 75%公鼠的肝脏出现肿瘤，而在另外两个水平下均没有出现癌变。γ-HCH 的急性口服半致死剂量 LD$_{50}$ 为 55～250 mg · kg^{-1}。我国在 1983 年停止使用 HCHs 混合物，但是γ-HCH 纯物质仍然允许使用。

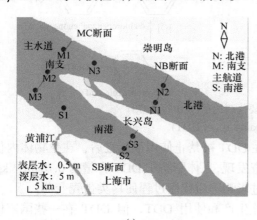

图 5-9　六六六的异构体化学结构
(Chemical structures of HCHs isomers)

γ-HCH 较易挥发，且水溶解度较大，因而它可以从土壤和空气中进入水体，也可以随水蒸气进入大气。而 β-HCH 与 γ-HCH 不同，β-HCH 的水溶性和蒸气压在五种 HCHs 中都是最小的，而且也最稳定，并且易在生物体内富集。另外，α-HCH 在环境中也会转化为 β-HCH，这导致 β-HCH 在环境中浓度很高。监测结果表明，我国长江口丰水期和枯水期的水中，DDT类和 β-HCH 均可被检出，如图 5-10 所示。

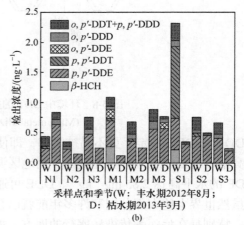

图 5-10　长江口水体中不同位置 DDT 类和 β-HCH 的浓度水平：(a)采样点分布；(b)浓度水平
[Concentrations of DDT analogs and β-HCH in water sampled from the Yangtze Estuary:
(a) Locations of sampling points; (b) Concentrations]

(5) 氯丹和灭蚁灵。氯丹主要用于防治白蚁、蚂蚁，还可以防治蝼蛄、蛴螬、金针虫、棉象鼻虫、棉铃虫等。农业部曾于 1990 年为氯丹生产企业补办了农药登记手续，1996 年氯丹被撤销农药登记，并禁止其作为农药使用。但氯丹作为消灭白蚁的特效药目前仍用于建筑、水坝保护中。1997～2001 年，白蚁危害区不同省份使用氯丹的数量差异较大。在已开展白蚁防治的 19 个省、自治区、直辖市中，除天津没有使用过氯丹外，其余 18 个省、自治区、直辖市或多或少使用过氯丹。其中使用氯丹最多的省份是浙江，其次是江苏、广东、四川、江西、湖南、广西、安徽、湖北、福建、重庆、陕西、上海和山东；使用最少的是北京，其次是海南、云南和辽宁。

灭蚁灵的生产研制始于 20 世纪 60 年代末，1975 年后逐步停止生产，20 世纪 80 年代初受到限制。但因南方地区防治白蚁危害的需要，1997 年以后又相继建成一些生产装置并投产。灭蚁灵从未直接用于农业虫害防治，也从未列入农业部登记名录中，但至今还是灭杀蚁类的主要药物，尚没有理想的药物可以替代。我国有白蚁的省、自治区、直辖市中有 15 个省份使用过灭蚁灵，使用较多的是白蚁危害十分严重的东南部省份，包括江西、广西、福建、广东、浙江和江苏。在疾病控制领域，上海、江苏、云南、陕西及广西在历史上曾使用过灭蚁灵灭家蚁。

(6) 毒杀芬和七氯。毒杀芬在 20 世纪 70 年代初期曾是我国大吨位的农药品种之一，用于防治粮、棉等农作物害虫、棉铃虫、蚜虫等。1967～1978 年，我国累计生产七氯约 20 t，于 1978 年停产并拆除装置。七氯主要用于铁路枕木的白蚁防治。农药登记相关部门从未批准过七氯作为农药登记和使用。

(7) 艾氏剂、狄氏剂和异狄氏剂。艾氏剂、狄氏剂、异狄氏剂是一类结构相似的有机氯农药，其急性毒性高于 DDT，但持久性相对较弱。艾氏剂用作土壤杀虫剂，控制根部蠕虫、甲虫和白蚁；狄氏剂用来处理种子，控制蚊子及舌蝇，还可以用于防治木材上的白蚁、毛料防虫等；异狄氏剂用在烟草、苹果树、棉花、甘蔗和谷物类上，以防止啮齿类和鸟类破坏作物。狄氏剂其实是艾氏剂的氧化产物，所以通常把这两类杀虫剂放在一起讨论，而异狄氏剂，虽然结构和功能与艾氏剂和狄氏剂相似，但仍有一些差别。

当这些杀虫剂在农业上被用作农药时，它们会直接进入土壤、地表水或者挥发进入大气，一旦进入环境，它们就会被生物体富集。不管是在植物还是动物体内，艾氏剂都会很快转变为狄氏剂。狄氏剂很难再被分解，并且蒸气压很低，会牢牢地附着在土壤颗粒物或沉积物上。植物也可以直接从土壤中吸收艾氏剂和狄氏剂。它们通过食物链进入人体，很难再被排出体外。

异狄氏剂也可以聚集于土壤和水体中，但它不溶于水，而是附着在土壤颗粒物和沉积物中。在土壤中异狄氏剂可以稳定存在十年之久。异狄氏剂的持久性依赖于环境条件，如较高的温度和强烈的光照会加速异狄氏剂的分解。

5.2.3　典型毒害有机污染物

1. 农药

一直以来，人类与病虫草害进行着不懈的斗争，通过长期的生产和实践，人类逐渐认识到一些天然物质具有防治农牧业中有害生物的性能，于是早期就有天然和无机农药问世。但是这些农药或因药效差、用量大且容易产生药害，或因提纯困难而无法大面积应用。化学农药高效、速效，一度成为病虫草害防治的主要手段。农药在防治病害及对粮食的稳产、增产、高产方面发挥了巨大的作用，是农业生产中必不可少的生产资料。但农药和其他有机化合物一样，进入环境后会发生一系列的物理、化学及生物化学反应，如挥发、溶解、分配、吸附、氧化、水解、光解及生物富集、生物代谢等，从而产生一系列环境和生态毒理效应。化学农药的不合理使用已经对人体健康和生态环境造成了危害,已成为目前有毒化学品中使用量最大、施用面最广、毒性最高的一类化合物。

1) 农药的分类

农药按照防治对象可以分为杀虫剂、杀菌剂、植物生长调节剂和除草剂等。EPA 2012 年对世界农药生产量的调查显示,除草剂是目前使用量最大的农药种类,生产量占农药使用总量的 44%,杀虫剂占 29%,杀菌剂占 26%,其他占 1%。

(1) 杀虫剂/杀螨剂(insecticides/acaricides)。有机磷、氨基甲酸酯和拟除虫菊酯是当今化学杀虫剂领域的三大支柱。有机磷杀虫剂具有易于合成、杀虫广谱、在环境中降解快、在高等动物体内不易积累等特点,是市场占有率最大的杀虫剂类型。氨基甲酸酯类杀虫剂具有优异的生物活性和选择性,易于生物降解,不易产生抗性,是目前仅次于有机磷杀虫剂的品种。拟除虫菊酯是在天然除虫菊化学结构研究的基础上发展起来的高效、广谱、快速击倒、神经致毒型杀虫剂。除以上三大类杀虫剂外,还有有机氯杀虫剂、新烟碱类、芳基杂环类、苯甲酰脲类、脒类、有机锡类等杀虫剂品种。

(2) 杀菌剂(fungicides)。杀菌剂是在一定剂量或浓度下,能够杀死植物病原菌,或抑制其生长发育的农药,主要用于果蔬种植。三唑类杀菌剂和其他唑类杀菌剂,如多菌灵、苯菌灵等,是使用量较大的一类杀菌剂。此类杀菌剂具有内吸、高效、广谱、安全等特点,是目前杀菌剂中发展最为迅速的一类。有研究显示,在欧洲、亚洲、非洲、北美洲和南美洲的表层水体中三唑类杀菌剂均有较高浓度检出(平均检出浓度为 2.07 μg · L^{-1})。其他类型杀菌剂还有:吡咯类、苯甲酰胺类、甲氧基丙烯酸酯类、苯苄胺基嘧啶类、噁(咪)唑啉(酮)类、氨基酸衍生物、吗啉类杀菌剂等。

(3) 植物生长调节剂(plant growth regulators)。植物生长调节剂和植物激素总称为植物生长物质。植物激素是指植物体内天然存在的一类化合物,它的微量存在便可影响和有效调控植物的生长和发育。除植物体内天然存在的植物激素物质外,人类已经通过化工合成和微生物发酵等方式,研究并生产出一些与天然植物激素有类似生理和生物学效应的有机物质,称为植物生长调节剂。为便于区别,天然植物激素称为植物内源激素,植物生长调节剂则称为植物外源激素。植物生长调节剂分为植物生长抑制剂、延缓剂和促进剂三类,如三碘苯甲酸、丁酰肼、三十烷醇等。

(4) 除草剂/安全剂(herbicides/safeners)。除草剂通过干扰和抑制植物生长发育过程中的代谢作用而造成杂草死亡,作用靶标为酶系统。杂草的代谢过程包括光合作用、细胞分裂、色素合成、氨基酸合成、蛋白质和脂肪酸合成、微管形成、激素平衡等。因此,除草剂的作用靶标很多,包括乙酰辅酶 A 羧化酶、乙酰乳酸合成酶、咪唑甘油磷酸酶、原卟啉原氧化酶、对羟基苯基丙酮酸双氧化酶、芳香氨基酸、谷氨酰胺合成酶、微管系统、光合系统 I 和 II、酯类合成、色素合成等。除草剂按结构类型可分为磺酰脲类、咪唑啉酮类、三唑并嘧啶磺酰胺类、嘧啶水杨酸类、芳氧羧酸类、环己烯酮类、二苯醚类、三唑啉酮类、吡唑类、酰亚胺类、环状亚胺类、脲嘧啶类、三酮类、异噁唑类、苯基吡啶酮类、二硝基苯胺类、硫代磷酰胺酯类、氨基甲酸酯类、氯代乙酰胺类等。

安全剂是指保护作物免受除草剂的药害,从而增加作物安全性和改进杂草防除效果的化合物,包括解毒剂(antidotes)或保护剂(protectants)。安全剂本身不会对杂草清除产生负面影响,在使用杀草谱广的除草剂时能够有效保护作物,控制作物对除草剂的抗性,发挥和提高除草剂的选择性,扩大除草剂的杀草谱。常见安全剂有羧酸衍生物、二氯乙酰胺类、肟醚类、喹啉类、磺酰脲(胺)类等。

2) 农药的毒性

农药施用后可能存在对非靶标生物的毒害作用。近年来接近 45%的关于新烟碱类杀虫剂的研究论文均表明，新烟碱类杀虫剂对蜜蜂及其他传粉者具有不利影响，可能会导致蜜蜂种群崩溃。还有研究表明，拟除虫菊酯类杀虫剂对鱼类具有内分泌干扰效应。

农药的毒性是其危害环境及人畜安全的重要指标。农药毒理学评价指标主要有生物的急性、亚急性与慢性毒性、"三致"毒性及生态毒性等。急性毒性是衡量农药毒性强弱的最常用指标，常以农药对鼠、兔的经口、经皮和吸入的半数致死剂量 LD_{50} 或半数致死浓度 LC_{50} 来确定毒性等级。

农药的毒性除受农药自身性质影响外，农药制剂中的某些毒性杂质、代谢过程的中间体及降解产物也会使农药的毒性增大。HCHs 的高残毒性就是由于其中含有的无杀虫活性却有较强持久性、生物蓄积性和慢性毒性的几种异构体所致，而其有效成分 γ-HCH 却较易分解，且慢性毒性小，无明显的残毒问题。另外，有些农药经降解、转化后，产物的毒性并不会明显降低，甚至比母体毒性更大。也有一些农药虽然急性毒性较低，但却有较高的慢性毒性或"三致"毒性，在环境中施用后造成更为严重的潜在危害。致癌、致突变作用往往具有较长的潜伏期，如人从环境中接触致癌化学品，患癌症的潜伏期平均可达 15～20 年，而有些突变的发生甚至需经几代才能表现出来。因此，农药的潜在毒性对人体健康造成的危害往往更大，更具有不可逆性。

农药在田间使用时对各种生物的实际危害除与农药的毒性相关，还与生物接触农药的剂量、接触时间有关。实验室测定的 LC_{50} 并不能完全反映农药施用对生物的实际危害状况，因此需要将农药的毒性与田间的实际情况进行综合评价。例如，有机氯农药虽然毒性低，但因其用量大，残留期长，易在生物体内富集等原因而被禁用。因此在评价安全性时，不仅要注意农药的毒性，更应重视其实际危害性。农药对环境的实际危害还与农药的剂型有关，农药有颗粒剂、粉剂和乳剂等。

2. 多环芳烃

1) 多环芳烃的结构和性质

PAHs 是含有两个或两个以上苯环的碳氢化合物以及由它们衍生出的各种化合物的总称。20世纪初，沥青中存在的致癌物质被鉴定为 PAHs 后，PAHs 开始为世人所知。1930 年，二苯并[a,h]蒽被发现可使实验动物产生肿瘤病变。在此之后，有超过 30 种 PAHs 及上百种 PAHs 衍生物被指出具有致癌性，使得 PAHs 成为目前已知环境中最大量的具有致癌性的系列性化学物种。

PAHs 大多是无色或黄色结晶，个别具有深色，一般具有荧光，熔点及沸点较高，蒸气压很小，极不易溶于水，易溶于有机溶剂，化学性质稳定。环境中 PAHs 浓度较低，但分布很广。人体可通过大气、水、食物、吸烟等途径暴露于 PAHs，这是人类致癌的重要原因之一，因此针对致癌物作用方式的多数研究都是以 PAHs 为中心。图 5-11 给出了 EPA 优先控制的 16 种 PAHs(前 16 种)以及 4 种高致癌 PAHs 结构(以*标记)。表 5-9 列出一些 PAHs 的物理化学性质。

萘	二氢苊	苊	芴	菲
naphthalene	acenaphthylene	acenaphthene	fluorene	phenanthrene
M_r=128.17	M_r=152.19	M_r=154.21	M_r=166.22	M_r=178.23

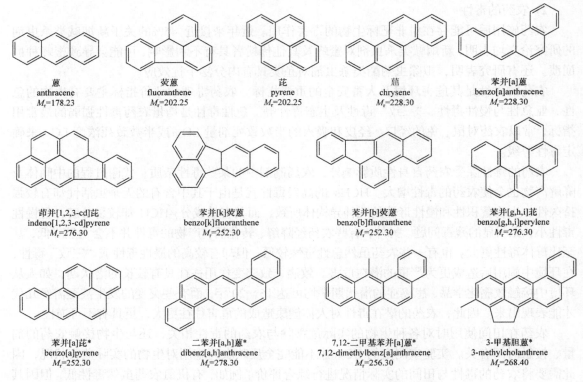

图 5-11　EPA 优先控制的 16 种 PAHs 及 4 种高致癌 PAHs 结构

(Chemical structures of 16 PAHs listed by EPA as priority and 4 typically carcinogenic PAHs marked with *)

表 5-9　18 种 PAHs 的物理化学性质

(Physical and chemical properties of 18 PAHs)

PAHs	lgK_{OW}(25℃)	沸点/℃	熔点/℃	蒸气压(25℃)/Pa	亨利常数 (25℃)/(Pa·m³·mol⁻¹)	有机碳吸附系数 lgK_{OC}
萘	3.4	218	81	3.7×10^1	4.3×10^1	2.9
二氢苊	4.0	265~275	92	4.1×10^0	8.4×10^0	3.8
苊	3.9	278	96	1.5×10^0	1.2×10^1	3.6
芴	4.2	295	116	7.2×10^{-1}	7.9×10^0	3.7
菲	4.6	339	101	1.1×10^{-1}	3.2×10^0	4.4
蒽	4.5	340	216	7.8×10^{-2}	4.0×10^0	4.3
荧蒽	5.2	375	111	8.7×10^{-3}	1.0×10^0	4.8
芘	5.2	360	156	1.2×10^{-2}	9.2×10^{-1}	4.9
苯并[a]蒽	5.9	435	160	6.1×10^{-4}	5.8×10^{-1}	5.3
䓛	5.9	448	255	1.1×10^{-4}	6.5×10^{-2}	5.0
苯并[b]荧蒽	5.8	481	168	7.6×10^{-6}	6.7×10^{-2}	5.0
苯并[k]荧蒽	6.0	481	217	4.1×10^{-6}	1.6×10^{-2}	4.3
苯并[a]芘	6.0	495	175	2.1×10^{-5}	4.6×10^{-2}	6.0
二苯并[a,h]蒽	6.5	524	270	3.3×10^{-5}	1.4×10^{-2}	6.3

续表

PAHs	lgK_{OW}(25℃)	沸点/℃	熔点/℃	蒸气压(25℃)/Pa	亨利常数 (25℃)/(Pa · m³ · mol⁻¹)	有机碳吸附系数 lgK_{OC}
茚并[1,2,3-cd]芘	6.7	536	164	4.4×10^{-7}	3.5×10^{-2}	6.2
苯并[g,h,i]芘	6.5	467	277	2.3×10^{-5}	7.5×10^{-2}	4.6
7,12-二甲基苯并[a]蒽	5.8	463	123.5	9.1×10^{-5}	3.8×10^{-1}	5.0
3-甲基胆蒽	6.4	280	180	4.3×10^{-3}	5.3×10^{-1}	4.9

2) 多环芳烃的来源

PAHs 的来源可分为天然源和人为源。PAHs 的天然来源包括火山喷发、森林植被和灌木丛燃烧等。一些藻类、微生物和植物也能通过生物合成产生一定数量的 PAHs。人类活动特别是化石燃料的不完全燃烧是环境中 PAHs 的主要来源。煤、石油、天然气、木材、纸张、秸秆、烟草等含碳氢化合物的物质，经不完全燃烧或在还原性气体环境中热分解都会生成 PAHs。其中煤燃烧时生成的 PAHs 量最高，石油次之，天然气最少。交通工具尾气排放、吸烟(在室内尤为严重)、蚊香驱蚊等过程中也会产生 PAHs。在适当的环境和充分的时间及 100～150℃ 的低温下，有机物的裂解也能生成 PAHs。例如，在餐饮业烹调食物时，食物中的有机高分子就可以分解生成 PAHs。还有一部分 PAHs 来自化石燃料本身的流失，主要包括炼油厂、石化厂的废弃物，原油泄漏、船舶漏油等。

3) 多环芳烃的毒性

许多 PAHs 具有"三致"效应，并且由于 PAHs 的化学惰性，可以在环境和生态系统中存在很长时间，这使得 PAHs 的环境生态风险性更大。PAHs 的毒性表现在以下三个方面：

(1) "三致"效应。苯并[a]芘、苯并[a]蒽、苯并[b]荧蒽等具有很强的致癌性或致癌诱变性，长期接触可能诱发皮肤癌、阴囊癌、肺癌等。1775 年，英国人发现烟囱清扫工人多患阴囊癌；1892 年，又有人发现从事煤焦油和沥青作业的工人多患皮肤癌。自从 1933 年从煤焦油中分离出苯并[a]芘以来，对 PAHs 的"三致"毒性进行了大量研究。而且，流行病学调查统计也表明，焦炉工人的肺癌发病率较高。大气中的 PAHs 与居民肺癌发病有明显的相关性。1973 年，美国分析了有关肺癌流行病学调查资料，认为大气中苯并[a]芘浓度每增加 1 ng · m⁻³，肺癌死亡率相应升高 5%。

20 世纪 70 年代以前，人们一直以为 PAHs 就是直接致癌物，后来认识到 PAHs 本身对生物并无多大负效应，它们只有被酶系统代谢后才具有致癌作用。例如，苯并[a]芘进入机体后，除少部分以原形态排出外，还有一部分经肝、肺细胞微粒体中混合功能氧化酶激活，转化为数十种代谢产物。其中转化为羟基化合物或醌类的是解毒反应，而转化为环氧化合物，特别是7,8-环氧化物，则是一种活化反应。这些活性形式的代谢产物可与 DNA 发生共价结合，具有强烈的致癌效应。一些学者针对 PAHs 的化学结构和致癌性从不同角度做了许多研究。结果证明，三环以下和七环以上的芳烃类母体不致癌，有致癌性的是四到六环母体的一部分。对某一单独的特殊 PAH 或化合物，其致癌性取决于其结构特性，包括分子的形状、大小、厚度、位阻因素等。例如，苯并[a]芘的两个同分异构体，苯并[a]芘是强致癌的，而苯并[e]芘则是不致癌或有微弱致癌性的。

(2) 对微生物生长有强烈的抑制作用。虽然一些 PAHs 因水溶性差及其稳定的环状结构而不易被生物利用，但微生物细胞一旦暴露，PAHs 可对细胞产生破坏作用，抑制一些微生物的生长。

(3) 光致毒性效应。某些 PAHs 经紫外光照射后毒性可能会更大，产生光致毒性。PAHs 吸收紫外光后，被激发成单线态或三线态分子，其中一部分将能量传给氧，从而产生反应能力强的单线态氧，它能损坏生物膜。PAHs 与光化学烟雾接触，也能生成致突变性更强的物质。例如，苯并[a]芘在光和氧的作用下，可在大气中形成 1,6-醌苯并芘、3,6-醌苯并芘和 6,12-醌苯并芘。

3. 溴代阻燃剂及多溴二苯醚

(1) 溴代阻燃剂(brominated flame retardants，BFRs)具有良好的阻燃效果，被广泛应用在纺织、家具、塑料制品、电路板和建筑材料中。其中应用最广的溴代阻燃剂有：多溴二苯醚、四溴双酚 A(tetrabromobisphenol A，TBBPA)、多溴联苯(polybrominated biphenyls，PBBs)、六溴环十二烷(HBCD)等(图 5-12)。多溴二苯醚(PBDEs)中的四溴二苯醚、五溴二苯醚、六溴二苯醚和七溴二苯醚，以及 PBBs 中的六溴联苯，于 2009 年 5 月被列入 POPs 清单，随后 HBCD 以及商用十溴二苯醚也分别在 2013 年和 2017 年被列入 POPs 清单。

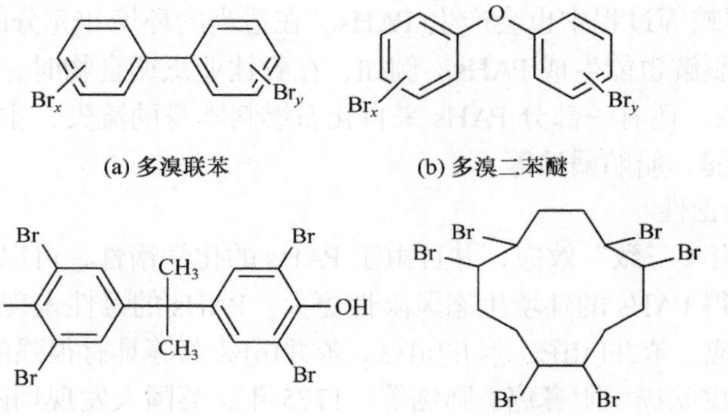

(a) 多溴联苯   (b) 多溴二苯醚

(c) 四溴双酚A   (d) 六溴环十二烷

图 5-12 四种溴代阻燃剂的分子结构

(Molecular structures of four brominated flame retardants)

PBDEs 具有与 PCBs 类似的结构，共有 209 个系列物。由于具有阻燃效果，且化学性质非常稳定，从 20 世纪 70 年代起，PBDEs 作为一类重要的阻燃剂被广泛添加到各种家庭用品及电子产品中。由于不与塑料、海绵等发生结合，PBDEs 很容易从这些物品中逸出进入室内空气。当含 PBDEs 的物品被遗弃、分解或焚烧，PBDEs 就会吸附在颗粒物上进入大气，沉降进入水体和沉积物中，或者通过水生食物链在生物体内富集。

商业用 PBDEs 主要分为三类：第一类是商业五溴联苯醚，是 2,2′,4,4′-T₄BDE(BDE-47)、2,2′,4,4′,5-P₅BDE(BDE-99)、2,2′,4,4′,6-P₅BDE(BDE-100)、2,2′,4,4′,5,5′-H₆BDE(BDE-153)和 2,2′,4,4′,5,6′-H₆BDE(BDE-154)的混合物，比例约为 9∶12∶2∶1∶1；第二类为商业八溴联苯醚，是六溴联苯醚到九溴联苯醚的混合物；第三类是十溴联苯醚(BDE-209)的商业混合物，这一类占了 PBDEs 总需求的 75%。至 20 世纪 90 年代中期，全世界生产的 PBDEs 约 5 万吨。随着人们对 PBDEs 环境影响认识的深入，一些国家和地区已开始控制 PBDEs 的生产和使用。2004 年 8 月欧盟停止商业生产五溴联苯醚和八溴联苯醚，美国的许多主要生产商也主动在 2004 年底停止生产五溴联苯醚和八溴联苯醚。

(2) PBDEs 的暴露途径及浓度水平。通过食物(尤其是鱼)摄入是 PBDEs 进入人体的一个重要途径。表 5-10 为 2007 年以来调查的中国 7 类食品中各种 PBDEs 的浓度,可以看出,PBDEs 在水产品和含脂肪较多的食物中富集显著,并且 BDE-47 在生物体内的留存的能力最强。

表 5-10 南京不同食物样品中 PBDEs 的浓度(pg · g⁻¹ 湿重)(Su et al., 2012)
[Concentrations of PBDEs in different food samples of Nanjing, China(pg · g^{-1} wet weight)]

食物类型	BDE-17	BDE-28	BDE-71	BDE-47	BDE-66	BDE-100	BDE-99	BDE-154	BDE-153	∑PBDEs
鲶鱼	0.5	20	3.8	190	6.0	23	6,6	21	5.7	270
鲫鱼	N.D.	4.9	2.2	71	4.0	4.0	1.3	5.2	3.4	96
河虾	N.D.	6.8	0.6	28	2.2	4.2	2.2	5.4	2.1	52
鸡肉	N.D.	3.8	1.0	35	2.6	7.2	6.5	5.6	2.7	64
牛肉	N.D.	7.8	1.1	36	4.7	9.3	7.1	7.9	1.8	76
鸭肉	N.D.	16	5.1	130	13	31	36	43	19	300
猪肉	N.D.	6.2	3.7	52	3.7	9.1	15	12	9.3	110

注: N.D.表示未检出。

吸入空气中的灰尘也是人体一种重要的 PBDEs 摄入途径。低溴代的 PBDEs 更多地分布在气相中,而高溴代的 PBDEs 分布于颗粒相较多。例如,在英国议会大厦收集的灰尘中,BDE-209 的浓度达 4500 μg · kg⁻¹;北京办公室灰尘中,BDE-209 在灰尘中浓度均值为 490 μg · kg⁻¹;美国家庭室内灰尘中,BDE-209 的浓度达到 2200 μg · kg⁻¹;爱尔兰汽车内灰尘中,BDE-209 的浓度达到 82000 μg · kg⁻¹。有研究表明,家具是室内空气中 PBDEs 的主要来源,室内空气中的 PBDEs 浓度高于室外空气,也就是说,室内空气正在污染着室外空气,这是与其他 POPs 所不同的。

(3) PBDEs 的毒性。一般认为,PBDEs 和 PCBs 在结构上很相似,其毒性也具有相似性。PBDEs 会扰乱甲状腺激素的作用,如图 5-13 所示,PCBs、PBDEs 和甲状腺激素都有两个被卤素原子取代的苯环。PBDEs 于体内在 P450 酶的作用下,能够被转化为羟基取代的 PBDEs (HO-PBDEs),HO-PBDEs 和 PBDEs 相比,与甲状腺激素受体的结合能力更强。与其他 PBDEs 相比,BDE-209 在人体内的含量要小得多,其毒性也被认为小得多,所以目前有些国家还允许生产 BDE-209。低取代的 PBDEs(如四溴联苯醚和六溴联苯醚)具有较高的致癌性和内分泌干扰性,而高取代的 PBDEs 毒性较小,其原因可能是分子较大而不易被吸收。研究发现,高溴代 PBDEs 在鲤鱼和白鼠体内会被转化成低溴代的 PBDEs。在啮齿动物体内 PBDEs 的降解半减期,远远小于在其他哺乳动物体内的半减期。

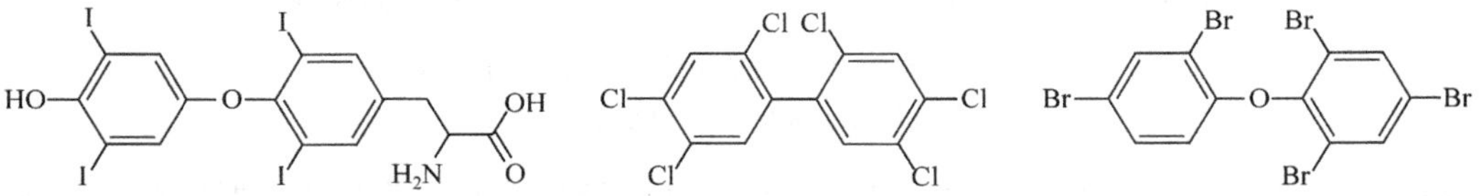

(a) 甲状腺激素　　　　　　(b) PCB-153　　　　　　(c) PBDE-100

图 5-13 甲状腺激素、PCB-153 和 PBDE-100 的分子结构
(Molecular structure of thyroid-stimulating hormone, PCB-153 and PBDE-100)

4. 全氟及多氟烷基化合物

全氟及多氟烷基化合物(per- and polyfluoroalkyl substances，PFASs)是一类碳骨架上氢原子全部或部分被氟原子替代的人造化合物。PFASs 具有疏油、疏水、耐酸碱、耐氧化等特性，因而被广泛应用于纺织、造纸、包装、农药、地毯、皮革、地板打磨、洗发香波和灭火泡沫等工业和民用领域。由于 C—F 键具有很高的键能，因此 PFASs 普遍具有很高的稳定性，能够经受强热、光照、化学作用、微生物作用和高等脊椎动物的代谢作用而不降解，这也使得 PFASs 在环境中具有很强的持久性。PFASs 普遍分为 3 类，分别为全氟化合物(perfluoroalkyl substances，PerFASs)、多氟化合物(polyfluoroalkyl substances，PolyFASs)和氟聚合物(fluorinated polymers)，具体分类见图 5-14。环境中存在的 PerFASs 主要有全氟羧酸类、全氟磺酸类、全氟酰胺类及全氟调聚醇等，其中 PFOS 和 PFOA 是环境中常被检出的两种典型的 PFASs，而且这两种化合物也是多种 PFASs 在环境中的最终转化产物，可以在生物体内蓄积且不易降解。图 5-15 为 PFOS 和 PFOA 的分子结构。PFOS 及其盐类、全氟辛基磺酰氟于 2009 年 5 月被列入 POPs 清单；PFOA 及其盐类等相关化合物于 2019 年 5 月被列入 POPs 清单。

- 全氟及多氟烷基化合物
  - 全氟化合物
    - 全氟磺酸类 perfluoroalkyl sulfonates
    - 全氟羧酸类 perfluoroalkyl carboxylates
    - 全氟磷酸类 perfluoroalkyl phosphonates
    - 全氟磺酰胺类 perfluoroalkyl sulfonamides
    - 全氟磺酰胺乙醇 perfluoroalkyl sulfonamidoethanols
    - 全氟磺酰胺乙酸 perfluoroalkyl sulfonamidoacetic acids
  - 多氟化合物
    - 多氟烷基磷酸酯 polyfluoroalkyl phosphoric acid esters
    - 氟调聚醇 fluorotelomer alcohols
    - 氟调聚磺酸类 x：2 fluorotelomer sulfonates
    - 氟调聚羧酸类 x：2 fluorotelomer carboxylates
    - 氟调聚饱和醛类 n：2 fluorotelomer saturated aldehydes
    - 氟调聚不饱和醛类 n：2 fluorotelomer unsaturated aldehydes
  - 氟聚合物
    - 含氟聚合物 fluoropolymers
    - 全氟聚醚 fluoropolyether
    - 侧链含氟聚合物 side-chain fluorinated polymers

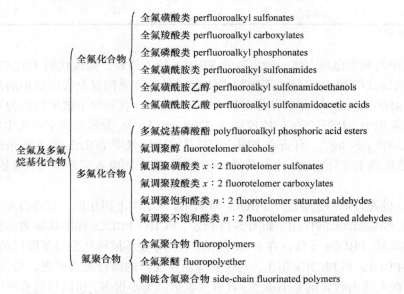

图 5-14　全氟及多氟烷基化合物(PFASs)分类(Classification of PFASs)

(a) PFOA($C_8F_{15}COOH$)　　　　(b) PFOS($C_8F_{17}SO_3H$)

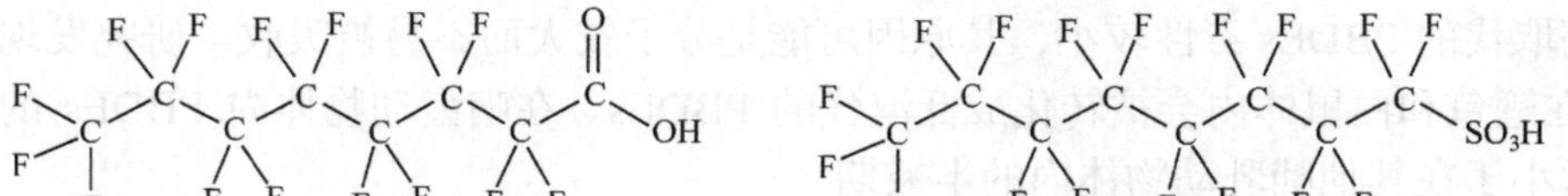

图 5-15　全氟辛酸和全氟辛烷磺酸的分子式
(Molecular formular of PFOA and PFOS)

PFASs 普遍存在于各种环境介质中，不仅职业人群暴露而且非职业人群也存在暴露。以 PFOS 和 PFOA 为例，它们不仅在人口密集的城市存在，而且在偏远的山区及极地(如北极)也广泛存在。多数 PFASs 的极性和水溶性较大，蒸气压和挥发性较小，但却具有挥发性和半挥发性物质才有的长距离传输性。迄今，在全球范围内的众多地区乃至北极地区均检出 PFASs。

目前对 PFASs 的长距离传输现象的解释主要有两种理论。一是由许多挥发性较强的 PFOS 前体化合物(如全氟辛烷磺酸酯、全氟辛烷磺酰胺和全氟辛烷磺酰醇等)的长距离传输造成的，即这些化合物先长距离传输，再降解成为 PFOS。另一种解释即是海洋传输，也就是 PFASs 直接排放引起的。目前 PFASs 已经在饮用水、空气、人体血液、尿液、毛发、指甲和母乳中广泛检出。在辽宁地表水中，PFOS 检出浓度最高达 31 ng·L^{-1}，PFOA 最高达到 82 ng·L^{-1}；我国 15 个省和直辖市的 17 个城市的室内空气灰尘样品中 PFOS 平均浓度达到 4.86 ng·g^{-1}，PFOA 浓度达到 205 ng·g^{-1}；采集于河北省的人体血液样品中 PFOS 检出浓度达到 33.3 ng·mL^{-1}，PFOA 浓度达到 2.38 ng·mL^{-1}。

　　PFASs 在污水处理厂中检出频率很高，其中也是以 PFOS 和 PFOA 这两种典型 PFASs 为主。有研究表明，PFASs 的前体化合物会在污水处理过程中降解为 PFOS 和 PFOA，且工业废水中 PFOS 和 PFOA 的含量显著高于生活污水。PFASs 广泛存在于室内灰尘中，灰尘很可能是人类暴露 PFASs 的重要途径之一。研究指出，PFASs 的浓度可能与灰尘颗粒大小有一定关系。饮食和饮水也是其潜在的暴露途径，PFASs 在环境介质迁移扩散的过程中，会通过各种途径进入和累积于动物体内，并随食物链或其他途径最终进入人体。PFASs 易与蛋白结合，存在于血液和肝脏等组织器官中。

　　毒理研究表明，PFOA 和 PFOS 对啮齿类动物可表现出肝毒性、发育毒性、免疫毒性、内分泌干扰性及潜在的致癌性。很多研究表明 PFASs 可能与人类疾病，如尿酸、哮喘、肝脏肿瘤、慢性肾病及免疫系统破坏等相关。

5. 多氯代萘

　　多氯代萘(PCNs)的分子结构如图 5-16 所示，理论上它存在 75 个系列物。PCNs 添加于电容器、变压器介质、润滑油添加剂、电缆绝缘及防腐剂等。PCNs 的生产和应用始于 20 世纪初，并且直到 70 年代仍为高产量化学品。PCNs 的其他来源还有氯碱工业、垃圾焚烧等。PCNs 中有共平面结构，类似于毒性最强的 2,3,7,8-T$_4$CDD，能够诱导 EROD(7-乙氧基-3-异吩唑酮-脱乙基酶)和 AHH(芳香烃羟化酶)等酶反应。有研究表明，与 PCDD/Fs 和 PCBs 类似，PCNs 与 Ah 受体作用，表现出二噁英类化合物的生化和毒性响应模式。

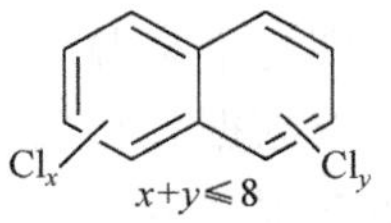

图 5-16　多氯代萘的分子结构
(Molecular structure of PCNs)

　　PCNs 具有低水溶性、低蒸气压、难降解等特性，使得沉积物成为这类物质的汇，有研究表明在我国青岛近岸沉积物中 PCNs 含量为 212～1209 ng·kg^{-1}。海洋中 PCNs 可通过悬浮颗粒物的吸附及海洋食物链的转移进入沉积物及海产品中。目前使用的判别 PCNs 来源的方法主要有指纹法和趋势法。指纹法是指相同来源的 PCNs 具有相同的同系物、异构体组成。若来源不止一个，指纹信号往往无法辨认。理论上对信号进行统计学处理应得到不同来源的贡献，但由于各异构体在迁移过程中逸度、介质间分配系数以及光化学分解速率的不同，指纹会发生变化。趋势法是指通过对沉积物岩心中 $\sum$PCNs 含量与 PCNs 产品年生产量历史纪录，以及同 $\sum$PCBs 含量的比较，来判断 PCNs 是来自使用来源或二次来源。一些 PCNs 可在燃烧和热加工过程中作为副产物产生，这是目前大气环境中 PCNs 的主要来源，有研究报道多种热加工过程的 PCNs 排放量要比 PCDD/Fs 大。

5.3 化学污染物的源解析技术

5.3.1 源解析概述

为了降低环境中污染物的浓度，首先需要降低污染物的排放速率。为有效地控制和削减污染物的排放速率，就必须要明确各种污染物的主要来源。源解析(source apportionment)是揭示污染源对环境污染的贡献和影响的系列技术。源解析方法主要分为三大类：受体模型(receptor model)、扩散模型(dispersion model)和清单分析(inventory analysis)。图 5-17 给出了目前常用的几种源解析方法及它们之间的关系。

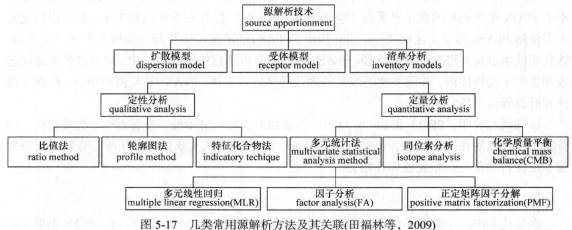

图 5-17　几类常用源解析方法及其关联(田福林等，2009)

(Various methods for source apportionment and their relationships)

早期污染来源解析使用的多是扩散模型。扩散模型是一种预测式模型，通过输入各个污染源的排放数据和相关气象信息，可预测某一时间、某一地点的污染情况。然而，扩散模型用于源解析在很多方面不能令人满意。受体模型是通过对采样点(受体)的环境样品的化学和显微分析，确定各污染源贡献率的一系列技术。受体模型的最终目的是识别对受体有贡献的污染源，并且定量各污染源的贡献率。受体模型与扩散模型不同，它是一种诊断式的模型，它解释的是过去而不是将来。受体模型的成功应用，很大程度上要依靠对污染物的大量采集和准确分析。狭义的源解析仅指使用受体模型进行的源解析。

5.3.2 受体模型

应用受体模型的源解析又可分为定性方法和定量方法两类。

1. 定性方法

定性方法，顾名思义，即定性地确定主要的污染源，并不能定量地给出各污染源的贡献率。目前，由于各种定量方法的出现和不断完善，定性方法只是作为一种辅助手段，一般不单独使用。定性方法主要有比值法、轮廓图法、特征化合物法等。

(1) 比值法。由于各种污染源生成污染物的机理和具体条件不同，从而生成的污染物的组成和相对含量会有不同程度的差别，以此为依据来定性地确定各个污染源，即为比值法。比值法在 PAHs 的源解析中有较多的应用。表 5-11 列举了大气颗粒物中 PAHs 的部分比值数据。

表 5-11　大气颗粒物中特定污染源排放的 PAHs 的比值(Simcik et al.，1999；Kavouras et al.，2001)
(Diagnostic ratios of PAHs in atmospheric particles from specific source emissions)

特征化合物的浓度比	车辆	汽油燃烧	木材燃烧	煤燃烧	柴油燃烧	炼焦炉	焚烧炉
BaP/BghiP	0.3~0.78	0.3~0.4		0.9~6.6	0.46~0.81	5.1	0.14~0.6
Phe/An	2.7	3.4~8	3	3	7.6~8.8	0.79	
BaA/Chr	0.63	0.28~1.2	0.93	1.0~1.2	0.17~0.36	0.7	
BeP/BaP		1.1~1.3	0.44	0.84~1.6	2~2.5	2.6	
Flu/(Flu + Pyr)		0.4	0.74		0.6~0.7		
BeP/(BeP + BaP)		0.6~0.8	0.48		0.29~0.4		
InP/(InP + BghiP)		0.18			0.35~0.7		

注：苯并[a]芘：benzo(a)pyrene，BaP；苯并[g,h,i]芘：benzo[g,h,i]perylene，BghiP；菲：phenanthrene，Phe；蒽：anthracene，An；苯并[a]蒽：benz[a]anthracene，BaA；䓛：chrysene，Chr；苯并[e]芘：benzo[e]pyrene，BeP；荧蒽：fluoranthene，Flu；芘：pyrene，Pyr；茚并[1,2,3-cd]芘：indeno[1,2,3-cd]pyrene，InP。

【例 5-1】　某地区气溶胶颗粒物中测得一些 PAHs 的浓度为 $c_{Phe} = 31.0 \ \mu g \cdot m^{-3}$，$c_{An} = 4.0 \ \mu g \cdot m^{-3}$，$c_{BaP} = 7.2 \ \mu g \cdot m^{-3}$，$c_{BghiP} = 22.0 \ \mu g \cdot m^{-3}$，$c_{BeP} = 10.5 \ \mu g \cdot m^{-3}$，根据以上数据推断该地区的 PAHs 来源。

解　根据现有数据计算特征化合物的浓度比：

$$c_{BaP}/c_{BghiP} = 7.2 \ \mu g \cdot m^{-3}/22.0 \ \mu g \cdot m^{-3} = 0.33$$

$$c_{Phe}/c_{An} = 31.0 \ \mu g \cdot m^{-3}/4.0 \ \mu g \cdot m^{-3} = 7.75$$

$$c_{BeP}/c_{BaP} = 9.5 \ \mu g \cdot m^{-3}/7.2 \ \mu g \cdot m^{-3} = 1.32$$

$$c_{BeP}/(c_{BeP} + c_{BaP}) = 9.5 \ \mu g \cdot m^{-3}/(9.5 + 7.2) \ \mu g \cdot m^{-3} = 0.57$$

对照表 5-11 特征化合物浓度比，初步判断该地区 PAHs 污染主要由汽油燃烧导致。

(2) 轮廓图法。该法通过比较环境样品和特征污染源中多种污染物的轮廓图来识别某种污染物的来源。轮廓图法具有直观明了的优点，但需要预先知道特征污染源的轮廓图。轮廓图是指采样点污染物成分与含量绘制的成分谱图。当特征污染源的轮廓图不明显时，识别主要污染源就比较困难。

(3) 特征化合物法。该法是根据污染源排放物中含有某种特征化合物来确定污染物来源的一种方法，在 PAHs 的源解析中多有应用。例如，有研究表明，晕苯(coronene)的主要来源是汽车尾气，所以就可以用晕苯的含量来判别汽车排放对 PAHs 的贡献率。惹烯(retene)主要来自木材的燃烧，所以如果含有较多的惹烯，则可以判定 PAHs 主要来自木材燃烧。

2. 定量方法

从 20 世纪 60 年代美国就开始应用受体模型进行污染物来源解析研究。Blifford 和 Meeker 在研究颗粒污染物时，首先把着眼点由排放源转移到受体，通过化学质量平衡模型，由分析在受体采集的颗粒物样品来推断污染的来源。经过多年的发展和完善，化学质量平衡模型已成功地应用于城市地区大气中总悬浮颗粒物(total suspended particulate，TSP)的源解析，并得到了与实际情况相符的计算结果。

目前，用于污染物定量源解析的受体模型主要有：化学质量平衡模型、主成分分析法、因子分析、正定矩阵因子分解、Unmix 模型以及其他多元统计类方法。其中化学质量平衡模型被美国 EPA 推荐用于空气质量模型分析。这里简要介绍一下化学质量平衡模型(chemical mass balance model，CMB)和正定矩阵因子分解(positive matrix factorization，PMF)模型的基本原理。

(1) CMB 是一种在大气污染物源解析中广泛应用且发展较为成熟的模型，依据质量守恒定律，通过采样点受体中各种物质的浓度来确定各污染源的贡献率。CMB 模型有 6 个假设：①采样过程中源排放组分不变；②各化学组分之间不互相作用(即污染物浓度线性相加)；③已识别所有可能对受体产生贡献的污染源和排放特点；④污染源数量要少于或等于污染物的种类；⑤源成分谱之间是线性独立的；⑥测量不确定度是随机、不相关和正态分布的，从而有下式：

$$C_i = \sum_j m_j x_{ij} + \alpha_i \qquad (5\text{-}1)$$

式中，C_i 为污染物 i 在采样点受体中的浓度；m_j 为第 j 污染源对污染物的贡献率；x_{ij} 为第 j 污染源中污染物 i 的浓度；α_i 为残差。

使用式(5-1)，要预先知道源的成分谱，即在某一地区各主要污染源排放的各种污染物的浓度分布。通常，所测的污染物的个数比假设的主要污染源个数多，所以求解式(5-1)可以得到未知的污染源的贡献率 m_j。CMB 模型多用于多环芳烃、颗粒物和无机污染物的源解析，但对于其他污染物，仍存在污染源的污染物成分谱缺失，以及部分污染物在环境介质中不稳定等问题，直接应用会给源解析带来较大的误差。

2003 年，CMB 模型被用于芝加哥 Calumet 湖底沉积物中的 PAHs 的源解析。由于排放源的成分谱对于 CMB 模型的应用起到至关重要的作用，所以研究者通过查阅大量文献，总结各种 PAHs 的污染源成分谱图。结果表明，来自焦炉排放的 PAHs 占 21%～53%，交通排放占 27%～63%。

【例 5-2】 某采样点采集 PM₂.₅ 中铅(Pb)元素浓度为 0.9347 μg · mg⁻¹，硫(S)元素浓度为 4.193 μg · mg⁻¹，且该采样点 PM₂.₅ 贡献主要来源为地面扬尘和建筑尘，已知地面扬尘中 Pb 和 S 浓度分别为 0.15 μg · mg⁻¹ 和 7.56 μg · mg⁻¹，建筑尘中 Pb 和 S 浓度分别为 3.04 μg · mg⁻¹ 和 5.23 μg · mg⁻¹。求地面扬尘和建筑尘分别对该点 PM₂.₅ 的贡献率。

解 设地面扬尘、建筑尘对该采样点的贡献率分别为 x 和 y，对 Pb 和 S 元素分别列质量守恒方程：

$$c_{Pb} = (0.15x + 3.04y)\ \mu g \cdot mg^{-1} = 0.935\ \mu g \cdot mg^{-1}$$

$$c_S = (7.56x + 5.23y)\ \mu g \cdot mg^{-1} = 4.193\ \mu g \cdot mg^{-1}$$

解得 $x = 0.356,\ y = 0.29$

即地面扬尘和建筑尘对该采样点的贡献率分别为 35.6% 和 29.0%

---

(2) PMF 是一种多元因子分析方法，使用样本浓度和用户提供的与样本数据相关的不确定性来衡量各源的权重。PMF 假设样品浓度矩阵 X 为 $n \times m$ 矩阵，n 为样品数，m 为化学成分(如各种 PCBs 系列物)数目，那么 X 可以分解为 $X = GF + E$，其中 G 为 $n \times p$ 的矩阵，F 为 $p \times m$ 的矩阵，p 为主要污染源的数目，E 为残差矩阵。定义：

$$e_{ij} = x_{ij} - \sum_{k=1}^{p} g_{ik} f_{kj}\ (i = 1, 2, \cdots, n; j = 1, \cdots, m; k = 1, \cdots, p) \qquad (5\text{-}2)$$

$$Q = \sum_{i=1}^{n} \sum_{j=1}^{m} \left[\frac{x_{ij} - \sum_{k=1}^{p} g_{ik} f_{kj}}{s_{ij}} \right]^2 \tag{5-3}$$

式中，x_{ij}、f_{kj}、g_{ik} 分别为 X、F、G 中对应的元素；s_{ij} 为 X 的标准偏差，表示第 i 个样品中第 j 种化合物的不确定性。约束条件为 G 和 F 中的元素都为非负值，最优化目标是使目标函数 Q 达到最小值，这样可以确定出 G 和 F，G 为污染源的贡献率，F 为主要源的指纹谱。PMF 模型被成功应用于美国 Hartwell 湖底沉积物中 PCBs 的源解析，得到了两个主要的 PCBs 来源，一个是含 80%的 Aroclor 1016 和 20%的 Aroclor 1254 的 PCBs 混合物，另一个是 PCBs 及其脱氯降解混合物。

本 章 小 结

本章主要介绍了重金属及非金属类化合物、POPs 和几种代表性毒害有机污染物的基本概念、理化性质、来源和危害，并简要介绍了污染物源解析的相关技术。需要重点掌握 POPs 的基本概念及其原理，了解 POPs 公约及其背景，知晓典型持久性有毒物质的母体结构。

思 维 导 图

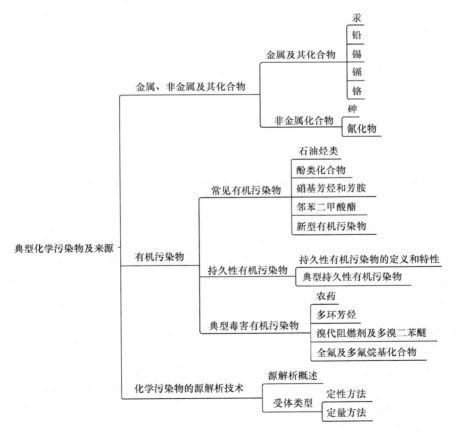

习题和思考题

5-1 什么是 POPs？POPs 的判别标准是什么？

5-2 列举几种典型的无机污染物，说明其主要来源和危害。

5-3 PCBs、PBDEs、PAHs、PCDD/Fs、PCDDs、PCDFs 和 PFASs 分别指代什么化学污染物？

5-4 列举几种典型的 PTS，说明其主要来源和危害。

5-5 某批鱼类样品脂肪中检测到多种二噁英，其平均浓度和毒性当量因子(TEF)如下表。请根据该样品中二噁英浓度和 2005 年 WHO 的 TEF 标准，计算该样品的 PCDD/Fs 毒性当量(TEQ)。

PCDD/Fs	平均浓度/(pg · g⁻¹湿重)	TEF-WHO₀₅
2,3,7,8-T₄CDD	0.30	1.0
1,2,3,7,8-P₅CDD	0.80	1.0
1,2,3,4,7,8-H₆CDD	0.23	0.1
1,2,3,6,7,8-H₆CDD	0.46	0.1
1,2,3,7,8,9-H₆CDD	0.17	0.1
1,2,3,4,6,7,8-H₇CDD	0.52	0.01
1,2,3,4,6,7,8,9-O₈CDD	2.9	0.0003
2,3,7,8-T₄CDF	3.3	0.1
1,2,3,7,8-P₅CDF	0.96	0.03
2,3,4,7,8-P₅CDF	2.1	0.3
1,2,3,4,7,8-H₆CDF	0.29	0.1
1,2,3,6,7,8-H₆CDF	0.33	0.1
1,2,3,7,8,9-H₆CDF	0.10	0.1
2,3,4,6,7,8-H₆CDF	0.39	0.1
1,2,3,4,6,7,8-H₇CDF	0.32	0.01
1,2,3,4,7,8,9-H₇CDF	0.1	0.01
1,2,3,4,6,7,8,9-O₈CDF	0.2	0.0003

资料来源：Hasegawa et al.，2007。

5-6 采用双比值法，判断下图区域内 PAHs 的主要来源。注：菲/蒽(Phe/An)比值大于 10 表明 PAHs 主要来自石油挥发过程，小于 10 则说明主要来自化石燃料的高温燃烧；荧蒽/芘(Flu/Pyr)的比值大于 1，表明 PAHs 主要来自石油燃烧，小于 1 说明主要来自煤和木材燃烧。$\sum$COMB 表示 9 种主要由高温产生的 PAHs(荧蒽，芘，苯并[a]蒽，䓛，苯并[b]荧蒽，苯并[k]荧蒽，苯并[a]芘，苯并[g,h,i]苝，茚并[1,2,3-cd]芘)浓度和 $\sum$PAHs 表示所有 PAHs 浓度之和，$\sum$COMB/$\sum$PAHs 的比值越大，说明高温燃烧产生的 PAHs 的比重越大。

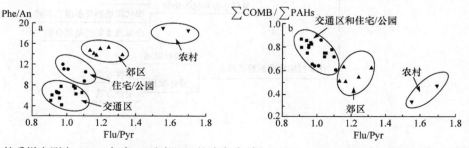

5-7 某采样点测定 PM₂.₅ 中砷(As)和铅(Pb)的浓度分别为 0.24 μg · mg⁻¹ 和 0.27 μg · mg⁻¹，已知该采样点

的 PM$_{2.5}$ 主要来源于扬尘和煤烟尘，其中扬尘中 As 浓度为 0.01 μg·mg^{-1}，Pb 浓度为 0.15 μg·mg^{-1}；煤烟尘中 As 浓度为 1.30 μg·mg^{-1}，Pb 浓度为 1.07 μg·mg^{-1}，请根据化学质量平衡(CMB)模型计算扬尘和煤烟尘对该采样点 PM$_{2.5}$ 贡献率。

主要参考资料

戴树桂. 2006. 环境化学. 2 版. 北京: 高等教育出版社.

丁克强, 骆永明, 刘世亮, 等. 2002. 多环芳烃菲对淹水土壤微生物动态变化的影响. 土壤, 34(4): 229-232, 236.

樊曙先, 徐建强, 郑有飞, 等. 2005. 南京市气溶胶 PM$_{2.5}$ 一次来源解析. 气象科学, 25(6): 587-593.

房存金. 2010. 土壤中主要重金属污染物的迁移转化及治理. 当代化工, 39(4): 458-460.

冯源. 2013. 重金属铅离子和镉离子在水环境中的行为研究. 北方环境, 25(3): 87-93.

高兰兰, 戴刚. 2017. 汞污染现状和研究进展. 环境与发展, 29(7): 142-143.

郭振, 汪怡珂. 2019. 镉在环境中的分布、迁移及转化研究进展. 环境保护前沿, 9: 365-370.

何燧源. 2005. 环境化学. 4 版. 上海: 华东理工大学出版社.

何沅卿, 罗勇军. 2017. 新疆砷污染现状及砷中毒防治研究进展. 人民军医, 60(6): 616-618, 625.

黄晓菊, 李小云. 2012. 生态系统中铅的迁移转化特征. 光谱实验室, 29(4): 2222-2225.

江桂斌. 2001. 国内外有机锡污染研究现状. 卫生研究, 30(1): 1-3.

江桂斌, 阮挺, 曲广波. 2019. 发现新型有机污染物的理论与方法. 北京: 科学出版社.

江桂斌, 郑明辉, 孙红文, 等. 2019. 环境化学前沿: 2 辑. 北京: 科学出版社.

江桂斌, 周群芳, 何滨, 等. 2000. 江西猪油中毒事件中的有机锡形态. 中国科学(B 辑化学), 30(4): 378-384.

蒋涛, 王光亮. 2000. 10.24 福建上杭氰化物特大污染事故始末. 化工劳动保护, 21: 441-443.

刘绮. 2004. 环境化学. 北京: 化学工业出版社.

刘兆荣, 陈忠明, 赵广英, 等. 2003. 环境化学教程. 北京: 化学工业出版社.

楼蔓藤, 秦俊法, 李增禧, 等. 2012. 中国铅污染的调查研究. 广东微量元素科学, 19(10): 15-34.

孟宾. 2012. 国内外有机硅市场发展现状及趋势. 化工新型材料, 40(8): 1-4.

潘茂华, 朱志良. 2013. 自然环境中砷的迁移转化研究进展. 化学通报, 76(5): 399-404.

戚佳琳. 2013. 工业产品与生态环境中有机锡化合物的形态分析与应用研究. 青岛: 中国海洋大学.

全燮, 陈硕, 薛大明, 等. 1995. 有机锡污染物在海洋沉积物中的迁移和转化. 海洋环境科学, 14(4): 21-26.

石孝洪, 魏世强, 李军. 2003. 有机锡化合物的环境化学行为及效应. 重庆大学学报(自然科学版), 26(7): 104-107.

史亚利, 潘媛媛, 王杰明, 等. 2009. 全氟化合物的环境问题. 化学进展, 21(Z1): 369-376.

田福林. 2009. 受体模型应用于典型环境介质中多环芳烃、二噁英和多氯联苯的来源解析研究. 大连: 大连理工大学.

田福林, 陈景文, 敖江婷. 2009. 受体模型应用于典型持久性有毒物质的来源解析研究进展. 环境化学, 28(3): 319-327.

王大宁, 董益阳, 邹明强. 2006. 农药残留检测与监测技术. 北京: 化学工业出版社.

王蕾娜. 2010. 1958—1982 松花江汞污染事件研究——基于政治经济学视角的历史分析. 南京: 中国水污染控制战略与政策创新研讨会.

王连生. 2004. 有机污染化学. 北京: 高等教育出版社.

习海玲, 赵三平, 刘昌财. 2016. 氰化物的环境归趋及其风险评述. 海口: 中国环境科学学会 2016 年学术年会.

徐淑玲, 尹芳华. 2008. 走进石化. 北京: 化学工业出版社.

徐衍忠, 秦绪娜, 刘祥红, 等. 2002. 铬污染及其生态效应. 环境科学与技术, 25: 8-9, 28.

杨华铮, 邹小毛, 朱有全, 等. 2013. 现代农药化学. 北京: 化学工业出版社.

杨永亮, 潘静, 李悦, 等. 2003. 青岛近岸沉积物中持久性有机污染物多氯萘和多溴联苯醚. 科学通报, 48: (21): 2244-2251.

张一宾, 张怿, 伍贤英. 2010. 世界农药新进展(二). 北京: 北京工业出版社.

Adriano D C. 2001. Trace Elements in Terrestrial Environments: Biogeochemistry, Bioavailability, and Risks of Metals.

2nd ed. New York: Springer.

Alcock R E, Gemmill R, Jones K C. 1999. Improvements to the UK PCDD/F and PCB atmospheric emission inventory following an emissions measurement programme. Chemosphere, 38(4): 759-770.

Anderson J C, Park B J, Palace V P. 2016. Microplastics in aquatic environments: Implications for Canadian ecosystems. Environmental Pollution, 218: 269-280.

Batrakova N, Travnikov O, Rozovskaya O. 2014. Chemical and physical transformations of mercury in the ocean: A review. Ocean Science, 10(6): 1047-1063.

Betts K. 2004. PBDEs and the environmental intervention time lag. Environmental Science & Technology, 38(20): 386A-387A.

Bilal M, Adeel M, Rasheed T, et al. 2019. Emerging contaminants of high concern and their enzyme-assisted biodegradation: A review. Environment International, 124: 336-353.

Boening D W. 2000. Ecological effects, transport, and fate of mercury: A general review. Chemosphere, 40(12): 1335-1351.

Brander S M, Gabler M K, Fowler N L, et al. 2016. Pyrethroid pesticides as endocrine disruptors: Molecular mechanisms in vertebrates with a focus on fishes. Environmental Science & Technology, 50(17): 8977-8992.

Bzdusek P A, Christensen E R, Lee C M, et al. 2006. PCB congeners and dechlorination in sediments of Lake Hartwell, South Carolina, determined from cores collected in 1987 and 1998. Environmental Science & Technology, 40(1): 109-119.

Clarkson T W, Magos L, Myers G J. 2003. The toxicology of mercury-current exposures and clinical manifestations. New England Journal of Medicine, 349(18): 1731-1737.

Clifton J C Ⅱ. 2007. Mercury exposure and public health. Pediatric Clinics of North America, 54(2): 237.e1-237.e45.

Fiedler H. 1996. Sources of PCDD/PCDF and impact on the environment. Chemosphere, 32: 55-64.

Gevao B, Harner T, Jones K C. 2000. Sedimentary record of polychlorinated naphthalene concentrations and deposition fluxes in a dated lake core. Environmental Science & Technology, 34(1): 33-38.

Gomez Caminero A, Howe P D, Hughes M. 2001. Arsenic and Arsenic Compounds. Geneva: World Health Organization.

Hasegawa J, Guruge K S, Seike N, et al. 2007. Determination of PCDD/Fs and dioxin-like PCBs in fish oils for feed ingredients by congener-specific chemical analysis and CALUX bioassay. Chemosphere, 69(8): 1188-1194.

Heuvel J P V, Lucier G. 1993. Environmental toxicology of polychlorinated dibenzo-p-dioxins and polychlorinated dibenzofurans. Environmental Health Perspectives, 100: 189.

Hites R A. 2003. Polybrominated diphenyl ethers in the environment and in people: A meta-analysis of concentrations. Environmental Science & Technology, 38(4): 945-956.

Hu Y, Cheng H, Tao S, et al. 2019. China's ban on phenylarsonic feed additives, a major step toward reducing the human and ecosystem health risk from arsenic. Environmental Science & Technology, 53(21): 12177-12187.

Jactel H, Verheggen F, Thiéry D, et al. 2019. Alternatives to neonicotinoids. Environment International, 129: 423-429.

Johansson J H, Berger U, Vestergren R, et al. 2014. Temporal trends (1999-2010) of perfluoroalkyl acids in commonly consumed food items. Environmental Pollution, 188: 102-108.

Kavouras I G, Kavouras I G, Koutrakis P, et al. 2001. Source apportionment of urban particulate aliphatic and polynuclear aromatic hydrocarbons (PAHs) using multivariate methods. Environmental Science & Technology, 35(11): 2288-2294.

Kotaś J, Stasicka Z. 2000. Chromium occurrence in the environment and methods of its speciation. Environmental Pollution, 107(3): 263-283.

Le Roux G, de Vleeschouwer F, Weiss D, et al. 2019. Learning from the past: Fires, architecture, and environmental lead emissions. Environmental Science & Technology, 53(15): 8482-8484.

Lee W S, Chang-Chien G P, Wang L C, et al. 2004. Source identification of PCDD/Fs for various atmospheric environments in highly industrialized city. Environmental Science & Technology, 38(19): 4937-4944.

Lei L, Wu S, Lu S, et al. 2018. Microplastic particles cause intestinal damage and other adverse effects in zebrafish Danio rerio and nematode Caenorhabditis elegans. Science of the Total Environment, 619/620: 1-8.

Li A, Jang J K, Scheff P A. 2003. Application of EPA CMB8.2 model for source apportionment of sediment PAHs in Lake Calumet, Chicago. Environmental Science & Technology, 37(13): 2958-2965.

Liu J, Wong M. 2013. Pharmaceuticals and personal care products (PPCPs): A review on environmental contamination in China. Environment International, 59: 208-224.

Lu Y, Yuan T, Yun S H, et al. 2010. Occurrence of cyclic and linear siloxanes in indoor dust from China, and implications for human exposures. Environmental Science & Technology, 44(16): 6081-6087.

Lusher A L, Tirelli V, O'Connor I, et al. 2015. Microplastics in Arctic polar waters: The first reported values of particles in surface and sub-surface samples. Scientific Reports, 5: 14947.

Mackay D, Shiu W Y, Ma K C. 2006. Handbook of Physical-Chemical Properties and Environmental Fate for Organic Chemicals. 2nd ed. Boca Raton: CRC Press.

Mandal B K, Suzuki K T. 2002. Arsenic round the world: A review. Talanta, 58(1): 201-235.

Marek R F, Thorne P S, Wang K, et al. 2013. PCBs and OH-PCBs in serum from children and mothers in urban and rural U.S. communities. Environmental Science & Technology, 47(7): 3353-3361.

Meharg A A, Killham K. 2003. A pre-industrial source of dioxins and furans. Nature, 421(6926): 909-910.

Mergler D, Anderson H A, Chan L H M, et al. 2007. Methylmercury exposure and health effects in humans: A worldwide concern. AMBIO, 36: 3-11.

Michael J S. 2001. Mercury-Cadmium-Lead Handbook for Sustainable Heavy Metals Policy and Regulation. The Netherlands: Kluwer Academic Publishers.

Okamoto Y, Tomonari M. 1999. Formation pathways from 2,4,5-trichlorophenol (TCP) to polychlorinated dibenzo-p-dioxins (PCDDs): An *ab initio* study. The Journal of Physical Chemistry A, 103(38): 7686-7691.

Pal A, He Y L, Jekel M, et al. 2014. Emerging contaminants of public health significance as water quality indicator compounds in the urban water cycle. Environment International, 71: 46-62.

Petrie B, Barden R, Kasprzyk-Hordern B. 2015. A review on emerging contaminants in wastewaters and the environment: Current knowledge, understudied areas and recommendations for future monitoring. Water Research, 72: 3-27.

Pieri F, Katsoyiannis A, Martellini T, et al. 2013. Occurrence of linear and cyclic volatile methyl siloxanes in indoor air samples (UK and Italy) and their isotopic characterization. Environment International, 59: 363-371.

Quaß U, Fermann M W, Bröker G. 2000. Steps towards a European dioxin emission inventory. Chemosphere, 40(9/10/11): 1125-1129.

Rappe C. 1992. Sources of PCDDs and PCDFs. Introduction: Reactions, levels, patterns, profiles and trends. Chemosphere, 25(1/2): 41-44.

Sigel A, Sigel H, Sigel R K. 2013.Cadmium: From Toxicity to Essentiality. Dordrecht: Springer Netherlands.

Simcik M F, Eisenreich S J, Lioy P J. 1999. Source apportionment and source/sink relationships of PAHs in the coastal atmosphere of Chicago and Lake Michigan. Atmospheric Environment, 33(30): 5071-5079.

Stein E D, Cohen Y, Winer A M. 2009. Environmental distribution and transformation of mercury compounds. Critical Reviews in Environmental Science and Technology, 26(1): 1-43.

Su G Y, Liu X H, Gao Z S, et al. 2012. Dietary intake of polybrominated diphenyl ethers (PBDEs) and polychlorinated biphenyls (PCBs) from fish and meat by residents of Nanjing, China. Environment International, 42: 138-143.

Tran T M, Abualnaja K O, Asimakopoulos A G, et al. 2015. A survey of cyclic and linear siloxanes in indoor dust and their implications for human exposures in twelve countries. Environment International, 78: 39-44.

Tran T M, Kannan K. 2015. Occurrence of cyclic and linear siloxanes in indoor air from Albany, New York, USA, and its implications for inhalation exposure. Science of the Total Environment, 511: 138-144.

Venier M, Audy O, Vojta Š, et al. 2016. Brominated flame retardants in the indoor environment: Comparative study of indoor contamination from three countries. Environment International, 94: 150-160.

Wang J D, Wang Y W, Shi Z X, et al. 2018. Legacy and novel brominated flame retardants in indoor dust from Beijing, China: Occurrence, human exposure assessment and evidence for PBDEs replacement. The Science of the Total Environment, 618: 48-59.

Wang N, Kong D Y, Cai D J, et al. 2010. Levels of polychlorinated biphenyls in human adipose tissue samples from southeast China. Environmental Science & Technology, 44(11): 4334-4340.

Wang S, Zhang L, Wang L, et al. 2014. A review of atmospheric mercury emissions, pollution and control in China. Frontiers of Environmental Science & Engineering, 8(5): 631-649.

Wang T Y, Khim J S, Chen C L, et al. 2012. Perfluorinated compounds in surface waters from Northern China: Comparison to level of industrialization. Environment International, 42: 37-46.

Watras C J, Huckabee J W. 1994. Mercury Pollution: Integration and Synthesis. Boca Raton: CRC Press.

Webster P. 2003. Arctic ecology. For precarious populations, pollutants present new perils. Science, 299(5613): 1642.

Wemken N, Drage D S, Abdallah M A, et al. 2019. Concentrations of brominated flame retardants in indoor air and dust from Ireland reveal elevated exposure to decabromodiphenyl ethane. Environmental Science & Technology, 53(16): 9826-9836.

Xie H D Q H, Xu H M, Fu H L, et al. 2013. AhR-Mediated effects of dioxin on neuronal acetylcholinesterase expression in vitro. Environmental Health Perspectives, 121(5): 613-618.

Yang H H, Lee W J, Chen S J, et al. 1998. PAH emission from various industrial stacks. Journal of Hazardous Materials, 60(2): 159-174.

Zhang L, Wang S, Wang L, et al. 2015. Updated emission inventories for speciated atmospheric mercury from anthropogenic sources in China. Environmental Science & Technology, 49(5): 3185-3194.

Zhang Q Q, Ying G G, Pan C G, et al. 2015. Comprehensive evaluation of antibiotics emission and fate in the river basins of China: Source analysis, multimedia modeling, and linkage to bacterial resistance. Environmental Science & Technology, 49(11): 6772-6782.

Zhang T, Sun H W, Wu Q, et al. 2010. Perfluorochemicals in meat, eggs and indoor dust in China: Assessment of sources and pathways of human exposure to perfluorochemicals. Environmental Science & Technology, 44(9): 3572-3579.

Zhang Y F, Beesoon S, Zhu L Y, et al. 2013. Isomers of perfluorooctanesulfonate and perfluorooctanoate and total perfluoroalkyl acids in human serum from two cities in North China. Environment International, 53: 9-17.

Zhou C L, Pagano J, McGoldrick D J, et al. 2019. Legacy polybrominated diphenyl ethers (PBDEs) trends in top predator fish of the Laurentian Great Lakes (GL) from 1979 to 2016: Will concentrations continue to decrease? Environmental Science & Technology, 53(12): 6650-6659.

第 6 章　环境计算化学与毒理学

环境化学所研究的地球生态环境系统，包括丰富的子系统及其物质能量交换界面，呈现为时空连续的整体。环境化学的实验测试和野外观测研究，增加了人类对化学污染物在上述系统中迁移、转化规律及效应机制的理解，为化学物质风险评价与管理提供了直接的科学依据。尽管如此，实验观测的广度、深度和精度都是有限的。由于实验观测手段往往需要消耗大量的人力、物资及时间，在环境化学的发展历程中，研究者往往围绕特定的环境问题，进行相对独立的研究。有限的实验无法提供数据以反映系统的全貌，也无法覆盖日益增多的化学品种类以应对化学污染物管理所面临的挑战。基于实验观测，发展环境化学物质迁移、转化及效应机制的理论体系，进而发展计算模拟方法并构建具有预测能力的模型，这就是环境计算化学与计算毒理学(computational toxicology)的核心研究内容。

6.1　环境计算化学概述

广义地看，凡是环境化学研究中涉及计算模拟的内容，都可归于环境计算化学框架之下。例如，化学物质的物理化学性质、环境行为参数和毒性效应终点的定量构效关系(quantitative structure-activity relationship，QSAR)模型，揭示和表征化学污染物的形成机制的计算模拟，基于多元统计分析的化学污染物源解析技术以及模拟化学物质环境迁移、转化、分布、归趋的多介质环境模型等。从学科交叉的角度来看，环境计算化学是环境化学与大数据分析、化学信息学(化学计量学)、计算化学(包括量子化学、分子力学)等学科的交叉。

6.1.1　环境系统与环境过程

20 世纪 90 年代，瑞士环境科学家 Schwarzenbach 等和加拿大环境科学家 MacKay 分别撰写了《环境有机化学》(*Environmental Organic Chemistry*)和《环境多介质模型：逸度方法》(*Environmental Multimedia Model: Fugacity Approach*)。这两本著作基于物理化学原理、质量守恒定律，对化学物质的环境过程做出了定量描述。这些环境化学过程的数字化、模型化，为化学物质环境行为的定量模拟预测奠定了基础。

地球环境系统由环境介质(environmental medium)或环境相(environmental phase)构成。为定量地描述环境系统，首先要界定其尺度和范围。例如，是针对整个欧洲，还是一个池塘？其次，要将环境系统划分为相互之间可进行物质交换的环境区间(environmental compartment)，如大气、水、沉积物、土壤、生物相等，并确定各区间的容量或体积(如池塘中水的体积)。对于大气、河流等流体，还需用流量表征其流动性。当然，环境介质可以被划分得更精细。例如，大气可进一步划分为干洁空气和气溶胶类物质；土壤则可以细分为土壤固体、孔隙溶液和孔隙空气。然而，更精细的介质划分意味着更复杂的环境模型及更昂贵的模型运算成本。

"所有的模型都是错误的，但有些模型是有用的。"诚然，复杂的环境系统不可能被某一种简单的环境模型完美还原。但基于合理的假设，所构建的模型就可以成功捕捉到环境系统的特点，从而对其中化学物质的行为规律加以表征。

环境系统中的化学污染物质会受到物理、化学、生物过程的影响，本书统称为环境过程或环境行为。污染物质的各种环境过程相互交织，共同决定其在环境系统中的归趋，它们可以被分为两类：①不改变化学物质结构(即化学物质"身份")的过程；②将化学物质转化为一种或多种具有不同环境行为和效应的产物的过程。第一类过程包括环境区间内发生的迁移和混合现象，以及不同环境相之间的传质过程。第二类过程会导致化合物结构的改变，包括水解、光化学和生物化学转化等化学反应。在一个环境系统里，上述过程可能同时发生，不同的过程也可能对彼此产生强烈的影响。

如何定量描述环境系统和环境介质？在 MacKay 提出的环境多介质模型中，环境系统和环境介质是从真实环境空间中抽象出来的概念实体，或假想的环境系统，通常简化为包括大气、水、土壤、沉积物的四介质模型。而各个环境介质的空间尺度，即体积和流量，往往根据拟描述的区域来估算。随着地理信息系统(geographic information system，GIS)的成熟和普及，基于 GIS 构建高分辨率的环境系统/介质模型，不仅可以更精准地输出环境介质空间信息，更可以正确地表现介质之间的相对位置，甚至实时考虑气象因素。在考虑环境系统时，一般假定化学污染物占环境介质的主要构成物的比例极低，这样，化学物质的变化不会反过来改变环境介质本身的性质。

如何定量描述化学物质的环境过程？在 Schwarzenbach 和 MacKay 的早期工作中，环境过程都具象为经验公式。例如，对于具有体积为 $V(\text{m}^3)$ 的环境系统，根据化合物 i 的质量守恒定律，采用单箱模型，输入和输出系统的速率分别为 $I_i(\text{mol} \cdot \text{s}^{-1})$ 和 $O_i(\text{mol} \cdot \text{s}^{-1})$ 的化学物质，其浓度 $C_i(\text{mol} \cdot \text{m}^{-3})$ 随时间的变化可以表示为

$$\frac{\mathrm{d}C_i}{\mathrm{d}t} = \frac{1}{V}\left(I_i - O_i - \sum R_i + \sum P_i\right) \tag{6-1}$$

式中，$\sum R_i (\text{mol} \cdot \text{s}^{-1})$ 和 $\sum P_i (\text{mol} \cdot \text{s}^{-1})$ 分别代表环境系统内部的消耗化合物 i 和产生化合物 i 的速率。一般情况下，这类表达式中往往包括：①反映环境介质空间尺度和流动性的参数(体积、流量)；②化学物质的量(结合介质体积，即浓度)；③表征化学物质物理化学性质的参数以及化学物质在环境介质中受到特定环境因素影响的环境行为参数。

表征化学污染物环境过程最关键的参数是其环境行为参数。这些环境行为参数既包括基础的物理化学性质(如蒸气压、水溶解度)，也包括反映化学污染物在不同环境介质之间分配行为的参数(如正辛醇/水分配系数 K_{OW}、亨利常数 K_H、土壤/沉积物吸附系数 K_{OC})。如果考虑化学物质在环境中的降解转化过程，则化学污染物与环境因素(光、水、活性氧、微生物等)或化学物质之间的反应速率常数，也是表征其环境行为的关键参数。这些参数早期都来自实验室测定，化学物质的物理化学性质参数值可以查询权威的手册，很多文献也汇集了典型环境污染物的分配系数和反应速率常数值。在 MacKay 提出的多介质环境逸度模型的框架下，一个完整的化学品环境化学行为参数数据库对于环境建模工作的重要性不言而喻。

6.1.2 环境行为参数的计算模拟方法

构建多介质环境模型，需要化学物质的物理化学性质和环境行为参数的数据。然而，在既有的数据库中，大量化学品的环境行为参数值是缺失的；获取这些缺失的参数值，成为环境计

算化学研究的一个核心内容。

　　首先,最直观的方法是设计实验测定化学物质的环境行为参数,或者利用其他可以实验测定的物理化学性质,通过理论推导计算这些行为参数,这些过程统称为"湿实验"(wet experiment)。由于测试要购买(或者制备)目标化学物质,并借助各种仪器来预处理、分析样品,因此听起来"可行"的实验测试,在实际操作时可能伴随着成本高、效率低、偏离真实环境条件等诸多问题。

　　随着现代计算化学的发展,一些关键的环境行为参数可以通过计算模拟的方式预测。这种预测可以分为两类:第一类,借助量子化学、分子力学等,模拟化学分子的相互作用,并经过严格物理化学或统计力学推导出与宏观观测量有关的数据。目前,这种方法已经应用于小分子环境化学物质的气相、水相化学反应机制和动力学的预测,如羟基自由基引发的单乙醇胺、多溴联苯醚及短链氯化石蜡大气化学转化行为及动力学、抗生素的水解途径及动力学等,这些预测值可为多介质环境模型提供基础数据。第二类,通过分析影响环境行为参数的因素,构建QSAR 模型来预测有机物的物理化学性质和环境行为参数的值。

　　有了计算模拟方法,任何化学物质的环境行为及危害性都可以在虚拟环境世界被模拟出来,并且自由地操纵。由于不再依赖于实际的实验操作,对应于"湿实验",有时也称纯粹的计算模拟为"干实验"(dry experiment)。

6.2　计算毒理学概述

　　环境化学的一个重要任务是为化学物质的风险预测、管理提供基础数据和科学支持。其中,既包括化学污染物对人体健康造成的影响,也包括其生态毒理效应。化学物质的生物转运、生物富集、放大与积累及生物转化等,都与化学物质的毒性机制和毒性效应有密切关系。近年来,面向化学品风险评价和风险预测的需求,逐渐形成了计算(预测)毒理学这门学科。环境计算化学与计算毒理学的学科内涵有很大的交叉,环境计算化学更完整地体现学科属性,具有更大的外延;计算毒理学则更凸显化学品环境危害与风险高效模拟预测的现实需求特性。

6.2.1　计算毒理学与化学品风险防范

　　化学品在促进社会经济发展、提高生活质量方面发挥了重要作用。目前人类市场上使用的化学品数目已达 35 万种,且这个数字仍在增长。根据 2019 年 3 月联合国环境署(UNEP)发布的《全球化学品展望Ⅱ》,从 2000 年至 2017 年,全球化学工业产能(不含药品)几乎翻了一番,从 12 亿吨增加到 23 亿吨。根据欧洲环境署发布的数据,2016 年欧洲消费的 3.45亿吨化学品中,约 62%的化学品具有健康危害。因此,化学品已经成为影响人体和生态健康的重大风险源。

　　化学品进入环境后成为化学污染物,其分子在环境介质中的弥散是自发的、熵增过程。根据热力学第二定律,回收或再利用这些化学物质是非自发的、熵减过程,必须输入额外的能量,能源的生产和使用又会引起新的环境污染。因此,为了实现可持续发展,必须跳出"先污染后治理"的老路,建立风险防范式的化学品管理、生产体系。

　　经典的化学物质风险评价框架包含:危害识别、暴露评价、效应评价和风险表征 4 个环节。最终的风险表征总是表现为"暴露值"与"效应值"的函数。传统上，"效应值"的确定主要依赖活体动物体内($in\ vivo$)的毒性测试。然而这种方法的风险评价速度(2~3 年·种$^{-1}$)远低于新化学品进入市场的速度(500~1000 种·年$^{-1}$)，这会导致大量新化学品或既有化学品的替代品停留在研发阶段，无法进一步投入使用。在监管缺失的情况下，部分化学品甚至可能未经充分风险评价而直接流入市场，为人体健康或生态健康埋下隐患。而且 $in\ vivo$ 测试与替代(replacement)动物实验、减少(reduction)实验动物数目、改进(refinement)动物实验方法的动物实验伦理 3R 原则相去甚远。另外，$in\ vivo$ 测试存在跨物种外推至人类、高-低剂量外推等诸多不确定性因素，难以准确预测化学品对人体和生态健康的毒理效应。

面对化学品风险评价的困局，科学界逐渐响起了变革毒性测试模式的呼声。2007 年，美国国家科学研究委员会发布题为《21 世纪毒性测试：愿景与策略》的报告，提出围绕毒性通路概念开展毒性测试与预测工作，并倡导毒理学从以描述性为主的科学更多地向基于人体组织和细胞的、更具预测潜力的体外($in\ vitro$)测试转变；倡导发展计算模型来表征化学品的毒性通路，评价其暴露、危害和风险，以减少实验动物数目、时间和成本，并增进对化学物质毒性效应机制的认识。

为响应《21 世纪毒性测试：愿景与策略》的号召，美国联邦机构合作项目 Tox21 (toxicology in the twenty-first century)，结合荧光报告基因、微孔板测试及自动化机械操作等技术，成功实现了单次 $in\ vitro$ 测试化学品数目超过了 1500 种的规模，这也称为针对化学品的"高通量"筛选(high-throughput screening，HTS)技术。自启动以来，Tox21 项目已评价了 10000 多种化学品的 70 多个毒性终点的毒理效应。HTS 技术的发展，为毒理学领域带来了大量 $in\ vitro$ 数据，并且这些数据被分享在公开的数据平台上。美国国家生物技术信息中心(National Center for Biotechnology Information，NCBI)管理的化学信息资源库 PubChem 已经包含了 2.47 亿个化学物质的描述、9650 万个化学结构和来自 125 万个生物测试的 2.37 亿个测试结果的信息(至 2018 年 8 月)，表 6-1 总结了其他公开的毒理学数据分享平台。

表 6-1 一些公开的毒理学数据分享平台
(Some public available toxicity data sharing platforms)

数据库	数据库信息	数据描述
PubChem	9600 万个化学物质，100 万个实验，130 亿个数据点	毒性、药物、基因组、文献数据
ChEMBL	180 万个化学品，110 万个生物实验	文献数据
ToxNET	6 个不同数据源的超过 5 万个环境化学品	$in\ vitro$ 和 $in\ vivo$ 毒性数据
ACToR	100 个不同数据源的毒性数据	$in\ vitro$ 和 $in\ vivo$ 毒性数据
SEURAT	5500 个化妆品类型化学品	动物毒性数据
CTD	1.3 万个化学品，3.2 万个基因，6000 个疾病信息数据	化学品、基因和疾病关系
CEBS	不同数据源的 10000 个毒性实验	基因表达数据
DrugMatrix	600 个药物分子和 10000 个基因	基因表达数据
Cmap	1300 个化学品和 7000 个基因	基因表达数据

注：ACToR：Aggregated Computational Toxicology Resource；SEURAT：Safety Evaluation Ultimately Replacing Animal Testing；CTD：Comparative Toxicogenomics Database；CEBS：Chemical Effects in Biological Systems；Cmap：Connectivity Map。

这些数据推动着计算毒理学这门新兴学科的发展。计算毒理学基于数学和计算机模型(*in silico*)，采用分子生物学与化学等手段，揭示化学物质环境暴露、危害性与风险性之间的定性和定量关系。

21世纪以来，发达国家非常重视计算毒理学的研究。例如，美国 EPA 于 2005 年成立国家计算毒理学中心，以统筹计算毒理学研究工作。另外，其还于 2007 年启动了 ToxCast 项目，借助计算毒理学方法探索 HTS 测试数据中分子/细胞水平的化学分子干扰与顶层毒性终点之间的联系。与此同时，在 REACH 法规的要求下，欧盟联合研究中心以及经济合作与发展组织等国际性组织机构也广泛开展了计算毒理学研究以快速甄别化学品毒性。形成了一批计算毒理学方法的导则、开放网络工具平台和数据库。

计算毒理学要解决 3 方面的关键问题：①如何模拟化学品从源释放到导致不利生态效应的连续过程(其中多介质环境模型部分见第 7 章)；②如何评价与预测种类众多且数目不断增加的化学品风险；③如何预测化学品对生态系统不同物种的风险(跨物种外推)。这些问题的解决需要计算毒理学模型体系模拟化学品从暴露到效应的连续性过程，从而将化学品的源释放量、环境介质浓度、靶点暴露剂量、效应阈值等关键数据衔接起来(图 6-1)。然而，对于不同化学品的模型体系，模型体系中的化学品物理化学性质、环境行为参数和毒理学效应参数均需随之调整。实验测定所有化学品的相关性质和参数几乎是不可能完成的任务。QSAR 模型是获取这些性质和参数的主要手段。

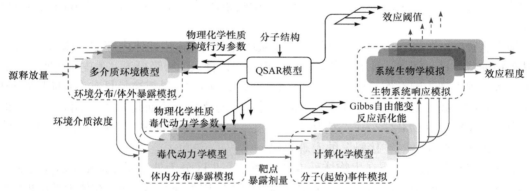

图 6-1　面向化学品风险预测与评价的计算毒理学模型格局(王中钰等，2016)
(Framework of *in silico* models of computational toxicology)

6.2.2　化学品的环境暴露模拟

暴露科学研究的是化学品与生物系统的接触。当且仅当生物系统暴露于特定的化学品，且二者相互作用，才会产生毒理效应。暴露研究起源于对职业病工作环境的考察。在环境健康领域则注重生物体外的环境介质中污染物浓度的测量，以及对生物体内部暴露标志的检测。在流行病学领域，环境因素与人类疾病的关系一直是研究的热点，2005 年 Wild 提出了暴露组(学)(exposome)的概念，涵盖生命个体从形成到死亡全过程所承受的一切暴露，以对基因组加以补充，甚至可以将生命归结为二者的相互作用。

2012 年，美国国家科学研究委员会发布了《21 世纪暴露科学：愿景与策略》报告，全面阐述了暴露科学的概念及其研究范畴和潜在方法学。这份报告可以看作是该委员会 2007 年发布的《21 世纪毒性测试：愿景与策略》的姊妹篇，一方面标志着暴露科学研究得到了越来越多的关注，另一方面也实现了化学品风险评价的两大核心环节——暴露与毒性效应测试的合璧。2016 年，部分科学家再次撰文提出了"计算暴露科学"(computational exposure science)的理念，将其作为与计算毒理学互补和并列的一门科学，二者共同支撑着 21 世纪的化学品风险评价。

暴露的模拟计算，首先需要抽象出暴露过程的数学模型。通常的思路是，从化学品进入环境的排放量出发，构建不同尺度的模型来估算化学品的环境浓度水平。此外，暴露场景的描述、生物体的摄入量及相关的靶组织分布剂量也需要考虑。

化学品的环境输入量可以通过规范化的化学品释放信息获取。例如，OECD 要求编纂的化学品释放场景文档(emission scenario documents，ESDs)描述了化学品的来源、生产过程与使用模式，其目的就是确定化学品在水、空气、土壤等环境介质中的排放量。ESDs 被广泛地应用到国家与区域环境风险评价之中，如欧洲化学品管理局环境暴露评估相关指导文件就参考了现有 ESDs。此外，美国 EPA 开发了很多通用场景，可作为风险评价中的默认排放场景，来评估潜在的化学品排放量。

在获得化学品的环境输入量之后，基于化学物质随流态环境介质的迁移及其在环境介质内的扩散与降解转化行为，基于物质完全混合、双膜理论、菲克扩散定律、准一级反应动力学等科学假设，即可构建真实环境的简化数学模型来定量描述化学品在多介质环境中的分布。在众多的模型中，MacKay 发展的基于逸度(fugacity)原理的多介质环境模型简单、灵活，应用广泛。同时，在地理信息系统的支撑下，多介质环境模型在时空分辨率和可视化方面仍然有巨大的提升潜力。

暴露途径(exposure pathway)是对化学物质从环境介质进入生物体内部的具体描述。暴露途径具有物种特异性。例如，对于哺乳动物，表现为经口食入、呼吸摄入、表皮接触吸收等；而对于细菌，则表现为胞吞作用或化学分子的跨膜输入。同时，暴露途径具有发育阶段特异性。例如，哺乳动物胚胎期的暴露途径主要为胎盘输运，与之后的婴幼儿期截然不同。尽管如此，在微观上，暴露意味着化学分子与生物大分子发生接触，为二者进一步相互作用提供空间基础。而暴露途径则是微观"接触"的宏观表现。

暴露可以根据化学物质在生物体外或体内而进一步区分为外暴露(external exposure)和内暴露(internal exposure)；相应地，化学物质在体外的浓度称为外暴露浓度，在体内的浓度(剂量)则称为内暴露浓度(剂量)。内暴露是外暴露时间与空间上的自然延续。由于生物体内不同部位对同一种化学物质的暴露所产生的效应不同，如哺乳动物的肝脏可以代谢外源物质，而脂肪组织则会存储疏水性有机物，因此研究化学物质在生物体内的分布对于了解毒性效应机制非常有意义。

通过采样分析或生物检测的手段可以直接获取生物体内化学品的暴露浓度。然而，环境化学品具有痕量特性，也缺乏分析化学标准品及成熟的仪器分析方法。受限于实验技术、生物样本类型、数量与能鉴定的化学物质种类，不可能完全采用实验室测定或生物检测的手段获取上万种化学品的内暴露浓度。相对而言，毒代动力学模型仅需要目标化学品的物理化学性质、与生物体相互作用的一些参数及受试生物的生理学数据，就能够计算化学品在受试生物体内的暴露浓度，有效地克服实验测试手段的不足。

化学品经多种暴露途径进入生物体后，随着生物的体液分布于各器官、组织及细胞，并被生物酶代谢转化，凡是涉及生物体对化学品的吸收、分布、代谢、排泄与毒性的过程，均属于化学物质的毒代动力学研究范畴。毒代动力学模型已经被广泛用于模拟有机化学品在鱼体、啮齿动物及人类体内的代谢与分布。其中，生理毒代动力学(physiologically based toxicokinetics，PBTK)模型被广泛采用。以哺乳动物为例，PBTK 模型根据生理学构造划分成肺、肝、静脉血、动脉血等具有重要毒理学意义的"室"，根据"室"之间的联系列出质量/流量守恒微分方程组，继而求解各"室"的物质浓度。利用 PBTK 模型还可以从血液或尿液浓度反向求解摄入总量，把生物检测数据和暴露估计值合理关联在一起，在一定程度上验证毒代动力学模型的合理性。

6.2.3　化学品的毒性效应预测

化学品对生理稳态的干扰，表现在化学品暴露后生物系统的异常状态与正常状态间的偏差。计算毒理学借助物理、化学、生物学原理构建的模型蕴含着毒理学对毒性机制的深刻认识。通过模拟化学品对生物系统的干扰，"观测"模型在干扰下的输出，就得到了对于化学干扰所致毒性效应的"预测"。

化学品毒性效应始于分子起始事件(molecular initiating event，MIE)，即化学分子与生物大分子的相互作用。目前的实验仪器尚不完全具备观测微观的分子原子运动过程的时空分辨率，而这些过程却蕴含了关键的机理。计算毒理学方法构建毒性物质-生物大分子靶标的分子模型，模拟并观测其行为，使得探索分子水平的机理成为可能。与实验相比而言，计算毒理学模型不存在实验过程导致的误差，但随着模型的简化，其准确度也有不同程度的下降。

模拟生物大分子体系时，一般都会借助基于分子力场的经验参数及方法。因此，化学模型与方法的选择对于计算结果影响显著。而计算结果若能与实验数据匹配(例如，在数量级上有可比性或对于一系列物质有相同的趋势等)，模型也就更具有说服力。计算化学与生物模拟也存在局限性。量子力学可计算的原子数目和分子动力学可模拟的时间尺度仍然受到计算机性能的约束。此外，很多在毒理学效应中扮演重要角色的生物大分子并没有 3D 结构，构建不出分子模型。尽管如此，分子模拟仍然提供了化学物质与生物系统相互作用的微观视角，这正是化学物质毒性效应链的起点。

化学品触发 MIE 之后，激活受体蛋白调控的毒性通路，可进一步引起后续的氧化应激、热休克、DNA 损伤等响应。细胞作为生命系统基本功能单元，其稳态、增殖、分化、凋亡等行为受到细胞内部信号通路网络的精细调控。通过分析基因组学、转录组学、蛋白质组学、代谢组学等分子生物学技术产生的海量数据，细胞组分(如上游 DNA 序列、转录 RNA 与翻译蛋白质)之间的关系可以用静态的网络模型来表示。以毒理基因组学、转录组学、蛋白质组学、代谢组学为代表的组学技术，一方面可从深层机理上揭示遗传毒性、致癌性等有害效应的根源，另一方面能够表现出不同物种的差异以及不同生物个体之间的差异。

器官由分化的细胞组织有机组成，根据器官内组织的空间分布，即可构建出虚拟器官。肝脏负责外源化学物质代谢，极易遭受损伤，一直备受毒理学界关注。基于系统生物学方法，美国 Hamner 健康科学研究所主导了 DILI-sym™ 模型的开发，用于预测药物引起的肝损伤，EPA则启动了虚拟肝项目，构建化学品效应网络智库，为关键的分子、细胞、回路系统模型提供支持，结合 *in vitro* 肝组织实验信息，使用基于主体的模型(agent-based model，ABM)模拟化学品在肝叶模型内部的质量传递，及其对肝叶细胞分布的影响。系统生物学方法也可用于开发虚拟骨髓、肾脏等重要的毒性靶点。生殖发育毒理学一般以胚胎为研究对象。目前，人类已经建立了胚胎数据库与虚拟组织胚胎，可以绘制胚胎的 3D 影像。

　　除了模拟不同尺度的事件，计算毒理学也为经典的剂量-效应关系、时间-效应关系这种毒理学现象提供新启示。传统的化学品风险评价通过实验测定的剂量-效应关系曲线确定效应阈值，但是这种方法在外推低剂量阈值时，其可靠性遭受质疑。效应阈值可以理解为"生物系统暴露于应激源后，维持稳态而不崩坏的最大应激源容量"。计算系统生物学通路(computational systems biology pathway，CSBP)模型可以描述生物化学系统的回复力与适应性，也可以为毒性效应的剂量-效应关系提供解释。

　　时间-效应关系的本质，是生命系统暴露于外源化学物质后，其各项性质的时间序列。使用基于明确机制的计算毒理学模型，一旦涉及时间变量，其模拟结果自然也具备时间序列的特性，即呈现出时间-效应关系。例如，对于急性毒性效应，PBTK 模型可以快速给出中毒后的时间-分布水平、定位作用靶点，随后，ABM 模型可以模拟靶器官/组织毒性效应的强度，结合二者实现毒效动力学模拟。此外，虚拟组织与虚拟器官有望实现对慢性毒性/低剂量长期暴露毒性的模拟和预测。

6.3　分子结构的计算机表示

　　为了计算化学分子的性质，首先需要将其分子结构进行数字化表示。本节介绍在计算机中表示小分子结构信息的一般方法。

6.3.1　分子的 3D 结构矩阵

　　根据价键理论，分子的原子排布具有 3D 结构，特定原子之间通过化学键连接起来。例如，甲烷分子的四个氢原子构成了正四面体的结构，而 sp^3 杂化的碳原子则位于这个正四面体的几何中心；同时，每个氢原子都与中心碳原子形成共价键，而氢原子之间并不成键。在直角坐标系中，分子中的每个原子的 3D 坐标，都可以表示为向量(x, y, z)。一个具有 N 个原子的分子的所有原子的空间坐标信息可以表示成 $N \times 3$ 的矩阵 $\boldsymbol{M}$，称为分子矩阵。分子中每个原子的直角坐标可以通过晶体学分析或计算化学优化得到。

$$\boldsymbol{M} = \begin{bmatrix} x_1 & y_1 & z_1 \\ x_2 & y_2 & z_2 \\ \vdots & \vdots & \vdots \\ x_N & y_N & z_N \end{bmatrix} \tag{6-2}$$

　　另一种描述分子几何坐标的坐标系统为内坐标(internal coordinates)。在内坐标系统里，每个原子的位置是通过与其他原子的相对位置(包括键长、键角和二面角)来指定的。键长 r_{st} 是成键原子对(s, t)之间距离(通常以 Å 为单位)；键角 θ_{stv} 是分子内相连的三个原子(s, t, v)构成的平面角；扭转角 ω_{stvz} 是四个键连的原子(s, t, v, z)构成的二面角，如图 6-2 所示。

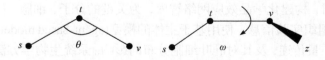

图 6-2　键角 θ 与二面角 ω
(Bond angle θ and dihedral angle ω)

内坐标可以表达成矩阵 $\boldsymbol{Z}$ 的形式：

$$\boldsymbol{Z} = \begin{bmatrix} a_1 & & & & & & \\ a_2 & r_{12} & & & 1 & & \\ a_3 & r_{23} & \theta_{321} & & 2 & 1 & \\ a_4 & r_{34} & \theta_{432} & \omega_{4321} & 3 & 2 & 1 \\ \vdots & \vdots & \vdots & \vdots & \vdots & \vdots & \vdots \\ a_N & r_{Ns} & \theta_{Nst} & \omega_{Nstv} & s & t & v \end{bmatrix} \tag{6-3}$$

其中，每行表示一个原子；第一列为每个原子的类型；后三列是与该行原子形成键长、键角和扭转角关系的原子的标号。分子矩阵 $\boldsymbol{M}$ 和 $\boldsymbol{Z}$ 是进行计算化学结构优化以及计算 3D 分子描述符的基础(详见 6.4 节和 6.5.4 小节)。

【例 6-1】　根据乙醇分子结构矩阵 $\boldsymbol{M}$ 中的 3D 坐标，(按原子标号顺序)写出它的 $\boldsymbol{Z}$ 矩阵。

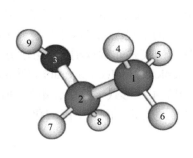

a	x	y	z
1	−0.9257	0.0738	0.0244
2	0.5132	−0.4192	−0.0683
3	1.3722	0.4522	0.6151
4	−1.0191	1.0710	−0.4556
5	−1.5998	−0.6393	−0.4952
6	−1.2334	0.1504	1.0888
7	0.8161	−0.5095	−1.1362
8	0.5825	−1.4258	0.3954
9	1.4939	1.2463	0.0317

解　乙醇的 Z 矩阵如图 6-3 所示。

a	r_{Ns}	θ_{Nst}	ω_{Nstv}	s	t	v
1						
2	1.5238358			1		
3	1.4015186	110.3606164		2	1	
4	1.1106446	110.0961592	61.8399362	1	2	3
5	1.1103633	109.6952628	−178.3814893	1	2	3
6	1.1106278	110.0123713	−58.5619614	1	2	3
7	1.1136934	109.9611131	−122.2373405	2	1	3
8	1.1104340	109.0746651	119.4359963	2	1	3
9	0.9928551	106.6123190	−76.6955774	3	2	1

图 6-3　乙醇分子的 Z 矩阵

(Z matrix of ethanol molecule)

目前，化学信息学领域存在多种分子格式标准，拥有各自的机制来存储分子矩阵或内坐标矩阵 $\boldsymbol{Z}$ 以及特定的附加信息(如原子芳香性、形式电荷、键级等)。其中最为常见的格式包括

MDL 公司(Molecular Design Limited)标准下的 MOL 和 SD/SDF(structural data file)格式，Sybyl 公司发展的 MOL2 格式，用于存储大相对分子质量结晶结构的 PDB (protein data bank)格式等。一些比较权威的化学物质数据库门户网站(如 PubChem)，也会提供简单有机化合物的 3D 结构文件的下载服务。

　　为了在计算机上观察分子的 3D 结构，人们还开发了图形用户界面。例如，Avogadro 和 IQMol 都是开源免费的高级分子编辑器和可视化软件，兼容 Windows、Linux 和 MacOS 操作系统，且支持 SDF、MOL2 和 PDB 等格式分子 3D 结构的互动显示。另一方面，面对现存丰富的化学物质 3D 结构信息的文件格式，人们开发了在这些格式之间进行转换的方便工具，其中最为著名的软件是 OpenBabel，它也是一款开源免费的软件。

6.3.2　分子拓扑结构与分子图

　　分子拓扑结构仅仅考虑其内部原子间的键连关系，而不再考虑每个原子的 3D 坐标(从而不再考虑键长、键角、扭转角等信息)。分子的拓扑结构对应于图论(graph theory)中的一个无向连接图 G。从化学的角度解释，图的顶点(vertex)V 为构成分子的原子，而图的边(edge)E 为原子之间形成的共价化学键。在一个分子图中，化学键的信息(如键价)可以记录在边的属性信息之中。由于常见有机分子中，氢原子普遍存在且其成键模式非常规则，不考虑分子中全部的氢原子，可以进一步将分子图化简为无氢分子图(H-depleted molecular graph)(图 6-4)。一个含 N 个原子的分子拓扑关系，可以写成 $N \times N$ 的毗邻矩阵 A 的形式。其中，矩阵的(i,j)元，表示标号为 i 和 j 的原子之间的键连状态：0 为不成键，1 为成键。由分子图转化而来的矩阵，是计算各种 2D 拓扑描述符(详见 6.5.4 小节)的基础。

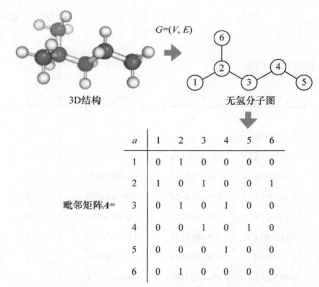

图 6-4　从 3D 结构到无氢分子图[G(V,E)]与毗邻矩阵 A[以 2-甲基戊烷(2-methylpentane)为例]
{From 3D structure to H-depleted molecular graph [G(V,E)] and adjacent matrix (A): a case of methylpentane}

6.3.3　分子线性输入系统

　　无论是分子的 3D 结构，还是 2D 结构，最终都需要一个二维的矩阵完整地记录分子的结构信息。这些矩阵表示并不直观，也不适合数据库的快捷存储。更为理想的情形是用一个字符串来明确地表示任意一种分子拓扑结构。美国的 Daylight 化学信息系统公司为解决这个问题贡献了创新性的方案，其中最负盛名的就是简化分子线性输入系统(simplified molecular input line entry system，SMILES)。SMILES 以文本的方式表达分子的化学结构，便于计算机索引和搜索。基于分子拓扑图，SMILES 采用纵向优先遍历树算法，将化学结构转化成一个生成树，以一串字符的形式描述一个化学结构。转化时，需要去掉氢，且把环打开。SMILES 表示分子结构时，被拆掉的键端的原子要用数字标记，支链写在小括号里。SMILES 字符串可以被许多分子编辑软件导入并转换成二维图形或分子的三维模型。在将分子结构转化成字符串的过程中，SMILES 遵循了如下六个基本的规则(表 6-2)：①原子由各自的原子符号表示；②SMILES 字符串中氢原子略写；③相邻的原子表示彼此相连；④双键和三键分别用"="和"#"表示；⑤分支用括号表示；⑥环用分配的数字来表示两个"连接"的环原子。

表 6-2　SMILES 的基本规则
(Basic rules for SMILES)

SMILES 编码	化学结构	化合物名称	说明
[Au]	Au	金	原子用在方括号内的化学元素符号表示。有机物中的 C、N、O、Cl、Br 等原子可以省略方括号，其他元素必须包括在方括号之内
C	CH_4	甲烷	
[Fe+2]或者[Fe++]	Fe^{2+}	二价铁离子	
O	H_2O	水	键：单键、双键、三键或芳香(或共轭)键分别表示为"-"、"="、"#"和":"；单键和芳香键可以省略
CCO	CH_3CH_2OH	乙醇	
C=C	$H_2C{=}CH_2$	乙烯	
O=CO	HCOOH	甲酸	
[Na+]·[OH-]	NaOH	氢氧化钠	圆点表示原子间或分子的各部分没有连接。各部分的排列是随意的
CC(=O)O		乙酸	碳链上的分支用圆括号表示
CC(C)C(=O)O		异丁酸	
C1CCCCC1		环己烷	环结构：环是通过在两个原子之间断环来描述，用同一数字表示断开的两个原子
o1cccc1		呋喃	芳环中的 C、O、S、N 原子分别用小写字母 c、o、s、n 表示
c1c2(cccc1)cccc2 或者 c1cc2ccccc2cc1		萘	

从 1992 年到 2011 年，Daylight 公司对 SMILES 码进行了若干次升级拓展，让 SMILES 码可以准确表示同位素、中心手性异构和顺反异构。手性中心采用符号"@"(逆时针)和"@@"(顺时针)区分。例如，N[C@@H](C)C(=O)O，表示常见的左旋丙氨酸(L-alanine)，从连接其手

性碳的第一个原子 N，朝向手性 C 看去，按顺序的其他三个连接该手性 C 的原子(H、侧链甲基 C、羧基 C)呈顺时针排布。双键两侧的顺、反式结构分别用符号 "/" 和 "\" 区分，例如，F/C=C/F 表示反二氟乙烯，它的两个氟原子位于双键的两侧，而 F/C=C\F 表示顺二氟乙烯，它的两个氟原子位于双键的同一侧。

　　根据 SMILES 规则，对于一个分子，通常可以有多种有效的 SMILES 码。例如，对于乙醇分子，OCC、C—C—O、C(O)C 都是有效而正确的 SMILES 码。在数据库中查询特定的分子时，需要将各种有效的 SMILES 码转化为独一无二的 SMILES 码。例如，乙醇分子的正则 SMILES 码被统一为 CCO，这个过程称为正则化(canonicalization)。目前，有许多软件都支持 SMILES 码的读写，但是不同软件可能依据不同的正则化算法，得到对于该软件转化后独一无二的 SMILES 码。因此，在以 SMILES 码作为分子独一无二的身份时，应指定所使用的化学信息学软件。目前，有许多化学信息学软件支持对 SMILES 码的解析，既包括 Pipeline Pilot 等商业软件，也包括 OpenBabel、RDKit (http://www.rdkit.org)等开源免费的软件。

【例 6-2】　写出辛醇、苯甲酸、三氯甲烷的有效 SMILES 编码。

解　(1) 辛醇：CCCCCCCCO

(2) 苯甲酸：O＝C(O)c1ccccc1

(3) 三氯甲烷：C(Cl)(Cl)Cl

6.4　计算化学方法简介

　　分子的化学结构不能直接用于计算，需要对分子结构进行参数化处理。QSAR 模型的优劣在很大程度上取决于所选用的分子结构参数(分子结构描述符)。分子结构参数包括经验性参数和理论计算参数两种，其中，经验性参数主要需要借助于实验获得，典型的经验性参数有电子效应参数(σ)、立体效应参数(E_S)、疏水性参数(π)等；而理论计算的参数可直接通过输入分子结构计算得到，如分子的拓扑指数及量子化学参数等。这里简要介绍分子模拟方法、典型的分子结构参数等。

6.4.1　量子化学方法

　　量子力学体系的建立，开启了一扇理解微观世界的大门。量子化学是一门采用量子力学的基本原理，研究原子、分子等目标体系的电子结构、能量、分子间的相互作用、化学反应等理论的学科。

　　量子力学的一个基本方程(假设)是薛定谔(Schrödinger)方程。它可用于描述微观粒子的运动状态随时间的变化情况。量子化学计算是围绕求解 Schrödinger 方程展开的。对于具有波粒二象性的微观粒子，通常可用状态波函数 Ψ 来描述其运动状态和在空间某位置出现的概率。Ψ 是微观粒子的坐标 r 及时间 t 的函数。在非相对论近似下，根据二阶偏微分的 Schrödinger 方程，即可求解得到微观粒子的状态波函数 Ψ 和能量。与时间相关的 Schrödinger 方程如下：

$$\mathrm{i}\hbar\frac{\partial \Psi(r,t)}{\partial t}=-\frac{h^2}{2m}\frac{\partial^2 \Psi(r,t)}{\partial r^2}+V(r,t)\Psi(r,t)=\hat{H}\Psi(r,t) \tag{6-4}$$

式中，i 为虚数单位；$\hbar$ 为约化普朗克常量；m 为粒子的质量；$\Psi(r,t)$ 为与坐标 r、时间 t 有关的波函数；$V(r, t)$为体系的势能函数；$\hat{H}$为体系的哈密顿(Hamilton)算符，描述体系的能量(动能和势能)，包含体系中原子核的动能、电子的动能、核之间的排斥能、电子与核的吸引能及电子之间的排斥能。假定势能仅与坐标有关，那么，势能函数 $V(r, t)$就可以简写为 $V(r)$。由此，可得到与时间无关的 Schrödinger 方程(又称"定态 Schrödinger 方程")：

$$-\frac{\hbar^2}{2m}\frac{\mathrm{d}^2\varphi(r)}{\mathrm{d}r^2} + V(r)\varphi(r) = E\varphi(r) \tag{6-5}$$

或简写为

$$\hat{H}\varphi(r) = E\varphi(r) \tag{6-6}$$

式中，E 为体系的总能量；$\varphi(r)$为只与坐标有关的定态波函数。

定态 Schrödinger 方程可用于描述具有如下特征的粒子：①在某位置的概率密度$\rho(r) = |\varphi(r)|^2$不随时间改变；②不含时间 t 的物理量的平均值也不随时间变化。通过求解 Schrödinger 方程，就可以确定所研究的原子或分子体系在某状态下的电子结构。

求解 Schrödinger 方程的第一种策略，称为"从头算"(*ab initio*)方法。从头算方法指的是进行全电子体系的量子力学方程计算时，严格计算分子的全部积分，不借助任何经验或半经验的参数。该方法是在非相对论近似、玻恩-奥本海默(Born-Oppenheimer)近似和单电子近似的基础上求解 Schrödinger 方程。Born-Oppenheimer 近似是指，由于组成分子体系的原子核的质量比电子大 $10^3 \sim 10^5$ 倍，电子的运动比原子核快得多。因此，假设核的运动并不影响分子的电子状态，电子在每一刻的运动都相对于静止的原子核坐标。原子核感受不到电子的具体位置，只能感受到电子的平均作用力。从而，可将核的运动和电子的运动分开处理。体系波函数采用单电子轨道近似，即体系总的波函数可表达为组成体系的所有单电子波函数的乘积，体系中的每个电子在核和其余电子组成的平均势场中运动。这样就将多电子体系 Schrödinger 方程简化为单电子 Schrödinger 方程，即 Hartree-Fock(HF)自洽场法。单电子近似可以在很大程度上简化求解 Schrödinger 方程的问题。在 HF 方法中，单电子近似模型，仅考虑了电子之间时间平均的相互作用，并没有考虑电子间的瞬时相关。而事实上，电子之间是有一定的制约作用的。电子间的这种相互关系称为电子运动的瞬时相关性或动态相关效应，由此引起的即为电子相关能，也指 HF 极限值和非相对论近似薛定谔方程的精确解之差。多体微扰理论把相关能考虑了进来，可以得到较满意的结果。多组态自洽场(multiconfigurational self-consistent field, MC-SCF)方法将组态相互作用方法和 HF 方法结合起来求解，也考虑了电子相关能，在计算相关能方面优于 HF 法。

1927 年，Thomas 和 Fermi 意识到统计方法可以近似地描绘原子中的电荷分布。他们假设，各自在相同体积内以不同速率运动的电子可视为在六维相空间(由沿着空间轴的坐标和动量描述)中的自由运动的电子气，它们的运动取决于核的电荷和这些电子分布的势场——这就是密度泛函理论(DFT)的雏形。1930 年，Dirac 在 Thomas-Fermi 模型的基础上，增加了电子相互交换能，提出了 Thomas-Fermi-Dirac 模型。基于 Thomas-Fermi-Dirac 模型，Kohn 和 Sham 提出了基态动能的精确形式。Kohn-Sham 方法侧重考虑了电子的相关交换效应，只要成功地获得交换相关能，就可以得到准确的电子密度和能量。后来，他们于 1965 年提出了局域密度近似(localdensity approximation，LDA)，建立了交换相关能的计算方法。该方法适用于密度变化缓慢的体系(如固体)，而对于密度变化较大的体系处理效果不太理想。之后，为修正 LDA 引入了电子密度梯度，发展了一系列广义梯度近似(generalized gradient approximation，GGA)泛函。由于 HF 理论能够在分子尺寸提供准确的交换能处理，但在描述化学键时有一些不足，且没有考虑电子相关能矫正。而局域密度近似的方法很容易得到相关能。Becke 等提出将 HF 和局域密度近似结合起来，衍生出杂化泛函，如 B3LYP、M062X 等。杂化泛函的计算精度比 LDA、GGA 高，计算量也较为适中，目前在环境计算化学领域使用频率较高。

从头算法对计算机硬件性能要求很高。目前，关于化学物质结构与性质的量子化学计算通常借助于高性能计算机(high performance computer，HPC)。与普通的笔记本电脑和个人台式机相比，HPC 一般配备较多的 CPU 核心，有更大的内存容量，计算任务一般在多个进程上并行运行，甚至在多台计算机上运行。量子化学计算往往在性能较为稳定的 Linux 系统执行，其中，使用最为广泛的支持从头算和 DFT 方法的软件包括 Gaussian、Jaguar、Q-Chem、Turbomole 等商业软件以及 NWChem、CP2K、GAMESS 等开源免费的软件。

一种降低计算量的策略是在计算过程中忽略一些积分过程，或在一些积分值的选择上使用实验参量以降低计算时间，这样就产生了各种各样的半经验分子轨道近似方法。任何半经验分子轨道法都可以用来计算量子化学参数。其中，影响最大、应用最广的有四类。按建立时间先后和近似程度递减顺序分为：①简单的 Hückel 分子轨道(HMO)法；②扩展的 Hückel 分子轨道(EHMO)法；③Pople 创建的全略微分重叠(CNDO)法、间略微分重叠(INDO)法和忽略双原子微分重叠(NDDO)法，目的在于简化计算仍能求得接近于从头算的结果；④改进的 INDO(MINDO)法、改进的 NDDO(MNDO)法、AM1 法、PM6 法和 PM7 法，其参数化的标准是使计算结果全面符合实验(包括分子的成键能)。上面所提到的 MNDO、MINDO、AM1、PM6 和 PM7 已经被 Stewart 等编制成量子化学计算程序包 MOPAC，并被广泛地用于量子化学描述符(quantum chemical descriptor)的计算(详见 6.5.4 小节)。

6.4.2 分子力学方法

分子力学(molecular mechanics)的概念起源于 20 世纪 70 年代，其主要的目的是采用经典力学来确定分子的平衡结构。考虑一个双原子分子，将其原子视为质量 m_1 和 m_2 的两个质点，而将化学键视为连接两个质点的弹簧，弹簧的简谐力常数为 k_{bond}，两个原子(质点)的间距为 R，且原子的平衡距离为 R_e，该"弹簧"的势能函数为

$$U_{bond} = \frac{1}{2} k_{bond} (R - R_e)^2 \tag{6-7}$$

这个简谐势是最简单、最经典的描述键长的势能函数。其中，键的力常数参数可以根据分子红外光谱的特征波数(cm^{-1})、振动模式和弹簧两端质点的约化质量(reduced mass)来估算。

三个相邻成键原子的键角 θ 的弯曲，通常也可以写成简谐势能的形式：

$$U_{angle} = \frac{1}{2} k_{angle} (\theta - \theta_e)^2 \tag{6-8}$$

式中，θ_e 为平衡时的键角；k_{angle} 为键角的力常数，可根据分子红外光谱振动模式和波数来估算。而对于四个相邻原子构成的二面角 χ，一种常用的势能函数(U_{dihe})表达式：

$$U_{dihe} = \frac{U_0}{2} \{ 1 - \cos [n (\chi - \chi_e)] \} \tag{6-9}$$

式中，χ_e 为平衡时的二面角；n 为二面角扭转的周期数，如对于乙烷分子的 H—C—C—H 键，

n 为 3(每旋转 120°势能函数形状重合)，该参数也称为(二面角)多重度，一般可取值 1、2、3、4 或 6。

此外，对于氨气分子这种本身并非平面结构的分子，一些化学家认为需要引入一个平面外角的势能项进行描述，以允许 $N—H_3$ 的取向跨越一定能垒而翻转。而对于 4 个共平面、形成刚性结构的原子[如羰基、醛基的 $R—(C=O)—R'$ 结构]，有时需要引入一种新的简谐势能来维持这种刚性平面，这种势能称为异常角(improper angle)势。

有了描述键长、键角和二面角等的表达项，就可对分子键连的关系有较完整的定量描述。这些成键相关的势能项以往可以通过拟合(光)谱学实验数据而来。现在，这些参数一般可通过量子化学计算分子结构、分析振动频率或拟合扭转势能曲线得到。

1965 年，Snyder 和 Schachtschneider 指出，相邻的成键原子之间非键相互作用的贡献可以忽略。以正戊烷为例，对于键连的 $C_1—C_2—C_3—C_4$ 四个原子而言，只需要考虑前述的键长、键角、二面角等项就足够了。然而，对于距离较远的分子内原子(如正戊烷的 C_1 和 C_5)以及分子间原子之间(如两个正戊烷分子之间的 C_1)的非键相互作用也对体系有重要影响。

19 世纪前叶，德国物理学家、数学家，热力学领域主要奠基人之一 Rudolf J. E. Clausius 和爱尔兰化学家、物理学家 Thomas Andrews 的实验显示，(稀有气体)原子在距离较远时，会相互吸引，而在距离较近时，相互之间则会剧烈排斥。一些化学家也称这些非键相互作用为弱化学相互作用，因为它们对应的势能函数的势阱比成键的势阱浅很多，键强度在 0.4～4.0 $kJ \cdot mol^{-1}$。直到 20 世纪，量子力学理论(详见 6.4.1 小节)逐渐成熟，科学家才得以一窥原子/分子间力的本质。但是，抛开高深的量子力学理论，仅从经典力学的角度出发，这些吸引力与排斥力(原子/分子间相互作用力)又该如何描述？普遍的观点认为，典型的非键相互作用主要包括静电作用和非静电作用两类。

经典力学借助点电荷模型以及点电荷之间的电磁力来描述静电相互作用。例如，一个 Na^+ 带一个单位的正电荷，而一个 Cl^- 则带一个单位的负电荷。这些电荷可以视作位于原子核中心的带电点，即点电荷。NaCl 的形成则部分取决于正、负点电荷之间的吸引。点电荷自身的尺寸相比于其间距而言，是可以忽略的。1785 年，法国物理学家库仑(Charles-Augustin de Coulomb)首先给出了(静止状态下的)点电荷之间作用力的数学形式。库仑定律描述了间距为 R_{AB}，带电量分别为 Q_A 和 Q_B 的点电荷的相互作用力：

$$\boldsymbol{F}_{\text{A on B}} = \frac{1}{4\pi\varepsilon_r\varepsilon_0} \frac{Q_A Q_B}{R_{AB}^3} \boldsymbol{R}_{AB} \tag{6-10}$$

两个点电荷相互作用的静电势能 U_{es} 可以表示为

$$U_{es} = \frac{1}{4\pi\varepsilon_r\varepsilon_0} \frac{Q_A Q_B}{R_{AB}} \tag{6-11}$$

式中，$\boldsymbol{R}_{AB}$ 和 R_{AB} 分别为点电荷 Q_A、Q_B 构成的空间矢量及其标量值(模)；ε_0 为真空介电常数 $(8.854\times10^{-12} \text{ C}^2 \cdot \text{N}^{-1} \cdot \text{m}^{-2})$；$\varepsilon_r$ 为相对介电常数。这种相互作用力可以两两加和，从而推广到三个或更多点电荷的体系。

两个分子的(诱导)偶极-偶极、色散作用使得两个分子彼此相互吸引，而当两个原子或分子距离过近，带正电的原子核之间的排斥将主导分子间的相互作用，而原子核周围的电子很难屏蔽这种排斥，表现为两个距离紧密的原子/分子相互的剧烈排斥。描述该现象的一种较为常见的数学模型为 Lennard-Jones 势能(L-J 势，图 6-5)：

$$U_{L\text{-}J} = 4\varepsilon \left[\left(\frac{\sigma}{R} \right)^{12} - \left(\frac{\sigma}{R} \right)^{6} \right] \tag{6-12}$$

式中，ε 和 σ 两个参数分别表征了分子间势能的阱深以及不发生排斥作用的最小距离。

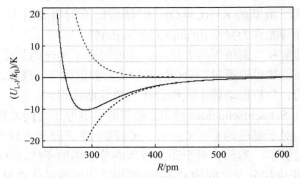

图 6-5　He-He 双原子间(非静电)相互作用的 Lennard-Jones 势曲线

[Lennard-Jones potential curve for He-He diatomic (non-static) interaction]

　　结合成键相互作用项，即表征化学分子键伸缩、弯曲振动及扭转的势能项等，就给出了一个微观体系的所有实体原子之间相互作用的完整势能函数。这套描述微观粒子间相互作用的势能函数称为分子力场(force field)。学术界常用的小分子结构优化的力场包括 UFF 力场(universal force field)、MMFF (merck molecular force field)系列力场和 AMBER (assisted model building with energy refinement)的 GAFF 力场(general amber force field)。

6.4.3　稳定构象与过渡态构象

　　无论是基于量子力学，还是基于经典力学，都可以根据一个分子的 3D 结构，计算该分子中每个原子受到的力。6.3.1 小节提到分子的 3D 结构一般可以通过计算化学"优化"获得。几何优化其实就是在搜寻分子能量极小点的过程，该过程也称为能量最小化/极小化。考虑一个原子数为 N 的分子，在三维空间中，该分子每个原子都有 3 个方向(如 x、y、z 轴向)的自由度。从整个分子角度看，(刚性)平移自由度有 3 个，(刚性)旋转自由度也有 3 个(对于线性分子有 2 个旋转自由度)。因此，N 个原子构成的分子具有的振动自由度(degree of freedom)为 dof = $3N-6$ 个(线性分子为 $3N-5$ 个)。为了描述一个 N 原子小分子体系，就需要 dof 个自变量，习惯上用一个(坐标)矢量 $\boldsymbol{q}$ 表示，这些变量组成了分子的内坐标。

$$\boldsymbol{q} = (q_1, q_2, q_3, \cdots, q_{\text{dof}})^{\text{T}} \tag{6-13}$$

　　一个分子的势能依赖于分子的内坐标，可以用符号 $U(\boldsymbol{q})$ 来表示分子势能。一个分子，若仅考虑其两个自由度，$U(\boldsymbol{q})$ [此时就是 $U(q_1, q_2)$]可以表现为三维空间中的势能曲面(图 6-6)。

　　在势能面的极小点(minima)(图 6-6 网格势能面低谷)，各方向势能梯度(受力)为 0，且各方向的二阶导数均大于 0，这意味着分子结构稍微偏离该内坐标组合时，都会受到一个指向极小点的力，将其"推回"极小点，所以在极小点分子处于(力)平衡状态。当分子的自由度超过 3 时，$U(\boldsymbol{q})$ 成为 dof 维空间的超曲面，极小点的概念也可以推广到该超曲面上。当遍历一个分子所有的内坐标组合，或许能找到若干个极小点。每个极小点的内坐标 $\boldsymbol{q}$ 都对应一种分子平衡态，或能量稳态。其中，能量最低的 $\boldsymbol{q}$ 对应的极小点称为全局极小点(global minima)，而其他的则称为局域极小点(local minima)。

在势能面上，连接两个相邻极小点的路径(图 6-6 中曲线)会经过鞍点(saddle point)。鞍点对应的分子(或分子反应系统)状态称为过渡态(transition state)。过渡态上各方向的势能梯度(受力)为 0，仅有一个方向的二阶导数为负值(对应于虚数振动频率)，其余方向的二阶导数均大于 0。过渡态构象处于亚稳态，稍微受到扰动，分子的原子排布就会持续发生改变，向鞍点所连接的局部极小点对应的构象演变过去。过渡态与反应物势能差对于估算反应活化能非常关键。因此，在定量研究由原子排布变化所导致的化学反应时，找到发生反应的分子系统的过渡态及其所连接的两个极小点(即反应物和产物)，是计算化学最重要的任

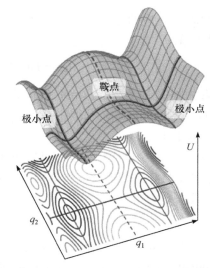

图 6-6　双自由度势能曲面上 $U(q_1, q_2)$ 的极小点和鞍点 [Minima and saddle point of $U(q_1, q_2)$ on a two-degree-of-freedom potential energy surface]

务之一。它绝不是一项轻松的工作，许多数学家、工程师都致力于这项充满挑战的任务，并发展了各种算法，如最速下降(steepest descent)法、共轭梯度(conjugate gradients)法、牛顿-拉弗森(Newton-Raphson)法等。它甚至成为应用数学的一门子学科，称为优化理论。这些内容超出了本书的范畴，有兴趣的读者可以自行查阅相关资料学习。

6.5　定量构效关系

化学品的物理化学性质本质上取决于分子的结构。而化学品的环境行为、毒理学特性，则与化学品的物理化学性质紧密相关。因此，通过化学分子的结构特征就有可能定量地预测化学物质的性质，甚至预测其环境行为与毒性效应。这一思路属于 QSAR 研究的内容。

6.5.1　QSAR 模型体系及原理

人类很早就认识到有机物的分子结构与其理化性质和生物活性之间，存在内在的联系，这里简要介绍对这种内在联系的探索历程。

1. 线性自由能关系模型

20 世纪 30 年代 Hammett 等所建立的线性自由能关系(linear free energy relationship，LFER)理论，为 QSAR 奠定了热力学理论基础。Hammett 等创造性地提出了表示取代基电子效应的参数 σ，Taft 等提出了表示取代基立体效应的参数 E_s。

首先考虑一个热力学过程，其反应平衡常数 $K^{\ominus}$ 可以表示为

$$\lg K^{\ominus} = -\Delta G_1^{\ominus}/2.303RT \tag{6-14}$$

式中，$\Delta G_1^{\ominus}$ 为反应的标准吉布斯自由能变($J \cdot mol^{-1}$)；R 为摩尔气体常量($J \cdot mol^{-1} \cdot K^{-1}$)；$T$ 为热力学温度(K)。对于动力学过程，其反应速率常数 k 可以表示为

$$\lg k = \lg(RT/N_A h) - \Delta G_2^{\ominus}/2.303RT \tag{6-15}$$

式中，N_A 为阿伏伽德罗常量(mol^{-1})；h 为普朗克常量($J \cdot s$)；$\Delta G_2^{\ominus}$ 为反应的标准活化自由能变($J \cdot mol^{-1}$)。由这两个表达式可知，在给定温度下，$\lg k$ 或 $\lg K^{\ominus}$ 与所研究物理化学过程的自由能之间具有线性关系。

LFER 是在两个反应系列的标准吉布斯自由能或活化自由能之间总结出来的经验规律，并且要求这两个反应系列在反应物结构或反应条件上存在相同差异。两个系列 A 和 B 最基本的线性自由能关系为

$$\lg K_{iB} = m \lg K_{iA} + C \tag{6-16}$$

式中，K 为平衡常数或速率常数；m 为系数；C 为常数。

Hammett (1936)发现苯衍生物侧链的对位、间位取代基对其侧链反应速率常数的影响具有一定的规律性，并提出了 Hammett 方程[式(6-17)、式(6-18)]来定量描述该规律：

$$\lg k = \lg k^0 + \rho\sigma \tag{6-17}$$

$$\lg K = \lg K^0 + \rho\sigma \tag{6-18}$$

式中，k 和 k^0 分别为取代和未取代苯衍生物的反应速率常数；K 和 K^0 分别为取代和未取代苯衍生物的反应平衡常数；σ 表征的是苯环上的氢被给定的间位或对位取代基所取代时的极性效应，它仅取决于取代基的性质和取代位置；反应常数 ρ 则与反应本身有关，取决于反应条件和反应的性质，ρ 的大小反映了一个特定反应对取代效应的灵敏程度。

根据以上关系，可以推导出反应自由能与参量 σ 之间存在着简单的线性关系，这就是经典的 LFER。LFER 的提出，表明能够建立某些经验性的性质(平衡常数和速率常数)和分子结构参数之间的定量关系。

尽管 Hammett 发现了 $\lg k$ 或 $\lg K^{\ominus}$ 与分子结构参数之间的客观关系，但是经典的热力学理论却不能推导出这种关系，因此，LFER 也称为超热力学(extrathermodynamics)关系。经典的 LFER 采用一个分子结构参数建立与化合物活性($\lg k$ 或 $\lg K^{\ominus}$)的关系，称为单参数 LFER。单参数 LFER 对实验数据的预测效果有限，对取代基效应的描述也较为单一，这对于表征具有复杂分子结构的有机物的复杂性质或活性是不充分的，多参数线性自由能关系(polyparameter linear free energy relationship，pp-LFER)克服了这个问题。下面所介绍的线性溶解能关系(linear solvation energy relationship，LSER)模型、Hansch 模型、基团贡献(group contribution)模型及三维 QSAR 模型(如比较分子力场分析)等，本质上都是 pp-LFER。

2. 线性溶解能关系模型

由 Kamlet 等发展起来的线性溶解能关系(LSER)是 pp-LFER 的拓展。根据 LSER，溶解包括三个与自由能有关的过程：①在溶剂中形成一个可以容纳溶质分子的空穴；②溶质分子互相分离并进入空穴；③溶质与溶剂间产生吸引力。据此，提出如下模型：

$$SP = SP_0 + 空穴项 + 偶极项 + 氢键项 \tag{6-19}$$

式中，SP 代表溶解度或与溶解、分配有关的性质(如水溶解度、有机溶剂/水分配系数、非反应性毒性等)，根据 LFER 理论，SP 常以某一测得值的对数表示；SP₀ 代表模型中的常数项；空穴项描述在溶剂分子中形成空穴时的吸收能量效应；偶极项表示溶质分子与溶剂分子间的偶极-偶极和偶极-诱导偶极相互作用，这种作用常常是释放能量的；氢键项表示溶质分子与溶剂分子间的氢键作用，这种作用也是释放能量的。

Abraham 等(2004)发展了 LSER，并提出了一套新的 LSER 参数。表征物质 i 在两个凝聚相(如正辛醇/水体系、水与土壤体系等)之间分配行为的 LSER 模型是：

$$SP_i = SP_0 + eE_i + sS_i + aA_i + bB_i + vV_i \qquad (6\text{-}20)$$

表征物质在气相和凝聚相之间分配系数的 LSER 模型是：

$$SP_i = SP_0 + eE_i + sS_i + aA_i + bB_i + lL_i \qquad (6\text{-}21)$$

式(6-20)和式(6-21)中，SP₀ 是常数项；S_i 是描述分子偶极/极化性的参数；A_i 和 B_i 分别是表征分子氢键质子供体能力、氢键质子受体能力的参数；V_i 为分子 McGowan 体积，单位是 $100\ \text{cm}^3 \cdot \text{mol}^{-1}$，可以采用 McGowan 碎片加和法计算；$L_i$ 是正十六烷/空气分配系数的对数值。式中，大写的字母为分子 i 的相关结构描述参数，表征一个分子参与上述各种相互作用能力的大小；相应的小写字母是系数，表征物质在两个指定的相间平衡分配时，各种相互作用的相对贡献的大小，与所模拟的两个相的性质有关。E_i 为过量分子折射，反映分子极化电子(polarizable electrons)的信息。其计算公式为

$$E_i = 10[(\eta^2 - 1)/(\eta^2 + 2)]V_i - 2.83V_i + 0.526 \qquad (6\text{-}22)$$

式中，η 为在 20℃条件下液态化合物 i 的折射率，对于 20℃条件下，不是液态的物质，需要进行转换计算，可以应用 E-ACD 软件(www.acdlabs.com)来计算 η。

案例 6-1　碳纳米材料(CNMs)包括碳纳米管(CNTs)和石墨烯等，被广泛用于众多领域。CNMs 的产量增长迅速。2015 年，CNMs 的全球产量从 2010 年的 4065 t 增加到 12300 t。CNMs 的大量生产和使用，将导致其不可避免地释放到环境中。环境中的 CNMs 可以吸附有机污染物并影响它们的环境行为、生物可利用性和毒性。因此，有必要评价 CNMs 对有机化学品的吸附行为。采用密度泛函理论计算，模拟 38 种小分子有机物在气相和液相石墨烯表面的吸附并计算吸附能 E_{ad}，通过多元线性回归分析(multiple linear regression analysis)，建立了如下的 pp-LFER 模型：

气相　　　　　　　$|E_{ad}| = 3.570 + 0.911E_i - 4.350S_i - 1.684A_i + 4.910B_i + 3.456L_i \qquad (6\text{-}23)$

$$n = 38,\ R_{adj}^2 = 0.906,\ \text{RMSE} = 1.505,\ Q_{LOO}^2 = 0.846$$

液相　　　　　　　$|E_{ad}| = -0.951 + 2.486E_i - 0.450S_i - 0.668A_i + 0.609B_i + 14.638V_i \qquad (6\text{-}24)$

$$n = 38,\ R_{adj}^2 = 0.917,\ \text{RMSE} = 1.341,\ Q_{LOO}^2 = 0.858$$

式中，R_{adj}^2 为调整后的决定系数；RMSE 为均方根误差；Q_{LOO}^2 为交叉验证系数。

📖 延伸阅读6-1　通过密度泛函理论计算和线性自由能关系模型揭示有机污染物在碳纳米材料上的吸附机理

Wang Y, Chen J W, Wei X X, , et al. 2017. Unveiling adsorption mechanisms of organic pollutants onto carbon nanomaterials by density functional theory computations and linear free energy relationship modeling. Environmental Science & Technology, 51(20): 11820-11828.

3. Hansch 模型

在 LFER 的基础上，Hansch 把 QSAR 的研究范围扩大到了生物活性领域，提出取代基对化合物生物活性(如半数致死浓度 LC_{50} 或半数效应浓度 EC_{50})的影响主要是电性效应、立体效应及疏水效应，并且这些效应可以彼此独立加和。经典的 Hansch 模型的形式为

$$-lgLC_{50} = algK_{OW} + b\sigma + cE_s + d \tag{6-25}$$

式中，K_{OW} 为正辛醇/水分配系数；σ 为 Hammett 取代基电子效应参数；E_s 为 Taft 立体效应常数；a、b、c 为系数；d 为常数。在某些情况下，许多化合物的生物活性和 lgK_{OW} 之间并不服从线性关系。根据经验，Hansch 将其拟合成抛物线方程：

$$-lgEC_{50} = algK_{OW} - b(lgK_{OW})^2 + c\sigma + dE_s + e \tag{6-26}$$

式中，a、b、c、d 均为拟合系数；e 为常数。

4. 基团贡献模型

基团贡献模型(group contribution model)以线性自由能关系为基础，将化合物的性质分解成其基本碎片贡献的线性加和，也称为碎片法或亚结构分析法。该方法假定不同化合物分子中的相同基团对于所模拟的化合物活性的贡献完全相同，化合物的活性可以认为是构成它们的基团的贡献的加和。在构建分子基团贡献模型时应该明确，加和性规则只有在化合物分子中的基团基本上不受其他基团的影响时才有效，否则需要引入结构校正因子，对其进行校正。

化合物的碎片不是武断地选择出来的。碎片对化合物分配行为的贡献可能依赖于碎片所连接的孤立碳原子的类型。有的化合物结构复杂，除了要考虑碎片基团的影响，取代基团对化合物性质的影响也应该考虑进去。根据 Hansch 和 Leo 定义的碎片划分原则，碎片可定义为一个原子或一个原子团，它们被键合在碳原子上；碳原子或者是四个单键，或者是两个单键和一个双键，但至少有两个键不是和杂原子相连。基团贡献模型的最典型应用，是用于预测有机物的正辛醇/水分配系数(lgK_{OW})。美国 EPA 开发的 EPI (Estimation Programs Interface) Suite^{TM} 中，就使用基团贡献法，估算化合物的 lgK_{OW}。在环境毒理学研究中，还有 Free-Wilson 模型，该方法根据如下假定进行建模：分子中任一位置上所存在的某个取代基始终以等量改变相对活性的对数值。Free-Wilson 模型常用下式表达：

$$lg(1/LC_{50}) = A + \sum_i \sum_j G_{ij} X_{ij} \tag{6-27}$$

式中，$lg(1/LC_{50})$ 为生物活性对数值；A 为基准化合物的理论活性对数值；G_{ij} 为第 j 取代位置上取代基 i 的基团活性贡献；X_{ij} 为指示变量，用以表示第 j 位置上有无取代基，若有取代基 i，则 X_{ij} 取 1，若无取代基 i，则 X_{ij} 取 0。Hall 等应用 Free-Wilson 模型拟合了 105 种取代苯类化合物对呆鲦鱼(*pimephales promelas*)的 96 h 急性毒性，得到了一个含有 12 个变量的 QSAR 方程，发现苯环上的取代基对毒性的贡献有如下顺序：—NO_2≈—Cl > —Br > —CHO > —CH_3≈—F > —NH_2≈—CN > —OH≈—OCH_3 > —$COCH_3$。

值得指出的是，由于受限于计算机的运算速度，早期的 QSAR 建模多发展以基团贡献法为代表的未反映分子三维结构特性的模型。大量的实验数据表明，具有相同基团和原子组成(即相同化学式)的化学物质，如果基团和原子的空间排布(即分子的立体结构)差别很大，则其物理化学性质、环境行为和毒理学效应参数，也具有很大差别。因此，发展考虑分子三维结构

信息的 QSAR 模型，是发展的必然方向。

5. 3D-QSAR 分析方法

20 世纪 80 年代以来，出现了考虑化合物分子与受体(蛋白质等生物大分子)相互作用的 QSAR 构建方法,统称为三维定量构效关系(three dimensional QSAR，3D-QSAR)方法。3D-QSAR 与传统 QSAR 的最大不同之处在于，它们考虑生物活性分子的三维构象性质，能较为精确地反映生物活性分子与受体作用的图像，间接地反映了外源化学物质与生物大分子相互作用过程中两者之间的非键相互作用特征，更深刻地揭示化合物-受体相互作用的机理。应用最广泛的 3D-QSAR 包括比较分子场(comparative molecular field analysis，CoMFA)方法和比较分子相似性(comparative molecular similarity indices analysis，CoMSIA)方法等。下面以 CoMFA 为例，进行简要介绍。

具有生物活性的化合物分子与生物受体之间，在分子水平上的相互作用主要是可逆性的非共价作用力，如范德华相互作用、静电相互作用、氢键相互作用和疏水相互作用。一系列化合物作用于同一受体，这些化合物分子与受体间的相互作用应该具有一定的相似性，可用分子的势场来描述。于是，在不了解受体结构的情况下，研究这些化合物分子周围势场的分布，并与化合物生物活性联系起来，既可推测受体的某些性质，又可根据所建立的模型预测其他化合物的活性。

在 CoMFA 方法中化合物分子周围的势场，分别由描述范德华相互作用和静电相互作用的立体电势场和静电势场两部分组成。场能(值)通过计算合适的探针原子或基团在空间网格点上移动时，与化合物分子中各原子有关作用而得到。

例如，立体电势场能的计算可采用 Lennard-Jones 势能函数：

$$E_{vdw} = \sum_{i=1}^{n}(A_i r_{ij}^{-12} - C_i r_{ij}^{-6}) \tag{6-28}$$

式中，E_{vdw} 为化合物分子的立体势场能；r_{ij} 为分子中原子 i 与位于网格格点 j 上的探针之间的距离，A_i 和 C_i 为取决于相应原子范德华半径的常数；n 为分子中的原子个数。

静电势场能的计算可采用 Coulomb 势能函数：

$$E_c = \sum_{i=1}^{n}\frac{q_i q_j}{D r_{ij}} \tag{6-29}$$

式中，E_c 为化合物分子的静电势场能量；q_i 为分子中原子 i 的电荷；q_j 为探针的电荷；D 为介电常数；r_{ij} 为分子中原子 i 与位于网格点 j 上的探针之间的距离；n 为分子中原子的个数。

CoMFA 方法的计算过程包括：

(1) 构建化合物分子的三维结构，计算其优势(活性)构象；按照合理的叠合原则，把它们的优势构象叠合在一个设定的能容纳所有分子的空间网格内。

(2) 选择合适的探针，经常采用 sp³ 杂化的一价碳正离子，在网格点上逐一移动，分别计算各分子之间的范德华作用力和库仑作用力，确定分子周围立体电势场和静电势场能量的空间分布。由此得到与网格内各分子相应的上千至数千个场能值，连同各化合物的生物活性测量值，构成 CoMFA 方法的数据表。

(3) 应用偏最小二乘法(partial least squares，PLS)构建模型，可以克服大量势场参数的共线性问题，确定最佳主成分数和建立 3D-QSAR 模型。进行统计学验证，评价模型质量。

(4) 所得模型中的立体电势场能和静电势场能的系数可以用等高图显示出来，用于解释分子结构因素对生物活性的影响，并对未知化合物的活性进行预测，以及推测生物受体的某些性质。

CoMFA 方法自问世以来，在环境毒理学中得到了一些应用。例如，Tong 等应用 CoMFA 方法建立了 31 个化合物与雌激素受体(ERα 和 ERβ)的相对结合力(RBA)的 QSAR 模型。这 31 个化合物包括 19 个类固醇激素、10 个合成雌激素和植物雌激素以及 2 个环境雌激素。然而，CoMFA 方法也存在一些局限性，主要是没有彻底解决化合物分子的优势(活性)构象及其叠合的选择问题，而在这方面的任何细小误差，都将对结果产生严重的影响；也没有考虑在分子与受体的结合过程中，受体结合区域与分子间存在着一个诱导适应、增强亲和的过程，因此该方法很难真正模拟生物体内受体与分子的结合过程。

6. 基于人工智能的 QSAR 模型

早期的 QSAR 多针对结构类似的系列化合物建模，数据集中包含化合物的数目通常较少，很多时候采用依赖实验测定的描述符且不考虑模型的验证，多用于解释实验现象的机理，用于指导药物的设计，模型的应用域比较小而难以应用到多种结构类型的化合物的预测。近年来，得益于高通量筛选(high throughput screening，HTS)测试技术的发展，毒理学正逐渐进入一个"大数据"时代。众多公开数据分享平台已记录大量 HTS 实验数据，这些 HTS 数据推动 QSAR 朝着智能化和数据驱动的 QSAR 的方向发展。

近年来，各种机器学习算法被尝试用于构建 QSAR 模型。例如，2014 年美国前沿转化科学中心(NCATS)举办了 Tox21 数据挑战赛(Tox21 Data Challenge)，提供了比较不同机器学习算法构建预测毒理效应 QSAR 模型的机会。Tox21 数据挑战赛的数据来自 Tox21 项目的 HTS 实验结果，包括大约 10000 种化学物质，涵盖抗氧化反应要素(antioxidant responsive element，ARE)、热休克因子响应要素(heat shock factor response element，HSE)、基因毒性(genotoxicity)、线粒体膜电位(mitochondrial membrane potential，MMP)、DNA 损伤 p53 通路(DNA damage p53 pathway，p53)等压力反应通路和雌激素受体α (estrogen receptor alpha，ERα)、芳香化酶(aromatase)、芳香烃受体(aryl hydrocarbon receptor，AhR)、雄激素受体(androgen receptor，AR)、过氧化物酶体增殖物活化受体(peroxisome proliferator-activated receptor gamma，PPARγ)等核受体信号通路。参赛者构建预测模型使用的机器学习算法包括随机森林(random forest，RF)、支持向量机(support vector machine，SVM)、k 最近邻(k-nearest neighbor，kNN)和深度神经网络(deep neural network，DNN)等。其中，DNN 表现出了最好的预测性能。

6.5.2　QSAR 模型一般建立流程

经济合作与发展组织(OECD)关于 QSAR 模型发展和使用的导则提出，面向化学品生态风险评价与管理的 QSAR 模型应该符合如下标准：①具有明确定义的环境指标；②具有明确的算法；③定义了模型的应用域；④有适当的拟合度、稳定性和预测能力；⑤最好能够进行机理解释。符合这些条件的模型，可以应用于化合物的风险评价、化学品筛选及优先控制等管理工作。

构建 QSAR 模型的基本过程如图 6-7 所示。首先需要选取一定数量的化合物作为模型的训练集，这些化合物应该具有经实验测定的理化性质、环境行为参数或毒理学参数的数据，一些文献上将此类数据称为终点(endpoint)数据。然后，针对所选定的训练集化合物，获取和选取表征分子结构的参数(也称为分子结构描述符)。接下来，采用各种数学方法[如多元回归分析、偏最小二乘回归、支持向量机、人工神经网络(artificial neural network，ANN)等]建立分子结构参数和终点数据的定量关系模型。所建模型需要经过验证、表征等过程，如果验证的结果不能达到要求，需要进一步考虑所选取的分子结构参数是否与所模拟的终点数据存在内在联系，用于建模的终点数据是否有很大的实验误差等，然后优化和重复上述建模过程。

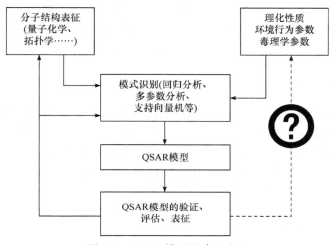

图 6-7　QSAR 模型的建立流程
(Flow chart of QSAR development)

6.5.3　化学品活性/性质参数的获取

QSAR 模型的构建需要基于现有化学品的相关数据。QSAR 所模拟的环境终点(endpoints)主要有三类：

(1) 有机化合物的理化性质，如水溶解度(S_W)、正辛醇/水分配系数(K_{OW})及正辛醇/空气分配系数(K_{OA})、亨利常数(K_H)、土壤或沉积物吸附系数(K_{OC})、过冷液体蒸气压(P_L)等。

(2) 表征有机污染物在环境中迁移转化行为的参数，如生物降解速率常数(k_B)、水解速率常数(k_H)、光解速率常数(k_P)、·OH 反应速率常数(k_{OH})等。

(3) 有机毒物对不同物种、不同生理生化指标的毒性参数，如急性毒性、亚急性毒性、酶抑制毒性、生殖和遗传毒性、免疫毒性、发育毒性、神经毒性等。

获取这些终点的数据主要有四个途径：相关文献资料、相关数据库、实验室测试结果、高理论水平的量子化学计算等。

从文献中，既可以获得最新的实验数据，也会找到年代久远的实验结果。值得注意的是，不同实验之间由于方法和条件的区别，可能会造成数据之间缺乏可比性。因此，在收集数据时仔细对比文献中描述的实验方法和条件是建立可靠 QSAR 模型的基础。

人工提取文献数据工作繁重而且效率低，一些大型数据库的建立为获取数据提供了极大的便利。常用的数据库包括：美国化学信息系统(Chemistry Information System，CIS)、剑桥结构数据库(Cambridge Structural Database，CSD)、欧洲的环境化学品数据和信息网(Environmental Chemicals Data and Information Network，ECDIN)、美国的化合物基本性质数据库(CS ChemFinder)、美国国家标准与技术研究院(National Institute of Standards and Technology，NIST)

开发的 Chemistry WebBook 物性数据库及美国国立卫生研究院(National Institutes of Health, NIH)维护的 PubChem 数据库等。

如果某化学品不存在现有数据(文献和数据库中都不能找到此化学品数据)，则可以根据 OECD 或 EPA 的技术导则开展实验室测试获取相关数据。尽管实验室测试有着较高的可控性、规范性，但是仍然会受到实验人操作水平、实验室条件、质量控制等方面的干扰。

近年来，随着计算理论和方法的改进，量子化学计算的精度和准确性有显著提高。对于一些实验难以测定的小分子物理化学性质，可以通过高理论水平的量子化学计算得到。这种以"算"养"算"的现象，是前所未有的。一方面，它暗示了机器从零开始"学习"量子化学规律的可能性；另一方面，它也必须遵循一定的限制，不宜滥用。

6.5.4　分子结构参数的表征

QSAR 模型的优劣在很大程度上取决于所选用的分子结构参数(分子结构描述符)。分子结构参数包括经验性参数和理论计算参数两种，其中，经验性参数主要需要借助于实验获得，典型的经验性参数有电子效应参数(σ)、立体效应参数(E_S)、疏水性参数(π)等；而理论计算的参数可直接通过输入分子结构计算得到，如分子的拓扑指数及量子化学参数等。这里简要介绍分子的结构编码方法、典型的分子结构参数等。

1. 经验性分子结构参数

早期的 QSAR 模型主要应用实验得到的一些物理化学参数来表征分子的结构特征，如电子效应参数、立体效应参数、疏水性参数等。

Hammett 首先将取代基电子效应常数(σ)用于平衡常数及反应速率常数的预测。他认为当一个吸电子基团与苯甲酸上的苯环相连后，其羧基的酸性会加强，基团的吸电子能力越强，酸性增加得越多。于是选用σ来表示取代基对苯甲酸酸性的影响。由于苯甲酸的解离常数可由实验测得，因此各种基团的σ值可以由实验得到。σ值的大小反映了取代基吸电子(或给电子)能力的大小，σ值越大，吸电子能力越强。

取代基对母体化合物中电子分布的改变是通过诱导和共振两种作用改变的，因此取代基的电子效应可表示为取代基诱导效应参数σ_I和共振效应参数σ_R的线性组合

$$\sigma = a\sigma_I + b\sigma_R \tag{6-30}$$

式中，a 和 b 为系数。

但是，σ只适用于芳环取代基，且只能表示间位或对位侧链基团的影响。为了表征其他类型的取代效应，人们又提出其他的取代基电子效应参数。Taft 取代参数(σ^*)就是其中一种，它以酯的水解为基础，反映了脂肪族化合物中未构成共轭体系的取代基团的极性效应。

立体效应是与一个化合物的理化性质及生物活性密切相关的参数，其中最具代表性的是 Taft 立体效应参数。20 世纪 50 年代，Taft 提出用 E_S 表示取代基的立体效应。它的定义为

$$E_S = \lg(k_X/k_H)_A \tag{6-31}$$

式中，k_H 和 k_X 分别为乙酸甲酯及被取代的乙酸甲酯在酸性介质中的水解速率常数；下标 A 表示的是在酸性介质中的水解。该定义依赖于这样一个事实：酸性水解几乎完全取决于立体因素，而与其他效应相关性较小。

Hansch 等提出了一个取代常数 π 来表征取代基的疏水性效应，其定义为

$$\rho\pi_X = \lg(P_X/P_H) \tag{6-32}$$

式中，P_X 和 P_H 分别为氢原子被取代的衍生物和母体化合物在两种溶剂中的平衡分配系数；π_X 为取代基的疏水性参数；ρ 反映了溶剂体系的特征，对于正辛醇/水分配体系，$\rho = 1$。由于疏水性参数可以表征分子在不同环境相间的分配行为，以及分子与其受体活性位点的相互作用，因此疏水性参数 π_X 和 $\lg K_{OW}$ 常用于早期的 QSAR 建模中。

2. 子结构/模式匹配

分子特定的子结构又称结构碎片，如氢键供/受体、柔性结构(可扭转的键)、芳香杂环等对分子的特殊性质具有重要的影响。目前，较成熟的子结构匹配算法主要针对分子的化学拓扑学特性。分子拓扑的任意子结构也可以表示成分子图的形式，而一个分子与其包含的子结构之间的关系则是完整图与子图的关系。此外，开发 SMILES 码的 Daylight 公司也发展了一套非常便利的字符串形式的子结构碎片模式语法——SMILES 任意目标指定(SMiles ARbitrary Target Specification，SMARTS)。

SMARTS 是一门使用 SMILES 的直接拓展规则来具体指定子结构的语言。SMILES 语言包括两种基本的符号类型：原子(atoms)和键(bond)。基于这些符号，可以具体指定一个化学分子结构图，并指定图上的原子和键的类型。SMARTS 语言在这种功能上进行了拓展。除了可以具体指定分子结构图，SMARTS 语言中还加入了逻辑运算符及特殊的原子和键的表示符号。这些独有的特征使 SMARTS 的原子和键的表示更加一般化。例如，原子符号[C, N]既能表示脂肪碳原子也能表示脂肪氮原子，"~"则可以表示任意键。表 6-3 总结了 SMARTS 语言的原子和键以及逻辑运算符的基本表示规则。

表 6-3　SMARTS 语言的原子、键和逻辑运算符的基本表示规则

(Basic rules for SMiles ARbitrary Target Specification)

SMARTS 编码	说明	SMARTS 编码	说明
*	通配符，任何原子	+<n>	正电荷
a	芳香原子	#n	原子编号
A	脂肪原子	-	脂肪单键
D<n>	边(键)的数量	=	双键
H<n>	H 原子总数	#	三键
h<n>	隐式 H 总数	:	芳香键
r<n>	环的尺寸	~	任意键
v<n>	总键级	@	任意环上的键
X<n>	连接度	!	逻辑非
x<n>	环的连接度	&	逻辑和
- <n>	负电荷	,	逻辑或

资料来源：https://www.daylight.com/dayhtml/doc/theory/theory.smarts.html。

【例 6-3】　写出可以匹配芳基氯、羟基、甲基及卤素原子(F, Cl, Br, I)的 SMARTS 编码。

解　(1) 芳基氯：[Cl][c]；

(2) 羟基：[OX2H]；

(3) 甲基：[CX4H3]；

(4) 卤素原子：[F, Cl, Br, I]。

3. 结构键与分子指纹

在分子中匹配相应的子结构模式之后，可以具体考察这种碎片模式出现的频次，也可以考察该模式的存在与否(存在或不存在的数学表示为 1 或 0)。其中，前者常作为自然数型的分子结构描述符；后者，即一组预定义的特定碎片模式的有无，最终表现为一个包含 0 或 1 的位矢量(bit vector)，称为结构键(structural keys)。由于结构键的模式需要预先定义，这些有限的结构模式有时候不能覆盖所有的子结构特征。另一方面，在大型化合物分子数据库中，对每个分子进行多次子结构匹配的计算效率并不高。

面对上述困难，一种策略是不再预先定义一组子结构模式，而是设计/指定一种拓扑结构模式生成的算法。这些算法按照预定义的规则，将分子的拓扑结构直接"分解"为特定的拓扑结构模式，并将这些模式散列(hash)成一个位矢量，称为分子指纹(fingerprints)。一般而言，根据某预定义规则得到的分子指纹尺寸极大，一般需要进行有损压缩或折叠。

结构键与分子指纹在形式上非常类似，二者常被混为一谈。区分二者的一个重要特征是，分子指纹一般都会被压缩，而结构键则不进行压缩。结构键与分子指纹一般被用于化合物结构相似性搜索。由于位矢量表现为逻辑型描述符，因此，结构键与分子指纹位矢量转化而来的特征矩阵也可以被用于构建 QSAR 模型。常见的结构键包括 MACCS keys (166 bits)、Pubchem 指纹(881 bits)、Estate (79 bits)、Substructure (307 bits)、toxprint (729 bits)等；常见的分子指纹包括分子拓扑指纹、原子对指纹、拓展式连接性指纹(ECFPs)/Morgan 圆形指纹等，这些指纹在输出结果时，往往被压缩/折叠到固定位数，如 512 位、1024 位或 2048 位。结构键与分子指纹可以通过多款软件产生，如 PaDEL-descriptor、RDKit、Discovery Studio/Pipeline Pilot、ChemoTyper、CDK Descriptor Calculator 等。

【例 6-4】　分子指纹可以用来表示分子中子结构的存在与否(存在表示为 1，不存在表示为 0)，指纹的这种特征可以被用来计算分子之间的相似性。Jaccard 相似性(又称 Tanimoto 系数)是常用的分子相似性计算方法，假设一个预定义的指纹包含羧基、羟基、苯环、硝基、甲基和氨基子结构，利用 Jaccard 相似性计算 2-硝基苯酚和对氨基苯甲酸之间的分子相似性。

解　根据预定义的指纹，可写出 2-硝基苯酚和对氨基苯甲酸各自的指纹：

化合物	羧基	羟基	苯环	硝基	甲基	氨基
2-硝基苯酚	0	1	1	1	0	0
对氨基苯甲酸	1	1	1	0	0	1

$$\text{Jaccard 相似性} = \frac{F_{11}}{F_{10} + F_{01} + F_{11}} \tag{6-33}$$

式中，F_{11} 为化学分子 A 和 B 共有的指纹数量；F_{10} 为化学分子 A 含有某指纹，但化学分子 B 不含有该指纹的指纹数量；F_{01} 为化学分子 A 不含有某指纹，但化学分子 B 含有该指纹的指纹数量。

因此，2-硝基苯酚和对氨基苯甲酸的 Jaccard 相似性 $= 2/(1+2+2) = 0.40$。

4. 分子拓扑参数

分子图及其衍生出的各类矩阵提供了定义和计算分子拓扑参数的基础。迄今，人们已提出上千种拓扑参数来表征分子结构，如分子连接性指数(molecular connectivity index，MCI)、Wiener 的 W 指数、分子电性距离矢量(molecular electronegativity-distance vector，MEDV)等，下面以分子连接性指数为例，介绍分子拓扑学参数的计算方法。

MCI 最初由 Kier 和 Hall 提出，MCI 是以所有不同形式相连的子图求和所得。分子结构的子图有四种类型：路径项(p)、簇项(c)、路径/簇项(pc)及链项(CH)。MCI 的计算公式为

$$ {}^m\chi_t = \sum_{i=1}^{n_m} {}^m S_i \tag{6-34} $$

式中，n_m 为阶(即边数)为 m 的 t 类型子图的数目；${}^m S_i$ 为子图项，由下式计算：

$$ {}^m S_i = \prod_{j=1}^{m+1} (\delta_j)_i^{-\frac{1}{2}} \tag{6-35} $$

式中，δ_j 为非氢原子的点价。对于烷烃，每个碳原子的点价等于 $4-h_j$，h_j 指该碳原子所连接的氢原子的数目；杂原子的点价用 δ_j^* 表示，$\delta_j^* = Z^* - h_j$，这里 Z^* 为杂原子的价电子数。

分子结构描述符主要通过各种软件计算得到，表 6-4 总结了可以计算子结构出现频次和分子拓扑参数的分子描述符计算软件。

表 6-4　可用于计算分子结构描述符的部分软件
(Some software to calculate molecular structural descriptors)

软件	分子结构描述符		发布者
	数目	类型	
ADAPT	>260	拓扑、几何、电子、物理化学性质	Jurs Research Group
ADMET predictor	297	组成、官能团计数、拓扑、E 状态、Moriguchi 描述符、Meylan 标识(flags)、分子轮廓、电子性质、3D 描述符、氢键、酸碱电离、量子化学描述符的经验估算	Simulations Plus
ADRIANA.Code	1244	全局物理化学、原子性质加权 2D、3D 自相关和 RDF、表面性质加权的自相关描述符	Molecular Networks
ALMOND	—	GRIND	Molecular Discovery
CODESSA	~1500	组成、拓扑、几何、电荷相关、半经验、热力学	Codessa Pro
DRAGON	5270	组成、拓扑、2D 自相关、几何、WHIM、GETAWAY、RDF、官能团、2D 二元和 2D 频数指纹等	Kode srl
GRID	—	分子相互作用场	Molecular Discovery
ISIDA FRAGMENTOR	—	子结构碎片、性质标签碎片	Laboratoire d'Infochimie, Institut de Chimie，Université de Strasbourg，France

软件	分子结构描述符		发布者
	数目	类型	
JOELib	>40	计数、拓扑、几何等	University of Tübingen
MARVIN Beans	>499	物理化学、拓扑、几何、指纹等	ChemAxon
MOE	>300	拓扑、物理性质、结构键等	Chemical Computing Group
MOLCONN-Z	>40	拓扑	eduSoft
Mold²	779	组成、计数、2D 自相关、拓扑、物理化学性质等	National Center for Toxicological Research，US FDA
MOLGEN-QSPR	707	组成、拓扑、几何等	University of Bayreuth
OpenBabel	—	电荷、分子指纹等（也作为其他软件的基础库）	O'Boyle et al.，2011 GNU General Public License version 2.0
PaDEL-Descriptor	863	组成、WHIM、拓扑、指纹	National University of Singapore
PowerMV	>1000	组成、原子对、指纹、BCUT 等	National Institute of Statistical Sciences
PreADMET	955	组成、拓扑、几何、物理化学性质等	PreADMET
Sarchitect	1084	组成、2D 和 3D 描述符	Strand Life Sciences

注：WHIM: Weighted Holistic Invariant Molecular; GETAWAY: GEometric Topological and Atomic Weighted AssemblY; RDF: Radial Distribution Function; GRIND: GRid INdependent; BCUT: Burden - CAS - University of Texas eigenvalues.

这些软件计算的描述符类型互有重叠，其中 DRAGON(7 版)是计算分子描述符种类最多的商业软件。该软件基于 2D 或 3D 分子结构可计算种类丰富的描述符(如 WHIM、GETAWAY、RDF、GRIND、BCUT 描述符等)，其中一些描述符表现为特定元素或分子碎片的计数(组成类描述符)，另一些描述符则借助图论和数学变换得到(拓扑描述符、2D/3D 自相关描述符)，详细说明可以参考 Todeschini 和 Consonni (2009)所著的《化学信息学分子描述符》。

5. 量子化学参数

目前在 QSAR 中常用的量子化学描述符有部分原子电荷(partial atomic charge)、分子轨道能(molecular orbital energy)、前线轨道密度(frontier orbit density)、超离域度(superdelocalizability)、分子极化率(molecular polarizability)、偶极矩(dipole moment)、表征化学键的参数[如键序(bond order)和键能]等。

根据经典的化学理论，所有的化合物之间的相互作用在本质上归结于静电作用和价键作用。而经典的点电荷静电作用模型表明，原子的净电荷适用于表征分子间的静电相互作用。显而易见，分子中的电荷是静电作用的驱动力，因而适用于表征化合物之间的相互作用。事实上，分子中部分电子密度或电荷对许多化合物的化学反应和理化性质起着决定作用。因此，原子电荷参数已经广泛用于 QSAR 模型中。

分子中某一特定原子的 σ 电子密度和 π 电子密度常表示化合物之间某些相互作用的取向，因此它们常被用作定向反应指数。与之相比，原子的总电子密度和净电荷被视作非定向反应指数。其他常用的基于电荷的分子描述符有：分子中某种原子部分电荷的绝对值加和或平方加和、整个分子中最正原子净电荷和最负原子净电荷以及分子中原子电荷的绝对平均值等。

最高占据分子轨道能(energy of the highest occupied molecular orbital，E_{HOMO})和最低未占据分子轨道能(energy of the lowest unoccupied molecular orbital，E_{LUMO})是两个常用的量子化学参数。根据化学反应的前线轨道理论，化学反应过渡态的形成是由于反应物的前线轨道[最高占据分子轨道(HOMO)和最低未占据分子轨道(LUMO)]的相互作用。分子的前线轨道在控制化学反应过程和决定固体化合物的电子带间隙中起主要作用，它们还影响着电子传递复合体的形成。软、硬亲电试剂和亲核试剂的概念与 E_{HOMO} 和 E_{LUMO} 的相对大小密切相关。硬亲核试剂具有较低的 E_{HOMO} 和较高的 E_{LUMO}，软亲核试剂具有较高的 E_{HOMO} 和较低的 E_{LUMO}。E_{HOMO} 与分子电离势(ionization potential)I 直接相关，可定义为 $I = -E_{HOMO}$，它表示分子与亲电试剂反应的难易程度。E_{LUMO} 则与电子亲和势(electron affinity)A 直接相关，可定义为 $A = -E_{LUMO}$，它表示分子与亲核试剂反应的难易程度。

在密度泛函理论框架下所定义的分子的电负性(electronegativity)χ和硬度(hardness)η与前线分子轨道能的关系(Chattaraj and Roy，2007)为

$$\chi = -(E_{LUMO} + E_{HOMO})/2 \tag{6-36}$$

$$\eta = E_{LUMO} - E_{HOMO} \tag{6-37}$$

式中，η 为表示分子稳定性的一个重要指数，较大的 η 意味着分子稳定性好。η 也被用来近似地表示分子的最低激发能。基于χ和η可以定义亲电指数(electrophilicity index)ω：

$$\omega = \chi^2/2\eta \tag{6-38}$$

式中，ω 表征一个亲电试剂(electrophile)参与弱共价相互作用的能力。Maynard 等发现，Ⅰ型人类免疫缺陷病毒(HIV-Ⅰ)蛋白与亲电试剂反应的荧光衰减反应速率与ω具有显著的相关关系。

同其他分子结构描述符相比，量子化学描述符具有如下特点：首先，由于量子化学参数的获得只与分子的化学结构有关，因此可以用来预测未合成、未投入使用的新化合物的理化性质和毒性，从而有助于实现"污染预防"；其次，量子化学参数具有明确的理化意义，有利于应用 QSAR 模型揭示影响化合物活性的分子结构特征；再次，应用量子化学参数，可以进行非同系列化合物的 QSAR 建模；此外，量子化学参数可以快速地通过计算获得，不需要实验测定，从而节省大量的实验费用和时间。目前已经有较多的量子化学计算软件，如 MOPAC、Gaussian、Hückel、HyperChem、MOLCAS、MCDFGME、Gamess-US、HyperChem、Chem3D、NwChem 及 CP2K 等。这些软件的应用，使量子化学描述符的计算变得方便快捷，大大促进了 QSAR 的发展。随着计算机技术的不断发展，量子化学结构描述符必将发挥更加广泛和重要的作用。当然，通过量子化学计算，也能够直接用于预测分子的一些物理化学性质和环境行为参数的数值。

案例 6-2　多溴联苯醚(PBDEs)曾作为阻燃剂而被大量生产使用，现已成为环境中广泛存在的持久性污染物。在生物体内 P450 酶的催化下，多溴联苯醚转化为羟基多溴联苯醚(HO-PBDEs)。HO-PBDEs 也已在多种生物体和水体中被检出。HO-PBDEs 因为与甲状腺激素结构相似，可以扰乱生物体甲状腺激素的平衡状态。采用分子对接工具，模拟了 HO-PBDEs 与甲状腺激素受体(TRβ)的相互作用，并发展了 QSAR 模型：

$$-\lg REC_{20} = 5.73 \times 10 + 8.01 \times 10^{-1} n_{Br} + 9.62 \times 10^{-1} \lg K_{OW} - 4.95 \times 10 I_A + 2.84 E_{LUMO} - 1.66\omega + 3.26 \times 10^{-2} \mu^2$$

$n = 14, A = 3, R^2 = 0.913, Q_{CUM}^2 = 0.873,$ RMSE (训练集) $= 0.418, n_{EXT} = 4, Q_{EXT}^2 = 0.500,$

RMSE (验证集) $= 0.731, p < 0.0001$

式中，REC_{20} 为 20%最大作用值；n_{Br} 为 HO-PBDEs 分子中溴原子个数；$\lg K_{OW}$ 为正辛醇/水分配系数的对数

值；I_A 为芳香度指数；E_{LUMO} 为最低未占据分子轨道能；ω 为亲电指数；μ 为分子偶极矩；n 和 n_{EXT} 分别为训练集化合物和验证集化合物的数目；A 为偏最小二乘(PLS)回归的主成分数；Q^2_{CUM} 为所有 PLS 主成分所能解释因变量总方差的比例；R^2 为拟合值和实测值的复相关系数；RMSE 为均方根误差；Q^2_{EXT} 为外部验证决定系数；p 为显著性水平。

📖 延伸阅读 6-2　　羟基多溴联苯醚对人类甲状腺受体 β 的激素活性：体内和计算研究

Li F, Xie Q, Li X H, et al. 2010. Hormone activity of hydroxylated polybrominated diphenyl ethers on human thyroid receptor-β: *In vitro* and in silico investigations. Environmental Health Perspectives, 118(5): 602-606.

6.5.5　QSAR 模型的训练算法

在获得训练集一系列化合物的 Y 值(所模拟的 endpoint 值)和 X 值(分子描述符矩阵)后，通常需要借助统计学分析或机器学习算法寻找二者之间的关系。这个过程也称为模型的训练。常用的训练模型的方法包括：多元线性回归(multivariate linear regression，MLR)、支持向量机、决策树(decision tree)、随机森林、人工神经网络等。

多元线性回归被认为是所有建模方法中透明性最好的算法。根据统计学原理，如果采用 MLR 建模，训练集中样本的数目 n (化合物的数目、事例的数目)需要至少是建模所用分子结构描述符数目(m)的 4~5 倍以上，这样所建立的模型才具有统计学意义。MLR 确定回归系数常用的方法是使用最小二乘法把残差平方和降到最小。MLR 一般要求自变量之间不存在明显的自相关性。如果任意两个变量线性相关系数很高，就会产生多重共线性问题。多重共线性会引起最小二乘回归系数误差增加，对样本数据的微小变化非常敏感，对应自变量的统计学显著性降低。解决多重共线性问题，可以采用偏最小二乘分析方法，也可以组合使用 MLR 和主成分分析(principle component analysis)或者组合使用 MLR 和因子分析(factor analysis)。

支持向量机是一类可用于分类和回归的机器学习算法。对于分类，SVM 致力于在多维空间中找到一个能将全部样本单元分成两类的最优平面。这一平面应使两类中距离最近的点间距尽可能大，在间距边界上的点称为支持向量。对于回归，SVM 首先基于分类的方法寻找一个平面或直线，然后，基于给定的偏差容忍度，计算模型输出结果与真实结果的损失，损失最小时对应的平面或直线，就是最优平面或直线。SVM 回归模型的损失计算方法考虑了模型输出结果与真实结果之间的偏差，即使模型输出结果与真实结果存在一定偏差，只要偏差不大于容忍度，损失就为 0。SVM 在处理非线性可分问题上具有优势。其可以通过核函数将非线性可分的数据映射到一个更高维的空间中，从而将非线性关系转化成可线性分割的关系。常用的核函数包括线性函数、多项式函数、径向基函数等。

决策树的建立使用一种称为递归划分的探索法。这种方法也通常称为"分而治之"，因为它将数据分解成子集，然后反复分解成更小的子集，依次类推，直到算法决定数据内的子集足够均匀或者另一种停止准则已经满足时，该过程才停止，最终得到的叶节点即是学习划分的类。基于决策树，人们又发展了随机森林算法。RF 对数据集中的化合物和变量进行抽样，生成大量决策树。生成的所有决策树都对每一个化合物进行分类，最终预测结果由预测类别中的众数决定。RF 不容易过拟合，且可以计算变量的相对重要程度，具有筛选描述符的功能。

人工神经网络是一种旨在模仿人脑功能的信息处理系统，它是一种既能解决回归又能解决分类问题的非线性方法。人工神经网络包括输入层、输出层和位于它们之间的隐藏层，其中隐藏层的数量可以变化，包含至少两个隐藏层的神经网络被称为深度神经网络。神经网络每一层都包含若干神经元，神经元是互相连接的计算单元。在神经网络中，前一层的输出数据是下一层的输入数据。每一层都对输入数据进行分层次的学习，从前一层的输出提取高维特征作为下一层的输入。每个神经元包含一个激活函数，激活函数的种类很多，几乎所有的非线性连续函数都可以充当激活函数。

6.5.6　QSAR 模型的表征和验证

终点数据(Y)与描述符数据(X)整合到一起，形成完整的 QSAR 数据集($[X,Y]$)。QSAR 构建过程中，通常需要供模型学习的数据集，即训练集(training set)，以及用来验证模型泛化能力的数据集，即验证集(validation set)/测试集(testing set)。如果使用的算法需要调节参数，还需要交叉验证集(cross validation set)。一般的做法是将收集的数据集拆分成训练集和验证集两部分，其中交叉验证集可以从训练集中产生。常见的划分训练集和验证集的方法有：

(1) 随机划分(random sampling)。以一定比例(如 4∶1)在样本点中随机选取训练集和验证集。这种方法不能保证训练集化合物总是具有代表性。

(2) 响应值排序(Y-ranking)。该方法首先将预测变量(Y 值)由高到低排序，之后每隔 n 个化合物(n 为训练集和验证集化合物的比例)选取一个进入验证集。这种方法只考虑化合物活性，没有考虑化合物结构特征。

(3) DUPLEX 方法。该方法首先计算全部化合物中任意两个化合物结构之间的欧氏距离，将距离最大的两个化合物选入训练集；剩余化合物中，将距离最大的两个化合物选入验证集；剩余化合物中，与训练集化合物距离最大的选入训练集；剩余化合物中，与验证集化合物距离最大的选入验证集；重复以上两步，直到达到指定训练集和验证集化合物数量。

用于表征回归类 QSAR 模型拟合优度的统计评价指标包括决定系数(R^2)、经自由度调整的决定系数(R_{adj}^2)和均方根误差(RMSE)等。R^2、R_{adj}^2 和 RMSE 可分别由下列公式计算得到：

$$R^2 = 1 - \frac{\sum_{i=1}^{n}(y_i - \hat{y}_i)^2}{\sum_{i=1}^{n}(y_i - \overline{y})^2} \tag{6-39}$$

$$R_{\mathrm{adj}}^2 = 1 - \frac{\sum_{i=1}^{n}(y_i - \hat{y}_i)^2 \Big/ (n-p-1)}{\sum_{i=1}^{n}(y_i - \overline{y})^2 \Big/ (n-1)} \tag{6-40}$$

$$\mathrm{RMSE} = \sqrt{\frac{\sum_{i=1}^{n}(y_i - \hat{y}_i)^2}{n}} \tag{6-41}$$

式中，y_i 为第 i 个化合物活性数据的实验值/观测值；$\hat{y}_i$ 为第 i 个化合物活性数据的预测值；$\overline{y}$ 为数据集中所有化合物活性数据的平均值；n 为数据集化合物的个数；p 为模型中分子描述符的个数。R^2 或 R_{adj}^2 越接近 1，说明模型的拟合效果越好。RMSE 是衡量模型预测精度的常用参数，依赖于化合物活性数据的范围和分布，并受离域点的影响。

模型的稳健性与模型的拟合优度是紧密相关的。内部验证(internal validation)方法可用于评价模型的稳健性。交叉验证(cross validation)是一种常见的内部验证方法。其中，去多法(leave-many-out)将初始训练集中的 n 个数据点平均分成大小为 m ($m = n / G$)的 G 个子集。然后每次

去除 m 个数据点，采用剩下的 $n-m$ 个数据点作为训练集重新建模并验证由 m 个数据点构成的验证集。对于回归模型的验证，经 G 次计算，得到交叉验证系数 Q_{CV}^2 来表征模型的稳健性和预测能力。Q_{CV}^2 的定义为

$$Q_{CV}^2 = 1 - \frac{\sum_{i=1}^{n} [\hat{y}_i^{(n-m)} - y_i]^2}{\sum_{i=1}^{n} \left[y_i - \bar{y}^{(n-m,i)} \right]^2} \tag{6-42}$$

式中，$\hat{y}_i^{(n-m)}$ 表示 $n-m$ 个化合物所得到的模型对被剔除的第 i 个化合物活性的预测值；$\bar{y}^{(n-m,i)}$ 表示 $n-m$ 个化合物(i 包含于剔除的 m 个化合物中)活性实测值的平均值。通常认为如果 Q_{CV}^2 大于 0.5，模型比较稳健；如果 Q_{CV}^2 大于 0.9，模型的稳健性非常好。

另外一种交叉验证法是去一法(leave-one-out)，其具体过程与去多法相似，区别仅在于 $m = 1$。统计学理论证明，在变量选择方面，去多法比去一法好，主要是因为去一法以及 m 值较小的去多法比 m 值较大的去多法容易包含更多的(潜在)变量信息，导致模型过度拟合，对验证集的预测能力下降。

自举(bootstrapping)法首先从原始数据中随机选择 m 个数据点，建模并预测其他未被选择的化合物。重复 G 次，得到 Q_{CV}^2 的平均值。Q_{CV}^2 的平均值较高，表明模型的稳健性较好。Y 的随机性(scrambling)检验也是一种广泛用于表征模型稳健性的统计方法。随机调整因变量 Y 形成新矩阵，然后采用原来的自变量矩阵建立模型，重复 $50\sim100$ 次，得到基于随机数据模型的 R_{adj}^2 和交叉验证系数 Q_{CV}^2 值。如果这些值都比较低，则证明原模型的稳健性比较好，反之，表明模型的稳健性较差。

6.5.7　QSAR 模型的应用域

QSAR 模型的应用域(applicability domain，AD)可以定义为：经确认和验证，某模型所适用的化合物集合。QSAR 模型仅在其 AD 内是有效的，应用于域外的物质可能会导致错误的预测结果。模型的 AD 与模型的确认和验证密切相关。所谓模型的确认与验证，即为针对模型的某个预测功能，证明在其 AD 内具有令人满意的预测准确度。

对应用域的表征，可以从建立模型所使用描述符的角度来展开，即训练集化合物所覆盖的描述符空间的组合，也称为描述符域。训练集的选择会直接影响模型描述符的空间范围。其次，考虑训练集和预测集化合物之间的结构相似性，得到结构域。结构域是基于分子相似性概念的，对于预测来讲，与训练集化合物分子相似性高的化合物会比相似性低的化合物得到更准确的预测结果。有些情况下，模型的结构相似性是基于经验知识或假定的作用模式的。所以，基于不同的定义结构相似性的方法，可能得到不同的结构域。

分子结构描述符包含在模型的描述符空间中，并且结构与训练集化合物的结构相似，这两个条件是判断化合物是否处于模型 AD 中的必要条件。然而满足这两个条件并不能确保预测的可靠性和正确性，还需要引入机理域的概念，即测试集化合物的化学反应或毒性作用机理应该与训练集化合物相一致。机理域的定义通常需要描述分子的亚结构，并认为分子结构类似的物质具有类似的反应或毒性机理。机理域是保证模型预测准确度和精确度的最严格标准。此外，如果在毒性作用过程中发生了物质的代谢，那么还应该从模拟代谢的角度定义代谢域。忽略代谢作用会给毒理作用指标的预测带来困难，这也是传统的 QSAR 模型中经常出现的问题。

综上，可从四方面来表征模型的应用域：①描述符变化范围；②结构相似性；③机理相似性；④体内代谢。这四方面的交集，构成了 QSAR 模型最保守的应用域。在实际应用中，可根据 QSAR 模型的实验数据的质量、所模拟的环境指标与实际应用目标，确定 QSAR 应用域的最佳表征方式。

常用的表征应用域的方法有基于欧氏距离的方法和 Williams 图法等。基于欧氏距离的方法为采用化合物的欧氏距离 d_i 对化合物的标准残差(δ)作图。将任意化合物的欧氏距离(特征向量)定义为化合物的特征向量到描述符空间中心点的特征向量的距离，计算公式如下：

$$X_k = \frac{1}{n}\sum_{j=1}^{n} X_{jk} \tag{6-43}$$

式中，n 为训练集化合物总数；X_k 为第 k 个中心点特征向量参数(描述符)；X_{jk} 为化合物 j 的第 k 个描述符值。任一化合物 i 在 M 个分子结构描述符组成的空间的特征向量的欧氏距离 d_i 可以表示为

$$d_i = \sqrt{\sum_{k=1}^{M} (X_{ik} - X_k)^2} \tag{6-44}$$

式中，X_{ik} 为化合物 i 的第 k 个描述符值。一般取训练集中化合物的最大 d_i 值为警戒值 d^*。

δ 的计算公式为

$$\delta = \frac{y_i - \hat{y}_i}{\sqrt{\sum_{i=1}^{n} (y_i - \hat{y}_i)^2 / (n - A - 1)}} \tag{6-45}$$

式中，y_i 和 $\hat{y}_i$ 分别为第 i 个数据点的实验值和预测值；n 为数据集的个数；A 为自变量即描述符的个数。

Williams 图法表征模型的应用域为采用化合物的杠杆值(leverage)h_i 对化合物的 δ 作图。h_i 和警戒值(h^*)计算公式为

$$h_i = x_i^{\mathrm{T}} (X^{\mathrm{T}} X)^{-1} x_i \tag{6-46}$$

$$h^* = 3(k+1)/n \tag{6-47}$$

式中，x_i 为第 i 个化合物的分子结构描述符的变量；X 为分子结构描述符所构成的矩阵；k 为模型中包含的描述符的个数。通常 $|\delta| > 3$ 的化合物可认为是离域点/离群点。

📖 延伸阅读 6-3　应用域的考虑加强了过氧化物酶体增殖物激活受体γ激活剂分类模型的应用效果

Wang Z Y, Chen J W, Hong H X. 2020. Applicability domains enhance application of PPARγ agonist classifiers trained by drug-like compounds to environmental chemicals. Chemical Research in Toxicology, 33(6): 1382-1388.

Wang Z Y, Chen J W, Hong H X. 2021. Developing QSAR models with defined applicability domains on PPARγ binding affinity using large data sets and machine learning algorithms. Environmental Science & Technology, 55(10): 6857-6866.

本 章 小 结

本章主要介绍环境计算化学与毒理学的发展背景、基本原理与方法，重点包括分子结构的计算机表示、计算化学方法、QSAR 等方面的内容。要求了解环境计算化学和毒理学的发展历程，了解计算化学的基本原理、分子结构的计算机表示方法，理解经典分子结构描述符的计算过程、建立 QSAR 模型的基本步骤。

思 维 导 图

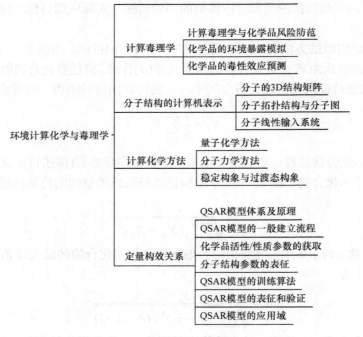

环境计算化学、环境系统与环境过程

环境计算化学与毒理学

- 计算毒理学
  - 计算毒理学与化学品风险防范
  - 化学品的环境暴露模拟
  - 化学品的毒性效应预测
- 分子结构的计算机表示
  - 分子的3D结构矩阵
  - 分子拓扑结构与分子图
  - 分子线性输入系统
- 计算化学方法
  - 量子化学方法
  - 分子力学方法
  - 稳定构象与过渡态构象
- 定量构效关系
  - QSAR模型体系及原理
  - QSAR模型的一般建立流程
  - 化学品活性/性质参数的获取
  - 分子结构参数的表征
  - QSAR模型的训练算法
  - QSAR模型的表征和验证
  - QSAR模型的应用域

习题和思考题

6-1 简述面向有机化学品生态风险评价与管理的 QSAR 模型应该符合哪些标准。

6-2 画出乙酸分子的 2D 结构式和无氢分子图。

6-3 写出乙酸无氢分子图对应的毗邻矩阵。

6-4 写出乙酸分子的 2 种有效 SMILES 码。

6-5 从 PubChem 网站(https://pubchem.ncbi.nlm.nih.gov)下载乙酸分子的 SDF.格式文件，指出其中记录分子坐标和原子连接性关系的部分。

6-6 下载并安装 Avogadro 软件(http://avogadro.cc)，使用其观察乙酸分子 SDF.格式文件中记录的 3D 结构。

6-7 使用 Avogadro 软件绘制一个邻苯二甲酸单乙基己基酯[mono(2-ethylhexyl) phthalate，MEHP]分子(提示：可以在 PubChem 网站找到它的结构，其 PubChem CID 为 20393，但请不要直接下载其 3D 结构)。使用 Avogadro 内置的 MMFF94 力场，以及最速下降法，对所构建的 MEHP 分子的结构进行优化。

6-8 下载并安装 OpenBabel 软件(http://openbabel.org/wiki/Main_Page)，使用其将乙酸分子的 SDF.格式文件转换为 MOL2.文件和 PDB.文件。观察 SDF.、MOL2.和 PDB.文件内容的异同，并使用 Avogadro 软件观察乙酸分子的 MOL2.和 PDB.格式的文件。

6-9 从 MOPAC 官网(http://openmopac.net)注册并下载最新版本的 MOPAC 程序，安装到计算机上。根据 MOPAC 官网上的教程和关键词手册，将乙醇的 SDF.文件改造成 MOPAC 输入文件的格式(mop.格式) (提示：也可以使用 Avogadro 软件的 mop.文件模板)。使用 MOPAC 软件中的 PM7 方法，优化乙酸分子结构。从输出文件中统计：(1)乙酸分子的 E_{HOMO} 和 E_{LUMO} 值；(2)羰基氧原子和羟基氧原子所带部分原子电荷的值；(3)羰基碳分别与两个氧原子之间的距离。

6-10 根据 MOPAC 软件优化得到的乙酸分子的 3D 原子坐标，写出对应的 Z 矩阵。

6-11 乙酸分子的 pK_a 为 4.76，在 pH 条件为 7 时，水溶液中乙酸存在的主要形态为乙酸阴离子。画出乙酸阴离子的 2D 结构式，并写出对应的 2 种有效 SMILES 码。

6-12 在管理化学品时，你认为应该区分可电离有机化合物(如乙酸)的不同形态吗？这种处理方式又会遇到什么问题？

6-13　更改乙酸分子 mop.文件中的原子坐标及总带电量，得到乙酸阴离子的 mop.文件(提示：也可以在 Avogadro 软件中重新构建乙酸阴离子，并利用其 mop.文件模板)。利用 PM7 方法，优化乙酸阴离子的结构。从输出文件中统计：(1)羰基氧原子和羟基氧原子所带部分原子电荷的值；(2)羰基碳分别与两个氧原子之间的距离。并与乙酸分子的计算结果进行比较。在绘制 2D 结构式时的形式电荷与量子化学计算得到的部分原子电荷之间有何差异？

6-14　GAMESS 软件是一款学术开源免费的量子化学计算软件，它支持 HF 方法和 DFT 方法。在其官网(http://www.msg.chem.iastate.edu/gamess/)上注册并下载该软件，按照说明安装到计算机上。使用 HF 方法与 6-31G 基组，优化乙酸分子和乙酸阴离子的结构。从输出文件中获取乙酸分子的：(1)E_{HOMO} 和 E_{LUMO} 值；(2)羰基氧原子和羟基氧原子所带部分原子电荷的值；(3)羰基碳分别与两个氧原子之间的距离。

6-15　PaDEL 是一款免费的计算分子结构描述符的软件。下载(http://www.yapcwsoft.com/dd/padeldescriptor)并安装 PaDEL 软件。利用 PaDEL 软件分别计算乙酸分子和乙酸阴离子的 MACCS keys 指纹，并计算二者的 Jaccard 相似性。利用 PaDEL 软件分别计算乙酸分子和乙酸阴离子的 ECFP4 指纹，并计算二者的 Jaccard 相似性。比较两种不同指纹给出的乙酸分子和阴离子的相似性。

6-16　根据二维码链接提供的一组化学物质的 SDF.文件，使用 PaDEL 软件计算该组化学物质的 ALogP (Ghose-Crippen lgK_{OW})、分子量(molecular weight)[即相对分子质量(relative molecular mass)]和 TPSA (topological polar surface area)。

6-17　将链接提供的数据集(大气羟基自由基反应速率常数)按照 Y 值排序，等距拆分为 5 份。按照 5 折交叉验证的思路，给出对应的 5 组训练集和验证集。

6-18　基于给定训练集全部的分子描述符，构建多元线性回归模型，并使用对应验证集测试该模型的效果。计算验证集与训练集的预测结果与实验结果的 R^2 值(5 组对应 5 个值)。从分子描述符中筛选一部分构建多元线性回归模型，并使用验证集测试该模型的效果。计算验证集和训练集对应的 R^2 值。

6-19　基于给定的验证集和训练集以及对应的预测值，计算每个数据点的预测标准偏差和杠杆值，并绘制相应的 Williams 图以表征其应用域。

6-20　正辛醇/空气分配系数(K_{OA})可用来评价化合物在环境有机相和空气之间的分配。K_{OA} 具有温度依附性，在不同温度下取值不同。lgK_{OA} 可通过下式计算

$$\lg K_{OA} = -\frac{\Delta G_O^0}{2.303RT} \tag{6-48}$$

式中，ΔG_O^0 为溶解自由能(kcal·mol^{-1})；R 为摩尔气体常量(J·mol^{-1}·K^{-1})；T 为温度(K)。

$$\Delta G_O^0 = TE_O - TE_A \tag{6-49}$$

式中，TE_O 为化合物在正辛醇中的单点能；TE_A 为化合物在空气中的单点能。使用 Gaussian 09 软件计算氯苯分子的 ΔG_O^0，并据此计算氯苯的 lgK_{OA} 值。

6-21　k_{OH} 表示有机化学品与大气和水中羟基自由基反应的速率常数，是评价化学品在大气和水中持久性的重要参数之一。根据过渡态理论的 Eyring 方程，甲醛的 k_{OH} 可通过下式计算：

$$k_{OH} = (c_o)^{\Delta n} \frac{k_B T}{h} e^{\left(-\frac{\Delta G}{RT}\right)} \tag{6-50}$$

式中，c_o 为标准态浓度(mol·L^{-1})；ΔG 为活化自由能(kcal·mol^{-1})；R 为摩尔气体常量(J·mol^{-1}·K^{-1})；T 为温度(K)；h 为普朗克常量(J·s)；k_B 为玻尔兹曼常量(J·K^{-1})；Δn 为从反应物到过渡态的摩尔数改变。使用 Gaussian 09 软件优化甲醛和·OH 的几何结构，并搜索·OH 夺取甲醛氢原子的过渡态。根据反应物与过渡态的自由能之差计算ΔG，代入上述公式，计算甲醛的 k_{OH}。

6-22　下载并安装 EPI Suite 软件，并使用其 HYDROWIN™ 模块预测邻苯二甲酸二辛酯(DNOP)、邻苯二甲酸二丁酯(DBP)和邻苯二甲酸二异丁酯(DIBP)的水解反应速率常数。

主要参考资料

陈景文. 1999. 有机污染物定量结构-性质关系与定量结构-活性关系. 大连: 大连理工大学出版社.

陈景文, 李雪花, 于海瀛, 等. 2008. 面向毒害有机物生态风险评价的(Q)SAR 技术: 进展与展望. 中国科学(B

辑), 38(6): 461-474.

陈景文, 王中钰, 傅志强. 2018. 环境计算化学与毒理学. 北京: 科学出版社.

陈凯先, 蒋华良, 嵇汝运. 2000. 计算机辅助药物设计——原理、方法及应用. 上海: 上海科学技术出版社.

戴树桂. 2006. 环境化学. 2 版. 北京: 高等教育出版社.

林梦海. 2005. 量子化学简明教程. 北京: 化学工业出版社.

刘树深, 刘堰, 李志良, 等. 2000. 一个新的分子电性距离矢量(MEDV). 化学学报, 58(11): 1353-1357.

王惠文. 1999. 偏最小二乘回归方法及其应用. 北京: 国防工业出版社.

王连生. 1990. 有机污染化学(上册). 北京: 科学出版社.

王连生. 1995. 环境化学进展. 北京: 化学工业出版社.

王连生. 2004. 有机污染化学. 北京: 高等教育出版社.

王中钰, 陈景文, 乔显亮, 等. 2016. 面向化学品风险评价的计算(预测)毒理学. 中国科学: 化学, 46(2): 222-240.

姚瑜元, 许禄, 袁秀顺. 1993. 有机化合物的结构-活性/性质相关性研究: 三个新的拓扑指数及其应用. 化学学报, 51(11): 1041-1047.

叶常明, 王春霞, 金龙珠. 2004. 21 世纪的环境化学. 北京: 科学出版社.

Abraham M H, Ibrahim A, Zissimos A M. 2004. Determination of sets of solute descriptors from chromatographic measurements. Journal of Chromatography A, 1037(1/2): 29-47.

Chattaraj P K, Roy D R. 2007. Update 1 of electrophilicity index. Chemical Reviews, 107(9): PR46-PR74.

Chen J W, Peijnenburg W J G M, Quan X, et al. 2001. Is it possible to develop a QSPR model for direct photolysis half-lives of PAHs under irradiation of sunlight? Environmental Pollution, 114(1): 137-143.

Cherkasov A, Muratov E N, Fourches D, et al. 2014. QSAR modeling: where have you been? Where are you going to? Journal of Medicinal Chemistry, 57(12): 4977-5010.

Dix D J, Houck K A, Martin M T, et al. 2007. The ToxCast program for prioritizing toxicity testing of environmental chemicals. Toxicological Sciences, 95(1): 5-12.

Escher B I, Hermens J L M. 2002. Modes of action in ecotoxicology: Their role in body burdens, species sensitivity, QSARs, and mixture effects. Environmental Science & Technology, 36(20): 4201-4217.

Fujita T. 1990. The extrathermodynamic approach to drug design//Hansch C, Sammes P G, Taylor B J. Comprehensive medicinal chemistry, the rational design, mechanistic study & therapeutic application of chemical compounds. Vol 4: Quantitative Drug Design. Oxford: Pergamon Press.

Ghose A K, Crippen G M. 1986. Atomic physicochemical parameters for three-dimensional structure-directed quantitative structure-activity relationships I . Partition coefficients as a measure of hydrophobicity. Journal of Computational Chemistry, 7(4): 565-577.

Hansch C, Leo A J. 1979. Substituent Constants for Correlation Analysis in Chemistry and Biology. New York: Wiley.

Hansch C, Maloney P P, Fujita T, et al. 1962. Correlation of biological activity of phenoxyacetic acids with Hammett substituent constants and partition coefficients. Nature, 194(4824): 178-180.

Hansch C, Muir R M, Fujita T, et al. 1963. The correlation of biological activity of plant growth regulators and chloromycetin derivatives with Hammett constants and partition coefficients. Journal of the American Chemical Society, 85(18): 2817-2824.

Hinchliffe A. 2008. Molecular Modelling for Beginners. 2nd ed. Chichester: Wiley.

Inglese J, Auld D S, Jadhav A, et al. 2006. Quantitative high-throughput screening: A titration-based approach that efficiently identifies biological activities in large chemical libraries. Proceedings of the National Academy of Sciences of the United States of America, 103(31): 11473-11478.

Judson R, Richard A, Dix D J, et al. 2009. The toxicity data landscape for environmental chemicals. Environmental Health Perspectives, 117(5): 685-695.

Kaliszan R. 2007. QSRR: Quantitative structure-(chromatographic) retention relationships. Chemical Reviews, 107: 3212-3246.

Krewski D, Acosta D, Andersen M, et al. 2010. Toxicity testing in the 21st century: A vision and a strategy. Journal of

Toxicology and Environmental Health, Part B, 13(2/3/4): 51-138.

Kubinyi H. 1990. The Free-Wilson method and its relationship to the extrathermodynamic approach//Hansch C, Sammes P G, Taylor B J. Comprehensive Medicinal Chemistry, the Rational Design, Mechanistic Study & Therapeutic Application of Chemical Compounds. Vol 4: Quantitative Drug Design. Oxford: Pergamon Press.

Kubinyi H. 1993. 3D-QSAR in Drug Design: Theoretical Methods and Application. Leiden: ESCOM.

Leach A R. 2001. Molecular Modelling: Principles and Applications. 2nd ed. New Jersey: Prince Hall.

LeCun Y, Bengio Y, Hinton G. 2015. Deep learning. Nature, 521(7553): 436-444.

Lewars E G. 2011. Computational Chemistry: Introduction to the Theory and Applications of Molecular and Quantum Mechanics. Netherlands: Springer.

Li C, Xie H B, Chen J W, et al. 2014. Predicting gaseous reaction rates of short chain chlorinated paraffins with · OH: Overcoming the difficulty in experimental determination. Environmental Science & Technology, 48(23): 13808-13816.

Mekenyan O G, Ankley G T, Veith G D, et al. 1994. QSARs for photoinduced toxicity: I . Acute lethality of polycyclic aromatic hydrocarbons to Daphnia Magna. Chemosphere, 28(3): 567-582.

National Research Council. 2007. Toxicity Testing in the 21st Century: A Vision and a Strategy. Washington, DC: The National Academies Press.

Nguyen T H, Goss K U, Ball W P. 2005. Polyparameter linear free energy relationships for estimating the equilibrium partition of organic compounds between water and the natural organic matter in soils and sediments. Environmental Science & Technology, 39(4): 913-924.

Organisation for Economic Co-Operation and Development (OECD). 2007. Guidance document on the validation of (Quantitative) Structure-Activity Relationships [(Q)SARs] models. http://www.oecd.org/dataoecd/55/22/38131728. pdf.

Schüürmann G, Ebert R U, Kühne R. 2006. Prediction of the sorption of organic compounds into soil organic matter from molecular structure. Environmental Science & Technology, 40(22): 7005-7011.

Taft R W. 1952. Polar and steric substituent constants for aliphatic and o-benzoate groups from rates of esterification and hydrolysis of esters. Journal of the American Chemical Society, 74(12): 3120-3128.

Tice R R, Austin C P, Kavlock R J, et al. 2013. Improving the human hazard characterization of chemicals: A Tox21 update. Environmental Health Perspectives, 121(7): 756-765.

Tülp H C, Goss K U, Schwarzenbach R P, et al. 2008. Experimental determination of LSER parameters for a set of 76 diverse pesticides and pharmaceuticals. Environmental Science & Technology, 42(6): 2034-2040.

Verhaar H J M, van Leeuwen C J, Hermens J L M. 1992. Classifying environmental pollutants. Chemosphere, 25(4): 471-491.

Walker J D. 2003. International workshops on QSARs in the environmental sciences: The first 20 years. QSAR & Combinatorial Science, 22(4): 415-421.

Xie H B, Li C, He N, et al. 2014. Atmospheric chemical reactions of monoethanolamine initiated by OH radical: mechanistic and kinetic study. Environmental Science & Technology, 48(3): 1700-1706.

Zefirov N S, Palyulin V A. 2002. Fragmental approach in QSPR. ChemInform, 33(47): 211.

Zhang H Q, Xie H B, Chen J W, et al. 2015. Prediction of hydrolysis pathways and kinetics for antibiotics under environmental pH conditions: A quantum chemical study on cephradine. Environmental Science & Technology, 49(3): 1552-1558.

Zhou J, Chen J W, Liang C H, et al. 2011. Quantum chemical investigation on the mechanism and kinetics of PBDE photooxidation by · OH: A case study for BDE-15. Environmental Science & Technology, 45(11): 4839-4845.

Zhu H, Rusyn I, Richard A, et al. 2008. Use of cell viability assay data improves The prediction accuracy of conventional quantitative structure-activity relationship models of animal carcinogenicity. Environmental Health Perspectives, 116(4): 506-513.

Zhu H, Zhang J, Kim M T, et al. 2014. Big data in chemical toxicity research: The use of high-throughput screening assays to identify potential toxicants. Chemical Research in Toxicology, 27(10): 1643-1651.

Kathlene J.F. [Evolutional] Health. Can. Br. 18 (2)[3]...1992.

Kathey J. [1996, The "DNA" mail. nodel" by rated bills of the clinal and on side open and [2] bowds m
Sommers B. Dep. 873, Chinesel, proc. Bish[R], Specifica, nest of Brokk, Medical resolid Br. A
... Timesion, Application of Learning Camp, 2003, exp. 2004. amplitude Druing region, Kerak, in ramming
Anhert W Irs. QRJCQNSAR Jorris; Desig. Chenroun., ner, ...aud,

J. Gerba, R. 200] Stuvenden Molecule. Principa, and Applications, Second New, [York; Pakent [Inc]
J. fed, am; Bauger. a; Dhsont, O., [2012], [Deep] Jcomar, region, g. p. [4, of, in].

Hine, K. Nostia, Z.. Kop[arke]. Z. [Koj. 2012, Jenusa], improve's jaarvo of tumpur ... hap ... pal. ed. aud and
and-sebpl stan. thimp. nd. 203. Test, 4. 4 Tesking,

Auelenn. [J.] J.d.;...zons,; B. [R], ...; [seu of, thme] sehing for the environtum of polluterss.
... A[.4099]

Wilsos, O. [B], ...dernartional workdons to vpvers, ..[hrgavic]. cgummers; ... The [Bord 22 yous], DPSIR s

Jaa, C V.; Li. Lii; Nie, Li, [201], Atmothevr-the real-restion of anstodnhar-smor, a. Jadhue, g. CH cathod
... Ban, 4.

Zhoob, Chen; Lyes, anost; H..er[.al, 201], Groone. chomabin evorit ang th ethan parmad ... regal Bithan
... [Eslodal; Hreis]

第 7 章　多介质环境模型

模型是对实体(原型)特征和变化规律的一种简化(抽象)描述，以简单、直观的形式来表征复杂的事物或过程，主要包括物理模型、概念模型和数学模型等。其中，环境模型主要是对真实环境的简化和模拟，以数学模型和物理模型为主，对于环境污染预测、环境质量评价和风险评价、污染控制措施优选和环境管理等具有重要意义。由于模型是对环境系统的简化描述，故"所有的模型都是错的"；由于模型是对环境实体特征和规律的一种抽象，故"一些模型是有用的"。仅在需要的时候，才应增加模型的复杂性。

从所描述的环境介质多少的角度看，环境模型可以分为单介质环境模型和多介质环境模型。典型的单介质环境模型，如大气环境模型(大气污染物扩散模型、污染物源解析模型、点源扩散模型)、水体环境模型(溶解氧模型、湖泊水质模型、河流水质模型、地下水水质模型、河口及近岸海域水质模型等)和土壤环境模型(如农药迁移扩散模型)等，主要描述污染物在单一环境介质中的行为。典型的多介质环境模型，如多介质环境箱式模型、农药植物根区模型、水生食物链模型及多介质环境逸度模型等，涉及两个或两个以上环境介质。多介质环境模型基于质量平衡(mass conservation)原理，描述污染物在环境系统中的输入与输出、不同环境介质中的迁移转化及分布，揭示污染物环境行为(environmental behavior)和归趋的内在、本质规律性。

20 世纪 80 年代，MacKay 等发展的多介质环境逸度模型，由于其计算过程简便，得到了广泛应用。多介质环境逸度模型通过预测污染物在环境各相(如大气、水、土壤、沉积物、岩石及生物体等)中的浓度水平、质量分布及持久性(persistence)等，揭示其在环境各相中的分配、迁移和转化规律。

7.1　基　本　概　念

多介质环境系统由空气、水、土壤等相构成。这些相的性质和组成随时间和空间的改变而改变，因此要全面详细地描述环境状态是困难的，需要对其进行简化假设。化学品或化学污染物在多介质环境中的行为和归趋遵循质量守恒定律。本节重点介绍几个相关概念。

7.1.1　多介质环境系统

严格来讲，地球表面不存在完全的单介质环境，但为了方便起见，通常将大气、水、土壤、沉积物、岩石和生物体分别作为单介质环境来处理，而把具有其中两种或两种以上介质的系统称为多介质环境系统(multimedia environmental system)。组成多介质环境的基础是环境介质(environmental medium)或称为环境相(environmental phase)。水(W)、空气(A)、土壤(S)和沉积物(Sed)是基础的环境相。连续的某种物质可以构成一个环境相，如一个湖泊可以构成水相；在同一相中但互相不接触的许多微粒也可以构成一个环境相，如大气中的悬浮颗粒构成了气溶胶相，水体中的微生物构成了水生微生物相。同一个环境相可以包含几个子相(subphase)，如空气相又可以分为空气和悬浮颗粒两个子相。不同的环境相可能化学性质相似而物理性质不同，如对流层和平流层大气相。有些环境相是相连的，化合物可以从一相直接迁移到另一相，如多环芳烃类污染物可以从水相迁移到气相；而有些环境相间则并不相连，化合物不能在这样的两相间发生直接迁移，如大气相和水体沉积物相。对于某些环境相来说，化合物的移入过程非常迅速，如表层水相；而对于另一些环境相，化合物的移入过程则比较缓慢，如底层湖水或深层海水相；此外，就深层土壤和岩石等相而言，化合物几乎不可能进入。

在多介质环境模型中，经常用到均相和非均相这两个概念。均相指的是高度均匀混合的相，其中化合物的浓度梯度和温度梯度都可以忽略不计，如浅层地表水，可以近似认为是均相。而非均相一般指土壤和沉积物等，这些相中化合物很难混合均匀，浓度随深度变化明显，难以用数学模型描述。为解决这些问题，最简单的方法就是假设一个均相模型来近似模拟非均相系统。例如，在一个沉积物相中，表层土壤接受浓度为 $1 \, \mathrm{g \cdot m^{-3}}$ 的污染物，其浓度在土壤垂直方向上逐渐变小，土壤深度为 $0.1 \, \mathrm{m}$ 时浓度为 $0 \, \mathrm{g \cdot m^{-3}}$。该非均相系统可以近似表述成以下两种均相模型：①土壤深度为 $5 \times 10^{-2} \, \mathrm{m}$，化合物浓度为 $1 \, \mathrm{g \cdot m^{-3}}$ 的均相模型；②土壤深度为 $0.1 \, \mathrm{m}$，化合物浓度为 $0.5 \, \mathrm{g \cdot m^{-3}}$ 的均相模型。两种情况下，化合物的总量保持不变，土壤浓度都是 $5 \times 10^{-2} \, \mathrm{g \cdot m^{-2}}$。此外，非均相环境系统也可以近似看成一个在一维或二维尺度上的均相系统。例如，湖泊可以近似成水平方向完全混合的均相环境，污染物在该环境相中的浓度变化只发生在垂直方向；而对于一个广阔的浅层水体，其垂直方向可以看作均相，而水平方向由于层流作用则不能近似为均相。

7.1.2 稳态和平衡

稳态(steady state)是指所研究体系中各个相的性质和状态是恒定的，不随时间变化，如果某个环境系统随时间变化相对缓慢，也可以近似看作稳态。例如，人在睡眠中，血液流量在几个小时内都观察不到明显变化，可以近似将其看作稳态。但是，如果从整个成长过程来看，人的血液循环速率会发生变化，并不是稳态的过程，由此可见，稳态的概念取决于所研究的时间跨度。为建模方便，通常可以将一个已知在长时间内并不处于稳态的系统，在短期内看作是稳态的。在数学模型中，可以用微分方程来描述稳态，即 $\mathrm{d}M/\mathrm{d}t = 0$，其中 M 表示输入系统的污染物的量。稳态假设是否正确，可以通过输入输出的相对量或总量的变化加以验证。

平衡(equilibrium)是指系统中每一相的浓度(或温度、压力)保持稳定，而且化合物没有在各相间发生质量净迁移的趋势。例如，一个气-水两相系统，污染物达到分配平衡意味其水→气和气→水扩散速率大小相等，方向相反，污染物在两相间没有净扩散发生。

稳态和平衡都是指所刻画系统的某些性质不随时间而改变，经常被错误地作为同义词使用，是两个容易混淆的概念，明确它们之间的差别是很重要的。下面举例说明，如图 7-1(a)所示，一个由水和空气组成的两相封闭系统，其中含有化合物苯，浓度为 $10 \, \mathrm{g \cdot m^{-3}}$。如果时间足够长，且系统保持恒定状态，则苯在水和空气两相间可以达到分配平衡。如果苯向水相迁移的能力是其向空气相迁移能力的 4 倍，那么平衡时，苯在水中的浓度(c_W)应该是 $8 \, \mathrm{g \cdot m^{-3}}$，在空气中的浓度($c_A$)则是 $2 \, \mathrm{g \cdot m^{-3}}$。在这种情况下，系统既是稳态的又是平衡的，苯在水中与在空气中的浓度比例是 4∶1。保持系统状态参数不变，将空气中的苯迅速抽出，水中苯的浓度与空气中苯的浓度比例不再是 4∶1，系统此时不是平衡的，且水中的苯必然向空气中扩散，因此，系统也不是稳态的。但经过一段时间后，因为系统其他条件没有发生变化，最终会达到 c_W 为 6.4 g·m⁻³，而 c_A 为 1.6 g·m⁻³ ($c_W∶c_A=4∶1$)，这时系统又达到了新的平衡和稳态。

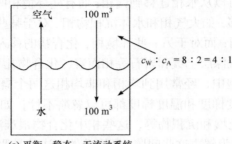

(a) 平衡、稳态、无流动系统

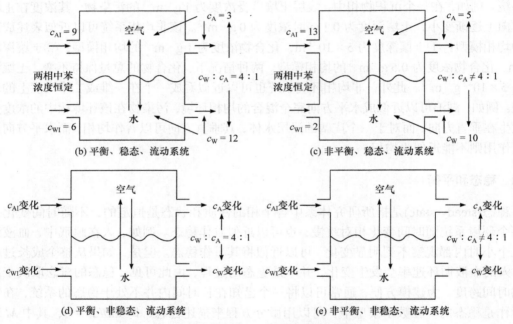

(b) 平衡、稳态、流动系统　　　　(c) 非平衡、稳态、流动系统

(d) 平衡、非稳态、流动系统　　　　(e) 非平衡、非稳态、流动系统

图 7-1　平衡与稳态的差别(MacKay，2001)

(Differences between equilibrium and steady state)

不同于图 7-1(a)所示的无流动系统，对于流动系统，稳态和平衡的关系要更复杂一些。如图 7-1(b)所示，含有苯的水和气以恒定速率进出容器，浓度分别以 c_{WI} 和 c_{AI} 表示，且水、气中的苯并不处于平衡状态($c_{WI}=6$ g·m⁻³，$c_{AI}=9$ g·m⁻³)，但是苯在水-气两相间的迁移发生得非常快，使得流出容器的苯在水-气两相间浓度始终保持 4∶1 ($c_W=12$ g·m⁻³，$c_A=3$ g·m⁻³)，在这种情况下，也可以将系统看作是平衡和稳态的。

图 7-1(c)中，进入系统的水流中所含的苯不足，而空气中苯过量($c_{WI}=2$ g·m⁻³，$c_{AI}=13$ g·m⁻³)，因此尽管苯在气-水两相间迅速发生迁移，但是没有足够的时间使其达到水-气两相平衡($c_W=10$ g·m⁻³，$c_A=5$ g·m⁻³)。尽管如此，系统两相中苯的浓度都不随时间变化，是一个稳态系统。这就是有流动、非平衡、稳态的系统，由于连续流动导致苯的稳定迁移但是系统没有达到平衡。

图 7-1(d)中，进入系统的水流和气流的速率随着时间变化，是非稳态的系统，但是在容器

中有足够的时间使苯在两相间达到平衡($c_W : c_A = 4 : 1$)，代表了一种有流动、平衡但非稳态的系统。当容器的温度随时间改变时一般会发生这样的情况。

图 7-1(e)中，两相中苯的浓度随时间变化，而且系统没有达到平衡($c_W : c_A \neq 4 : 1$)，就是一个有流动、非平衡、非稳态的系统，这种系统非常复杂。

从以上几种情况可见，稳态和平衡既可以同时发生，也可以只有其一，或两者都不发生。实际环境由多个相以复杂的方式组合而成，其中有些相是稳态的，有些相是平衡的，有些则既是稳态的又是平衡的。通过细致区分各个相的实际状态，可以大大简化污染物质在环境中归趋的数学计算。

在建模过程中，最理想的多介质环境系统是由少数稳态、平衡的均相系统构成的，但真实环境条件下是不存在这种理想系统的。一个包括空气、水、土壤和水体沉积物相的多介质环境，其组成及性质随时间和空间变化，不可能只用一系列简单的环境参数(如温度、压力和组成)来全面而详细地描述。模型越简单，就与现实离得越远，但是最简单的模型往往是最有用的，如果试图将真实环境的各种变化包括在内，必然会得到一个相当复杂的数学模型，不仅求解困难(甚至可能无法得到一个确切的解)，同时也失去了模型作为原型简化工具的意义。因此，为了得到一个简单而实用的多介质环境模型，必须对该系统进行大量合理的简化和假设。例如，假设所研究的系统中各相是均匀的(即均相系统)、状态不随时间的改变而改变(即稳态)，且污染物在任意两相之间达到平衡状态等。如果以上假设不能描述所研究的环境系统，只能通过增加相的数目或非均相、非稳态及非平衡等假设来满足建模的需要，这就增加了模型的复杂性，需要更多的参数支持。从某种程度上来讲，假设条件的选取决定了建模的成败，只有在合理的假设条件下，才能建立一个可靠且应用广泛的模型。

7.1.3　逸度与浓度

逸度(fugacity)这一概念被 MacKay(1979)引入多介质环境模型计算中，从而简化了模型的计算过程。逸度是一个热力学量，指实际气体对理想气体的校正压力，或者说是物质脱离某一相倾向的大小，用 f 表示，可以作为判别污染物在环境各相间是否达到平衡的一个标准。

在多介质环境中，如果污染物在所表征系统的各相间达到平衡，则其在各相的逸度相等；反之，如果污染物在各相的逸度不同，则污染物有从高逸度相向低逸度相迁移的趋势。对于理想气体或稀溶液(环境中污染物通常浓度较低)而言，可以建立逸度(f，Pa)和浓度(c，mol · m^{-3})之间的线性关系：

$$c = Z \times f \tag{7-1}$$

式中，Z 为逸度容量(fugacity capacity)，mol · m^{-3} · Pa^{-1}。

Z 代表在给定的逸度下，某一环境介质所能容纳污染物的能力。Z 值高的相能吸收大量的污染物却仍然保持相对较低的逸度，表明污染物倾向于向 Z 值高的相分配，使其浓度显著增加。反之，Z 值低的相在吸收了少量的污染物后，f 值显著增加，高于其他相的水平，污染物会向 f 值低的相迁移。一种污染物(如农药 DDT)在鱼体中的 Z 值很大，因此很容易被鱼体吸收，达到低逸度下的高浓度，而它在水相的 Z 值很低，因此水中的 DDT 会不断进入鱼体(生物相)，直到两相中的逸度相等。

Z 值的大小主要取决于以下几个因素：所模拟的污染物的性质、环境介质或相的特性、温度、压力(一般可以忽略)及浓度(在低浓度时其影响可忽略)。

　　对于气相中的某污染物 i(可视作溶解在气相中的溶质)，如果其分子之间及其与其他气体分子(可视为溶剂)之间除了碰撞外没有其他任何相互作用，可以得出其最基本的逸度方程：

$$f_i = \varphi y_i p = \varphi p_i \tag{7-2}$$

式中，y_i 为污染物 i 的摩尔分数；p 为总的大气压力；p_i 为大气中污染物 i 的分压；φ 称为逸度系数或逸度因子(fugacity factor)，在 25℃和 1.01×10^5 Pa 大气压下，$\varphi \approx 1$。因此，气相中污染物 i 的逸度 f_i 近似等于该物质的分压 p_i。

　　根据理想气体状态方程，

$$pV = nRT \quad \text{或} \quad p_i V = y_i nRT \tag{7-3}$$

气相中污染物 i 的浓度为

$$c_i = y_i n / V = p_i / RT = f_i / (\varphi RT) = Z_A f_i \tag{7-4}$$

则污染物 i 在气相中的逸度容量为

$$Z_A = 1 / (\varphi RT) \tag{7-5}$$

如果 $\varphi \approx 1$，Z_A 通常为常数($1/RT$)或接近于 4.04×10^{-4} mol·m^{-3}·Pa^{-1}。但是当温度较低、压力较高或气相中分子间有化学作用(如 NO_2 或羧酸倾向于形成二聚体)时，逸度系数 φ 则显著偏离 1。

　　水溶液中，污染物(溶质) i 的基本逸度方程可以表示为

$$f_i = x_i \gamma_i f_R \tag{7-6}$$

式中，x_i 为污染物 i 的摩尔分数；γ_i 为活度系数[符合拉乌尔定律(Raoult's law)]；f_R 为参考逸度(Pa)。根据式(7-1)，

$$Z_W = c_i / f_i = c_i / (x_i \gamma_i f_R) \tag{7-7}$$

稀溶液中，假设污染物 i 和溶剂(通常为水)的体积分别为 V_i 和 V_W $(V = V_i + V_W)$，且 $V_i \ll V_W$，则

$$c_i = n_i / V = n_i / (V_i + V_W) \approx n_i / V_W \tag{7-8}$$

以 n_i、n_W 和 n_T 分别代表污染物 i、溶剂(水)和溶液总的物质的量；v_i 和 v_W 分别表示污染物 i 和水的摩尔体积；假定 x_i 非常小，则 $1 - x_i \approx 1$，式(7-8)可以变为如下形式：

$$c_i = n_i / (n_W v_W) = x_i n_T / [(1 - x_i) n_T v_W] = x_i / v_W \tag{7-9}$$

将式(7-9)代入式(7-7)，得

$$Z_W = 1 / (v_W \gamma_i f_R) \tag{7-10}$$

f_R 被定义为当溶质的摩尔分数 $x_i = 1$ 时溶质的逸度(即在一定温度和压力下，纯液态溶质的逸度或蒸气压)，这时根据拉乌尔定律，γ_i 也被定义为 1。当溶质 i 达到饱和时，可以认为 $f_i = f_R$，即

$$x_i \gamma_i = 1 \tag{7-11}$$

则根据式(7-9)，饱和溶液中溶质 i 的溶解度 c^s 可以表示为

$$c^s = x_i / v_W = 1 / (\gamma_i v_W) \tag{7-12}$$

将式(7-12)代入式(7-10)，得

$$Z_W = c^s / f_R \tag{7-13}$$

对于液体溶质，$f_R = p^s$，p^s 为液体溶质的饱和蒸气压；对于固体溶质，$f_R = p_L^s$，p_L^s 为过冷液体饱和蒸气压；对于气体溶质，$f_R = p_c$，p_c 为超临界流体蒸气压。

由于稀溶液中溶质符合亨利定律(Henry's law)：

$$p_i = K_H c_i \tag{7-14}$$

式中，p_i 为污染物或溶质 i 在溶液表面大气中的平衡分压(Pa)；c_i 为液相中(一般为水相) i 的平衡浓度$(\text{mol} \cdot \text{m}^{-3})$；$K_H$ 为亨利常数$(\text{Pa} \cdot \text{m}^3 \cdot \text{mol}^{-1})$。根据 $K_H = p^s / c^s$，液相中溶质 i 的逸度容量可以表示为

$$Z_W = 1 / K_H \tag{7-15}$$

其他环境介质中的逸度容量 Z 值，可以通过污染物在不同介质间的分配系数来计算。例如，污染物在正辛醇相中的逸度容量 Z_O 可以根据正辛醇/水分配系数计算：

$$K_{OW} = c_O / c_W = Z_O f_O / (Z_W f_W) \tag{7-16}$$

达到分配平衡时，$f_O = f_W$，则

$$K_{OW} = Z_O / Z_W, \quad Z_O = Z_W K_{OW} \tag{7-17}$$

7.1.4　质量平衡

质量平衡是建立多介质环境模型最基本的原理。无论污染物在环境中的迁移转化过程有多么复杂，都要遵守质量守恒定律。如果模拟的区域已确定，就可以对进出该区域的污染物建立质量平衡方程。质量平衡方程可分为以下三类：

(1) 封闭系统，稳态方程。这类质量平衡方程描述在没有流体进出的封闭系统中，一定量污染物在各固定体积(V)环境相中的分配情况。污染物的总量(n)等于各相中污染物量的和，则该封闭稳态系统的质量平衡方程为

$$n = \sum c_i V_i = \sum Z_i f_i V_i \tag{7-18}$$

式中，下标 i 指代不同的环境相。

(2) 开放系统，稳态方程。开放系统包括污染物的输入与输出，降解与生成，系统条件不随时间改变。质量平衡方程可以描述为总输入速率 I_{in} 等于总输出速率 I_{out}：

$$I_{in} = I_{out} \tag{7-19}$$

(3) 非稳态方程。与稳态系统质量平衡方程不同的是，非稳态条件下的质量平衡方程是微分形式，可用下式表示：

$$dM / dt = I_{in} - I_{out} \tag{7-20}$$

式中，I_{in}、I_{out} 的单位是 $\text{mol} \cdot \text{h}^{-1}$；$M$ 为输入系统的污染物的量(mol)。

根据表 7-1 中所列估算 Z 值的方法，只要遵循以 f 作为平衡判别标准的原则，就可以进行多介质平衡分配计算。假设有一系列的环境相，其体积和逸度容量分别以 V_1、V_2、V_3、V_4 和 Z_1、Z_2、Z_3、Z_4 来表示，向这个环境系统中输入总量为 n_T 的化学物质，计算其在各相间达到平衡后的浓度。根据质量守恒定律，可以列出如下方程：

$$n_T = c_1 V_1 + c_2 V_2 + c_3 V_3 + c_4 V_4 \tag{7-21}$$

将 $c = Z \times f$ 代入式(7-21)，由于该化学物质在各相间已经达到平衡，即 $f_i = f$，因此

$$n_T = Z_1 f_1 V_1 + Z_2 f_2 V_2 + Z_3 f_3 V_3 + Z_4 f_4 V_4 \tag{7-22}$$
$$= f(Z_1 V_1 + Z_2 V_2 + Z_3 V_3 + Z_4 V_4)$$

$$f = n_T / (Z_1 V_1 + Z_2 V_2 + Z_3 V_3 + Z_4 V_4) \tag{7-23}$$

由式(7-23)所得到的 f 可以计算每一相中化学物质的浓度：

$$c_i = Z_i \times f_i \tag{7-24}$$

以及物质的量，

$$n_i = Z_i f_i V_i \tag{7-25}$$

表 7-1　Z 值计算公式

(Expressions of Z values)

环境相	Z 值/(mol·m^{-3}·Pa^{-1})	各符号的物理意义
空气	$Z_A = 1/(RT)$	R：摩尔气体常量 ($R = 8.314$ J·mol^{-1}·K^{-1}) T：热力学温度 (K)
水	$Z_W = 1/K_H = Z_A/K_{AW}$	K_H：亨利常数 (Pa·m^3·mol^{-1}) K_{AW}：气/水分配系数
辛醇	$Z_O = Z_W K_{OW}$	K_{OW}：正辛醇/水分配系数
类脂	$Z_L = Z_O$	
气溶胶	$Z_Q = K_{QA} Z_A$	K_{QA}：气溶胶/空气分配系数 (m^3·μg^{-1})
有机碳	$Z_{OC} = K_{OC} Z_W (\rho_{OC}/10^3)$	K_{OC}：土壤(沉积物)有机碳分配系数 (L·kg^{-1}) ρ_{OC}：有机碳的密度 (10^3 kg·m^{-3})
有机质	$Z_{OM} = K_{OM} Z_W (\rho_{OM}/10^3)$	K_{OM}：有机质分配系数 (L·kg^{-1}) ρ_{OM}：有机质的密度 (10^3 kg·m^{-3})
矿物质	$Z_{MM} = K_{MW} Z_W (\rho_{MM}/10^3)$	K_{MW}：矿物质/水分配系数 (L·kg^{-1}) ρ_{MM}：矿物质的密度 (kg·m^{-3})
生物相	$Z_B = L Z_L$	L：类脂的体积分数

> **【例 7-1】**　一个由空气、水和土壤组成的环境系统，25℃时，甲苯在水中的浓度为 2×10^{-3} mol·m^{-3}，则其在空气和土壤中的浓度是多少？(已知甲苯的 $K_H = 6.73 \times 10^2$ Pa·m^3·mol^{-1}，$K_{OC} = 2.48 \times 10^2$ L·kg^{-1}，土壤密度 $\rho_S = 1.5 \times 10^3$ kg·m^{-3}，有机碳质量分数 $y_{OC} = 2\%$，$R = 8.31$ J·mol^{-1}·K^{-1})
>
> **解**　　　　　$Z_A = 1/(RT) = 1/(8.31 \times 298.15) = 4.04 \times 10^{-4}$ mol·m^{-3}·Pa^{-1}
>
> $$Z_W = 1/K_H = 1/(6.73 \times 10^2) = 1.49 \times 10^{-3} \text{ mol·m}^{-3}\text{·Pa}^{-1}$$
>
> $$Z_S = y_{OC} K_{OC} Z_W (\rho_S/1000) = 2\% \times 2.48 \times 10^2 \times 1.49 \times 10^{-3} \times 1.5 \times 10^3/10^3 = 1.11 \times 10^{-2} \text{ mol·m}^{-3}\text{·Pa}^{-1}$$
>
> $$c_W = 2 \times 10^{-3} \text{ mol·m}^{-3}$$
>
> $$f = c_W/Z_W = 2 \times 10^{-3}/(1.49 \times 10^{-3}) = 1.34 \text{ Pa}$$
>
> $$c_A = f Z_A = 1.34 \times 4.04 \times 10^{-4} = 5.41 \times 10^{-4} \text{ mol·m}^{-3}$$
>
> $$c_S = f Z_S = 1.34 \times 1.11 \times 10^{-2} = 1.49 \times 10^{-2} \text{ mol·m}^{-3}$$

7.2　污染物环境迁移转化过程的模拟

污染物被排放到环境中后并不是静止不动的，它可以通过质量交换过程进行环境介质间及某种介质内迁移，也可以发生各种物理、化学或生物转化。

7.2.1　污染物在环境中的迁移过程

自然界中，污染物在环境介质内及介质间的迁移过程(transfer process)有两种形式，即由介质携带的平流运动(advection)和污染物自身分子运动引起的扩散迁移。

1. 平流

环境中发生的平流过程是指污染物随着流动介质进行直接迁移的过程。某些污染物由于挥发或随风的平流作用，会迅速离开排放源，进行长距离迁移。因此，某些地区的污染可能是由上风向或上游地区的污染物平流输入造成的。例如，加拿大和美国以及斯堪的纳维亚半岛、德国和英国之间对酸雨问题的争论，关键在于污染物的长距离迁移。

假定环境主相的流量与流动主体物质的流量相等，如水相的流量等于相中水的流量，则污染物的平流速率(N，$mol \cdot h^{-1}$)等于平流介质的流速(G，$m^3 \cdot h^{-1}$)与介质中污染物浓度(c，$mol \cdot m^{-3}$)的乘积：

$$N = G \times c \tag{7-26}$$

因此，如果一条河流从 A 点到 B 点的流速是 $1 \times 10^3 \, m^3 \cdot h^{-1}$ (G)，其中污染物的浓度为 $0.3 \, mol \cdot m^{-3}$ (c)，那么相应的平流速率 $N = 3 \times 10^2 \, mol \cdot h^{-1}$。

如图 7-2 所示的稳态平衡环境系统，污染物的总输入速率(I_{in}, $mol \cdot h^{-1}$)等于空气相平流输入 $G_A c_{BA}$、水相平流输入 $G_W c_{BW}$ (c_{BA} 和 c_{BW} 称为环境背景浓度)以及向所评价环境的直接排放(E，$mol \cdot h^{-1}$)之和：

$$I_{in} = E + G_A c_{BA} + G_W c_{BW} \tag{7-27}$$

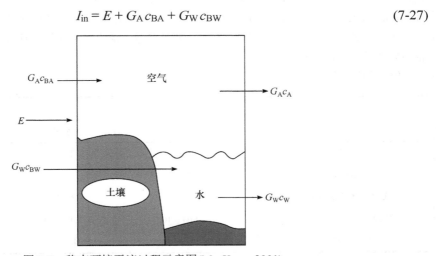

图 7-2　稳态环境平流过程示意图(MacKay，2001)
(Diagram of a steady-state evaluative environment subject to advection flow)

假设所模拟的环境相可以快速充分混匀[即类似于一个连续搅拌反应器(continuously stirred tank reactor，CSTR)]，则污染物进入该体系后会迅速混合均匀。从所模拟的环境相中迁出的污染物浓度与该环境相中整体浓度一致。污染物进入该系统后，空气和水中的浓度迅速调整为 c_A 和 c_W(受到平衡因素的制约)，其在空气及水相的平流输出速率分别为 $G_A c_A$ 和 $G_W c_W$，

则污染物的总输出速率(I_{out}, $mol \cdot h^{-1}$)为

$$I_{out} = I_{in} = G_A c_A + G_W c_W = G_A Z_A f + G_W Z_W f = f(G_A Z_A + G_W Z_W) \qquad (7\text{-}28)$$

$$f = I / (G_A Z_A + G_W Z_W) \qquad (7\text{-}29)$$

或

$$f = I / \sum G_i Z_i \qquad (7\text{-}30)$$

式(7-28)~式(7-30)中，f 为污染物达到平衡时的逸度；i 代表空气、水等环境相。

如果污染物的总物质的量是 n_T，其在该稳态系统中的停留时间(residence time)τ为

$$\tau = n_T / I \qquad (7\text{-}31)$$

停留时间也称滞留时间(detention time)，表示污染物在某特定环境系统中存在时间的长短。停留时间的概念非常重要，它反映了污染物在环境中的持久性。不同污染物的 τ 不同，范围从几个小时跨越至数十年，因此环境中各种污染物的储存量差异很大。一些 τ 值大的化合物，即使排放速率很小，也可能大量积累，导致高浓度污染，危害环境及人体健康。例如，农药 DDT 在环境中停留时间长，可以通过挥发作用从土壤进入大气，然后随着大气的平流作用发生长距离迁移，吸附在大气颗粒物上，沉降到水体或植物表面，最终通过食物链进入人体。图 7-2 中，如果空气相和水相体积分别为 $6 \times 10^9 \, m^3$ 和 $7 \times 10^4 \, m^3$，且两相的流速分别为 $1 \times 10^9 \, m^3 \cdot h^{-1}$ 和 $1 \times 10^2 \, m^3 \cdot h^{-1}$，那么污染物的停留时间将分别为 6 h 和 7×10^2 h，或 0.25 d 和 29 d。

【例 7-2】 一个由 $1 \times 10^4 \, m^3$ 空气、$1 \times 10^3 \, m^3$ 水和 $1.0 \, m^3$ 土壤组成的环境系统，空气和水是主要的流动相，其流速分别为 $1 \times 10^2 \, m^3 \cdot h^{-1}$ 和 $1 \, m^3 \cdot h^{-1}$，其中甲苯的浓度分别为 $1 \times 10^{-3} \, mol \cdot m^{-3}$ 和 $8 \times 10^{-4} \, mol \cdot m^{-3}$，空气、水及土壤的 Z 值如下。此外，还有速率为 $4 \times 10^{-2} \, mol \cdot h^{-1}$ 的直接排放，分别计算甲苯在各相达到平衡时的逸度、浓度、物质的量、流出速率和停留时间以及所评价环境中甲苯的总物质的量和停留时间。

解 表中列出本例中环境相的属性：

参数	环境相		
	空气(A)	水(W)	土壤(S)
体积 V/m^3	1×10^4	1×10^3	1.0
平流流速 $G/(m^3 \cdot h^{-1})$	1×10^2	1	—
平流输入甲苯浓度 $c_B/(mol \cdot m^{-3})$	1×10^{-3}	8×10^{-4}	—
逸度容量 $Z/(mol \cdot m^{-3} \cdot Pa^{-1})$	4.04×10^{-4}	1.49×10^{-3}	1.11×10^{-2}
直接排放 $E/(mol \cdot h^{-1})$		4×10^{-2}	

$$I_{in} = E + G_A c_{BA} + G_W c_{BW} = 4 \times 10^{-2} + 1 \times 10^2 \times 1 \times 10^{-3} + 1 \times 8 \times 10^{-4} = 0.14 (mol \cdot h^{-1})$$

$$\sum G_i Z_i = 1 \times 10^2 \times 4.04 \times 10^{-4} + 1 \times 1.49 \times 10^{-3} = 4.19 \times 10^{-2} (mol \cdot Pa^{-1} \cdot h^{-1})$$

$$f = I / \sum G_i Z_i = 0.14 / (4.19 \times 10^{-2}) = 3.34 (Pa)$$

$$c_A = Z_A f = 4.04 \times 10^{-4} \times 3.34 = 1.35 \times 10^{-3} (mol \cdot m^{-3})$$

$$c_W = Z_W f = 1.49 \times 10^{-3} \times 3.34 = 4.98 \times 10^{-3}(\text{mol} \cdot \text{m}^{-3})$$

$$c_S = Z_S f = 1.11 \times 10^{-2} \times 3.34 = 3.71 \times 10^{-2}(\text{mol} \cdot \text{m}^{-3})$$

$$n_A = c_A V_A = 1.35 \times 10^{-3} \times 1 \times 10^4 = 13.5(\text{mol})$$

$$n_W = c_W V_W = 4.98 \times 10^{-3} \times 1 \times 10^3 = 4.98(\text{mol})$$

$$n_S = c_S V_S = 3.71 \times 10^{-2} \times 1 = 3.71 \times 10^{-2}(\text{mol})$$

$$n_T = n_A + n_W + n_S = 13.5 + 4.98 + 3.71 \times 10^{-2} = 18.52(\text{mol})$$

$$N_A = G_A c_A = 1 \times 10^2 \times 1.35 \times 10^{-3} = 0.14(\text{mol} \cdot \text{h}^{-1})$$

$$N_W = G_W c_W = 1 \times 4.98 \times 10^{-3} = 4.98 \times 10^{-3}(\text{mol} \cdot \text{h}^{-1})$$

$$N_S = G_S c_S = 0$$

$$I_{out} = I_{in} = 0.14 \text{ mol} \cdot \text{h}^{-1}$$

$$\tau_A = n_A / N_A = 13.5 / 0.14 = 96.43(\text{h})$$

$$\tau_W = n_W / N_W = 4.98 / (4.98 \times 10^{-3}) = 1 \times 10^3(\text{h})$$

$$\tau_T(\text{总停留时间}) = n_T / I = 18.52 / 0.14 = 1.32 \times 10^2(\text{h})$$

例 7-2 中评价环境中甲苯的总量 n_T 为 18.52 mol，输入或输出速率 I 为 0.14 mol · h^{-1}，因此甲苯的总停留时间(τ_T)为 1.32×10^2 h，可见污染物在整个环境系统的总停留时间并不是其在各相 τ 的简单加和($\tau_T \neq \tau_A + \tau_W$)，而是一个加权平均值，受污染物在各相中分配情况的影响。本例中土壤相的平流速率为零，不影响甲苯在环境中的逸度或输出速率，但它可作为甲苯的"储藏库"，影响总物质的量 n_T，从而进一步影响总停留时间。

以上是通过浓度计算平流的过程，为了将污染物的平流过程与逸度联系起来，引入平流 D 值(mol · Pa^{-1} · h^{-1})：

$$D = G \times Z \tag{7-32}$$

平流速率 N 与 D 的关系为

$$N = D \times f \tag{7-33}$$

原理上，D 与反应速率常数(k_r)类似，是表征迁移快慢的参数，快速过程具有较高的 D 值。如果用式(7-32)所定义的 D 值来代替 GZ，则式(7-29)和式(7-30)可转换成式(7-34)的形式：

$$f = I/(D_{AA} + D_{AW}) = I \Big/ \sum D_{Ai} \tag{7-34}$$

式中，$D_{AA} = G_A Z_A$，$D_{AW} = G_W Z_W$。D 值的第一下标 A 代表平流，第二下标代表环境相。那么，例 7-2 中的 f 可以通过该过程计算，因 $D_{AA} = 4.04 \times 10^{-2}$ mol · Pa^{-1} · h^{-1}，$D_{AW} = 1.49 \times 10^{-3}$ mol · Pa^{-1} · h^{-1}，则

$$\sum D_{Ai} = 4.19 \times 10^{-2} \text{ mol} \cdot \text{Pa}^{-1} \cdot \text{h}^{-1}$$

所以

$$f = 0.14 / (4.19 \times 10^{-2}) = 3.34(\text{Pa})$$

则输出速率 $N_A = D_{AA} f = 0.14$ mol · h^{-1}，$N_W = D_{AW} f = 4.98 \times 10^{-3}$ mol · h^{-1}，总输出速率为 0.14 mol · h^{-1}。

可以通过各相 D 值的大小来判断哪些相在污染物的消除上贡献较大，例 7-2 中空气相的 D 值较大，是苯的主要输出相。

环境中，污染物可以通过以下几种平流过程输入和输出：①空气的输入和输出；②空气从对流层向平流层迁移，即空气的垂直运动；③空气中气溶胶颗粒的输入和输出；④水的输入和输出；⑤水中颗粒物和生物的输入和输出；⑥水从表层土壤渗入地下(地下水补给)；⑦沉积物的埋藏，即沉积物从均匀混合层向深层迁移，直到基本上不再与外界发生接触。

某些污染物易于吸附在气溶胶颗粒上，并随之迁移，相应的污染物平流输送浓度是指其在气溶胶中的浓度而不是空气中的浓度，气溶胶中污染物的浓度一般为 1×10^2 mol·m^{-3}。如果进入所评价环境的空气的流速为 1×10^{12} m^3·h^{-1}，其中气溶胶的体积分数为 10^{-11}，那么气溶胶的流速 G_Q 为 10 m^3·h^{-1}，因此气溶胶中污染物的输入速率 N 为 1×10^3 mol·h^{-1}。也可以用气溶胶的 D_{AQ} 值表示，如果设定 $Z_Q = 1 \times 10^8$ mol·m^{-3}·Pa^{-1} (举例，这个值不影响计算结果)，那么

$$f = c_Q / Z_Q = 10^2 / 10^8 = 10^{-6} \text{(Pa)}$$

$$D_{AQ} = G_Q Z_Q = 10 \times 10^8 = 10^9 \text{(mol · Pa}^{-1} \text{ · h}^{-1})$$

所以

$$N = D f = D_{AQ} f = G_Q Z_Q c_Q / Z_Q = G_Q c_Q = 10^9 \times 10^{-6} = 10^3 \text{(mol · h}^{-1})$$

平流过程的重要性取决于所模拟的体系，总体来说，所模拟的体系越小，平流停留时间越短，平流过程就越重要。对于整个地球大气环境来说，假设一个以平均流速 G 连续运动的空气团，由对流层向平流层迁移，随之被以同样速率从平流层迁移下来的干净空气所取代，对流层的停留时间 τ 约为 60 年，即 5.26×10^5 h。如果对流层大气体积 $V = 6 \times 10^9$ m^3，那么 $G = V / \tau = 1.14 \times 10^4$ m^3·h^{-1}。对于整个对流层来讲，这个速度非常慢，不是很重要，但是如果空气团中含有氟利昂，即使迁移速率很小，对平流层中臭氧层的危害也是不能忽略的。由于其从对流层迁移出的实际量很少，平流去除速率可以忽略，若不考虑反应去除，那么氟利昂的浓度就会不断地、无限制地积累起来，最终超过地球生态系统的负荷能力。

沉积物的埋藏导致其中的污染物从与外界接触的活性混合层迁移至与外界不接触的被埋藏起来的深层中。埋藏过程中，沉积物表层会上升，最终把整个湖泊填满。典型的掩埋速度为 1×10^{-3} m·a^{-1}，如果一个湖的面积为 1×10^7 m^2，那么总掩埋速率就是 1.14 m^3·h^{-1}。被埋藏的物质中通常 25% 是固体，75% 是水，但是当它向下层更深的地方移动时，水会被挤压出来，因此在多介质模型计算过程中，D 值通常由两项组成：固体的掩埋速率(G_S)和水的掩埋速率(G_W)。因此，总掩埋速率 1.14 m^3·h^{-1} 由 0.29 m^3·h^{-1} (G_S)和 0.85 m^3·h^{-1} (G_W)组成，那么污染物的总损失速率为

$$G_S c_S + G_W c_W = G_S Z_S f + G_W Z_W f = f(D_S + D_W) \tag{7-35}$$

式中，D_S 和 D_W 分别为固相和水相的掩埋 D 值。通常，污染物更易于分配在固相中，即 Z_S 比 Z_W 大很多，因此 c_S 远大于 c_W，D_S 所表征的固相为污染物的主要输出相。被埋藏的固体在混合层中的停留时间 τ 等于混合层中固体的体积 V_S 除以 G_S。例如，如果混合层的深度为 3×10^{-2} m，固体体积占比为 25%，那么 $V_S = 3 \times 10^{-2} \times 0.25 \times 10^7 = 7.5 \times 10^4$ (m^3)，$\tau = 7.5 \times 10^4 / 0.29 = 2.59 \times 10^5$ (h)。水的停留时间可能更长，因为活性沉积物中水分的含量往往比掩埋沉积物中高，两部分水可以互相扩散。

以上几种平流过程对于评价环境中污染物的迁移行为很重要,在多介质环境建模过程中需要综合考虑。此外,环境中的污染物还可能通过各种扩散过程在介质内或不同介质间迁移。

2. 扩散

液体和气体中的分子总是在不停地做相对运动,如果在某一时刻对处于特定位置的分子进行标记,一段时间后就会观察到这些分子随机分布在整个系统中。这种扩散过程是由分子热运动引起的自发熵增过程。

1) 相内的分子扩散

分子扩散(molecular diffusion)过程是微观分子热运动的宏观结果。因此,即使传质过程推动力消失,分子扩散仍在继续,只是正向和反向扩散的速率相等,总传质通量为零,系统处于动态平衡状态。一般地,当存在浓度梯度时,处于静止或做平行于相界面层流流动的介质中的污染物分子,可以通过分子扩散的方式在相内迁移,其传质通量可以用菲克定律(Fick's law)来描述。根据菲克第一定律(Fick's first law),稳态条件下,化合物 A 的分子扩散通量正比于其浓度梯度,并沿浓度降低的方向传递:

$$J_A = -B_M \frac{dc_A}{dy} \tag{7-36}$$

式中,J_A 为 A 在单位面积上的扩散通量(mol·m^{-2}·h^{-1});B_M 为 A 在介质 B 中的分子扩散系数(m^2·h^{-1});c_A 为介质 B 中 A 的浓度(mol·m^{-3});y 为 A 分子在扩散方向上经过的距离(m);$-dc_A/dy$ 为 A 沿扩散方向上的浓度梯度。

对于以分压描述的气体组分的扩散过程,也可以用菲克定律描述,将理想气体状态方程[式(7-3)]及 $c = n/V$ 代入式(7-36)中,若沿 y 方向上没有温度变化,则得到以分压方式表示的扩散通量,即

$$J_A = -\frac{B_M}{RT} \frac{dp_A}{dy} \tag{7-37}$$

与平流过程类似,可以通过式(7-38)计算扩散速率 N,其中 A 为扩散面积,

$$N = J \times A \tag{7-38}$$

如图 7-3 所示,一个非均匀的气相,将其分成若干横截面积为 1、长为 y 的单元:U_1、U_2 和 U_3。单元内污染物均匀混合,浓度分别为 c_1、c_2 和 c_3,沿 $+y$ 方向依次递减。单元内污染物分子做无规则运动,假设在时间 t 内有 50% 的分子沿 $+y$ 方向运动,50% 沿 $-y$ 方向运动,且平均移动 y 的距离。则在时间 t 内 U_2 内的分子有 50% 进入 U_1,50% 进入 U_3,同样,U_1 和 U_3 中分别有 50% 的分子进入 U_2。那么穿过截面 A_{23} 的分子的净迁移量为从 U_2 到 U_3 的 $c_2 y/2$ 与从 U_3 到 U_2 的 $c_3 y/2$ 之差:

$$\frac{c_2 y}{2} - \frac{c_3 y}{2} = \frac{(c_2 - c_3) y}{2} \tag{7-39}$$

U_2 和 U_3 间污染物的浓度梯度可以表示成如下形式:

$$-\frac{dc}{dy} = \frac{c_2 - c_3}{y} \tag{7-40}$$

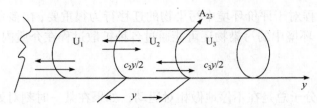

图 7-3　空气相中的分子扩散示意图
(Diagram of molecular diffusion within the air)

则

$$c_2 - c_3 = -y\frac{dc}{dy} \tag{7-41}$$

负号代表在 y 增加的方向 c 降低，则时间 t 内分子的扩散通量为

$$J = \frac{(c_2 - c_3)y}{2t} = -\frac{y^2}{2t}\frac{dc}{dy} = -B_M\frac{dc}{dy} \tag{7-42}$$

$$B_M = \frac{y^2}{2t} \tag{7-43}$$

式中，B_M 为污染物的分子扩散系数($m^2 \cdot h^{-1}$)；y 为时间 t 内分子的位移(m)。

【例 7-3】　一个面积 1 m^2、高 1×10^{-2} m 的盘子中盛满水，水挥发需要通过紧邻水面 1×10^{-3} m 厚的空气薄膜，薄膜中水的浓度是 25 g·m^{-3} (从水的蒸气压推导得出)，空气中水的浓度为 15 g·m^{-3}。如果 $B_M = 0.25 \times 10^{-4}$ $m^2 \cdot s^{-1}$，则盘中的水完全挥发需要多长时间? (水的密度 $\rho_W = 1 \times 10^3$ kg·m^{-3})

解　　　　　　　　$B_M = 0.25 \times 10^{-4}$ $m^2 \cdot s^{-1} = 9 \times 10^{-2}$ $m^2 \cdot h^{-1}$

$$\Delta y = 1 \times 10^{-3} \text{ m}, \quad \Delta c = 25 - 15 = 10(\text{g}\cdot\text{m}^{-3})$$

水的挥发速率　　　　$N = B_M A \Delta c / \Delta y = 9 \times 10^2$ g·h^{-1}

水的质量　　　　$m_W = 1 \times 10^{-2} \times 1 \times 10^3 = 10(\text{kg}) = 1 \times 10^4(\text{g})$

$$t = 1 \times 10^4 / (9 \times 10^2) = 11(\text{h})$$

因此，盘子中的水完全挥发需要 11 h。

在标准大气压下，典型气体分子大约以 5×10^2 m·s^{-1} 的速度运动，但是它们仅在前进约 1×10^{-7} m，也就是 $1 \times 10^{-7} / (5 \times 10^2) = 2 \times 10^{-10}$ s 之后就会发生碰撞。由式(7-43)可得

$$B_M = 2.5 \times 10^{-5} \text{ m}^2 \cdot \text{s}^{-1}$$

对于液体分子，其间距比气体分子更近，碰撞几乎在单位分子直径内发生。当分子试图脱离原来位置时，受到周围分子的摩擦力(当分子试图从相邻的分子间"滑行"时，所受到的摩擦力变得很重要)，这种摩擦力与液体的黏度 μ 有关。根据 Stocks-Einstein 方程:

$$B_M \mu / T \cong R / (6\pi N_A r) \tag{7-44}$$

$$B_M = TR / (6\mu \pi N_A r) \tag{7-45}$$

式中，N_A 为阿伏伽德罗常量，6.02×10^{23} mol^{-1}；r 为分子直径，10^{-10} m；μ 为水的黏度，10^{-3} Pa·s。

当 $T = 298$ K 时，代入式(7-45)计算得

$$B_M = 2 \times 10^{-9} \text{ m}^2 \cdot \text{s}^{-1}$$

在扩散过程中,分子并非恒速运动,事实上,它花费同样多的时间向前和向后移动,因此在给定的时间段 t 内,分子行进的距离 y 不是简单的速度乘以时间,而是等于 $(2tB_M)^{0.5}$ m。根据上面得出的典型气体和液体的扩散系数 B_M 值(2.5×10^{-5} m$^2 \cdot$ s^{-1} 和 2×10^{-9} m$^2 \cdot$ s^{-1}),在 1 s 内,分子在气体中行进 7×10^{-3} m,在液体中行进 6×10^{-5} m。如果行进距离加倍,所需时间为 4 s,而不是 2 s(时间与扩散距离的平方成正比)。根据上面的距离公式,化合物以分子扩散的形式通过深 1 m、完全静止的水相,大约需要 7.9 年的时间,该水相可以看作污染物的天然屏障,但实际上能在如此长时间保持完全静止的水环境是不存在的。

2) 相内湍流或涡流扩散

当流体流速很小时,通常分层流动,互不混合,称为层流(laminar flow);而自然界中,由于流速变化或生物扰动等原因使流体产生不规则运动,内部出现许多小漩涡,称为湍流或涡流(turbulent or eddy flow)。湍流是流体的一种流动状态,尺寸可以从几厘米到数千米,而且一个大漩涡可以具有无数小的精细结构。如果考虑湍流对化合物扩散的影响,通量方程变为如下形式:

$$J = -(B_T + B_M) \Delta c / \Delta y \tag{7-46}$$

式中,B_T 为湍流或涡流扩散系数;B_M 为分子扩散系数。在多数情况下,如刮风或急流,$B_T \gg B_M$,分子扩散过程可以忽略。在静止的区域,如深层沉积物,B_T 可能很小或为零,分子扩散占主导地位。越靠近相的边界,B_T 越小,在两相交界处,流体湍流扩散受到严重抑制,可以看作相对静止,此处流体通常称为层流底层(laminar sublayer),在此层中,化合物只能通过分子扩散的形式跨越界面。界面的粗糙程度决定层流底层的厚度。例如,草可以抑制风的涡流并衰减土壤气体向空气的扩散速率。

在两相交界处,由于不能明确划分湍流与层流的界限,而且湍流扩散系数 B_T、分子扩散系数 B_M 及静止层厚度 y 都在不断变化,为了避免使用这些未知的参数,引入传质系数(mass transfer coefficient) k_M 表示扩散系数与传质距离之比,如果不考虑扩散方向,通量方程变为如下形式:

$$J = k_M \Delta c \tag{7-47}$$

同样,扩散速率可以表示为

$$N = k_M A \Delta c \tag{7-48}$$

式中,k_M 的单位是 m $\cdot$ h^{-1};$k_M A$ 为有效体积流速(m$^3 \cdot$ h^{-1}),相当于平流过程中的 G 值。

3) 非稳态扩散

当两相刚刚接触时,界面浓度梯度是不连续的,此时发生的扩散过程属于非稳态扩散(unsteady-state diffusion),在某些情况下,需要关注这种瞬态过程。此过程通常根据菲克第二定律(Fick's second law),采用偏微分方程的形式求解,不同于稳态扩散的是,非稳态扩散的 k_M 与暴露时间有关,暴露时间越短,k_M 越大[具体参见 Mackay 所著 *Multimedia Environmental Models*: *The Fugacity Approach* (2nd ed,2001)]。

4) 多孔介质中的扩散

当化合物在空气或水中扩散时,它的运动只与分子碰撞有关。但在沉积物或土壤等介质中,扩散过程会被固体颗粒物所阻碍,此时化合物分子的扩散主要有以下两个特点:第一,行进路径曲折；第二，可利用的扩散面积较小，扩散系数的确定变得更为复杂。

以上情况，可以通过定义有效扩散系数(B_E)来描述，假设固体颗粒间相互接触，且具有曲折的通道(扩散系数不为零)，考虑扩散路径和面积的影响，扩散系数变为如下形式：

$$B_E = B_M F_A / F_Y \tag{7-49}$$

式中，B_E 为介质的有效扩散系数；F_A 为面积因子，等于孔隙率 v (整个体积中流体的所占比例)，是介质中化合物分子可以扩散的部分；F_Y 为曲折系数，等于曲折距离与直接距离的比。有研究表明 F_Y 与孔隙率 v 有关，$F_Y = v^{-0.5}$，因此式(7-49)还可以写成

$$B_E = B_M v^{1.5} \tag{7-50}$$

当 $v = 1$ 时，$B_E = B_M$；当 $v = 0$ 时，$B_E = 0$。

也可用 Millington-Quirk (MQ)方程来计算土壤的有效扩散系数，根据 2.2 节中土壤挥发过程，可将 B_E 描述为土壤空气和水含量的函数。假设土壤中空气和水的体积比率分别为 v_A 和 v_W，计算土壤空气和水的有效扩散系数如下：

$$B_{EA} = B_{MA} v_A^{10/3} / (v_A + v_W)^2 \tag{7-51}$$

$$B_{EW} = B_{MA} v_W^{10/3} / (v_A + v_W)^2 \tag{7-52}$$

式中，B_{MA} 和 B_{MW} 为分子扩散系数；B_{EA} 和 B_{EW} 为有效扩散系数。这两个方程也可简化为与方程(7-50)相似的形式，如果 v_W 为零，B_{EA} 与 v_A 的 1.33 次方成正比，而不是 1.5 次方。

化合物分子不仅能沿着孔隙进行分子扩散，也可能通过"表面扩散"进入固相，还可能陷入"死胡同"或被活性部位吸附。例如，在沉积物中，污染物的总浓度可能是 $10 \text{ mol} \cdot \text{m}^{-3}$，但由于吸附作用，大部分化合物被吸附在固体上，在孔隙水中仅有 $1 \times 10^{-2} \text{ mol} \cdot \text{m}^{-3}$。在计算扩散通量时，$B_E$ 应该乘以能够进行扩散的有效浓度 $1 \times 10^{-2} \text{ mol} \cdot \text{m}^{-3}$ 而不是总浓度 $10 \text{ mol} \cdot \text{m}^{-3}$。如果在某些情况下必须使用总浓度，应该考虑吸附程度的影响，重新定义 B_E。此外，扩散系数受颗粒形状和尺寸分布的影响。例如，化合物可能溶解在孔隙水中，也可能以胶体形式存在。通常污染物的相对分子质量(M_r)为 2×10^2 左右，而胶体的 M_r 通常为 6×10^3，即胶体分子的 M_r 比溶解态分子大 30 倍，但其半径仅大 3 倍左右。根据 Stocks-Einstein 方程，扩散系数与分子半径成反比，该胶体的扩散系数仅为溶解态分子的 1/3。但如果 90% 的污染物被吸附，胶体扩散的速率将超过溶解态分子的速率。因此，在计算扩散系数、通量及其他参数前，应该首先了解扩散过程的组成。

5) 相间扩散过程

环境中化合物的扩散过程通常发生在两个或两个以上相之间。例如，水相中有 $1 \text{ mol} \cdot \text{m}^{-3}$ 的苯，现向其中加入正辛醇，由于浓度差的存在，苯分子会在两相间不断迁移，直到达到分配平衡。此时，苯分子仍然从水向正辛醇相扩散，但被相同速率的从正辛醇向水扩散的苯所抵消，所以净扩散速率 N 等于零。

多介质环境模型建立过程中涉及的两相或多相间污染物扩散过程主要包括：水中污染物吸附在悬浮物和沉积物中及其反向释放过程；水中污染物通过鳃的呼吸作用进入鱼等生物体内及其释放过程；大气中污染物在生物或气溶胶颗粒物上的吸附和解吸过程；污染物在土壤、空气和水间的交换过程；污染物跨越生物体膜的过程，如通过肺表面从空气到血液，通过胃肠道壁从消化系统到血液，从血液到体内各器官。

解决这类扩散问题通常采用 Lewis 和 Whitman 提出的双膜理论(double-film theory)。在 2.2

节中，主要介绍了怎样用双膜理论计算污染物的挥发过程，相反地，双膜理论同样适用于大气中污染物的水相吸收过程，以及污染物的其他两相迁移过程。这里仍以气-水交换系统为例，介绍以逸度形式表达的双膜理论。如图 7-4 所示，在一个稳态气-水交换系统中，以水中化合物进入空气为例，假设水中化合物浓度为 c_W，空气中化合物浓度为 c_A，边界层中化合物浓度分别为水相一侧 c_{WI}，气相一侧 c_{AI}，化合物在边界层两侧处于平衡状态。该气-水交换系统的扩散速率方程如下：

水相主体 $\qquad\qquad N = k_{WA} A (c_W - c_{WI})$ 或 $c_W - c_{WI} = N/(k_{WA} A)$ $\qquad$ (7-53)

气相主体 $\qquad\qquad N = k_{AW} A (c_{AI} - c_A)$ 或 $c_{AI} - c_A = N/(k_{AW} A)$ $\qquad$ (7-54)

边界层 $\qquad\qquad\qquad c_{AI}/c_{WI} = K_H' = K_{AW} = K_H/(RT)$ $\qquad\qquad$ (7-55)

式中，k_{WA} 和 k_{AW} 分别为液相侧和气相侧的传质系数 $(m \cdot h^{-1})$。

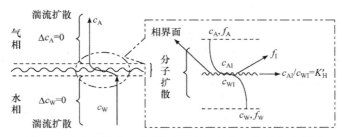

图 7-4　水相污染物 A 扩散进入空气相的双膜理论示意图

(Double-film theory diagram for the diffusive process of pollutant A from water to air)

对于相间扩散行为，在两相交界面上污染物必然经历一个浓度跨越，甚至可能从低浓度向高浓度迁移，因此不能再用浓度作为判断污染物传递方向的标准。当扩散完成时，污染物在两相间达到平衡，界面两侧逸度必然相等。此时可以采用逸度方法描述相间迁移过程，气-水交换过程的扩散速率方程可以改写成如下形式：

水相主体 $\qquad\qquad N = k_{WA} A (c_W - c_{WI}) = k_{WA} A Z_W (f_W - f_{WI})$ $\qquad$ (7-56)

气相主体 $\qquad\qquad N = k_{AW} A (c_{AI} - c_A) = k_{AW} A Z_A (f_{AI} - f_A)$ $\qquad$ (7-57)

边界层 $\qquad\qquad\qquad f_{WI} = f_{AI} = f_I$ $\qquad\qquad$ (7-58)

式中，f_W 和 f_A 分别为水和空气相中污染物的逸度；f_I 为界面层中污染物的逸度。

为了使计算过程更简便，类似于平流过程，引入扩散 D 值，则气-水交换过程的扩散速率方程如下：

水相主体 $\qquad\qquad N = k_{WA} A Z_W (f_W - f_{WI}) = D_{WA} (f_W - f_I)$ $\qquad$ (7-59)

气相主体 $\qquad\qquad N = k_{AW} A Z_A (f_{AI} - f_A) = D_{AW} (f_I - f_A)$ $\qquad$ (7-60)

式中，$D_{WA} = k_{WA} A Z_W$，$D_{AW} = k_{AW} A Z_A$，D_{WA} 为污染物从水相进入空气相的过程，D_{AW} 为污染物从空气相进入水相的过程。

将式(7-59)和式(7-60)变形后相加消去 f_I，则

$$f_W - f_A = N (1/D_{WA} + 1/D_{AW}) = N/D_V \qquad (7-61)$$

或

$$N = D_V (f_W - f_A) \qquad (7-62)$$

式(7-61)和式(7-62)中，

$$1/D_V = 1/D_{WA} + 1/D_{AW} \qquad (7-63)$$

式中，$1/D_{WA}$ 和 $1/D_{AW}$ 称为有效阻力；$1/D_V$ 为总阻力$(Pa \cdot h \cdot mol^{-1})$。净挥发速率 $N(mol \cdot h^{-1})$ 可以看作向上挥发速率 $D_V f_W$ 和向下吸收速率 $D_V f_A$ 的代数和。

与扩散过程类似，对于平流输送过程，引入了平流 D 值，$D = GZ$；同样，对于相内扩散，也可以定义 $D = B_M AZ / y$；对于相间扩散，$D = kAZ$。每一个迁移过程对应一个 D 值。以一个由大气、水、土壤和沉积物组成的环境系统为例，表 7-2 列出了相间迁移过程 D 值的计算方法。环境中复杂的迁移过程可以看作多个简单过程的串联或并联。类似于电化学原理($1/D$ 相当于电阻 R)，对于多个并联的迁移过程(如化合物从大气到水体的干、湿沉降过程)，其 D 值等于各个单个过程 D 值相加：

$$D_T = D_1 + D_2 + D_3 + \cdots \tag{7-64}$$

而多个过程串联(如上述气-水交换过程)时，总 D 值的计算方法为

$$1 / D_T = 1 / D_1 + 1 / D_2 + 1 / D_3 + \cdots \tag{7-65}$$

表 7-2　相间迁移过程 D 值计算公式(MacKay，2001)

(Equations for Intermedia transfer D values)

环境相	过程	D 值计算公式
	扩散	$D_V = 1 / [1 / (k_{AW}AZ_A + 1) / (k_{WA}AZ_W)]$
	雨溶解	$D_{RW} = U_R AZ_W$
大气-水	湿沉降	$D_{QW} = U_R AQ v_Q Z_Q$
	干沉降	$D_{DW} = U_D A v_Q Z_Q$
	总过程	$D_{AW(T)} = D_V + D_{RW} + D_{QW} + D_{DW}$
水-大气	扩散	$D_{WA(T)} = D_V$
	扩散	$D_V = 1 / \{1 / (k_{AS}AZ_A) + y_S / [A(B_{EA}Z_A + B_{EW}Z_W)]\}$
	雨溶解	$D_{RS} = U_R AZ_W$
大气-土壤	湿沉降	$D_{QS} = U_R AQ v_Q Z_Q$
	干沉降	$D_{DS} = U_D A v_Q Z_Q$
	总过程	$D_{AS(T)} = D_V + D_{RS} + D_{QS} + D_{DS}$
土壤-大气	扩散	$D_{SA(T)} = D_V$
	土壤流失	$D_{SW} = U_{SW} AZ_S$
土壤-水	水径流	$D_{WW} = U_{WW} AZ_W$
	总过程	$D_{SW(T)} = D_{SW} + D_{WW}$
水-土壤	总过程	$D_{WS(T)} = 0$
	扩散	$D_{SedW} = 1 / [1 / (k_{SedW} AZ_W) + y_{Sed} / (B_{SedW} AZ_W)]$
沉积物-水	再悬浮	$D_{RS} = U_{RS} AZ_{Sed}$
	总过程	$D_{SedW(T)} = D_{SedW} + D_{RS}$
	扩散	$D_{WSed} = D_{SedW}$
水-沉积物	(沉积物)沉降	$D_{DSed} = U_{DP} AZ_p$
	总过程	$D_{WSed(T)} = D_{WSed} + D_{DSed}$

注：部分参数含义参见表 7-4。

7.2.2　污染物在环境中的降解反应

对于整个地球环境而言，只有通过各种降解反应(degrading reaction)，污染物才能真正去除，因此降解过程是多介质环境模型中重点考虑因素。描述污染物降解反应过程的动力学可以分为零级、一级和二级等，在多介质环境模型中，应用最多的是一级反应动力学：

$$-\mathrm{d}c / \mathrm{d}t = kc \tag{7-66}$$

设初始浓度为 c_0，对上式进行积分可以得到

$$c_t = c_0 \mathrm{e}^{-kt} \tag{7-67}$$

当 $c_t = 0.5c_0$ 时，$t_{1/2} = 0.693/k$，$t_{1/2}$ 为一级反应半减期(half-life)。

研究表明，环境中发生的许多降解反应可以近似看作遵循一级动力学或准一级动力学。如果某污染物在同一相中发生几个反应，速率常数分别为 k_A、k_B 和 k_C，那么总反应速率常数 k_r 则等于各个反应速率常数的简单加和：

$$k_r = k_A + k_B + k_C \tag{7-68}$$

但是，总半减期 $[t_{1/2(T)}]$ 并不等于各个反应半减期的加和，而是

$$1/t_{1/2(T)} = 1/t_{1/2(A)} + 1/t_{1/2(B)} + 1/t_{1/2(C)} \tag{7-69}$$

降解反应速率 N 可表示为

$$N = Vck \tag{7-70}$$

式中，V 为环境相或其子相的体积；c 为污染物的浓度；k 为一级反应速率常数。与污染物的迁移过程类似，可定义反应 D_r 值如下：

$$N = Vck = VZk f = D_r f \tag{7-71}$$

$$D_r = VZk \tag{7-72}$$

同一相中某污染物发生的每个反应，都对应一个 D 值，质量平衡方程可以改写成如下形式：

$$I = \sum V_i c_i k_i = \sum V_i Z_i f k_i = f \sum V_i Z_i k_i = f \sum D_r \tag{7-73}$$

由此可以得出 f，进而求得浓度、物质的量及总物质的量，并由 Vck 或 Df 得到各个反应的速率。

【例 7-4】　一个由空气、水和土壤组成的稳态环境系统(只有输入没有输出)，各相体积分别为 $1 \times 10^4 \mathrm{m}^3$、$1 \times 10^2 \mathrm{m}^3$ 和 $10 \mathrm{m}^3$，甲苯以 $25 \mathrm{mol \cdot h^{-1}}$ 的速率输入，它在空气中的半减期 $(t_{1/2})$ 为 43 h，水中为 $3.6 \times 10^2 \mathrm{h}$，土壤中为 $7.2 \times 10^2 \mathrm{h}$，根据例 7-1 所得 Z 值，计算甲苯在各相中的浓度、物质的量及总停留时间。

解　(1) 在每一相中，速率常数 $k = 0.693 / t_{1/2}$，$D = VZk$；

(2) 各相逸度相等，$f = I/\sum D = 25/(6.54 \times 10^{-2}) = 3.82 \times 10^2 (\mathrm{Pa})$；

(3) 各相浓度 $c = Zf$，物质的量 $n = Vc$；

(4) 降解速率为 $N = Vck$ 或 $N = Df$；

(5) 总停留时间 $\tau = n / N = 1.60 \times 10^3 / 24.98 = 64.05 (\mathrm{h})$。

环境相	V/m³	Z/(mol · m⁻³ · Pa⁻¹)	k/h⁻¹	D/(mol · Pa⁻¹ · h⁻¹)	c/(mol · m⁻³)	n/mol	N/(mol · h⁻¹)
空气	1×10^4	4.04×10^{-4}	1.61×10^{-2}	6.50×10^{-2}	0.15	1.50×10^3	24.83
水	1×10^2	1.49×10^{-3}	1.93×10^{-3}	2.88×10^{-4}	0.57	57	0.11
土壤	10	1.11×10^{-2}	9.63×10^{-4}	1.07×10^{-4}	4.24	42.40	4.09×10^{-2}
总和				6.54×10^{-2}		1.60×10^3	24.98

D 值(或 VZk)决定着每个过程的相对重要性。由例 7-4 可以看出，空气相的 D 值最大，降解速率也最大，是甲苯最主要的去除相。

如图 7-5 所示，在同一个环境系统中，污染物不仅可以平流迁移，也可以发生降解反应，在一个稳态平衡的环境系统中，空气和水中的污染物以一定的速率输入、输出，其质量平衡方程可以写成

$$I = E + G_A c_{BA} + G_W c_{BW} = G_A c_A + G_W c_W + \sum D_i f_i (\text{或} \sum V_i c_i k_i) \tag{7-74}$$

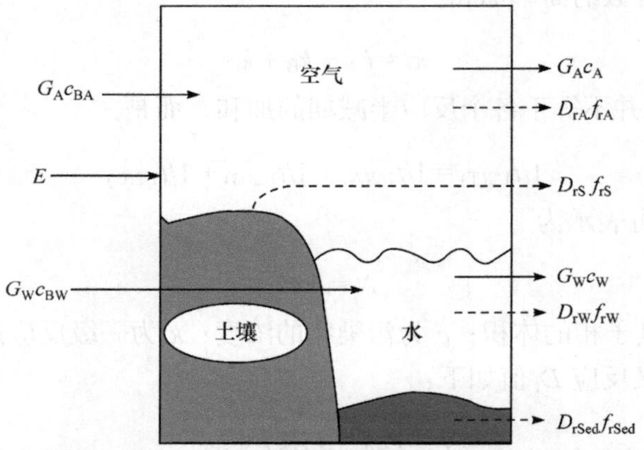

图 7-5　稳态平衡的平流过程和降解反应示意图(MacKay，2001)
(Diagram of a steady-state evaluative environment subject to both advection flow and degrading reactions)

【例 7-5】　例 7-4 中所述的稳态系统，空气和水的流速分别为 1×10^3 m³ · h⁻¹ 和 10 m³ · h⁻¹，总输入速率为 40 mol · h⁻¹，计算各相中苯的逸度、浓度、物质的量、平流输出及反应速率和污染物的总停留时间。

解

环境相	G/(m⁻³ · h⁻¹)	Z/(mol · m⁻³ · Pa⁻¹)	D_A/(mol · Pa⁻¹ · h⁻¹)	D_r/(mol · Pa⁻¹ · h⁻¹)	c/(mol · m⁻³)	n/mol
空气	1×10^3	4.04×10^{-4}	0.40	6.50×10^{-2}	3.37×10^{-2}	3.37×10^2
水	10	1.49×10^{-3}	1.49×10^{-2}	2.88×10^{-4}	0.12	12.00
土壤	0	1.11×10^{-2}	0	1.07×10^{-4}	0.92	9.20
总和			0.41	6.54×10^{-2}		3.58×10^2

(1) $D_A = GZ$；

(2) $\sum D = D_A + D_r = 0.48$ mol · Pa⁻¹ · h⁻¹（D_r 由例 7-4 中计算）；

(3) $f = I / \sum D = 40/0.48 = 83.33$(Pa) ；

(4) 各相浓度 $c = Zf$，物质的量 $n = Vc$；

(5) 各相平流输出、反应速率(第一下标代表迁移、转化过程，A 为平流、r 为反应；第二下标代表环境相)；

$$N_{AA} = D_{AA}f = 33.33 \text{ mol} \cdot \text{h}^{-1} \qquad N_{AW} = D_{Aw}f = 1.24 \text{ mol} \cdot \text{h}^{-1}$$

$$N_{AS} = D_{AS}f = 0 \text{ mol} \cdot \text{h}^{-1}$$

$$N_{rA} = D_{rA}f = 5.42 \text{ mol} \cdot \text{h}^{-1} \qquad N_{rW} = D_{rw}f = 2.40 \times 10^{-2} \text{ mol} \cdot \text{h}^{-1}$$

$$N_{rS} = D_{rs}f = 8.92 \times 10^{-3} \text{ mol} \cdot \text{h}^{-1}$$

$$N_{TA} = 38.75 \text{ mol} \cdot \text{h}^{-1} \qquad N_{TW} = 1.26 \text{ mol} \cdot \text{h}^{-1}$$

$$N_{TS} = 8.92 \times 10^{-3} \text{ mol} \cdot \text{h}^{-1} \qquad N_T = \sum N_{Ti} = 40.02 \text{ mol} \cdot \text{h}^{-1}$$

(6) 从 Df 值可以看出，空气中的平流过程是污染物从所评估的环境中消失的最主要过程，其速率为 33.33 mol·h^{-1}；其次是空气中的反应(5.42 mol·h^{-1})和水中平流输出(1.24 mol·h^{-1})；

(7) 污染物在该评估环境中的总停留时间为

$$\tau = n / N_T = 3.58 \times 10^2 / 40.02 = 8.95 (\text{h})$$

7.3 多介质环境逸度模型的分级及构建方法

前面主要介绍了多介质环境系统的基本概念、污染物迁移和转化过程的表征方法，本节介绍多介质环境逸度模型的建立过程。首先，简要介绍多介质环境逸度模型的分级及建立过程，在此基础上，介绍一些应用较广泛的多介质环境逸度模型。

7.3.1 多介质环境逸度模型的分级

多介质环境逸度模型一般可分为以下四个不同的级别。

1. Ⅰ级多介质环境逸度模型

Ⅰ级模型对应的是稳态、平衡、无流动的环境系统。假定污染物在环境各相(如大气、水、土壤、沉积物、生物等)内分布均匀，且达到分配平衡，不考虑污染物在环境相中的各种反应(如水解、光解、氧化还原、生物降解等)及物质的输入与输出。Ⅰ级模型是污染物在环境体系中处于平衡状态的最简单描述，由于其过于理想，难以反映出真实环境系统中污染物的迁移与转化情况。

2. Ⅱ级多介质环境逸度模型

Ⅱ级模型对应的是稳态、平衡、有流动的环境系统。Ⅱ级模型将Ⅰ级模型所描述的封闭环境扩展到开放系统，允许研究区域外的稳态输入及系统向外输出；各相内污染物分布均匀，且达到分配平衡；系统中污染物可以发生一系列化学反应，且均为一级反应过程。

Ⅰ级与Ⅱ级模型的共同点在于，都是稳态、平衡模型，即假定污染物在不同相中达到平衡，各相逸度相同。但在实际环境中，系统中的污染物在被降解或迁移前，可能没有足够的时间在各环境介质间达到分配平衡，因此有必要建立非平衡状态下污染物的多介质环境行为模型。

3. Ⅲ级多介质环境逸度模型

Ⅲ级模型对应的是稳态、非平衡、有流动的环境系统。在Ⅱ级模型的基础上，Ⅲ级模型不仅考虑了污染物的稳态输入、输出及污染物的各种化学反应过程，还假定污染物在各相间处于非平衡状态，相邻两相间逸度不等，存在污染物的各种扩散与非扩散过程，更接近实际情况。

4. Ⅳ级多介质环境逸度模型

Ⅳ级模型对应的是非稳态、非平衡、有流动的环境系统。假定物质在各相间处于非平衡状态，考虑物质的非稳态输入与输出和相内发生的各种反应，以及物质在各相间的扩散与非扩散过程。该模型能很好地描述污染物在环境系统中的动态行为。

表 7-3 列出了四个级别多介质环境逸度模型的比较。

表 7-3　各级模型比较
(Comparison of four level models)

模型	条件	逸度计算	结果
Ⅰ级	稳态、平衡 无降解反应 无流动过程	$f = n_T \big/ \sum V_i Z_i$	各相间逸度相同
Ⅱ级	稳态、平衡 有降解反应 有流动过程	$f = I \big/ \left(\sum D_{Ai} + \sum D_{ti} \right) = I \big/ \sum D_T$	各相间逸度相同
Ⅲ级	稳态、非平衡 有降解反应 有流动过程	$I_i = f_i \left(D_{ti} + D_{Ai} + \sum D_{ij} \right) - f_j \sum D_{ji}$	各相间逸度不同
Ⅳ级	非稳态、非平衡 有降解反应 有流动过程	$V_i Z_i \mathrm{d} f_i / \mathrm{d} t = I_i + f_j \sum D_{ji} - f_i \left(D_{ti} + D_{Ai} + \sum D_{ij} \right)$	各相间逸度不同

注：f是逸度值(Pa)；Z_i是相i的逸度容量(mol·m^{-3}·Pa^{-1})；n_T是系统内污染物总量(mol)；V_i是介质相i的体积(m^3)；I是污染物总输入速率(mol·h^{-1})，即通过平流(大气、水体等)进入环境系统的污染物量和直接排放进入环境系统的污染物量之和；D_{Ai}是表征平流过程的参数(mol·Pa^{-1}·h^{-1})；D_{ti}是表征反应过程的参数(mol·Pa^{-1}·h^{-1})；$D_{ij}(D_{ji})$是表征污染物在两相间迁移的参数(mol·Pa^{-1}·h^{-1})；t是时间(h)。

20 世纪 80 年代以来，MacKay 等对逸度模型的特点、基本概念和理论及算法等进行了大量的研究，使其日趋完善。逸度模型结构简单、所需参数较少、容易计算、结果表示直观、计算方法可推广到任意数目的环境介质，其模拟结果对环境监测和管理具有指导意义。该模型方法已成功用于描述化学物质在全球、地区及局部环境(包括湖泊、河流、植物等)中的行为。下面简要介绍多介质环境逸度模型的建立方法。

7.3.2　多介质环境逸度模型的构建方法

对于污染物的多介质环境行为的模拟，可以根据需要，使用现有的、成熟的模型，如 7.4 节中介绍的空气-水交换模型等，也可以根据具体情况建立一个新的模型。多介质环境逸度模型的建立过程与其他数学模型类似，都需要经过实践—抽象—实践的多次反复，才能得到一个可以付诸实用的模型。

1. 模型的基本结构

建模之前，应该确定所模拟区域的地理位置和范围，然后要明确研究所涉及的多介质环境，划分基本的环境相和子相。

一般而言，由于真实环境是一个复杂的系统，它由多种介质(包括空气、土壤和水等)组成，介质之间以及该介质本身，无论是在时间和空间上都存在着性质和组成的差异，要详细地描述某一相的状态(包括温度、压力和组成等)，几乎是不可能的。因此，在建模时，需要用一系列的假设来简化真实的环境系统。

(1) 环境系统由多个环境主相和若干子相组成。例如，对于一个由大气、地表水、沉积物和土壤四个环境主相组成的环境系统，大气由气体和颗粒物两个子相组成，地表水由悬浮颗粒物和水两个子相组成，沉积物和土壤分别包含固相、气相和液相子相。

(2) 任一时刻，每个环境主相的污染物呈均匀分布，各子相间的逸度关系符合平衡稳态，即同一时刻的逸度值处处相等。例如，大气相中气体子相和颗粒物子相的逸度在任一时刻均相等。

(3) 环境主相之间处于动态不平衡状态。

2. 模型输入参数

污染物在环境中的迁移与分布情况与其所处环境条件、自身理化性质及污染物直接排放进入区域内的时间、地点等因素有关。因此，多介质环境模型的输入参数包括区域的环境属性参数(environmental attribute parameter)、污染物的物理化学性质和环境行为数据和污染物排放信息(pollutant release information)等。参数是多介质环境模型的重要组成部分，能否获取准确可靠的参数是决定模型能否实际应用的主要因素之一，因此有必要明确每类参数的意义。

1) 环境属性参数

环境属性参数是独立于污染物存在的一类可以描述环境系统性质及特点的参数，主要包括：各环境主相的面积、深度(或者体积)和密度、各环境子相占主相的百分比、各环境相(主相或者子相)的有机碳含量等不随时间改变的常量信息，以及温度、大气对流层厚度等随季节变化的参数，处理此类参数时可以根据具体情况取平均值或将其表示为时间的函数。

2) 污染物物理化学性质和环境行为数据

污染物的性质数据包括理化性质参数和环境行为参数。理化性质参数通常分为两种类型：第一类是对污染物分子的基本描述，如相对分子质量(M_r)、分子表面积(S)、临界温度(T_c)等；第二类是与污染物迁移有关的量，如水溶解度(S_W)、蒸气压(P)、正辛醇/水分配系数(K_{OW})、亨利常数(K_H)、土壤(沉积物)吸附系数(K_{OC})和生物富集因子(BCF)等。常温下的理化性质参数可以从环境手册或公开发表的文献中得到。一些随温度变化较为明显的理化性质参数，如蒸气压、水溶解度、亨利常数等，可以通过计算得到不同温度下的数值，或将其表示为温度的函数代入模型计算。

污染物在环境中的行为包括转化、迁移两方面(具体内容见 7.2 节)，其中转化参数包括水解速率常数(k_H)、生物降解速率常数(k_B)和光降解速率常数(k_P)等。环境迁移参数与前述的环境迁移过程相关的参数一致。以一个由大气、水、土壤和沉积物四个环境相组成的环境系统为例，相应环境迁移参数及典型值见表 7-4。

表 7-4　环境迁移参数及典型值(MacKay，2001)

(Typical values of environmental transport parameters)

环境迁移参数	符号	典型值
气/水界面传质系数(气相侧)	k_{AW}	$5 \text{ m} \cdot \text{h}^{-1}$
气/水界面传质系数(水相侧)	k_{WA}	$3 \times 10^{-2} \text{ m} \cdot \text{h}^{-1}$
垂直迁移速率	U_S	$0.01 \text{ m} \cdot \text{h}^{-1}$
降雨速率	U_R	$9.7 \times 10^{-5} \text{ m} \cdot \text{h}^{-1}$
清除率	Q	2×10^5
气溶胶体积分数	v_Q	3.0×10^{-11}
干沉降速率	U_D	$10.8 \text{ m} \cdot \text{h}^{-1}$
气/土界面传质系数(气相侧)	k_{AS}	$1 \text{ m} \cdot \text{h}^{-1}$
分子在土壤中扩散路径长度	y_S	$5 \times 10^{-2} \text{ m}$
气相分子扩散系数	B_{MA}	$4 \times 10^{-2} \text{ m}^2 \cdot \text{h}^{-1}$
水相分子扩散系数	B_{MW}	$4 \times 10^{-6} \text{ m}^2 \cdot \text{h}^{-1}$
土壤水径流速率	U_{WW}	$3.9 \times 10^{-5} \text{ m} \cdot \text{h}^{-1}$
土壤固体径流速率	U_{SW}	$2.3 \times 10^{-8} \text{ m} \cdot \text{h}^{-1}$
水/沉积物界面传质系数(水相侧)	k_{WSed}	$1 \times 10^{-2} \text{ m} \cdot \text{h}^{-1}$
分子在沉积物中扩散路径长度	y_{Sed}	$5 \times 10^{-3} \text{ m}$
沉积物沉降速率	U_{DP}	$4.6 \times 10^{-8} \text{ m} \cdot \text{h}^{-1}$
沉积物再悬浮速率	U_{RSed}	$1.1 \times 10^{-8} \text{ m} \cdot \text{h}^{-1}$
沉积物掩埋速率	U_{BSed}	$3.4 \times 10^{-8} \text{ m} \cdot \text{h}^{-1}$
土壤淋溶(进入地下水)速率	U_L	$3.9 \times 10^{-5} \text{ m} \cdot \text{h}^{-1}$

3) 污染物排放信息

污染物排放进入模拟区域的时间、地点和量是决定其在环境系统中分布情况的主要因素，区域内每一相接受外界排放的情况可以通过查阅公开发表的文献或通过总使用量估算得到。

3. 模型构建和计算

首先，根据所模拟的环境系统的特点和实际需要，选择合适的模型级别。例如，对于稳态非平衡环境系统，选择Ⅲ级模型比较合适，而对于非稳态非平衡环境系统，则Ⅳ级模型比较合适。然后对各个环境相建立质量平衡方程或者常微分方程。

Z 值和 D 值的计算是模型计算的重要环节，计算方法见表 7-1 和表 7-2。

4. 模型验证

真实环境是复杂可变的，多介质环境模型只能对真实环境进行简化，因此模型输出是对污染物归趋的近似模拟。由于输入参数的不确定性，对模型结果的验证(validation)过程非常重要。通常用实测数据对模型结果进行验证，如果结果差值在一个数量级之内，表明模型结果能够比较客观地描述污染物的多介质环境行为，如果结果偏差较大，则需要对模型进行调整并重新计算。

5. 模型的灵敏度和不确定性分析

模型的灵敏度(sensitivity)是指模型输出对模型参数改变的响应。灵敏度分析是模型建立和应用的重要步骤，为模型参数测定精度提供重要依据，一般常用相对灵敏度表示。相对灵敏度是指输入参数的变化所引起状态变量的相对变化量与输入参数的相对改变量之比，可用如下数学式表示：

$$S_x = (\Delta X / X) / (\Delta P / P) \tag{7-75}$$

式中，S_x 为模型的相对灵敏度；X 为所模拟系统的状态变量；P 为模型的输入参数。

灵敏度分析的目的是确定模型输入量的变化对预测结果的影响，而不确定性(uncertainty)分析是研究模型输入的不确定性对预测结果可靠程度的影响。不确定性是普遍存在于环境风险分析中的问题，目前常用的多介质环境模型不确定性分析方法是蒙特卡罗(Monte Carlo)分析。

【例 7-6】　以一个由空气、水、土壤和沉积物组成的环境系统为例(环境参数值见表 7-5)，假设苯的总输入 $n_T = 1 \times 10^2$ mol，构建苯的 I 级多介质环境逸度模型。

表 7-5　环境属性参数值(25℃)

(Values of environmental attribute parameters at 25℃)

环境相	环境属性参数值		
	体积 V/m^3	密度 $\rho/(kg \cdot m^{-3})$	有机碳含量 y_{OC}
空气(A)	6×10^9	1.175	0
水(W)	7×10^6	1×10^3	0
土壤(S)	4.5×10^4	1.5×10^3	0.02
沉积物(Sed)	2.1×10^4	1.5×10^3	0.04

解　I 级模型的建立方法相对简单，计算过程主要有如下几个步骤：

(1) 确定环境系统，本例中所研究环境系统的参数见表 7-5；

(2) 查找目标化合物的物理化学性质，具体参数见表 7-6。

表 7-6　苯的物理化学性质参数(25℃)

(Physicochemical parameters of benzene at 25℃)

物理化学性质参数	数值	物理化学性质参数	数值
相对分子质量 M_r	78.11	亨利常数 $K_H/(Pa \cdot m^3 \cdot mol^{-1})$	5.51×10^2
溶解度 $S_W/(mg \cdot L^{-1})$	1.79×10^3	蒸气压 p^s/Pa	1.264×10^4
溶解度 $c^s/(mol \cdot m^{-3})$	22.92	土壤(沉积物)有机碳分配系数 $K_{OC}/(L \cdot kg^{-1})$	83.18

注：$K_H = p^s / c^s$。

(3) 计算每种介质的 Z 值：

$$Z_A = 1 / (RT) = 4.04 \times 10^{-4} \text{ mol} \cdot m^{-3} \cdot Pa^{-1}$$

$$Z_W = 1 / K_H = 1.81 \times 10^{-3} \text{ mol} \cdot \text{m}^{-3} \cdot \text{Pa}^{-1}$$

$$Z_S = y_{OC} K_{OC} Z_W (\rho_S / 1000) = 4.52 \times 10^{-3} \text{ mol} \cdot \text{m}^{-3} \cdot \text{Pa}^{-1}$$

$$Z_{Sed} = y_{OC} K_{OC} Z_W (\rho_{Sed} / 1000) = 9.03 \times 10^{-3} \text{ mol} \cdot \text{m}^{-3} \cdot \text{Pa}^{-1}$$

(4) 计算苯的逸度：

$$\sum V_i Z_i = Z_A \times V_A + Z_W \times V_W + Z_S \times V_S + Z_{Sed} \times V_{Sed} = 2.44 \times 10^6 \text{ mol} \cdot \text{Pa}^{-1}$$

$$f = n_T / \sum V_i Z_i = 4.10 \times 10^{-5} \text{ Pa}$$

(5) 计算各相中苯的浓度：

$$c_i = Z_i f$$

$$c_A = 1.66 \times 10^{-8} \text{ mol} \cdot \text{m}^{-3} \qquad c_W = 7.42 \times 10^{-8} \text{ mol} \cdot \text{m}^{-3}$$

$$c_S = 1.85 \times 10^{-7} \text{ mol} \cdot \text{m}^{-3} \qquad c_{Sed} = 3.70 \times 10^{-7} \text{ mol} \cdot \text{m}^{-3}$$

(6) 计算物质的量：

$$n_i = c_i V_i$$

$$n_A = 99.60 \text{ mol} \qquad n_W = 0.52 \text{ mol}$$

$$n_S = 8.33 \times 10^{-3} \text{ mol} \qquad n_{Sed} = 7.77 \times 10^{-3} \text{ mol}$$

【例 7-7】　　如果考虑平流输入及反应过程(相关参数见表 7-7)，建立苯的 II 级多介质环境逸度模型(苯的物理化学性质参数见表 7-6，环境属性参数值见表 7-5)。

表 7-7　环境参数值
(Values of environmental parameters)

环境相	介质流速 G/(m³ · h⁻¹)	苯的浓度 c/(mol · m⁻³)	平流输入速率 N/(mol · h⁻¹)	排放速率 E/(mol · h⁻¹)	半减期 $t_{1/2}$/h
A	1×10^7	1×10^{-6}	10		2.09×10^2
W	1×10^3	1×10^{-2}	10		9×10^2
S	0	0	0	1×10^2	1.8×10^3
Sed	0	0	0		8.1×10^3

解　(1) 平流 D 值计算($D_{Ai} = G_i Z_i$)：

$$D_{AA} = 4.04 \times 10^3 \text{ mol} \cdot \text{Pa}^{-1} \cdot \text{h}^{-1} \qquad D_{AW} = 1.81 \text{ mol} \cdot \text{Pa}^{-1} \cdot \text{h}^{-1}$$

$$D_{AS} = 0 \qquad D_{ASed} = 0$$

(2) 反应速率常数 k 值计算($k_r = 0.693/t_{1/2}$)：

$$k_{rA} = 3.32 \times 10^{-3} \text{ h}^{-1} \qquad k_{rW} = 7.70 \times 10^{-4} \text{ h}^{-1}$$

$$k_{rS} = 3.85 \times 10^{-4} \text{ h}^{-1} \qquad k_{rSed} = 8.56 \times 10^{-5} \text{ h}^{-1}$$

(3) 反应 D 值计算($D_{ri} = V_i Z_i k_i$)：

$$D_{rA} = 8.05 \times 10^3 \text{ mol} \cdot \text{Pa}^{-1} \cdot \text{h}^{-1} \qquad D_{rW} = 9.76 \text{ mol} \cdot \text{Pa}^{-1} \cdot \text{h}^{-1}$$

$$D_{rS} = 7.83 \times 10^{-2} \text{ mol} \cdot \text{Pa}^{-1} \cdot \text{h}^{-1} \qquad D_{rSed} = 1.62 \times 10^{-2} \text{ mol} \cdot \text{Pa}^{-1} \cdot \text{h}^{-1}$$

(4) 逸度 f 计算：

$$\sum D = \sum D_A + \sum D_r = 1.21 \times 10^4 \text{ mol} \cdot \text{Pa}^{-1} \cdot \text{h}^{-1}$$

$$I = \sum N_i + E = 1.2 \times 10^2 \ \text{mol} \cdot \text{h}^{-1}$$

$$f = I / \sum D = 9.92 \times 10^{-3} \ \text{Pa}$$

(5) 浓度 c 计算 $(c_i = Z_i f)$:

$$c_A = 4.01 \times 10^{-6} \ \text{mol} \cdot \text{m}^{-3} \qquad c_W = 1.80 \times 10^{-5} \ \text{mol} \cdot \text{m}^{-3}$$

$$c_S = 4.48 \times 10^{-5} \ \text{mol} \cdot \text{m}^{-3} \qquad c_{Sed} = 8.96 \times 10^{-5} \ \text{mol} \cdot \text{m}^{-3}$$

(6) 物质的量计算 $(n_i = c_i V_i)$:

$$n_A = 2.41 \times 10^4 \ \text{mol} \qquad n_W = 1.26 \times 10^2 \ \text{mol}$$

$$n_S = 2.02 \ \text{mol} \qquad n_{Sed} = 1.88 \ \text{mol}$$

(7) 迁移及反应速率:

① 平流速率 $(N_A = D_{Ai} f)$:

$$N_{AA} = 40.08 \ \text{mol} \cdot \text{h}^{-1} \qquad N_{AW} = 1.80 \times 10^{-2} \ \text{mol} \cdot \text{h}^{-1}$$

$$N_{AS} = 0 \qquad N_{ASed} = 0$$

② 反应速率 $(N_r = D_{ri} f)$:

$$N_{rA} = 79.86 \ \text{mol} \cdot \text{h}^{-1} \qquad N_{rW} = 9.68 \times 10^{-2} \ \text{mol} \cdot \text{h}^{-1}$$

$$N_{rS} = 7.77 \times 10^{-4} \ \text{mol} \cdot \text{h}^{-1} \qquad N_{rSed} = 1.62 \times 10^{-4} \ \text{mol} \cdot \text{h}^{-1}$$

③ 总速率:

$$N_{TA} = 1.20 \times 10^2 \ \text{mol} \cdot \text{h}^{-1} \qquad N_{TW} = 0.12 \ \text{mol} \cdot \text{h}^{-1}$$

$$N_{TS} = 7.78 \times 10^{-4} \ \text{mol} \cdot \text{h}^{-1} \qquad N_{TSed} = 1.61 \times 10^{-4} \ \text{mol} \cdot \text{h}^{-1}$$

(8) 停留时间计算:

$$总物质量 \ n_T = \sum n = 2.42 \times 10^4 \ \text{mol}$$

$$总平流速率 = \sum D_A f = 40.10 \ \text{mol} \cdot \text{h}^{-1} \qquad 平流停留时间 \ \tau_A = n_T / \sum D_A f = 6.03 \times 10^2 \ \text{h}$$

$$总反应速率 = \sum D_r f = 79.96 \ \text{mol} \cdot \text{h}^{-1} \qquad 反应停留时间 \ \tau_r = n_T / \sum D_r f = 3.03 \times 10^2 \ \text{h}$$

$$总输出速率 = 1.20 \times 10^2 \ \text{mol} \cdot \text{h}^{-1} \qquad 总停留时间 \ \tau_T = n_T / I = 2.02 \times 10^2 \ \text{h}$$

7.4　代表性的多介质环境逸度模型

7.4.1　空气-水交换模型

空气-水交换模型(air/water exchange model)可以用来描述污染物在污水处理池、池塘和湖泊中的归趋,计算污染物在大气中的沉降速率与水中的挥发速率,从而解释空气和水中污染物浓度变化趋势以及确定其迁移方向和速率,为使用者提供模拟污染物在两相间交换行为的方法。

【例 7-8】　图 7-6 所示的环境系统由空气相和水相组成,两相具有相同的面积 A,在各个相中,苯混合均匀,空气相和水相中分别含有特定浓度的可吸附苯的气溶胶(或大气颗粒物)和悬浮颗粒。环境属性参数符号见表 7-8,苯的物理化学性质参数符号见表 7-9,建立基于逸度方法的空气-水交换模型。

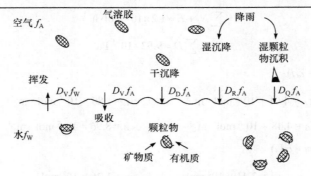

图 7-6　空气-水交换过程(MacKay，2001)

(Air/water exchange processes)

表 7-8　环境属性参数符号

(Symbols of environmental attribute parameters)

环境属性参数	空气(A)	气溶胶(Q)	水(W)	悬浮颗粒(SP)
界面面积/m^2			A	
体积/m^3	V_A		V_W	
苯的浓度 c_{Ti}/(g·m^{-3})[a]		c_{TA}	c_{TW}	
子相密度ρ/(kg·m^{-3})[b]	ρ_A	ρ_Q	ρ_W	ρ_{sp}
子相体积分数 v_{Sub}[c]	$1-v_Q$	v_Q	$1-v_{sp}$	v_{sp}
子相体积 V_{Sub}/m^3	$V_A(1-v_Q)$	$V_A v_Q$	$V_W(1-v_{sp})$	$V_W v_{sp}$
OC 含量 y/(g OC·g^{-1} 干颗粒物)[d]	—	—	—	y_{OC}
液相侧传质系数/(m·h^{-1})			k_{WA}	
气相侧传质系数/(m·h^{-1})			k_{AW}	
降雨速率/(m·a^{-1})			U_R	
干沉降速率/(cm·s^{-1})			U_D	
清除率			Q	

a. c_Q = TSP (ng·m^{-3})；

b. 水的密度，$\rho_W = 10^3$ kg·m^{-3}；矿物质的密度，$\rho_M = 2.5 \times 10^3$ kg·m^{-3}；有机质的密度，$\rho_{OC} = 2.5 \times 10^3$ kg·m^{-3}；气溶胶的密度，$\rho_Q = 1.5 \times 10^3$ kg·m^{-3}；

c. $v_Q = 10^{-12}$ TSP/ρ_Q，若 TSP $= 3 \times 10^4$ ng·m^{-3}，则 $v_Q = 20 \times 10^{-12}$；

d. $y_{OC} = 56\%$。

表 7-9　苯的物理化学性质参数符号

(Symbols of the physicochemical parameters of benzene)

物理化学性质参数	符号	性质参数	符号
相对分子质量	M_r	溶解度	S_W(mg·L^{-1})
蒸气压	p^s (Pa)	溶解度	c^s(mol·m^{-3})
过冷液体蒸气压	p_L^s (Pa)	亨利常数	K_H(Pa·m^3·mol^{-1})
正辛醇/空气分配系数	K_{OA}	正辛醇/水分配系数	K_{OW}
气溶胶/空气分配系数	K_{QA}(m^3·μg^{-1})	土壤(沉积物)吸附系数	K_{OC}(L·kg^{-1})

注：① $K_H = p^s / c^s$ 或 p_L^s / c^s；② $K_{OC} = 0.41 K_{OW}$；③ $K_{QA} = 6 \times 10^6 / p_L^s$ 或 $K_{QA} = y K_{OA}(\rho_Q / 10^3)$，其中 y 是气溶胶中有机质的质量分数，典型值为 0.2。

　　模型建立过程中所需的逸度容量值可以通过表 7-10 所列公式进行计算，从而分别计算气相和水相中苯的逸度及在两相中的分配情况。

表 7-10　空气-水交换系统中苯的分配
(Distribution of benzene in the air/water exchange system)

环境相	空气(A)	气溶胶(Q)	水(W)	悬浮颗粒(SP)
$Z_{Sub}/(mol \cdot m^{-3} \cdot Pa^{-1})$	$Z_A = 1/RT$	$Z_Q = K_{QA} Z_A$	$Z_W = 1/K_H$	$Z_{SP} = K_{OC} Z_W (\rho_{OC}/1000)$
$Z_T/(mol \cdot m^{-3} \cdot Pa^{-1})$	$Z_{TA} = \sum v_{Sub} Z_{Sub}$		$Z_{TW} = \sum v_{Sub} Z_{Sub}$	
逸度 f_i/Pa^a	$f_A = (c_{TA}/M_r)/Z_{TA}$		$f_W = (c_{TW}/M_r)/Z_{TW}$	
逸度比率 b		$f_{WA} = f_W/f_A$		
苯的浓度	$c_A = Z_A f_A$	$c_Q = Z_Q f_Q$	$c_W = Z_W f_W$	$c_{SP} = Z_{SP} f_{SP}$

　　a. 正常情况下，f_i/p^s 远低于 1，当 $f_i/p^s = 1$ 时，苯在 i 相中达到饱和状态；当 $f_i/p^s > 1$ 时，i 相中苯析出，此时取 $f_i = p^s$，且模型中添加苯的纯相；

　　b. 当 $f_{WA} < 1$ 时，苯从气相进入水相；当 $f_{WA} > 1$ 时，苯从水相进入气相。

　　进入该环境体系后，苯可以通过各种传质途径(溶解、挥发、吸附等)分配到各个环境相中，如图 7-6 所示，空气-水交换模型中考虑了四个传质过程，分别计算其 D 值及迁移速率 N。

　　1) 空气-水界面扩散过程(包括挥发作用和吸收过程)

　　对于扩散过程，根据 7.2 节扩散过程双膜理论推导空气和水边界层的 D 值：

$$D_{WA} = k_{WA} A Z_W \qquad D_{AW} = k_{AW} A Z_A$$

式中，k_{WA} 和 k_{AW} 分别为液相侧和气相侧的传质系数，参数值需要根据具体环境条件进行调整，可以参考表 7-4 的建议典型值。

　　以阻力形式表示为

$$R_W = 1/D_W \qquad R_A = 1/D_A$$

总阻力(R_V)由串联阻力相加而得

$$R_V = R_A + R_W$$

即

$$1/D_V = 1/D_A + 1/D_W$$

　　挥发速率 N_W 及吸收速率 N_A：

$$N_W = D_V f_W \qquad N_A = D_V f_A$$

则净挥发速率 N_V 为

$$N_V = D_V (f_W - f_A)$$

　　2) 污染物随气溶胶的干沉降过程

　　污染物随气溶胶的干沉降属于平流过程，D_D 通过下式计算：

$$D_D = G_Q Z_Q$$

式中，G_Q 为气溶胶的流速，可以通过粒子干沉降速度 U_D (典型值为 $10.8\ m \cdot h^{-1}$)计算：

$$G_Q = U_D v_Q A$$

$$D_D = U_D v_Q A Z_Q$$

污染物的干沉降速率 N_D 为

$$N_D = D_D f_A$$

3) 污染物随降雨的湿沉降

类似于干沉降速率，引入降雨速率 U_R，则雨水的流速 G_R 为

$$G_R = U_R A$$

$$D_R = U_R A Z_W$$

污染物随降雨的湿沉降速率(即冲刷速率)N_R 为

$$N_R = D_R f_A$$

4) 污染物随气溶胶的湿沉降

降雨过程中，除通过冲刷作用去除空气中的污染物外，还可以通过去除空气中的气溶胶颗粒使其上吸附的污染物沉降到地表或水体表面。对于湿气溶胶沉降，引入清除率 Q (单位体积降雨有效去除含气溶胶成分的空气体积，典型值为 2×10^5)，如果雨水的流速为 U_R，则每小时被净化的空气的体积为 $U_R A Q$，其中含有 $U_R A Q v_Q$ 的气溶胶(v_Q 是气溶胶的体积分数)。则污染物随气溶胶的湿沉降 D 值为

$$D_Q = U_R A Q v_Q Z_Q$$

随气溶胶的湿沉降速率 N_Q 为

$$N_Q = D_Q f_A$$

表 7-11 中列出了所涉及的迁移参数。

表 7-11　空气-水交换系统中迁移参数
(Transport parameters in the air/water exchange system)

交换过程		迁移速率 $N/(\mathrm{mol \cdot h^{-1}})$	迁移方向	总迁移速率 $N_T/(\mathrm{mol \cdot h^{-1}})$	迁移速率常数 $k/\mathrm{h^{-1}}$	半减期 $t_{1/2}/\mathrm{h}$
扩散	挥发	$D_V f_W$	水→空气	$D_V f_W$	$D_V/(V_W Z_{TW})$	$0.693 V_W Z_{TW}/D_V$
	吸收	$D_V f_A$				
	气溶胶干沉降	$D_D f_A$	空气→水	$D_T f_A$	$D_T/(V_A Z_{TA})$	$0.693 V_A Z_{TA}/D_T$
湿沉降	气溶胶	$D_Q f_A$				
	雨水	$D_R f_A$				

注：①$k = N_T/c_T$；②空气向水中的迁移包括四个过程：吸收、气溶胶干、湿沉降及降雨，四个传质过程并联，$D_T = D_V + D_D + D_R + D_Q$。

通过以上计算，可以了解污染物在空气-水交换系统中的迁移趋势以及传质过程的快慢。比较单个过程的 D 值，可判别哪种交换过程更重要。以速率常数或半减期作为速度的指示，了解化学品从一相移动到另一相的快慢，评价这些交换过程相对于其他过程(如反应)的重要性。

Jantunen 和 Bidleman (1996)应用空气-水交换模型，分析了白令海(Bering)和楚科奇海(Chukchi)空气及表层水(采自 1993 和 1994 年夏季)中六氯环己烷(HCHs)及 α-HCH 异构体的空气-水交换过程。根据亨利常数结合空气和海水中 HCHs 的浓度，推导出水/气逸度比率(f_{WA})。20 世纪 80 年代中期，研究计算得到 $f_{WA} < 1$，表明 α-HCH 正在被海洋吸收，这和 α-HCH 来源于工业用林丹的挥发是一致的，东南亚各国和印度等国曾大规模使用林丹，其挥发后随大气迁移，最终被海洋吸收。随着工业用林丹使用量的大幅减少，到 20 世纪 90 年代中期，α-HCH 在空气中的浓度下降了三分之一以上，而海水中的浓度几乎不变，此时 $f_{WA} > 1$，α-HCH 开始从海洋净挥发进入大气。

7.4.2　表层土壤模型

施用农药、污水灌溉(irrigation)以及生产废水的溢出和渗滤，极易污染表层土壤，因此需要模拟污染物在土壤中的降解、挥发和渗滤等过程，评价各种迁移转化途径的相对重要性、污染物在土壤中的持久性和归趋，以及预测各种修复措施使土壤"恢复"到可接受的污染程度所需要的时间等。

在表层土壤模型(surface soil model)中，土壤系统包括四个相：空气、水、有机质和矿物质(图 7-7)，其密度分别为 $1.175\ kg \cdot m^{-3}$、$1 \times 10^3\ kg \cdot m^{-3}$、$1 \times 10^3\ kg \cdot m^{-3}$ 和 $2.5 \times 10^3\ kg \cdot m^{-3}$。有机质含量为 2%，空气和水的体积分数根据具体情况设定。依据以上参数可以计算出每个相的质量、体积分数及土壤的整体密度。

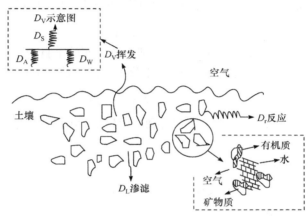

图 7-7　表层土壤中化合物的迁移和转化过程(MacKay，2001)
(Chemical transport and transformation processes in surface soil)

对于给定面积和深度的土壤，得到体积分数和密度可以计算整个土壤及其各子相的体积和质量。根据表 7-1 中公式，可以计算每一相的 Z 值，进而推导土壤的整体 Z 值(Z_{TS})。通过总浓度 c_T 得出逸度值 f_S，进而算出每一相中污染物的浓度和总量。

同前面的空气-水模型一样，对得到的 f_S 进行检验。如果 $f_S > p^s$，说明出现纯污染物的析出相，即污染物的量超出了所有相的容纳能力，这种现象多出现在受到严重污染的土壤中。

表层土壤模型忽略污染物从空气进入土壤的过程，只考虑污染物的损失过程，主要包括降解反应、挥发和渗滤，通过计算其 D 值对各迁移过程进行表征。

1. 降解过程

表征该过程，需要污染物在土壤中降解反应的半减期 $t_{1/2}$，根据 $0.693/t_{1/2}$ 计算出总反应速率 k_r。总降解反应的 D 值为

$$D_r = k_r V_T Z_{TS}$$

式中，Z_{TS} 为土壤的总体 Z 值。如果知道土壤中某特定相 i 中污染物的降解速率常数 k_{ri}，该相的 D 值就能用 $k_{ri}V_iZ_i$ 推导出来。但是，通常比较容易得到污染物在土壤介质中的总反应 $t_{1/2}$，根据总降解反应速率常数计算 D_r 值比较方便。如果某相中没有降解反应发生，可以输入一个很大的 $t_{1/2}$ 值(如 1×10^{10} h)进行相关计算。

2. 渗滤过程

土壤中污染物的渗滤过程属平流过程，假设污染物在土壤和土壤水间已建立局部平衡，即土壤渗滤水中的浓度等于土壤内水中的浓度，污染物渗滤过程中不存在"旁路"和"短路"现象。渗滤速率与降雨量(典型值为 $1\sim2$ mm·d^{-1})或灌溉量有关，设总渗滤水流量为 G_L，则平流渗滤 D 值 $D_L = G_L Z_W$，Z_W 值与土壤水中其他溶解物或胶体有机质等的"增溶"效应有关。

3. 挥发过程

土壤中污染物挥发过程的表征比较复杂，根据相关的方法将该过程分为三个部分，具体内容见 2.2 节挥发作用，此处主要介绍如何用 D 值表征挥发过程。

(1) 土壤内空气扩散 D 值(D_A)，表示污染物蒸气通过土壤间隙向空气相的迁移速率：

$$D_A = B_{EA} A Z_A / y_S$$

式中，y_S 为扩散路径长度，指从污染物所在位置到土壤表面的垂直距离，而不是"弯曲"距离；B_{EA} 为有效扩散系数，可以根据式(7-51)，由气相分子扩散系数(B_{MA})求得

$$B_{EA} = B_{MA} v_A^{10/3} / (v_A + v_W)^2$$

式中，v_A 为空气的体积分数；v_W 为水的体积分数。如果 v_W 很小，上式可以简化为一个关于 v_A 的 1.33 次方的关系式。

(2) 土壤水中扩散 D 值(D_W)：

$$D_W = B_{EW} A Z_W / y_S$$

同理可以根据式(7-52)计算 B_{EW}：

$$B_{EW} = B_{MW} v_W^{10/3} / (v_A + v_W)^2$$

式中，B_{MW} 为水相分子扩散系数(典型值为 4.3×10^{-5} m^2·d^{-1})。

(3) 空气界面层 D 值(D_S)：

$$D_S = k_V A Z_A$$

式中，k_V 等于污染物在空气中的分子扩散率(典型值为 0.43 m^2·d^{-1} 或 0.018 m^2·h^{-1})和空气边界层(air boundary layer)的厚度 4.75 mm 的比值，因此 k_V 典型值为 3.77 m·h^{-1}；A 为表层土壤面积；Z_A 为空气相的 Z 值。

在土壤内部，D_A 和 D_W 相当于"并联"，因此土壤内部总迁移 D 值为($D_A + D_W$)。在土壤-空气的边界层，迁移过程是"串联"的，因此总挥发 D 值(D_V)为

$$1 / D_V = 1 / D_S + 1 / (D_A + D_W)$$

扩散路径 y 值的确定需要根据具体情况判断，通常取算术平均值或对数平均值。如果污染物均匀分布在土壤最上层的 20 cm 中，可以取 10 cm 作为 y 值进行计算，但这将会大大低估污染物在土壤表面的挥发速率。因此，通常取其对数平均值作为 y 值。例如，已知两个深度 y_1 和 y_2，则 $y = (y_1 - y_2) / \ln(y_1 / y_2)$，对于 $1\sim10$ cm 深的土壤，对数平均值 3.9 cm 比算术平均值 5.5 cm 更适宜，但需要注意的是，对数平均值要求 y 值不能等于零(土壤表面)。除了取平均值的方法，还可以将土壤分层来考虑，如 $2\sim4$ cm、$4\sim6$ cm 等，然后分别计算每一层的挥发速率。深处的污染物挥发得慢，D_V 的贡献小，残留污染物主要通过其他过程去除。通常，土壤深度只影响其挥发过程，与反应和渗滤过程无关，如果将土壤分层处理，渗滤速

率适用于整个土壤，而不是独立地适用于每一层。

综上，图 7-7 所示的表层土壤系统中，污染物的总去除速率为 $D_T f$，其中 D_T 值为

$$D_T = D_r + D_L + D_V$$

每个独立过程的去除速率分别为 $D_r f$、$D_L f$ 和 $D_V f$，总去除速率常数 $k_T = D_T /(V_T Z_T)$，总半减期 $t_{1/2} = 0.693/k_T$。每个过程的 $t_{1/2} = 0.693 V_T Z_T / D_i$，因此

$$1/t_{1/2} = 1/t_{1/2(r)} + 1/t_{1/2(L)} + 1/t_{1/2(V)}$$

通过计算每个过程的速率、百分比以及各个半减期，可以考察各个过程的重要性。这个模型表明土壤中污染物同时通过三种过程而进行一级动力学去除。如果初始物质的量为 n，则时刻 t 的残留量 n_t 是

$$n_t = n e^{-k_T t} = n e^{-D_T t/(V_T Z_T)}$$

表层土壤模型能够用来评价污染物从土壤中挥发或向地下水渗滤的可能性，但是没有包括空气向土壤的输送过程，可以像空气-水模型所描述的那样，表征污染物自大气的沉降过程(D 值计算过程参见表 7-2)，这样可以更全面地描述污染物在空气-土壤系统中的归趋。

7.4.3　沉积物-水交换模型

沉积物-水交换模型(sediment/water exchange model)可以用来估算污染物被沉积物积累或释放的速率、底栖生物体内污染物的浓度，评价污染物不同迁移过程的重要性及环境恢复时间等。图 7-8 描述了污染物在沉积物-水之间的交换过程，一定面积和深度的水相，假定其均匀混合，颗粒物由有机质和矿物质组成，浓度及有机碳(OC)的含量已知，体积分数的计算与空气-水交换模型类似。沉积物相与水相具有相同的面积，具有一定的均匀混合深度、固体浓度和间隙水含量。污染物可以通过沉积物的沉积、再悬浮(resuspension)及掩埋过程进行迁移，也可以发生一级降解反应，且迁移及反应的速率常数已知。此外，在垂直方向上有通过沉积物向地下水的渗滤。

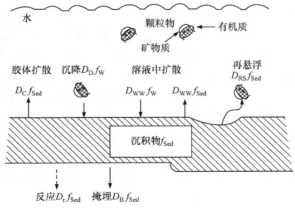

图 7-8　沉积物-水交换过程(MacKay，2001)
(Sediment/water exchange processes)

利用水相和沉积物相的 Z 值以及污染物在水和沉积物中的浓度，计算其在两相间的平衡分配。如果模型中包括生物相，以 $K_B Z_W$ 来计算水和沉积物中的生物相 Z_B 值，其中，生物富集系数 $K_B = L_B K_{OW}$，L_B 代表类脂的含量(可以设定为 0.05)。这样，总浓度、污染物在各相中的

浓度及逸度都能推导出来。由 Z_B 值，也能推导出底栖生物体内相应的浓度。

如果不考虑灌溉，即地下水流进或流出沉积物的过程，污染物在底泥中可能经历的迁移和转化过程的 D 值包括五方面的贡献：沉积物沉降、沉积物再悬浮、沉积物掩埋、水体和孔隙水间的扩散交换、沉积物中的降解反应。

(1) 沉积物沉降：$D_D = G_D Z_P$，$G_D = U_{DP} A$，其中 U_{DP} 为沉积物沉降速率，A 为面积，Z_P 为颗粒物的 Z 值。

(2) 沉积物再悬浮：$D_{RS} = G_{RS} Z_{Sed}$，$G_{RS} = U_{RS} A$，其中 Z_{Sed} 为沉积物的 Z 值。

(3) 沉积物掩埋：$D_B = G_B Z_{Sed}$，$G_B = U_{BSed} A$。

(4) 水体和孔隙水间的扩散交换：$D_{WW} = k_W A Z_W$，其中 k_W 为水相的传质系数，Z_W 为水的 Z 值。

(5) 沉积物中的降解反应：$D_{rSed} = V_{Sed} Z_{TSed} k_r$，其中 k_r 为总反应速率常数。

如果考虑灌溉的影响，可以加入第 6 个 D 值。

(6) 灌溉：$D_I = G_I Z_W$，$G_I = U_I A$，其中 G_I 为灌溉水体积流速($m^3 \cdot h^{-1}$)，U_I 为灌溉速率($m \cdot h^{-1}$)。

对于稳态的沉积物-水系统，若不考虑灌溉的影响，可以列出如下方程：

$$(D_D + D_{WW}) f_W = (D_{RS} + D_{WW} + D_B + D_{rSed}) f_{Sed}$$

这个方程式将稳态条件下，水相的逸度 f_W 和沉积物相的逸度 f_{Sed} 关联起来。某个迁移过程的速率可用 Df 计算得到。

稳态时，持久性和疏水性较强的物质在沉积物中的逸度(f_{Sed})可能超过在水中的逸度(f_W)。持久性污染物在沉积物中的主要损失过程为沉积物再悬浮，D_{RS} 一定小于 D_D，这是因为存在沉积物掩埋过程，且由于矿化作用导致再悬浮物质的有机碳含量低于沉降物质的有机碳含量。底栖生物由于活动性较小，可能比生活在上层水体中的生物积累更高浓度的污染物。

7.4.4　QWASI 模型

QWASI(quantitative water/air/sediment interaction)模型描述了点源排放、河水流入和大气沉降所引入的污染物在湖泊和河流中的多介质环境行为。MacKay 等(1989)应用 QWASI 模型评价了安大略湖中污染物的环境归趋，随后，该模型又被应用于多种污染物的评价(MacKay and Diamond，1989；MacKay and Hickie，2000)、纸浆和造纸工业产生的有机氯污染物的持久性分析(MacKay and Southwood，1992)、环境微表层的重要性评价(Southwood et al.，1999)以及金属的环境行为(Woodfine et al.，2000)等研究中。Holysh 等(1985)应用该模型计算夏延河中直链烷基苯磺酸盐(LAS)的浓度分布。由于 LAS 为不挥发性化合物，未找到可利用的亨利常数值，研究中赋予 LAS 一个可以忽略的蒸气压值，使该模型适用于不挥发性化合物的计算。在 QWASI 模型的基础上发展的 QWASFI(quantitative water/air/sediment fugacity interaction)模型，可用来预测湖泊或池塘表面来自大气沉降的农药扩散。迄今，QWASI 模型已广泛用于评价湖泊、水库、河流和海湾等水体中污染物的归趋。

1. 评估湖泊中污染物归趋的 QWASI 模型

QWASI 模型适用于水流和颗粒物流均匀混合的水体。如图 7-9 所示，湖泊中的污染物可以发生多种迁移和转化过程。表 7-12 列出了这些迁移和转化过程中涉及的 D 值和速率表达式中相应的逸度。QWASI 模型适用于稳态和非稳态系统。稳态解是描述湖泊长期暴露于特定浓度污染物的情况(特定点源排放、空气或水体逸度不变)，下标∞表示稳态，输入参数不随时间改变。非稳态解适用于输入参数随时间变化的情况，需要通过数值法求解微分方程。

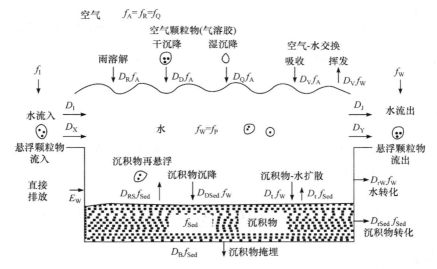

图 7-9　QWASI 模型处理的迁移和转化过程(包括给定的大气、水和沉积物相)(MacKay，2001)
(Transport and transformation processes treated in the QWASI model，consisting of a defined air，water and sediment compartments)

表 7-12　QWASI 模型中的 *D* 值和各相的逸度(MacKay，2001)
(*D* values in the QWASI model and corresponding fugacity values in different compartments)

过程	D 值	D 值的定义	逸度	过程	D 值	D 值的定义	逸度
沉积物掩埋	D_B	$G_B Z_{Sed}$	f_{Sed}	水流出	D_J	$G_J Z_W$	f_W
沉积物中降解转化	D_{rSed}	$V_{Sed} Z_{Sed} k_{rSed}$	f_{Sed}	水中颗粒物流出	D_Y	$G_Y Z_P$	f_W
沉积物再悬浮	D_{RS}	$G_{RS} Z_{Sed}$	f_{Sed}	降雨冲刷	D_R	$G_R Z_W$	f_A
沉积物向水扩散	D_{SedW} (D_t)	$k_t A_{Sed} Z_W$	f_{Sed}	湿颗粒物沉降	D_Q	$G_Q Z_Q$	f_A
水向沉积物扩散	D_{WSed} (D_t)	$k_t A_{Sed} Z_W$	f_W	干颗粒物沉降	D_D	$G_D Z_Q$	f_A
沉积物沉降	D_{DSed}	$G_{DSed} Z_P$	f_W	水流入	D_I	$G_I Z_W$	f_I
水中降解转化	D_{rW}	$V_W Z_W k_{rW}$	f_W	水中颗粒物流入	D_X	$G_X Z_P$	f_I
挥发	D_V	$k_V A_W Z_W$	f_W	直接排放		E_W	
吸收	D_V	$k_V A_W Z_A$	f_A				

注：①下标代表的含义分别为 Sed——沉积物、W——水、A——空气、Q——气溶胶、P——水中颗粒物、I——水流入、X——水中颗粒物流入、J——水流出、Y——水中颗粒物流出、B——掩埋、RS——再悬浮、R——雨水冲刷、V——挥发、D——干沉降、Q——湿沉降。②G_i 为 i 相流速(m³·h⁻¹)；k_{rSed} 和 k_{rW} 为沉积物和水中污染物的降解速率常数(h⁻¹)；k_t 为沉积物-水间传质系数(m·h⁻¹)；k_V 为空气-水间传质系数(m·h⁻¹)；A_W 和 A_{Sed} 为空气-水以及水-沉积物间的面积(m²)；V_W 和 V_{Sed} 为水和沉积物的体积(m³)。

　　通过比较不同过程 *D* 值的大小，可以看出哪个过程重要并控制着污染物的总归趋。例如，如果 D_V 远大于 D_D、D_Q 和 D_R，说明该污染物从空气到水体的迁移主要是通过吸收过程。在判断污染物从水中的去除过程哪个更重要时，可以通过比较 f_W 方程分母中 *D* 值的大小来实现。f_W 方程的分母包括挥发(D_V)、水相反应(D_{rW})、水流出($D_J + D_Y$)以及到沉积物的净流失。到沉积物的净流失指向沉积物的总流失为($D_{DSed} + D_t$)，但只有其中的一部分($D_{rSed} +$

$D_B)/(D_{RS} + D_t + D_{rSed} + D_B)$保留在沉积物中，其余部分$(D_{RS} + D_t)/(D_{RS} + D_t + D_{rSed} + D_B)$又返回到水中。

QWASI 方程求解过程：

(1) 稳态系统。根据质量平衡原理：输入速率 = 输出速率，沉积物相的质量平衡方程为

$$f_W(D_{DSed} + D_t) = f_{Sed}(D_{RS} + D_t + D_{rSed} + D_B)$$

或

$$f_{Sed} = \frac{f_W(D_{DSed} + D_t)}{D_{RS} + D_t + D_{rSed} + D_B}$$

水相的质量平衡方程为

$$E_W + f_I(D_I + D_X) + f_A(D_V + D_D + D_Q + D_R) + f_{Sed}(D_{RS} + D_t)$$
$$= f_W(D_V + D_{rW} + D_J + D_Y + D_{DSed} + D_t)$$

或

$$f_W = \frac{E_W + f_I(D_I + D_X) + f_A(D_V + D_D + D_Q + D_R) + f_{Sed}(D_{RS} + D_t)}{D_V + D_{rW} + D_J + D_Y + D_{DSed} + D_t}$$

将 f_{Sed} 与 f_W 联立，解方程得

$$f_W = \frac{E_W + f_I(D_I + D_X) + f_A(D_V + D_D + D_Q + D_R)}{D_V + D_{rW} + D_J + D_Y + \dfrac{(D_{rSed} + D_t)(D_{DSed} + D_B)}{D_{RS} + D_t + D_{rSed} + D_B}}$$

同理，可得 f_{Sed} 值。

(2) 非稳态系统。根据质量平衡原理，非稳态系统质量平衡方程为微分形式：

$$VZ\frac{df}{dt} = I_{in} - I_{out}$$

沉积物相的质量平衡方程为

$$V_{Sed}Z_{TSed}\frac{df_{Sed}}{dt} = f_W(D_{DSed} + D_t) - f_{Sed}(D_{RS} + D_t + D_{rSed} + D_B)$$

水相的质量平衡方程为

$$V_W Z_{TW}\frac{df_W}{dt} = E_W + f_I(D_I + D_X) + f_A(D_V + D_D + D_Q + D_R) + f_{Sed}(D_{RS} + D_t)$$
$$- f_W(D_V + D_{rW} + D_J + D_Y + D_{DSed} + D_t)$$

式中，下标 T 代表整体或总相，包括溶解的和吸附的物质。

为了使方程更易理解，可以对其进行简化处理，令

$$I_1 = \frac{D_{DSed} + D_t}{V_{Sed}Z_{TSed}}$$

$$I_2 = \frac{D_{RS} + D_t + D_{rSed} + D_B}{V_{Sed}Z_{TSed}}$$

$$I_3 = \frac{E_W + f_I(D_I + D_X) + f_A(D_V + D_D + D_Q + D_R)}{V_W Z_{TW}}$$

$$I_4 = \frac{D_{RS} + D_t}{V_W Z_{TW}}$$

$$I_5 = \frac{D_V + D_{rW} + D_J + D_Y + D_{DSed} + D_t}{V_W Z_{TW}}$$

沉积物相和水相中的质量平衡方程可以变为如下形式：

$$df_{Sed} / dt = I_1 f_W - I_2 f_{Sed}$$

$$df_W / dt = I_3 + I_4 f_{Sed} - I_5 f_W$$

假设沉积物相和水相中初始逸度分别为 f_{Sed0} 和 f_{W0}，最终变为 $f_{Sed\infty}$ 和 $f_{W\infty}$，则微分方程的解为

$$f_{Sed} = f_{Sed\infty} + \{(I_5 - I_6 + I_7) I_8 \exp[-(I_6 - I_7) t] + (I_5 - I_6 - I_7) I_9 \exp[-(I_6 + I_7) t]\} / I_4$$

$$f_W = f_{W\infty} + I_8 \exp[-(I_6 - I_7) t] + I_9 \exp[-(I_6 + I_7) t]$$

当 $t = \infty$ 时，$f_{Sed\infty} = I_1 I_3 / (I_1 I_3 - I_2 I_5)$，与稳态解 f_{Sed} 相等；$f_{W\infty} = I_3 I_4 / (I_1 I_3 - I_2 I_5)$，与稳态解 f_W 相等。其中

$$I_6 = (I_5 + I_2) / 2$$

$$I_7 = [(I_5 - I_2)^2 + 4 I_1 I_4]^{0.5} / 2$$

$$I_8 = [-I_4 (f_{Sed\infty} - f_{Sed0}) + (I_5 - I_6 - I_7) (f_{W\infty} - f_{W0})] / (2 I_7)$$

$$I_9 = [I_4 (f_{Sed\infty} - f_{Sed0}) - (I_5 - I_6 + I_7) (f_{W\infty} - f_{W0})] / (2 I_7)$$

根据所得逸度值，可求得污染物在各相浓度、物质的量等；结合各迁移过程 D 值，可以得出每种迁移过程的速率或总迁移速率。

【例 7-9】　根据表 7-13 和表 7-14 中所给条件，利用 QWASI 模型计算水和沉积物中苯的 D 值、总的输入、输出、稳态逸度、浓度、总物质的量及停留时间，并估算在鱼和底栖生物体内的浓度。

表 7-13　苯的物理化学性质参数值(25℃)
(Values of physicochemical properties of benzene at 25℃)

参数	数值	参数	数值
相对分子质量 M_r	78.11	蒸气压 p^s/Pa	1.264×10^4
溶解度 S_W/(mg · L^{-1})	1.79×10^3	溶解度 c^s/(mol · m^{-3})	22.92
气溶胶/空气吸附系数 K_{QA}/(m^3 · μg^{-1})	1.808×10^2	正辛醇/水分配系数 K_{OW}	1.35×10^2
土壤(沉积物)有机碳分配系数 K_{OC}/(L · kg^{-1})	83.18	亨利常数 K_H/(Pa · m^3 · mol^{-1})	5.51×10^2

表 7-14　环境参数值
(Values of environmental parameters)

参数	数值	参数	数值
水相体积 V_W/m^3	10^6	水中颗粒物体积 V_P/m^3	25
颗粒物有机碳含量 y_{OC}	16.7%	颗粒物相密度 ρ_p/(kg · m^{-3})	1.5×10^3
生物相脂含量 y_L	5%	沉积物相体积 V_{Sed}/m^3	1×10^4
沉积物密度 ρ_{Sed}/(kg · m^{-3})	1.5×10^3	沉积物有机碳含量 y_{OC}	4%
水相输入逸度 f_I/Pa	1×10^{-3}	空气相逸度 f_A/Pa	1×10^{-4}

续表

参数	数值	参数	数值
环境温度 $t/℃$	25	进水流速 $G_I/(m^3 \cdot h^{-1})$	4×10^2
出水流速 $G_J/(m^3 \cdot h^{-1})$	4×10^2	水中颗粒物流入速率 $G_X/(m^3 \cdot h^{-1})$	2×10^{-2}
水中颗粒物流出速率 $G_Y/(m^3 \cdot h^{-1})$	1×10^{-2}	降雨速率 $G_R/(m^3 \cdot h^{-1})$	0.1
湿颗粒物沉降速率 $G_Q/(m^3 \cdot h^{-1})$	1×10^{-3}	干颗粒物沉降速率 $G_D/(m^3 \cdot h^{-1})$	5×10^{-4}
挥发速率 $G_V/(m^3 \cdot h^{-1})$	5×10^2	沉积物掩埋速率 $G_B/(m^3 \cdot h^{-1})$	0.1
沉积物再悬浮速率 $G_{RS}/(m^3 \cdot h^{-1})$	0.2	水-沉积物扩散速率 $G_t/(m^3 \cdot h^{-1})$	50
沉积物沉积速率 $G_{DSed}/(m^3 \cdot h^{-1})$	0.3	水相中的转化速率常数 k_W/h^{-1}	7.70×10^{-4}
沉积物相中的转化速率常数 k_{Sed}/h^{-1}	8.56×10^{-5}	直接排放速率 $E_W/(mol \cdot h^{-1})$	1

解 QWASI 模型计算过程如下：

(1) Z 值(计算过程参考表 7-1)。

$$Z_A = 4.04 \times 10^{-4}\ mol \cdot m^{-3} \cdot Pa^{-1}$$
$$Z_W = 1.81 \times 10^{-3}\ mol \cdot m^{-3} \cdot Pa^{-1}$$
$$Z_{Sed} = 9.03 \times 10^{-3}\ mol \cdot m^{-3} \cdot Pa^{-1}$$
$$Z_P = 3.77 \times 10^{-2}\ mol \cdot m^{-3} \cdot Pa^{-1}\ (颗粒物相)$$
$$Z_Q = 7.30 \times 10^{-2}\ mol \cdot m^{-3} \cdot Pa^{-1}\ (气溶胶相)$$
$$Z_B = 1.22 \times 10^{-2}\ mol \cdot m^{-3} \cdot Pa^{-1}\ (鱼和底栖生物相)$$

(2) D 值。

水相流入	$D_I = G_I Z_W = 0.72\ mol \cdot Pa^{-1} \cdot h^{-1}$
水相流出	$D_J = G_J Z_W = 0.72\ mol \cdot Pa^{-1} \cdot h^{-1}$
颗粒相流入	$D_X = G_X Z_P = 7.54 \times 10^{-4}\ mol \cdot Pa^{-1} \cdot h^{-1}$
颗粒物流出	$D_Y = G_Y Z_P = 3.77 \times 10^{-4}\ mol \cdot Pa^{-1} \cdot h^{-1}$
空气-水扩散	$D_V = G_V Z_W = 0.91\ mol \cdot Pa^{-1} \cdot h^{-1}$
降雨冲刷	$D_R = G_R Z_W = 1.81 \times 10^{-4}\ mol \cdot Pa^{-1} \cdot h^{-1}$
气溶胶湿沉降	$D_Q = G_Q Z_Q = 7.30 \times 10^{-5}\ mol \cdot Pa^{-1} \cdot h^{-1}$
气溶胶干沉降	$D_D = G_D Z_Q = 3.65 \times 10^{-5}\ mol \cdot Pa^{-1} \cdot h^{-1}$
沉积物掩埋	$D_B = G_B Z_{Sed} = 9.03 \times 10^{-4}\ mol \cdot Pa^{-1} \cdot h^{-1}$
沉积物再悬浮	$D_{RS} = G_{RS} Z_{Sed} = 1.81 \times 10^{-3}\ mol \cdot Pa^{-1} \cdot h^{-1}$
水-沉积物扩散	$D_t = G_t Z_W = 9.05 \times 10^{-2}\ mol \cdot Pa^{-1} \cdot h^{-1}$
沉积物沉积	$D_{DSed} = G_{DSed} Z_P = 1.13 \times 10^{-2}\ mol \cdot Pa^{-1} \cdot h^{-1}$
水相转化	$D_{rW} = V_W Z_W k_W = 1.39\ mol \cdot Pa^{-1} \cdot h^{-1}$
沉积物转化	$D_{rSed} = V_{Sed} Z_{Sed} k_{Sed} = 7.73 \times 10^{-3}\ mol \cdot Pa^{-1} \cdot h^{-1}$

(3) 逸度 f。

$$f_W = [\, E_W + f_I(D_I + D_X) + f_A(D_V + D_D + D_Q + D_R)] \,/\, [D_V + D_{rW} + D_J + D_Y$$

$$+ (D_{rSed} + D_B)(D_{DSed} + D_t)\,/\,(D_{RS} + D_t + D_{rSed} + D_B)\,] = 0.33 \text{ Pa}$$

$$f_{Sed} = f_W(D_{DSed} + D_t)\,/\,(D_{RS} + D_t + D_{rSed} + D_B) = 0.33 \text{ Pa}$$

(4) 浓度 c。

水(溶解态)　　　　　　　$c_W = Z_W f_W = 5.97 \times 10^{-4} \text{ mol} \cdot \text{m}^{-3}$

沉积物　　　　　　　　　$c_{Sed} = Z_{Sed} f_{Sed} = 2.98 \times 10^{-3} \text{ mol} \cdot \text{m}^{-3}$

鱼　　　　　　　　　　　$c_B = Z_B f_W = 4.03 \times 10^{-3} \text{ mol} \cdot \text{m}^{-3}$

底栖生物　　　　　　　　$c_{BSed} = Z_B f_{Sed} = 4.03 \times 10^{-3} \text{ mol} \cdot \text{m}^{-3}$

(5) 迁移速率 N。

水相流入　　$N_I = 7.20 \times 10^{-4} \text{ mol} \cdot \text{h}^{-1}$　　　水相流出　　$N_J = 0.24 \text{ mol} \cdot \text{h}^{-1}$

颗粒相流入　$N_X = 7.54 \times 10^{-7} \text{ mol} \cdot \text{h}^{-1}$　　　颗粒物流出　$N_Y = 1.24 \times 10^{-4} \text{ mol} \cdot \text{h}^{-1}$

挥发　　　　$N_V = 0.30 \text{ mol} \cdot \text{h}^{-1}$　　　　　　　吸收　　　　$N_{AW} = 9.10 \times 10^{-5} \text{ mol} \cdot \text{h}^{-1}$

气溶胶湿沉降　$N_Q = 7.30 \times 10^{-9} \text{ mol} \cdot \text{h}^{-1}$　　气溶胶干沉降　$N_D = 3.65 \times 10^{-9} \text{ mol} \cdot \text{h}^{-1}$

降雨冲刷　　$N_R = 1.81 \times 10^{-8} \text{ mol} \cdot \text{h}^{-1}$　　　沉积物沉积　$N_{Dsed} = 3.73 \times 10^{-3} \text{ mol} \cdot \text{h}^{-1}$

沉积物掩埋　$N_B = 2.98 \times 10^{-4} \text{ mol} \cdot \text{h}^{-1}$　　　沉积物再悬浮　$N_{RS} = 5.97 \times 10^{-4} \text{ mol} \cdot \text{h}^{-1}$

水相转化　　$N_{rW} = 0.46 \text{ mol} \cdot \text{h}^{-1}$　　　　　　沉积物转化　$N_{rSed} = 2.55 \times 10^{-3} \text{ mol} \cdot \text{h}^{-1}$

水向沉积物扩散　$N_{WSed} = 2.99 \times 10^{-2} \text{ mol} \cdot \text{h}^{-1}$

沉积物向水扩散　$N_{SedW} = 2.99 \times 10^{-2} \text{ mol} \cdot \text{h}^{-1}$

(6) 停留时间 τ。

水相停留时间：

输入速率　　$E_W + N_I + N_X + N_Q + N_R + N_{AW} + N_D + N_{SedW} + N_{RS} = 1.03 \text{ mol} \cdot \text{h}^{-1}$

物质的量　　$V_W Z_W f_W + V_P Z_P f_W = 5.97 \times 10^2 \text{ mol}$

停留时间　　　　　　　$\tau_W = 5.80 \times 10^2 \text{ h}$

沉积物相停留时间：

输入速率　　$N_{DSed} + N_{WSed} = 3.36 \times 10^{-2} \text{ mol} \cdot \text{h}^{-1}$

物质的量　　$V_{Sed} Z_{Sed} f_{Sed} = 29.80 \text{ mol}$

停留时间　　　　　　　$\tau_{Sed} = 8.87 \times 10^2 \text{ h}$

总停留时间：

总输出(入)速率　$E_W + N_I + N_X + N_Q + N_R + N_{AW} + N_D = 1.00 \text{ mol} \cdot \text{h}^{-1}$

总物质的量　　　$5.97 \times 10^2 + 29.80 = 6.27 \times 10^2 \text{ mol}$

总停留时间　　　　　　$\tau_T = 6.27 \times 10^2 \text{ h}$

2. 评估河流中污染物归趋的 QWASI 模型

考虑到河流和海湾中污染物浓度随水体流动的动态变化，若继续使用湖泊的 QWASI 模型，将整个体系看作均匀混合的单元，显然计算结果不能反映真实的情况。可以将这些系统分割为一系列相互串联的单元(独立的湖泊或河段)，上一个单元的流出作为下一个单元的流入。假定每一单元内污染物均匀混合，在水和沉积物中具有一定的浓度。根据具体情况，进入每个单元的排放量可以不同，还可以引入支流。所分单元越多，模拟结果越接近真实情况，具体方法如图7-10所示。

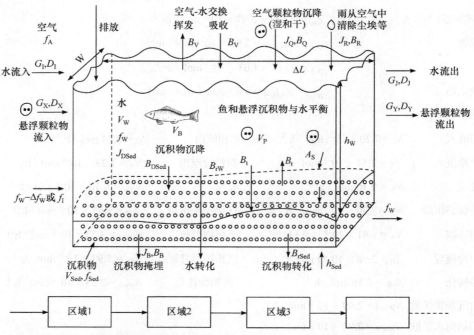

图 7-10　串联形式 QWASI 模型预测河流中污染物的归趋(不考虑从下游到上游的水流输入)(MacKay，2001)
(Fate of pollutants in a river, as treated by QWASI models in series with no downstream-to-upstream flows)

除将河流分段处理外，也可以将水中污染物的浓度看作是河流长度或时间的函数，建立并求解拉格朗日微分方程。但是，方程中若包括水流的体积、流速及河流的宽度或深度等因素的变化会增加方程的复杂性，不易求解，因此该方程一般应用于理想化的条件。

3. 多段 QWASI 模型

若河流流速较大，与流入相比，下游向上游的水流可以忽略，若河流流速较小，则不可以忽略，此时，需要使用多段 QWASI 模型。理论上，如果划分 n 个单元(包括水和沉积物介质)，就会有包含 $2n$ 个逸度的 $2n$ 个质量平衡方程。这些方程，在稳态条件下以代数求解，在非稳态条件下可以通过数值求解。

在稳态条件下，可以假设在河段间没有沉积物到沉积物的直接迁移，即所有的迁移都通过水的流动。这样，可以将沉积物的逸度表达为上覆水中逸度的函数，则沉积物的逸度可以被完全消去，仅保留 n 个水中的逸度方程。这就等价于 QWASI 模型中只计算水的逸度，且在分母中包括了向沉积物的流失项。

在一个双向流动连续四段 QWASI 模型中(图 7-11)，$I_{(i)}$ 是向每个河段的总输入，来自排放、大气和其他支流(不包括从其他河段的平流输入)；$D_{T(i)}$ 是所有损失(反应、掩埋、挥发以及所有从水中的平流损失，包括向沉积物的净损失)之和；i 指河段 1、2、3 或 4；$D_{(i,j)}$ 是河段 i 和 j 之

间的水流和颗粒物流；$J_{(i)}$ 是从每个河段净输出的 D 值，可以表示为

$$J_{(1)} = D_{T(1)}$$

$$J_{(2)} = D_{T(2)} - D_{(2,1)} D_{(1,2)} / J_{(1)}$$

$$J_{(3)} = D_{T(3)} - D_{(3,2)} D_{(2,3)} / J_{(2)}$$

$$J_{(4)} = D_{T(4)} - D_{(4,3)} D_{(3,4)} / J_{(3)}$$

令

$$X_{(1)} = D_{(1,2)} / J_{(1)}, \quad X_{(2)} = D_{(2,3)} / J_{(2)}, \quad X_{(3)} = D_{(3,4)} / J_{(3)}$$

其中，$X_{(i)}$ 代表水和颗粒物流中进入下游河段的污染物的比例(河段 1 是河段 2、3 和 4 的上游)。

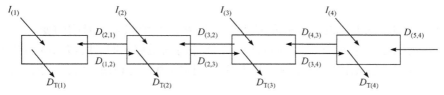

图 7-11 双向流动连续四段 QWASI 模型(MacKay，2001)

(Diagram for a series of four QWASI models with flows in both directions)

根据图 7-11，每个河段所接受的总输入(包括上游河段)可以表示为

$$Q_{(1)} = I_{(1)}$$

$$Q_{(2)} = I_{(2)} + I_{(1)} X_{(1)} = I_{(2)} + Q_{(1)} X_{(1)}$$

$$Q_{(3)} = I_{(3)} + I_{(2)} X_{(2)} + I_{(1)} X_{(1)} X_{(2)} = I_{(3)} + Q_{(2)} X_{(2)}$$

$$Q_{(4)} = I_{(4)} + I_{(3)} X_{(3)} + I_{(2)} X_{(2)} X_{(3)} + I_{(1)} X_{(1)} X_{(2)} X_{(3)} = I_{(4)} + Q_{(3)} X_{(3)}$$

对于每个河段，可以求得污染物在水中的逸度 $f_{W(i)}$：

$$f_{W(4)} = [Q_{(4)} + f_{W(5)} D_{(5,4)}] / J_{(4)}$$

$$f_{W(3)} = [Q_{(3)} + f_{W(4)} D_{(4,3)}] / J_{(3)}$$

$$f_{W(2)} = [Q_{(2)} + f_{W(3)} D_{(3,2)}] / J_{(2)}$$

$$f_{W(1)} = [Q_{(1)} + f_{W(2)} D_{(2,1)}] / J_{(1)}$$

根据湖泊 QWASI 稳态模型中 f_{Sed} 的求解方法，可以求得污染物在沉积物中的逸度 $f_{Sed(i)}$，其对每一段 D 值是特定的。

$$f_{Sed(i)} = f_{W(i)} [D_{D(i)} + D_{T(i)}] / [D_{B(i)} + D_{Sed(i)} + D_{R(i)} + D_{T(i)}]$$

当 $n > 8$ 时，通常建立动态 QWASI 模型，利用数值法求解微分方程。定义采样的时间间隔(DTIM)，如 10 h(一般选择最小响应时间 VZ/D 的 5%作为 DTIM)；定义迭代数(N)，如 1～5000(应该覆盖足够长的时期以使系统达到稳态)。对于每个河段，水中逸度(df_W)和沉积物中逸度(df_{Sed})的变化作为时间的函数，并作为伪代码，通过以下过程求解微分方程。

For $I = 1$ to 10,

$$\mathrm{d} f_W(I) = \text{DTIM} \{I(I) + f_A(I) [D_M(I) + D_Q(I) + D_C(I) + D_V(I)] + f_{Sed}(I) [D_T(I) + D_R(I)]$$
$$+ f_W(I+1) D(I+1, I) + f_W(I-1) D(I-1, I)\} - f_W(I) [D_W(I) + D_V(I) + D_D(I) + D_T(I)$$
$$+ D(I, I-1) + D(I, I+1)]\} / [V_W(I) Z_{WT}(I)]$$

$$df_{Sed}(I) = \text{DTIM} \left[f_W(I) \left[D_D(I) + D_T(I) \right] - f_{Sed}(I) \left[D_B(I) + D_{Sed}(I) + D_R(I) \right. \right.$$
$$\left. \left. + D_T(I) \right] / \left[V_{Sed}(I) Z_{SedT}(I) \right] \right.$$

Next I

For $I = 1$ to 10,

$$f_W(I) = f_W(I) + df_W(I)$$

$$f_{Sed} = f_{Sed}(I) + df_{Sed}(I)$$

Next I

其中，V_W 为水的体积；V_{Sed} 为沉积物的体积；Z_{WT} 为整体水的 Z 值；Z_{SedT} 为整体沉积物的 Z 值。

　　动态模型适用于浓度随时间变化的情况，可以跟踪系统状态随时间的变化或了解系统需要多长时间达到稳态。当动态模型的输入恒定，积分时间足够长时，模拟浓度的结果将接近稳态模型，因此可以通过比较两种模型所得结果，来检验稳态解和动态解的一致性。

7.4.5　污染物全球分布模型

　　近 20 多年来，不断在南、北极等偏远地区检出的有机氯农药、多环芳烃等持久性有机污染物(POPs)，引起了人们对化学品在大尺度范围内(全球各环境相中)迁移与分布行为的高度关注。Wania 和 MacKay (1993a)提出了半挥发性有机污染物全球分布假说：半挥发性有机氯化合物可以通过全球分馏的方式向高纬度地区迁移，遇到低温时发生冷凝，遇到高温时又重新扩散到气相中，随之迁移到高纬度地区。为了研究具有这一特性的有机污染物在全球范围内的迁移及分布情况，Wania 和 MacKay (1993b)将地球划分为不同的纬度带(图 7-12)，每个纬度带代表一个气候区，各气候区分别包括 4 个环境相(大气、水、土壤和沉积物)，外界向各环境相的输入可以表示为时间的函数，污染物在各气候区和环境相间可以通过平流、扩散等过程发生质量交换，也可以发生一级降解反应。随后，他们又对该模型进行了改进，将每个气候区扩展为 6 个环境相(大气、淡水、淡水沉积物、海水以及两个土壤相——耕地土壤和非耕地土壤)，得到

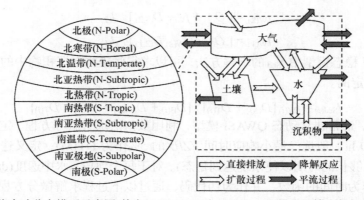

图 7-12　污染物全球分布模型示意图(其中 S-Subpolar 为 Globo-POP 模型的第十气候分区)(Wania and MacKay，1993a)

(Schematic diagram of the global distribution model of pollutants)

了具有 54 个环境相的"全球分布模型"(global distribution model on POPs，Globo-POP)，用来揭示有机污染物，特别是 POPs 在全球范围内迁移与质量分布情况。在模拟一种典型 POPs——α-HCH (农药林丹中的一种杂质成分)的全球分布情况时，Wania 等(1999a)将该模型进一步扩展成 10 个气候分区[根据海洋覆盖面积的不同将原 S-Polar 细化为 S-Polar (35%海洋覆盖率)和 S-Subpolar (99.5%海洋覆盖率)，其他气候分区保持不变]，并根据大气垂直扩散特性将大气从下到上依次分为大气边界层，对流下/中层，对流中/上层和平流层。

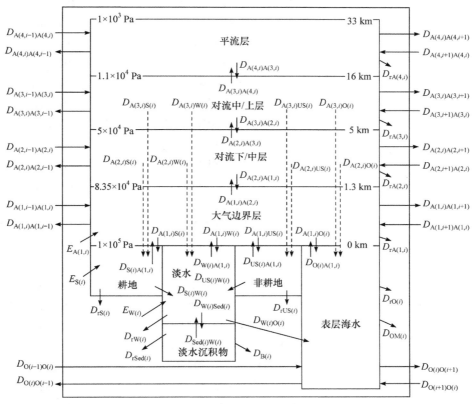

图 7-13　污染物全球分布模型单气候分区示意图(Wania et al.，1999a)

(Schematic diagram of one climate zone in the global distribution model)

"全球分布模型"如今已发展成为具有 10 个气候分区、90 个环境相的 Globo-POP 模型。基于污染物在各气候区之间可以发生质量交换的思想，在局部地区使用的某种污染物可能随洋流运动或大气扩散迁移到相邻气候分区中，也可以通过干、湿沉降及扩散等过程在同一气候分区不同环境相间发生迁移。在 Globo-POP 模型中，第 i (i = 1~10) 个气候分区通常由 4 个大气相[A(1)：大气边界层；A(2)：对流下/中层；A(3)：对流中/上层；A(4)：平流层]、2 个土壤相(S：耕地土壤；US：非耕地土壤)、2 个水相(W：淡水；O：表层海水)和 1 个淡水沉积物相(Sed)组成。如图 7-13 所示，污染物通过 3 种直接排放途径进入各环境相[$E_{A(1,i)}$：向大气边界层的输入；$E_{S(i)}$：向耕地土壤的输入；$E_{W(i)}$：向淡水的输入]，分区内的质量交换过程、反应过程和所涉及的 D 值见表 7-15。

表 7-15　Globo-POP 模型中的 D 值

(D values in Globo-POP model)

交换过程	过程名称	D 值
污染物相间质量交换过程	平流层→对流中/上层	$D_{A(4,i)A(3,i)}$
	对流中/上层→平流层	$D_{A(3,i)A(4,i)}$
	对流中/上层→对流下/中层	$D_{A(3,i)A(2,i)}$
	对流下/中层→对流中/上层	$D_{A(2,i)A(3,i)}$
	对流下/中层→大气边界层	$D_{A(2,i)A(1,i)}$
	大气边界层→对流下/中层	$D_{A(1,i)A(2,i)}$
	对流中/上层→耕地	$D_{A(3,i)S(i)}$
	对流下/中层→耕地	$D_{A(2,i)S(i)}$
	大气边界层→耕地	$D_{A(1,i)S(i)}$
	耕地→大气边界层	$D_{S(i)A(1,i)}$
	对流中/上层→淡水	$D_{A(3,i)W(i)}$
	对流下/中层→淡水	$D_{A(2,i)W(i)}$
	大气边界层→淡水	$D_{A(1,i)W(i)}$
	淡水→大气边界层	$D_{W(i)A(1,i)}$
	对流中/上层→非耕地	$D_{A(3,i)US(i)}$
	对流层下/中层→非耕地	$D_{A(2,i)US(i)}$
	大气边界层→非耕地	$D_{A(1,i)US(i)}$
	非耕地→大气边界层	$D_{US(i)A(1,i)}$
	对流中/上层→表层海水	$D_{A(3,i)O(i)}$
	对流下/中层→表层海水	$D_{A(2,i)O(i)}$
	大气边界层→表层海水	$D_{A(1,i)O(i)}$
	表层海水→大气边界层	$D_{O(i)A(1,i)}$
	耕地→淡水	$D_{S(i)W(i)}$
	非耕地→淡水	$D_{US(i)W(i)}$
	淡水→淡水沉积物	$D_{W(i)Sed(i)}$
	淡水沉积物→淡水	$D_{Sed(i)W(i)}$
	淡水→表层海水	$D_{W(i)O(i)}$
污染物反应消失途径	平流层	$D_{rA(4,i)}$
	对流中/上层	$D_{rA(3,i)}$
	对流下/中层	$D_{rA(2,i)}$
	大气边界层	$D_{rA(1,i)}$
	耕地土壤	$D_{rS(i)}$
	淡水	$D_{rW(i)}$
	淡水沉积物	$D_{rSed(i)}$
	非耕地土壤	$D_{rUS(i)}$
	表层海水	$D_{rO(i)}$

续表

交换过程	过程名称	D 值
其	淡水沉积物埋藏	$D_{B(i)}$
他	表层海水与深层海水交换	$D_{OM(i)}$
第 i 和 i+1 分区 间的 质量 交换 过程	平流层输出	$D_{A(4,i)A(4,i+1)}$
	平流层输入	$D_{A(4,i+1)A(4,i)}$
	对流中/上层输出	$D_{A(3,i)A(3,i+1)}$
	对流中/上层输入	$D_{A(3,i+1)A(3,i)}$
	对流下/中层输出	$D_{A(2,i)A(2,i+1)}$
	对流下/中层输入	$D_{A(2,i+1)A(2,i)}$
	大气边界层输出	$D_{A(1,i)A(1,i+1)}$
	大气边界层输入	$D_{A(1,i+1)A(1,i)}$
	表层海水输出	$D_{O(i)O(i+1)}$
	表层海水输入	$D_{O(i+1)O(i)}$

注：模型忽略了污染物向平流层以外大气的输出。

Wania 和 MacKay (1999b)应用 Globo-POP 模型，模拟了因农药的大量使用而进入环境的有机污染物 α-HCH 在全球迁移及分布情况，结果表明，超过 99%的 α-HCH 在原施药土壤中发生降解，只有不到 1%进入全球质量交换过程。它在环境中的主要迁移途径是从耕地土壤通过挥发或扩散进入大气及相邻水体，随后通过平流、沉降等途径进入海洋。海水中的 α-HCH 可以随洋流运动或挥发进入大气，不断重复挥发、迁移、沉降的过程，向高纬度地区汇集，最终到达北极。虽然全球现存 α-HCH 量不及其总使用量的 1%，但北极地区温度低，有机污染物降解缓慢(α-HCH 在北极地区的降解半减期大约为十年)，因此当地环境相及生物体内 α-HCH 均积累到较高浓度。图 7-14 为 α-HCH 的时空平均质量衡算，以 1947~1997 年使用总量百分率作为单位。

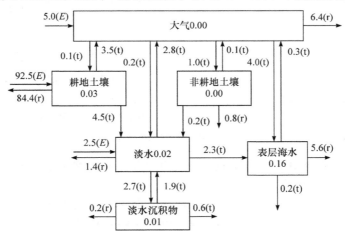

图 7-14 全球 α-HCH 的时空平均质量衡算(以 1947~1997 年全球使用
总量百分率作为单位)(Wania and MacKay，1999b)
(Zonally and temporally averaged global mass balance in units of percentage of
total global usage of α-hexachlorocyclohexane from 1947 to 1997)

Wania 和 Daly (2002)使用 Globo-POP 模型对多氯联苯系列物(PCBs)在全球的分布及迁移情况进行了模拟，发现不同氯取代的 PCBs 环境行为存在较大差异，氯取代个数较少的 PCBs

易于被大气中的羟基自由基氧化降解，取代个数较多的则易于被颗粒物吸附沉降进入深海，而土壤中的 PCBs 由于降解缓慢，因此停留时间较长。

　　近年来，Globo-POP 模型得到了更广泛的应用，有研究者通过使用各种采样方法，验证模型计算的正确性或通过模型计算结果分析所得数据的真实性。Choi 等(2008)通过使用被动采样方法检测了南、北极大气中 PCBs 和有机氯农药(OCPs)的浓度水平，其中 PCBs 浓度与 Globo-POP 模型的预测结果进行比较。结果发现，两极大气中的 PCBs 和 OCPs 主要由北欧、俄罗斯及南美洲经长距离迁移而来。所有样品中，低氯代的 PCBs 和 OCPs 浓度水平均较高，验证了污染物的全球分馏理论及长距离迁移能力。模型计算结果也表明，采样点(韩国极地研究所)附近也存在 PCBs 的污染源，而 OCPs 主要来自其他地区的长距离迁移。北极地区 PCBs 浓度与预测结果一致，而南极地区浓度水平高于预测值，但在同一数量级。

　　案例 7-1　我国科学家开发了具有空间分异特性的多介质环境逸度模型 SESAMe (Sino Evaluative Simplebox MAMI model)，用于化学品风险评价及管理决策。SESAMe 是基于 Simplebox 和 MAMI Ⅲ (multimedia activity model for ionics)的Ⅲ级逸度模型，可用于预测我国各地不同环境介质中化学品的暴露浓度。该模型包含 5468 个 $50 \times 50 \text{ km}^2$ 的网格单元，每个网格单元被 8 个相邻的 $50 \times 50 \text{ km}^2$ 网格单元包围，单元间可进行非定向的平流交换(图 7-15)。各单元模型的内部结构类似于简单箱式模型，包含空气、海水、淡水、城市土壤、天然土壤、农业土壤等环境介质。相比同类模型，该模型考虑了每个网格单元的化学品输入和输出对周围区域的影响，还考虑了温度对化学品降解速率的影响及农业灌溉等情形，使得模型描述的环境过程更加完整。此外，SESAMe 模型是基于我国的地理环境属性开发的，对相应的环境参数进行了本土化调整，更适合预测我国化学品的环境归趋。该模型已被应用于预测苯并[a]芘、三氯生等化学品在不同区域的环境暴露水平。

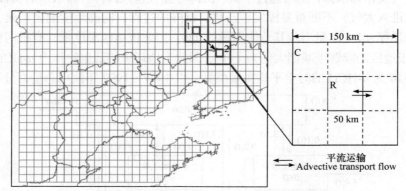

图 7-15　SESAMe v3.0 模型结构图(Zhu et al.，2015)

(Structure of the SESAMe v3.0 model)

📖　延伸阅读 7-1　苯并[a]芘在中国的分布：利用具有空间分异特性的多介质环境模型探索目前和未来的减排情景

Zhu Y, Tao S, Price O R, et al. 2015. Environmental distributions of benzo[a]pyrene in China: Current and future emission reduction scenarios explored using a spatially explicit multimedia fate model. Environmental Science & Technology, 49(23): 13868-13877.

📖　延伸阅读 7-2　多介质环境模型对中国化学品管理的支撑作用：痕量有机物研究案例

Zhu Y, Price O R, Kilgallon J, et al. 2016. A multimedia fate model to support chemical management in China: A case study for selected trace organics. Environmental Science & Technology, 50(13): 7001-7009.

📖　延伸阅读 7-3　中国地表水中药物的空间分异特性研究及环境风险评价

Zhu Y, Snape J R, Jones K C, et al. 2019. Spatially explicit large-scale environmental risk assessment of pharmaceuticals in surface water in China. Environmental Science & Technology, 53(5): 2559-2569.

本 章 小 结

本章简要介绍多介质环境逸度模型的基本原理、污染物在环境中迁移转化过程的模拟计算、多介质环境逸度模型的分类、多介质环境逸度模型的构建以及使用多介质环境逸度模型评价污染物在环境中归趋的方法，并对一些经典的逸度模型作简单的介绍。

思 维 导 图

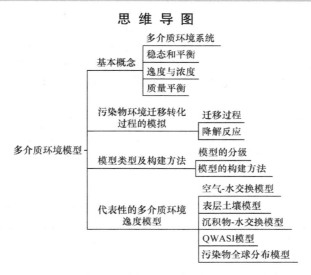

习题和思考题

7-1　什么是稳态？什么是平衡？稳态和平衡有什么区别？

7-2　阐述污染物进入环境后都有哪些迁移和转化形式。

7-3　简述Ⅰ、Ⅱ、Ⅲ、Ⅳ级多介质环境逸度模型的区别和联系。

7-4　假设有一个水相体积 $V_w = 900\ \mathrm{m^3}$ 的养鱼塘，其中有 $0.5\ \mathrm{m^3}$ 的生物相(V_B)，下方有 $V_s = 180\ \mathrm{m^3}$ 的沉积物，上方有 $V_A = 450\ \mathrm{m^3}$ 的空气。某污染源向该环境系统输入某种持久性有机污染物，该持久性有机污染物的总量 $n = 4 \times 10^{-2}\ \mathrm{mol}$，其在水中($c_w$)和空气中($c_A$)的浓度比为0.05，在沉积物($c_s$)和水中的浓度比为50，在生物相($c_B$)和水中的浓度比为 5×10^2。假定该养鱼塘是一个封闭系统，计算该污染物在各相中的浓度和物质的量。

7-5　假设有一个面积 $A = 1200\ \mathrm{m^2}$、深度 $h = 1.5\ \mathrm{m}$ 的鱼塘(水相体积为 V_w)，含有体积分数为 10^{-5} 的悬浮颗粒物 V_S(V_S 为悬浮颗粒物相体积)和质量 $m = 600\ \mathrm{kg}$ 的生物相 V_B。向鱼塘中加入 $150\ \mathrm{g}$ 敌百虫(一种杀虫剂)，假定杀虫剂在悬浮颗粒物(c_S)和水中的浓度(c_w)比为50，在生物相(c_B)和水中的浓度(c_w)比为3，生物相密度 $\rho = 1.0\ \mathrm{g \cdot cm^{-3}}$，若该鱼塘是一个封闭系统，计算敌百虫在各相中的浓度。

7-6　一个空气、水、沉积物组成的三相体系，各相 Z 值为：$Z_A = 5 \times 10^{-4}\ \mathrm{mol \cdot m^{-3} \cdot Pa^{-1}}$，$Z_W = 1.0\ \mathrm{mol \cdot m^{-3} \cdot Pa^{-1}}$，$Z_{Sed} = 20\ \mathrm{mol \cdot m^{-3} \cdot Pa^{-1}}$，体积 $V_A = 10^3\ \mathrm{m^3}$，$V_w = 10\ \mathrm{m^3}$，$V_{Sed} = 0.1\ \mathrm{m^3}$，当 $n = 1\ \mathrm{mol}$ 污染物在这些相中进行平衡分配时，计算其在各相中的分布情况(浓度和逸度，建议使用以下表格)。

相	Z/(mol · Pa^{-1} · m^{-3})	V/m^3	VZ/(mol · Pa^{-1})	c (= Zf)/(mol · m^{-3})	n (= Vc)/mol	%
空气	5×10^{-4}	1×10^3				
水	1.0	10				
土壤	20	0.1				
总和						

7-7　假设有一个水相体积 $V_W = 1 \times 10^5 \ m^3$ 的水库，进水和出水速度 $G_{in} = G_{out} = 50 \ m^3 \cdot h^{-1}$，进水中含有浓度 $c_{in} = 1 \times 10^{-5} \ mol \cdot m^{-3}$ 的甲草胺(一种除草剂)。此外，附近的一个工厂也排放含有甲草胺的废水到这个水库里，排放速率 $E = 2 \times 10^{-3} \ mol \cdot h^{-1}$(排放的水量很少，可忽略不计)。假如甲草胺在该水库中能够迅速完全混合，在以下两种情况下，其稳态时的出水浓度是多少？(1) 假设除出水以外，污染物不存在反应、挥发等其他损失途径。(2) 假设该污染物在水库中发生一级反应，降解反应的速率常数 $k = 10^{-3} \ h^{-1}$。

7-8　某塑料厂向附近的一个湖泊排放废水，其中某化学品以 $N_{in} = 4 \times 10^2 \ mol \cdot d^{-1}$ 的速率输入。湖泊的水体面积 $A = 1 \times 10^6 \ m^2$，深 $h = 10 \ m$，上游水以 $G_{in} = 1 \times 10^7 \ m^3 \cdot d^{-1}$ 的流速输入，其中该化学品的浓度 $c_{in} = 1 \times 10^{-6} \ mol \cdot m^{-3}$，其在水中的一级反应速率常数 $k = 8.5 \times 10^{-4} \ min^{-1}$，挥发速率 $v = 1 \times 10^{-5} c_w \ mol \cdot m^{-2} \cdot s^{-1}$ (c_w 为水中化学品的浓度)。湖水的流出速度 $G_{out} = 8 \times 10^3 \ m^3 \cdot d^{-1}$。假设湖水是均匀混合的，计算稳态时该化学品的输出速率(单位：$mol \cdot d^{-1}$)。

7-9　假设有一个由 $1 \times 10^4 \ m^3$ 空气、$1 \times 10^2 \ m^3$ 水和 $10 \ m^3$ 土壤组成的多介质环境系统，某化学污染物以 $E = 25 \ mol \cdot h^{-1}$ 的速率输入，它在空气中的降解半减期($t_{1/2}$)为 $1 \times 10^2 \ h$，水中为 $t_{1/2} = 5 \times 10^2 \ h$，土壤中 $t_{1/2} = 1 \times 10^3 \ h$，空气和水的流速分别为 $G_A = 1 \times 10^3 \ m^3 \cdot h^{-1}$ 和 $G_w = 1 \ m^3 \cdot h^{-1}$，假设该环境系统处于稳态和平衡状态，计算该化学污染物的逸度、在各相中的浓度、物质的量、停留时间和总停留时间(该化学物质在各相中 Z 值列于下表)。

相	Z	G	V	k	D_A	D_r	N	c	n	τ
空气	4.04×10^{-4}	1×10^3	1×10^4							
水	1.81×10^{-3}	10	1×10^2							
土壤	4.52×10^{-3}	—	10							
总和										

7-10　假设有一个水相体积 $V_W = 10^7 \ m^3$ 的湖泊，现有一个化工厂以 $G_{in} = 5 \ m^3 \cdot s^{-1}$ 的速度向湖中排放废水，其中含有浓度 $c_{in} = 2 \times 10^{-4} \ mol \cdot m^{-3}$ 的某种化学品，湖水中该化学品以一级反应速率常数 $k = 10^{-2} \ h^{-1}$ 的速率进行降解，同时，湖水以 $G_{out} = 10 \ m^3 \cdot s^{-1}$ 的速度流出湖泊。假设湖水混合均匀，(1) 求稳态条件下，湖水中该化学品的浓度值。(2) 如果化学品的浓度达到了稳态后，化工厂的排放速度增加至 $G'_{in} = 10 \ m^3 \cdot s^{-1}$，试推导该化学品浓度随时间变化的方程式，并求新的稳态值。

7-11　假设有一个水相体积 $V_W = 1 \times 10^6 \ m^3$ 的湖泊，没有上下游的输入、输出。发生了一个突发性污染物事故，导致 $n = 500 \ mol$ 的氧氟沙星(一种氟喹诺酮类抗生素)进入该湖泊并混合均匀，氧氟沙星的一级降解速率常数 $k = 5.3 \times 10^{-3} \ min^{-1}$。那么 $0.5 \ h$ 和 $2 \ h$ 以后氧氟沙星的剩余量(n_t)是多少？什么时候能够降解 50%？

7-12　假设向面积 $A = 15 \ hm^2$ 的农田中一次性均匀喷洒了 $750 \ g$ 某农药，假设土壤均匀混合，土壤厚度 $h = 15 \ cm$，该农药每天的挥发量为土壤中农药残留量的 2%，农药的微生物降解一级反应速率常数 $k = 0.04 \ d^{-1}$。则 3 天后土壤中残留的农药浓度是多少？

7-13　假设水中某化学品，通过一层厚度 $y = 1 \ mm$、面积 $A = 1200 \ m^2$ 的静止水面向气相扩散，两侧的浓度(c_{in}, c_{out})分别为 $1.5 \times 10^{-6} \ mol \cdot m^{-3}$ 和 $5 \times 10^{-7} \ mol \cdot m^{-3}$。扩散系数 $B_M = 10^{-5} \ cm^2 \cdot s^{-1}$，传质系数($k_M$)和扩散通量($N$)是多少？

7-14　在一个面积 $A = 50 \ cm \times 30 \ cm$ 的托盘中，苯以 $v = 5.85 \times 10^2 \ g \cdot h^{-1}$ 的速率挥发到清新的空气中，已知 $25℃$ 时，苯的蒸气压 $p = 1.27 \times 10^4 \ Pa$，计算平流 D 值传质系数(k_M)。

主要参考资料

叶常明. 1997. 多介质环境污染研究. 北京: 科学出版社.

郑彤, 陈春云. 2003. 环境系统数学模型. 北京: 化学工业出版社.

MacKay D. 2007. 环境多介质模型逸度方法. 2 版. 黄国兰, 陈春江, 孔庆宁, 等译. 北京: 化学工业出版社.

Choi S D, Baek S Y, Chang Y S, et al. 2008. Passive air sampling of polychlorinated biphenyls and organochlorine pesticides at the Korean Arctic and Antarctic research stations: Implications for long-range transport and local pollution. Environmental Science & Technology, 42(19): 7125-7131.

Holysh M, Paterson S, MacKay D, et al. 1985. Assessment of the environmental fate of linear alkylbenzenesulphonates. Chemosphere, 15(1): 3-20.

Jantunen L M, Bidleman T. 1996. Air-water gas exchange of hexachlorocyclohexanes (HCHs) and the enantiomers of α-HCH in arctic regions. Journal of Geophysical Research: Atmospheres, 101(D22): 28837-28846.

MacKay D. 1979. Finding fugacity feasible. Environmental Science & Technology, 13(10): 1218-1223.

MacKay D. 2001. Multimedia Environmental Models: The Fugacity Approach. 2nd ed. New York: Lewis Publishers.

MacKay D. 2004. Finding fugacity feasible, fruitful and fun. Environmental Toxicology and Chemistry, 23(10): 2282.

MacKay D, Diamond M. 1989. Application of the QWASI (quantitative water air sediment interaction) fugacity model to the dynamics of organic and inorganic chemicals in lakes. Chemosphere, 18(7/8): 1343-1365.

MacKay D, Hickie B. 2000. Mass balance model of source apportionment, transport and fate of PAHs in Lac Saint Louis, Quebec. Chemosphere, 41(5): 681-692.

MacKay D, Joy M, Paterson D. 1983. A quantitative water air sediment interaction (QWASI) fugacity model for describing the fate of chemicals in lakes. Chemosphere, 12: 981-997.

MacKay D, Paterson S, 1981. Calculating fugacity. Environmental Science & Technology, 15(9): 1006-1014.

MacKay D, Paterson S, Joy M, 1983. A quantitative water, air, sediment interaction (QWASI) fugacity model for describing the fate of chemicals in rivers. Chemosphere, 12(9/10): 1193-1208.

Mackay D, Shiu W Y, Ma K C. 2000. Physical-Chemical properties and environmental fate handbook. New York: Lewis Publishers.

MacKay D, Southwood J M, 1992. Modelling the fate of organochlorine chemicals in pulp mill effluents. Water Quality Research Journal, 27(3): 509-538.

Paterson S, MacKay D. 1985. The fugacity concept in environmental modelling//The Handbook of Environmental Chemistry. Berlin, Heidelberg: Springer Berlin Heidelberg.

Schnoor J L. 1996. Environmental Modeling: Fate and Transport of Pollutants in Water, Air and Soil. New York: John Wiley & Sons, Inc.

Southwood J, Muir D C G, Mackay D. 1999. Modeling agrochemical dissipation in surface microlayers following aerial deposition. Chemosphere, 38:121-141.

USEPA. 2012. EPI Suite, Version 4.11; PC-Computer software developed by EPA's Office of Pollution Prevention Toxics and Syracuse Research Corporation (SRC).

Wania F, Daly G L. 2002. Estimating the contribution of degradation in air and deposition to the deep sea to the global loss of PCBs. Atmospheric Environment, 36(36/37): 5581-5593.

Wania F, MacKay D, 1995. A global distribution model for persistent organic chemicals. Science of the Total Environment, 160/161: 211-232.

Wania F, MacKay D, Li Y F, et al. 1999a. Global chemical fate of α-hexachlorocyclohexane. 1. Evaluation of a global distribution model. Environmental Toxicology and Chemistry, 18(7): 1390-1399.

Wania F, MacKay D. 1999b. Global chemical fate of α-hexachlorocyclohexane. 2. Use of a global distribution model for mass balancing, source apportionment, and trend prediction. Environmental Toxicology and Chemistry, 18(7): 1400-1407.

Wania F, MacKay D. 1993a. Global fractionation and cold condensation of low volatility organochlorine compounds in polar regions. Ambio, 22(1): 10-18.

Wania F, MacKay D. 1993b. Modelling the global distribution of toxaphene: a discussion of feasibility and desirability. Chemosphere, 27(10): 2079-2094.

Woodfine D G, Seth R, MacKay D, et al. 2000. Simulating the response of metal contaminated lakes to reductions in atmospheric loading using a modified QWASI model. Chemosphere, 41(9): 1377-1388.

中英文关键词索引

温室效应(greenhouse effect) 14

稳态(steady state) 1

污染物排放信息(pollutant release information) 355

五日生化需氧量(five-day biochemical oxygen demand, BOD_5) 34

X

吸附(adsorption) 84

吸附等温线(adsorption isotherm) 86

吸收(absorption) 84

吸着(sorption) 84

锡(tin, Sn) 253

系间穿越(inter-system crossing, LSC) 110

细颗粒物(fine particulate matter) 8

线性溶解能关系(linear solvation energy relationship, LSER) 89, 314

线性自由能关系(linear free energy relationship, LFER) 313

相加作用(additive action) 225

相内湍流或涡流扩散(turbulent/eddy diffusion) 63

消费者(consumer) 22

硝化作用(nitrification) 183

硝基芳烃(nitro aromatics) 261

硝酸(nitric acid) 9

效应评价(effect assessment) 243

协同作用(synergistic action) 225

新污染物(new pollutants) 52

新型或新兴有机污染物(emerging organic pollutants, EOPs) 260

溴代阻燃剂(brominated flame retardants, BFRs) 284

Y

岩石圈(lithosphere) 1

盐基饱和度(base saturation percentage) 42

盐酸(hydrochloric acid) 9

验证(validation) 356

阳离子交换量(cation exchange capacity, CEC) 42

阳离子交换吸附(cation exchange adsorption) 42

氧化还原(oxidation-reduction) 26

氧化还原电位(oxidation-reduction potential) 26

氧化磷酸化(oxidative phosphorylation) 216

氧化亚氮(nitrous oxide, N_2O) 16

药品和个人护理用品(pharmaceutical and personal care products, PPCPs) 52, 263

一次颗粒物(primary particle 或 primary particulate) 8

一相反应(phase I reaction) 213

易化扩散(facilitated diffusion) 196

逸度(fugacity) 302

逸度容量(fugacity capacity) 337

逸度因子(fugacity factor) 338

阴离子交换吸附(anion exchange adsorption) 42

应用域(applicability domain, AD) 328

有害赤潮(harmful red tide, HRT) 36

有害结局(adverse outcome, AO) 238

有害结局通路(adverse outcome pathway, AOP) 195

有害藻华(harmful algal blooms, HABs) 36

诱导偶极-诱导偶极作用力(induced dipole-induced dipole interaction) 85

雨除(rainout) 78

原生矿物(primary mineral) 37

源(source) 1

Z

再悬浮(resuspension) 63

摘取氢(hydrogen atom abstraction) 112

长距离迁移(long-distance transport) 54

振动弛豫(vibrational relaxation) 110

蒸气压(vapor pressure) 89

正辛醇/空气分配系数(n-octanol/air partition coefficient, K_{OA}) 96

支持向量机(support vector machine, SVM) 91, 318

植物挥发(phytovolatilization) 70

植物生长调节剂(plant growth regulators) 280

植物提取(phytoextraction) 67

植物转化(phytotransformation) 72

质量平衡(mass conservation) 334

致癌作用(carcinogenesis) 232

致畸作用(teratogenesis) 233

致突变作用(mutagenecity) 230

滞留时间(detention time) 342

中度富营养(middle eutropher) 36

中间层(mesosphere) 5

中营养(mesotropher) 35

种群(population) 47

重度富营养(hyper eutropher) 36

重力沉降(gravity settling) 66

主成分分析(principle component analysis) 326

主动转运(active transport) 196

专属吸附(special adsorption) 85

子相(subphase) 335

总悬浮颗粒物(total suspended particulate, TSP) 8